数控机床维修
从入门到精通

牛志斌　主　编

高　红　刘淑荣　刘德伟　副主编

化学工业出版社

·北京·

本书以西门子 810T/M、840D pl/sl 和发那科 0C、0iC 数控系统，西门子 611A、611D、S120 和发那科 α 系列、αi 系列伺服及主轴装置为主，对数控系统、PLC、加工程序、伺服系统和主轴系统进行了分类介绍，对各个部分的常见故障、排除方法、排除技巧和实际维修案例进行了详细介绍。另外，还讲述了数控系统机床数据和程序的备份和恢复方法，以及数控机床的机械系统、气动和液压系统。

本书是作者二十多年实际维修经历和维修心得的总结，对数控机床的故障维修具有很具体的指导意义。本书力求通俗易懂、深入浅出，便于一线维修人员学习、掌握，真正从入门到精通。

本书适合数控机床维修人员、高职高专技校数控机床维修相关专业的学生使用。

图书在版编目（CIP）数据

数控机床维修从入门到精通/牛志斌主编. —北京：化学工业出版社，2019.11（2023.7 重印）
ISBN 978-7-122-34904-0

Ⅰ.①数… Ⅱ.①牛… Ⅲ.①数控机床-维修 Ⅳ.①TG659

中国版本图书馆 CIP 数据核字（2019）第 151228 号

责任编辑：王　烨　　　　　　　　　　　文字编辑：陈　喆
责任校对：王鹏飞　　　　　　　　　　　装帧设计：刘丽华

出版发行：化学工业出版社（北京市东城区青年湖南街 13 号　邮政编码 100011）
印　　装：北京科印技术咨询服务有限公司数码印刷分部
787mm×1092mm　1/16　印张 26¾　字数 921 千字　2023 年 7 月北京第 1 版第 4 次印刷

购书咨询：010-64518888　　　　　　　　售后服务：010-64518899
网　　址：http://www.cip.com.cn
凡购买本书，如有缺损质量问题，本社销售中心负责调换。

定　　价：128.00 元

前　言

数控机床具有自动化程度高、加工柔性好、精度高等诸多优点，是现代化机械制造业必不可缺的机械加工设备。数控机床由于采用了数控系统作为机床的"大脑"，可以实现高度自动化操作，降低了机床操作人员的劳动强度，同时也可以加工形状非常复杂和精度非常高的机械零件。数控系统采用先进的计算机技术、电子技术、网络技术、伺服控制技术、传感器技术，使得数控机床实现了机电液一体化、网络化，技术先进、构成复杂、功能强大，但也使得数控机床的故障率比普通机床的故障率要高得多，维修难度也大。

由于数控机床采用了诸多的先进技术，出现故障时，很多数控机床维修工都会感觉很茫然，觉得无从下手。针对这种情况，作者根据二十年的数控机床维修经验和心得，并参考大量的资料，将数控机床维修常用的方法、技巧及常用数控系统的连接方式、诊断方法、常用数据、图表进行归纳整理，编辑成本书，供一线数控机床维修工使用。

本书首先对数控系统及数控机床的构成进行通俗易懂、深入浅出的描述，让数控机床维修工对数控机床和数控系统的构成有一个全面的了解，在这个基础上还对每个组成部分容易出现的故障和排除方法、技巧进行了有针对性的讲解，让普通的数控机床维修工了解、掌握数控机床常见故障的维修思路和方法，另外还给读者介绍了大量数控机床故障现场实际案例及维修过程，让大家从这些维修案例中汲取经验，当数控机床出现类似故障时，普通数控机床维修工可以根据手册提供的方法将故障自行排除。

本书介绍的数控系统是以西门子810T/M、840D pl/sl和发那科0C、发那科0iC系统为主，伺服系统是以西门子611A、611D、S120和发那科α系列、αi系列伺服及主轴装置为主，对数控系统、PLC、加工程序、伺服系统和主轴系统、数控机床机械系统、气动和液压系统进行了分类介绍，对各个部分的常见故障、排除方法、排除技巧和实际维修案例进行了详细介绍；另外对数控系统的机床数据和程序的备份和恢复方法也进行了详细介绍。

本书由牛志斌主编，高红、刘淑荣、刘德伟副主编，金波、韦刚、陈建国、钱鑫涛参加编写。其中，第6章由高红编写，第7章由长春工程学院刘淑荣副教授编写，第8章由金波编写，第10章由刘德伟、陈建国、钱鑫涛编写，第11章由韦刚编写，其他部分由牛志斌编写。潘波、杨春生、陈建国、钱鑫涛、滕儒文、林飞龙、王雪梅、杨秋晓、杨守贵、王延春、赵长伟、周福林、吴云峰、王洪海、刘辉和华意压缩机股份有限公司周小军、沈建华提供了部分维修案例，并提了很多好的建议，在此表示感谢。

由于作者经验和掌握的资料有限，书中难免有不尽人意的地方，欢迎数控机床维修行业的朋友批评指正，以求共同提高。

东北工业集团公司
牛志斌

目 录

第1章 数控机床维修基础知识

第2章 典型数控系统介绍

第3章　数控机床编程系统

第4章　数控系统机床数据与备份

第7章 数控机床参考点故障的维修

第8章 伺服控制系统

第 9 章　主轴控制系统

第 10 章　数控机床机械系统的故障维修

第11章　数控机床液压与气动系统的故障维修

参 考 文 献

第①章 数控机床维修基础知识

1.1 数控机床

1.1.1 数控机床的概念

数控机床就是采用了数控技术的机床,或者说是装备了数控系统的机床。

国际信息处理联盟(International Federation of Information Processing)第五委员会对数控机床作了如下定义:数控机床是一种装有程序控制系统的机床。该系统能够逻辑地处理具有使用号码或其他符号编码指令规定的程序。

这里所说的程序控制系统,就是数控系统。

1.1.2 数控机床的构成

数控机床一般由数控装置、包括伺服电动机及位置反馈的伺服系统、主传动系统、强电控制部分、机床本体及辅助装置组成。图 1-1 是数控机床的构成框图。

数控机床的辅助装置主要包括工装卡具、换刀装置、回转工作台、自动上下料装置、排屑装置、分度装置、液压控制系统、润滑系统、气动系统、切削液系统和冷却系统等。

1.1.3 数控机床的种类

由于数控系统的强大功能使数控机床种类繁多,按用途可分为如下三类:

① 金属切削类数控机床　金属切削类数控机床包括数控车床、数控铣床、数控磨床、数控钻床、数控镗床、加工中心等。

② 金属成形类数控机床　金属成形类数控机床有数控折弯机、数控弯管机、数控冲床和数控压力机等。

③ 数控特种加工机床　数控特种加工机床包括数控线切割机、数控电火花加工机床、数控激光加工机床、数控淬火机床等。

1.2 数控系统

1.2.1 数控系统的构成

现代的数控系统是一种用专用计算机通过执行其存储器内的程序来实现部分或者全部数控功能,并配有接口电路和伺服驱动装置的专用计算机系统。数控系统由数控程序、输入输出装置、数控装置、可编程控制器、进给驱动装置和主轴驱动装置(包括检测装置)等组成。其构成框图如图 1-2 所示。

数控系统的核心是数控装置,由于采用了计算机控制,许多过去难以实现的功能可以通过软件来实现。

1.2.2 数控系统的种类

目前数控系统种类繁多,国内外很多公司都生产数控系统,下面介绍几个国外主要厂家生产的数控系统。

① 德国西门子公司于 20 世纪 80 年代以来,相继推出了 3 系统(SYSTEM 3T 主要用于车床及车削中心,SYSTEM 3M 主要用于铣床或加工中心,SYSTEM 3G 主要用于磨床,SYSTEM 3TT 为双 CPU 的车床系统,可同时控制两台机床,或双工位)、810T/M 系统、820 系统、850 系统、880 系统、805 系统、840C

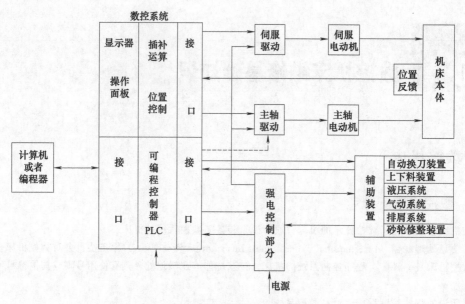

图 1-1　数控机床的基本构成框图

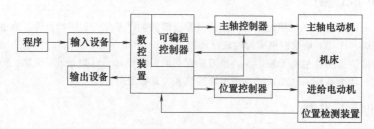

图 1-2　数控系统的构成框图

系统及全数字化的 810D、840D pl 以及 840D sl 系统，另外还在中国市场推出了 808 系列数控系统。

　　② 日本发那科公司也是数控系统的主要生产厂家之一，自 1985 以来推出了 0 系统、15 系统、16 系统、18 系统，其中 0 系统自 1985 推出后不断发展新产品，现在 0C 系统及 0iC 系统仍然是常用的数控系统。另外发那科公司还在中国市场推出了 0iD 系统。

　　③ 日本三菱公司生产了 MELDAS 系列数控系统。

　　④ 法国 NUM 公司也是著名的数控系统生产厂家，它生产了 1020/1040/1050/1060 系列数控系统。

　　⑤ 另外德国海德汉公司以生产编码器和光栅尺而著名，该公司生产的 TNC 系列数控系统也是常用的数控系统。

　　国内外还有很多公司生产数控系统，在这里就不一一罗列了。

1.3　数控机床故障维修的准备工作

1.3.1　数控机床故障维修工作的知识准备

　　数控机床采用了先进的控制技术，是机电液气相结合的产物，技术比较复杂，涉及的知识面也比较广，因此要求维修人员应有一定的素质。具体要求如下。

　　① 要具有一定的理论基础。电气维修人员除了需要掌握必要的计算机技术、自控技术、PLC 技术、电动机拖动原理外，还要掌握一些液压技术、气动技术、机械原理、机械加工工艺等，另外还要熟悉数控机床的编程语言并能熟练使用计算机。机械维修人员除了要掌握机械原理、机械加工工艺、液压技术、气动技术

外，还要熟悉 PLC 技术，能够看懂 PLC 梯形图，也要了解数控机床的编程。所以作为数控机床的维修人员要不断学习、刻苦钻研、扩展知识面、提高理论水平。

② 要具有一定的英文基础，以便阅读原文技术资料。因为进口数控机床的操作面板、屏幕显示、报警信息、图样、技术手册等大多都是英文的，而许多国产的数控机床也采用进口数控系统，屏幕显示、报警信息都是英文的，系统手册很多也都是英文的，所以具有良好的科技英语阅读能力也是维修数控机床的基本条件之一。

1.3.2 数控机床故障维修工作需要的资料准备

为了使用好、维护好、维修好数控机床，必须有足够的资料。具体资料要求如下。

① 全套的电气图样、机械图样、气动液压图样及工装夹具图样。

② 尽可能全的说明书，包括机床说明书、数控系统操作说明书、编程说明书、维修说明书、机床数据、参数说明书、伺服系统说明书、PLC 系统说明书等。

③ 应有 PLC 用户程序清单，最好为梯形图方式，以及 PLC 输入输出的定义表及索引，定时器、计数器、保持继电器的定义及索引。

④ 应要求机床制造厂家提供机床的使用、维护、维修手册。

⑤ 应要求机床制造厂家提供易损件清单，电子类和气动、液压备件需提供型号、品牌，机械类外购备件应提供型号、生产厂家及图样，自制件应有零件图及组装图。

⑥ 应有数据备份，包括机床数据、设定数据、PLC 程序、报警文本、加工主程序及子程序、R 参数、刀具补偿参数、零点补偿参数等。西门子 810D、840D 采用 PCU 作为带有硬盘的上位机，还要有硬盘 GHOST 备份，NCU 模块带有 CF 卡，CF 卡储存 NCU 的启动程序和一些数据，CF 也要作备份，不但要求文字备份，还要求有磁盘电子备份，特别是硬盘和 CF 的备份一定要备份在电脑和移动硬盘或光盘上，至少要有两处备份，以便于在机床数据丢失时用编程器或计算机尽快装入数控系统。

1.3.3 数控机床故障维修工作的仪器、工具准备

数控机床故障维修工作的仪器、工具准备如表 1-1 所示。

表 1-1 常用仪器、工具的准备

分类		具体要求
对仪器仪表的要求		维修数控机床需要一些仪器、仪表，下面介绍一些常用仪器
	万用表	数控机床的维修涉及弱电和强电领域，最好配备指针式万用表和数字式万用表各一块。指针式万用表除了用于测量强电回路之外，还用于判断二极管、三极管、可控硅、电容器等元器件的好坏，测量集成电路引脚的静态电阻值等。指针式万用表的最大好处为反应速度快，可以很方便地用于监视电压和电流的瞬间变化及电容的充放电过程。数字式万用表可以准确测量电压、电流、电阻值，还可以测量三极管的放大倍数和电容值；它的短路测量蜂鸣器，可方便测量电路通断；也可以利用其精确的显示，测量电动机三相绕组阻值的差异，从而判断电动机的好坏
	示波器	数控系统修理通常使用频带为 10～100MHz 范围内的双通道示波器，它不仅可以测量电平、脉冲上下沿、脉宽、周期、频率等参数，还可以进行两信号相位和电平幅度的比较；常用来观察主开关电源的振荡波形，直流电源的波动，测速发电机输出的波形，伺服系统的超调、振荡波形，编码器和光栅尺的脉冲等
	PLC 编程器	很多数控系统的 PLC 必须使用专用的机外编程器才能对其进行编程、调试、监控和动态状态监视。如西门子 3 系统、805 系统、810T/M、840C 系统可以使用 PG685、PG710、PG750 等专用编程器，也可以使用西门子专用编程软件利用通用计算机作为编程器，西门子 840D/810D 系统没有专用的编程器，只需在计算机上安装 S7 编程软件就可以进行编程，同时西门子 840D/810D 的 PCU 上也可以安装 S7 编程软件进行 PLC 编程和现场实时监控。使用编程器可以对 PLC 程序进行编辑和修改，可以跟踪梯形图的变化，以及在线监视定时器、计数器的数值变化。在运行状态下修改定时器和计数器的设置值，可强制内部输出，对定时器和计数器进行置位和复位等。西门子的编程器都可以显示 PLC 梯形图
	逻辑测试笔和脉冲信号笔	逻辑测试笔可测量电路是处于高电平还是低电平，或是不高不低的浮空电平；判断脉冲的极性是正脉冲还是负脉冲，输出的脉冲是连续脉冲还是单脉冲；还可以大概估计脉冲的占空比和频率范围 脉冲信号笔可发出单脉冲和连续脉冲，可以发出正脉冲和负脉冲，它和逻辑测试笔配合起来使用，就能对电路的输入和输出的逻辑关系进行测试

分类		具体要求
对仪器仪表的要求	集成电路测试仪	这类测试仪可以离线快速测试集成电路的好坏,在数控系统进行片级维修时是必要的仪器
	集成电路在线测试仪	这是一种使用计算机技术的新型集成电路在线测试仪器。它的主要特点是能够对焊接在电路板上的集成电路进行功能、状态和外特性测试,确认其功能是否失效。它所针对的是每个器件的型号以及该型号器件应具备的全部逻辑功能,而不管这个器件应用在何种电路中,因此它可以检查各种电路板,而且无需图样资料或了解其工作原理,为缺乏图样而使维修工作无从下手的数控机床维修人员提供一种有效的手段,目前在国内应用日益广泛
	短路跟踪仪	短路是电气维修中经常遇到的问题,如果使用万用表寻找短路点往往费时费力。如遇到电路中某个元器件击穿,由于在两条连线之间可能并联有多个元器件,用万用表测量出哪一个元器件短路是比较困难的。再如对于变压器绕组局部轻微短路的故障,用一般万用表测量也是无能为力的,而采用短路故障跟踪仪可以快速找出电路中任何短路点
	逻辑分析仪	它是专门用于测量和显示多路数字信号的测试仪器。它与测量连续波形的通用示波器不同,逻辑分析仪显示各被测试点的逻辑电平、二进制编码或存储器的内容。维修时,逻辑分析仪可检查数字电路的逻辑关系是否正常,时序电路各点信号的时序关系是否正确,信号传输中是否有竞争、毛刺和干扰。通过测试软件的支持,对电路板输入给定的数据进行监测,同时跟踪测试它的输出信息,显示和记录瞬间产生的错误信号,找到故障所在
对维修工具的要求		维修数控机床除了需要一些常用的仪表、仪器外,一些维修工具也是必不可少的,主要有如下几种
	螺丝刀(螺钉旋具)	常用的是大中小一字口和十字口的螺丝刀各一套,特别是维修进口机床需要一个刚性好、窄口的一字螺丝刀。拆装西门子一些模块时需要一套外六角形的专用螺丝刀
	钳类工具	常用的有平口钳、尖嘴钳、斜口钳、剥线钳等
	电烙铁	常用25~30W的内热式电烙铁,为了防止电烙铁漏电将集成电路击穿,电烙铁要良好接地,最好在焊接时拔掉电源
	吸锡器	将集成电路从印制电路板上焊下时,常使用吸锡器。另外现在还有一种热风吹锡比较好用,高温风将焊锡吹化并且吹走,很容易将焊点脱开
	扳手	大小活扳手、内六方扳手一套
	其他	镊子、刷子、剪刀、带鳄鱼夹子的连线等

1.4 数控机床故障的种类

数控机床全部或者部分丧失了规定的功能称为数控机床的故障。

数控机床是机电一体化设备,技术先进、结构复杂。数控机床的故障也多种多样、各不相同。数控机床的故障原因一般都比较复杂,这给数控机床的故障诊断和维修带来很大的难度。为了便于机床的故障分析和诊断,本节按故障的性质和故障发生的部位等因素大致把数控机床的故障进行划分,见表1-2。

表1-2　故障的分类

分类		具体要求
按数控机床发生的故障性质分类		根据故障出现的必然性和偶然性可将故障分为系统性故障和随机故障
	系统性故障	这类故障是指只要满足一定的条件,机床或者数控系统就必然出现的故障。例如,电网电压过高或者过低,系统就会产生电压过高报警或过低报警;切削量过大时,就会产生过载报警等 例如:一台采用西门子810T系统的数控车床有时在加工过程中,系统自动断电关机,重新启动后,还可以正常工作。根据系统工作原理和故障现象判断故障原因可能为系统供电电压有波动,监测系统电源模块上的24V输入电源发现为22.3V左右。当机床加工时,这个电压还向下波动,特别是切削量大时,电压下降就大,有时接近21V,这时系统自动断电关机。更换容量大的24V电源变压器,可将这个故障彻底排除
	随机故障	这类故障是指在同样条件下,只偶尔出现一次或者两次的故障。要想人为地再现同样的故障则是不容易的,有时很长时间也难再遇到一次。这类故障的分析和诊断是比较困难的。一般情况下,这类故障往往与机械零件的松动、错位,数控系统中部分元件工作特性的漂移,机床电气元件可靠性下降有关

续表

分类		具体要求
按数控机床发生的故障性质分类	随机故障	例如:一台采用西门子805系统的数控沟槽磨床,在加工过程中偶尔出现问题,磨沟槽的位置发生改变,造成废品。分析这台机床的工作原理,在磨削加工时首先测量臂向下摆动到工件的卡紧位置,然后工件开始移动,当工件的基准端面接触到测量头时,数控装置记录下此时的位置数据,然后测量臂抬起,加工程序继续运行。数控装置根据端面的位置数据,在距端面一定距离的位置磨出沟槽,所以沟槽位置的准确度与测量的准确与否有非常大的关系。因为不经常发生,所以很难观察到故障现象。为此只能根据机床工作原理,首先对测量头进行检查,并没有发现问题;对测量臂的转动检查时发现旋转轴有些紧,可能测量臂有时没有精确到位,使测量产生误差。将旋转轴拆开检查发现已严重磨损,制作新轴换上后,再也没有发生这个故障
按故障类型分类		按照机床故障的类型区分,故障可分为机械故障和电气故障
	机械故障	这类故障主要发生在机床主机部分,还可以分为机械部件故障、液压系统故障、气动系统故障和润滑系统故障等 例如:一台采用西门子810T系统的数控淬火机床,一次出现故障,开机回参考点,走X轴时,出现报警"1680 Servo Enable Trav. Axis X(X轴运动时伺服使能信号取消)",手动走X轴也出现这个报警,检查伺服装置,发现有过载报警指示。根据西门子说明书分析,产生这个故障的原因可能是机械负载过大、伺服控制电源出现问题、伺服电动机出现故障等。本着先机械后电气的原则,首先检测X轴滑台,手动盘X轴滑台,发现非常沉,盘不动,说明机械部分出现了问题。将X轴滚珠丝杠拆下检查,发现滚珠丝杠已锈蚀,原来是滑台密封不好,淬火液进入滚珠丝杠,造成滚珠丝杠的锈蚀,更换新的滚珠丝杠故障消除
	电气故障	电气故障是指电气控制系统出现的故障,主要包括数控装置、PLC控制器、伺服单元、CRT显示器、电源模块、机床控制元件以及检测开关的故障等。这部分的故障是数控机床的常见故障,应该引起足够的重视
按故障后有无报警显示分类		以故障产生后有无报警显示可分为有报警显示故障和无报警显示故障两类
	有报警显示故障	这类故障又可以分为硬件报警显示和软件报警显示两种 ①硬件报警显示的故障 硬件报警显示通常是指各单元装置上的指示灯的报警指示。在数控系统中有许多用以指示故障部位的指示灯,如控制系统操作面板、CPU主板、伺服控制单元等部位。一旦数控系统的这些指示灯指示故障状态后,根据相应部位上的指示灯的报警含义,可以大致判断故障发生的部位和性质,这无疑会给故障分析与诊断带来极大的好处。因此维修人员在日常维护和故障维修时应注意检查这些指示灯的状态是否正常 ②软件报警显示的故障 软件报警显示通常是指数控系统显示器上显示出的报警号和报警信息。由于数控系统具有自诊断功能,一旦检查出故障,即按故障的级别进行处理,同时在显示器上显示报警号和报警信息 软件报警又可分为NC报警和PLC报警,前者为数控部分的故障报警,可通过报警号在数控系统维修手册上找到这个报警的原因与怎样处理方面的内容,从而确定可能产生故障的原因。后者的PLC报警的报警信息来自机床制造厂家编制的报警文本,大多属于机床侧的故障报警,遇到这类故障,可根据报警信息或者PLC用户程序确诊故障
	无报警显示故障	这类故障发生时没有任何硬件及软件报警显示,因此分析诊断起来比较困难。对于没有报警的故障,通常要具体问题具体分析。遇到这类问题,要根据故障现象、机床工作原理、数控系统工作原理、PLC梯形图以及维修经验来分析诊断故障 例如:一台采用西门子810T系统的数控中频淬火机床经常自动断电关机,停一会再开还可以工作,分析机床的工作原理,产生这个故障的原因一般都是系统保护功能起作用,所以首先检查系统的供电电压是24V,没有问题;再检查系统的冷却装置时,发现冷却风扇过滤网堵塞,出故障时恰好是夏季,系统因为温度过高而自动停机;更换过滤网,机床恢复正常使用 又如:一台采用德国西门子810G系统的数控沟槽磨床,一次出现故障,在自动磨削完工件,修整砂轮时,带着砂轮的Z轴向上运动,停下后砂轮修整器并没有修整砂轮,而是停止了自动循环,但屏幕上没有报警指示。根据机床的工作原理,在修整砂轮时,应该喷射冷却液,冷却砂轮修整器,但多次观察发生故障的过程,却发现没有冷却液喷射。冷却液电磁阀电气控制原理图见图1-3,在出现故障时利用数控系统的PLC状态显示功能,观察控制冷却液喷射电磁阀的输出Q4.5,其状态为"1",没有问题,根据电气原理图,它是通过直流继电器K45来控制电磁阀的,检查直流继电器K45也没有问题,接着检查电磁阀的线圈上有电压,说明问题是出在电磁阀上,更换电磁阀机床故障消除

分类		具体要求
按故障后有无报警显示分类	无报警显示故障	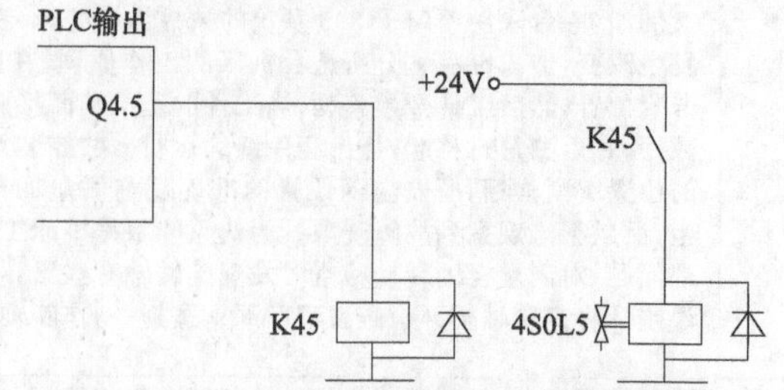  图 1-3　冷却液电磁阀电气控制原理图
按故障发生部位分类		按机床故障发生的部位可以把故障分为如下几类
	数控装置部分的故障	数控装置的故障又可以分为软件故障和硬件故障 　①软件故障　有些机床故障是由于加工程序编制出现错误造成的，有些故障是由于机床数据设置不当引起的，这类故障属于软件故障。只要将故障原因找到并修改后，这类故障就会排除 　②硬件故障　有些机床故障是因为控制系统硬件出现问题，这类故障必须更换损坏的器件或者维修后才能排除故障 　例如：一台采用西门子 810N 系统的数控冲床出现故障，屏幕没有显示。检查机床控制系统电源模块的 24V 输入电源，没有问题，NC-ON 信号也正常，但在电源模块上没有 5V 电压，说明电源模块损坏，维修后使机床恢复正常使用
	PLC 部分的故障	PLC 部分的故障也分为软件和硬件故障两种 　①软件故障　由于 PLC 用户程序编制有问题，在数控机床运行时满足一定的条件即可发生故障。另外 PLC 用户程序编制得不好，经常会出现一些无报警的机床侧故障，所以 PLC 用户程序要编制得尽量完善 　②硬件故障　由于 PLC 输入输出模块出现问题而引起的故障属于硬件故障。有时个别输入输出接口出现故障，可以通过修改 PLC 程序，使用备用接口代替出现故障的接口，从而排除故障 　例如：一台采用西门子 810G 系统的数控磨床，一次出现故障，自动加工不能连续进行，磨削完一个工件后，主轴砂轮不退回修整，自动循环中止。分析机床的工作原理，机床的工作状态是通过机床操作面板上的钮子开关设定的，钮子开关接入 PLC 的输入接口 E7.0。利用数控系统的 PLC 状态显示功能，检查其状态，不管怎样拨动钮子开关，其状态一直为"0"，不发生变化，而检查开关没有发现问题。将该开关的连接线连接到 PLC 的备用输入接口 E3.0 上，这时观察这个状态的变化正常跟随钮子开关的变化，没有问题，由此证明 PLC 的输入接口 E7.0 损坏。因为手头没有备件，将钮子开关接到 PLC 的 E3.0 输入接口上，然后通过编程器将 PLC 程序中的所有 E7.0 都改成 E3.0，这时机床恢复正常使用
	伺服系统的故障	伺服系统的故障一般都是由伺服控制单元、伺服电动机、测速装置、编码器等出现问题引起的 　例如：一台采用西门子 810T 系统的数控车床伺服装置使用西门子 6SC610 系统，一次出现故障，报警"6016 Slide Power Pack No Operation（滑台电源模块无操作）"，指示伺服控制部分有问题。检查伺服装置，在出现故障时，N1 板上第二轴的[Imax]t 报警灯亮，指示 Z 轴伺服控制部分出现问题。因此首先对 Z 轴伺服电动机进行检查，发现绕组电阻有些低，说明伺服电动机可能有问题，更换备用电动机后，机床恢复正常使用，说明是伺服电动机损坏
	机床侧的故障	这类故障是由外部原因造成的，如机械装置不到位、液压系统出现问题、检测开关损坏、驱动装置出现问题、装置机械精度劣化等。这类故障是数控机床常见的故障 　另外数控机床在使用初期或者新换操作人员后，操作人员对机床不熟悉，还会出现因为操作不当引起机床不能正常工作的问题
按故障发生时破坏程度分类		按故障发生时破坏程度分为破坏性故障和非破坏性故障
	破坏性故障	这类故障发生时会对机床或者操作人员造成伤害，如飞车、超程运行、部件碰撞等 　发生破坏性故障之后，维修人员在诊断故障时，绝不允许简单地再现故障，如果必须再现故障现象，必须采取措施，防止破坏再次发生。数控机床破坏性故障的原因多半是反馈系统出现问题。 　例如：一台采用西门子 810T 系统的数控外圆磨床，一次出现故障，开机回参考点时，Z 轴以极快的速度向机床一端运动，撞到机械机构停止。在观察故障现象时，为防止再发生飞车，撞击机械机构，首先调整限位开关的位置，使之能提早停止 Z 轴运动。另外在使 Z 轴运动时，使用手轮操作，这时观察屏幕，虽然 Z 轴实际位置发生了变化，但 Z 轴的坐标值却没有变化，说明是位置反馈系统出现问题。首先检查 Z 轴编码器，发现进了冷却液而损坏，更换编码器，机床故障消除
	非破坏性故障	数控机床的绝大部分故障属于这类故障，出现故障时对机床和操作人员不会造成任何伤害，所以诊断这类故障时，可以再现故障，并可以仔细观察故障现象，通过故障现象对故障进行分析和诊断

1.5 数控机床的故障诊断与维修常用方法

1.5.1 数控机床故障诊断的原则

数控机床控制先进、技术复杂，出现故障后诊断和排除起来都比较难。为了快速排除机床故障，应遵循表 1-3 所列的故障诊断原则。

表 1-3 数控机床故障诊断原则

序号	事项	说　明
1	先外部后内部	数控机床是机械、液压、电气一体化的机床，故其故障的发生必然要从机械、液压、电气这三者综合反映出来。当数控机床发生故障后，应先采用望、闻、听、问、摸等方法，由外向内逐一进行检查
2	先机械后电气	一般来讲，机械故障较易察觉，而数控系统故障的诊断则难度要大些。先机械后电气就是在数控机床的维修中，首先检查机械部分是否正常，行程开关是否灵活，气动、液压部分是否正常等。根据维修经验得知，数控机床的故障中有很大部分是机械动作失灵引起的。所以，在故障维修时，首先注意排除机械性的故障，往往可以达到事半功倍的效果
3	先静后动	维修人员本身要做到先静后动，不可盲目动手，应先询问机床操作人员故障发生的过程及状态，阅读机床说明书、图样资料后，方可动手查找和处理故障。其次，对有故障的机床也要本着先静后动的原则，先在机床断电的静止状态，通过观察、测试、分析确认为非恶性循环性故障，或非破坏性故障后，方可给机床通电，在运行工况下，进行动态的观察、检验和测试，查找故障。然而对恶性的破坏性故障，必须先排除危险后，方可通电，在运行工况下进行动态诊断
4	先简单后复杂	当出现多种故障互相交织掩盖、一时无从下手的情况，应先解决容易的问题，后解决难度较大的问题。常常在解决简单故障的过程中，难度大的问题也可能变得容易，或者在排除简易故障时受到启发，对复杂故障的认识更为清晰，从而也有了解决办法
5	先一般后特殊	在排除某一故障时，要先考虑最常见的可能原因，然后再分析很少发生的特殊原因。例如，数控机床不回参考点故障，常常是零点开关或者零点开关撞块位置窜动所造成的。一旦出现这一故障，应先检查零点开关或者碰块位置，在排除这一常见的可能性之后，再检查脉冲编码器、位置控制等

1.5.2 数控机床故障诊断维修的方法

下面介绍一些行之有效的数控机床故障的诊断方法。

(1) 了解故障发生的过程、观察故障的现象

当数控机床出现故障时，首先要搞清故障现象，要向操作人员询问故障是在什么情况下发生的、怎样发生的及发生过程。如果故障可以再现，应该观察故障发生的过程，观察故障是在什么情况下发生的、怎么发生的、引起怎样的后果，只有了解到第一手情况，才有利于故障的排除。把现象搞清楚，问题也就解决一半了。搞清了故障现象，然后根据机床和数控系统的工作原理，就可以很快地确诊问题所在并将故障排除，使设备恢复正常使用。

例如：一台采用美国 BRYANT 公司 TEACHABLE Ⅲ 系统的数控外圆磨床在自动加工时，砂轮将修整器磨掉一块。为了观察故障现象并防止意外再次发生，将砂轮拆下运行机床，发现在自动磨削加工时，磨削正常没有问题，工件磨削完之后，修整砂轮时，砂轮正常进给，而砂轮修整器旋转非常快，很快就压上限位开关，如果这时砂轮没拆肯定又要撞到修整器上。

根据机床的工作原理，砂轮修整器由 E 轴伺服电动机带动，用旋转编码器作为位置反馈元件。正常情况下修整器修整砂轮时，Z 轴滑台带动 E 轴修整器移动到修整位置，修整器做 $30°\sim120°$ 的摆动来修整砂轮。仔细观察故障现象发现，E 轴在压上限位开关时，在屏幕上 E 轴的坐标值只有 $60°$ 左右，而实际位置在 $180°$ 左右，显然是位置反馈出现问题，但更换了位控板和编码器都没有解决问题。又经过反复的观察和试验发现：E 轴修整器在 Z 轴的边缘时，回参考点和旋转摆动都没有问题，当修整器移动到 Z 轴滑台中间时，手动旋转就出现故障。根据这个现象断定可能由于 E 轴的编码器经常随修整器在 Z 轴滑台上往返移动，而使

编码器电缆中的某些线折断，导致电缆随修整器的位置不同而接触状态时好时坏，在 Z 轴边缘时，接触良好，不出现故障，而在 Z 轴的中间时，有的信号线断开，将反馈脉冲丢失。基于这种判断，开始校对编码器反馈电缆，发现确实有几根线接触不良，找到断线部位后，对断线进行焊接并采取防断措施，重新开机测试，故障消除，机床恢复了正常使用。

(2) 直观观察法

直观观察法就是利用人的手、眼、耳、鼻等感觉器官来查找故障原因的。这种方法在数控机床故障维修时是非常实用的。

① 目测　目测故障板，仔细检查有无熔丝烧断，元器件烧焦、烟熏、开裂现象，有无异物断路现象。以此可判断板内有无过流、过压、短路等问题。

② 手摸　用手摸并轻摇元器件，尤其是阻容、半导体器件，感觉有无松动，以此可检查出一些断脚、虚焊等问题。

③ 通电　首先用万用表检查各种电源之间有无短路现象，如无即可接入相应的电源，目测有无冒烟、打火等现象，手摸元器件有无异常发热现象，以此可发现一些较为明显的故障，从而缩小维修范围。

例如：一台采用西门子 810M 的数控沟道磨床开机后有时出现 11 号报警，指示 UMS 标识符错误，指示机床制造厂家储存在 UMS 中的程序不可用，或在调用的过程中出现了问题。出现故障的原因可能是存储器模板或者 UMS 子模板出现问题。首先将存储器模板拆下检查，发现电路板上 A、B 间的连接线已腐蚀，接触不良。将这两点焊接上后，开机测试，再也没有出现这个报警。

又如：一台采用西门子 810M 系统的淬火机床一次出现故障，在开机回参考点时，Y 轴不走，观察故障现象，发现在让 Y 轴运动时，Y 轴不走，但屏幕上 Y 轴的坐标值却正常变化，并且 Y 轴伺服电动机也正常旋转，因此怀疑伺服电动机与丝杠间的联轴器损坏，拆开检查确实损坏，更换新的联轴器故障消除。

(3) 根据报警信息诊断故障

现在数控系统的自诊断能力越来越强，数控机床的大部分故障数控系统都能够诊断出来，并采取相应的措施，如停机等，一般都能产生报警显示。当数控机床出现故障时，有时在显示器上显示报警信息，有时还会在数控装置、PLC 装置和驱动装置上有报警指示。另外机床厂家设计的 PLC 程序越来越完善，可以检测机床出现的故障并产生报警信息。

在数控机床出现报警时，要注意报警信息的研究和分析，有些故障根据报警信息即可判断出故障的原因。

例如：一台采用西门子 810G 系统的数控沟道磨床，开机后就产生 1 号报警，显示报警信息"Battery Alarm Power Supply（电源电池报警）"，很明显指示数控系统断电后备电池没电，更换新的电池后（注意：一定要在系统带电的情况下更换电池），将故障复位，机床恢复使用。另一台采用西门子 3M 系统的数控磨床，开机后屏幕没有显示，检查数控装置，发现 CPU 板上一个发光二极管闪烁。根据说明书，分析其闪烁频率，确认为断电保护后备电池电压低，更换电池后重新启动，系统故障消失。

又如：一台采用日本发那科 0TC 系统的数控车床，出现 2043 号报警，显示报警信息"Hyd. Pressure Down（液压压力低）"，指示液压系统压力低。根据报警信息，对液压系统进行检查，发现液压压力确实很低，对液压泵进行调整使机床恢复正常使用。

再如：一台采用西门子 810T 系统的中频淬火机床，一次出现故障，出现报警"1121 Clamping Monitoring（卡紧监视）"。按系统复位按键，伺服系统启动不了，Z 轴下滑一段距离，又出现这个报警。检查伺服系统没有发现故障，在调用系统报警故障信息时，发现有 PLC 报警"6000 Axis X＋Limit Switch（X 轴正向超限位）"，原来是因为 X 轴压上限位开关，使系统伺服条件取消，复位时 Z 轴抱闸打开，但伺服使能没有加上，所以下滑。在系统复位时使 X 轴脱离限位，这时系统恢复正常。

而另一些故障的报警信息并不能反映故障的根本原因，而是反映故障的结果或者由此引起的其他问题，这时要经过仔细地分析和检查才能确定故障原因，下面的方法对这类故障及没有报警的一些故障检测是行之有效的。

(4) 利用 PLC 的状态信息诊断故障

很多数控系统都有 PLC 输入、输出状态显示功能，如 SIMENS 810T/M、840D 系统 Diagnosis（诊断）菜单下的 PLC Status 功能，发那科 0 系统 DGNOS Param 软件菜单下的 PMC 状态显示功能，日本 MITSUBISHI 公司 MELDAS L3 系统 DIAGN 菜单下的 PLC-I/F 功能，日本 OKUMA 系统的 Check Data 功能等。利用这些功能，可以直接在线观察 PLC 输入和输出的瞬时状态，这些状态的监视对诊断数控设备的很多故障是非常有用的。

数控机床的有些故障直接根据故障现象和机床的电气原理图，查看 PLC 相关的输入、输出状态即可确诊故障。

例如：一台采用日本发那科 0TC 的数控车床，一次出现故障，开机就出现 2041 号报警，指示 X 轴超限位，但观察 X 轴并没有超限位，并且 X 轴的限位开关也没有压下。但利用 NC 系统的 PMC 状态显示功能，检查 X 轴限位开关的 PMC 输入 X0.0 的状态为 "1"，开关触点确实已经接通，说明开关出现了问题，更换新的开关后，机床故障消除。

又如：一台采用日本 MITSUBISHI 公司的 MELDAS L3 系统的数控车床，一次出现故障，刀架不旋转。根据刀架的工作原理，刀架旋转时，首先靠液压缸将刀架浮起，然后才能旋转。观察故障现象，当手动按下刀架旋转的按钮时，刀架根本没有反应，也就是说，刀架没有浮起。根据电气原理图，PLC 的输出 Y4.4 控制继电器 K44 来控制电磁阀，电磁阀控制液压缸使刀架浮起，首先通过 NC 系统的 PLC 状态显示功能，观察 Y4.4 的状态。当按下手动刀架旋转按钮时，其状态变为 "1"，没有问题，继续检查发现，是其控制的直流继电器 K44 触点损坏，更换新的继电器，刀架恢复正常工作。

（5）利用 PLC 梯形图跟踪法确诊故障

数控机床出现的绝大部分故障都是通过 PLC 程序检查出来的，PLC 检测故障的机理是通过运行机床厂家为特定机床编制的 PLC 梯形图（即用户程序），根据各种输入、输出状态进行逻辑判断的，如果发现问题，报警并在显示器上产生报警信息。有些故障可在屏幕上直接显示出报警原因，有些虽然在屏幕上有报警信息，但并没有直接反映出报警的原因，还有些故障不产生报警信息，只是有些动作不执行，遇到后两种情况，跟踪 PLC 梯形图的运行是确认故障很有效的办法。发那科 0C 系统和 MITSUBISHI 系统本身就有梯形图显示功能，可直接监视梯形图的运行。而早期的西门子系统因为没有梯形图显示功能，对于简单的故障可根据梯形图，通过 PLC 的状态显示信息，监视相关的输入、输出及标志位的状态，跟踪程序的运行，而复杂的故障必须使用编程器来跟踪梯形图的运行，来提高诊断故障的速度和准确性。

例如：一台采用西门子 3TT 系统的数控铣床，PLC 采用西门子 S5 130W/B 软件。这台机床一次出现故障，分度头不分度，但没有故障报警。根据机床的工作原理，分度时首先将分度的齿板与齿轮啮合，这个动作是靠液压装置来完成的，由 PLC 输出 Q1.4 控制电磁阀 Y1.4 来执行。

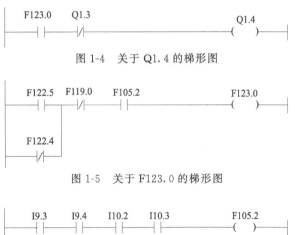

图 1-4 关于 Q1.4 的梯形图

图 1-5 关于 F123.0 的梯形图

图 1-6 关于 F105.0 的梯形图

连接机外编程器 PG685 跟踪梯形图的实时变化，有关 PLC 输出 Q1.4 的梯形图见图 1-4。利用编程器观察这个梯形图，发现标志位 F123.0 触点没有闭合，PLC 输出 Q1.4 没有得电。继续观察如图 1-5 所示的关于 F123.0 的梯形图，发现标志位 F105.2 的触点没有闭合。接着观察如图 1-6 所示的关于 F105.2 的梯形图，发现 PLC 输入 I10.2 没有闭合是故障的根本原因。PLC 输入 I9.3、I9.4、I10.2、I10.3，连接四个接近开关，检测分度齿板和齿轮是否啮合，不分度时，由于齿板和齿轮不啮合，这四个接近开关都应该闭合。现在 I10.2 没有闭合，可能是机械部分或接近开关有问题，检查机械部分正常没有问题，检查接近开关发现已损坏，更换新的开关，机床恢复正常工作。

又如：一台采用西门子 810G 系统的数控磨床，一次出现故障，开机后机床不回参考点并且没有故障显示，检查控制面板发现分度装置落下的指示灯发亮。这台机床为了安全起见，只要分度装置没落下，机床的进给轴就不能运动。但检查分度装置已经落下，没有问题。根据机床厂家提供的 PLC 梯形图，PLC 输出 Q7.3 控制控制面板上的分度装置落下指示灯。用编程器在线观察梯形图的运行，关于 Q7.3 的梯形图见图 1-7。发现 F143.4 没有闭合，致使 Q7.3 的状态为 "0"。F143.4 指示工件分度台在落下位置，继续检查图 1-8 所示的关于 F143.4 的梯形图，发现由于输入 I13.2 没有闭合导致 F143.4 的状态为 "0"。

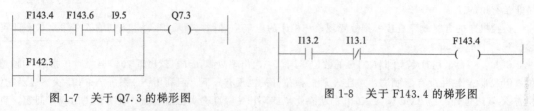

图 1-7　关于 Q7.3 的梯形图　　　　图 1-8　关于 F143.4 的梯形图

根据如图 1-9 所示的电气原理图，PLC 输入 I13.2 连接的是检测工件分度装置落下的接近开关 36PS13，将分度装置拆开，发现机械装置有问题，不能带动驱动接近开关的机械装置运动，所以 I13.2 始终不能闭合。将机械装置维修好后，机床恢复了正常使用。

以上两种方法对机床侧故障的检测是非常有效的，因为这些故障无非是检测开关、继电器、电磁阀的损坏或者机械执行机构出现问题，这些问题基本都可以根据 PLC 程序，通过检测其相应的状态来确认故障点。

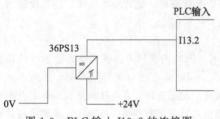

图 1-9　PLC 输入 I13.2 的连接图

（6）机床参数检查法

数控机床有些故障是由于机床参数设置不合理或者机床使用一段时间后需要调整引起的，遇到这类故障将相应的机床参数进行适当修改，即可排除故障。

例如：一台采用西门子 810G 系统的数控磨床，在磨削加工时，发现有时输入的刀具补偿数据在工件上反映的尺寸没有变化或者变化过小。根据机床工作原理在磨削加工时 Z 轴带动砂轮对工件进行径向磨削，X 轴正常时不动，只有要调整球心时才进行微动，一般在 0.02mm 范围内往复运动，因为移动距离较小，丝杠反向间隙可能会影响尺寸变化。

在测量机床的往返精度时，发现 X 轴在从正向到反向转换时，让其走 0.01mm，而在千分表上没有变化；X 轴在从反向到正向转换时，亦是如此。因此怀疑滚珠丝杠的反向间隙有问题，研究系统说明书发现，数控系统本身对滚珠丝杠的反向间隙具有补偿功能，根据数据说明，调整机床数据 MD2200 反向间隙的补偿数值，机床恢复正常工作。

（7）单步执行程序确定故障点

很多数控系统都具有程序单步执行功能，这个功能是在调试加工程序时使用的。当执行加工程序出现故障时，采用单步执行程序可快速确认故障点，从而排除故障。

例如：一台采用西门子 810G 系统的进口数控磨床，在机床调试期间，外方技术人员将数控装置的数据清除，重新输入机床数据和程序后，进行调试。在加工工件时，一执行加工程序数控系统就死机，不能执行任何操作，关机重新启动后，还可以工作，但一执行程序又死机。怀疑加工程序有问题，但没有检查出问题，并且这个程序以前也运行过。当用单步功能执行程序时，发现每次死机都是执行到子程序 L110 的 N220 语句时发生的，程序 N220 语句的内容为 G18 D1，作用是调用刀具补偿，检查刀具补偿数据发现是 0，没有数据。根据机床要求将刀具补偿值 P1 赋值 10 后，机床加工程序正常执行，再也没有发生死机的现象。

又如：一台采用发那科 0TC 系统的数控车床出现报警信息 "041 Interference in CRC（CRC 干涉）"，程序执行中断。根据系统维护说明书，关于这个报警的解释为：在刀尖半径补偿中，将出现过切削现象，采取的措施是修改程序。为进一步确认故障点，用单步功能执行程序，当执行到语句 Z-65 R1 时，机床出现报警，程序停止。因为这个程序已经运行很长时间，程序本身不会有什么问题，核对程序也没有发现错误。因此怀疑刀具补偿有问题，根据加工程序，在执行上述语句时，使用的是四号刀二号补偿。重新校对刀具补偿，输入后重新运行程序，再也没有发生故障，说明故障的原因确实是刀具补偿有问题。

（8）测量法

测量法是诊断设备故障的基本方法，也是诊断数控设备故障的常用方法。测量法就是使用万用表、示波器、逻辑测试仪等仪器对电子线路进行测量的方法。

例如：一台采用西门子 805 系统的外圆磨床，在启动磨轮时，出现报警信息 "7021 Grinding Wheel Speed（磨轮速度）"，指示磨轮速度不正常，观察磨轮发现速度确实很慢。分析机床的工作原理，磨轮主轴是通过西门子 611A 伺服模块 6SN1123-1AA00 控制的，而速度给定是通过一滑动变阻器 R_4 来调节的，这个变阻器的滑动触点随金刚石滚轮修整器的位置变化而变化，从而用模拟的办法，保证磨轮直径变小后，提高转速给定电压，加快磨轮转速，使磨轮的线速度保持不变。线路连接如图 1-10 所示。测量伺服模块的模拟给定输入 56 号和 14 号端子间的电压，发现只有 2.6V 左右，因为给定电压低，所以磨轮转速低。根据原理分析，R_4 在磨床内部，其滑动触头随砂轮直径的大小而变化，因为机床内工作环境恶劣、容易损坏，并且测量 R_1 和 R_2 没有问题，电源电压也正常。为此将 R_4 拆下检查，发现电缆插头里有许多磨削液，清洁后，测量其阻值变化正常，重新安装，机床故障消除。

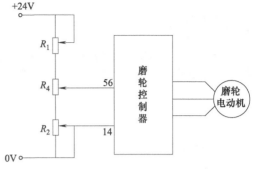

图 1-10　磨轮电动机控制原理图

又如：一台采用发那科 0MC 系统的数控磨床 Z 轴找不到参考点，这台机床在 X、Y 轴回参考点时没有问题，Z 轴回参考点时，出现压限位报警，手动还可以走回。观察 Z 轴回参考点的过程，压上零点开关后，Z 轴减速运行，但一直运动到限位才停止。根据原理分析认为，可能编码器零点脉冲有问题，用示波器检查编码器的零点脉冲，确实发现问题，换上新的编码器后，机床正常工作。

(9) 采用互换法确定故障点

对于一些涉及控制系统的故障，有时不容易确认哪一部分有问题，确保没有进一步损坏的情况，采用备用控制板代换被怀疑有问题的控制板，是准确定位故障点的有效办法，有时与其他机床上同类型控制系统的控制板互换会更快速地诊断故障（这时要保证不会把好的板子损坏）。

例如：一台采用美国 BRYANT 公司 TEACHABLE Ⅲ 系统的数控内圆磨床，一次出现故障，在 E 轴运动时，出现报警"E Axis Excess Following Error（E 轴跟随误差超差）"，这个报警的含义是 E 轴位移的跟随误差超出设定范围。由于 E 轴一动就产生这个报警，因此 E 轴无法回参考点。手动移动 E 轴，观察故障现象，当 E 轴运动时，屏幕上显示 E 轴位移的变化，当从 0 走到 14 时，屏幕上的数值突然跳变到 471。反向运动时也是如此，当达到 −14 时，也跳变到 471，这时出现上述报警，进给停止。经分析可能是 E 轴位置反馈系统的问题，这包括 E 轴编码器、连接电缆、数控系统的位控板以及数控系统 CPU 板等，为了尽快发现问题，本着先简单后复杂的原则，首先更换位控板，这时故障消除。这台机床另一次 X 轴出现这个报警，首先更换位控板，故障没有排除，因此怀疑编码器损坏的可能性比较大，当拆下编码器时发现，其联轴器已断开，更换新的联轴器，故障消除。

又如：一台采用西门子 3M 系统的数控球道磨床，经常出现报警"104 Control Loop Hardware（控制环硬件）"，指示 X 轴伺服控制环有问题。根据故障手册中关于 104 报警的解释，该报警是 X 轴伺服环故障，根据经验该报警通常为反馈回路有问题。分析机床的工作原理，为保证机床的精度，该机床采用光栅尺作为位置反馈元件，为此在系统测量板上加装 EXE 信号处理板对光栅尺反馈信号进行处理。对故障现象进行观察，无论 X 轴是否运动，都出现报警，有时开机就出现报警。因此怀疑光栅尺或者系统的测量板有问题，因为检查测量板比较容易，所以首先检查测量板，由于 X 轴和 Y 轴各采用一块 EXE 信号处理板，所以采用互换法将 X 轴的 EXE 测量板与 Y 轴的 EXE 板互换，这时机床再出现故障，显示 114 号报警，这回报警指示的是 Y 轴伺服环有问题，故障转移到 Y 轴上，说明是原 X 轴的 EXE 信号处理板有问题。

(10) 原理分析法

原理分析法是维修数控机床故障的最基本方法，当其他维修方法难以奏效时，可以从机床工作原理出发，一步一步地进行检查，最终查出故障原因。

例如：一台采用西门子 810N 系统的数控冲床，在长期停用后再启用时，通电后发现系统后备电池没电，导致数据丢失，但更换电池后，1 号电池报警仍消除不掉。根据西门子 810N 系统的工作原理，电池电压信号接入电源模块，电源模块对电池电压进行比较判断，电压不足时产生报警信号，传到 CPU 模块，从而产生报警。为此对电源模块进行检查，发现电池的电压信号在电源模块上印制电路板的连线腐蚀断路，所以不管电池电压如何，数控装置得到的信息都是电压不足，将腐蚀的连线用导线连接上后，机床恢复正常工作。

以上介绍了维修数控机床故障的十种方法，在维修数控机床出现的故障时这些方法往往要综合使用，有时单纯地使用某一方法很难奏效，这就要求维修人员应具有一定的维修经验，合理地、综合地使用这些维修方法，使数控机床能尽快地恢复正常使用。

第 **2** 章 典型数控系统介绍

2.1 西门子 810T/M 系统

2.1.1 西门子 810T/M 系统的构成

西门子 SINUMERIK 810T/M 系统是德国西门子公司 20 世纪 80 年代中期推出的中档数控系统。其后的十几年中西门子公司相继推出的 810T/M 系列产品有 GA1、GA2、GA3 三种型号。由于系统功能强、使用方便、硬件采用模块化结构、系统便于维修，并且体积小，整体体积仅与一台 14in 电视机相当，因此西门子 810T/M 系统得到了广泛应用。图 2-1 是带有集成面板的西门子 810M 系统的正面图片。

图 2-1 西门子 810M 系统显示器与操作面板图片

西门子 810T/M 系统按功能又可分为车床使用的 810T 系统、铣床及加工中心使用的 810M 系统、磨床使用的 810G 系统以及冲床使用的 810N 系统等。

(1) 西门子 810T/M 系统的硬件构成

西门子 810T/M 系统的硬件采用模块化结构，主要由 CPU 模块、位置控制模块、系统程序存储器模块、文字处理模块、接口模块、电源模块、CRT 显示器及操作面板等组成。

西门子 810T/M 系统的硬件结构紧凑，如图 2-2 所示；其主要部件原理框图如图 2-3 所示，组成部分见表 2-1。

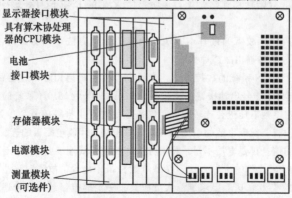

图 2-2 西门子 810T/M 系统背面外观图

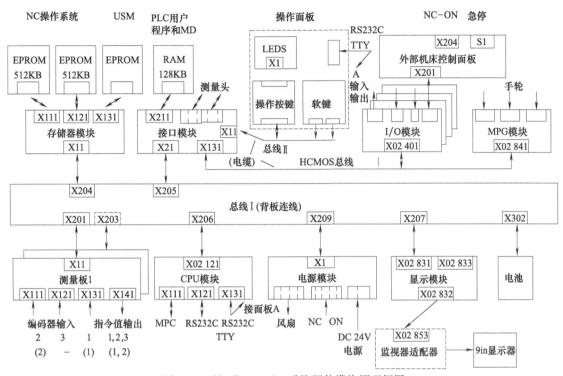

图 2-3 西门子 810T/M 系统硬件模块原理框图

表 2-1 西门子 810T/M 系统硬件构成

序号	模块名称	功 能
1	CPU 模块 6FX1138-5BB××	数控系统的核心,主要包括 NC 和 PLC 共用的 CPU、实际值寄存器、工件程序存储器、引导指令输入器(启动芯片)以及两个串行通信接口。系统只有一个中央处理器(INTEL 80186),为 NC 和 PLC 所共用
2	系统存储器模块 6FX1120-7BA 或者 6FX1128-1BA	插接系统存储器子模块(EPROM)。可插接机床预先存储内容的 UMS EPROM 子模块,6FX1128-1BA 模块还可带有 32KB 静态随机存储器(SRAM)作为工件程序存储器的扩展
3	位置测量控制模块 6FX1121-4BA××	数控系统对机床的进给轴和主轴实现位置反馈闭环控制的接口(每个模块最多控制 3 个轴) ①输出各轴的控制指令模拟量(0~±10V,2mA) ②输出相应轴的调节释放信号 ③接收位置反馈信号
4	接口模块 6FX1121-2BA	①实现与系统操作面板和机床控制面板的接口 ②通过输入输出总线与 PLC 输入/输出模块以及手轮控制模块实现接口 ③还可以连接两个快速测量头(用于工件或者刀具的检测) ④可插接用户数据存储器(带电池的 16KB RAM 存储器模块)
5	文字、图形处理器模块 6FX1126-1AA	①进行文字和图形的显示处理 ②输出高分辨率的隔行扫描信号,提供给 CRT 显示器的适配单元
6	电源模块 6EV3055-0AC	包括电源启动逻辑控制、输入滤波、开关式稳压电源(24V/5V)及风扇监控等
7	I/O 子模块 6FX1124-6AA××	作为 PLC 的输入/输出开关量接口,可连接多点接口信号,如 6FX1124-6AA01 可连接 64 点的 24V 输入信号、24 点直流 24V/400mA 的输出信号,这些信号短路时分别有 3 个 LED 指示短路报警,另外还有 8 点直流 24V/100mA 的输出信号,这 8 点输出信号没有短路保护
8	监视器和监视器控制单元	监视器一般采用 9in 单色显示器,实现人机会话 监视器控制单元是监视器的一部分,通过接口连接到文字图形处理器模块,其上的电位器可调节监视器的亮度、对比度、聚焦等

(2) 西门子810T/M系统的软件构成

西门子810T/M系统的软件分为启动软件、NC和PLC系统软件、PLC用户软件、机床数据、参数设置文件、工件程序等，详见表2-2，它们之间的关系见图2-4。其中Ⅱ、Ⅲ类程序，数据存储在NC系统的随机存储器RAM中是针对具体机床的，存储这些数据的存储器在机床断电时是受后备电池保护的，如果后备电池失效，这些数据将丢失，所以用户需要将这些数据传出，做磁盘备份。

表2-2　西门子810T/M系统数控机床的软件及数据构成

分类	名称	传输识别符	简要说明	所在的存储器	编制者
Ⅰ	启动程序	—	启动基本系统程序,引导系统建立工作状态	CPU模块上的EPROM	西门子公司
	基本系统程序	—	NC与PLC的基本系统程序,NC的基本功能和选择功能,显示语种	存储器模块上的EPROM子模块	
	加工循环	—	用于实现某些特定加工功能的子程序软件包		
	测量循环	—	用于配接快速测量头的测量子程序软件包,是选件	占用一定容量的工件程序存储器	
Ⅱ	NC机床数据	%TEA1	数控系统的NC部分与机床适配所需设置的各方面数据	16KB RAM数据存储器子模块	机床生产厂家的设计者
	PLC机床数据	%TEA2	系统的集成式PLC在使用时需要设置的数据		
	PLC用户程序	%PCP	用STEP5语言编制的PLC逻辑控制程序块和报警程序块,处理数控系统与机床的接口和电气控制		
	报警文本	%PCA	结合PLC用户程序设置的PLC报警(N6000～N6063)和PLC操作提示(N7000～N7063)的显示文本		
	系统设定数据	%SEA	进给轴的工作区域范围、主轴限速、串行接口的数据设定等		
Ⅲ	工件主程序	%MPF	工件加工主程序%0～%9999	工件程序存储器	机床设计者或者机床用户的编程人员
	工件子程序	%SPF	工件加工子程序L1～L999		
	刀补参数	%TOA	刀具补偿参数(含刀具几何值和刀具磨损值)		
	零点补偿	%ZOA	可设定零偏G54～G57,可补偿零偏G58,G59及外部零偏(由PLC传送)		
	R参数	%RPA	R参数分子通道R参数(各通道有R00～R499)和所有通道共用的中央R参数(R900～R999)	16KB RAM数据存储器子模块	机床设计者或者机床用户的编程人员

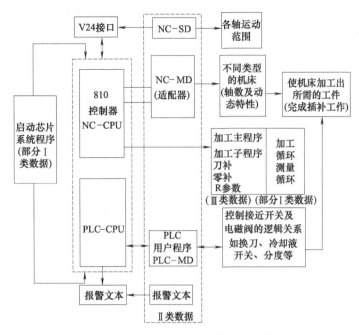

图 2-4　西门子 810T/M 系统机床数据相互关系示意图

2.1.2　西门子 810T/M 系统的初始化操作

西门子 810T/M 系统有一个系统初始化菜单，进入系统初始化菜单后，可以对系统数据进行初始化操作。但应该注意如果对正常运行的系统进行初始化，系统将不再正常工作，除非重新装入本机原来备份的程序和数据。下面介绍如何进行初始化操作。

(1) 进入系统初始化菜单的方式
进入系统初始化菜单有如下两种方式。

① 启动方式：在系统上电的同时按住系统面板上"诊断" 👁 按键几秒钟，松手后，系统就会进入初始化菜单。

② 正常工作时，按系统操作面板上"诊断" 👁 键，系统就会提示输入密码，输入正确密码后，再按这个按键，屏幕显示如图 2-5 所示。

按 SET UP END（启动结束）下面的软键，不进入系统初始化菜单，但密码保持有效。

按 SET UP END PW（启动结束，密码）下面的软键，不进入系统初始化菜单，密码取消。

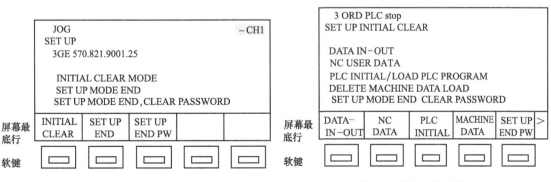

图 2-5　进入初始化菜单的准备画面　　　　图 2-6　系统初始化菜单

按 INITIAL CLEAR（启动清除）下面的软键，即可进入系统初始化菜单。

（2）系统初始化菜单

进入系统初始化菜单后，屏幕上出现如图 2-6 所示的显示。

屏幕上显示的内容对应于相应软键的功能，在系统数据丢失后，屏幕显示的文字是德文，但文字含义是与英文一致的，可按英文方式操作顺序操作。

系统初始化菜单有四种主要功能：数据输入输出（通过通信口）、NC 数据初始化、PLC 数据初始化、机床数据初始化，按右侧第一个软键退出初始化操作，并使密码失效。

NC 数据初始化、PLC 数据初始化和机床数据初始化这三种功能对系统不同类型的数据进行格式化，使用时一定要注意，格式化后，系统的用户数据将丢失，必须重新装入用户数据机床才能工作。

按软键右侧的"＞"键进入初始化扩展菜单，如图 2-7 所示。系统初始化扩展菜单有如下四种功能。

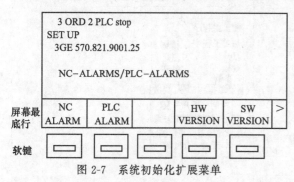

图 2-7　系统初始化扩展菜单

① 按 NC ALARM（NC 报警）下面的软键，显示 NC 的报警号和报警信息。

② 按 PLC ALARM（PLC 报警）下面的软键，显示 PLC 的报警号和报警信息。

③ 按 HW VERSION（硬件版本）下面的软键，屏幕上将显示硬件版本号。

④ 按 SW VERSION（软件版本）下面的软键，屏幕上将显示软件版本号。

1）NC 存储器格式化　在系统初始化菜单中，按 NC DATA（NC 数据）下面的软键，系统进入 NC 存储器格式化菜单，如图 2-8 所示。

NC 存储器格式化操作对三方面内容进行格式化，其一对用户存储区格式化；其二对工件存储区格式化，即清除工件程序存储器；其三为格式化报警文本。

按软键，在屏幕上相对应的项目前面就会打上"√"，表示该功能已完成。

① 用户存储区格式化　按 FORMAT USER M（格式化用户存储器）下面的软键，则清除刀具偏置、设定数据、输入缓冲区数据、R 参数和零偏。

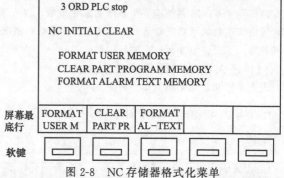

图 2-8　NC 存储器格式化菜单

② 清除工件程序　按 CLEAR PART PR（清除工件程序存储器）下面的软键，NC 工件程序存储器被清零。

③ 格式化报警文本　按 FORMAT AL-TEXT（格式化报警文本）下面的软键，如果 NC MD5012 BIT7 被设置为"1"，则存储器被格式化，PLC 报警文本被清除。

按软键左侧的"∧"键，返回系统初始化菜单。

2）PLC 初始化　在系统初始化菜单中，按 PLC INITIAL（PLC 初始化）下面的软键，进入 PLC 初始化菜单，屏幕显示如图 2-9 所示。

在 PLC 初始化菜单中，可以进行三种操作，其一为清除 PLC；其二为清除 PLC 标志；其三为从 UMS 装载 PLC 程序。

按软键，屏幕上相应的项目前就会打上"√"，表示该功能已完成。

① 清除 PLC　按 CLEAR PLC（清除 PLC）

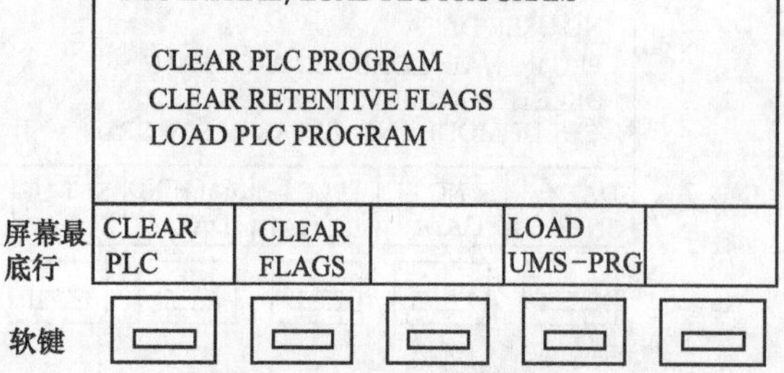

图 2-9　PLC 初始化菜单

下面的软键，将清除 PLC 用户程序、输入输出接口映像、NC/PLC 接口、定时器、计数器和数据块。

② 清除 PLC 标志　按 CLEAR FLAGS（清除标志）下面的软键，将 PLC 的断电保护标志位全部清零。

③ 从 UMS 装载 PLC 程序　如果 PLC 用户程序保存在 UMS，在上面两项工作完成后，按 LOAD UMS-PRG（装入 UMS 程序）下面的软键，可将 PLC 用户程序从 UMS 装入系统。

按软键左侧的"∧"键，返回系统初始化菜单。

3）机床数据格式化　在系统初始化菜单中，按 MACHINE DATA（机床数据）下面的软键后，进入机床数据格式化菜单，屏幕显示如图 2-10 所示。

按软键后，屏幕上相对应的项目前就会打上"√"，表示这个功能已执行。机床数据格式化菜单具有五种功能，具体操作如下。

① 清除 NC 机床数据　按 CLEAR NC MD（清除 NC 机床数据）下面的软键，将 NC 机床数据清除。

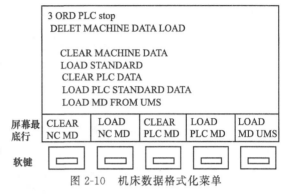

图 2-10　机床数据格式化菜单

② 装入标准 NC 数据　按 LOAD NC MD（装入 NC 机床数据）下面的软键，将 NC 的标准机床数据装入。

③ 清除 PLC 机床数据　按 CLEAR PLC MD（清除 PLC 机床数据）下面的软键，将 PLC 机床数据清除。

④ 装入 PLC 标准机床数据　按 LOAD PLC MD（装入 PLC 数据）下面的软键，将 PLC 的标准机床数据装入。

⑤ 从 UMS 装入机床数据　如果用户数据储存在 UMS 存储器内，上面几项操作完成后，按 LOAD MD UMS（装入 UMS 数据）下面的按键，把用户数据装入系统存储器。

按软键左侧的"∧"键，返回系统初始化菜单。

在系统初始化菜单中，按 SET UP END PW 下面的软键，退出初始化菜单。

2.1.3　西门子 810T/M 系统的密码问题

西门子数控系统为了防止用户数据、程序被误修改，设置密码进行保护。810T/M 系统、820 系统、880 系统、805 系统以及 840C 系统密码设在机床数据中，用户可以自行修改，系统设置的默认密码为 1111。设置的密码数值在显示器上显示不出来。密码对系统很重要，可以避免机床数据的非正常改变，但需要修改机床数据时，必须输入这个密码，所以要记录好系统密码。

如果忘记了密码，有时可在电脑备份机床数据文件%TEA1 中查到这个密码数据。如果在%TEA1 中也找不出密码数据，可在%TEA1 文件中把 11 号数据修改成用户所需要的数据，然后传入数控系统。另外使用数控机床的宏指令可以将密码读入到系统 R 参数中，查看相应 R 参数的内容，就可读取到系统密码。具体操作是在 MDI 状态下输入下面的程序：

@300 R60 K11 LF ；MD11→R60

R60—R 参数 R60；

K11—机床数据 MD11（系统密码）。

然后执行这个程序段，执行后，密码就读取存入 R 参数 R60 中，这时显示 R60 的内容就可以得到系统密码。

2.2　西门子 840D pl 系统

西门子 840D pl 系统是 840D power line 的简称，其实只是型号而已，没有其他具体含义。

2.2.1　西门子 840D pl 系统的构成

（1）西门子 840D pl 系统的软件构成

西门子 840D pl 系统是西门子公司 20 世纪 90 年代中期推出的一种中档数控系统。它与以往数控系统的不同点是数控与驱动的接口信号采用数字量，它的人机界面建立在 FlexOs 基础上，更易操作、更易掌握。另外，它的硬件结构更加简单、软件内容更加丰富。西门子 840D pl 系统的主要特点为计算机化、驱动的模块化、控制与驱动接口的数字化。

图 2-11 是西门子 840D pl 系统软件构成框图。

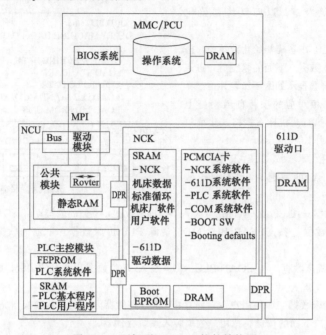

图 2-11　西门子 840D pl 软件结构图

SRAM—Static Memory（Buffered）静态储存器；DPR—Dual-Port RAM 双口 RAM；DRAM—Dynamic Storge（RAM）动态储存器；FEPROM— Flash EPROM Read/Write Memory 闪存 EPROM 读写存储器；MPI—Multi-Port-Interface 多点通信接口；MMC—Man Machine Communication 人机界面；NCU—Numerical Control Unit 数字控制单元；NCK—Numerical Control Kernel 数字控制核；PCU—Programmable Control Unit 可编程控制单元；PCMCIA—Personal Computer Memory Card International Association 个人计算机储存卡协会

(2) 西门子 840D pl 系统的硬件构成

西门子 840D pl 系统的基本构成框图如图 2-12 所示。

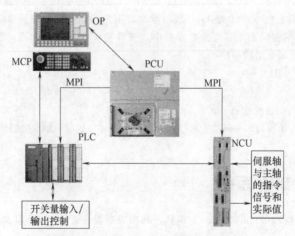

图 2-12　西门子 840D pl 系统的构成框图

OP——Operator Panel 操作面板；PCU—Programmable Control Unit 可编程控制单元；MCP—Machine Control Panel 机床操作面板；NCU—Numerical Control Unit 数字控制单元；PLC—Programmable Logic Controller 可编程控制器；MPI—Multi Point Interface 多点接口

图 2-13 是 840D pl 系统硬件结构图,其主要硬件构成见表 2-3。

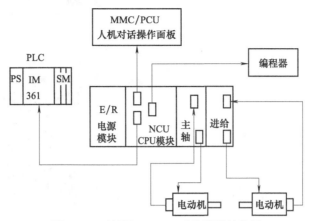

图 2-13 西门子 840D pl 系统硬件结构图

表 2-3 西门子 840D pl 系统硬件构成

序号	模块名称	功 能
1	MMC（Man Machine Communication）100/ 102/103 人机操作面板	包括 OP(Operation Panel 操作面板)、MMC(PCU) 和 MCP(Machine Control Panel 机床控制面板)三个部分,是人机操作界面
2	NCU （Numerical Control Unit)数控装置	840D pl 的 NCK 与 PLC 都集成在这个模块上,包括相应的数控软件和 PLC 控制软件,并且带有 MPI(Multiple Point Interface 多点接口)或 Profibus 接口、RS232 接口、手轮及处理接口和 PCMCIA 卡插槽等。它最多可以控制 31 个轴(其中可有 5 个是主轴)
3	E/R 电源模块	向 NCU 提供 24V 工作电源,以及为驱动模块提供工作电源,也向 611D 提供 600V 直流母线电压
4	主轴与进给模块	由 E/R 电源模块供电,受控于 NCU,并通过驱动模块带动主轴或进给轴电动机运转
5	IM361 PLC 输入/输出接口模块	①通过 MPI 总线与 NCU 中的 PLC 相连 ②通过内部总线与 PLC 的各 I/O 模块相连
6	PS(Power Supply) PLC 的电源模块	为 PLC 输入/输出接口提供电源
7	SM(Signal Module) PLC 输入输出的信号接口模块	通过这个模块把机床信号输入到 PLC,并且输出 PLC 的控制信号

2.2.2 西门子 840D pl 系统的 NCU 模块

NCU（Numerical Control Unit）是西门子 840D 系统的控制核心和信息中心。数控系统的直线插补、圆弧插补等轨迹运算和控制都是由 NCU 完成的,此外,PLC 系统的算术运算和逻辑运算也是由 NCU 完成的。NCU 包括三个部分:NCU 盒、风扇电池单元和 NCU 控制板。

(1) NCU 盒（NCU Box）

如图 2-14 所示,NCU 盒有 3 个功能:

① 支撑 用来插接固定 NCU 控制板。

② 可安装后备电池 安装在 NCU 盒的下部,供系统断电保护数据之用。

③ 可安装风扇 为 NCU 控制模块驱散热量。

(2) 风扇电池单元

风扇电池单元上安装有系统后备 3V 锂电池和 DC 24V 冷却风扇,如图 2-15 所示,插接到 NCU 盒的下部。

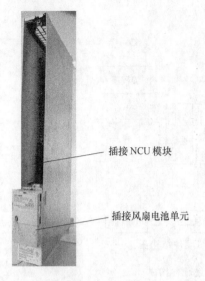

插接 NCU 模块

插接风扇电池单元

图 2-14　西门子 840D pl 系统 NCU 盒图片

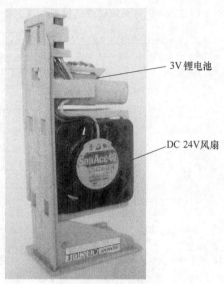

3V 锂电池

DC 24V 风扇

图 2-15　风扇电池单元

(3) NCU 控制板

NCU 控制板插接到 NCU 盒上，是数控系统的控制核心，其本身是专用工业计算机控制系统。PLC-CPU 和 NC-CPU 采用硬件一体化结构，合成在 NCU 控制板上，实现对机床的自动控制。图 2-16 是 NCU 控制板的实物图片。NCU 控制板通过各种接口与所控制的设备通信，实现控制功能，另外通过 MPI 接口与 MCP 相连，并作为下位机接受 MMC（PCU）的控制，将信息反馈给 MMC（PCU）进行屏幕显示。图 2-17 是 NCU 的控制面板图片。

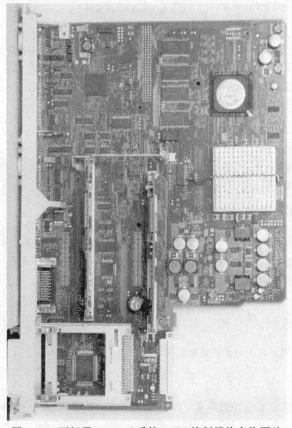

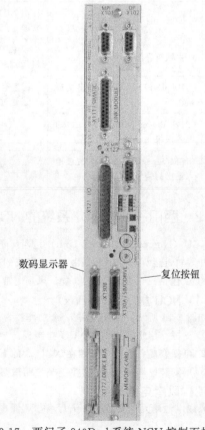

数码显示器

复位按钮

图 2-16　西门子 840D pl 系统 NCU 控制模块实物图片　　图 2-17　西门子 840D pl 系统 NCU 控制面板图片

2.2.3 西门子 840D pl 系统 NCU 模块上的数码管与指示灯的含义

如图 2-17 所示，西门子 840D pl 系统 NCU 控制板上面有很多接口、指示灯、按钮和设定开关，下面介绍这些元件的功能。

(1) 数码管显示的含义

NCU 模块上有一个数码管显示器（参见图 2-17）显示系统的运行状态，数码管显示字符含义见表 2-4。

表 2-4　NCU 模块数码管显示字符含义

序号	显示字符	说　明
1	.	在循环操作中发现一个错误
2	0	转换为保护模式
3	1	开始从 PCMCIA 卡下载
4	带小数点的数字	已经下载的模块号出现在状态显示上
5	2	从 PCMCIA 卡成功下载
6	3	Debug 监控驱动
7	4	操作系统成功下载
8	5	操作系统已经下载
9	6	NCK 软件启动

(2) 指示灯含义

① NCK 状态指示灯　NCK 模块上左面一组 5 个灯指示 NCK 的状态，其含义见表 2-5。

表 2-5　NCK 状态指示灯含义

序号	指示灯	状态指示
1	POK	电源指示灯(绿灯),电源提供的电压在允许的范围内,NCK 工作电压正常时亮,否则不亮
2	NF	NCK 故障监控灯(红色),正常时不亮,NCK 有故障时亮
3	CF	COM 故障监控灯(红色),正常时不亮,有故障时亮
4	CB	OPI 接口有数据传输时闪(黄色),闪亮时说明有数据传输
5	CP	MPI 接口有数据传输时闪(黄色),闪亮时说明有数据传输

② PLC 状态指示灯　NCK 模块上右面一组 5 个灯指示 PLC 的状态，其含义见表 2-6。

表 2-6　PLC 状态指示灯含义

序号	指示灯	状态指示
1	PR	PLC 运行状态指示灯(绿灯),正常工作时亮
2	PS	PLC 停机状态指示灯(红灯),正常时不亮,PLC 停止时亮
3	PF	PLC 故障指示灯(红灯),正常时不亮,PLC 出现故障时亮
4	PFO	PLC 强制状态指示灯,正常时不亮
5	DP	正常时不亮,指示没有 PROFIBUS DP 配置或没有故障,亮时指示故障

2.2.4 西门子 840D pl 系统 NCU 模块上开关和按钮的作用

如图 2-17 所示，840D pl 系统 NCU 控制模块上有两个微动多位旋转开关和两个按钮。S1 按钮为复位按钮，按此按钮对系统的软、硬件进行复位，然后引导系统重新启动；S2 是系统非屏蔽中断请求按钮，按此按钮系统进行热启动；S3 是 NCK 启动开关，设定 NCK 的启动运行方式；S4 是 PLC 运行模式设定开关。这些开关的位置设置与具体作用见表 2-7。

表 2-7　NCK 模块上按钮和开关的作用

序号	开关	功能	说明	正常运行的位置
1	S1	RESET(复位)按钮	按此按钮对系统进行复位	
2	S2	NMI(非屏蔽中断)按钮	系统非屏蔽中断,按此按钮完成 NCK 的热启动	
3	S3	NCK 启动开关	位置 0:运行状态 位置 1:清除 NCK 内存	放置在 0 位

序号	开关	功能	说明	正常运行的位置
4	S4	PLC 运行模式设定开关	位置 0：PLC 运行/编程模式 位置 1：PLC 运行模式 位置 2：PLC 停机模式 位置 3：清除 PLC 内存	放置在 1 位

2.2.5 西门子 840D pl 系统的 MCP

机床控制面板 MCP 是英文 Machine Control Panel 的缩写，西门子 840D 有两种机床控制面板：车床型 MCP 和铣床型 MCP。图 2-18 是铣床型 MCP（6FC5203-0AD10-1AA0）的正面图片，上面有按键、倍率开关和指示灯。

图 2-18 铣床型 MCP 正面图片

图 2-19 是其背面图片，MCP 背面上有四个 LED 指示灯（参见图 2-19 和图 2-20）指示 MCP 的一些运行状态，详见表 2-8。

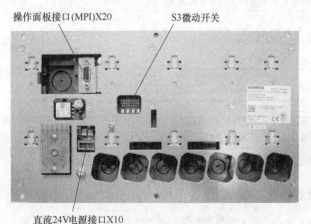

图 2-19 铣床型 MCP 背面图片

图 2-20 MCP 上 S3 开关和 LED 图片

表 2-8 MCP 背面的 LED 灯的功能说明

序号	名称	功　能
1	LED 灯 1 和 2	保留
2	LED 灯 3	当有 24V 电压时灯亮
3	LED 灯 4	发送数据时灯闪烁

MCP 机床控制面板的工作电压是 DC 24V，连接到接口 X10。S3 是 8 个微动开关，参考图 2-20 和图 2-21 可以对 MCP 通信的节地址和波特率进行设定，详见表 2-9。

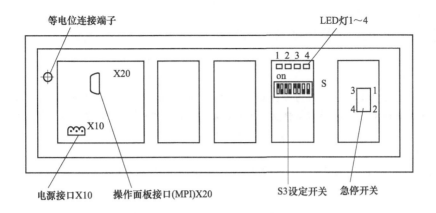

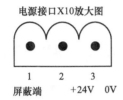

图 2-21　MCP 背面示意图

表 2-9　MCP 机床控制面板上 S3 开关的功能设置

开关号								说　明
1	2	3	4	5	6	7	8	
on off	— —	— —	— —	— —	— —	— —	— —	波特率＝1.5MBaud 波特率＝187.5kBaud
—	on off off	off on off	— — —	— — —	— — —	— — —	— — —	200ms 周期传送模式/2400ms 接收监控 100ms 周期传送模式/1200ms 接收监控 50ms 周期传送模式/600ms 接收监控
— 	— 	— 	on on on on on on on on off off off off off off off off	on on on on off off off off on on on on off off off off	on on off off on on off off on on off off on on off off	on off on off on off on off on off on off on off on off	— 	总线节点地址:15 总线节点地址:14 总线节点地址:13 总线节点地址:12 总线节点地址:11 总线节点地址:10 总线节点地址:9 总线节点地址:8 总线节点地址:7 总线节点地址:6 总线节点地址:5 总线节点地址:4 总线节点地址:3 总线节点地址:2 总线节点地址:1 总线节点地址:0
—	—	—	—	—	—	—	on	连接用户操作面板
—	—	—	—	—	—	—	off	连接 MCP
on	off	on	off	on	on	off	off	缺省设定
on	off	on	off	on	on	off	off	840D 缺省设定 波特率＝1.5Mbaud 周期传送标记/1200ms 接收监控 节点地址:6

2.2.6 西门子 840D pl 系统的 PCU50.1

西门子公司后续又推出了 PCU 系列的控制器以取代以前的 MMC 系列控制器。PCU 与新的操作面板 OP10、OP1OS、OP10C、OP12、OP15 匹配,有三种 PCU 可供选择——PCU20、PCU50、PCU70。PCU20 对应于 MMC100.2,不带硬盘,但可以带软驱;PCU50、PCU70 对应于 MMC103,可以带硬盘,与 MMC 不同的是 PCU50 和 PCU70 的软件系统是基于 Windows NT 的。PCU 的操作软件称为 HMI(人机界面),HMI 分为两种:嵌入式 HMI 和高级 HMI。通常在标准配置时,PCU20 使用的是嵌入式 HMI,PCU50 和 PCU70 装载高级 HMI。

PCU 系列控制单元的接口从单元后面观察在右侧端面,图 2-22 是 PCU50.1 控制单元(6FX5253-6BX10-4AF0)的右侧面接口图片,图 2-23 是 PC50.1 的背面图片。

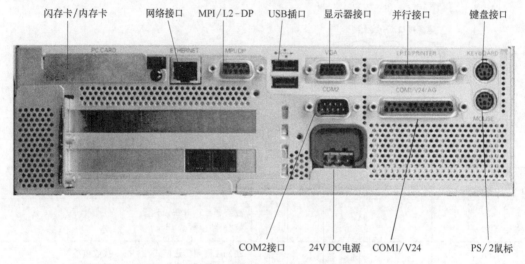

图 2-22 西门子 PCU50.1 控制单元右侧面接口图片

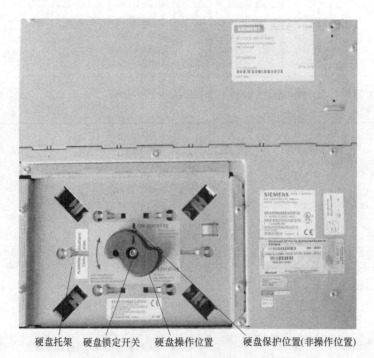

图 2-23 西门子 PCU50.1 控制单元背面图片

24

2.2.7　西门子 840D pl 系统初始化操作

西门子 840D pl 有时会出现程序、数据混乱故障，或者更换 NCK 模块后，需要恢复系统数据。恢复数据之前需要对 NC 和 PLC 进行初始化，然后下载数据。初始化和恢复系统数据操作步骤如下（参考图2-24）。

（1）NC 初始化（总清）

① 将 NC 启动开关 S3 拨到 "1"；

② 启动 NC，如 NC 已启动，按压复位按钮 S1；

③ 待 NC 启动成功后，七段数码管显示 "6"；

④ 将 S3 拨到 "0"，NC 总清执行完成。

NC 总清后，SRAM 内存中的内容被全部清除，所有机器数据（Machine Data）被预置为缺省值，此时 PS 和 PF 红灯都应该常亮。

（2）PLC 初始化（总清）

① 将 PLC 启动开关 S4 拨到 "2"；

② 将 S4 拨到 "3"，并保持约 3s 直到 PS 灯再次亮；

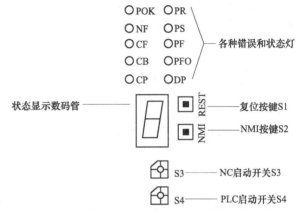

图 2-24　西门子 840D pl 系统 NCU 块声操作及显示元件

③ 在 3s 之内，快速执行如下操作，S4 拨到 "2"，再拨回 "3"，再拨到 "2"，在这个过程中，PS 灯先闪，后又亮，PF 灯亮；

④ 等 PS 和 PF 灯亮了，S4 "2" 拨到 "0"，这时，PS 和 PF 灯灭，而 PR 灯亮，至此 PLC 总清完成。

2.2.8　西门子 840D 系统密码保护问题

西门子 810D、840D pl 以及 840D sl 系统设计的系统数据保护按级别分为 7 级，按方式分为密码保护和带有不同颜色钥匙开关的开关保护。保护级别和系统缺省设置密码见表 2-10。

表 2-10　西门子 840D 系统密码与钥匙开关保护内容

用户级别		密码与开关位置	保护内容	使用者
高 ↓ 低	0	绝密	全部功能、程序和机床数据	西门子公司
	1	密码 SUNRISE（缺省设置）	限定的功能、程序和机床数据	机床厂
	2	EVENING（缺省设置）	指定的功能、程序和机床数据	制造商
	3	CUSTOMER（缺省设置）	常用的功能、程序和机床数据	用户
	4	橙色	可由机床制造商、直接用户设定	持证操作工
	5	钥匙开关 绿色	可由机床制造商、直接用户设定	受过培训的操作工
	6	黑色	可由机床制造商、直接用户设定	半熟练操作工
	7		只能进行日常操作,不能进入受保护的页面菜单	操作工

在表 2-10 中, 级别 0 为权限最高级, 这个级别的密码由西门子公司掌握, 是不许用户使用的。输入高一级密码后, 较低级的密码和钥匙开关保护功能自动失效。如输入西门子专家密码后, 其他密码和钥匙开关的保护功能全部失效。打开橙色钥匙开关后, 绿色和黑色钥匙开关保护功能自动失效。

注意, 无论是使用系统的标准密码还是机床制造厂商更换了的密码, 都不要随意改动, 以防密码遗忘后机床许多功能使用不了, 出现不必要的麻烦。西门子专家密码也是出于这个目的而设置为绝密级的, 一旦 1 级密码被改变进不去时, 需要西门子公司的专业技术人员通过输入 0 级密码重新设置 1 级密码。

2.3 西门子 840D sl 系统

西门子 840D sl 系统是 840D solution line 的简称, 是从西门子 840D pl 系统升级改进而来的, 其最主要区别是伺服系统采用 S120 书本型系统。840D sl 系统功能强大, 一台 840D sl 系统最多可控制 31 个轴、10 个通道。

2.3.1 西门子 840D sl 系统的构成

西门子 840D sl 数控系统硬件主要由 NCU (包含 NX)、MMC、PLC、S120 驱动系统、测量系统组成, MMC 由 HMI 和 PCU/TCU 组成。图 2-25 所示的是硬件构成示意图。

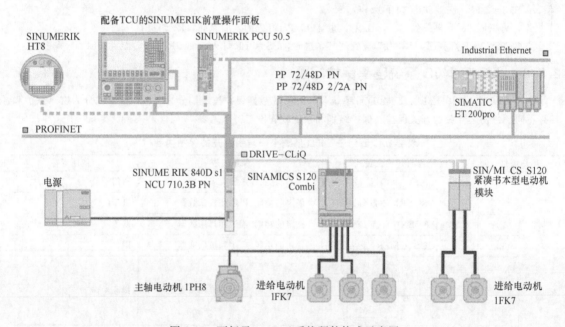

图 2-25 西门子 840D sl 系统硬件构成示意图

西门子 840D sl 数控系统通信能力非常强, 具有 3 种通信网络: PROFINET 工业以太网、PROFIBUS-DP (RS485) 串行总线、Drive CLiQ 驱动与测量总线。PROFINET 工业以太网总线主要负责 MMC、NCU、PG/PC 之间的连接; PROFIBUS-DP (RS485) 串行总线主要负责 PLC I/O 系统的连接; Drive CLiQ 驱动与测量总线主要负责驱动与测量系统连接。另外西门子 840D sl 数控系统也支持通过工业以太网接入上位机与工厂网络。

840D sl 系统与 840D pl 系统的主要不同之处有三。

① 最主要区别是伺服系统采用了 S120 书本型伺服系统, 这是一种通用型伺服系统, 而不是之前的 611D 数控专用伺服系统。

② 使用 Drive CLiQ 驱动与测量总线实现数控系统与驱动系统之间的通信。

③ 使用 TCU 作为显示控制器 (当然也可以不用 TCU, 直接使用 PCU 进行显示控制)。

2.3.2 西门子 840D sl 系统的 NCU 模块

NCU 是英文 Numerical Control Unit（数控单元）的缩写，NCU 模块是西门子 840D sl 系统的控制核心，实际上是一台专用数控的工业计算机系统，它将 NCK、MHI、PLC、伺服闭环控制和网络通信功能融为一体，图 2-26 是 NCU 模块的外观图片。

西门子 840D sl 1A 系列数控系统常用的 NCU 主要有 NCU710.2、NCU720.2、NCU720.2PN、NCU710.3、NCU730.3PN 五种规格。西门子 840D sl 1B 系列数控系统目前常用的 NCU 主要有 NCU710.3、NCU720.3、NCU720.3PN 三种规格。

图 2-27 是西门子 NCU720.2/3PN 和 NCU730.2/3PN 模块的接口示意图，图 2-28 是 NCU7×0.3 模块的接口连接图。

图 2-26　NCU 模块外观图

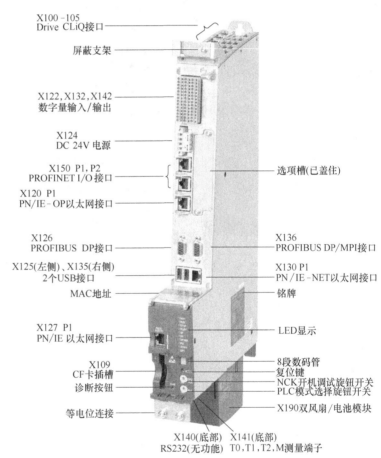

图 2-27　NCU720.2/3PN 和 NCU730.2/3PN 模块接口示意图

2.3.3 西门子 840D sl 系统 NCU 模块上的数码管与指示灯的含义

如图 2-29 所示，NCU 模块上有一个八段数码管、两个设定开关、10 个指示灯，下面介绍它们的具体含义。

(1) 西门子 840D sl 系统 NCU 模块上的数码管显示的含义

西门子 840D sl 系统的 NCU 模块上有一个八段数码管，该数码管显示 NCU 模块的工作状态，字符显示的含义见表 2-11。

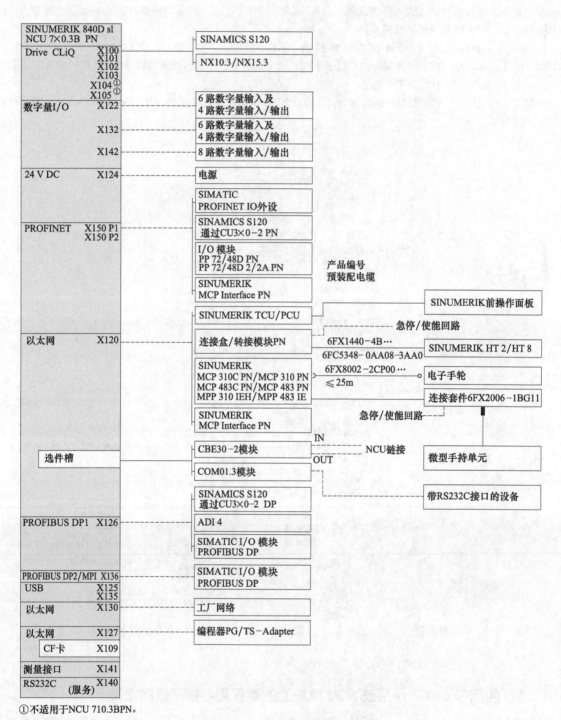

①不适用于NCU 710.3BPN。

图 2-28　NCU7×0.3 模块接口连接图

图 2-29　NCU 指示灯、数码管与设定开关

表 2-11　西门子 840D sl 系统 NCU 模块数码管字符显示含义

数码管显示的字符	含　义
0	没有 CF 卡,真正的模式可能已经切换到保护模式
1	开始下载 PCMCIA 卡
2	下载 PCMCIA 卡已经结束成功
3	调试监测初始化
4	操作系统成功下载
5	操作系统启动,NC 就绪,但 PLC 无硬件配置或配置不正确,PLC 处于停止状态
6	NCK 软件初始化
6.	NCU 正常工作状态
8	NCU 无风扇或者风扇故障

(2) 西门子 840D sl 系统 NCU 模块上的指示灯含义

如图 2-29 所示,西门子 840D sl 系统 NCU 模块上有一排 LED 指示灯,其含义见表 2-12。

表 2-12　西门子 840D sl 系统 NCU 模块上指示灯的含义

LED 灯	名称	灯显示状态	指示含义
RDY	Ready	绿	NCU 模块正常工作
		红	NCU 在启动过程中或者有故障
		红/黄 0.5Hz 闪烁	CF 卡访问出错
		橙	正在访问 CF 卡
RUN	PLC RUN	绿	PLC 运行就绪
STOP	PLC STOP	黄	PLC 处于停止状态
SU/PF	PLC FORCE	红	FORCE(强制)已激活,PLC 有 I/O 处于强制状态
SF	PLC SF	红	PLC 总故障
DP	BUS1 F	红	PROFIBUS 总故障 X126
DP/MPI	BUS2 F	红	PROFIBUS I/O 故障 X136
PN	PN FAULT	红	PROFINET I/O 错误 X150
SY/MT	MAINT	橙色	同步状态(SY):无功能 NCU 维修状态(MT):申请维修
OPT	—	—	保留

2.3.4 西门子 840D sl 系统 NCU 模块上的开关与按钮的作用

如图 2-29 所示,西门子 840D sl 系统 NCU 模块上有两个多位设定开关 SVC/NCK 和 PLC,设定开关 SVC/NCK 是设定 NC 工作状态的,设定开关 PLC 是设定 PLC 工作状态的。这两个开关的具体功能见表 2-13。

表 2-13 西门子 840D sl 系统 NCU 模块上设定开关的设定功能

开关名称	开关位置	作　用
SVC/NCK	0	NC 正常启动
	1	NC 数据总清,并装载出厂默认数据
	2	NC 和 PLC 使用断电数据启动
	7	服务模式,NC 未启动(通常自动作 CF 卡备份时使用)
	8	显示 X130 端口的 IP 地址
PLC	0	PLC 正常运行并可修改 PLC 程序
	1	PLC 正常运行,PLC 程序不可修改
	2	PLC 停止运行
	3	PLC 总清

2.3.5 西门子 840D sl 系统 NX 扩展模块

由于 NCU 内部最多只集成了 6 个轴的控制功能,如果增加轴数,则需配置相应的扩展数控模块 NX。NX 模块现在有 NX10 和 NX15 两种,NX10 模块最多可控制 3 个 NC 轴;NX15 模块最多可控制 6 个 NC 轴。图 2-30 是 NX 扩展模块接口示意图,其中一个 Drive CLiQ 接口与 NCU 相连,其余 Drive CLiQ 接口用于轴控制等。增加一个 NX 扩展模块就会占用 NCU 一个 Drive CLiQ 接口。一个 NCU 最多只能带 5 个 NX 扩展模块。

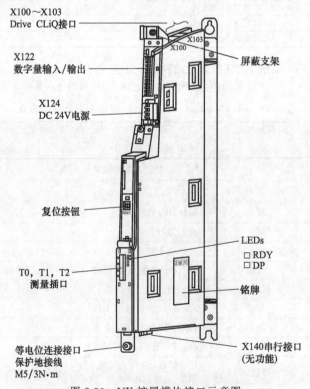

图 2-30 NX 扩展模块接口示意图

NX 模块上有两个 LED 指示灯 RDY 和 DP1，其状态含义说明见表 2-14。NX10/NX15 模块上的 RESET 复位按钮可以对其自身连接的所有轴进行复位。

表 2-14　NX10/NX15 模块上 LED 指示灯的含义

LED 灯	LED 灯颜色	LED 灯状态	含　义
RDY	—	熄灭	无 DC 24V 电源或电压不正常
	绿	常亮	NX10/NX15 准备就绪
		2Hz 闪烁	正在写 CF 卡
	红	常亮	NX10/NX15 故障
		0.5Hz 闪烁	启动故障(软件下载到 RAM 失败)
	黄	常亮	软件正在下载
		0.5Hz 闪烁	软件不能下载
		2Hz 闪烁	软件 CRC 校验错误
DP1 (CU_Link)	—	熄灭	电源电压不正常,通信未就绪
	绿	常亮	与 NCU 通信就绪,且有循环通信数据交换
		0.5Hz 闪烁	与 NCU 通信就绪,但无循环通信数据交换
	红	常亮	与 NCU 通信故障

2.3.6　西门子 840D sl 系统 PCU 模块

西门子 840D sl 系统的 PCU 有 PCU50.3 和 PCU50.5 两种规格，实际上 PCU 是一台工业 PC 机，其集成了通信与部分扩展功能，安装西门子专用数控软件，使用 Windows XP 操作系统。

PCU50.3 和 PCU50.5 可以与不带 TCU 单元的操作面板直接组合安装，安装在操作面板的背面；也可以安装在控制柜中通过工业以太网与 NCU 或安装了 TCU 的操作面板连接。

(1) PCU50.3 模块

图 2-31 是 PCU50.3 的外观示意图，在硬盘支撑板上安装了"Non-Operation/Operation"开关，用于区分硬盘在"运输/库存"还是在"运行"状态。开关在"Non-Operation"位置时硬盘被固定，硬盘电源开关处于断开状态。

图 2-32 是西门子 PCU50.3 模块的左侧接口分布图，各元件、接口的含义见表 2-15。

图 2-31　西门子 PCU50.3 模块的外观图片

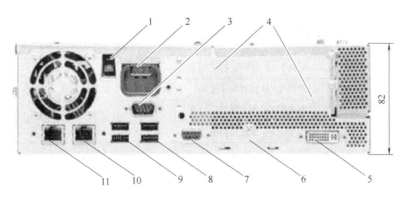

图 2-32　西门子 PCU50.3 模块左侧接口分布图

表 2-15　PCU50.3 左侧接口说明

序号	接口标识	说　　明
1	X0	电源开关
2	X1	电源插头
3	COM1	串行接口
4		PCI 插槽
5	X302	DVI-I 接口
6	X4	CF 卡(不支持热插拔)
7	X600	PROFIBUS DP/MPI
8	X41	USB4/USB5
9	X40	USB0/USB2
10	X501	以太网 1(工厂网络接口,默认自动获得 IP 地址)
11	X500	以太网 2(系统网络接口,固定 IP 地址 192.168.214.241)

图 2-33 是西门子 PCU50.3 模块右侧接口分布图。

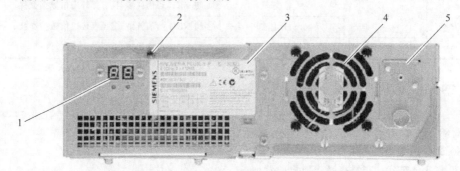

图 2-33　西门子 PCU50.3 模块右侧接口分布图

1—两个数码管,其显示的字符含义见表 2-16;2—支架螺钉孔;3—PCU 铭牌;4—风扇;5—电池盖板

表 2-16　PCU50.3 模块两个数码管显示字符的含义

两个数码管显示字符		状态说明	处理方法
0	0	正常运行	
1	0	启动时:Windows XP 启动 运行时:PCU50.3 模块超温	检查 BIOS 设置和实际温度
2	0	启动时:PCU 硬件已启动 运行时:CPU 风扇报警	检查 CPU 风扇是否有问题
3	0	硬盘报警	检查或更换硬盘
5	0	启动时:等待通信接口就绪 退出时:已关闭 Windows XP 系统	
6	0	VNC 服务失效或停止	
8	0	等待 FTP 服务启动	
9	0	等待 TCU 硬件启动服务	仅适用于带 TCU 远程访问
A	0	等待 VNC 服务启动	
b	0	等待 HMI 管理器启动	

(2) PCU50.5 模块

　　西门子 PCU50.5 模块采用固态硬盘,操作系统分为 WinXP 和 Win7 两种版本,是目前 PCU 的最新产品。图 2-34 是西门子 PCU50.5 模块外观图片,因为采用固态硬盘,所以模块上没有以往 PCU 模块的硬盘保护开关。

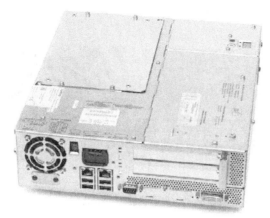

图 2-34　西门子 PCU50.5 模块外观图片

图 2-35 是西门子 PCU50.5 模块左侧接口分布图，各元件、接口的含义见表 2-17。

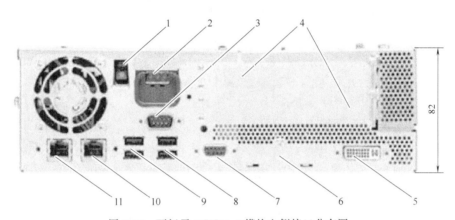

图 2-35　西门子 PCU50.5 模块左侧接口分布图

表 2-17　PCU50.5 模块左侧接口说明

序号	接口标号	接口说明
1	X0	电源开关
2	X1	电源插座
3	COM1	串行接口
4		PCI 插槽
5	X302	DVI-I 接口
6	X4	CF 卡(不支持热插拔)
7	X600	PROFIBUS DP/MPI
8	X41	USB4/USB5
9	X40	USB0/USB2
10	X501	以太网 1(工业网络接口,默认自动获得 IP 地址)
11	X500	以太网 2(系统网络接口,固定 IP 地址 192.168.214.241)

图 2-36 是西门子 PCU50.5 模块右侧图片。

2.3.7　西门子 840D sl 系统客户端 TCU 模块

TCU 是英文 Thin Client Unit（薄客户端）的缩写，TCU 没有硬盘，需要连接服务器控制。TCU 模块实际是一个显示控制器，OP 操作面板显示的内容就是通过 TCU 模块控制的，TCU 模块的操作系统都集成在 NCU 中，通常显示的是 NCU 的内置界面，当然通过切换也可以显示 PCU 的内容。使用了 TCU 模块后，PCU 模块就可以安装在电气柜中，不用安装在显示器的后面了。

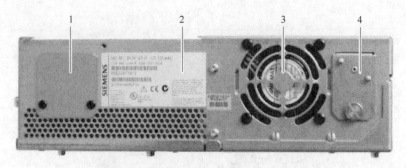

图 2-36　西门子 PCU50.5 模块右侧图片

1—支架螺钉孔；2—PCU 铭牌；3—风扇；4—电池盖板

西门子 840D sl 系统最简单的配置就是不使用 PCU 模块，只使用 TCU 显示 NCU 的内容，直接构成显示控制系统。当然西门子 840D sl 系统也可以不用 TCU 模块，单独使用与西门子 840D pl 系统相同的 PCU 模块控制方式进行显示控制。TCU 模块只有网口和 USB 接口，还有显示接口，存储空间很小。

图 2-37 是 TCU 模块下方接口的示意图，其含义见表 2-18。图 2-38 是 TCU 模块背面接口示意图，图 2-39 是安装 TCU 模块、OP 和 MCP 操作单元的电气控制箱背部图片。

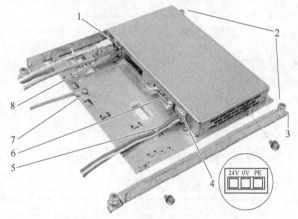

图 2-37　TCU 模块下方接口示意图

图 2-38　TCU 模块背面接口示意图

1—接口 X208，连接显示电缆 K2；

2—接口 X207，连接 USB 电缆 K1

表 2-18　TCU 模块下方接口含义

序号	接口标识	说明	序号	接口标识	说明
1	X203/X204	USB 接口	5		固定带
2		安装支架	6	X205	预留
3		固定钩爪	7		接地
4	X206	24V 电源接口	8	X202	以太网接口

2.3.8　西门子 840D sl 系统初始化操作

当更换西门子 840D sl 系统 NCU 或者 NCU 内存出现问题时，要对 NCU 进行初始化，即清零操作。

(1) NC 系统清零

西门子 840D sl 系统执行以下 NC 清零操作。

① 将 NCU 正面的 SVC/NCK 设定开关旋转到位置 "1"。

② 通过重启控制系统或按下 NCU 模块正面的 "RESET" 按键，执行一次上电复位。系统自动关闭并在清零后重新启动。

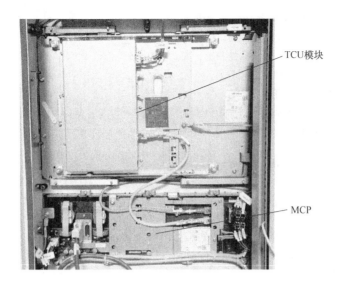

图 2-39　安装 TCU 模块、OP 和 MCP 操作单元的电气控制箱背部图片

③ 在系统启动后将 NCK 调试开关再次转回到位置 "0" 处。

NC 系统清零操作后：

—在 NCU 正面的 8 段显示屏上输出数字 "6" 和一个闪烁的点。

—LED "RUN" 指示灯亮起。

（2）PLC 系统清零

西门子 840D sl 系统执行以下 PLC 清零操作。

①将 NCU 正面的 PLC 运行方式开关转到位置 "3"。

②通过重启控制系统或按下 NCU 正面的 "RESET" 按键，执行一次上电复位。NCU 被关闭并在清零后重新启动。

这时：

—LED "STOP" 指示灯闪烁。

—LED "SF" 指示灯常亮。

③在约 3s 之内旋转 PLC 运行方式开关 "2" → "3" → "2"。

此时，LED "STOP" 指示灯首先以约 2Hz 的频率闪烁，然后重新保持常亮。

④ 将 PLC 运行方式开关重新旋转回开关位置 "0"。

此时：

—LED "STOP" 熄灭。

—LED "RUN" 先是闪烁，然后保持绿色恒亮。

清零后 PLC 处于如下规定的状态。

—用户数据被删除（数据模块和程序模块）。

—系统数据模块（SDB）被删除。

—诊断缓存器及 MPI 参数被复位。

2.4　发那科 0C 系统

2.4.1　发那科 0C 系统的构成

发那科 0C 系统采用模块化结构，主要构成模块有数控单元、进给和主轴伺服单元以及相应的进给伺服电动机和主轴电动机、CRT 显示器、系统操作面板、机床操作面板、附加的 I/O 接口板、电池盒、手摇脉冲发生器等。下面介绍发那科 0C 系统的基本构成。

发那科 0C 系统的数控单元为大板结构，基本配置有：主印制电路板（PCB）、存储器板、图形显示板、可编程机床控制器板（PMC-M）、伺服轴控制板、输入/输出接口板、子 CPU 板、扩展轴板和 DNC 控制板。下面介绍各主要组成部件的具体功能。

(1) 主印制电路板（PCB）

主印制电路板（PCB）是系统的底板，各功能板都插接在该板上，主 CPU 安装在该板上用于系统主控，这是数控机床"大脑"的核心，是执行程序的关键部件。

(2) 电源单元

为系统工作提供＋5V、±15V、＋24V 电压。

(3) 图形显示板

该板提供图形显示功能，以及第 2、3 手摇脉冲发生器接口等。

(4) PMC-M 控制板

发那科 0C 系统采用 PMC-M 型可编程控制器，其 CPU 集成在数控的 CPU 上，通过 PMC 控制板提供扩展的输入、输出板（B2）的接口。

(5) 基本轴控制板

基本轴控制板是数控系统进行伺服控制的重要组成部分，是执行数字控制的关键部件，其功能如下。

① 提供 X、Y、Z 和第四轴的进给控制指令，输出到伺服系统，控制伺服轴的进给，也就是说该板输出的信号控制伺服轴的运行和速度。

② 接收 X、Y、Z 和第四轴位置编码器的位置反馈信号，以实现位置环的半闭环或全闭环控制。通俗地讲，伺服轴运动了多少是通过这个模块传入数控系统的。

(6) 输入/输出接口板

该板是数控系统的 PMC 开关量接口板，与机床进行开关信号的连接，通过该板上的插座 M1、M18 和 M20 连接输入信号，把机床上的操作按钮指令信号、各种传感器检测信号传入数控系统；通过该板上的插座 M2、M19 和 M20 提供输出信号，控制机床各种机构的动作（通过继电器、电磁阀等）及各种指示灯的显示。该板为 PMC 实现开关量的输入/输出功能。

(7) 存储器板

该板是数控系统的记忆装置，用于系统、数据的存储，另外该板还有串行主轴接口（通过光纤与主轴控制装置通信，控制主轴的旋转，接收主轴转速反馈信号和诊断信号）、CRT/MDI 接口、Reader/Puncher 接口（通过这个接口可以与外部计算机通信）、模拟主轴接口、主轴位置编码器接口、手摇脉冲接口等。

所有的控制板都插在主印制电路板的总线槽上，与 CPU 通过总线相连。图 2-40 是发那科 0C 系统数控单元结构图，图 2-41 是发那科 0C 系统构成框图。

主印制电路板MASTER

图 2-40　发那科 0C 系统数控单元结构图

2.4.2　发那科 0C 系统的连接

发那科 0C 系统各个组成部分通过接口和电缆连接，系统正确的连接是机床正常工作的基本保证，图 2-42 是发那科 0C 系统数控单元内部电缆连接示意图，通过这个图可以了解发那科 0C 系统的总体连接状况。

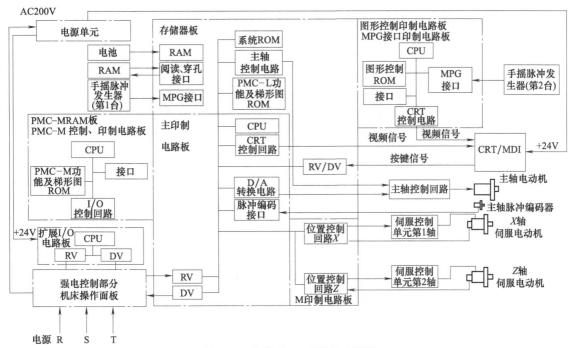

图 2-41　发那科 0C 系统构成框图

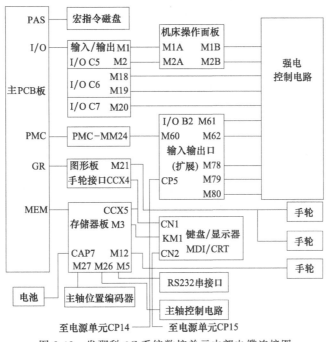

图 2-42　发那科 0C 系统数控单元内部电缆连接图

2.5　发那科 0iC 系统

2.5.1　发那科 0iC 系统的构成

发那科 0iC 系统具有集成度比较高、模块较少以及功能齐全的特点。发那科 0iC 系统主要由主控制单元、

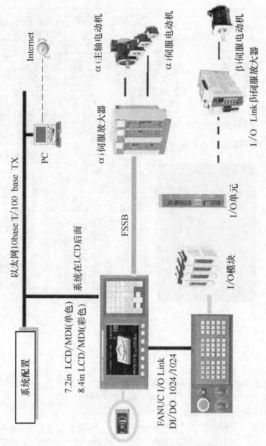

图 2-43 发那科 0iC 系统的基本配置示意图

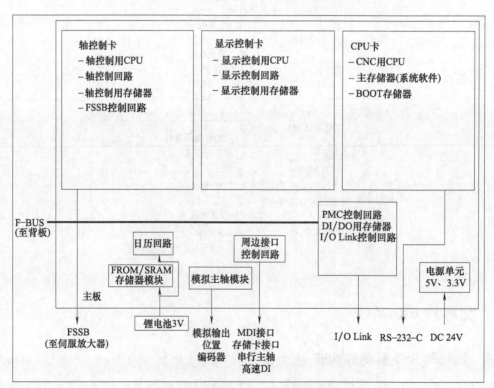

图 2-44 发那科 0iC 系统主控板框图

LCD 显示器与系统键盘、I/O 接口单元以及 αi 或 βi 伺服进给和主轴单元组成。图 2-43 是发那科 0iC 系统的基本配置示意图。发那科 0iC 系统的最大特点是采用了 I/O Link 总线与 I/O 设备相连，使用 FSSB 总线与伺服驱动单元相连。

发那科 0iC 系统主要构成单元如下。

(1) 发那科 0iC 主控单元

发那科 0iC 主控单元是系统控制核心，其功能强大，具有 NC 的 CPU 功能、PMC 的 CPU 功能、存储器功能、伺服控制功能以及电源功能等。图 2-44 是发那科 0iC 系统主控单元框图，电源接口直接插接直流 24V 电源。图 2-45 是发那科 0iC 系统主控单元的实物图片，从图片可以看到线路板的结构——采用主板插接小槽功能控制板的结构。

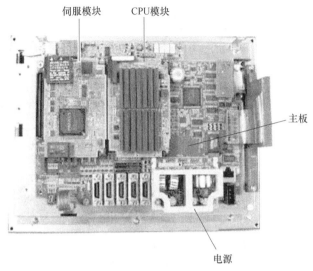

图 2-45　发那科 0iC 主控单元图片

(2) LCD 显示器与操作键盘

图 2-46　发那科 0iC 系统显示器与键盘图片

图 2-47　αi 系列伺服模块图片

发那科 0iC 系统主控单元的正面是 LCD 液晶显示器、MDI 键盘与软键按键，如图 2-46 所示，用来对系统的状态进行显示和操作，这是人机交流的部件。另外在面板的左侧有一个存储卡的卡槽，可以插接存储卡对系统数据、加工程序进行存取。

(3) PMC 接口模块

发那科 0iC 系统有多种 PMC 接口模块可供选择使用，下面介绍几种常用的 PMC 接口模块。

1) 发那科 0iC 系统 I/O 接口模块　发那科 0iC 系统 I/O 接口模块是一种通用型、标准的机床数字量 I/O 连接模块，数控系统 I/O 接口经常使用这个模块。这个模块有四个数字量接口，可以连接 96 个输入信号和 64 个输出信号；一个手轮发生器接口可以连接 3 个手轮；另外还有 8 个输入接口信号供报警检测用。

2) 主操作面板 I/O 接口模块　主操作面板 I/O 接口模块直接安装在标准机床主操作面板的背面，不能单独使用。主操作面板 I/O 接口模块具有 128 个输入点和 64 个输出点，其中：①操作按钮和状态指示灯占用 64/64 点的 I/O 口；②手轮脉冲输入信号占用 24 点输入口；③连接外部通用 I/O 信号 32/8 点；④8 点输入作为备用。

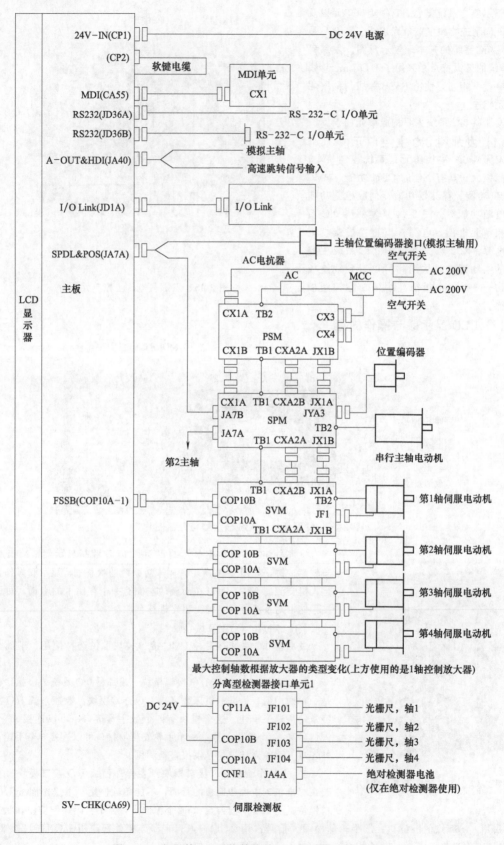

图 2-48　发那科 0iC 系统数控单元内部电缆连接示意图

3）通用操作面板 I/O 模块　通用操作面板 I/O 模块用于连接用户自制的各种机床操作面板，可以连接 3 个手轮，另外还有 48/32 点的 I/O 接口可以自由使用。通用操作面板 I/O 模块还有一种规格，区别只是不带手轮接口。

通用操作面板 I/O 模块总计具有 80 个输入点和 64 个输出点，其中：①用于自由使用的 48/32 点 I/O 接口；②手轮脉冲输入使用 24 点输入；③8 点输入为报警检测用。

4）分布式 I/O 单元　分布式 I/O 单元是发那科公司一种通用的 I/O 接口设备，分布式 I/O 单元与其他 I/O 模块相比，I/O 点数、规格可变，并具有模拟量输入/输出功能。

分布式 I/O 单元由带有 I/O Link 总线接口的基本模块与可选择的扩展模块组成，其结构和布置方式与模块化 PLC 类似，只是各扩展模块不是插接在总线板上，而是通过扁平电缆连接。控制模块最多可以连接 4 个，可以增加分布式 I/O 单元以增加 I/O 点的连接数量，一组分布式 I/O 单元与另一组分布式 I/O 单元也是通过 I/O Link 总线相连。

分布式 I/O 单元使用的模块有：开关量输入/输出信号模块、带手轮的开关量输入/输出信号模块以及模拟输入模块。

另外 I/O 模块还有小型主操作面板 I/O 模块、矩阵扫描输入操作面板 I/O 模块、模拟量输入/输出模块等，因为篇幅所限，所以这里不做详细介绍。

（4）伺服单元

发那科 0iC 系统通常使用 αi 或者 βi 系列伺服进给和主轴控制模块对机床进给和主轴进行控制，图 2-47 是一个 αi 系列伺服电源模块、一个主轴模块和一个进给模块的实物图片。

2.5.2　发那科 0iC 系统的连接

系统的正确连接是机床正常工作的基本保证，图 2-48 是发那科 0iC 系统数控单元的内部电缆连接示意图。通过这个连接图可以看到系统连接情况以及哪个接口连接哪个设备，从而能够更好地理解系统的总体构成概念。

第 ③ 章　数控机床编程系统

3.1　数控机床编程系统介绍

数控机床虽说是自动化机床，但实际上是不能完全脱离人为控制自行加工工件的，数控机床所谓的自动加工是按照编制好的加工程序进行的。所以在加工工件之前，必须按照加工要求、工件的尺寸和轮廓编制加工程序或用专用编程软件进行编程，然后输入到数控系统中，数控机床才能执行编制好的加工程序进行自动加工。

对于机床维修人员来讲，有必要了解加工程序的编制和运行，只有这样，当机床加工出现故障时才能尽快排除故障，恢复机床正常加工。

3.1.1　加工程序的格式

每种数控系统，根据系统本身的特点及编程的需要，都要有一定的程序格式。对于不同类型的数控机床，其程序格式也不尽相同，因此必须严格按照机床说明书的规定格式进行编程。下面介绍通常情况下的程序结构和格式。

(1) 程序格式

一个完整的程序由程序号、程序内容和程序结束三部分组成。例如：

```
％23                              程序号
N10 G92 G00 X40 Y30;       ┐
N20 G90 G00 X28 T01 S100 M03; │
N30 G01 X－10 Y20 F100;      │
N40 X0 Y0;                    ├  程序内容
N50 X30 Y10;                 │
N60 G00 X58;                 ┘
N70 M02;                          程序结束
```

① 程序号　在程序开头要有程序号，以便进行程序检索。程序号就是给加工程序一个编号，并说明该工件加工程序开始。如西门子数控系统中，一般采用符号％开头及后面最多 4 位十进制数表示程序号（％××××），4 位数中若前面为 0，可以省略，如"％0023"省略为"％23"。而其他系统有时也采用符号"O"或"P"及其后 4 位十进制数表示程序号。

② 程序内容　程序内容是整个程序的核心，它由许多程序段组成，每个程序段由一个或多个指令构成，它表示数控机床要完成的全部动作。

③ 程序结束　程序结束是以程序结束指令 M02、M30 或 M17（子程序结束）作为程序结束的符号，用以结束工件加工。

(2) 程序段格式

工件的加工程序是由许多程序段组成的，每个程序段由程序段号、若干个数据字和程序段结束字符组成，每个数据字控制系统的具体指令，它是由地址符、特殊文字和数字集合而成的，它代表机床的一个位置或一个动作。

程序段格式是指一个程序段中字、字符和数据的书写规则。目前国内外广泛采用字-地址可变程序段格式。

所谓字-地址可变程序段格式，就是在一个程序段内数据字的数目以及字的长度（位数）都是可以变化的格式。不需要的字以及与上一程序段相同的续效字（模态指令）可以不写。一般的书写顺序按表 3-1 所示从左向右进行编写，对其中不用的功能省略。

该格式的优点是程序简洁、直观以及容易检查、修改。

表 3-1 程序段编写顺序格式

1	2	3	4	5	6	7	8	9	10	11
N__	G__	X__ U__ P__ A__ D__	Y__ V__ Q__ B__ E__	Z__ W__ R__ C__	I__ J__ K__	F__	S__	T__	M__	LF （或 CR）
程序段 序号	准备功能	坐标字				进给功能	主轴功能	刀具功能	辅助功能	结束符号
		数据字								

例如：N30 G01 X100 Z−50 F220 S1500 T05 M03 LF；

程序段内各字的说明：

① 程序段序号　用以识别程序段的编号。用地址码 N 和后面若干位数字来表示。如 N30 表示该语句的语句号为 30。

② 准备功能 G 指令　是使数控机床作某种动作的指令，用地址 G 和两位数字组成，从 G00～G99 共100 种。

③ 坐标字　由坐标地址符（如 X、Z）、＋、－符号及绝对值（或增量）的数值组成，且按一定的顺序进行排列。坐标字的正符号"＋"可省略。

其中坐标字的地址符含义见表 3-2。

表 3-2 坐标字的地址符含义

地　址　符	意　　义
X__ Y__ Z__	基本直线坐标值尺寸
U__ V__ W__	第一组附加直线坐标轴尺寸
P__ Q__ R__	第二组附加直线坐标轴尺寸
A__ B__ C__	绕 X、Y、Z 旋转坐标值尺寸
I__ J__ K__	圆弧，圆心的坐标尺寸
D__ E__	附加旋转坐标轴尺寸
R__	圆弧半径值

各坐标轴的地址符按下列顺序排列：

X、Y、Z、U、V、W、P、Q、R、A、B、C、D、E。

④ 进给功能 F 指令　用来指定各运动坐标轴及其任意组合的进给量或螺纹导程。该指令属于模态代码。

⑤ 主轴转速功能字 S 指令　用来指定主轴的转速，由地址码 S 和其后的若干数字组成。有恒转速（单位 r/min）和表面恒线速（单位 m/min）两种运转方式。如 S1500 表示主轴转速为 1500r/min；对于有恒线速度控制功能的机床，还要用 G96 或 G97 准备功能指令配合 S 代码来指定主轴的速度。如 G96 S300 表示切削速度为 300m/min，G96 为恒线速度控制指令。G97 S1500 表示注销恒线速指令 G96，主轴转速为1500r/min。

⑥ 刀具功能 T 指令　主要用来选择刀具，也可用来选择刀具偏置和补偿，由地址码和若干数字组成，如 T05 表示换刀时选择 5 号刀具，用作刀具补偿时，T05 是指按 5 号刀事先所指定的数据进行补偿。若用四位数码指令时，例如 T0502，则前两位数字表示刀号，后两位数字表示刀补号。由于不同的数控系统有不同的指定方法和含义，具体应用时应参照所用数控机床编程说明书的有关规定进行。

⑦ 辅助功能字 M 指令　辅助功能表示一些机床辅助动作及状态的指令，由地址码 M 和后面的两位数字表示。从 M00～M99 共 100 种。

⑧ 程序段结束　写在每个程序段之后，表示程序结束。用 EIA 标准代码时，结束符为"CR"，用 ISO标准代码时为"NL"或"LF"，还有的用符号"；"或"＊"表示。

3.1.2　G指令代码

G指令也称为G代码或者准备功能，它是使机床或者数控系统建立起某种加工方式的指令。G代码由大写字母G和后面的两位数字组成，从G00～G99共100种。表3-3为G指令的定义。

G指令分为模态指令（又称续效指令）和非模态指令两类。表中序号②一栏中标有字母的所对应的G代码为模态指令，字母相同的为一组。

模态指令表示若某一指令在一个程序段被指定（如a组的G01），就一直有效，直到出现同组（a组）的另一个G指令（如G02）时才失效。表中序号②一栏中没有字母的表示对应的G指令为非模态指令，即只有在写有该指令的程序段内有效。

表中序号④栏中的"不指定"意思为用作修改标准、指定新功能时使用。而标有"永不指定"的，指的是即使修改标准，也不指定新的功能。这两类G指令可以由机床的设计者根据需要定义新的功能，并在机床说明书中给予说明，以便用户使用。

表 3-3　G指令（准备功能）表

①代码	②功能保持到被取消或被同样字母表示的程序指令所替代	③功能仅在出现的程序段有作用	④功能	①代码	②功能保持到被取消或被同样字母表示的程序指令所替代	③功能仅在出现的程序段有作用	④功能
G00	a		点定位	G50	#(d)	#	刀具偏置 0/−
G01	a		直线插补	G51	#(d)	#	刀具偏置+/0
G02	a		顺时针方向圆弧插补	G52	#(d)	#	刀具偏置−/0
G03	a		逆时针方向圆弧插补	G53	f		直线偏移,注销
G04		#	暂停	G54	f		直线偏移 X
G05	#		不指定	G55	f		直线偏移 Y
G06	a		抛物线插补	G56	f		直线偏移 Z
G07	#		不指定	G57	f		直线偏移 XY
G08		#	加速	G58	f		直线偏移 XZ
G09		#	减速	G59	f		直线偏移 YZ
G10～G16	#		不指定	G60	h		准确定位 1（精）
G17	c	#	XY 平面选择	G61	h		准确定位 1（中）
G18	c	#	ZX 平面选择	G62	h		快速定位 1（粗）
G19	c	#	YZ 平面选择	G63	*		攻螺纹
G20～G32	#	#	不指定	G64～G67	#	#	不指定
G33	a		螺纹切削,等螺距	G68	#(d)	#	刀具偏置,内角
G34	a		螺纹切削,等螺距	G69	#(d)	#	刀具偏置,外角
G35	a		螺纹切削,等螺距	G70～G79	#	#	不指定
G36～G39	#		永不指定	G80	e		固定循环注销
G40	d		刀具补偿/刀具偏置取消	G81～G89	e		固定循环
G41	d		刀具补偿/左	G90	j		绝对尺寸
G42	d		刀具补偿/右	G91	j		增量尺寸
G43	#(d)	#	刀具偏置/左	G92		#	预置尺寸
G44	#(d)	#	刀具偏置/右	G93	k		预置寄存
G45	#(d)	#	刀具偏置+/+	G94	k		时间倒数,进给率
G46	#(d)	#	刀具偏置+/−	G95	k		每分进给
G47	#(d)	#	刀具偏置−/−	G96	i		主轴每转进给
G48	#(d)	#	刀具偏置−/+	G97	i		恒线速度
G49	#(d)	#	刀具偏置 0/+	G98～G99	#	#	不指定

注：1. #表示如选作特殊用途，必须在程序格式说明书中说明；如在直线切削控制中没有刀具补偿，则G43～G52可指定作其他用途。

2. 在表②栏带括号的字母"d"表示可以被同栏中没有括号的字母"d"所注销或替代，亦可被带括号的字母"d"所注销或替代。

3. G45～G52的功能可用于机床上任意两个预定的坐标。

4. 控制系统上没有 G53～G59、G63功能时，可以指定作其他用途。

3.1.3　M 指令代码

M 指令为辅助功能，也称为 M 代码，M 指令控制数控机床辅助装置的接通或断开。如开、停冷却泵，启动主轴正、反转，程序结束等，特别是自动化程度比较高的设备，系统通过 M 指令来控制各个辅助装置的运行。辅助功能指令有 M00～M99 共 100 种，也有模态指令和非模态指令之分。表 3-4 为 M 代码的定义。

由于生产数控系统、数控机床的厂家很多，每个厂家使用的 G 功能、M 功能不尽相同（特别是标准中没有指定功能的指令），因此用户在使用数控机床时，必须根据机床说明书的规定进行编程。

表 3-4　M 代码（辅助功能）表

代号	功能开始时间		功能保持到被注销或被适当程序指令代替	功能仅在所出现的程序段内起作用	功能
	与程序段指令运动同时开始	在程序段指令运动完成后开始			
M00		*		*	程序停止
M01		*		*	计划停止
M02		*		*	程序结束
M03	*		*		主轴顺时针方向
M04	*		*		主轴逆时针方向
M05		*	*		主轴停止
M06	#	#		#	换刀
M07	*		*		2 号切削液开
M08	*		*		1 号切削液开
M09		*	*		切削液关
M10	#	#	#		夹紧
M11	#	#	#		松开
M12	#	#	#	#	不指定
M13	*		*		主轴顺时针方向，切削液开
M14	*		*		主轴逆时针方向，切削液开
M15	*			*	正运动
M16	*			*	负运动
M17、M18	#	#	#	#	不指定
M19		*	*		主轴定向停止
M20～M29	#	#	#	#	永不指定
M30		*		*	纸带结束
M31	#	#		#	互锁旁路
M32～M35	#	#	#	#	不指定
M36	*		*		进给范围 1
M37	*		*		进给范围 2
M38	*		*		主轴转速 1
M39	*		*		主轴转速 2
M40～M45	#	#	#	#	如有需要作为齿轮挡，此外不指定
M46、M47	#	#	#	#	不指定
M48		*	*		注销 M49
M49	*		*		进给率修正旁路
M50	*		*		3 号切削液开
M51	*		*		4 号切削液开
M52～M54	#	#	#	#	不指定
M55	*		*		刀具直线位移，位置 1
M56	*		*		刀具直线位移，位置 2
M57～M59	#	#	#	#	不指定
M60		*		*	更换工件

续表

代号	功能开始时间		功能保持到被注销或被适当程序指令代替	功能仅在所出现的程序段内起作用	功能
	与程序段指令运动同时开始	在程序段指令运动完成后开始			
M61	*		*		工件直线位移,位置1
M62	*		*		工件直线位移,位置2
M63~M70	#	#	#	#	不指定
M71	*		*		工件角位移,位置1
M72	*		*		工件角位移,位置2
M73~M89	#	#	#	#	不指定
M90~M99	#	#	#	#	永不指定

注：1. #表示如选作特殊用途，必须在程序格式说明书中说明。

2. M90~M99可指定为特殊用途。

3.2 M 指令的实现

3.2.1 西门子 810T/M 系统 M 指令的实现

西门子810T/M系统程序执行M指令后，将M指令转换成相应的PLC标志位F××.×，然后输出到PLC。西门子810T/M系统的M功能转换成标志位分为静态和脉冲两个信号，机床设计者根据M指令功能不同，进行逻辑运算，如果现场情况满足要求，执行相应的操作，如果使用的是静态信号，PLC接收M指令后，通过梯形图控制操作的执行，接收到操作已执行的反馈后，将静态标志位复位。M指令与标志位F××.×是一一对应的，810T/M系统M指令与PLC标志位的对应关系见表3-5。

表 3-5　西门子 810T/M 系统 M 功能代码与 PLC 标志位的对应关系

位 位地址	7	6	5	4	3	2	1	0
	动态 M 信号							
FB27	M07	M06	M05	M04	M03	M02	M01	M00
	静态 M 信号							
FB28	M07	M06	M05	M04	M03	M02	M01	M00
	静态 M 信号							
FB29	M15	M14	M13	M12	M11	M10	M09	M08
	静态 M 信号							
FB30	M15	M14	M13	M12	M11	M10	M09	M08
	静态 M 信号							
FB31	M23	M22	M21	M20	M19	M18	M17	M16
	静态 M 信号							
FB32	M23	M22	M21	M20	M19	M18	M17	M16
	静态 M 信号							
FB33	M31	M30	M29	M28	M27	M26	M25	M24
	静态 M 信号							
FB34	M31	M30	M29	M28	M27	M26	M25	M24

续表

位 位地址	7	6	5	4	3	2	1	0
	动态 M 信号							
FB35	M39	M38	M37	M36	M35	M34	M33	M32
	静态 M 信号							
FB36	M39	M38	M37	M36	M35	M34	M33	M32
	动态 M 信号							
FB37	M47	M46	M45	M44	M43	M42	M41	M40
	静态 M 信号							
FB38	M47	M46	M45	M44	M43	M42	M41	M40
	动态 M 信号							
FB39	M55	M54	M53	M52	M51	M50	M49	M48
	静态 M 信号							
FB40	M55	M54	M53	M52	M51	M50	M49	M48
	动态 M 信号							
FB41	M63	M62	M61	M60	M59	M58	M57	M56
	静态 M 信号							
FB42	M63	M62	M61	M60	M59	M58	M57	M56
	动态 M 信号							
FB43	M71	M70	M69	M68	M67	M66	M65	M64
	静态 M 信号							
FB44	M71	M70	M69	M68	M67	M66	M65	M64
	动态 M 信号							
FB45	M79	M78	M77	M76	M75	M74	M73	M72
	静态 M 信号							
FB46	M79	M78	M77	M76	M75	M74	M73	M72
	动态 M 信号							
FB47	M87	M86	M85	M84	M83	M82	M81	M80
	静态 M 信号							
FB48	M87	M86	M85	M84	M83	M82	M81	M80
	动态 M 信号							
FB49	M95	M94	M93	M92	M91	M90	M89	M88
	静态 M 信号							
FB50	M95	M94	M93	M92	M91	M90	M89	M88
	动态 M 信号							
FB51					M99	M98	M97	M96
	静态 M 信号							
FB52					M99	M98	M97	M96

注：例如执行加工程序中 M08 指令时，PLC 标志位 F30.0 的状态变为 "1"，标志位 F29.0 输出一个 "1" 脉冲。

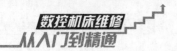

3.2.2 西门子810D/840D系统M指令的实现

西门子810D/840D系统的M指令大部分是通过PLC完成的，810D/840D系统M功能的执行是数控系统读到M指令后，将相应DB块的数据位置位，PLC用户程序检查到相应DB块的数据位变“1”后，执行相应的操作。数据块的置位是动态的，通道1的译码矩阵存放在DB块21中，对应位见表3-6。而西门子810D/840D系统主轴功能M03、M04、M05是由NC实现的，在这个译码表无法体现变化。

表3-6 西门子810D/840D系统M功能译码表

位地址 / 字节地址	位7	位6	位5	位4	位3	位2	位1	位0
DBB194	M07	M06	M05	M04	M03	M02	M01	M00
DBB195	M15	M14	M13	M12	M11	M10	M09	M08
DBB196	M23	M22	M21	M20	M19	M18	M17	M16
DBB197	M31	M30	M29	M28	M27	M26	M25	M24
DBB198	M39	M38	M37	M36	M35	M34	M33	M32
DBB199	M47	M46	M45	M44	M43	M42	M41	M40
DBB200	M55	M54	M53	M52	M51	M50	M49	M48
DBB201	M63	M62	M61	M60	M59	M58	M57	M56
DBB202	M71	M70	M69	M68	M67	M66	M65	M64
DBB203	M79	M78	M77	M76	M75	M74	M73	M72
DBB204	M87	M86	M85	M84	M83	M82	M81	M80
DBB205	M95	M94	M93	M92	M91	M90	M89	M88
DBB206					M99	M98	M97	M96

3.2.3 发那科0C系统M指令的实现

发那科0C系统M指令的实现是通过PMC来执行的，但与西门子系统的区别是发那科0C系统不是将每个M功能逐个传递给PMC，而是将两位十进制的M代码放在F151中，F151的高四位存放M功能十位上数字的BCD码，F151的低四位存放M功能个位上数字的BCD码，F151的格式见图3-1。即译码由PMC进行，而不是在NC译码。例如执行M09后，F151的设置为00001001，见图3-2。执行M35后F151的设置为00110101，见图3-3。PMC程序根据F151的状态进行译码，执行相应的M功能。图3-4是使用译码指令的M09译码梯形图。图3-5是使用基本指令的M09译码梯形图。NC执行M09指令后，将F151的相应位置位，再经过PMC译码程序将继电器R0461.5置“1”，然后通过其他PMC程序执行相应的操作。

F151

位7	位6	位5	位4	位3	位2	位1	位0
M28	M24	M22	M21	M18	M14	M12	M11

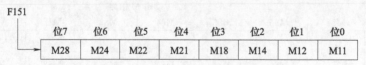

图3-1 发那科0C系统M功能状态标志F151

	位7	位6	位5	位4	位3	位2	位1	位0
F151	0	0	0	0	1	0	0	1

图3-2 执行M09时F151的状态表

	位7	位6	位5	位4	位3	位2	位1	位0
F151	0	0	1	1	0	1	0	1

图3-3 执行M35时F151的状态表

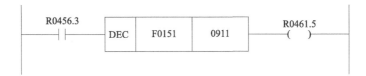

图 3-4　使用译码指令的 M09 功能译码梯形图

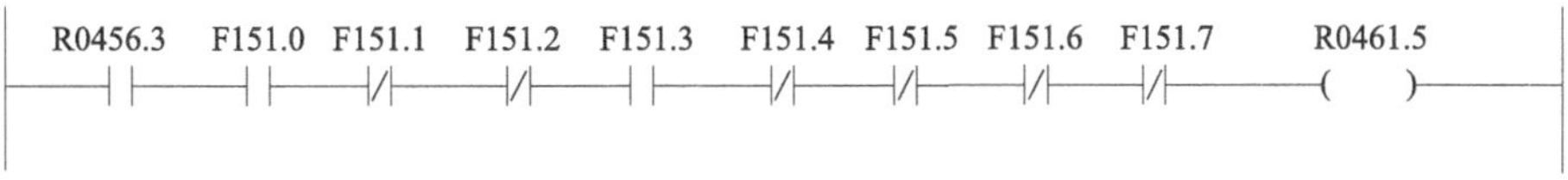

图 3-5　使用基本指令的 M09 功能译码梯形图

3.2.4　发那科 0iC 系统 M 指令的实现

发那科 0iC 系统 M 功能的实现也是通过 PMC 来执行的，但与发那科 0C 系统的区别是发那科 0iC 系统是用 4 个字节的 F 标志位输出 M 功能的（DM00～DM31），通过 F10.0～F13.7 传递给 PMC，PMC 经过译码后，执行辅助功能。F 标志位使用 BCD 码来输出 M 指令，F 标志位的 M 指令编码见表 3-7，4 个字节的 F 标志位可以表示 8 位十进制的 M 指令，但通常两个字节、两位十进制的 M 指令已足够使用。

表 3-7　发那科 0iC 系统 M 指令与 F 标志位对应关系

位 位地址	7	6	5	4	3	2	1	0
F010	DM07	DM06	DM05	DM04	DM03	DM02	DM01	DM00
F011	DM15	DM14	DM13	DM12	DM11	DM10	DM09	DM08
F012	DM23	DM22	DM21	DM20	DM19	DM18	DM17	DM16
F013	DM31	DM30	DM29	DM28	DM27	DM26	DM25	DM24
F014	DM207	DM206	DM205	DM204	DM203	DM202	DM201	DM200
F015	DM215	DM214	DM213	DM212	DM211	DM210	DM209	DM208
F016	DM307	DM306	DM305	DM304	DM303	DM302	DM301	DM300
F017	DM315	DM314	DM313	DM312	DM311	DM310	DM309	DM308

发那科 0iC 系统的 PMC 使用 DECB 指令对辅助功能 M 进行译码，例如机床要求从 M03 指令开始进行译码，译码程序见图 3-6，对 M 指令的译码从指定数据开始，例如图 3-6 中的 3 开始，即 M03 开始，将其后 8 个 M 指令译码后送到相应的寄存器位中，M03 指令输出时，F0010＝000000011，译码后，R0200.0＝1；M05 指令输出时，F0010＝00000101，译码后，R0200.2＝1。

这个译码指令可以对连续 8 个 M 指令进行译码，如果还对其他指令进行译码，就要继续编辑 PMC 程序，如图 3-7 所示，对 M11～M18 的 8 个 M 指令进行译码。机床一般使用 M 指令也较多，可以按照这个方法依此类推进行 PMC 梯形图编辑，实现机床的 M 功能。

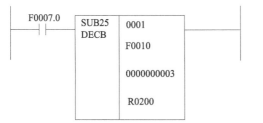

图 3-6　发那科 0iC 系统 PMC 的 M
指令译码程序示意图（1）

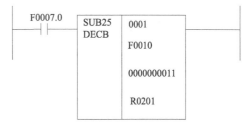

图 3-7　发那科 0iC 系统 PMC 的 M 指令
译码程序示意图（2）

3.3 西门子数控系统@指令

在西门子早期的数控编程系统中，@指令是非常实用的指令，@指令也称为宏指令。@指令的使用极大地丰富了数控系统的编程指令，同时也极大地方便了用户的使用。西门子840C系统、880系统、810T/M系统、820系统、805系统、3系统等较老的数控系统都使用@指令作为高级编程。后来的840D/810D系统虽然有专门的高级编程语言，但还在使用部分@指令。

3.3.1 @指令的构成

@指令由指令标识@和3位数字组成，其意义如下。

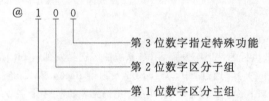

@ 1 0 0
- 第3位数字指定特殊功能
- 第2位数字区分子组
- 第1位数字区分主组

3.3.2 @指令的分组

@指令可分为如下7个主组：

@ 0..：程序结构中的通用指令。

@ 1..：程序跳转指令。

@ 2..：通用数据传送指令。

@ 3..：系统存储器到R参数的数据传送指令。

@ 4..：R参数到系统存储器的数据传送指令。

@ 6..：算术功能指令。

@ 7..：NC特定功能指令。

(1) @指令操作数

@指令中用到的操作数有：

K..：常数。

R..：R参数。

P..：指针。

(2) 程序结构中的通用指令

主组0用来保存和恢复R参数。主组0的@指令结构和分类如下：

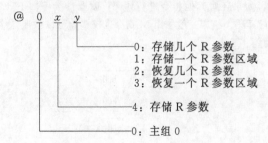

@ 0 x y
- 0：存储几个R参数
- 1：存储一个R参数区域
- 2：恢复几个R参数
- 3：恢复一个R参数区域
- 4：存储R参数
- 0：主组0

例如：@041 R20 R50：将R20～R50的所有R参数内容存储起来。

(3) 程序跳转指令

主组1是非常实用的@指令，用来实现加工程序的有条件跳转和无条件跳转。主组1的结构和分类如下：

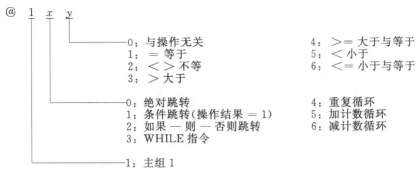

0：与操作无关   4：>= 大于与等于
1：= 等于   5：< 小于
2：<> 不等   6：<= 小于与等于
3：> 大于

0：绝对跳转   4：重复循环
1：条件跳转(操作结果 = 1) 5：加计数循环
2：如果 — 则 — 否则跳转 6：减计数循环
3：WHILE 指令

1：主组 1

这组指令是非常常用的@指令,可极大地简化编程。

例如:@100 K256 L_F;无条件向该语句下方跳转到 256 号语句。

@100 K - 20 L_F;无条件向该语句上方跳转到 20 号语句。

(4) 通用数据传送指令

主组 2 用于数据处理。主组 2 的结构和分类如下:

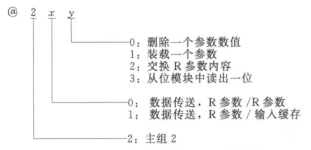

0：删除一个参数数值
1：装载一个参数
2：交换 R 参数内容
3：从位模块中读出一位

0：数据传送,R 参数/R 参数
1：数据传送,R 参数/输入缓存

2：主组 2

例如:@212 K105 K10 L_F;将数值 10 写入缓冲单元 105。

(5) 系统存储器到 R 参数的数据传送指令

主组 3 用于把存储器中的一些数据存储到 R 参数中。

主组 3 的结构和分类如下:

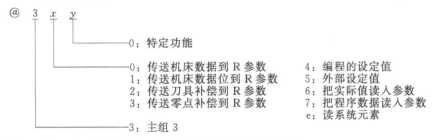

0：特定功能

0：传送机床数据到 R 参数 4：编程的设定值
1：传送机床数据位到 R 参数 5：外部设定值
2：传送刀具补偿到 R 参数 6：把实际值读入参数
3：传送零点补偿到 R 参数 7：把程序数据读入参数
          e：读系统元素

3：主组 3

例如:@300 R20 K2202 L_F;将机床数据 2202 送到 R20 中。

(6) R 参数到系统存储器的数据传送指令

主组 4 用来把 R 参数中的内容存储到系统存储器中。主组 4 的结构和分类如下:

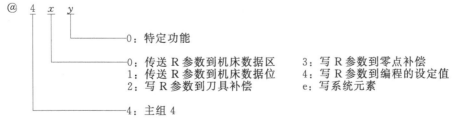

0：特定功能

0：传送 R 参数到机床数据区 3：写 R 参数到零点补偿
1：传送 R 参数到机床数据位 4：写 R 参数到编程的设定值
2：写 R 参数到刀具补偿 e：写系统元素

4：主组 4

例如:@400 K2241 R50;第二轴的正向第一软件限位的数值通过参数 R50 送入。

(7) 算术功能指令

主组 6 可以进行算术运算。主组 6 的结构和分类如下:

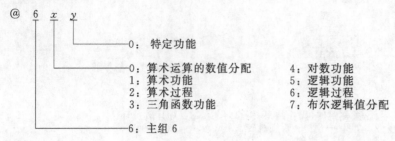

例如：R20＝2 L$_F$

@620 R20 L$_F$；R20 的内容加 1，R20 的新内容为 3（@620 为递增指令）。

(8) NC 特定功能指令

主组 7 可以实现 NC 系统的特定功能。主组 7 的结构和分类如下：

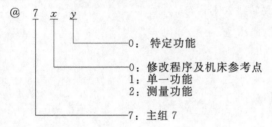

3.3.3 西门子@指令表

表 3-8 是西门子 3 系统@指令表。表 3-9 是西门子 810T/M、840C 等数控系统的@指令表。

表 3-8　西门子 3 系统@指令表

@指令	功　能
@00＜常数＞	绝对跳转到 NC 程序块
@01＜常数＞＜R 参数 1＞＜R 参数 2＞	条件跳转 如果两个参数相等,进行跳转
@02＜常数＞＜R 参数 1＞＜R 参数 2＞	条件跳转 ＜R 参数 1＞大于＜R 参数 2＞时跳转
@03＜常数＞＜R 参数 1＞＜R 参数 2＞	条件跳转 ＜R 参数 1＞大于等于＜R 参数 2＞时跳转
@31	清除缓冲区
@10＜R 参数＞	平方根运算
@15＜R 参数＞	正弦运算
@18＜R 参数＞	反正切 arctan 运算
@20＜R 参数＞	装载地址参数
@21	参考编辑
@22	交点计算
@29	装载/读系统存储器
@90	给出地址数值（数据或者 R 参数）
@93	给出地址数值（数据或者 R 参数）

表 3-9　西门子 810T/M、840C 系统@指令表

@指令	CL 800 说明	功能
@040＜常数＞＜R 参数 1＞ …＜R 参数 n＞	存储	存储特定的 R 参数到堆栈中
@041＜R 参数 1＞＜R 参数 2＞	存储块	存储一组 R 参数到堆栈中
@042＜常数＞ ＜R 参数 n＞…＜R 参数 1＞	弹出(恢复)	从堆栈中恢复存储的 R 参数
@043＜R 参数 1＞＜R 参数 2＞	块弹出(快恢复)	从堆栈中恢复存储的成组 R 参数
@100＜常数＞@100＜R 变量＞	GOTO 跳转到＜标号＞	绝对跳转到 NC 程序块

续表

@指令	CL 800 说明	功能
@111＜变量＞＜数值 1＞ ＜常数 1＞＜数值 2＞＜常数 2＞ ... ＜数值 n＞＜常数 n＞	条件＜变量＞=＜数值 1＞： ＜程序块(常数)1＞； ... =＜数值 n＞： ＜程序块(常数)n＞	条件(Case)分支
@12y＜变量＞＜数值＞＜常数＞	IF 条件 THEN＜语句 1＞； ［ELSE＜语句 2＞］ END IF	IF-THEN-ELSE 指令 y：相关操作数； 变量：R 参数或者指针
@13y＜变量＞＜数值＞＜常数＞	WHILE 条件 DO＜语句＞	重复执行语句以条件满足开始 y：相关操作数
@14y＜变量＞＜数值＞＜常数＞	重复＜语句＞ 直到＜条件＞	重复执行语句直到条件满足停止 y：相关操作数
@151＜变量＞＜数值 2＞＜常数＞	FOR＜变量＞=＜数值 1＞ TO＜数值 2＞DO＜语句＞	重复执行语句直到变量增加到数值 2 时停止
@161＜变量＞＜数值 2＞＜常数＞	FOR＜变量＞=＜数值 1＞ DOWN TO＜数值 2＞ DO＜语句＞	重复执行语句直到变量减小到数值 2 时停止
@200＜变量＞	CLEAR＜变量＞	删除变量
@201＜变量＞＜数值＞	＜变量＞=＜数值＞	将"数值"装载到变量指定的 R 参数中
@202＜变量 1＞＜变量 2＞	交换内容	交换两个变量指定的 R 参数内容
@203＜变量 1＞＜变量 2＞＜常数＞		在变量 2 位矩阵中将常数指定的位传送到变量 1 中
@210＜数值 3＞＜数值 4＞	清除输入缓冲器(MIB)从 ＜数值 3＞到＜数值 4＞	清除输入缓冲器 数值 3：MIB 开始地址； 数值 4：MIB 结束地址
@211＜变量＞＜数值 1＞	＜变量＞=MIB＜数值 1＞	变量指定的 R 参数用数值 1 指定的 MIB 单元内容装载
@212＜数值 1＞＜数值＞	MIB＜数值 1＞=＜数值＞	用变量指定的数值装载数值 1 指定的 MIB 单元
@300＜变量＞＜数值 1＞	变量=MD＜数值 1＞	将数值 1 指定的机床数据装载到变量指定的 R 参数中
@301＜变量＞＜数值 1＞	变量=MDNBY＜数值 1＞	将数值 1 指定的机床数据位装载到变量指定的 R 参数中
@302＜变量＞＜数值 1＞＜数值 2＞	变量=MDNBI＜数值 1＞， ＜数值 2＞	将数值 1 指定的机床数据位地址数值 2 指定的位装载到变量指定的 R 参数中
@303＜变量＞＜数值 1＞＜数值 2＞	变量=MDZ 数值 1=通道号 数值 2=字地址	将数值 1 与数值 2 指定的循环机床数据数值写入变量指定的 R 参数
@304＜变量＞＜数值 1＞＜数值 2＞	变量=MDZBY 数值 1=通道号 数值 2=字地址	将数值 1 与数值 2 指定的循环机床数据位的数值写入变量指定的 R 参数
@305＜变量＞＜数值 1＞ ＜数值 2＞＜数值 3＞	变量=MDZBI 数值 1=通道号 数值 2=字节地址 数值 3=位	将数值 1 与数值 2 指定的循环机床数据字节、数值 3 指定的位数值写入变量指定的 R 参数
@306＜变量＞＜数值 1＞	变量=MDP＜数值 1＞	将数值 1 指定的 PLC 机床数据写入变量指定的 R 参数
@307＜变量＞＜数值 1＞	变量=MDPBY＜数值 1＞	将数值 1 指定的 PLC 机床数据位写入变量指定的 R 参数

@指令	CL 800 说明	功能
@308<变量> <数值 1><数值 2>	变量＝MDPBI <数值 1>,<数值 2>	将数值 1 指定的 PLC 机床数据字节并由数值 2 指定的位写入变量指定的 R 参数
@30c<变量><数值 1><数值 2>	变量＝MDIKA <数值 1>,<数值 2>	将数值 1 和数值 2 指定的 IKA 数据写入变量指定的 R 参数 数值 1:数据类型;数值 2:数据号
@310<变量><数值 1>	变量＝SEN<数值 1>	将数值 1 指定的设定数据的数值写入变量指定的 R 参数
@311<变量><数值 1>	变量＝SENBY(<数值 1>)	将数值 1 指定的设定数据(字节数据)的数值写入变量指定的 R 参数
@312<变量><数值 1><数值 2>	变量＝SEN<数值 1>, <数值 2>	将数值 1 指定的设定数据并由数值 2 指定的位的数据写入变量指定的 R 参数
@313<变量><数值 1><数值 2>	变量＝SEZ<数值 1>, <数值 2>	将指定的循环机床设定数据写入变量指定的 R 参数 数值 1:通道号;数值 2:字地址
@314<变量><数值 1><数值 2>	变量＝SEZBY<数值 1>, <数值 2>	将指定的循环机床设定数据位写入变量指定的 R 参数 数值 1:通道号;数值 2:字节地址
@315<变量><数值 1> <数值 2><数值 3>	变量＝SEZBI<数值 1>, <数值 2>,<数值 3>	将指定的循环机床设定数据位数据的特定位写入变量指定的 R 参数 数值 1:通道号;数值 2:字节地址;数值 3:位地址
@320<变量><数值 1> <数值 2><数值 3>	<变量>＝TOS<数值 1>, <数值 2>,<数值 3>	将指定的刀具补偿存入变量指定的 R 参数 数值 1:刀补(TO)范围;数值 2:刀具编程号; 数值 3:刀具补偿存储号(P 号)
@330<变量><数值 1> <数值 2><数值 3>	<变量>＝ZOA<数值 1>, <数值 2>,<数值 3>	将指定可设定的零点补偿(G54～G57)存入变量指定的 R 参数 数值 1:组号;数值 2:轴号;数值 3:0/1(粗/精)
@331<变量><数值 1> <数值 2>	<变量>＝ZOPR <数值 1>,<数值 2>	将指定的可编程零点补偿(G58、G59)存入变量指定的 R 参数 数值 1:组号 1/2(G58/G59);数值 2:轴号
@332<变量><数值 2>	<变量>＝ZOE<数值 2>	将外部来自 PLC 的零点编程数据存入变量指定的 R 参数 数值 2:轴号
@333<变量><数值 2>	<变量>＝ZOD<数值 2>	将 DRF 补偿存入变量指定的 R 参数 数值 2:轴号
@334<变量><数值 2>	<变量>＝ZOPS<数值 2>	将 PRESET 补偿存入变量指定的 R 参数 数值 2:轴号
@336<变量><数值 2>	<变量>＝ZOS<数值 2>	将累积补偿存入变量指定的 R 参数 数值 2:轴号
@337<变量><数值 1> <数值 2><数值 3>	<变量>＝ZOADW<数值 1>, <数值 2>,<数值 3>	将可设定坐标旋转角度(G54～G57)存入变量指定的 R 参数 数值 1:通道号;数值 2:组号(G54～G57); 数值 3:角度号

续表

@指令	CL 800 说明	功能
@338＜变量＞＜数值 1＞ ＜数值 2＞＜数值 3＞	＜变量＞＝ZOPRDW＜数值 1＞， ＜数值 2＞，＜数值 3＞	将可编程坐标旋转角度（G58～G59）存入变量指定的 R 参数 数值 1：通道号；数值 2：组号（G58/G59）； 数值 3：角度号
@342＜变量＞＜数值 1＞＜数值 3＞	＜变量＞＝PRSS＜数值 1＞， ＜数值 3＞	将编程的主轴速度存入变量指定的 R 参数 数值 1：通道号；数值 2：主轴号
@345＜变量＞＜数值 2＞	＜变量＞＝PRVC＜数值 1＞， ＜数值 2＞	G96 中编程的切削速度存入变量指定的 R 参数 数值 1：通道号；数值 2：0 代表 G96
@360＜变量＞＜数值 2＞	＜变量＞＝ACPW＜数值 2＞	实际轴位置（工件坐标系）传入变量指定的 R 参数 数值 2：轴号
@361＜变量＞＜数值 2＞	＜变量＞＝ACPM＜数值 2＞	实际轴位置（机床坐标系）传入变量指定的 R 参数 数值 2：轴号
@363＜变量＞＜数值 2＞	＜变量＞＝ACPW＜数值 2＞	实际主轴位置传入变量指定的 R 参数 数值 2：主轴号
@364＜变量＞＜数值 2＞	＜变量＞＝ACPM＜数值 2＞	实际主轴速度传入变量指定的 R 参数 数值 2：主轴号
@367＜变量＞＜数值 1＞	＜变量＞＝ACAS＜数值 1＞	将当前平面的轴号/丝杠号读入变量指定的 R 参数 R 参数＜变量＞ 变量＋0：水平轴号； 变量＋1：垂直轴号； 变量＋2：垂直平面的轴号； 变量＋3：长度 2 被激活的轴号（刀具类型 30）； 变量＋4：丝杠号； 数值 1：通道号 0、1、2
@36a＜变量＞＜数值 1＞	＜变量＞＝ACD＜数值 1＞	被选择的刀偏 D 号被传入变量指定的 R 参数 数值 1：通道号（0 为自身通道）
@36b＜变量＞＜数值 1＞＜数值 3＞	＜变量＞＝ACG＜数值 1＞， ＜设置 3＞	正在处理的工件程序段 G 功能从主存储器中传入变量指定的 R 参数 数值 1：通道号（0 为自身通道）； 数值 3：内部 G 功能的组别
@371＜变量＞＜数值 1＞＜数值 3＞	＜变量＞＝SOB＜数值 1＞， ＜设置 3＞	检测生效信号的特定位传入变量指定的 R 参数 数值 1：通道号（0 为自身通道）； 数值 3：位号
@3e4＜变量＞＜数值 1＞	＜变量＞＝AGS＜数值 1＞	将生效的齿轮级别传入指定的 R 参数 数值 1：主轴号
@400＜数值 1＞＜数值＞	MDN＜数值 1＞＝＜数值＞	将数值指定的 R 参数的数值传入数值指定的机床 NC 数据 数值：R 参数号；数值 1：机床 NC 数据号
@401＜数值 1＞＜数值＞	MDNBY＜数值 1＞＝＜数值＞	将数值指定的 R 参数的数值传入数值指定的机床 NC 数据位 数值：R 参数号；数值 1：机床 NC 数据位号

续表

@指令	CL 800 说明	功能
@402＜数值1＞＜数值2＞＜数值＞	MDNBI＜数值1＞, ＜数值2＞=＜数值＞	将数值指定的 R 参数的数值传入数值1 指定的机床 NC 数据位并由数值2指定的 位中 数值:R 参数号;数值1:机床 NC 数据 位号; 数值2:位地址
@403＜数值1＞＜数值2＞＜数值＞	MDZ＜数值1＞, ＜数值2＞=＜数值＞	将数值指定的 R 参数内容传入指定的 机床循环数据 数值1:通道号;数值2:字地址
@404＜数值1＞＜数值2＞＜数值＞	MDZBY＜数值1＞, ＜数值2＞=＜数值＞	将数值指定的 R 参数内容传入指定的 机床循环数据位 数值1:通道号;数值2:机床循环数据位 地址
@405＜数值1＞＜数值2＞ ＜数值3＞＜数值＞	MDZBI＜数值1＞,＜数值2＞ ＜数值3＞=＜数值＞	将数值指定的 R 参数内容传入指定的 机床循环数据字节的特定位中 数值1:通道号;数值2:机床循环数据位 地址; 数值3:位地址
@406＜数值1＞＜数值＞	MDP＜数值1＞=＜数值＞	将数值指定的 R 参数内容传入指定的 PLC 机床数据 数值:R 参数号;数值1:PLC 机床数 据号
@407＜数值1＞＜数值＞	MDPBY＜数值1＞=＜数值＞	将数值指定的 R 参数内容传入数值1 指定的 PLC 机床数据位 数值:R 参数号;数值1:PLC 机床数据 位地址
@408＜数值1＞＜数值2＞＜数值＞	MDPBI＜数值1＞,＜数值2＞= ＜数值＞	将数值指定的 R 参数内容传入指定的 PLC 机床数据位的指定位中 数值:R 参数号;数值1:PLC 机床数据 位字节地址; 数值2:位地址
@410＜数值1＞＜数值＞	SEN＜数值1＞=＜数值＞	将数值指定的 R 参数内容传入指定的 设定数据 数值:R 参数号;数值1:设定数据地址
@411＜数值1＞＜数值＞	SENBY＜数值1＞=＜数值＞	将数值指定的 R 参数内容传入指定的 设定数据位 数值:R 参数号;数值1:设定数据位 地址
@412＜数值1＞＜数值2＞＜数值＞	SENBI＜数值1＞=＜数值＞	将数值指定的 R 参数内容传入指定的 设定数据位的特定位中 数值:R 参数号;数值1:设定数据位 地址; 数值2:位地址
@413＜数值1＞＜数值2＞＜数值＞	SEZ＜数值1＞, ＜数值2＞=＜数值＞	将数值指定的 R 参数内容传入指定的 循环设定数据 数值:R 参数号;数值1:通道号;数值2: 字地址
@414＜数值1＞＜数值2＞＜数值＞	SEZBY＜数值1＞, ＜数值2＞=＜数值＞	将数值指定的 R 参数内容传入指定的 循环设定数据位 数值:R 参数号;数值1:通道号; 数值2:循环设定数据位地址

@指令	CL 800 说明	功能
@415<数值 1><数值 2> <数值 3><数值>	SEZBI<数值 1>,<数值 2>, <数值 3>=<数值>	将数值指定的 R 参数内容传入指定的循环设定数据位的指定位中 数值:R 参数号;数值 1:通道号; 数值 2:循环设定数据位字节地址;数值 3:位地址
@420<数值 1><数值 2> <数值 3><数值>	TOS<数值 1>,<数值 2>, <数值 3>=<数值>	将数值指定的 R 参数内容传入指定刀补 数值 1:TO 范围;数值 2:D 编号;数值 3:P 编号
@423<数值 1><数值 2> <数值 3><数值>	TOAD<数值 1>,<数值 2>, <数值 3>=<数值>	将数值指定的 R 参数内容传入指定附加刀补 数值 1:TO 范围;数值 2:D 编号;数值 3:P 编号
@430<数值 1><数值 2> <数值 3><数值>	ZOA<数值 1>,<数值 2>, <数值 3>=<数值>	将数值指定的 R 参数内容传入指定可设定零偏 数值 1:组号(G54~G57);数值 2:轴号;数值 3:0/1(粗/精)
@431<数值 1><数值 2> <数值 3><数值>	ZOFA<数值 1>,<数值 2>, <数值 3>=<数值>	将数值指定的 R 参数内容传入指定可设定附加零偏 数值 1:组号(G54~G57);数值 2:轴号;数值 3:0/1(粗/精)
@432<数值 1><数值 2><数值>	ZOPR<数值 1>, <数值 2>=<数值>	将数值指定的 R 参数内容传入指定可编程零偏 数值 1:组号(G58/G59);数值 2:轴号
@434<数值 2><数值>	ZOD<数值 2>=<数值>	将数值指定的 R 参数内容传入 DRF 补偿 数值 2:轴号
@435<数值 2><数值>	ZOPS<数值 2>=<数值>	将数值指定的 R 参数内容传入 PRESET 补偿 数值 2:轴号
@437<数值 1><数值 2> <数值 3><数值>	ZOADW<数值 1>,<数值 2>, <数值 3>=<数值>	将数值指定的 R 参数内容传入可设定的坐标旋转数值中 数值 1:通道号;数值 2:组号(G54~G57);数值 3=1
@438<数值 1><数值 2> <数值 3><数值>	ZOFADW<数值 1>,<数值 2>, <数值 3>=<数值>	将数值指定的 R 参数内容传入可设定的附加坐标旋转数值中 数值 1:通道号;数值 2:组号;数值 3:角度号
@439<数值 1><数值 2> <数值 3><数值>	ZOPRDW<数值 1>,<数值 2>, <数值 3>=<数值>	将数值指定的 R 参数内容传入可编程的坐标旋转数值中 数值 1:通道号;数值 2:组号(G58/G59); 数值 3:角度号
@43a<数值 1><数值 2> <数值 3><数值>	ZOFPRDW<数值 1>,<数值 2>, <数值 3>=<数值>	将数值指定的 R 参数内容传入可编程的附加坐标旋转数值中 数值 1:通道号;数值 2:组号(G58/G59); 数值 3:角度号
@440<数值 3><数值>	PRAP<数值 3>=<数值>	将数值指定的 R 参数内容传入编程的坐标位置 数值 3:轴号

@指令	CL 800 说明	功能
@441＜数值＞		通过数值指定的进给轴号对进给轴进行编程
@442＜数值3＞＜数值＞	PRSS＜数值3＞=＜数值＞	将数值指定的 R 参数内容传入编程的主轴速度 数值3：主轴号
@443＜数值＞		通过数值指定的主轴号对主轴进行编程
@446＜数值＞	PRAD=＜数值＞	将数值指定的 R 参数内容传入编程的半径数值中
@447＜数值＞	PANG=＜数值＞	将数值指定的 R 参数内容传入编程的角度数值中
@448＜数值3＞＜数值＞	PRIP＜数值3＞=＜数值＞	将数值指定的 R 参数内容传入编程的圆弧和螺旋插补数值中 数值3：轴号
@482＜数值1＞＜数值2＞ ＜数值3＞＜数值＞	PLCF ＜数值1＞,＜数值2＞, ＜数值3＞=＜数值＞	将数值读入指定的 PLC 标志位 数值1：PLC 号；数值2：字节地址0～255； 数值3：位地址 0～7
@483＜数值1＞＜数值2＞ ＜数值3＞＜数值4＞ ＜数值＞	PLCW ＜数值1＞,＜数值2＞, ＜数值3＞,＜数值4＞= ＜数值＞	将数值读入指定的 PLC 数据字的位 数值1：PLC 号； 数值2：DB 号 1～255 或 DX 号1000～1255； 数值3：DW 号 0～2043；数值4：0～15
@493＜数值1＞＜数值2＞ ＜数值＞	PLCFB ＜数值1＞,＜数值2＞ =＜数值＞	将数值读入指定的 PLC 标志字节 数值1：PLC 号；数值2：字节地址0～255
@494＜数值1＞＜数值2＞ ＜数值3＞＜数值＞	PLCDBL ＜数值1＞,＜数值2＞, ＜数值3＞=＜数值＞	将数值读入指定的 PLC 数据字左字节 数值1：PLC 号； 数值2：DB 号 1～255 或 DX 号1000～1255； 数值3：DW 号 0～2043
@495＜数值1＞＜数值2＞ ＜数值3＞＜数值＞	PLCDBR ＜数值1＞,＜数值2＞, ＜数值3＞=＜数值＞	将数值读入指定的 PLC 数据字右字节 数值1：PLC 号； 数值2：DB 号 1～255 或 DX 号1000～1255； 数值3：DW 号 0～2043
@4a3＜数值1＞＜数值2＞ ＜数值3＞＜数值＞	PLCDFW ＜数值1＞,＜数值2＞, ＜数值3＞=＜数值＞	将数值读入指定的 PLC 标志字 数值1：PLC 号；数值2：字地址 0～254； 数值3：DIM 标志 0～9 或固定小数点 100～109BCD
@4b0＜数值1＞＜数值2＞ ＜数值3＞＜数值4＞ ＜数值5＞＜数值＞	PLCDF ＜数值1＞,＜数值2＞, ＜数值3＞,＜数值4＞, ＜数值5＞=＜数值＞	将固定小数点的数值读入指定的 PLC 数据字 数值1：PLC 号； 数值2：DB 号 1～255 或 DX 号1000～1255； 数值3：DW 号 0～2043； 数值4：DW1 或 DW2 号； 数值5：DIM 标志 0～9 串行或 10～19 并行

@指令	CL 800 说明	功能
@4b1＜数值1＞＜数值2＞ ＜数值3＞＜数值4＞ ＜数值5＞＜数值＞	PLCDB ＜数值1＞,＜数值2＞, ＜数值3＞,＜数值4＞, ＜数值5＞＝＜数值＞	将 BCD 数值读入指定的 PLC 数据字 数值1：PLC 号； 数值2：DB 号1～255 或 DX 号1000～1255； 数值3：DW 号 0～2043； 数值4：DW1 或 DW2 号； 数值5：DIM 标志 100～109BCD
@4b2＜数值1＞＜数值2＞ ＜数值3＞＜数值＞	PLCDG ＜数值1＞,＜数值2＞, ＜数值3＞＝＜数值＞	将浮点数值读入指定的 PLC 数据字 数值1：PLC 号； 数值2：DB 号1～255 或 DX 号1000～1255； 数值3：DW 号 0～2043
@4c0＜数值＞	ALNZ()＝＜数值＞	在控制器上显示循环报警 数值：指定报警号 4000～4299、5000～5299
@4e1＜数值1＞＜数值2＞＜数值＞	SATC＜数值1＞ ＜数值2＞＝＜数值＞	将特定数值传入主轴加速时间常数 数值1：主轴号；数值2：齿轮级别号； 数值：主轴加速时间常数(0～16000)
@4ff＜数值1＞＜数值2＞ ＜数值3＞＜数值4＞ ＜数值5＞＜数值＞		R 参数内容传送 数值1：K25；数值2：K0； 数值3：目的 R 参数1～9999； 数值4：K＋通道号 0～5； 数值5：源 R 参数1～9999
＜变量＞＝＜数值1＞＋＜数值2＞ ＜变量＞＝＜数值1＞－＜数值2＞ ＜变量＞＝＜数值1＞＊＜数值2＞ ＜变量＞＝＜数值1＞/＜数值2＞＊		加 减 乘 除
@610＜变量＞＜数值＞	＜变量＞＝ABS＜数值＞	将数值常数或者指定的 R 参数的数值取绝对值传入变量指定的 R 参数
@613＜变量＞＜数值＞	＜变量＞＝SQRT＜数值＞	将数值常数或者指定的 R 参数的数值开平方传入变量指定的 R 参数
@614＜变量＞＜数值1＞＜数值2＞	＜变量＞＝SQRS＜数值1＞, ＜数值2＞	数值1与数值2平方和开平方后送入指定的 R 参数
@620＜变量＞	INC＜变量＞	将变量加1
@621＜变量＞	DEC＜变量＞	将变量减1
@622＜变量＞	TRUNC＜变量＞	将变量取整
@630＜变量＞＜数值＞	＜变量＞＝SIN＜数值＞	将数值的正弦值送入变量
@631＜变量＞＜数值＞	＜变量＞＝COS＜数值＞	将数值的余弦值送入变量
@632＜变量＞＜数值＞	＜变量＞＝TAN＜数值＞	将数值的正切值送入变量
@634＜变量＞＜数值＞	＜变量＞＝ARC SIN＜数值＞	将数值的反正弦值送入变量
@637＜变量＞＜数值1＞＜数值2＞	＜变量＞＝ANGLE＜数值1＞, ＜数值2＞	数值1和数值2定义值是矢量,数值1和数值2合成矢量间构成的一个角度传入指定的变量 作为操作数数值1和数值2只允许一个常数,其他必须为变量(R 参数或指示字)
@640＜变量＞＜数值＞	＜变量＞＝LN＜数值＞	数值的自然对数传入指定的变量
@641＜变量＞＜数值＞	＜变量＞＝INV LN＜数值＞	数值的自然指数 e^x 存入变量中
@650＜变量＞＜变量1＞＜数值＞	＜变量＞＝＜变量1＞OR＜数值＞	变量1和数值逻辑"或"后传入指定的变量
@651＜变量＞＜变量1＞＜数值＞	＜变量＞＝＜变量1＞ XOR＜数值＞	变量1和数值逻辑"异或"后传入指定的变量

@指令	CL 800 说明	功能
@652＜变量＞＜变量1＞＜数值＞	＜变量＞=＜变量1＞AND＜数值＞	变量1和数值逻辑"与"后传入指定的变量
@653＜变量＞＜变量1＞＜数值＞	＜变量＞=＜变量1＞NAND＜数值＞	变量1和数值逻辑"与非"后传入指定的变量
@654＜变量＞＜数值＞	＜变量＞=NOT＜数值＞	数值取反后传入指定的变量
@655＜变量＞＜变量1＞＜数值＞	＜变量＞=＜变量1＞ORB＜数值＞	变量1和数值逻辑"或"后传入指定的变量 变量1和数值只能是1位二进制数据
@656＜变量＞＜变量1＞＜数值＞	＜变量＞=＜变量1＞XORB＜数值＞	变量1和数值逻辑"异或"后传入指定的变量 变量1和数值只能是1位二进制数据
@657＜变量＞＜变量1＞＜数值＞	＜变量＞=＜变量1＞ANDB＜数值＞	变量1和数值逻辑"与"后传入指定的变量 变量1和数值只能是1位二进制数据
@658＜变量＞＜变量1＞＜数值＞	＜变量＞=＜变量1＞NANDB＜数值＞	变量1和数值逻辑"与非"后传入指定的变量 变量1和数值只能是1位数据
@659＜变量＞＜数值＞	＜变量＞=NOTB＜数值＞	数值取反后传入指定的变量 变量1和数值只能是1位二进制数据
@660＜变量＞＜常数＞	CLEAR BIT＜变量＞·＜常数＞	将变量中用常数指定的位清"0"
@661＜变量＞＜常数＞	SET BIT＜变量＞·＜常数＞	将变量中用常数指定的位,置"1"
@67y＜变量1＞＜变量2＞＜数值＞		如果变量2与数值的关系满足要求,布尔变量1设置为"1"
@706	POS MSYS	相对于机床实际值系统指定一个位置
@710＜变量1＞＜变量2＞	＜变量1＞=PREP REF（＜变量2＞）	参考准备子程序L95 变量1:输出数据从变量1指定的R参数开始; 变量2:输入数据从变量2指定的R参数开始
@711＜变量1＞＜变量2＞＜变量3＞	＜变量1＞=INC SEC（＜变量2＞）	交点计算 变量1:输出数据从变量1指定的R参数开始; 变量2:第一轮廓从变量2指定的R参数开始; 变量3:用"0"预设定
@713＜变量＞	＜变量1＞=PREP CYC	开始准备循环 变量:输出数据从变量指定的R参数开始
@714	停止解码 STOP DEC	停止解码;直到缓冲器空
@715	停止解码 STOP DEC1	停止解码;直到缓冲器空(坐标旋转)
@720＜变量＞＜数值＞	＜变量＞=MEAS M＜数值＞	加工测量 变量:数据从数值开始存储; 数值:测量输入号,1或2

注: * 主组6的子组0中不需要@字符;公式右边计算链可以有多个符号。

3.4 数控机床加工程序不执行故障的维修

数控机床是通过执行编制好的加工程序进行加工的,而许多数控机床故障也是在执行加工程序时发生的,加工程序不执行是数控机床常见的故障。为了排除这类故障,数控机床维修人员除了要了解机床工作原理外，还要了解一些编程知识。

3.4.1 数控机床加工程序不执行故障的原因

根据数控机床的工作原理和多年的维修实践，加工程序不执行故障有如下主要原因：

(1) 语法错误

如果编制出的加工程序出现错误，也就是说有语法错误，数控系统不能对加工程序进行译码，或者发现前后有矛盾，数控系统会拒绝执行加工程序，通常还会给出错误提示。通常有如下经常出现的语法错误：

① 程序块的第一个代码不是 N 代码，程序块如果有块号，块号的第一个代码必须是英文大写字母 N，否则系统就会报警；

② N 代码后的数值超过了数控系统规定的取值范围；

③ N 代码后面出现负数；

④ 在数控加工程序中出现了不能识别的功能代码；

⑤ 坐标值代码后的数据超越了机床的行程范围；

⑥ F 代码（进给速率）所设置的进给速度超过了数控系统规定的取值范围；

⑦ S 代码（主轴转速）所设置的主轴转速超过了数控系统规定的取值范围；

⑧ T 代码（刀具）后的刀具号不合法；

⑨ 出现数控系统中未定义的 G 代码，一般的数控系统只能实现 ISO 标准或 EIA 标准中 G 代码的子集（具体参考数控机床编程说明书）；

⑩ 出现数控系统中未定义的 M 代码，一般的数控系统只能实现 ISO 标准或 EIA 标准中 M 代码的子集（具体参考数控机床编程说明书）。

通常这些错误数控系统都能检测出来，并产生报警信息。所以，要注意观察系统的报警信息。

(2) 逻辑错误

① 在同一数控加工程序中先后出现两个或两个以上的同组 G 代码。数控系统约定，同组 G 代码具有互斥性，同一程序段中不允许出现同组 G 代码。例如，在同一程序段不允许 G01 和 G02 同时出现。

② 在同一数控加工程序段中先后出现两个或两个以上的同组 M 代码。例如，在同一程序段不允许 M03 和 M04 同时出现。

③ 在同一数控加工程序段先后编入相互矛盾的尺寸代码。

④ 违反数控系统约定，在同一数控加工程序段中编入超量的 M 代码。例如，数控系统只允许在一个程序段内最多编入三个 M 代码，但实际却编入了四个或更多，这是不允许的。

以上仅仅是数控加工程序诊断过程中可能会遇到的部分错误。在数控加工程序的输入与译码过程中，还可能遇到各种各样的错误，要视具体情况加以诊断和防范。一般数控系统对数控加工程序字符和数据的诊断是贯穿在译码软件中进行的。

(3) 机床问题

有时因为机床的问题使加工程序不能执行下去，包括程序启动按钮问题、操作状态问题、M 功能执行问题、执行程序一些使能问题及一些其他机床问题。

出现这些问题，有时利用单步功能可以确认出现故障的程序段，根据程序段的内容可以进一步确认故障原因。

3.4.2 加工程序问题引起不执行加工程序的故障维修案例

加工程序编制时出现错误，在执行加工程序过程中，数控系统会自诊断加工程序的问题。数控系统在执行某个程序段时，会检查下一个程序段的内容，如果发现问题，则立即停止执行加工程序，很多时候都会产生相应的报警信息；也有可能程序编制有误，加工出异常的零件尺寸。这种问题一般都发生在执行新编制的加工程序或者修改加工程序时，也可能是机床操作者误操作修改了加工程序。

当没有报警信息显示时，使用程序单步执行功能是诊断这类故障的有效办法。下面介绍几个实际维修案例。

案例 1：一台数控车床在加工的零件尺寸不对。

数控系统：发那科 0TC 系统。

故障分析与检查：据机床操作人员反映，机床加工的工件尺寸有变化，X 轴和 Z 轴都变。维修人员对系统进行检查，更换系统伺服轴卡没有解决问题。检查更换 X 轴和 Z 轴编码器也没有发现问题。向机床操作人员详细了解故障发生过程，是在更换新型工件加工时出现问题的。再仔细观察故障现象，在机床回完参考点加工第一个工件时，工件尺寸是没有问题的，在加工第二个工件时出现问题，而加工一个工件后，重新返回参考点，再运行加工程序，工件还是合格的，再联想是在加工新型工件时出现的问题，于是怀疑加工程序有问题。对加工程序进行检查，加工这个工件使用三把刀，调用第三把刀的程序语句为 G04 T0707，这个程序显然是错误的，G04 是延时指令，这个程序是操作人员从其他机床上抄写过来的，检查一下原程序原来是 G40，是输入到系统时错误地将 G40 输入成 G04。

故障处理：将加工程序中的 G04 更改为 G40 后，机床恢复正常运行。

案例 2：一台数控车床运行加工程序出现报警 "020 Over Tolerance of Radius（半径误差过大）"。

数控系统：发那科 0TC 系统。

故障现象：这台机床在调试新编制的加工程序时出现 020 号报警，程序执行中止。

故障分析与检查：根据系统报警手册的解释，020 号报警是圆弧插补指令 G02 或者 G03 的计算误差过大，或程序中圆弧插补的数据有误。

故障处理：在程序中找到圆弧插补指令，重新计算，发现确实有些误差，输入新的数值后，再运行程序，运行正常。

案例 3：一台数控车床出现报警 "22 No Circle（没有圆弧）"。

数控系统：发那科 0TC 系统。

故障现象：这台机床在调试加工程序时，出现 22 号报警，指示没有圆弧。

故障分析与检查：根据报警分析，22 号报警指示在圆弧指令中没有指定圆弧半径 R 获取圆弧到圆心之间距离的坐标值 I、J 或 K。为此，对加工程序进行检查，发现加工程序中有一个圆弧加工语句为 "G03 X50 Z60 I15"，此语句中缺少 K 数值。

故障处理：查看工件加工图纸，此处圆弧 Z 方向的坐标没有发生改变，而编程者错误地将没有数值变化的 Z 值 "K0" 省略，从而被系统检测到产生报警。将 K0 输入到程序语句中后，再执行加工程序，不再产生报警。

案例 4：一台数控加工中心在执行加工程序时出现报警 "27 No Axis Commanded in G43/G44（G43/G44 指令中没有轴命令）"。

数控系统：发那科 0iMC 系统。

故障现象：这台机床在执行新编制的加工程序时，出现 27 号报警，指示程序编制有问题。

故障分析与检查：根据发那科 0iMC 系统报警手册对 27 号报警的解释，27 号报警的原因有两个：一是在刀具长度补偿中，G43 和 G44 的程序语句中没有指定轴；二是在刀具长度补偿中，在没有取消补偿状态下又对其他轴进行补偿。经对加工程序仔细分析、检查，发现该程序为铣孔加工，出现报警时是 Z 轴工作，程序语句中指定了 Z 轴，排除第一种可能。继续分析、检查，发现铣孔结束后紧接着是加工一槽面，程序使用了半径 G42 右刀补指令，因此怀疑长度补偿 G43 指令没有取消，与 G42 发生冲突。

故障处理：在执行 G42 右刀补指令之前增加 G49 指令取消长度补偿，这时运行加工程序，不再产生报警。

案例 5：一台数控加工中心执行加工程序时出现报警 "057 No Solution of Block End（程序段结束没有计算）"。

数控系统：发那科 0MC 系统。

故障现象：这台机床在启动加工程序时，出现 057 报警，程序执行不下去。

故障分析与检查：这个报警的含义是某段程序的结束点与图纸不符，即计算的结果不对。但检查程序、重新计算并没有发现问题，检查刀补也没有发现错误，重新对刀也没有解决问题。单步执行程序发现程序总是在执行 G01 Z0.4 F18 时出现报警，这个语句是执行直线运动的，不会出现这个报警，下个语句是 A128 X48.22，执行的是切削倒角的功能，肯定 NC 系统在执行这个语句之前进行计算，发现执行倒角功能后，结算出的结束点与程序给出的结束点 X48.22 差距太大，所以出现报警，而对这几个数据进行计算，没有误差。

在出现报警时，使用软键功能 "下一语句（Next）" 发现屏幕上显示下一个语句的结果为 A.128

X59.03，显然 A.128 的数据不对，重新检查程序，发现语句 A128 X48.22 这个语句 A128 后没有加小数点，这时 NC 系统认为是 0.128，所以计算后的结果肯定不对。

故障处理：在数据 A128 后面加上小数点后变为 A128.，这时执行程序正常运行。

案例 6：一台数控球道铣床出现报警"251 Block Not in Memory（程序块没在存储器内）"。

数控系统：西门子 3TT 系统。

故障现象：这台机床在运行加工程序时出现 251 报警，指示程序语句没在存储器内。

故障分析与检查：这个故障是在调试新程序时出现的，报警指示程序语句不在存储器。系统说明书关于这个报警的解释是程序跳转时找不到目的程序块。对程序进行检查发现语句 N50 @01 90 R01 R12 是条件满足后跳转到 N90 语句的，但由于向 NC 系统输入程序时重新编排了语句序号，将原来的 N90 语句变成 N110，而程序中没有使用 N90 语句。

故障处理：修改加工程序，将程序 N50 语句中的 @01 90 更改成 @01 110 后，程序正常执行，不再产生报警。

案例 7：一台数控窗口磨床出现报警"257 Block Without L_F（程序块没有结束符 L_F）"。

数控系统：西门子 3M 系统。

故障现象：这台机床在运行加工程序时出现 257 号报警，指示程序中有的语句没有结束符。

故障分析与检查：这是在调试新编制的加工程序时出现的故障报警，因为报警信息指示加工程序中的程序块没有结束符 L_F，因此对加工程序进行检查，发现加工程序最后一个语句 M02 之后确实没有加结束符 L_F。

故障处理：在加工程序最后语句 M02 的后面加结束符 L_F 后，这个加工程序正常执行。

案例 8：一台数控球道磨床出现报警"3000 General Program Error（一般程序错误）"。

数控系统：西门子 810M 系统。

故障现象：这台机床在一次磨削新型工件、运行新程序时出现这个报警，并停止程序运行。

故障分析与检查：在出现报警时，观察屏幕，显示执行的主程序为 %1，子程序是 L1，检查子程序 L1 没有发现问题，但在这个子程序中还调用了另一个子程序 L102，对该程序进行检查发现第一个语句是 % 102，这是个错误的表达形式，是在程序编制过程中的误操作。

故障处理：将程序中的 %102 语句删除后，重新运行程序，故障消除。

案例 9：一台数控外圆磨床磨轮速度随砂轮直径变小而变慢。

数控系统：西门子 810G 系统。

故障现象：这台专用数控外圆磨床，在磨削工件时操作人员发现，砂轮的转速随砂轮直径变小而变慢，致使砂轮直径小时工件的光洁度不好。

故障分析与检查：分析机床的工作原理，主轴是通过 UNIDRIVE 变频器控制的，转速的快慢是通过 NC 系统给定到变频器的模拟电压信号控制的，检测这个信号，其模拟给定电压确实随砂轮直径的减小而变低。因为每磨削一个工件，砂轮就要修整一次，使砂轮直径变小，所以磨削速度的改变应该在加工程序中进行计算。磨削程序是机床制造厂家编制的，分析可能加工程序编制有问题，将程序调出进行检查。磨削子程序 L150 中相关的程序如下：

L150

$\vdots$

N110 R510＝R510-R515 ；计算修整后的砂轮半径（R510 为砂轮半径，R515 为修整量）

N120 R602＝R510/R513；计算砂轮转速的比率（R513 为新砂轮半径，此处 R602 为比率值）

N130 R602＝R602 * R514；计算砂轮转速（R602 为砂轮转速，R514 为新砂轮的转速）

N140 M03 S＝R602；砂轮转速信号输出

$\vdots$

N999 M17

显然 N120 语句的比率计算有误。

故障处理：把这个语句改成 R602＝R513/510 后，问题得到解决。

案例 10：一台数控外圆磨床在执行程序时出现报警"3000 N999 General Program Error（N999 号一般程序错误）"。

数控系统：西门子 810M 系统。

故障现象：这台机床在执行自动加工程序时出现 3000 号报警，指示 N999 号程序有问题。

故障分析与检查：将程序调出检查，N999 语句只有 M30 一个指令，再仔细观察发现 M30 之后没有块结束符 L_F。

故障处理：在 M30 之后填加上 L_F 后，程序正常执行。

案例 11：一台数控内圆磨床出现报警"2040 Block Not in Memory（程序块没在存储器中）"。

数控系统：西门子 810T 系统。

故障现象：这台机床一次在通电开机进行自动加工时，出现 2040 号报警，指示程序块没在存储器中。

故障分析与检查：根据报警信息的提示，应该是加工程序中的跳转指令有问题。这台机床运行的加工程序既不是新编制的程序，也没有进行修改，但每次运行程序都报警，观察屏幕，在报警时执行的主程序是 ％1，显示的终止程序号 N 是 165，每次都是停止在这条语句上。将执行的程序调出检查，清单如下：

％1

N001（Parts Main Program）

N120 L120（Check Params）

N150（Auto Cycle）

N160 @187 K1 K2 K200

N165 M70

N170 L130

N200 …

⋮

N999 M30

在这个工件程序中，N165 语句执行的指令是辅助指令 M70，与这个报警无关，问题可能出在下一条调用子程序 L130 的语句上，将子程序 L130 从数控系统中调出检查，清单如下：

％130

N001（Auto Cycle Grounding Part）

N200（Move to Start Pos.）

N210 M31（Raise Dress ARM）

⋮

N310 @ 1? 8 K1 K5

⋮

N999 M17

检查该子程序，N310 语句有些异常，在程序段中出现一个"?"号，对比原程序，该语句应该是 N310 @ 188 K1 K5，程序被改动了，但"?"在数控系统操作面板上输入不进去。因此分析可能是由于在系统通电时，干扰信号把内存中的字符更改了。

故障处理：将这个语句删除，然后输入正确的语句，这时再运行加工程序，报警消除，机床恢复正常工作。

案例 12：一台数控内圆磨床运行加工程序时出现报警"3012 Block Not in Memory（程序块没在存储器中）"。

数控系统：西门子 810T 系统。

故障现象：这台机床在一次启动加工程序时，出现 3012 号报警，指示有的程序块不在存储器中。

故障分析与检查：对加工程序进行检查，机床执行的是主程序 ％1，但该程序经过核对并没有发现问题。但在检查主程序时发现，在主程序中还调用了三个子程序，对这三个子程序进行检查，发现子程序 L100 中子程序结束指令 M17 丢失。

故障处理：将 M17 指令加上后，机床加工程序恢复正常执行。

3.4.3 M 指令问题引起加工程序不执行的故障维修案例

有时数控机床因 M 指令执行出现问题而导致加工程序不能完成，下面是一些 M 指令不执行故障的实际维修案例。

案例 1：一台数控外圆磨床磨削加工时，自动加工中止。

数控系统：发那科 0iTC 系统。

故障现象：这是一台全自动数控外圆磨床，自动上、下料，在一次自动加工过程中突然出现故障，自动循环中止。

故障分析与检查：在出现故障时检查数控系统，发现是在执行 M10 指令时停止的，根据机床工作原理，M10 指令是机械手上行指令，检查机械手已经在上面了，没有问题。

利用系统诊断功能检查 M 指令完成信号 G0004.3，发现其信号为 "0"，说明 M10 功能没有完成。

利用系统 PMC 梯形图在线显示功能查看如图 3-8 所示的关于 G0004.3 的梯形图，R0280.0 的触点没有闭合使 G0004.3 的状态为 "0"，R0280.0 是辅助功能 1 完成信号，其梯形图见图 3-9，检查这个梯形图，发现 R0265.7 的状态为 "1"，而 R0347.0 的状态为 "0"，使辅助功能 1 完成信号 R0280.0 没有变为 "1"。

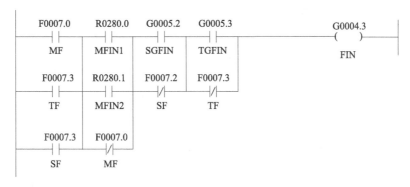

图 3-8　关于 G0004.3 的梯形图

关于 R0265.7 的梯形图见图 3-10，R0250.1 的状态为 "1"，使 R0265.7 的状态也为 "1"，R0250.1 为辅助功能 M10 的译码信号，数控系统执行 M10 指令后通过图 3-11 所示的 M 指令译码梯形图将 R0250.1 置 "1"，这是正常的。

图 3-9　关于 M 功能完成信号 R0280.0（MFIN1）的梯形图

```
  R0250.1                              R0265.7
───┤├──────────────────────────────────(  )───
  M10DEC                                M10
```

图 3-10　关于 R0265.7（M10）的梯形图

图 3-11　M 功能译码梯形图

因此辅助功能 1 完成信号 R0280.0 没有变为"1"的原因应该是 R0347.0 的状态为"0"，关于 R0347.0 的梯形图见图 3-12，R0340.0 的状态为"0"，使得 R0347.0 的状态为"0"。

关于 R0340.0 的梯形图如图 3-13 所示。检查 PMC 输入 X0008.6 和 X0008.5 的状态，X0008.6 和 X0008.5 的状态都为"0"，使得 R0340.0 的状态为"0"，X0008.5 连接的是检测机械手在下方的位置开关，其状态为"0"是正常的，X0008.6 连接的是检测机械手在上方的位置开关，其状态为"0"是错误的，因为机械手已经在上方了，X0008.6 的连接见图 3-14，检查位置开关发现已经损坏。

故障处理：更换位置开关后，机床恢复正常工作。

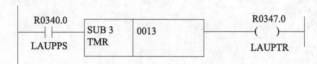

图 3-12　关于 R0347.0 的梯形图

案例 2：一台数控车床自动加工时不喷冷却液。

数控系统：发那科 0TC 系统。

故障现象：这台机床在执行加工程序时不喷冷却液。

故障分析与检查：根据机床工作原理，辅助功能 M08 是启动冷却泵指令，冷却泵启动后冷却液喷射到加工表面，对工件加工过程进行冷却。M08 的 PMC 译码梯形图如图 3-15 所示。

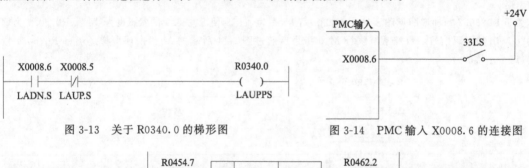

图 3-13　关于 R0340.0 的梯形图　　　　图 3-14　PMC 输入 X0008.6 的连接图

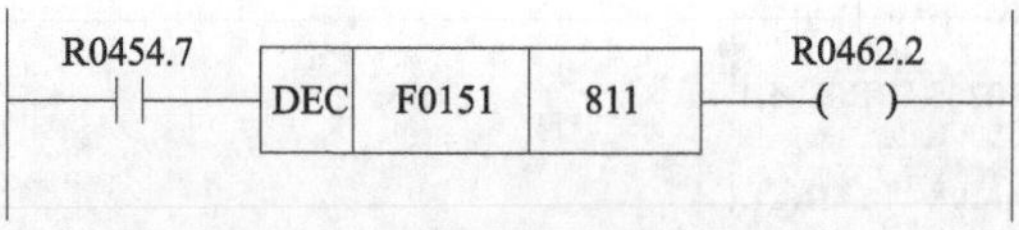

图 3-15　M08 指令译码梯形图

利用系统诊断功能检查梯形图的运行，发现执行 M08 指令后，R0462.2 的状态瞬间变为了"1"，工作正常没有问题。

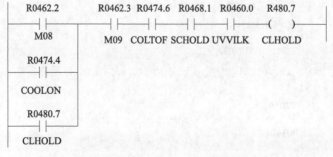

图 3-16　关于 R480.7 的梯形图

继续观察图 3-16 所示的关于 R480.7 的梯形图，R0462.2 的状态变为"1"后，R480.7 的状态变为"1"，并通过梯形图进行自锁。

观察图 3-17 所示的关于 PMC 冷却控制输出信号 Y0051.5 的状态，因为 R0480.7 的状态变为"1"，所以 Y0051.5 的状态也变为"1"。

Y0051.5 的状态变为"1"，通过图 3-18 所示的梯形图将 M08 指令的完成信号状态 R0483.2 变为"1"。

图 3-19 是冷却控制原理图，PMC 输出 Y0051.5 通过中间继电器 KA15 控制接触器 KM15 来启动冷却水泵的运行。

检查中间继电器 KA15 没有问题，检查接触器 KM15 时发现接触器损坏。

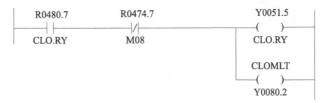

图 3-17　关于 PMC 冷却控制输出信号 Y0051.5 的梯形图

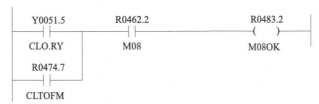

图 3-18　M08 指令完成信号 R0483.2 的梯形图

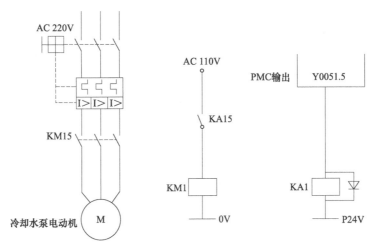

图 3-19　PMC 通过接触器 KM5 控制冷却泵电动机原理图

故障处理：更换损坏的接触器 KM15 后，机床故障排除。

案例 3：一台数控外圆磨床换砂轮后，砂轮"WORN WHEEL（砂轮磨损）"指示灯不灭。

数控系统：西门子 810G 系统。

故障现象：这台外圆磨床砂轮用到尺寸后，图 3-20 所示的砂轮"WORN WHEEL（砂轮磨损）"指示灯亮，指示砂轮已用完，但换上新砂轮并修整后，该灯仍不灭，不能进行工件磨削。

故障分析与检查：根据机床电气原理图，PLC 输出 Q1.3 控制"WORN WHEEL（砂轮磨损）"指示灯，关于 Q1.3 的梯形图在 PLC 的 PB7 程序块 1 段中，详见图 3-21，用系统 Diagnosis 菜单中的 PLC STATUS 功能检查 F160.0 的状态，其状态为"1"。

有关 F160.0 的梯形图在 PB3 的 13 段中，如图 3-22 所示，它是由 F40.0 置位的，在线检查 F40.0 的状态，发现其状态为"0"，因为 F160.0 为保持式标志位，置位后，必须通过 PLC 程序复位后其状态才能变为

图 3-20　数控外圆磨床面板图片

"0"，所以下一步应该查找 F160.0 为什么没有复位的原因。

标志位 F160.0 复位的梯形图在 PB3 中的 15 段，如图 3-23 所示，F160.0 的复位依赖于标志位 F40.1，在线观察 F40.1 的状态为 "0"。

根据西门子 810G 系统的工作原理，F40.1 标志是加工程序中辅助功能 M49 指令的译码信号，查阅机床说明书，M49 指令是新砂轮修整结束指令，检查加工程序，发现在新砂轮修整子程序中，新砂轮修整结束后，没有编入这个指令。

故障处理：在 MDI 状态下输入 M49 指令，执行后，砂轮"磨损尺寸到"灯熄灭。为了防止再出现这个问题，在新砂轮修整子程序中，砂轮修整结束后、修整程序结束之前编入 M49 指令，使这一问题得到彻底解决。

图 3-21　砂轮磨损灯控制梯形图

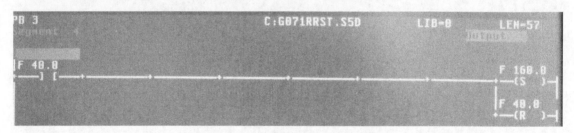

图 3-22　标志位 F160.0 置位梯形图

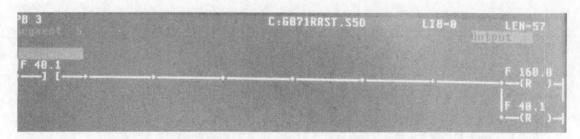

图 3-23　F160.0 复位梯形图

案例 4：一台数控卡簧槽磨床出现报警"7055 M35-Clamp Part（M35-卡紧工件）"。

数控系统：西门子 810T 系统。

故障现象：这台机床在自动加工执行加工程序时出现 7055 报警，自动循环中止。

故障分析与检查：观察故障现象，机床是在执行加工程序 N060 G54 M35 M41（Clamp & Open WG）时出现报警的，转为手动操作方式故障可以复位，但运行加工程序时还是停在 N060 语句，出现 7055 报警。7055 报警指示 M35 指令没有完成，M35 指令为工件卡紧指令，N060 语句发出 M35 指令后，没有得到工件卡紧的信号，系统就会产生 7055 报警。手动操作方式下观察机床动作，工件卡紧/松开动作正常。

查看图 3-24 所示的 7055 报警生成梯形图，产生报警的原因是标志位 F36.3 状态为 "1"，根据系统工作原理，标志位 F36.3 为 M35 指令的静态译码信号，其状态为 "1" 说明系统 M35 执行后没有被复位。关于 F36.3 的复位梯形图见图 3-25。利用系统自诊断功能检查梯形图中各元件的状态，发现 PLC 输入 I6.6 的状态为 "0"，是 F36.3 没有被复位的原因，查看机床电气控制原理图，如图 3-26 所示，PLC 输入 I6.6 连接检查工件卡紧检测开关 6LS6，对这个开关进行检查发现开关已损坏。

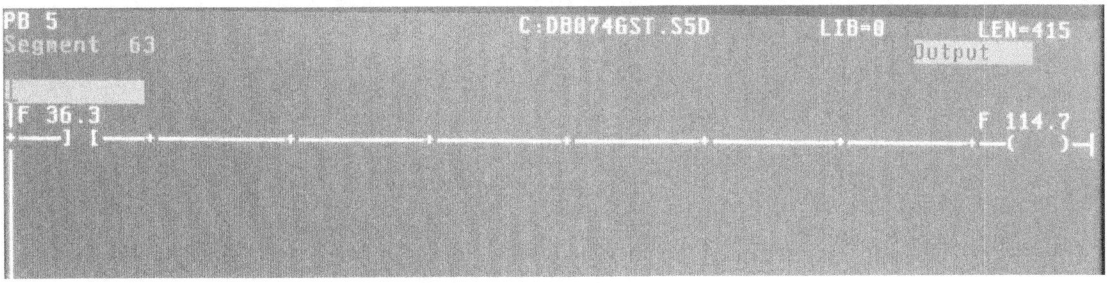

```
PB 5                                C:DB874GST.S5D       LIB=0        LEN=415
Segment  63                                                          Output

 F 36.3                                                               F 114.7
──] [───────────────────────────────────────────────────────────────( )──
```

图 3-24　关于 7055 报警生成梯形图

故障处理：更换工件卡紧检测开关 6LS6 后，机床恢复正常运行。

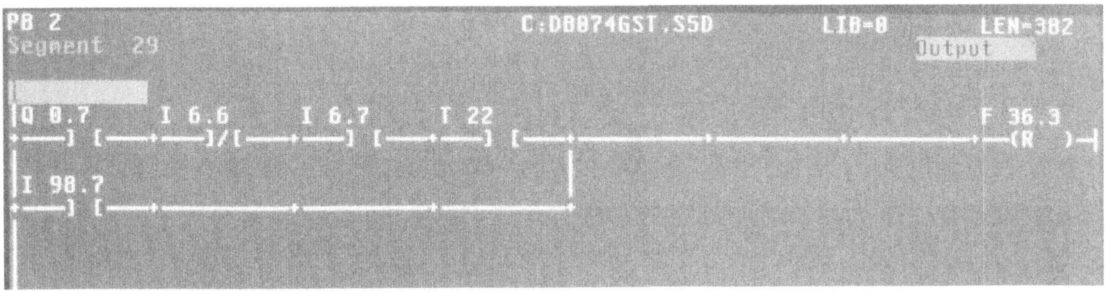

```
PB 2                                C:DB874GST.S5D       LIB=0        LEN=382
Segment  29                                                          Output

 Q 0.7     I 6.6     I 6.7      T 22                                  F 36.3
──] [─────]/[──────] [───────] [────────────────────────────────────(R )──
 I 98.7                          │
──] [───────────────────────────┘
```

图 3-25　关于 M35 指令的复位梯形图

图 3-26　PLC 输入 I6.6 的连接图

案例 5：一台专用数控磨床磨削加工中停顿。

数控系统：西门子 810G 系统。

故障现象：这台机床在进行磨削加工时，中途停机，在停机时，屏幕上方有 "Stop Wheelhead Close WG（停止磨头，关闭磨轮保护罩）" 的信息提示，屏幕上显示程序执行到 N200 语句。

故障分析与检查：因为每次停机都停在 N200 语句，所以将工件程序调出进行检查，N200 语句的内容为 "G54 M15 M09 M42"，有 3 个辅助 M 功能指令，分析可能是某个辅助 M 功能没有完成。

根据机床说明书，M15 为停止砂轮旋转指令，M09 为关闭冷却指令，M42 为关闭砂轮保护罩指令。但观察这几个动作都已完成，因此认为有可能是动作完成后的反馈信号不正常，检查这几个 M 指令相对应 PLC 状态位 F30.1、F30.7 和 F38.2 的状态，只有 F38.2 为 "1" 有问题，其他两个都是 "0" 没有问题。说明标志位 F38.2 对应的辅助功能指令 M42 发出后，砂轮保护罩虽已关闭，但可能没有得到反馈信号使 M42 复位。

根据 PLC 梯形图,如图 3-27 所示,利用数控系统 Diagnosis 功能检查梯形图中输入输出的状态,发现是输入 I4.2 的状态为"0",致使 F38.2 不能复位,PLC 输入 I4.2 连接的是右边的砂轮保护罩关闭检测开关,见图 3-28,其状态为"0",指示右边的砂轮保护罩没有关闭,对连接到 I4.2 的位置检测开关 4LS2 进行检查,发现开关损坏。

故障处理:更换位置检测开关 4LS2 后,机床恢复正常工作。

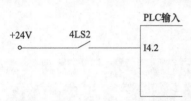

图 3-27 关于 M42 指令复位的梯形图

图 3-28 PLC 输入 I4.2 的连接图

案例 6:一台全自动淬火机床自动加工不能连续进行。

数控系统:西门子 840D sl 系统。

故障现象:这台机床启动自动加工时,二工位淬火加工完后,工件通过旋转工作台的转盘传递到三工位,二工位和三工位同时进行淬火加工,但两个工位加工结束后,旋转工作台转盘不旋转,自动加工无法连续进行。

故障分析与检查:这台机床旋转工作台有四个工位,一工位上、下料,二工位加工内腔,三工位加工外花键,四工位喷淋。观察故障现象,在从头开始加工,第一个工件进

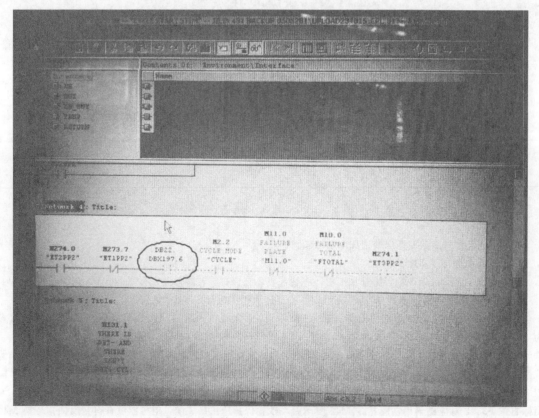

图 3-29 西门子 840D sl 系统梯形图显示

入二工位时，二工位开始淬火加工，加工结束转到三工位，二工位加工第二个工件，三工位加工第一个工件，但两个工位结束，旋转工作台不再旋转，这时将数控系统工作状态转为手动，再转回自动，启动循环，旋转工作台转动，到位后，三工位加工第二个工件，二工位加工第三个工件，两个工位加工结束，旋转工作台还是不旋转。根据这个现象，通过系统 STEP7 梯形图在线显示功能跟踪旋转工作台转动 PLC 输出信号 Q10.7 的运行，最后发现旋转工作台不能连续工作的原因是 DB22.DBX197.6 没有动作，如图 3-29 所示，查阅手册 DB22.DBX197.6 是二工位 M30 的转化信号，M30 是程序结束信号，检查二工位的程序，最后一个指令是 M17。

故障处理：将二工位加工程序中的 M17 子程序结束指令更改为 M30 后，机床恢复全自动不间断运行，故障排除。

3.4.4 参数设置问题引起加工程序不执行的故障维修案例

数控机床的参数设置不当也会引起程序不正常执行，这些参数包括 NC 参数（数据）、R 参数、刀具参数等。这类故障有些会产生故障报警，可以根据报警信息进行分析；有些故障不产生报警，则要根据机床的工作原理和故障现象进行分析。下面是这方面问题的实际故障维修案例。

案例 1：一台数控车床执行加工程序时出现 041 号报警。

数控系统：发那科 0TC 系统。

故障现象：这台机床在执行加工程序时，出现报警 "041 Interference in CRC（CRC 干涉）"，程序执行中断。

故障分析与检查：根据系统维护说明书关于这个报警的解释，在刀尖半径补偿中，将出现过切削现象，采取的措施是修改程序。

为进一步确认故障点，用单步功能执行程序，当执行到语句 Z-65 R1 时，机床出现报警，程序停止。因为这个程序已经运行很长时间，程序本身不会有什么问题，核对程序确实也没有发现错误。因此怀疑刀具补偿有问题，分析加工程序，在执行上述语句时，使用的是四号刀二号补偿。

故障处理：重新校对刀具补偿，输入后重新运行程序，再也没有发生故障，说明故障的原因确实是刀具补偿有问题。

案例 2：一台数控车床出现刀具运行位置产生偏差的故障。

数控系统：发那科 0iTC 系统。

故障现象：这台机床在执行新编制的加工程序时，G、M、S 指令执行正常，程序可以执行结束，但加工的工件尺寸不对。

故障分析与检查：仔细观察、测量加工完的工件，发现是 1 号刀具尖没有运行到指定的位置，但系统并没有产生报警。

由于系统可以执行加工程序，可以判断程序编制基本没有问题，尺寸出现偏差，首先考虑尺寸数据的问题，经检查也没有发现问题。因此怀疑刀具补偿没有起作用。观察操作人员的刀补操作，1 号刀在 1 号刀补中进行补偿，但检查程序，发现换刀的程序指令为 "T0103"，即 1 号刀执行的是 3 号刀补，导致了刀具运行出现了错误。

故障处理：将程序中 "T0103" 改为 "T0101"，顺应操作人员的操作习惯，这时问题得到解决。

案例 3：一台数控推力面磨床执行主程序时出现报警 "3001 Micro Alarm（宏报警）"。

数控系统：发那科 210i-TA 系统。

故障现象：这台机床在执行加工程序时出现 3001 报警，指示宏报警，无法完成加工循环。

故障分析与检查：关于这个系统报警，手册提供的资料上没有详细说明，从字面上理解应该是宏程序执行方面的故障，为此选择单步运行，发现每次执行到 "G65 P9802" 调用子程序 O9802 时报警，为进一步查清问题，切换到 "EDIT" 模式，欲打开 O9802 程序进行查看，但系统提示程序受保护不能编辑。查阅资料，找到该系统 O9000 号以后程序编辑的解锁办法如下：

① 选择 "MDI" 模式。

② 取消写保护，即按 "PWE ON"。

③ 设定参数 3211（Keywd），使其值与 3210（Passwd）相同，系统默认为 1111。

④ 设定参数 N3202.4（NE9）=0。

⑤ 恢复写保护，即按 "PWE OFF"。

⑥ 按 "RESET" 键，消除 P/S100 报警。

⑦ 子程序 O9000～O9999 可被编辑。

选择 "MDI" 模式，打开 O9802 子程序，如下：

＃882＝ABS[＃884]

IF[＃882 GT 0.15]GOTO3

M63

⋮

N1 ＃3000＝1(Excessive Correction)

N2 M00

N3 GOTO1

N4 M99

打开 "OFFSET" 功能菜单，检查 "SETTING" 中的 MICRO VARIBLE（宏变量），发现＃882＝0.2，大于 0.15，故出现了上述报警。

故障处理：修调＃882 宏变量值之后，机床恢复正常运行。

案例 4：一台数控车床运行加工程序时，G01 指令不执行，无任何报警。

数控系统：发那科 0TDⅡ系统。

故障现象：观察故障现象，每次执行到含有 G01 指令的程序段时，就停留在该段不进刀，屏幕上也无任何报警指示，如果将所有含该指令的段进行跳步处理后，程序能正常循环完成。

故障分析与检查：根据故障现象分析，故障与加工程序有关。为此，首先应分析加工程序。该机床加工程序如下：

O0001

N10 G28 U2.0 W2.0；

N20 G00 X150 Z60 T0101；

N30 M03 S500；

G96 S280；

G50 S1500；

G00 X59.4 Z35；

N40 G01 X60.414 Z32 F0.2；

N50 G01 Z－11 F0.2；

G00 X150 Z60 G97；

N70 M30；

％

首先对程序的语法和结构等方面进行多次检查，确认无误。然后利用系统诊断功能，检查 DSN700，发现 DSN700.1（CMTN）为 "1"，其含义为执行自动运转中的移动指令。根据资料提示，检查各轴的快速进给速度、各轴的位置环增益、切削进给速度的上限值等机床数据，未发现异常；再继续检查程序，注意到有一段使用了 G96（转速恒定控制）指令，该指令是针对主轴控制而采用的，要求主轴上必须安装位置编码器，但检查该机床主轴并未安装任何编码器，至此，问题已明朗了，造成此现象的原因为系统正等待来自主轴位置编码器的信号。

故障处理：为了屏蔽主轴编码器的信号，修改机床数据设定位 PRM049.6，设置为 "1"（其含义是：即使不带位置编码器，每转进给也有效），这时运行加工程序正常执行，故障消除。

案例 5：一台数控球道磨床有一个轴磨不到工件。

数控系统：西门子 3M 系统。

故障现象：这台机床有两个工位，第一个工位工件的球道磨削不到，而第二个工位的工件磨削正常。

故障分析与检查：在接到故障维修申请后，首先询问机床操作人员故障是在什么情况下发生的，机床操作人介绍说，故障是在磨削新型工件后出现的。

分析机床的工作原理，这台机床有两个工位，两个砂轮主轴。两个砂轮主轴分别安装在 X 轴滑台和 Y

轴滑台上。根据机床的加工原理，每个工件有 6 个球道，每磨一个球道，砂轮修整一次，因此认为可能砂轮修整有问题，但检查砂轮修整器并没有发现问题。

因为机床操作人员在磨削新型工件时要修改一些 R 参数，怀疑可能有误操作。再对加工程序进行分析检查，发现参数 R33 是对修整进行设置的，意义如下。

0：两个砂轮都修整；

1：只修整 X 轴砂轮；

2：只修整 Y 轴砂轮。

对这个 R 参数进行检查，发现 R33 被设置为 1，只对 X 轴砂轮进行修整，所以就出现这种现象，这是员操作人员失误造成的。按机床要求，两个工位都磨削时应该设置 R33 为 "0"。

故障处理：将 R33 的数值设置为 "0" 后，加工恢复正常。

案例 6：一台数控内圆磨床出现报警 "6055 Part Parameters Change Too Great（工件参数变化过大）"。

数控系统：西门子 810G 系统。

故障现象：这台机床在更换砂轮后，修整新砂轮时出现 6055 报警，指示工件参数设置有问题。

故障分析与检查：根据报警信息的提示对机床加工程序中使用的 R 参数进行检查，最后发现新砂轮直径设置参数 R642 的数值设置过大。

故障处理：按实际数值输入到参数 R642 后，机床恢复正常工作。

案例 7：一台数控内圆磨床在执行加工程序时出现报警 "2060 TO, ZO Program Error（TO，ZO 编程错误）"。

数控系统：西门子 810G 系统。

故障现象：这台机床在验收调试时，运行自动加工程序，执行几段程序后，出现 2060 报警，指示刀具补偿或者零点补偿有问题。

故障分析与检查：因为报警指示是刀补或者零点补偿的编程错误，为此对执行的主程序进行检查，但并没有发现刀具与零点补偿有问题，在对调用的 L130 磨削子程序进行检查时发现有语句 N260 G16×××Z-D1 (TC ON)，该语句调用了刀具补偿，打开刀具补偿参数，对刀具补偿参数进行检查，发现数据都是零。

故障处理：将机床要求的数据输入后，机床恢复正常使用。

案例 8：一台数控铣床在自动加工时出现 F104 报警，程序中断。

数控系统：西门子 3TT 系统。

故障现象：这台机床一次出现故障，在启动加工程序运行时，出现 F104 报警。

故障分析与检查：根据系统工作原理，F104 报警为 PLC 报警，调用报警信息为 "NC1-Alarm（NC1 报警）"，指示 NC1 数控系统故障。

关机重新启动机床后，机床手动动作正常没有问题，说明 NC1 没问题，但一执行程序又出现这个报警。观察程序的执行过程，在出现 F104 故障报警的同时，显示器的最下行有 518 号报警一闪而过，但无法看清报警信息。说明书解释这个报警为超软件限位报警（Software Limit Switch Overtravelled），说明程序中设置的进给数值有问题。继续观察发现，机床是执行到子程序 L200 的 N40 G01 X14.2 F1200 语句时中断的，而检查 X 轴的负向软件限位是 14.5。

故障处理：对机床进行检查发现，X 轴滑台到达 14.5 位置时，还有余地向负向移动一段距离，为了满足加工的需要，将 X 轴的负向软件限位机床数据更改成 13.5，再运行程序就正常了。这是因为 NC 机床数据设定不能满足机床加工需要引起的故障。

案例 9：一台数控球道磨床出现报警 "1681 Y Servo Enable Trav. Axis（Y 轴伺服使能在移动中撤销）"。

数控系统：西门子 810G 系统。

故障现象：这台机床在启动加工程序时出现 1681 报警，指示 Y 轴伺服使能撤销。

故障分析与检查：出现报警后查看系统 NC 的全部报警信息，观察到还有报警 "2065 1 N 50 Pos. Behind SW Overtravel（N50 位置在软件限位的后面）"，指示 N50 语句中的坐标数值超出软件限位。

出现故障时使用系统 Actual Block 功能查看加工程序的运行情况，当执行到 N40 语句就出现报警了，N50 语句含有 Z 轴和 X 轴运动的指令。因为 2065 报警指示 N50 语句中位置超软限位，所以肯定是 Z 轴或者 X 轴的行程超限位，与 Y 轴无关。这个程序已使用很长时间，程序不可能出现问题，询问机床操作人员，是否修改过磨削参数，操作人员介绍故障是在更换磨削工件的品种（倒线）后出现的，因此怀疑磨削参数设置有问题。

要求操作人员核对修改过的磨削参数，当检查零点补偿时，发现 X 轴零点补偿设定的数值为 −258.24，而实际应该为 −238.24。

故障处理：将 X 轴零点补偿改回 −238.24，这时机床加工程序正常执行，不再产生报警。

案例 10：一台数控车床在调试新工件的加工程序时出现报警 "2281 1ST Software Limit Switch Minus（第一轴超负向软件限位）"。

数控系统：西门子 840C 系统。

故障现象：这台机床执行新编制的加工程序时出现 2281 报警，指示机床的第一轴——X 轴超负向软件限位。

故障分析与检查：首先检查屏幕上 X 轴的坐标数值，显示为 110mm，然后将机床数据调出进行检查发现 X 轴负向软件限位 MD2280 设置为 110mm，所以当 X 轴运动到 110mm 时，系统就产生了超限位报警。

对加工程序进行检查，加工该工件的程序设定 X 轴需要运动到 108mm 的位置，显然已超出软件负向限位。

故障处理：对机床的行程进行检查，发现向负向运动还有一定的余地，为此将机床数据 MD2280 从 110mm 修改到 105mm，这时手动慢速移动 X 轴到 106mm 处，没有出现任何报警，重新运行新编制的加工程序，正常运行不再出现 2281 号报警了。

案例 11：一台数控球道铣床在自动加工时出现 F105 报警，程序中断。

数控系统：西门子 3TT 系统。

故障现象：这台机床在执行加工程序时出现 F105 报警。

故障分析与检查：根据系统工作原理，F105 报警是 PLC 报警，报警信息为 "NC2-Alarm（NC2 报警）"，指示 NC2 数控系统有问题。

这台机床有两个工位，数控系统采用双 NC 系统，NC1 数控系统控制一工位的加工，NC2 数控系统控制二工位的加工。

观察 NC2 程序的运行，当程序执行完语句 N20 G00 X25 F20000 后，就出现 F105 报警，而同时在屏幕的最下行有 316 号报警一闪而过。说明书中解释 316 号报警的含义是在程序中 F 功能没有编入（No F Word Is Programmed），但检查程序没有发现问题，N20 语句之后是 N30 G01 X 165 Z 22 F R30，该程序段没有问题，而且以前这个程序也执行过没有问题。那么是不是 R 参数设定有问题？将 R 参数打开进行检查，发现 R30 的内容为 0.1320，而实际上应该设成 1320。

故障处理：将 R30 更改成 1320 后，机床恢复了正常使用。这是由于 R 参数设定不合理造成的。

案例 12：一台数控球道磨床出现报警 "1681 Servo Enable Trav. Axis（轴向运动伺服使能）"。

数控系统：西门子 810M 系统。

故障现象：这台机床在运行自动工件加工程序时，出现 1681 报警，指示 Y 轴伺服使能信号取消，在手动操作方式下移动 Y 轴时并不产生报警。在自动加工时，Y 轴机械手每次都在向卡具方向旋转的途中出现报警，自动循环中止。

故障分析与检查：根据故障现象分析，因为手动运动 Y 轴没有报警，而自动运行程序时就出现 Y 轴报警，所以可能是这时 Y 轴运行的伺服条件没有满足。

有关 Y 轴伺服使能 PLC 梯形图见图 3-30。在运行加工程序时，监视梯形图的运行，发现 Y 轴的使能条件是由于 F24.0 的状态变为 "1" 而失效的。根据系统的工作原理，F24.0 是 NC 系统故障信号，它的状态为 "1" 说明是因为 NC 系统报警使 Y 轴的伺服使能条件被破坏。检查 NC 系统还有报警 "2065 N20 Pos. Behind SW Overtravel（位置在软件开关后面）"，指示 N20 语句超软件限位。

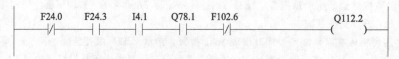

图 3-30 Y 轴伺服使能 Q112.2 的梯形图

对加工程序进行检查，在出现故障时执行程序的 N10 语句，移动 Y 轴，下一个语句为：

N20 G01 Z R370

让 Z 轴移动到 R370 指定的位置，为此对 R 参数 370 进行检查，发现 R370 设置过大超出 Z 轴软件限位，设置有误。在执行 N10 语句时，NC 系统检查下一个语句 N20，发现问题后，产生报警并使 Y 轴伺服使能条件被破坏，产生 1681 报警，指示 Y 轴运行停止。

故障处理：将 R370 按照规定的数值设置后，机床加工运行恢复正常。

3.4.5　由于操作问题引起不执行加工程序的故障维修案例

有时因为机床操作人员操作不当，所以引起数控机床的加工程序不正常执行。下面是一些实际维修案例。

案例 1：一台数控球道磨床程序启动后执行几个语句就停止，没有任何报警。

数控系统：西门子 810M 系统。

故障现象：执行加工程序时中途停机。

故障分析与检查：观察程序的运行，发现每次都是执行到语句 N40 G01 X120 F120 时停止的。对机床操作面板进行检查时发现进给倍率开关设置到 0，因为没有了进给速度，所以程序停止等待。

故障处理：将进给倍率开关调到 100％，这时机床恢复正常工作。这是因为操作人员对机床不熟悉造成的。

案例 2：一台数控淬火机床在执行自动加工时，出现报警"2041 Program Not in Memory（程序没在存储器里）"。

数控系统：西门子 810M 系统。

故障现象：这台机床一次长期停机，系统后备电池无电将数据和程序丢失。重新送入程序、机床数据后，在执行自动加工程序时出现 2041 号报警，指示程序不在存储器中。

故障分析与检查：分析机床的工作原理，这台机床在自动程序运行时，数控装置的两个通道同时工作，一通道运行的是％29 号程序，二通道执行的是％200 号程序。一通道的程序号已经设定为％29，没有问题。将数控系统切换到二通道，发现没有设定程序号，显示的程序号仍然为％0，故启动循环时出现 2041 号报警。

程序号　　　　　　　通道号

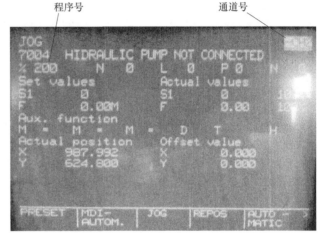

图 3-31　西门子 810M 系统二通道图片

故障处理：将二通道的程序设成％200 后，如图 3-31 所示，机床恢复了正常使用。这是由于机床没有设置二通道的加工程序而引起的。

案例 3：一台数控磨床在启动自动循环时，出现报警"2039 Reference Point Not Reached（参考点没有返回）"。

数控系统：西门子 805 系统。

故障分析与检查：报警指示自动循环之前应该回参考点。原因是机床中途断电后，再次启动时，操作人员忘记重新返回参考点。

故障处理：重新回参考点后，机床恢复正常运行。这是操作不当的问题。

案例 4：一台数控外圆磨床出现报警"12550 Channel 1 Block Name ZY __ ROLL Not Defined or Option Not Installed（通道 1 程序 ZY __ ROLL 没有定义或者选件没有安装）"。

数控系统：西门子 840D pl 系统。

故障现象：在启动加工程序进行加工时，执行几段程序后出现 12550 报警，指示子循环程序 ZY __ ROLL 不存在。

故障分析与检查：检查加工程序，在主程序中调用了子循环 ZY __ ROLL，检查程序存储器没有发现这个程序，可能是操作者误操作将其删除。

故障处理：将备份子循环 ZY __ ROLL 复制到系统后，机床加工程序恢复正常运行。

案例 5：一台数控淬火机床出现报警"700863 Part on Output Conveyor（工件在传送链上）"。

数控系统：西门子 840D pl 系统。

故障现象：这台机床一启动加工循环就出现 700863 报警，加工程序不执行。

故障分析与检查：因为机床报警 700863 指示在传送链上有工件，查看传送链上并没有工件。询问操作人员，操作人员介绍由于机床出现小问题停止自动循环，操作人员直接从旋转工作台上把工件拿出。根据机床工作原理，进入旋转工作台的工件必须都通过传送链输出，而操作人员直接将工件取出，给设备造成假象，认为工作台上还应该有工件。

故障处理：为了清除这种假象，用手拿一个工件通过传送链的检测开关，这时报警消除，自动循环可以执行了。所以以后再遇到这种情况应在传送链输出传感器前通过一下，这样就不出现这个报警了。

案例 6： 一台数控淬火机床启动程序时出现报警 "700238 Failure：Initial Conditions Not Possible，Get Correct Positions by Hand（故障：起始条件不可能，用手动修正位置）"。

数控系统：西门子 840D pl 系统。

故障现象：这台机床一启动程序就出现 700238 报警，指示启动条件没有满足。

故障分析与检查：因为报警指示出现启动条件没有满足，所以对机床的各个机构的位置进行检查，没有发现异常。检查系统屏幕发现 X1 轴参考点符号为空心，表示没有返回参考点。这台机床的位置反馈全部采用绝对值编码器，联想出故障之前为 Z2 轴设置了参考点，可能是因为误操作将 X1 轴参考点删除。

故障处理：为 X1 轴设置参考点后，机床加工循环恢复正常运行。

3.4.6 机床故障引起数控机床加工程序不执行的故障维修案例

机床部分出现问题是加工程序不能执行的主要原因，下面是一些这类故障的实际维修案例。

案例 1： 一台数控车床加工程序执行不下去。

数控系统：发那科 0TC 系统。

故障现象：这台机床一次出现故障，在执行自动加工程序时，程序执行不下去。

故障分析与检查：观察程序的运行，发现在程序执行到 G01 Z−8.5 F0.3 时，程序就不往下运行了。因为机床回零点、手动操作方式下移动 X、Z 轴和在这段程序开头时的 G00 快移指令正常执行都没有问题，并且也没有报警，所以伺服系统应该没有问题。用 MDI 功能测试，G00 快移也没有问题，但 G01、G02、G03 都不运行，因为这几个指令都必须指定进给速率 F，所以故障现象很可能是设定的 F 的数值为零。使 F 为零有几种可能。

① 在程序中 F 设定为 0，这种可能检查加工程序后很容易就排除了。

② 进给速率的倍率开关设定到 0，或者倍率开关出现问题，但检查这个开关并没有发现问题，当旋转这个旋钮时，PMC 的输入 X21.0～X21.3 都变化，G121.0～G121.3 的状态也跟随变化，说明倍率开关正常没有问题，另外诊断参数 700 号的第五位 COVZ 为 "0"，也指示倍率开关没在 0 位上。

③ 在机床数据设定中，将切削速度的上限设定到最小，但检查机床数据 PRM527 号，发现设定的数值是 5000，为正常值，也没有问题（将另一台好的机床的这个数据更改成最小值 6 时，运行程序出现这个现象）。

④ 数控系统的控制部分出现问题，但将机床设定到空运行时，程序还能运行，只是速度很慢，说明控制系统也没有什么问题。

进一步研究机床的工作原理发现，这台机床 X 轴和 Z 轴的进给速度与主轴速度有关，检查主轴在进给之前确实已经旋转，主轴转速信号也已经置 "1"，没有问题。再仔细观察显示器上主轴的速度显示，发现在主轴旋转时 S 的值为 "0"，没有显示主轴的实际转速，为此确认为没有主轴速度反馈，当打开机床防护板检查主轴编码器时发现，主轴与主轴转速检测编码器连接的牙带（图 3-32）断裂，主轴旋转时，主轴转速编码器并没有旋转。

故障处理：更换新的牙带，机床故障消除。因为这台机床的工件切削速度与主轴的旋转速度成比例，所以主轴旋转没有反馈，导致进给速度变成 0，出现 G01、G02、G03 指令都不运行的问题。

案例 2： 一台数控车床出现报警 "2046 X Axis

图 3-32 主轴转速检测机构图片

工件卡紧油缸　　　主轴编码器
传动牙带
主轴

Clutch Open（X 轴离合器打开）"。

数控系统：发那科 0TC 系统。

故障现象：开机出现 2046 号报警，不能运行加工程序。

故障分析与检查：发那科 0TC 系统的 2046 报警属于 PMC 报警，所以，可以利用系统梯形图显示功能查看报警原因。关于 2046 报警的梯形图如图 3-33 所示，由于 PMC 输入 X0.2 的常开触点闭合，导致中间标志位 R523.5 有电，从而产生了 2046 报警。

根据机床电气原理图，PMC 输入连接一个位置开关 PRS1，如图 3-34 所示，检查这个开关并没有闭合，检查该开关的连接时发现端子 65 上有一铁屑与+24V 电源端子短接，造成 X0.2 输入为"1"。

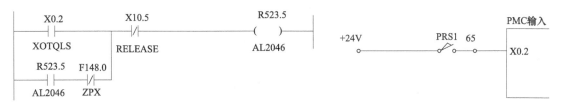

图 3-33 关于 2046 报警的梯形图　　　　　　　图 3-34 PMC 输入 X0.2 连接图

故障处理：清除这个铁屑并对接线端子排和电缆进行防护，这时开机，机床故障排除。

案例 3：一台数控铣床加工程序不执行。

数控系统：西门子 3TT 系统。

故障现象：这台机床一次出现故障，启动加工程序时，程序不执行，并且没有故障报警。

故障分析与检查：这是一台三工位双主轴的数控铣床，具有两个 NC，分别控制粗铣工位和精铣工位。一次这台机床出现故障，加工循环启动后，刚一运行就突然中断，屏幕上没有报警显示，面板上进给保持红灯亮，这个故障并不是每次加工时都出现。

观察 NC1，粗铣的程序是执行之后中断的，而观察 NC2，精铣的加工程序根本就没有运行，所以可能是因为 NC2 的程序没有运行而使 NC1 的程序中断，进给保持灯亮。因为 NC1 的程序可以运行，两个工位的程序是一起启动的，说明启动按钮没有问题。

用 PC 功能检查 PLC 与 NC 的接口信号 Q75.7（NC 启动信号）和 Q75.6（NC 开始使能信号），在启动按钮按下后都有变成"1"的脉冲信号，说明启动信号已传入 NC。

仔细观察 Q75.5（读入使能信号），发现在出现故障时不变成"1"，而不出现故障时，循环启动后该信号就变成"1"，说明是因为 PLC 的程序读入信号有问题，NC 启动后因为没有读入使能信号、NC 没有读入程序，故不执行。

图 3-35 是该机床关于这一部分的 PLC 梯形图，用 PC 功能逐个检查每个元件的状态，发现是状态标志位 F137.4 没有变成"1"，而使 Q75.5 也没有变成"1"。

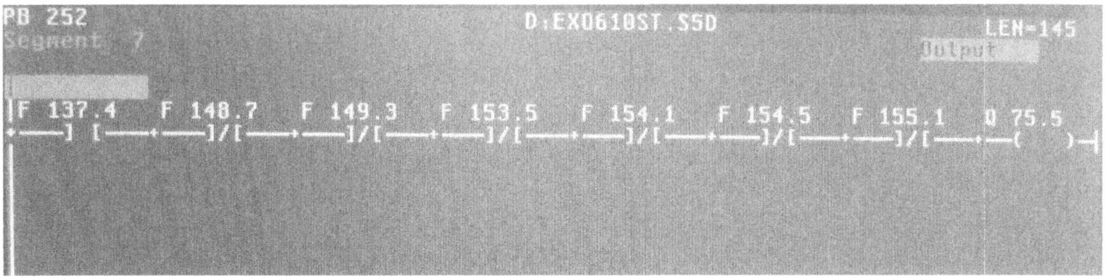

图 3-35 读入使能信号 Q75.5 的梯形图

关于 F137.4 的梯形图如图 3-36 所示，继续观察发现是状态标志位 F113.2 为"0"没有变化，按照图 3-37 继续跟踪，发现是输入 I25.0 没有变成"1"而导致 F113.2 没有变化，I25.0 是二工位 3 号主轴速度检测信号，这个信号没有变成"1"，说明铣刀没有旋转，所以加工程序没有执行。但检测主轴并没有问题，启停主轴没有问题，速度检测传感器也没有问题。

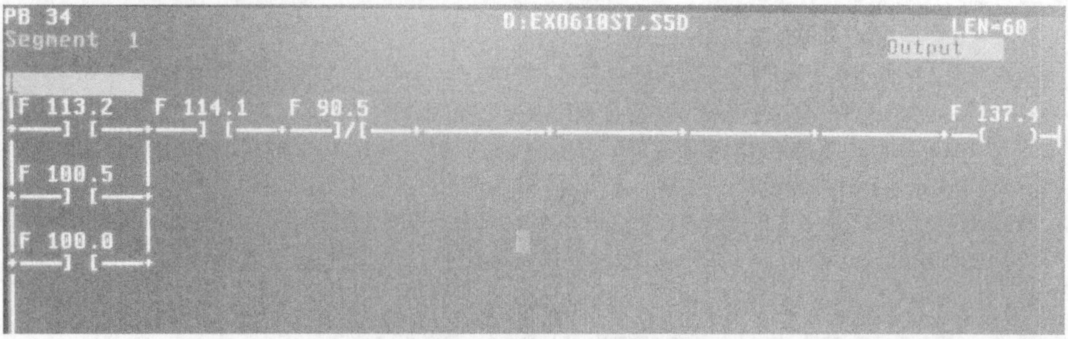

图 3-36　关于 F137.4 的梯形图

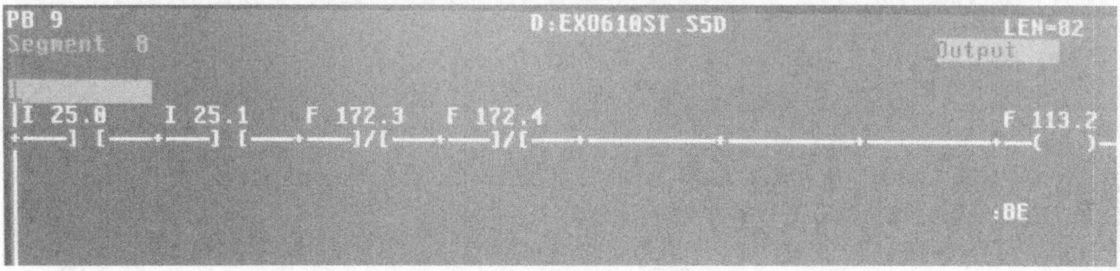

图 3-37　关于 F113.2 的梯形图

根据电气原理图，速度检测传感器信号接入速度监视器，检测这个监视器，其输入信号正常，但有时就没有输出信号，将该监视器拆开进行检查，发现一中间继电器的常开触点接触不良，说明是继电器损坏。

故障处理：换上新的继电器后，机床稳定运行，再也没有发生这个故障。

案例 4：一台数控内圆磨床出现报警"7020 Loading Chute Is Empty（装载滑道空）"。

数控系统：西门子 810G 系统。

故障现象：这台机床一次通电开机之后，不能自动加工，出现 7020 报警，指示送料器空。

故障分析与检查：因为报警指示送料器空，所以对送料器进行检查，发现送料器里还有工件，说明这并不是真实的报警。

西门子 810G 系统的 7020 报警是 PLC 报警，是 PLC 用户程序诊断出的故障。图 3-38 是关于 7020 报警的梯形图，F110.4 引起 7020 报警，检查 F110.4 的状态确实为"1"，但 I6.1 的状态为"1"，不能使 F110.4 的状态变为"1"，按照梯形图分析，二者是相互矛盾的。

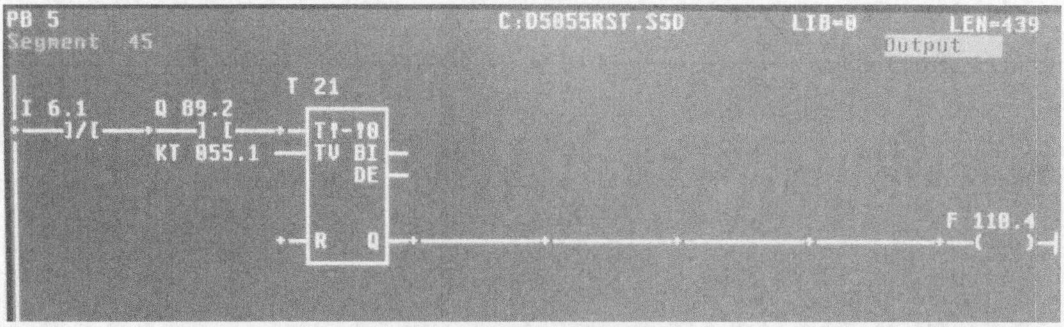

图 3-38　关于 7020 报警的梯形图

为此用机外编程器在线监视系统 PLC 程序运行，执行的梯形图如图 3-39 所示，延时闭合时间继电器 T21 的时间设定值的时基"55.1"变成了"55.?"，虽然使 I6.1 的常闭触点断开，但定时器 T21 的输出还是把 F110.4 变为"1"。

故障处理：使用编程器将梯形图中的"?"改回"1"，这时 F110.4 的状态变成"0"，7020 报警消失。

案例 5：一台数控内圆磨床显示报警"6024 Pusher Return Timeout（送料器返回超时）"。

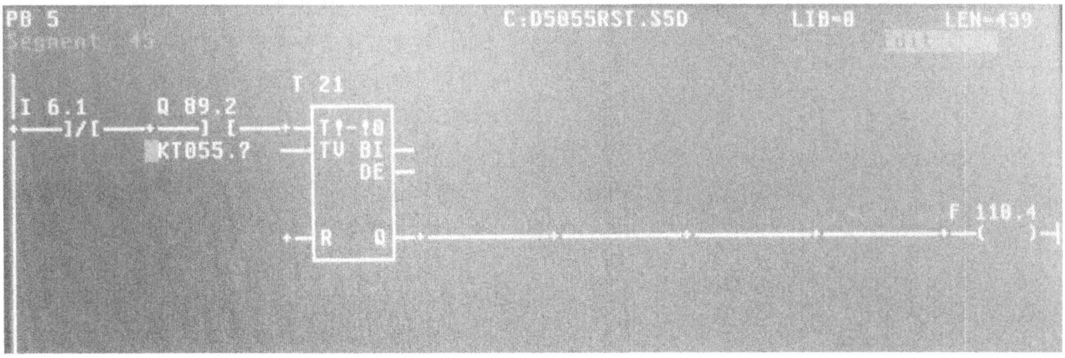

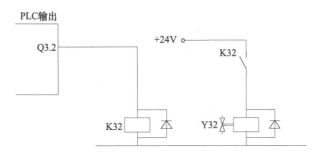

图 3-39　被改动了的梯形图

数控系统：西门子 810G 系统。

故障现象：这是在机床自动加工时产生的报警，显示送料器返回超时，自动循环中止。

故障分析与检查：根据报警信息的显示，停机进行检查，发现送料器根本没有返回。手动操作让其返回，也不动作。根据电气图纸，PLC 的输出 Q3.2 通过一直流继电器 K32 控制送料器返回电磁阀 Y32，如图 3-40 所示，利用数控系统的 Diagnosis（诊断）检查 PLC 输出 Q3.2 的状态为"1"没有问题，而测量电磁阀的线圈却没有电压，可能是直流继电器 K32 损坏，拆下检查确实是其触点损坏。

图 3-40　送料器返回电磁阀控制原理图

故障处理：更换新的继电器，故障消除。

案例 6：一台数控淬火机床诊断加工时出现报警"7053 Straightener 1 Not Arrived at Upper（1 号校直器没有到达上面）"，循环中止。

数控系统：西门子 810M 系统。

故障现象：这台机床在自动加工时，出现 7053 号报警，指示 1 号校直器没有到达上方，加工过程中止。

故障分析与检查：出现故障时，观察 1 号校直器实际上已经在上面，没有问题，说明可能是位置检测环节有问题。分析电气原理图，接近开关 S27 检测 1 号校直器是否在上面，它接入 PLC 的输入 I2.7，如图 3-41 所示。

利用系统 Diagnosis（诊断）菜单下的 PLC STATUS 功能观察 I2.7 的状态，发现其状态为"0"，说明检测开关 S27 没有检测到校直器在上面。检查接近开关 S27 时发现感应撞块有些松动，并且已经产生移位，没能使接近开关动作。

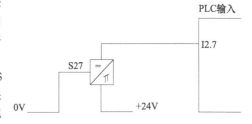

图 3-41　PLC 输入 I2.7 连接图

故障处理：将感应撞块恢复原位并固定后，机床恢复正常工作。

案例 7：一台数控外圆磨床在执行加工程序时出现报警"6023 Pusher Forward Timeout（退料器向前超时）"。

数控系统：西门子 810G 系统。

故障现象：这台机床在自动磨削过程中，经常有 6023 报警，指示机械手向前超时，并停止自动循环。

故障分析与检查：观察现象，每次出现故障都是在工件磨削完之后，机械手插入环形工件时出现这个报警。根据机床工作原理，此时机床的机械手应该带动工件上滑，即返回，这时不应该出现向前超时的故障报警。

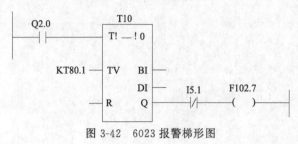

图 3-42　6023 报警梯形图

根据系统 PLC 报警机理，PLC 标志位 F102.7 的状态置"1"引起 6023 报警，该机床关于 F102.7 的梯形图在 PB5 的 5 段中，如图 3-42 所示。报警产生的原理是，PLC 输出 Q2.0 状态变为"1"后，Q2.0 通过液压电磁阀控制机械手带动工件向前滑动，同时定时器 T10 开始计时，8s 后延时定时器 T10 输出为"1"，如果此时机械手还没有到位，到位检测的接近开关没有检测已到位信号（PLC 输入 I5.1 连接的是机械手向前位置检测接近开关 5PX1，如图 3-43 所示），将使 PLC 输入信号 I5.1 的状态保持为"0"，这时把 F102.7 的状态置"1"，产生 6023 报警。

通过数控系统的 Diagnosis（诊断）功能检查 PLC 输入 I5.1 的状态，在机械手向前滑动到位后，马上变为"1"，这时定时器 T10 延时时间还未到，所以此时没有产生 6023 报警。但有时在工件磨削完，机械手插入工件出现故障时，I5.1 的状态瞬间变为"0"，这时因为 T10 的输出状态还是"1"，所以将 F102.7 的状态置成"1"，出现 6023 报警。

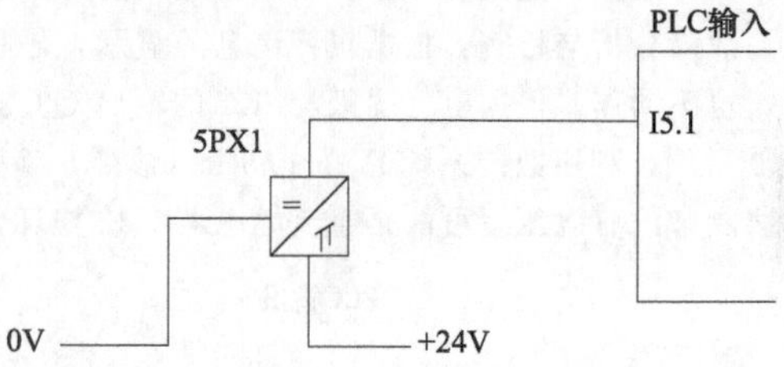

PLC 输入 I5.1 连接的是机械手向前位置检测接近开关 5PX1，检查这个接近开关，没有发现问题。仔细观察

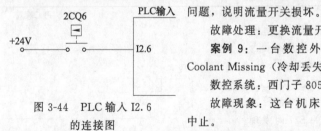

图 3-43　PLC 输入 I5.1 的连接图

机械手的动作，在机械手插入工件时，机械手臂晃动，有时晃动较大，使接近开关发出错误信息，从而产生误报警。检查机械手的旋转轴，发现由于磨损造成间隙较大，使机械手插入时产生晃动。

故障处理：制作加工新的旋转轴，安装上后，机床恢复稳定运行。

案例 8：一台数控球道磨床出现报警"7010 Wait for Part Coolant Flow Indicat（等待工件冷却指示）"。

数控系统：西门子 810G 系统。

故障现象：这台机床一次出现故障，在自动磨削加工时出现 7010 报警，机床停止磨削。

故障分析与检查：这是一台全自动磨床，自动上下工件，在磨削之前启动冷却油喷射，待冷却液流量达到要求时，开始磨削。

观察故障现象，在磨削之前，已经喷射了冷却液，流量也没有问题，因此认为可能是反馈信号有问题。

根据机床工作原理，冷却液流量开关的检测信号接入 PLC 的输入 I2.6，如图 3-44 所示，利用系统 Diagnosis（诊断）功能检查 PLC 输入 I2.6 的状态，其状态为"0"。流量没有问题，但流量检测开关却指示有问题，说明流量开关损坏。

故障处理：更换流量开关 2CQ6 后，机床恢复正常运行。

案例 9：一台数控外圆磨床执行加工程序时出现报警"7020 Coolant Missing（冷却丢失）"。

数控系统：西门子 805 系统。

故障现象：这台机床在自动加工时出现 7020 报警，加工程序中止。

图 3-44　PLC 输入 I2.6 的连接图

故障分析与检查：这台机床在磨削加工时，为了加工的需要向工件磨削部位喷射冷却液。根据机床工作原理，PLC 输入 I3.1 连接冷却液流量开关，如图 3-45 所示。

利用 805 系统的 Diagnosis（诊断）功能检查 PLC 输入 I3.1 的状态确实为"0"，说明流量不够，对机床内冷却液喷射情况进行检查，发现根本就没有冷却液喷射。

根据机床控制原理，PLC 输出 Q2.1 通过继电器 K21 控制电磁阀，如图 3-46 所示，首先利用系统 Diagnosis（诊断）功能检查 PLC 输出 Q2.1 的状态，在喷射冷却液时为"1"没有问题，那么可能是继电器 K21 损坏，对继电器 K21 进行检查，发现其常开触点已经烧蚀。

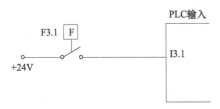

图 3-45　PLC 输入 I3.1 的连接图

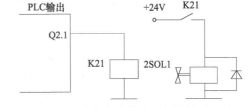

图 3-46　冷却液喷射电磁阀控制原理图

故障处理：更换继电器 K21，机床故障消除。

案例 10：一台数控外圆磨床出现报警 "7031 No Workpiece in Tailstock（尾座中没有工件）"。

数控系统：西门子 805 系统。

故障现象：这台机床在启动自动循环时出现 7031 报警，加工程序中止。

故障分析与检查：据操作人员反映，是这台机床在自动加工中，一个工件磨削完拿出、更换上新工件后，启动循环时出现的报警，所以报警信息肯定是错的。

根据系统工作原理，7031 报警属于 PLC 报警，是 PLC 标志位 F111.7 的状态变为 "1" 引起的，图 3-47 是 7031 报警产生的梯形图。通过系统 Diagnosis（诊断）功能观察各个元件的状态，发现 I3.1 的状态 "0" 是产生报警的原因。根据机床电气原理图，PLC 输入 I3.1 连接检测尾座套筒伸出位置的位置开关 3S1。如图 3-48 所示，检查开关 3S1 没有问题，套筒也伸出了，但没有压靠 3S1，位置开关与压块之间的距离有些偏远，并且位置开关有些松动。

图 3-47　关于 7031 的报警梯形图　　　　　图 3-48　PLC 输入 I3.1 的连接图

故障处理：将开关与压块的位置调近并固定后，故障报警消除，机床恢复正常工作。

案例 11：一台数控中频淬火机床在自动循环时出现报警 "700153 Failure：Close Input Manipulator Clipper（入口机械手卡爪卡紧故障）"，自动循环中止。

数控系统：西门子 840D pl 系统。

故障现象：这台机床在自动加工时出现 700153 报警，指示上料机械手没有抓住工件，自动循环不能继续进行。

故障分析与检查：检查入口机械手，发现工件已经抓住没有问题，所以怀疑故障检测回路有问题。

根据机床工作原理，接近开关 S751 检测机械手是否卡紧，这个开关接入 PLC 输入 I75.1，如图 3-49 所示。利用系统 Diagnosis（诊断）功能检查 PLC 输入 I75.1 的状态为 "0"，说明是位置检测回路出现问题。

检查接近开关 S751，发现这个开关对金属物体没有反应，说明已经损坏。

故障处理：更换新的接近开关后，机床故障排除，自动循环恢复正常运行。

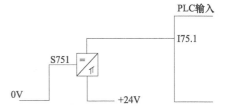

图 3-49　PLC 输入 I75.1 的连接图

案例 12：一台数控中频淬火机床在运行自动循环程序时中断。

数控系统：西门子 840D pl 系统。

故障现象：这台机床运行自动程序，在 Z2 轴运动时，Z2 不向下移动，程序处于等待状态。

故障分析与检查：将机床的工作状态转到手动，Z2 也不向下移动，检查系统有报警 "700153 Failure：Get Backward Tracks Clipper，Y03 S751（滑道部分机械手返回出错）"，报警指示机械手没有返回到位，Z2 轴不能下降，防止下降过程中撞坏机械手。

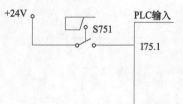

图 3-50　PLC 输入 I75.1 的连接图

观察机械手的位置已经到达返回位置，没有问题，根据机床工作原理（图 3-50），位置开关 S751 检测机械手是否到达返回位置，开关 S751 接入 PLC 输入 I75.1，利用系统 Diagnosis 功能检查 PLC 输入 I75.1 的状态为 "0"，指示机械手没有到达返回位置。对检查开关进行检查，发现开关 S751 没有压上到位撞块。

根据机床工作原理，开关 S751 固定不动，撞块随机械手移动，检查撞块有些松动，造成移位，使机械手到位后，撞块没有压上位置检测开关。

故障处理：将撞块移回原位并锁紧，这时启动自动加工程序，机床恢复正常运行。

案例 13：一台数控淬火机床在自动循环时出现报警 "700157 Failure：Input Manipulator Clipper Opened and Closed at Same Time（入口机械手卡爪同时打开和关闭故障）"。

数控系统：西门子 840D pl 系统。

故障现象：这台机床在自动循环过程中，出现 700157 报警，指示工件入口机械手故障，自动循环中止。

故障分析与检查：因为报警指示入口的机械手卡爪同时闭合和关闭，所以首先对入口机械手进行检查，发现机械手已经抓住一个工件，属于卡爪闭合状态，机械手动作没有问题。

根据机床工作原理，无触点开关 S381 检测机械手卡爪张开状态，无触点开关 S382 检测机械手卡爪闭合状态，这两个开关分别接入 PLC 的输入 I38.1 和 I38.2，如图 3-51 所示。在出现故障时，利用系统 Diagnosis（诊断）功能检查这两个输入的状态，发现都是 "1"，确实有问题。

在手动操作方式下，打开和闭合机械手的卡爪，发现闭合状态检测输入 I38.2 的状态 "0""1" 变化，正常没有问题；而卡爪张开状态检测 PLC 输入 I38.1 的状态始终为 "1"，说明连接的无触点开关 S381 可能损坏，检测这个开关发现确实已经损坏。

故障处理：更换无触点开关 S381 后，机床恢复正常工作。

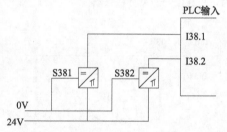

图 3-51　PLC 输入 I38.1 和 I38.2 连接图

案例 14：一台数控外圆磨床在自动加工时出现报警 "700118 PLC-FM Grinding-Wheel-Drive Speed Actual-Value Not in Tolerate（砂轮转速实际值没在允许范围）"。

数控系统：西门子 840D pl 系统。

故障现象：这台机床在执行自动循环磨削工件时，工件磨削结束，但工件没有松卡，出现 700118 报警，指示砂轮转速有问题，加工程序处于等待状态，不能进行下一个工件的磨削。

故障分析与检查：这台机床的砂轮主轴由西门子编码器控制交流电动机来驱动，通过传动带带动砂轮主轴旋转，砂轮转速由 IFM DW2003 检测器检测。根据机床工作原理，在系统屏幕上通过机床厂家设计的磨削参数显示画面显示砂轮的转速。

在自动磨削加工时，监控砂轮转速实际数值的变化，在工件磨削之前，砂轮转速与设定数值 1720r/min 相差无几，当进行磨削时，砂轮转速的实际数值发生改变，最低下降到 1200r/min 左右，这时就会出现 700118 报警。因此，首先怀疑砂轮主轴的传动带有问题，对传动带进行检查，发现确实已经老化，磨损也很严重。

故障处理：更换砂轮主轴的传动带后，在加工中观察转速显示，只降低几十转，在允差范围之内，系统也不再产生报警，加工程序正常执行，故障消除。

案例 15：一台数控球道磨床出现报警 "700013 Coolant Spring Not OK（冷却弹簧有问题）"。

数控系统：西门子 840D pl 系统。

故障现象：这台机床在自动加工时，机械手将工件送入卡具装置，将工件卡装上后，机械手退回，X 轴和 Z 轴开始移动，当 Z 轴带动砂轮到达磨削位置时，磨削冷却液开始喷射，这时出现 700013 报警，不进行工件的球道磨削加工。

故障分析与检查：分析报警信息，报警信息指示的是冷却弹簧的控制出现问题。对机床进行检查，发现 X 轴移动时，冷却喷头随动，这样保障磨削冷却液能够喷到磨削点；随动装置由一个拉杆带动，在喷头冷却随动装置后面安装有弹簧,据此分析冷却弹簧报警就应该指这个装置。这个冷却装置还带有一根细长杆,如图 3-52 所示,在细长杆下方安装有一个接近开关(该开关连入 PLC 输入 E39.6),用来检测冷却喷头的位置是否在工作范围。

出现故障时,对冷却随动装置和接近开关进行检查,发现随动装置在工作范围内,但接近开关并没有检测到,继续检查发现接近开关检测距离有些远,不能可靠地检测到随动装置的位置。

故障处理:将接近开关的检测距离调近,保证在冷却液喷头工作范围的任何位置接近开关都能准确检测到,这时执行自动加工程序,不再产生报警,机床故障排除。

案例 16:一台数控车床程序执行几段就不执行了。

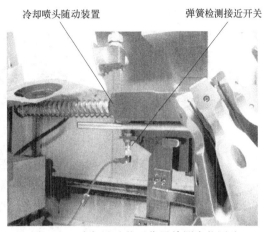

图 3-52 冷却随动装置位置检测实物图片

数控系统:日本 MAZATROL 640T NEXUS 数控系统。

故障现象:启动加工程序执行几段,X 轴移动后,Z 轴不移动,加工程序停止向下运行,系统没有报警,如图 3-53 所示。

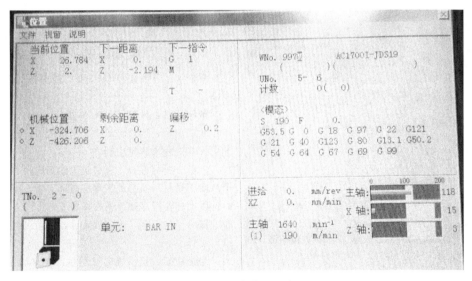

图 3-53 加工程序停止运行画面

故障分析与检查:因为是程序执行一段之后就停止运行了,所以首先对加工程序进行检查,但没有发现问题,如图 3-54 所示,并且这个加工程序一直在用也没有进行调整。相同的机床有两台,观察另一台也是相同问题。询问机床操作人员故障发生的过程,因为有一台机床的卡盘有问题,在将另一台机床的卡盘更换到这台机床时,突然供电系统三相电源有一相电源出现问题。供电系统修复后,继续更换卡盘,卡盘更换结束,这时运行加工程序就出现了这个故障。因此怀疑在断电过程中系统参数畸变或丢失,重新恢复参数也没有排除问题。

反复运行加工程序,停止运行后再恢复还可以重新运行,但发现屏幕上主轴的负载率比较高,因为还没有进行切削加工,所以这时主轴负载率高是不正常的。将主轴倍率降到 60% 时,程序可以运行了,负载率也降到 100% 以下,但主轴的转速数值显示不是很稳定。因此怀疑主轴系统有问题。

对主轴控制部分进行检查后,发现如图 3-55 所示的接触器 KM1 频繁动作,检查发现吸合不好。

故障处理:更换接触器备件后机床故障排除。

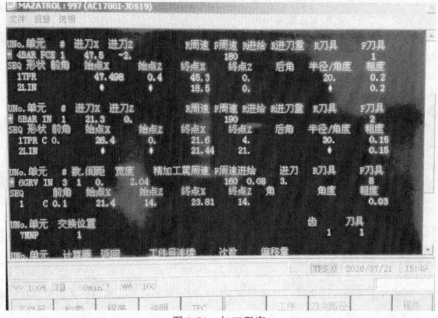

图 3-54 加工程序

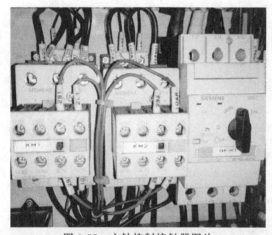

图 3-55 主轴控制接触器图片

3.4.7 其他引起不执行加工程序的故障维修案例

案例 1： 一台数控车床加工程序执行期间经常中断。

数控系统： 发那科 0TC 系统。

故障现象： 这台机床一次出现故障，经常在自动加工循环过程中程序中断。

故障分析与检查： 观察机床的加工过程，发现这个故障不是每次执行加工程序时都发生，但发生故障时可以在任何程序段，不在固定的地方，在出现故障时，进给保持灯亮，出现故障后，重新启动循环，还可以运行。

仔细观察数控系统的显示器，在自动循环之前，显示 AUTO 状态，循环启动后，显示 BUF AUTO，在出现故障时操作状态瞬间变成 MDI，然后又变成 AUTO，但没有 BUF，只是进给保持灯亮了，加工停止。

对功能模式设定开关进行检查，开关正常没有问题。功能设定开关由四个开关组成，连入 PMC 输入 X20.0～X20.3，但用系统 DGNOS Param 功能观察如图 3-56 所示的 PMC 输入 X20.0～X20.3 的状态时发现，在自动加工过程中，这四个输入偶尔突然瞬间变为"0"，这时自动循环中止。对如图 3-57 所示的功能模式开关连接线路进行检查，电源线焊接到该开关的电源端子上，焊点虚焊，接触不良，一有震动电源连接就断开，导致 PMC 功能模式开关的输入变成"0"，使系统瞬间变成 MDI 状态，自动循环中止，而后供电又恢复，系统又恢复到 AUTO 状态，但循环已中止，须重新启动。

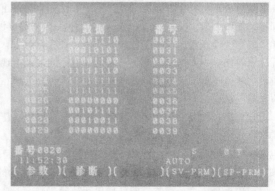

图 3-56 发那科 0TC 系统 PMC 输入状态显示画面

84

故障处理：将功能模式设定开关的焊点重新焊接上后，机床恢复正常工作。

案例 2：一台数控淬火机床编制程序时出现报警"31 No Free PP Number（没有空余程序号）"。

数控系统：西门子 810T 系统。

故障现象：这台机床在为新工件编制加工程序时，输入程序号，按选择程序软键时，产生 31 报警，指示没有空余程序号，删除几个无用程序后，再输入程序还是出现这个报警。

故障分析与检查：根据报警信息提示，认为系统存储的加工程序已经达到系统的保存极限，因此删除一些没有用的程序，但输入新程序时还是输入不进去。查阅系统说明书，发现程序删除后，只有经过再整理，空出来的程序号才可用。

故障处理：在编程（Part Programing）功能中，找到程序处理（Prog. Handl）菜单，如图 3-58 所示。在这个菜单中按 REORG 功能下面的软键，这时新编写的程序就可以存到系统存储器中了。

案例 3：一台数控外圆磨床在自动加工时上料机械手不送料。

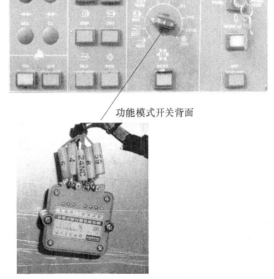

功能模式开关背面

图 3-57 数控车床操作面板图片

数控系统：西门子 810G 系统。

故障现象：这台机床一次工作时，机械手不送工件到电磁吸盘，且产生报警"6023 Pusher Forward Timeout（送料器超时）"，手动送料也不动作。

故障分析与检查：根据机床的工作原理，该机床的送料机械手送料动作是靠电磁阀 2SOL5 控制的。检查该电磁阀线圈没有得电，该电磁阀是 PLC 输出 Q2.5 控制的，如图 3-59 所示。利用系统 Diagnosis 功能检查 Q2.5 的状态为"1"没有问题，而检查 Q2.5 控制的继电器 K25 时，K25 的线圈上没有电压，继续检查在 PLC 输出 Q2.5 的端子上没有电压，说明 PLC 输出口 Q2.5 损坏。

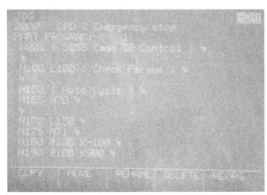

图 3-58 西门子 810T 系统程序处理功能菜单

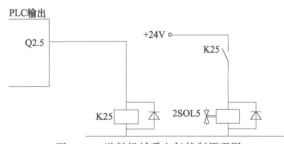

图 3-59 送料机械手电气控制原理图

故障处理：检查机床图纸，发现 PLC 输出 Q3.7 没有使用，为备用接口。为此将 K25 的控制线转接到 PLC 输出 Q3.7 上，见图 3-60，然后用编程器将 PLC 程序中的所有 Q2.5 都更改成 Q3.7，这时机床恢复正常工作。

案例 4：一台数控立式淬火机床在执行加工程序时出现报警"1042 DAC-limit（Z 轴 DAC 超限）"。

数控系统：西门子 810M 系统。

故障现象：这台机床在一工位启动加工程序时出现 1042 报警，指示 Z 轴伺服出现故障。

故障分析与检查：这台机床的一工位执行加工就报警，故障复位后，手动移动该工位的 Z 轴，没有问题。在执行加工程序出现报警后检查系统，还有报警"1562 Set Speed Too High（设定速度太高）"和报警

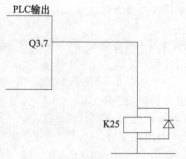

图 3-60　PLC 使用备用输出口 Q3.7 的连接图

"1682 Servo Enable Trav. Axis（Z 轴运动期间伺服使能丢失）"。

1562 报警指示程序设定 Z 轴速度超过机床数据 ND2642 设定的数值，检查机床数据 MD2642 数据为 9600。检查一工位的加工程序，第一个语句为"N6 G90 Z-183.2 F12000 M62"，怀疑进给速度设定过高，将 F12000 改为 F1200，这时运行程序没有问题，改到 F4000 时就产生报警。因为这个程序以前用过没有问题，所以说明进给速度设定是没问题的，MD2642 也没有改变。故障发生时只是这台机床停用了两周，再使用时就出现故障，因此怀疑 Z 轴丝杠滑台可能停用时间较长，阻力变大，需要充分润滑。

故障处理：对 Z 轴丝杠和滑台充分润滑，并手动反复移动 Z 轴，然后将程序进给速度改回 F12000，这时再运行加工程序，不再产生报警。

案例 5：一台数控沟道磨床加工循环启动不了。

数控系统：西门子 810G 系统。

故障现象：这台机床开机后，启动加工循环时，加工程序不执行。

故障分析与检查：检查循环启动按钮没有问题，根据机床工作原理，按循环启动按钮后，PLC 梯形图经过逻辑判断，将循环启动信号送到 NC，启动循环加工程序。

查阅厂家编制的 PLC 梯形图，PLC 传递给 NC 的循环启动信号为标志位 F155.3，关于 F155.3 的梯形图如图 3-61 所示。利用系统 Diagnosis 功能检查这个梯形图中所有元件的状态，F144.7、F145.1 和 T2 的状态都为"1"，F156.3 的状态为"0"，根据这个梯形图，F155.3 的状态应该为"1"，但状态显示 F155.3 为"0"，很是莫名其妙。连接编程器在线检查梯形图的运行，发现该梯形图的 F155.3 变成了 F155.9，所以 F155.3 永远也变不了"1"，循环肯定启动不了。

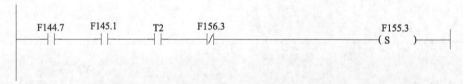

图 3-61　关于循环启动标志位 F155.3 的梯形图

故障处理：使用机外编程器将梯形图中的 F159.3 改回 F155.3，机床故障消除。

案例 6：一台数控车铣加工中心在自动加工过程中中途停机。

数控系统：西门子 840D sl 系统。

故障现象：在加工过程中，突然机床停止加工，系统产生报警。按系统报警消除按键，报警故障消除，重新启动加工程序，还可以进行加工，但加工几个工件后，机床操作面板上所有指示灯闪烁几秒就恢复正常了，同时系统出现报警停机。

故障分析与检查：通过系统诊断功能查看有很多报警，如图 3-62 所示。其中"400260 Failure of Machine Control Panel 1（机床控制面板 1 故障）"和"120201 Communication Failure（通信报警）"指示操作控制面板通信故障。

打开操作和显示面板的电控箱，如图 3-63 所示。检查发现 TCU 上连接机床控制面板的网络连线插头松动，拔下网线检查，发现插头锁紧扣老化。故障原因为网线插接不牢，机床在加工时有振动造成网线接触不好，瞬间停机，机床停止加工后，网线连接又恢复正常。

故障处理：更换网线后机床故障消除。

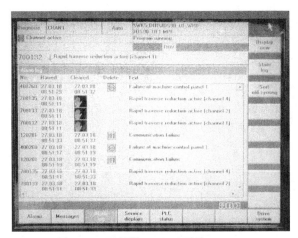

图 3-62　西门子 840D sl 系统 400260
和 120201 报警画面

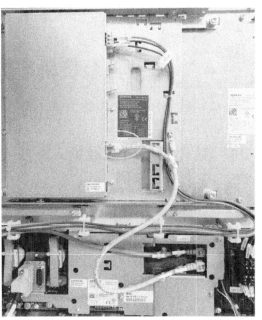

图 3-63　TCU 与系统操作面板的连接

第 4 章　数控系统机床数据与备份

4.1　数控系统机床数据

数控系统机床数据用来匹配不同的数控机床，因为数控系统功能特别强，而数控机床的要求各不相同，所以通过系统机床数据的设定可以使用相同的数控系统实现不同机床的不同功能。

4.1.1　西门子810T/M系统机床数据

(1) 西门子810T/M系统机床数据的种类

西门子810T/M系统机床数据分类见表4-1。

表 4-1　西门子 810T/M 系统机床数据分类

	数据范围	数据作用	备　注
1	MD0～MD261	通用数据	这部分数据一般不需要用户调整
2	MD1080～MD118※	通道设定特定数据	
3	MD200＊～MD396＊	伺服轴专用数据	这些数据有时在机床使用一段时间后可能需要调整
4	MD400♯～MD461♯	主轴特定数据	对主轴不同传动级的各种特性进行数据调整
5	MD5000～MD5050	系统通用数据位	
6	MD5060～MD5066	传送数据	
7	MD5200～MD521♯	主轴特定数据位	
8	MD540※～MD558※	通道特定数据位	一般不需用户调整
9	MD560＊～MD584＊	伺服轴特定数据位	
10	MD6000～MD6249	丝杠误差补偿数据位	
11	MD1096＊	伺服轴特定数值	
12	MD0～MD9	PLC系统通用数据	
13	MD1000～MD1007	PLC用户机床数据	
14	MD2000～MD2005	PLC系统数据位	
15	MD3000～MD3003	PLC用户机床数据位	

注：＊是数字，代表伺服轴号，0代表第一轴，1代表第二轴，依此类推；※是数字，代表通道号，0代表第一通道，1代表第二通道；♯是数字，代表主轴号，0代表一号主轴，1代表二号主轴。

(2) 西门子810T/M系统常用机床数据

每一台数控机床的机床数据在机床出厂时都已经设定好，一般来说不需用户改动。随意更改机床数据可能导致机床发生故障，这是非常危险的事情。但在机床故障维修过程中，有时要用到一些机床数据进行一些必要的调整来排除故障。下面介绍一些在机床故障维修中常用的机床数据，但在使用时一定要注意，如果更改后无效果，应立即恢复原数据。

① 与机床行程有关的数据　为保护机床的正常运行，数控系统设置了软件限位，进给轴运动超出或者接近软件限位时机床将停止运动，并产生相应报警。软件限位机床数据见表4-2。

表 4-2　西门子 810T/M 系统软件限位机床数据

数据地址	功　能	数据地址	功　能
2240	X轴正方向软件限位设定值	2280	X轴负向软件限位设定值
2241	第二轴正方向软件限位设定值（T系统为Z轴，M系统为Y轴）	2281	第二轴负向软件限位设定值（T系统为Z轴，M系统为Y轴）
2242	Z轴正方向软件限位设定值（只有M系统有效）	2282	Z轴负方向软件限位设定值（只有M系统有效）
2243	第四轴正方向软件限位设定值	2283	第四轴负向软件限位设定值

② 进给轴快速进给速度设定机床数据 西门子 810T/M 系统通过机床数据设定了相应坐标轴的最大运行速度，在加工程序中，G00 就是执行的这个速度。表 4-3 是相应伺服轴的快速进给机床数据设定表。

表 4-3 西门子 810T/M 系统伺服轴快速进给机床数据设定表

数据地址	功　　能	数据地址	功　　能
2800	X 轴的快速进给速度设定值	2802	Z 轴的快速进给速度设定值(只有 M 系统有效)
2801	第二轴的快速进给速度设定值(T 系统为 Z 轴，M 系统为 Y 轴)	2803	第四轴的快速进给速度设定值

③ 坐标轴反向间隙补偿机床数据 在半闭环位置控制系统为了补偿丝杠反向的间隙，西门子 810T/M 系统设定机床数据对丝杠反向间隙进行补偿。表 4-4 为坐标轴反向间隙机床数据设定表。

④ 坐标轴参考点数值机床数据 西门子 810T/M 系统在机床数据中设定了坐标轴参考点的设定值，在系统启动后，返回参考点时，在屏幕上显示的各轴坐标值就是设定的数值。表 4-5 为参考点坐标设定表。

表 4-4 西门子 810T/M 系统坐标轴反向间隙机床数据设定表

数据地址	功　　能
2200	X 轴反向间隙补偿值
2201	第二轴反向间隙补偿值(T 系统为 Z 轴，M 系统为 Y 轴)
2202	Z 轴反向间隙补偿值(只有 M 系统有效)
2203	第四轴反向间隙补偿值

表 4-5 西门子 810T/M 系统参考点坐标设定表

数据地址	功　　能
2400	X 轴参考点设定值
2401	第二轴参考点设定值(T 系统为 Z 轴，M 系统为 Y 轴)
2402	Z 轴参考点值(只有 M 系统有效)
2403	第四轴参考点设定值

⑤ 坐标轴参考点偏移机床数据 西门子 810T/M 系统设置了坐标轴参考点偏移的机床数据，利用参考点偏移这个机床数据，可以使数控机床在返回参考点时，使参考点产生位移。这样可以依靠机床数据设定来取代机械位移或者调整测量反馈系统。参考点最大的偏移可以达到±9999 个单位数。但偏移最好不要超过两个零点脉冲之间的距离，因为这时最好的方法是调整参考点挡块的位置。表 4-6 是西门子 810T/M 系统坐标轴参考点偏移机床数据设定表。

表 4-6 西门子 810T/M 系统坐标轴参考点偏移机床数据设定表

数据地址	功　　能	数据地址	功　　能
2440	X 轴参考点偏移设定值	2442	Z 轴参考点偏移设定值(只有 M 系统有效)
2441	第二轴参考点偏移设定值(T 系统为 Z 轴，M 系统为 Y 轴)	2443	第四轴参考点偏移设定值

4.1.2 西门子 840D sl 系统机床数据

西门子 840D sl 系统是西门子最新的数控系统，西门子 810D 系统和西门子 840D pl 系统的机床数据西门子 840D sl 系统都包含，而且西门子 840D sl 系统有更多的机床数据。

本节重点介绍西门子 840D sl 系统的机床数据，西门子 810D 系统和 840D pl 系统作为参考。

① 机床数据生效方式 机床数据修改后，一些数据立即生效，而另一些数据修改后需要一定条件才能生效，机床数据生效共有四种方式，详见表 4-7。

表 4-7 机床数据生效方式

序号	生效方式	英文	生效方式说明
1	Po	Power On	重新通电或按 NCU 模块"RESET"复位按键生效
2	Cf	New Conf	新配置，用 MMC 上的"MD 生效"软键激活，再复位生效
3	Re	Reset	复位生效，按系统控制面板上的"RESET"复位按键生效
4	So	Immediately	立即生效，机床数据修改后无需其他操作便可立即生效

② 数值类型 机床数据的调整必须符合规定的数值类型，如果输入的数值类型错误，机床数据将不会生效，并且会产生报警信息，机床数据的数值类型见表 4-8。

表 4-8 机床数据的数值类型

英文名称	含义	数值范围
Boolean	布尔型(机床数据位)	0 或 1
Byte	单字节数值	$-128 \sim 127$
Double	双精度实数值	$4.19 \times 10^{-307} \sim 1.67 \times 10^{38}$
Dword	双字整数数值	$-2.147 \times 10^{9} \sim 2.147 \times 10^{9}$
Dword	十六进制双字数	00000000 $\sim$ FFFFFFFF
Float Dword	浮点数值	$8.43 \times 10^{-37} \sim 3.37 \times 10^{38}$
Signed Dword	有符号双字整数值	$-2147483650 \sim 2147483649$
Signed Word	有符号整数值	$-32768 \sim 32767$
String	字符串	最多 16 个字符
Unsigned Dword	无符号双字整数数值	$0 \sim 4294967300$
Unsigned Word	无符号整数数值	$0 \sim 65536$
Word	十六进制字	0000 $\sim$ FFFF

(1) 西门子 840D sl 系统机床数据的种类

西门子 840D sl 系统的机床数据繁多，表 4-9 为西门子 840D sl 系统的机床数据分类。

表 4-9 西门子 840D sl 系统机床数据分类

序号	数据类别	机床数据定义范围	序号	数据类别	机床数据定义范围
1	显示机床数据	9000~9999	10	通道类循环机床数据	52000~52999
2	通用机床数据	10000~18900	11	轴类循环机床数据	53000~53999
3	NC 功能机床数据	19000~19999	12	常规循环设定机床数据	54000~54999
4	通道类机床数据	20000~28999	13	通道类循环设定机床数据	55000~55999
5	轴类机床数据	30000~38999	14	轴类循环设定机床数据	56000~56999
6	通用设定数据位	41000~41999	15	通用编译循环机床数据	61000~61999
7	通道类设定数据位	42000~42999	16	通道类编译循环机床数据	62000~62999
8	轴类设定数据位	43000~43999	17	轴类编译循环机床数据	63000~63999
9	通用循环机床数据	51000~51999			

(2) 西门子 840D sl 系统常用机床数据

在数控机床维修过程中经常要用到一些机床数据，通过对这些数据的调整可以排除一些机床故障，西门子 840D sl 系统相同功能的轴类机床数据对不同轴机床数据号是相同的，表 4-10 是一些维修中经常使用的机床数据。

表 4-10 西门子 840D sl 系统常用机床数据

序号	数据标志	数据含义	数据地址
1	POS_LIMLT_MINUS	第一软件负向限位开关	36100
2	POS_LIMLT_PLUS	第一软件正向限位开关	36110
3	POS_LIMLT_MINUS2	第二软件负向限位开关	36120
4	POS_LIMLT_PLUS2	第二软件正向限位开关	36130
5	JOG_VELO_RAPID	各轴在点动方式下快移速度	32010
6	JOG_VELO	各轴轴点动速度	32020
7	BACKLASH	丝杠反向间隙补偿	32450
8	STOP_LIMIT_COARSE	粗精确准停	36000
9	STOP_LIMIT_FINE	精精确准停	36010
10	POSIT	精准停延时时间	36020
11	STANDSTILL_POS_TOL	零速允差	36030
12	STANDSTILL_DELAY_TIME	零速控制延时	36040
13	CLAMP_POS_TOL	卡紧允差	36050
14	CONTOUR_TOL	轮廓监控允差带	36400
15	REFP_VELO_SEARCH_CAM	参考点接近速率	34020
16	REFP_VELO_SEARCH_MARKER	寻找参考点标记信号的速率	34040
17	REFP_VELO_POS	参考点定位速率	34070

续表

序号	数 据 标 志	数 据 含 义	数据地址
18	REFP_MOVE_DIST	参考点位移	34080
19	REFP_CAM_MARKER_DIST	参考点挡块与零标记间的距离	34093
20	REFP_SET_POS	参考点的设定位置值/距离编码系统的目标值	34100

另外西门子 840D 系统新增加了监控机床数据，通过这些数据可以实时观测伺服轴的运行状态，这对维修数控机床的故障是很有帮助的。表 4-11 是西门子 840D sl 系统常用的监控机床数据。

表 4-11 西门子 840D sl 系统常用监控机床数据

序号	数 据 标 志	数 据 含 义	数据地址
1	ACTUAL_SPEED	实际速度	1707
2	ACTUAL_CURRENT	实际电流	1708
3	ABS_ACTUAL_CURRENT	绝对电流设定值	1719
4	ACCEL_Diagnosis	诊断:实际速度值	1721
5	ACTUAL_RAMP_TIME	诊断:实际加速时间	1723
6	DESIRED_TORQUE	扭矩设定值	1728
7	ACTUAL_ELECTRIC_ROTORPOS	当前转子位置	1729
8	OPERATING_MODE	实际操作模式	1730
9	ENC_TYPE_MOTOR	间接测量系统电路类型	1790
10	ENC_TYPE_DIRECT	直接测量系统电路类型	1791
11	HW_VERSION	硬件版本号	1796
12	PBL_VERSION	数据版本号	1797
13	FIRMWARE_DATE	软件日期	1798
14	FIRMWARE_VERSION	软件版本	1799

4.1.3 发那科 0C 系统机床数据

(1) 发那科 0C 系统机床数据的种类

发那科 0C 系统有数百个机床数据（参数），这些数据功能各不相同，通过不同的设定可以适用于不同的数控机床。虽然机床数据（参数）很多，但总体来说可分为如下三类：

① 机床数据位（0001~0069、7001、7002、7003、7035），每个数据有 8 位，通过对每位的 0、1 设定，可以设置系统不同的功能；

② 机床数据（0100~4128），这些数据通过不同数值的设定，可以设置系统的一些参数、工作范围、行程极限等；

③ 数字伺服数据（8□00~8□65），通过这些数据对系统使用的伺服系统进行设定。

注：符号□为数字 1、2、3……代表轴号，为 1 是第一轴 X 轴，2 为 Z 轴（0T 系统），依此类推。

(2) 发那科 0C 系统常用机床数据

发那科 0C 系统有许多机床数据和机床数据位需要机床制造商设定，习惯上发那科系统的机床数据称为机床参数。大部分机床参数在机床厂家设定后不需要用户改变，但也有一些参数在机床故障维修时需要修改或调整。下面介绍一些与机床故障维修相关的机床数据。

① 机床行程软件限位机床设定数据 发那科 0C 系统从 PRM700 号数据开始是机床各轴软件行程限位设定参数，详见表 4-12，当机床运行过程中行程超出这些限制，数控系统就会产生报警，停止轴的运动。注意，只有机床回参考点后这些数据才有效。

表 4-12 机床行程限位机床设定数据

数据地址	符 号	功 能
0700	LT1X1	X 轴正方向软件限位设定值
0701	LT1Y1	第二轴正方向软件限位设定值(T 系统为 Z 轴,M 系统为 Y 轴)
0702	LT1Z1	Z 轴正方向软件限位设定值(只有 M 系统有效)
0703	LT141	第四轴正方向软件限位设定值

续表

数据地址	符 号	功 能
0704	LT1X2	X 轴负方向软件限位设定值
0705	LT1Y2	第二轴负方向软件限位设定值(T 系统为 Z 轴,M 系统为 Y 轴)
0706	LT1Z2	Z 轴负方向软件限位设定值(只有 M 系统有效)
0707	LT142	第四轴负方向软件限位设定值

② 快速进给速度机床设定数据　发那科 0C 系统 G00 的快速进给值在机床数据中进行设定。表 4-13 是各轴快速进给速度机床设定数据。

表 4-13　快速进给速度机床设定数据

数据地址	符 号	功 能
0518	RPDFX	X 轴的快速进给速度设定值
0519	RPDFY	第二轴的快速进给速度设定值(T 系统为 Z 轴,M 系统为 Y 轴)
0520	RPDFZ	Z 轴的快速进给速度设定值(只有 M 系统有效)
0521	RPDF4	第四轴的快速进给速度设定值

③ 进给轴反向间隙补偿机床设定数据　发那科 0C 系统可以对进给轴滚珠丝杠的反向间隙进行补偿,这些补偿可以设定并保存在机床数据中,表 4-14 为各进给轴反向间隙补偿机床设定数据。

表 4-14　进给轴反向间隙补偿机床设定数据

数据地址	符 号	功 能
0535	BLKX	X 轴反向间隙补偿值
0536	BLKY	第二轴反向间隙补偿值(T 系统为 Z 轴,M 系统为 Y 轴)
0537	BLKZ	Z 轴反向间隙补偿值(只有 M 系统有效)
0538	BLK4	第四轴反向间隙补偿值

④ 进给轴伺服环漂移补偿机床数据　发那科 0C 系统可以对进给轴的漂移进行补偿,这些补偿可以设定并保存在机床数据中,表 4-15 为各进给轴伺服环漂移补偿机床数据。

表 4-15　进给轴伺服环漂移补偿机床数据

数据地址	符 号	功 能
0544	DRFTX	X 轴漂移补偿
0545	DRFTY	第二轴漂移补偿(T 系统为 Z 轴,M 系统为 Y 轴)
0546	DRFTZ	Z 轴漂移补偿(只有 M 系统有效)
0547	DRFT4	第四轴漂移补偿

4.1.4　发那科 0iC 系统机床数据

(1) 发那科 0iC 系统机床数据的种类

发那科 0iC 系统具有繁多的机床数据,通过对这些机床数据的设置,可以适应不同数控机床的控制要求,发那科 0iC 系统的具体分类见表 4-16。

表 4-16　发那科 0iC 系统机床数据分类

序 号	参 数 范 围	参数功能与作用
1	0000~0899	NC 数据输入/输出设定参数
2	0900~0999	NC 选择功能参数
3	1000~1023	NC 基本功能设定参数
4	1200~1299	坐标系设定参数
5	1300~1399	轴安全保护功能参数
6	1400~1466	进给速度控制参数
7	1600~1787	加减速控制参数
8	1800~1999	伺服控制与设定(FSSB 从站配置)参数
9	2000~2395	伺服系统参数

序　号	参 数 范 围	参数功能与作用
10	3000~3033	PMC-NC 接口信号设定参数
11	3100~3301	操作、显示相关参数 1
12	3400~3460	常用编程功能参数
13	3600~3627	误差补偿参数
14	3700~4974	主轴控制参数
15	5000~5041	刀具补偿参数
16	5100~5174	固定循环参数
17	5200~5382	刚性攻螺纹参数
18	5400~6280	特殊编程功能参数
19	6300~6758	信息、文本、图形显示参数
20	6800~6846	刀具寿命管理参数
21	6900~6965	位置开关参数
22	7000~7310	操作、显示相关参数 2
23	7600~7745	特殊编程功能参数
24	8000~8327	NC 选择功能参数
25	8341~8813	NC 数据输入/输出设定参数
26	8850~8999	故障诊断、维护、检测参数
27	9900~9999	NC 选择功能参数
28	12000~12351	速度检测、手轮设定参数
29	12700~12710	加速度附加控制参数
30	12800~12900	操作履历设定参数
31	13100~13150	附加的显示控制参数
32	13600~13634	附加的加速度控制参数
33	14010	绝对标记光栅测量系统附加参数

(2) 发那科 0iC 系统常用机床数据

① 软件行程限位机床设定数据　发那科 0iC 系统从 1320 号数据开始是机床轴软件行程限位设定，详见表 4-17。

注意：只有机床回参考点后这些数据才有效。

表 4-17　软件行程限位机床设定数据

数据地址	功　能	数据地址	功　能
1320	各轴正方向软件限位设定值 1	1324	各轴正方向软件限位设定值 3
1321	各轴负方向软件限位设定值 1	1325	各轴负方向软件限位设定值 3
1322	各轴正方向软件限位设定值 2	1326	各轴正方向软件限位设定值 1 的第二数值
1323	各轴负方向软件限位设定值 2	1327	各轴负方向软件限位设定值 1 的第二数值

② 进给速度机床设定数据　发那科 0iC 系统的各种进给速度设定值在机床数据中设定。表 4-18 是进给速度机床设定数据。

表 4-18　进给速度机床设定数据

数据地址	功　能	数据地址	功　能
1410	空运行速度	1423	各轴点动(JOG)进给速度
1411	接通电源时自动方式下的进给速度	1424	各轴的手动快移速度
1420	各轴快速移动速度	1425	各轴最大切削进给速度
1422	最大切削进给速度(所有轴通用)		

③ 进给轴反向间隙补偿机床设定数据　发那科 0iC 系统可以对进给轴丝杠的反向间隙进行补偿，这些补偿可以设定并保存在机床数据中，表 4-19 为进给轴反向间隙补偿机床设定数据。

表 4-19　进给轴反向间隙补偿机床设定数据

数据地址	功　能	数据地址	功　能
1851	各轴反向间隙补偿值	1852	各轴快速移动时的反向间隙补偿值

4.2 利用数控系统机床数据维修数控机床故障

现在的数控系统功能非常强，通过对机床数据的设定，相同的数控系统可以用来控制不同的数控机床。机床数据对数控机床的正常运行起着非常重要的作用，有时因为后备电池工作不可靠或者长期系统不通电、电磁干扰、操作失误、系统不稳定等原因使机床数据丢失或者发生改变，这时机床不能正常工作，并且出现报警。另外有一些数据在机床使用一段时间后需要调整，如果不调整，机床也会出现故障，如丝杠反向间隙补偿、伺服轴漂移补偿等。下面是一些这类故障的实际维修案例。

案例 1：一台数控车床在 Z 轴回参考点时出现报警"520 Over Travel：＋Z Axis（Z 轴运动超正向限位）"。

数控系统：发那科 0TC 系统。

故障现象：这台机床在 Z 轴回参考点时出现 520 报警，X 轴回参考点正常没有问题，关机再开，Z 轴回参考点还是出现 520 报警。

故障分析与检查：发那科 0TC 系统 520 报警指示 Z 轴超正向软件限位，在正常情况下，没有回参考点时软件限位不应该起作用，这是系统的误动作。

故障处理：为了能够返回参考点，可以先将软件限位区域放大。Z 轴正向软件限位设定参数号为 PRM702，将 PRM702 更改成 9999999，这时 Z 轴正常返回参考点没有问题。参考点返回之后将软件限位 PRM702 改回原来的数值。

案例 2：一台数控车床系统屏幕显示语言变为英文。

图 4-1　发那科 0TC 系统英文屏幕显示

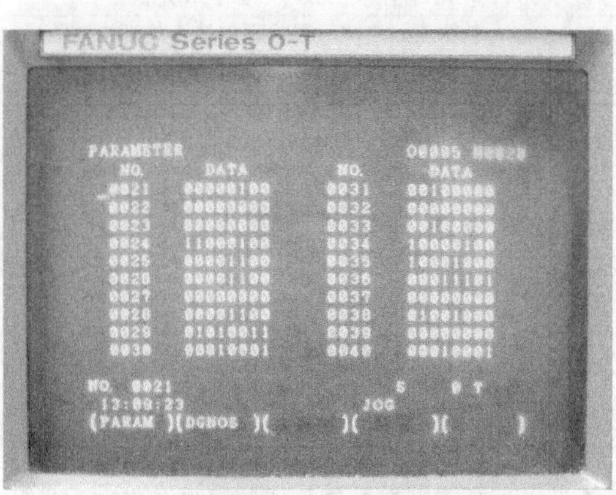

数控系统：发那科 0TC 系统。

故障现象：这台机床的操作人员希望屏幕能用中文显示，但屏幕是用英文显示的，如图 4-1 所示。

故障分析与检查：发那科数控系统屏幕显示语言可以有多种选择，是通过机床数据设定的，查看系统说明书，机床数据 PRM23.3（DCHI）设置为"1"就可以设定系统屏幕显示为中文。将机床数据调出进行检查，发现 PRM23 的设置变为"0000 0000"（图 4-2），设定为英文显示。

故障处理：将 PRM23.3 更改为"1"，关机数分钟后开机，这时系统屏幕中文显示，如图 4-3 所示。

图 4-2　发那科 0TC 系统机床数据画面

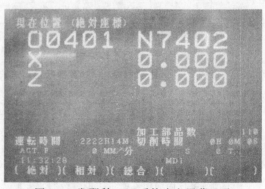

图 4-3　发那科 0TC 系统中文屏幕显示

案例 3：一台数控车床在加工时尺寸不稳。

数控系统：发那科 0TC 系统。

故障现象：这台机床批量加工盘类工件的外圆，加工时发现有的工件外径尺寸超差。

故障分析与检查：对刀塔、车刀进行检查没有发现问题，检查工装卡具也没有问题，工件卡紧也正常。在检测滑台精度时发现 X 轴有 0.04mm（直径尺寸）的反向间隙。

故障处理：发那科数控系统具有滚珠丝杠反向间隙补偿功能，机床数据 PRM535 为 X 轴反向间隙补偿参数，将该参数从 0 改为 20 后，X 轴反向间隙消除，这时工件加工尺寸基本不变。

丝杠反向间隙简易实用测量方法：用百分表测量滑台的移动，将系统设定为每次进给 X1，用手轮进给，在一个方向移动一定尺寸后，例如 0.10mm，然后反向移动，观察屏幕显示的轴向坐标值变化与百分表的反应，就可看出反向间隙，在这个案例中，屏幕显示的 X 轴坐标数值变化了 0.04mm（直径尺寸）后，百分表才开始变化，说明反向间隙为 0.04mm（直径尺寸）。

案例 4：一台数控车床出现报警 "410 Servo VRDY off（伺服没有准备）" 和 "414 Servo Alarm：X Axis Detect ERR（伺服报警 X 轴检测错误）"。

数控系统：发那科 0TC 系统。

故障现象：这台机床在加工过程中发现 X 轴移动时，刀塔晃动，并出现 410 和 414 报警，指示 X 轴伺服系统有问题。

故障分析与检查：因为指示 X 轴伺服系统有问题，所以首先更换 X 轴伺服功率模块，没有解决问题；检查 X 轴伺服电动机、X 轴导轨和丝杠都没有发现问题；对系统机床数据进行检查发现机床数据 PRM8100 发生了变化，原来的数值为 00000010，现为 00000111。

故障处理：将机床数据 PRM8100 改回 00000010 后，如图 4-4 所示，系统报警消除，机床恢复正常运行。

案例 5：一台数控车床出现屏幕伺服轴坐标显示数值与实际值不符的故障。

数控系统：发那科 0TD 系统。

故障现象：这台机床在加工中发现伺服轴屏幕显示值与实际值不符，机床无报警。

故障分析与检查：首先对编码器连接、伺服电动机与滚珠丝杠连接的同步带进行检查没有发现松动的问题。因为没有报警显示，所以怀疑机床数据的设置有问题，对机床数据进行检查发现 PRM4（X 轴）和 PRM5（Z 轴）数据异常，这两个机床数据的低四位用来确定参考计数器容量，高四位设定伺服轴检测倍率。原来的数据设置为 "01110111"，而现在显示为 "00110111"，检测倍率比原始的减少了一半，造成了伺服轴实际数据与显示值不符。

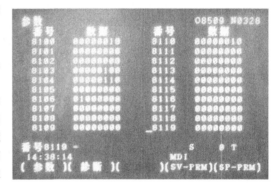

图 4-4 发那科 0TC 系统伺服机床数据画面

故障处理：将机床数据 PRM4 和 PRM5 更改为 "01110111" 后关机重开，机床故障消除。

案例 6：一台数控车床在执行加工程序时主轴达不到程序设定的转速。

数控系统：发那科 0iTC 系统。

故障现象：这台机床在执行加工程序时，粗加工正常没有问题，而在精加工时主轴转速达不到程序设定的数值，导致车削工件外圆表面粗糙度达不到工艺要求。

故障分析与检查：对加工过程进行观察，粗加工时，主轴转速设定为 2800r/min，转速显示也是 2800r/min，在精加工时，程序设定主轴转速为 3900r/min，而系统显示为 3400r/min。因为粗加工时转速显示正常，所以说明转速检测装置应该正常没有问题；检查主轴转速倍率开关也设置正常；检查系统机床数据时，发现主轴最高转速上限机床数据 PRM3741 设置为 3400，所以主轴转速只能达到 3400r/min。

故障处理：查看机床说明书，该机床的主轴转速可以达到 4000r/min，故将 PRM3741 设置为 4000，这时再运行加工程序，精加工时主轴转速可以达到 3900r/min 了。

案例 7：一台数控车床在正常工作时找不到 "刀具补偿/形状" 页面。

数控系统：发那科 0TC 系统。

故障现象：这台机床一次出现故障，在开机后进行加工时，发现没有 "刀具补偿/形状" 画面，无法进行补偿操作。

故障分析与检查：因为 "刀具补偿/形状" 画面属于系统功能，这个画面没有，怀疑是系统机床数据发生变化。对机床数据进行核对，发现 PRM906.5 变成了 "0"。

故障处理：将机床数据 PRM906.5 改为 "1"（图 4-5），关机后重新开机，"刀具补偿/形状" 画面恢复显示，如图 4-6 所示。通过这次维修也发现了保密参数 PRM906.5 为 "刀具补偿/形状" 页面设定位。

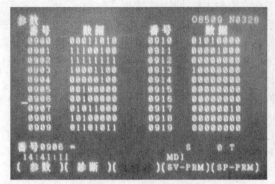

图 4-5　发那科 0TC 系统机床数据显示画面　　　图 4-6　发那科 0TC 系统刀具补偿画面

案例 8：一台数控车床回参考点时出现报警 "424 Servo Alarm：Z Axis Detect ERR（伺服报警：Z 轴检测错误）"。

数控系统：发那科 0TC 系统。

故障现象：这台机床在回参考点时，X 轴正常没有问题，但 Z 轴回参考点却出现 424 报警。

故障分析与检查：询问机床操作人员，操作人员告知，只有在机床开机回参考点时出现这个报警，正常工作时从来不出现这个报警，据此分析说明问题不是很大。

观察回参考点的过程，Z 轴回参考点向正方向运行，压上参考点减速开关后减速，脱离参考点减速开关后，停止运动，屏幕 Z 轴参考点坐标显示 5.760，这个数值就是参考点坐标。但过几十秒后，出现 424 报警，这时 Z 轴坐标值变为 5.130。多次观察，发现出现报警时，Z 轴的坐标值都在 5.1 左右。

根据这些现象分析，怀疑系统接到参考点脉冲后，减速过快，没有达到系统要求的定位精度。首先怀疑伺服驱动模块低速驱动能力有问题，与其他机床互换，还是这台机床出现问题，说明不是伺服驱动模块的问题；检查 Z 轴电动机和编码器，连接良好，没有发现问题；因此怀疑 Z 轴滑台可能运动阻力变大，使 Z 轴低速运行时，停止过快。

故障处理：解决这个问题有几种方案可以改善 Z 轴滑台的机械阻力，但手动转动 Z 轴滚珠丝杠，发现问题并不太大，这种情况下进行调整很烦琐。

那么提高回参考点的速度能否解决这一问题呢？将回参考点慢速机床数据 PRM534 从 300 改到 400，这时 Z 轴参考点正常返回，机床恢复正常。

维修总结：通过这个故障的维修，可以看到观察故障现象的重要性，搞清故障现象，可以为分析问题提供依据；另外维修数控机床时，尽量化繁为简、以简制繁，用最简单的手段解决复杂的问题是维修的最高境界。

案例 9：一台数控加工中心出现转台分度不良的故障。

数控系统：发那科 0MC 系统。

故障现象：这台机床一次出现转台分度后落下时错动明显、声音大的故障。

故障分析与检查：观察转台的分度过程，发现转台分度后落下时错动明显，说明转台分度位置与鼠齿盘定位位置相差较大，检查发现转台机械螺距有误差。

故障处理：检查机械装置，调整机械装置很麻烦。分析系统工作原理，转台分度是第四伺服轴控制的，转台螺距有误差可以通过机床数据 PRM0538 来补偿，调整机床数据 PRM0538 的设定数值后，机床故障消除。

案例 10：一台加工中心加工的孔距有误差。

数控系统：发那科 0MC 系统。

故障现象：这台机床加工工件的孔距不准，有误差。

故障分析与检查：加工工件的孔间距有误差，而系统并无报警，说明可能是 X 轴的滚珠丝杠间隙造成的。这种问题可以通过机械检修来消除，但工作量比较大，在间隙不是很大时，可以通过机床数据进行间隙补偿。首先检测 X 轴滑台的精度，发现确实有反向间隙，但不是很大，可以通过机床数据补偿。

故障处理：在 MDI 方式下，将 PWE 改为"1"，然后找到机床数据 PRM535，即 X 轴的反向间隙补偿机床数据，按照实际的间隙数值输入补偿数据，然后将 PWE 改回"0"，这时试加工，孔距误差消除。

案例 11：一台数控加工中心出现报警"417 X Axis Parameter（X 轴参数错误）"。

数控系统：发那科 0iMC 系统。

故障现象：这台机床开机出现 417 报警，指示伺服参数异常。

故障分析与检查：系统出现 417 报警后，查看诊断数据 DGN203，发现 X 轴 DGN203.4（PRM）被置为"1"，指示"伺服检测出问题，伺服机床参数设定有问题"，检查伺服系统的参数设定，发现 PRM2020 电动机代码设定超出了规定的范围。PRM2023 和 PRM2024 机床数据（分别为电动机每转速度反馈脉冲数和电动机每转位置反馈脉冲数）误设定为小于 0 的数值；PRM2022（电动机旋转方向的设定值）设定不正确（为 111 或 −111 之外的数值）；PRM1023 伺服主轴号设置不当。

故障处理：将以上错误的参数纠正后，关机数分后重开，机床恢复正常工作。

案例 12：一台数控磨床出现报警"701 Overheat：Fan Motor（过热：风扇电动机）"。

数控系统：发那科 0iTC 系统。

故障现象：这台机床一次出现故障，屏幕出现如图 4-7 所示的 701 报警，指示风扇电动机过热。

故障分析与检查：查阅数控系统报警手册，701 报警指示控制单元上部的风扇电动机过热。对这个系统冷却风扇进行检查，如图 4-8 所示，发现左面的风扇没有旋转，检查风扇电源正常，所以确定为风扇损坏。

故障处理：购买备件需要一定周期，所以先采取应急方式，将机床数据 PRM8901.0 改为"1"，如图 4-9 所示，先屏蔽 701 报警，在外面加风扇进行强制冷却。新的风扇到位安装上后，将机床数据 PRM8901.0 恢复为"0"，使系统正常运行。

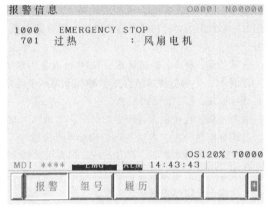

图 4-7 发那科 0iTC 系统 701 报警图片

图 4-8 发那科 0iTC 系统风扇位置图片

案例 13：一台数控车床出现报警"1120 Clamping Monitoring（卡紧监控）"。

数控系统：西门子 810T 系统。

故障现象：这台机床在移动 X 轴时出现 1120 报警，指示 X 轴出现故障。

故障分析与检查：观察故障现象，X 轴运动正常，坐标值显示也正常变化，只是在到位停止移动时出现报警，说明伺服驱动系统和位置反馈系统都正常没有问题。

根据系统报警手册，1120 报警的故障原因解释为，"在伺服轴定位期间，跟随误差消除时间超出机床数据 MD156 设定的数值；在卡紧期间机床数据 MD212 * 设定的数据被超过"。

首先检查机床数据 MD156，发现该数据变为了 0，如图 4-10 所示。该机床数据设置的是伺服使能关断

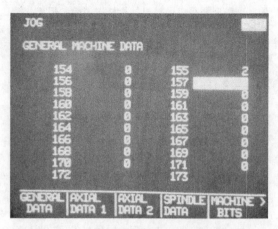

图 4-9　发那科 0iTC 系统机床数据画面　　　　图 4-10　西门子 810T 系统通用机床画面

延迟时间，设置为 0，就是在理论到位后就立即关断伺服驱动，没有考虑到系统的滞后，所以肯定会产生报警。

故障处理：将 NC 的机床数据 MD156 设置为缺省数值 200 后，机床恢复正常工作。

案例 14：一台数控球道磨床 Y 轴找不到参考点。

数控系统：西门子 810M 系统。

故障现象：这台机床在回参考点时，X 轴和 Z 轴回参考点没有问题，Y 轴找不到参考点。

故障分析与检查：观察 Y 轴返回参考点的过程，Y 轴开始向负方向移动，但压上零点开关后，反方向慢速运行，移动一段距离后，停止运行，但参考点的零点坐标没有设定，仔细观察，发现系统操作面板上不到位灯没有熄灭，进给保持灯也在亮，如图 4-11 所示，为此怀疑 Y 轴跟随误差超差，导致系统没有认为已经到位，所以不设定零点坐标。

故障处理：伺服轴跟随误差超差可以通过修改漂移补偿机床数据来消除。查看 Y 轴漂移补偿机床数据 MD2721 的数值设置为"0"，将其更改为"5"后，机床故障消除。

案例 15：一台数控外圆磨床执行加工程序时执行一段就停止。

数控系统：西门子 805 系统。

故障现象：这台机床在执行加工程序时，执行几个语句就停止运行，没有报警，转为手动操作方式，按故障复位按钮，报警消除，然后再转为自动操作方式，重新启动程序还可以运行，但执行后还是停止。经反复观察，发现每次都是停在 N70 语句，如图 4-12 所示。

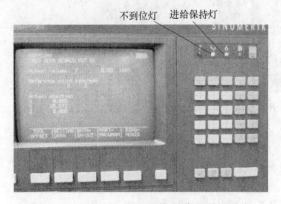

不到位灯　进给保持灯

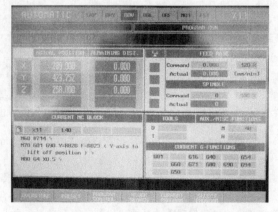

图 4-11　西门子 810M 系统屏幕和面板图片　　　　图 4-12　西门子 805 系统数控磨床屏幕显示画面

故障分析与检查：对加工程序进行检查，N70 语句的内容为 N70 G01 G90 Y＝R820 F＝R823，因为每次都在这个语句停，因此怀疑 Y 轴运动后没有精确到位，将伺服画面调出进行检查，发现 Y 轴停止时跟随误差为 3，如图 4-13 所示，可能有些大。

故障处理：为了消除跟随误差，调整漂移补偿机床数据 MD2721，使停止时的跟随误差为 0，这时机床程序正常运行，再也没有发生类似问题。

案例 16：一台数控外圆磨床 X、Y 轴不动。

数控系统：西门子 805 系统。

故障现象：这台机床一次开机走参考点时，首先移动 X 轴，发现屏幕 X 轴的坐标数值一直变化，但实际 X 轴没有动，手动操作方式下 Y 轴运动也是如此。Y 轴与 X 轴的故障相同，Z 轴可以回参考点没有问题。

故障分析与检查：这台机床的伺服系统采用西门子 611A 交流模拟伺服控制装置，在按下 X 轴移动按键时，检查伺服控制模块端子 56 和 14 之间的给定信号为 0，说明伺服系统没有得到运动指令，所以伺服系统没有问题。检查机床操作面板，所有按键状态都没有问题。因此怀疑机床数据有问题，对机床数据进行检查核对，发现 MD2000 从 100 变为 20，MD2001 从 200 变为 50，MD2002 没有变还是 300，如图 4-14 所示。原来是伺服轴设定数据发生了变化。

故障处理：将机床数据 MD2000 改回 100，MD2001 改回 200，关机重开，机床恢复正常工作。

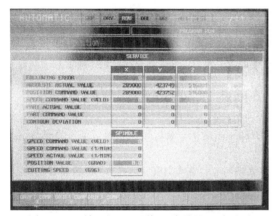

图 4-13　西门子 805 系统跟随误差显示画面

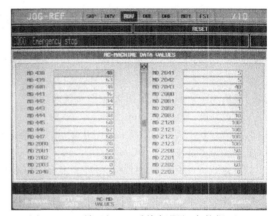

图 4-14　西门子 805 系统伺服机床数据画面

案例 17：一台数控外圆磨床加工程序经常丢失。

数控系统：西门子 805 系统。

故障现象：这台机床经常由于操作人员的误操作将加工程序删除。

故障分析与检查：分析数控系统的操作特点，发现西门子 805 系统比较容易误操作删除存储的加工程序。根据系统的工作原理，发现可以通过数控系统机床数据和钥匙开关对程序加以保护。

故障处理：将数控系统机床数据位 MD5006 设置为 01111111（图 4-15）后，对加工程序进行保护，避免了对加工程序的误操作删除。

案例 18：一台数控外圆磨床出现报警 "1121 Clamping monitoring（clamping tolerance）Y-axis〔Y 轴卡紧监控（卡紧允差）〕"。

数控系统：西门子 805 系统。

故障现象：这台机床在开机后，按控制电压启动键时，系统出现 1121 报警，指示 Y 轴有问题。

故障分析与检查：查阅西门子 805 系统的说明书，1121 报警指示 Y 轴定位误差超出规定范围。为此在按下机床启动按钮时，观察屏幕 Y 轴的坐标数值，发现该坐标值从 0 变化到 0.2mm，观察 Y 轴滑台实际位置也发生微量变化。由此说明伺服控制系统可能有问题，反馈回路正常没有问题。

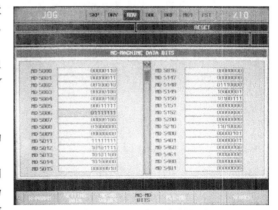

图 4-15　西门子 805 系统机床数据位设定画面

检查伺服放大器的给定电压，在机床启动按钮按下瞬间，有 0.2V 左右的给定电压，说明问题出在数控系统一侧。检查伺服系统的跟随误差，Y 轴为 -163，如图 4-16 所示，数值比较大。

根据系统工作原理，为了消除伺服系统的漂移，系统为相应的伺服轴设置机床数据作为补偿，所以首先应该检查漂移补偿的机床数据是否正确。检查 Y 轴对应的漂移补偿数据 MD2771 为 200，如图 4-17 所示，而其他轴设定数据只是 3、-8，原来是 Y 轴的漂移补偿设置过大。

故障处理：将机床数据 MD2771 的数值减小到 2 时，再启动系统，机床正常工作。

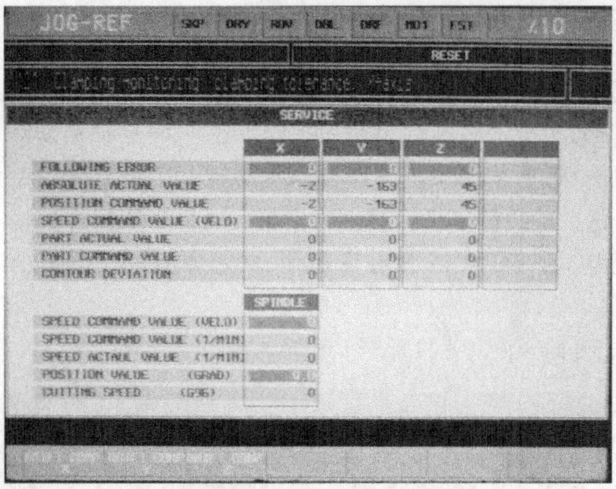

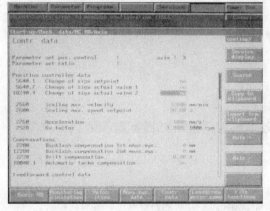

图 4-16 西门子 805 系统数控磨床跟随误差显示画面

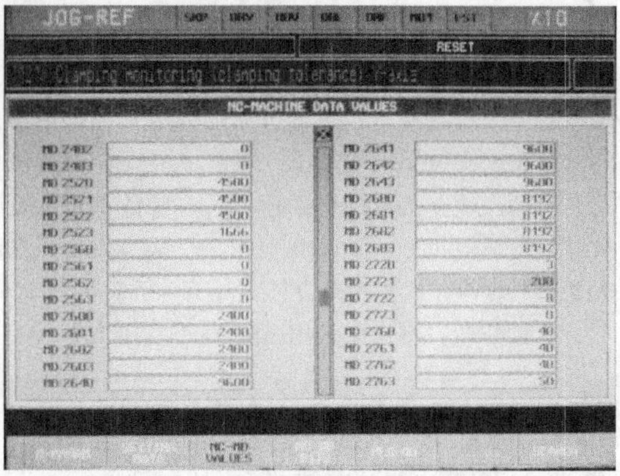

图 4-17 西门子 805 系统伺服机床数据显示画面

案例 19：一台数控车床 X 轴振动过大。

数控系统：西门子 840C 系统。

故障现象：这台机床投入使用几年后，X 轴运动时的振动越来越大，最后影响到加工工件的光洁度，并且系统没有报警。

故障分析与检查：对机床的丝杠和滑台进行检查并没有发现问题，更换伺服电动机和伺服控制器都没有解决问题。因此怀疑伺服系统使用一段时间后，有关伺服轴的机床数据需要重新调整。

故障处理：找到关于 X 轴的加速度数据 MD2760 和增益 K_v 数据 MD2520，如图 4-18 所示，将这两个机床数据进行调整，减小其数值，直到没有振动为止。

案例 20：一台数控车床有时运行加工程序时，X 轴滑台运动不正常。

数控系统：西门子 840C 系统。

故障现象：数控车床有时开机后进行自动循环时，进给轴运动不正常。

故障分析与检查：经过对故障现象进行分析，发现故障原因是 X 轴忘记返回参考点，这时既没有产生报警，也可以启动自动循环，如果这时进行自动循环 X 轴运动就不正常，而 Z 轴如果不回参考点，机床就不运行加工程序。对机床数据进行检查，发现"不用所有轴都返回参考点就能启动 NC"的设定数据 MD5004.3 设定为 yes，允许不回参考点就可以启动循环。

故障处理：将机床数据 MD5004.3 更改为 no 后，如图 4-19 所示，之后所有轴不回参考点循环都启动不

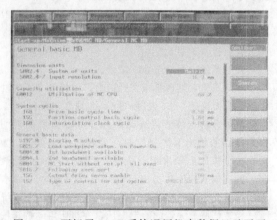

图 4-18 西门子 840C 系统 X 轴机床数据图片

图 4-19 西门子 840C 系统通用机床数据显示画面

了，也就再也没有出现这个故障。

案例 21：一台数控中频淬火机床出现报警"25080 Axis AZ2 Positioning Monitoring（轴 AZ2 位置监控）"。

数控系统：西门子 840D pl 系统。

故障现象：这台机床出现故障，在加工过程中出现 25080 号报警，中止加工程序的运行。

故障分析与检查：复位故障报警，重新启动加工程序，在 AZ2 轴运动时，发现噪声很大，然后出现 25080 报警，程序中止。检查 AZ2 轴滑台和滚珠丝杠都没有发现问题。

这是一台刚投入使用的新机床，怀疑 AZ2 轴经过一段时间磨合后，机械特性发生变化，机械惯性变小，使伺服系统产生振荡、噪声，而振荡过大又出现 25080 报警。所以为了解决问题，应该调整伺服轴的增益。

故障处理：将 AZ2 轴的增益机床数据 MD1407 从 0.9 调整到 0.6，如图 4-20 所示。这时关机，数分钟后重新启动，机床恢复正常运行，故障消除。

案例 22：一台数控无心磨床开机后出现报警"300613 Axis AZ2 Drive 1 Maximum Permissible Motor Temperature Exceeded（AZ2 轴驱动 1 超过电动机最大允许温度）"。

数控系统：西门子 840D pl 系统。

故障现象：这台机床开机后出现报警，指示 AZ2 轴电动机超温，多次断电重启，无法消除报警。

故障分析和检查：西门子 840D pl 系统 300613 报警产生的原因是电动机温度超过了机床数据 MD1607 允许的最大电动机温度限制。调用系统伺服诊断功能，发现显示的温度值达 150℃，远超过了 MD1607 设定的 120℃，但手摸 MX3 轴电动机并不发烫，感觉最多只有 30℃ 左右，怀疑电动机内部温度传感器有问题。

故障处理：考虑到单独更换伺服电动机温度传感器较困难，而更换整台伺服电动机又不划算，于是通过修改如图 4-21 所示的 MD1608 MOTOR_FIXED_TEMPERATURE 机床数据，将其设定一个大于 0 小于 100 的任一数值，即可屏蔽此温度报警（注意：每天应确认电动机实际温度在制作工艺允许范围内）。

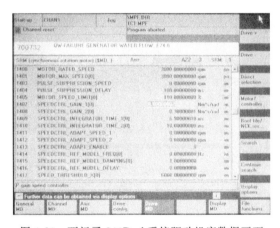

图 4-20 西门子 840D pl 系统驱动机床数据画面

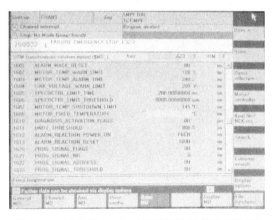

图 4-21 西门子 840D pl 系统驱动数据显示画面

案例 23：一台数控无心磨床 W1 轴位置数据有偏差。

数控系统：西门子 840D pl 系统。

故障现象：这台机床开机依次设定好 W1 轴的坐标位置后，在反向移动时，实际位置总会跑动 1～2mm，机床无任何报警信息。

故障分析与检查：本机床采用自动上、下料机构，W1 轴作为输送机构，由伺服电动机驱动，通过同步齿带将上、下料臂分别输送到磨削区、抽检区及料仓区，在机床找完参考点后，需对 W1 轴在这三个区域停留的位置进行设定；W1 轴运行时，先从料仓区开始，经过抽检区，最后到达磨削区，然后再从磨削区经抽检区返回到料仓区，观察实际定位情况，发现误差总是在从磨削区返回时出现，由此判断 W1 轴传动环节存在反向间隙。

故障处理：考虑机械检修非常耗时，决定通过修改机床数据 MD32450 反向间隙补偿进行纠正，设定为 +2mm，即正补偿，编码器超前于机械位置；确认数据更改并保存后，再重新找参考点，使补偿生效，再试机让 W1 轴多次来回运动，定位准确，故障排除。

4.3 西门子 840D pl 系统 NC、PLC、硬盘备份与恢复方法

4.3.1 西门子 840D pl 系统 NC、PLC、MMC 备份与恢复

(1) 文件数据备份

西门子 840D pl 系统的上位机 MMC103 或 PCU50、PCU70 带有硬盘，数控机床的数据、程序、PLC 程序等通过系列备份可以将 NC 备份文件、PLC 备份文件和 MMC 的备份文件存储在硬盘中，也可以将这 3 个备份文件复制出来在外部保存，一旦数控机床出现数据错误，可以将这 3 个文件恢复到系统中。系列备份步骤如下：

① 在 Start up 菜单输入密码；

② 按菜单选择键 🔲 找到含有 Service（服务）功能的菜单；

③ 按 Service 下面的软键，进入 Service 菜单；

④ 按扩展键 >，进入文件、数据备份画面；

⑤ 按 Series Start-up 下面的软键，进入数据、文件系列备份画面，如图 4-22 所示；

⑥ 用上下箭头按键选择需要备份的数据（例如光标移到 PLC），用选择 🔲 按键确认；

⑦ 输入文件名（例如 PLC0805），按黄色输入 ⬦ 按键确认（这个操作是十分必要的，否则输入的文件名不被确认）；

⑧ 按屏幕右面的 Archive 软键进行相应数据文件的硬盘备份，如图 4-23 所示对 PLC 数据进行备份，文件名 PLC0805.ARC。

重复⑥～⑧就可以将 NC、PLC、MMC 的数据文件进行备份。

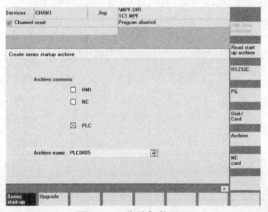

图 4-22　系列备份画面

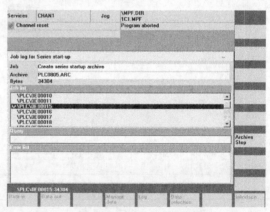

图 4-23　PLC 备份画面

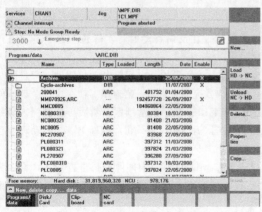

图 4-24　备份文件夹内容显示

备份文件存储在 PCU（MMC）的硬盘中，可以进行查看，查看步骤如下：

① 在 Start up 菜单输入密码；

② 按菜单选择键 🔲 找到含有 Service（服务）功能的菜单；

③ 按 Service 下面的软键，进入 Service 菜单；

④ 按 Data Selection 下面的软键；

⑤ 用箭头键选择文件夹 Archive；

⑥ 按黄色输入 ⬦ 键可显示备份文件夹中的内容，如图 4-24 所示。

这样就可以查看到系列备份的文件。

（2）数据恢复

数据恢复包括 NC 数据和 PLC 程序，其步骤如下：

① 按 "Start up" 下面的软键；

② 按扩展键 ＞；

③ 按 "Password" 下面的软键；

④ 按屏幕右侧 "Set Password" 右面的软键；

⑤ 输入密码 "Sunrise"，按黄色输入键确认；

⑥ 按菜单转换键；

⑦ 按 "Services" 下面的软键；

⑧ 按扩展键 ＞进入图 4-25 所示的画面；

⑨ 按屏幕下方 "Series start-up" 下面的软键，进入图 4-26 所示的画面；

⑩ 按屏幕右侧 "Read start up archive" 右面的软键，进入图 4-27 所示的页面；

⑪ 选择 NC 数据文件（例如图 4-27 中的 NC0805 文件）；

⑫ 按屏幕右侧 "Start" 右侧的软键；

⑬ 按屏幕右侧 "Yes" 右侧的软键，系统即开始自动恢复 NC 数据；

⑭ 然后按照⑩～⑬步骤选择 PLC 系列备份文件（例如图 4-27 中的 PLC0805 文件），恢复 PLC 数据；

⑮ 数据恢复结束，按屏幕右侧 "Make start up archive" 返回上一级菜单。

这时关机，几分钟后重新开机，系统报警消除，机床恢复正常工作。

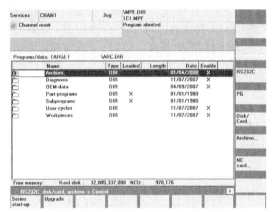

图 4-25　西门子 840D pl 系统 Services（服务）扩展菜单

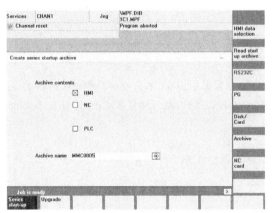

图 4-26　西门子 840D pl 系统系列备份画面

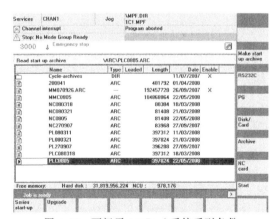

图 4-27　西门子 840D pl 系统系列备份回装文件选择画面

4.3.2　西门子 840D pl 系统 PCU50.3 硬盘 GHOST 备份与恢复

西门子 840D pl 系统 PCU 为上位计算机，PCU50.3 是 PCU50.1 的升级版，也带有硬盘，数据和程序以及系列备份的文件都存储在硬盘上，为了避免硬盘损坏造成的数据丢失风险，应该对硬盘进行全盘备份。对整个硬盘的备份也有两种方式：

① 将硬盘拆下，通过 PC 计算机对硬盘进行整盘 GHOST 备份，这种方法操作起来烦琐，也有可能出现意外损坏。

② 西门子 840D pl 系统的 PCU 具有 GHOST 备份功能，可以对除了 C 盘以外其他 3 个分区盘进行备份，

103

也可以进行整个硬盘的备份，当然整个硬盘的备份要连接 PC 机来完成。本节主要介绍怎样通过连接 PC 机进行整盘备份。

对于 840D pl 系统 PCU50.3 操作单元 GHOST 硬盘网络备份的步骤如下：

(1) 对 PC 机进行设置

对连接的 PC 计算机进行如下设置：

① 设置计算机的名称，例如设置为 Laptop；

② 设置 IP 地址，例如设置为 192.168.84.10；

③ 创建一个具有管理员权限的用户，例如 "auduser"，及其用户密码，如果使用字母，要注意字母大、小写；

④ 在 C 盘上建立一个共享文件夹，例如 GHOST，注意字母的大、小写；

⑤ 关闭计算机的防火墙。

(2) 西门子 840D pl 系统 PCU50.3 的网络设置（主要针对预装 HMI 的 PCU50.3）

首先将 PC 机与 PCU50.3 进行网线连接，然后进行如下操作：

1) 进入用户服务画面，PCU50.3 上电后，当显示图 4-28 所示的画面，注意这时在屏幕的右下角有 PCU 版本显示（如 "V08.00.01.01"）时，也可能其他画面有所不同，但必须是右下角有 PCU 版本显示时，按数字按键 "3"，这时系统将显示 Service User Logon（服务用户登录）页面，如图 4-29 所示。

图 4-28　西门子 840D pl 系统（PCU50.3）启动画面

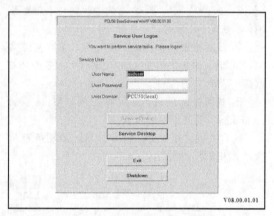

图 4-29　服务用户登录对话框

2) 进入 Windows 页面，首先输入用户名和密码，通常用户名为 auduser 不用改变。将光标移到 User Password（用户密码）一栏，输入 PCU50.3（通常输入 SUNRISE 即可），然后用鼠标点击 Service Desktop（服务桌面）选项，进入 Windows 界面，如图 4-30 所示。

3) 检查、设置 IP 地址，进行如下操作：

① 点击桌面上的 Service Center（服务中心）进入图 4-31 所示的画面；

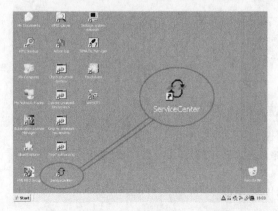

图 4-30　PCU50.3 的 Windows 界面

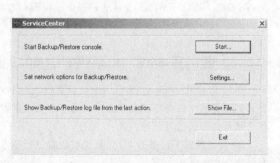

图 4-31　Service Center（服务中心选项）画面

② 点击 Set network options for Backup/Restore（设定备份/恢复的网络选件）后面的 Settings... 选项，进入 IP 地址设定画面，如图 4-32 所示；

③ 在该画面的上部，选择"Ethernet2"；

④ 选择 Use the following setting（使用下列设置）；

⑤ 选择 Use the following IP address（使用下列 IP 地址）；

⑥ 修改 IP 地址为 192.168.214.241，点击 Apply 回到图 4-31 所示的画面。

(3) 网络连接

1）IP 地址设置之后，在显示图 4-31 的画面时，点击 Start Backup/Restore console 后面的选项 Start...，出现图 4-33 所示的操作提示，按字母键"Yes"，退出 Windows 画面，重启系统；

2）启动 Service Center（服务中心），经过系统安装硬件设备、设定显示分辨率、启动网络等过程（参考图 4-34）；

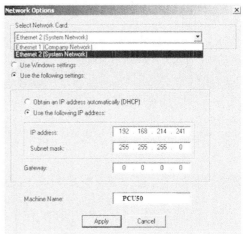

图 4-32 IP 地址检查设置页面

3）启动结束进入图 4-35 所示画面，选择 Backup/Restore a Disk Image（备份/恢复整个硬盘映像备份/恢复）；

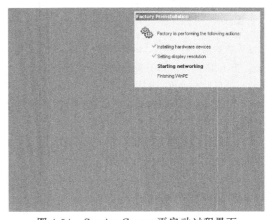

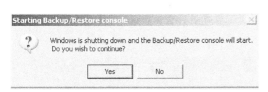

图 4-33 系统重启确认提示

图 4-34 Service Center 再启动过程界面

4）点击屏幕下部的 Next 选项，进入图 4-36 所示的画面，进行备份、恢复选择，并添加网络驱动器。

图 4-35 Service Center 功能选择画面

图 4-36 Back up Restore（备份恢复）选择画面

（4）GHOST 备份操作

1）在图 4-36 界面的上部选择 Backup（备份），然后点击 Add Network Drive...（添加网络驱动器），进入图 4-37 画面；

2）在图 4-37 的页面输入连接的计算机的名称、用户名称、文件夹的名称及密码，然后点击 OK，如果连接成功，进入图 4-38 所示画面；

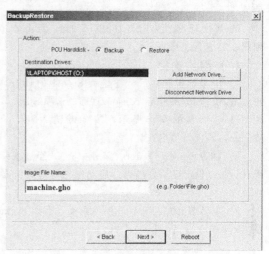

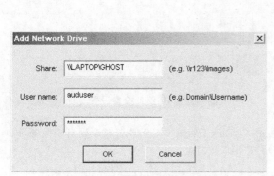

图 4-37 PC 计算机名字密码输入页面 　　　　图 4-38 网络计算机连接成功画面

3）在映像文件名字（Image File Name）一栏输入备份映像文件的名字，例如 machine. gho，然后点击 Next，进入图 4-39 所示的备份信息确认画面；

4）可以对是否进行映像文件分割（Split）做设定，如要设定，点击画面下部的 Options（选项），进入图 4-40 所示的分割选择画面，可以选择分割并确定分割文件的大小，点击 OK 进行确认，并返回图 4-39 所示画面；

5）这时点击画面下部的 Finish（完成），系统运行 GHOST 软件进行整盘备份，GHOST 备份过程画面如图 4-41 所示；

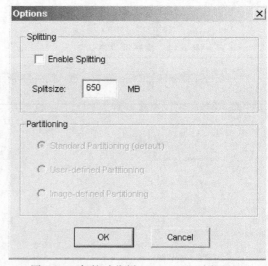

图 4-39 备份信息确认画面 　　　　　　图 4-40 备份时分割（Spliting）选择画面

6）备份结束，返回图 4-39 画面，点击 Reboot 选项，进行系统热启动，系统进入正常工作页面。

（5）硬盘恢复

使用 GHOST 软件可以在 PC 机上将 GHOST 整盘备份文件恢复到新硬盘上，当然也可以连接 PC，使

用 PCU50.3 来操作,使用 PCU50.3 恢复硬盘操作步骤如下:

1)首先还得执行上述第 1)和第 2)项操作;

2)在图 4-37 画面输入备份文件所在计算机的名称与密码;

3)在图 4-38 画面选择 Restore(恢复),并输入备份文件的文件名;

4)在添加网络驱动显示图 4-39 画面时,点击 Options,进入图 4-42 所示画面;

5)这个画面的下部是恢复时需要选择的项目,选择第一项,默认标准分区,确认后返回图 4-39,点击 Finish(完成),返回图 4-38 所示画面,上部的选项是 Restore(恢复),点击 Next 进行硬盘恢复,恢复成功后点击 Reboot,重启系统。

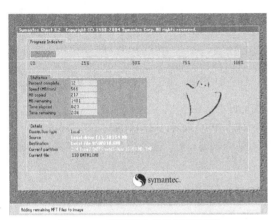

图 4-41 GHOST 备份过程画面

图 4-42 恢复备份时选项菜单

4.4 西门子 840D sl 系统 NC、PLC、DP、硬盘及 CF 卡备份与恢复方法

4.4.1 西门子 840D sl 系统 NC、PLC 和 DP 数据文件的备份

(1) 西门子 840D sl 系统 NC 数据备份

找到如图 4-43 所示的画面,点击"Setup(设定)"下面的软键进入如图 4-44 所示的调整菜单。

图 4-43 含有 Setup(设定)的画面

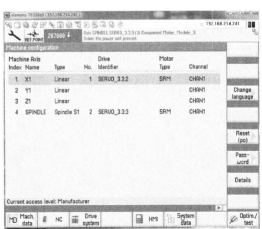

图 4-44 Setup(设定)菜单画面

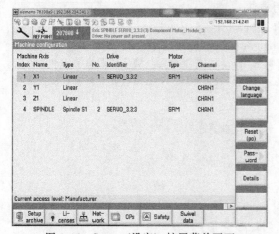

按操作面板上＞号按键，进入设定扩展菜单，如图 4-45 所示。

按"Setup archive（创建备份）"下面的软键，进入备份页面，如图 4-46 所示。

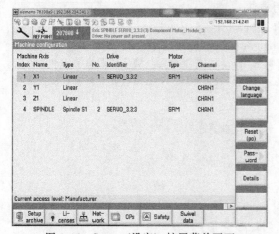

图 4-45　Setup（设定）扩展菜单画面

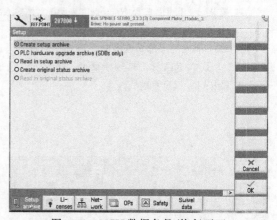

图 4-46　NCU 数据备份/恢复页面

这时选择"Create setup archive（建立设定备份）"，前面的圆中出现黑点，这时按屏幕右下方"OK"右侧的软键，进入图 4-47 所示数据备份选择页面，可以对 NC 数据、PLC 数据、驱动数据进行系列备份。

选择需要备份的系列文件，然后按屏幕右下方"OK"右侧的软键，进入选择备份文件存储路径页面，如图 4-48 所示。

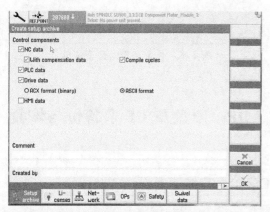

图 4-47　数据备份选择页面

图 4-48　备份文件存储选择画面

可选择原有文件夹，也可以建立新文件夹。如图 4-49 所示建立新文件夹 JDS，然后按屏幕右下方

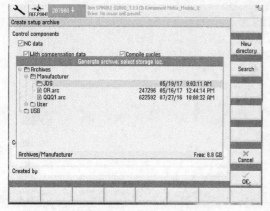

图 4-49　建立新文件夹 JDS

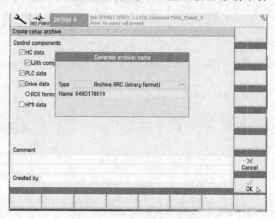

图 4-50　输入备份文件名

"OK"右侧的软键，进入下一个画面，如图4-50所示，输入备份文件的名称，按屏幕右下方"OK"右侧的软键，进行备份。

备份结束出现如图4-51所示画面，按屏幕右下方"OK"右侧的软键，备份工作结束。

(2) 西门子840D sl系统NC备份文件查询

NC备份文件最好备份在PCU的硬盘上，正常存储在PCU的F盘，文件存储路径为F：\hmisl\oem\sinumerik\data\archive下面的用户定义文件夹中，便于使用，备份后可以进行查询，方法如下：进入图4-44所示的页面，按菜单项目"System data（系统数据）"下面的软键，进入图4-52所示页面，下拉屏幕右侧的光标条，点击打开相应的文件夹，就可以看到刚做的备份文件840D170616。

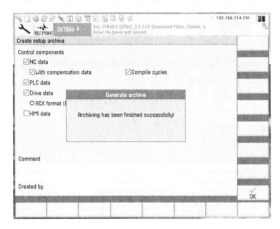

图4-51　备份过程结束画面

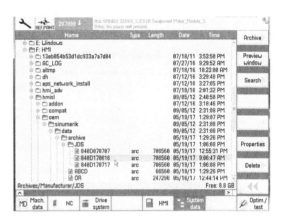

图4-52　NCU备份文件存储路径

(3) 西门子840D sl系统NC备份文件恢复

在图4-46所示的NC数据备份/恢复页面，选择"Read in setup archive（读入设定备份文件）"，如图4-53所示，按屏幕右下方"OK"右侧的软键，进入图4-54所示备份文件夹选择菜单，打开"Manufacturer（制造商）"文件夹，出现如图4-55所示的"Manufacturer（制造商）"文件夹包含的备份文件和用户建立的文件夹JDS。

打开如图4-56所示的用户自定义文件夹，选择备份文件"840D170616"，然后按屏幕右下方"OK"右侧的软键，进入恢复内容选择页面，如图4-57所示。

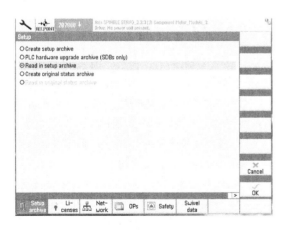

图4-53　备份恢复选择

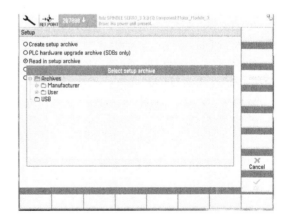

图4-54　文件夹选择画面

在这个页面可以根据需要选择NCK、PLC、Drives中需要下载恢复的备份数据，然后按屏幕右下方"OK"右侧的软键，进入图4-58所示的备份恢复进程页面。恢复结束，如果备份没有问题，系统进入正常工作页面。

109

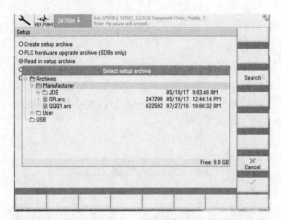

图 4-55 "Manufacturer（制造商）"文件夹的内容

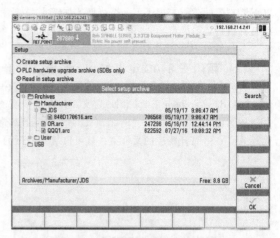

图 4-56 用户自定义文件夹的内容

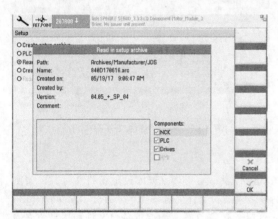

图 4-57 恢复内容选择页面

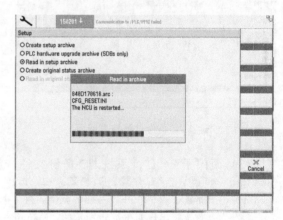

图 4-58 备份恢复进程页面

4.4.2 西门子 840D sl 系统 PCU 硬盘的备份与恢复

西门子 840D sl 通常采用 PCU50.5 作为主控单元，这是一台西门子数控系统专用计算机，PCU50.5 安装有硬盘，硬盘在工业环境运行，有损坏的风险。为了防止硬盘损坏造成机床瘫痪，对 PCU50.5 的硬盘必须进行整盘备份，当硬盘出现问题时才能尽快恢复系统。

带 TCU 系统的 PCU50.5，做备份的计算机通过网线连接到 PCU 的网络接口 IE2 上，外连的计算机网址设置为 192.168.214.250。

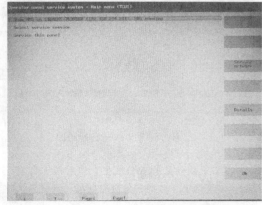

图 4-59 西门子 840D sl 系统 HMI 切换画面（1）

数控系统开机正常显示后，进行如下操作切换到外部 HMI，也就是 PCU 的操作页面上。

同时按系统操作面板上 ⌨ ∧ 两个按键，系统屏幕显示如图 4-59 所示页面。

用鼠标移动到"select service session"显示行，如图 4-60 所示，点击屏幕右侧 OK 右面的软键，进入如图 4-61 画面，待显示屏幕上显示栏中的比例数值达到 100% 时，进入图 4-62 显示画面，这时选择"show HMI on SIEMENS-76398A9（192.168.214.241）：HMI running"，如图 4-63 所示，点击屏幕右侧 OK 右面的软键，进入外部 HMI 即 PCU 的 HMI 显示页面。

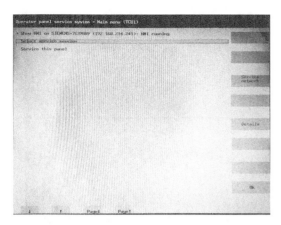 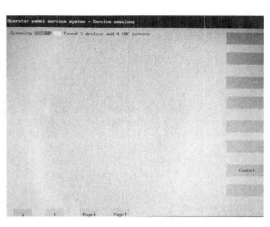

图 4-60　西门子 840D sl 系统 HMI 切换画面（2）　　图 4-61　西门子 840D sl 系统 HMI 切换画面（3）

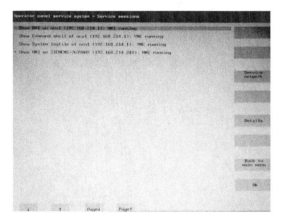 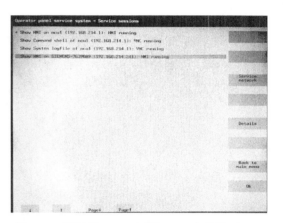

图 4-62　西门子 840D sl 系统 HMI 切换画面（4）　　图 4-63　西门子 840D sl 系统 HMI 切换画面（5）

　　这时按如图 4-64 所示 PCU 上的"黑色开关"，数分钟后系统关闭，屏幕只显示"Wait for HMI"（图 4-65），PCU 上数码管没有显示，这时再按这个"黑键"开机。

图 4-64　PCU 启动开关与数码管　　　　　　图 4-65　PCU 关闭屏幕显示状态

　　当屏幕右下角出现版本号时，如图 4-66 所示显示版本号"V01.03.00.02"，按操作面板数字"3"按键，进入如图 4-67 所示显示页面。点击该画面"Desktop（桌面）"功能，进入如图 4-68 所示的桌面登录页面。
　　在密码输入区域输入密码"SUNRISE"，点击 OK 确认后，进入如图 4-69 所示的 Windows 显示桌面。

图 4-66　屏幕右下角显示版本号

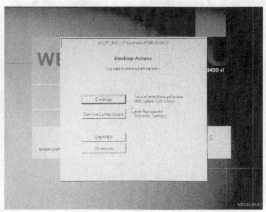

图 4-67　进入桌面确认画面

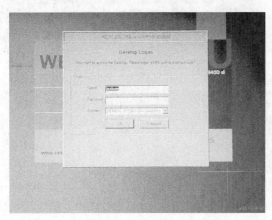

图 4-68　桌面登录页面

图 4-69　Windows 显示桌面画面

点击桌面上 Service Center Backup-Restore 功能，进入如图 4-70 所示备份/恢复操作选择页面。这时点击"Set network options for Backup-Restore console"右侧的 Settings 光标，进入如图 4-71 所示备份/恢复网络端口选择页面，在 Network Adapter 的选择框，选择"Ethernet 2（System Network）"，选择 Use Windows Settings 选项，地址就出现在屏幕上，为"192.168.214.1"，如图 4-72 所示。

图 4-70　备份/恢复操作选择页面

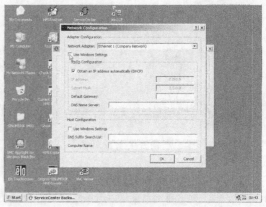

图 4-71　备份/恢复网络端口选择页面

点击 OK 确认后，返回图 4-70 页面，选择第一项 "Start Backup-Restore console" 后面的 Start，进入如图 4-73 所示的进入备份/恢复功能确认画面，点击 Yes 进行确认，确认后进入，系统重新启动进入备份/恢复操作。

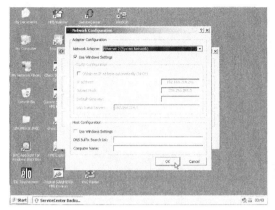

图 4-72 选择网络接口 2

图 4-73 进入备份/恢复功能确认画面

数分钟后，进入图 4-74 所示的备份/恢复操作页面。

选择第二项 "Backup-Restore a Disk Image（备份/恢复一个盘映像）"，点击 Next，进入图 4-75 所示的备份选择和计算机输入页面，选择 "Backup"，点击 "Add Network Drive..."，在 Share（共享）输入要进行备份的计算机网络地址和共享的文件夹名称，User name 输入计算机名，Password 输入所用计算机的密码，如图 4-76 所示，然后点击 OK，PCU 开始寻找计算机和共享文件夹。

找到要进行备份操作的计算机和共享文件夹后，在屏幕出现盘符，例如图 4-77 中的 O：\，在映像文件名 Image File Name 输入备份文件的文件名，点击 Next 光标，进入备份文件分割页面，如图 4-78 所

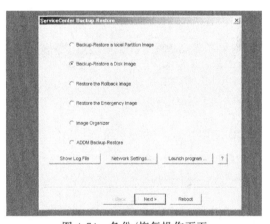

图 4-74 备份/恢复操作页面

示，因为现在通常不使用 VCD 光盘存储文件，所以不用选择 Options，直接点击 Finish，进入 GHOST 硬盘进程显示页面，如图 4-79 所示。

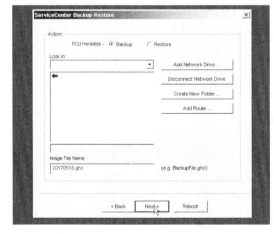

图 4-75 备份选择和计算机信息输入页面

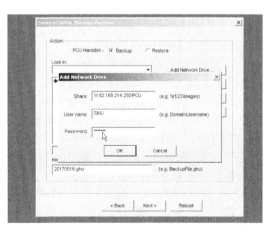

图 4-76 输入计算机网络地址等信息

图 4-77 计算机盘符显示和备份文件名输入页面

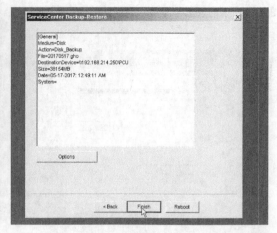

图 4-78 备份映像文件分割选择页面

备份完成后，回到图 4-80 页面，点击 Reboot，PCU 重新启动，备份工作完成。

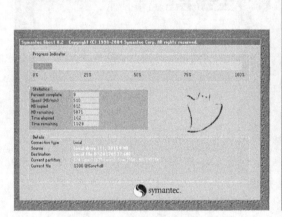

图 4-79 GHOST 硬盘备份进程页面

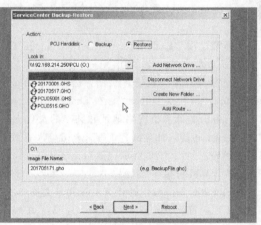

图 4-80 备份完成返回页面

4.4.3 西门子 840D sl 系统 NCU 模块 CF 卡的备份与恢复

CF 卡自动备份需要制作 NCU 模块的 U 盘启动盘，由于西门子 840D sl 的 NCU 模块 CF 卡通常是 8G 的，所以备份的 U 盘应该大于 4G，可以选用 16G 的 U 盘。使用 U 盘备份，首先要在 U 盘上安装 NCU 系统启动软件，具体操作方法如下：

(1) 制作 NCU 模块系统启动 U 盘

制作 NCU 的 USB 启动盘当然必须有西门子 NCU 模块专用 installdisk. exe（自动进行备份还需要 autoexec. sh）软件和 Linuxbase. img 映像文件。

① 将这个软件安装在使用 Windows7 计算机 C 盘 EBOOT 文件夹的 NCU 子文件夹中（文件夹可以自己命名，应该放在根目录下），文件夹不能用中文字符；

② 将 U 盘插到电脑上，以 U 盘驱动盘符 G 为例；

③ 以 Windows7 系统为例，点击开始菜单，进入如图 4-81 所示画面。点击"运行"，在输入框中输入 CMD 命令，如图 4-82 所示，按回车，进入如图 4-83 所示的 DOS 操作窗口。

④ 使用 DOS 命令，输入 CD \ 字符（图 4-84）后回车，退出现在的目录（文件夹），进入 C 盘根目录；键入如图 4-85 所示的字符命令 CD EBOOT \ NCU，然后回车，进入 EBOOT 文件夹中的 NCU 子文件夹。

图 4-81　进入开始菜单

图 4-82　输入 CMD 命令

图 4-83　DOS 操作页面

图 4-84　退出当前文件夹命令

⑤ 输入字符命令 "installdisk-verbose-blocksize 1m linuxbase. img g："（注意命令要用小写字母，命令之间加一个空格，g：指示 U 盘盘符，当然用户的 U 盘是其他盘符也可），如图 4-86 所示，然后回车，出现如图 4-87 所示的正在制作 U 盘启动盘画面，待进展到 100％时，启动盘制作完毕。这个过程会在 U 盘上建立两个分区，其中一个是 Windows 系统可见的 FAT 格式分区，另一个分区不可见。但是能看到 U 盘的尺寸原来是

图 4-85　进入 EBOOT 的子文件夹 NCU 命令

16GB，这个命令执行后，通过 Windows7 查看，只有 3.96MB 的 FAT 空间了，如图 4-88 所示，这时 U 盘是空盘。

图 4-86　输入制作启动盘命令

图 4-87　启动盘制作进程

⑥ 激活启动 U 盘，把做好的 U 盘插入 NCU 模块上两个 USB 接口的任意一个，然后送电，启动 NCU，NCU 上的 RDY 灯会闪烁，直到这个灯变成常绿色、不闪烁，而且下面的 8 段数码管没有任何显示，U 盘启动盘激活成功，这个过程很短，不到 1min。这时系统断电关机，待 NCU 模块上指示灯没有显示时，取下 U 盘。

⑦ 将做好的启动 U 盘放到计算机 Windows 系统上查看，U 盘中只有一个 Eboot_version 文件，如图 4-89 所示；查看 U 盘属性发现恢复了原来的尺寸 14.8GB，从 FAT 格式变为 FAT32 格式，如图 4-90 所示。

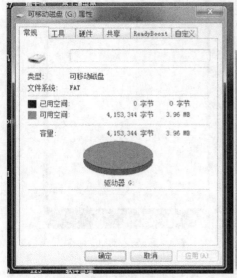

图 4-88　U 盘属性查看

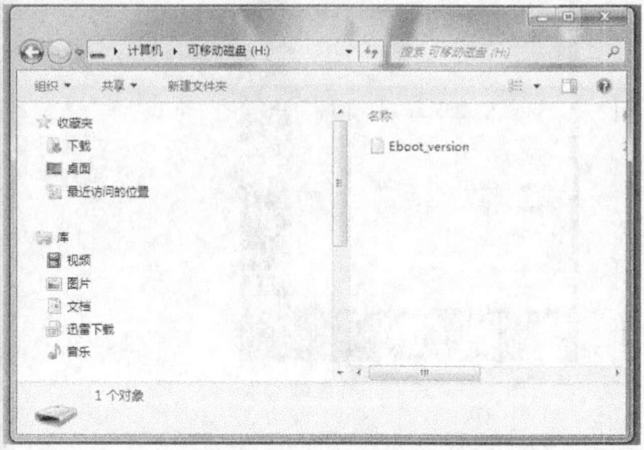

图 4-89　激活后的启动 U 盘的内容

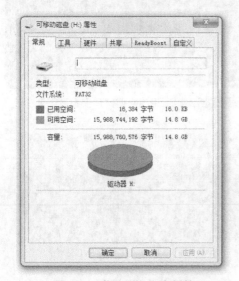

图 4-90　激活后的 U 盘属性

图 4-91　装入自动备份文件的 U 盘内容

(2) NCU 模块 CF 卡的自动备份

① 将电脑上 NCU 文件夹中的 autoexec.sh 文件拷贝到启动 U 盘的根目录下，如图 4-91 所示。

② 在 NCU 模块断电的情况下，将启动 U 盘插入 NCU 模块的任意一个 USB 插口（注意：U 盘根目录下一定不要有 full.taz 文件，否则 NCU 系统启动后先为 CF 卡做备份，然后把根目录下的 full.taz 备份文件下载到 NCU 模块上，将原有的 CF 卡内容覆盖）。

③ 把 NCU 模块上的 SVC/NCK 拨码开关拨到位置 7，如图 4-92 所示。

④ NCU 模块通电开机，开始数码显示为 1，经过几次变化后，NCU 的数码管显示字符 2.，指示灯 RDY 橙色灯闪，STOP 与 SU/PF 灯交替闪亮，这个过程会持续数分钟，这就是在进行自动备份工作。如果

将显示器 HMI 切换到 NCU 显示画面，显示页面如图 4-93 所示。

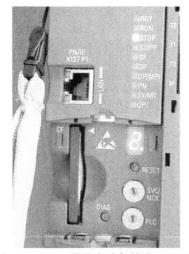

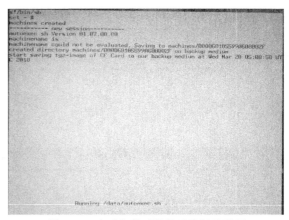

图 4-92　NCU 模块自动备份时显示图片　　　　图 4-93　自动备份时数控系统显示页面

　　自动备份完成后，NCU 模块的数码管熄灭，不显示任何字符，RDY 指示灯也熄灭，指示灯 STOP 和 SU/PF 灯仍在交替闪烁，等待几十秒就可以断电关机了（如果不等待，可能有些版本描述的 XML 文件没有写到 U 盘上）。断电 1min 后，待 NCU 模块上没有任何指示灯显示时，就可以取下 U 盘了，然后将 NCU 上的 SVC/NCK 开关拨到 0 位，CF 卡备份结束（注意这个操作不要太快，一定要确保备份过程彻底结束后，NCU 模块上任何显示都没有时，SVC/NCK 开关才能拨到 0 位，以防止出现意外将 NCU 数据清除）。

　　把 U 盘插到计算机上，这时会看到 U 盘根目录下多了一个 autoexec.sh 文件和一个 machines 文件夹，如图 4-94 所示。machines 文件夹中会有一个 logfile 文件和一个以 NC 卡硬件序列号为名的文件夹，如图 4-95 所示，目录 000060105599A600002F 就是所做 NCU 的 CF 卡序列号。此文件夹的文件 card_img.tgz 就是备份出的 NC 卡镜像文件，如图 4-96 所示，大小为 650M 左右。其实 card_img.tgz 是一个压缩文件，解压后，可以看到很多文件夹，存储的是一些版本和许可证密码等文件，但这些文件用 Windows 基本是打不开的。

图 4-94　备份完成后 U 盘内容　　　　　　　图 4-95　文件夹 machines 内容

图 4-96　CF 卡备份文件与解压文件夹

（3）CF 卡自动恢复

　　CF 卡备份下载恢复时，要将原来备份的文件更名为 full.tgz，然后放到 U 盘根目录下，如图 4-97 所

示。在 NCU 系统断电关机的情况下，再将 U 盘插到 NCU 模块的 USB 口上，SVC/NCK 开关拨到 7，然后系统通电。系统启动后如果发现 NCU 模块上 CF 卡中有内容，先将 CF 内容进行 U 盘备份，此时 NCU 模块上数码管显示字符 2.，备份结束或者 CF 本身是空盘时，NCU 系统将 U 盘中备份文件 full.tgz 下载恢复到 NCU 模块上的 CF 卡中，这个过程中 NCU 数码管显示字符 4.，如图 4-98 所示。这个过程 NCU 模块上 STOP 和 SU/PF 灯交替闪烁，RDY 橙色灯亮，系统屏幕显示画面见图 4-99。

图 4-97 将 CF 卡备份文件改名为 full

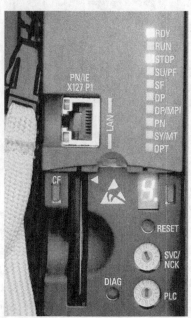

图 4-98 CF 卡备份恢复时
NCU 的显示图片

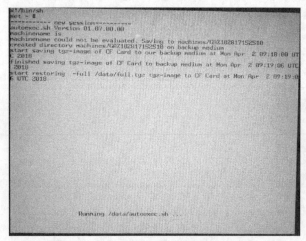

图 4-99 CF 卡恢复时系统屏幕显示画面

下载恢复结束后，数码管不显示任何字符（也有的系统显示 6），STOP 和 SU/PF 灯交替闪烁，RDY 灯熄灭。待 1min 左右后，系统断电关机，数分钟后，保证 NCU 没有任何指示灯显示的情况下，拔下 U 盘，将 NCU 模块上 SVC/NCK 开关拨到 0 位，CF 卡自动恢复完成（注意这个操作不要太快，并一定要确保备份结束后 SVC/NCK 开关拨回 0 位，以防止出现意外将 NCU 数据清除）。

自动备份和下载 CF 卡操作比较简单，但容易出现误操作。在自动备份和下载 CF 卡时，首先必须确保在备份 CF 卡内容时，U 盘上不能有 full.tgz 文件；其次就是备份或下载 CF 卡完成后，要断电数分钟再拔下 U 盘，并且确保在 NCU 模块彻底断电情况下 SVC/NCK 开关拨回到 0 位。

4.5 发那科 0C 系统程序与数据备份方法

4.5.1 发那科 0C 系统的数据备份

发那科 0C 系统机床数据、加工程序等可以进行电子备份，也就是说可以通过系统的通信口传送到计算机中，当系统丢失数据或程序时，可以将电子备份下载到系统中，快速恢复系统。下面介绍发那科 0C 系统电子备份的方法和步骤：

(1) 机床的操作和系统设定

① 打开机床总电源；

② 按下机床急停按钮；

③ 将机床操作状态设置为 EDIT 状态；

④ 按系统操作面板上的功能键 [DGNOS PARAM]，出现参数设置画面，设定下列通信参数（如果要改变参数，需先将 PWE 设定为 "1"，因为只有 PWE 设为 "1" 系统参数才能被修改）：

TVON＝0（设置进行 TV 检测）

ISO＝1（设置使用 ISO 代码）

I/O＝1（设置使用 1 通道）

机床参数设置如下：

PRM002＃＝1＊＊＊＊0＊1；（停止位 2，接口，同步孔不输，I/O＝0 生效 ）

PRM012＃＝1＊＊＊＊0＊1；（停止位 2，接口，同步孔不输，I/O＝1 生效）

PRM038＃＝10＊＊＊＊＊＊；（外用的 I/O 装置为计算机，使用 RS232 接口）

No. 552＝10（波特率 4800）

No. 553＝10（波特率 4800）

（如果 I/O 设置为 2，应该把 No. 250 和 No. 251 设为 10）

注意：参数修改后应将 PWE 设定为 "0"。

(2) 计算机的操作和软件设定

计算机进入 PCIN 软件，通信参数做如下设置：

COM NUMBER 1

BAUDRATE 4800（传输波特率）

PARTIY EVEN

2 STOP BITS

7 DATA BITS

XON/OFF SETUP＞XON/XOFF ON（注意：若设为 OFF，就只能上传不能下载）

    XON Character：11

    XOFF Character：13

    DONT WAIT FOR XON

    DONT SEND XON

END _ W _ M30 OFF

ETX OFF

TIMEOUT 0S

BINFILE OFF

TURBOMODE OFF

DONT CHECK DSR

(3) 电缆连接

将通信电缆一端插到计算机的串行口上，另一端插到系统的通信口上。

(4) 备份操作步骤

1) 机床数据备份如下：

① 计算机一侧进入 PCIN 的 DATA _ IN 菜单，输入文件名，回车准备接收数据；

② 按数控系统显示器下方的按键 [PRGRM]；

③ 按数控系统面板上的 [OUTPUT START] 按键，这时系统数据开始输出到计算机。

2) 加工程序备份如下：

① 计算机一侧进入 PCIN 的 DATA _ IN 菜单，输入文件名，回车准备接收数据；

② 按数控系统面板上 [PRGRM] 按键;

③ 如果备份单个程序,首先输入字母 O,然后输入程序号,之后再按系统面板上 [OUTPUT/START] 按键,即可传输所指定的单个程序;

④ 如果备份全部程序,输入字母 O,然后键入 -9999,按系统面板上 [OUTPUT/START] 按键,即可将全部加工程序传出。

4.5.2 发那科 0C 系统机床保密数据的备份

发那科 0C 系统机床数据 PRM0900~0939 为保密参数,这些参数都有特定功能,是在定购系统时另外付费系统公司才能进行相应的设定,但上传时正常传不到计算机中,在系统出现故障、数据参数丢失时,通常只能通过 MDI 方式手动输入,不能同其他参数一起用计算机输入,但通过下面的小技巧可以使这些参数与其他参数一起全部传出保存,用计算机下载输入参数时就可以与其他参数一起输入。保密数据的备份方法如下:

① 将操作方式开关设定到 EDIT 状态;

② 按系统操作面板上 [DGNOS/PARAM] 按键,选择显示参数的页面;

③ 将外部传输设备的计算机的 PCIN 软件设定在准备接收数据状态并输入文件名;

④ 按系统操作面板上的 [→EOB] 按键不放开,同时再按 [OUTPUT/START] 按键。

这时系统全部机床参数,包括保密参数即可全部传出。

4.5.3 发那科 0C 系统机床数据的恢复

当发那科 0C 系统数据丢失或者混乱时,需要重新输入数据以恢复系统正常工作。下面介绍数据恢复的方法和步骤。

发那科 0C 系统机床数据恢复操作方法如下:

(1) 强行启动系统

在系统通电的同时,同时按住 [RESET] 和 [DELET] 这两个按键,系统强行启动,这时系统恢复正常显示,但被设置成标准数据,机床不能正常工作。为此,必须重新输入原机床数据,使机床恢复正常功能。

(2) 输入机床数据

输入机床数据可采用两种方法:

1) 手动输入法,通过系统操作键盘将原机床数据逐个输入。这种方法比较简单,但工作量比较大,并且容易出错。

2) 使用计算机将备份数据文件传回系统,在数控系统和用于传输数据的计算机都断电的状态下,将通信电缆分别连接到数控系统和计算机的 RS-232C 串行通信接口上。计算机开机进入 PCIN 数据传输软件,设置通信协议参数,如所用计算机的通信口号、数据起始位、数据位、传输速率、奇偶校验位等。通信协议参数的设置应与机床数控系统通信参数的设置保持一致,否则传输工作不能正常进行(参见 4.5.2)。

机床侧的操作顺序如下:

① 打开机床总电源。

② 按下机床急停按钮。

③ 打开机床程序保护锁。

④ 将机床操作状态设置为"EDIT"。

⑤ 按系统面板上的功能键 [DGNOS/PARAM],出现参数设置画面,将 PWE 设定为"1"(允许修改系统数据),其他通信参数与数据电子备份的相同。

⑥ 手工输入机床数据 No. 900 及其后的保密参数。输入 PRM900 数据时,系统显示器上出现"000 P/S"报警,这是正常的。输入 PRM901 数据时,系统显示器上出现下列信息:

WARNING(警示):

YOU SET No. 901 #01, THIS PARAMETER DESTORY NEXT FILE IN MEMORY FROM 0001 TO

0015，NOW NECESSARY TO CLEAR THESE FILE，WHICH DO YOU WANT?（你设置 No. 901 ♯01 这个数据，将会损坏存储器后面 0001～0015 的文件，现在必须清除这些文件，你要做哪一项?）

"DELT（删除）"：CLEAR THESE FILE（清除这些文件）

"CAN（取消）"：CANCEL（取消）

PLEASE KEY-IN "DELT" OR "CAN"（请按键 "DELT" 或 "CAN"）

按显示器下方对应 "DELT" 的软键，清除内存后，系统重新显示机床数据画面；依次输入其后的保密数据后，关闭机床系统电源，用通信电缆将计算机和数控系统相连，数分钟后重新开机。

⑦ 按系统操作面板上的 [DGNOS/PARAM] 按键。

⑧ 计算机一侧进入 PCIN 软件，通信参数与数据电子备份时的设置相同。

⑨ 计算机进入 PCIN 的 OUT 数据输出菜单，调入备份的机床数据文件作为待输出文件，按回车键后，等待机床侧数据输入操作。

⑩ 按系统面板上的 [INPUT] 按键，这时，系统数据开始输入。

⑪ NC 数据输入后，接着输入 PMC 数据，重复操作步骤⑨和⑩（只是在计算机侧将要备份的 PMC 数据调到输出文件中）。

上述操作完成后，将 PWE 参数设置为 "0"，关闭系统电源，数分钟后开机，系统数据恢复完毕。

4.6 发那科 0iC 系统程序与数据备份方法

4.6.1 发那科 0iC 系列数控系统的数据存储

发那科 0iC 系列数控系统的数据存储在下列两种存储器中：

① FROM 存储器——FLASH-ROM（快闪存储器），作为数控系统的系统存储器，存储系统文件和机床制造商（MIT）文件。

② SRAM 存储器——静态存储器，作为数控系统用户数据存储器，断电后需要后备电池保护，所以存储在 SRAM 存储器中的数据具有易失性，后备电池没电或者 SRAM 损坏都可以使数据丢失。

4.6.2 发那科 0iC 系列数控系统的数据分类

发那科 0iC 系列数控系统数据文件分为如下种类：

① 系统文件——发那科公司提供的 NC 和伺服控制软件；

② MTB 文件（机床制造商）——PMC 机床程序、机床厂编制的宏程序、加工程序等；

③ 用户数据——系统参数、螺距误差补偿值、加工程序、宏程序、工件坐标系数据、PMC 参数等。

在引导系统中，快闪存储器的文件名对开头 4 个字母加以区别。当从存储卡读出的文件名与已经写入到快闪存储器的文件的头 4 个字符相同时，系统将删除已存在的文件后再将新文件读入快闪存储器中。表 4-20 为数据文件的文件名及其内容。

表 4-20 发那科 0iC 系统的数据文件

序号	文件名	内　　容	文件种类	备注
1	NC BASIC	Basic1		基本系统文件
2	NC 2BASIC	Basic2		基本系统文件
3	DG SERV0	Servo		伺服数据文件
4	GRAPHIC	Graphic□	系统文件	图形数据文件
5	NC □OPIN	Optional□		选项数据文件
6	PS □＊＊＊	PMC control software,etc		MTB 梯形图文件
7	ETH2 EMB	Embeddedethernet		网络设定文件
8	PCD＊＊＊＊	P-CODE macro file/OMM		宏程序文件
9	CEX＊＊＊＊	C-language executor	用户文件	C 语言执行器文件
10	PMC-＊＊＊＊	Ladder software		PMC 软件版本
11	PMC@＊＊＊＊	Ladder software for the loader		附加软件

注：□表示数字；＊表示英文字母。

4.6.3 发那科 0iC 系列数控系统用户数据备份与恢复

(1) 用户数据备份

发那科 0iC 系列数控系统数据备份步骤如下:

1) 机床断电时,将存储卡插入存储卡插孔(位于 NC 单元的显示器左侧),如图 4-100 所示;

2) 机床通电系统上电时,同时按住右边第一软键和扩展键▶,如图 4-101 所示,屏幕出现如图 4-102 所示的画面;

图 4-100 存储卡插入示意图

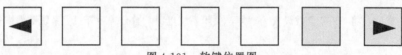

图 4-101 软键位置图

3) 使用软键"DOWN"将光标移动到第五项"5. SRAM DATA BACKUP",按软键"SELECT",进入备份子菜单,如图 4-103 所示;

4) 按软键"SELECT"选择第一项"1. SRAM BACKUP(CNC→MEMORY CARD)",出现如图 4-104 所示的画面,这时按软键"YES",即可将 NC 系统的数据文件 SRAM1_0A. FDB 和 SRAM1_0B. FDB 储存到存储卡中。

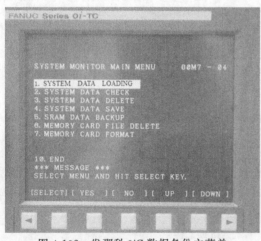

图 4-102 发那科 0iC 数据备份主菜单

图 4-103 发那科 0iC 系统 SRAM 备份子菜单

(2) 用户数据恢复

发那科 0iC 系列数控系统用户数据恢复步骤如下:

1) 机床断电时,将存储卡插入存储卡插孔(位于 NC 单元的显示器右侧);

2) 机床通电系统上电时,同时按住右边第一软键和扩展键▶,如图 4-101 所示,屏幕出现如图 4-102 所示的画面;

3) 使用软键"DOWN"将光标移动到第五项"5. SRAM DATA BACKUP",按软键"SELECT",进入备份子菜单,如图 4-105 所示;

4) 按软键"DOWN"选择第二项"2. RESTORE SRAM(MEMORY CARD→CNC)"(恢复 SRAM 区数据),出现如图 4-105 所示的画面,按"SELECT"下面的软键,屏幕出现信息"RESTORE SRAM DATA OK?"(恢复 SRAM 数据吗?);

图 4-104　发那科 0iC 系统 SRAM 备份画面

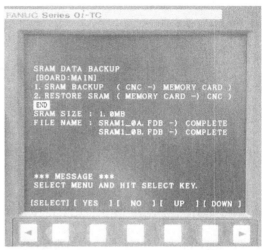

图 4-105　发那科 0iC 系统用户数据恢复画面

5) 这时按软键 "YES"，即可将用户数据恢复到 NC 系统中。

(3) 系统数据的备份

1) 在出现图 4-102 所示的画面时，使用 "DOWN" 软键，将光标定位在 "4. SYSTEM DATA SAVE"（系统数据存储）；

2) 按 "SELECT" 下面的软键，进入图 4-106 所示的画面；

3) 使用软键 "DOWN" 将光标移动到需要备份的文件项目上；

4) 按 "SELECT" 下面的软键，屏幕上出现信息 "SAVE OK? HIT YES OR NO"（备份吗？按 YES 或 NO）；

5) 按软键 "YES" 进行文件备份，屏幕上出现信息 "WRITING FLASH ROM TO MEMORY CARD"（正在存储 F-ROM 的文件到存储卡中）和 "SAVE FILE NAME：PMC-RA. 000"（存储的文件名称：PMC-RA. 000）（或者是其他名称）；

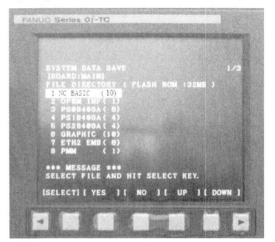

图 4-106　发那科 0iC 系统数据存储画面

6) 当备份完成时，显示 "FILE SAVE COMPLETE. SELECT KEY"（文件备份完成，按 "SELECT" 软键）和 "SAVE FILE NAME：PMC-RA. 000"（存储的文件名称：PMC-RA. 000）（或者是其他名称）；

7) 进行其他文件备份。

(4) 系统数据恢复

1) 在出现图 4-102 所示的画面时，使用 "DOWN" 软键，将光标定位在 "1. SYSTEM DATA LOADING"（系统数据装载）；

2) 按 "SELECT" 下面的软键，显示存储卡中系统文件列表，一个画面只能显示 8 个文件，当存储卡存储的文件为 8 个以上时，余下的文件在下页显示，按▶或◀按键可以进行页面转换；

3) 使用软键 "DOWN" 将光标移动到需要恢复的文件项目上；

4) 按 "SELECT" 下面的软键，屏幕上出现信息 "LOADING OK? HIT YES OR NO"（装载吗？按 YES 或 NO）；

5) 按软键 "YES" 进行文件恢复，屏幕上出现信息 "LOADING FROM MEMORY CARD"（正从存储卡装载文件）；

6) 文件恢复完成后，出现信息显示 "LOADING COMPLETE. SELECT KEY"（文件恢复完成，按 "SELECT" 软键），按软键 "SELECT" 退到上一级菜单。

5.1 数控系统的故障诊断与维修

现代的数控系统可靠性都非常高，数控系统本身的故障率很低，并且数控系统的故障诊断能力非常强，很多故障系统本身都能诊断出来并产生报警，在系统显示器显示报警信息或通过硬件指示灯、数码管指示故障。

数控系统的故障可分为软故障和硬件故障；软故障又分为数控系统加工程序故障、数控系统机床数据故障的软件故障以及死机故障等。

5.1.1 西门子810T/M系统的故障报警与维修

(1) 西门子810T/M系统报警的种类

表 5-1 西门子810T/M系统报警与清除方式

报警号	报警类别	报警清除方式
1～15 40～99	电源开报警	重新开控制器
16～39	V.24(RS 232)报警	①查找"数据输入输出(Data in-out)"菜单 ②按"数据输入输出(Data in-out)"的软键 ③按"停止(Stop)"软键
100＊～196＊ （＊＝轴号）	伺服报警(复位报警) 	按复位键
132＊	伺服报警(电源开报警) （＊＝轴号）	重新开控制器
2000～2999	一般报警(复位报警)	按复位键
3000～3087	可删除的报警	按应答键
6000～6063 6100～6163	PLC用户报警 如果有3号报警出现是PLC错误信息	按应答键
7000～7063	PLC操作信息	这些信息由PLC程序自动复位

西门子810T/M系统报警可以分为七类，其中五类是NC报警，两类是PLC报警。

NC报警分为：

① 电源开报警。

② RS 232（V.24）报警。

③ 伺服报警（复位报警）。

④ 一般报警（复位报警）。

⑤ 可删除的报警。

PLC报警分为：

① PLC错误信息。

② PLC 操作信息。

表 5-1 是西门子 810T/M 系统报警分类与清除方式。

(2) 西门子 810T/M 系统常见报警与处置

西门子 810T/M 系统大部分监控的故障识别结果是以报警显示的方式给出的，对于各个具体的故障报警，系统有固定的报警号和文字显示给予提示。系统会根据情况决定是否取消 NC 准备好信号，或者封锁循环启动。对于运行中出现的故障，必要时停止加工程序，等待处理。下面对其中一部分含义比较广泛的报警，提供一些故障可能原因和处理方法，供机床故障维修时参考。

① 1~15 号报警 指示系统本身的一些故障，提示的含义明确，但其中一些故障的处理方法需要加以注意。

1 号报警：反映工件存储器的电池即将用完或者已经没电，这个电池在 CRT 显示单元的背面。更换这个电池必须在系统通电的情况下进行，否则存储内容会丢失。

3 号报警：表示 PLC 处于停止状态。此时由于接口已被封锁，机床不能工作。遇到这种情况，一般使用 PLC 的机外编程器读出中断堆栈内容，即可查明故障原因。对于偶尔出现的这种故障，也可以采用初始化的方法重新启动 PLC，使机床恢复工作。出现这个故障时，有可能还有其他故障，可以查看 PLC 报警信息，根据这些提示检查故障。

6 号报警：指示的是数据存储器子模块电池用尽，更换时，应以新的子模块替换旧的子模块，必须在系统断电的情况下拔下该子模块，否则会引起系统故障。子模块换掉后，需重新加载存储的内容，但后期的 810T/M 系统已不再使用这个子模块了。

这类故障应在故障排除后，用电源复位或关机重新启动的方法恢复系统运行。

② 16~39 号报警 为系统的 RS 232（V.24）接口的报警。西门子 810T/M 系统有两个 RS 232 接口，可以通过正确的设置，设定数据位 SD5010~SD5028 与不同传输设备的 RS 232 接口配接，进行数据传输。是否能够成功地实现数据传输，取决于电缆连接、系统和传输设备的状态、数据格式、传输识别符以及传输波特率是否正确。这类报警就是从这些方面对数据传输过程进行监控，及时提示用户处理接口故障，保证传输能顺利进行。

例如，22 号报警"时间生效"，表示系统在 60s 内没有输出或收到传输的字符，也就是说传输接口不通，这时一般应检查外部设备的状态或设定是否正确；电缆是否用错或接错等。而 28 号报警"环形存储器溢出"表示系统不能及时处理传输时读入的字符，即传输速度太快，应考虑降低系统与外设双方的传输波特率。

这类报警故障原因消除后，用传输操作中的"Stop"软键清除报警信息。

③ 100*~196* 号报警 进给轴专用报警（其中*代表数字位轴号，0 代表第一轴，1 代表第二轴，依此类推），这类报警反映机床的位置控制闭环中各个环节可能出现的故障，是实际中比较容易出现的一类故障报警。其中：

104* 号报警：到达数模转换极限。表示该伺服轴此时处理的数字指令值已高于机床数据 268* 中设定的数模转换极限值。系统无法对这样的数字指令值实现模拟转换。

采取的措施：降低速度运行；检查位置反馈传感器是否出问题；检查 MD268* 设定是否正确；检查相应轴的伺服驱动单元是否出故障等。

116* 号报警：轮廓监控。表示伺服轴运行速度在高于机床数据 MD336* 规定的轮廓监控门槛速度后，超出了 MD332* 规定的允差带；或者在加速度制动时，相应轴不能在规定时间内达到要求的速度，一般 K_v 系数设置不当。

采取的措施：适当加大 MD332* 规定的允差带；调整 K_v 系数 MD252*；检查相应轴伺服系统转速调节器的响应特性，必要时重新做最佳化。

132* 号报警：位置反馈回路硬件报警。表示检测到的位置反馈信号相位错误、接地短路或者完全没有。

采取的措施：检查测量回路电缆是否断路、脱落；通过插上特制的测量回路短路插头，判断位置控制模块相应轴的控制部分是否有故障；用示波器测量位置反馈信号的相位，判断电缆与位置传感器是否出问题。

168* 号报警：运行中伺服轴的使能信号中断。各伺服轴的使能信号来自 PLC 用户程序，因此应当根据规定的逻辑关系，检查各有关的接口信号状态，查明原因后，即可找到解决的办法。

从上述可见，处理伺服轴方面的故障要涉及多方面的检查内容，因此要求维修人员不但应该理解数控系统，也要对机床的其他部分如测量元件、伺服控制器、外部接口信号等有相当的了解。

④ 2000～2999 号报警 这些报警一般是在运行加工程序时出现的报警。包括指示机床现实的一些状态故障；提示没有为系统定购编程中要求的功能；而更多的是指加工程序编制中出现的错误，对于后者报警不仅指明出现了何种报警，而且指出出错的程序段，因此给故障诊断带来了极大的方便。

上述③和④两类报警在找到故障原因并排除后，用机床控制面板上的复位键消除报警显示。

⑤ 3000～3087 号报警 指示的内容和方式与④类故障报警类似，不同之处是这类报警在加工程序编辑的模拟功能中即可指出错误，而不必等到运行加工程序的时候。主要是给编程的操作人员提供一个对加工程序进行运行前检查的手段，对安全操作和节约程序调试时间有很大帮助。

⑥ 6000～6063 号报警 这些报警不是系统本身设置的，而是机床制造厂家在编制 PLC 用户程序时根据机床的逻辑关系，提取出一些能够反映机床的接口及电气控制方面故障的信息，赋予特定的标志位获得的。在机床运行中，如果机床处于这些状态即可触发相应的报警。显示的报警提示内容来自机床厂家编制的报警文本（%PCA）。因此处理这类故障，可以按照机床厂家提供的详细说明进行相关检查。如没有说明，则根据显示内容或 PLC 用户程序中有关部分进行分析，按给定的逻辑关系查找故障原因。

⑦ 6100～6163 号报警 这些报警是系统为 PLC 设置的报警，主要是给 PLC 的使用设计者的提示，在机床运行时一般不会发生。

⑧ 7000～7063 号报警 这些报警不反映机床故障，而是机床电气控制设计者从他所编制的 PLC 程序中提取一些能够提示机床操作者进行某种操作的信息，赋予特定标志位取得的。显示的文字内容也是由报警文本%PCA 提供的。提示的详细说明和操作方法应以机床厂家提供的说明为准。

此类报警不需清除，当相应状态消失，这些特定的标志复位后，报警显示自然消除。

以上所述西门子 810T/M 系统报警故障诊断方法，其思路和方法同样适用于西门子其他数控系统，如820、850、880、840C、802、810D、840D 系统等。虽然它们之间的硬件、软件结构有所不同，但基本原理是相通的，系统报警内容也是类似的。

5.1.2 西门子 840D pl 系统报警与故障维修

(1) 西门子 840D pl 系统报警的种类

西门子 840D pl 系统自诊断能力非常强，诊断出故障后，产生报警及在系统显示器上显示报警号和报警信息。另外与以往的西门子系统不同的是还生成保存报警记录，可以记录近期曾经发生的报警，便于查询。

西门子 840D pl 系统报警分类见表 5-2。

表 5-2 西门子 840D pl 系统报警号与分类

序号	报警号	报警	报警类别
1	000000～009999	一般报警	NC 报警
2	010000～019999	通道报警	
3	020000～029999	进给轴/主轴报警	
4	030000～039999	功能报警	
5	060000～064999	SIEMENS 循环程序报警	
6	065000～069999	用户循环程序报警	
7	070000～079999	机床厂编制的报警	
8	100000～100999	基本程序报警	MMC 报警/信息
9	101000～101999	诊断报警	
10	102000～102999	服务报警	
11	103000～103999	机床报警	
12	104000～104999	参数报警	
13	105000～105999	编程报警	
14	107000～107999	OEM 报警	
15	300000～399999	驱动报警	611D 报警
16	400000～499999	一般报警	PLC 报警
17	500000～599999	通道报警	
18	600000～699999	进给轴/主轴报警	
19	700000～799999	用户报警	
20	800000～899999	顺序控制报警	

(2) 西门子 840D pl 系统故障诊断与维修

在西门子 840D pl 系统 NCU 模块上有一个数码管和十个状态指示灯，如图 5-1 所示，通过数码管的显示内容和指示灯异常显示可以诊断 NCU 软件或者硬件出现了故障。

1）数码管显示的含义　NCU 模块上的数码管显示系统的运行状态，数码显示含义见表 5-3。

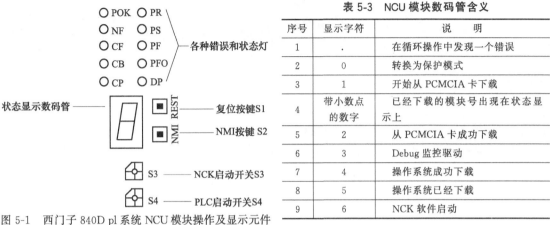

表 5-3　NCU 模块数码管含义

序号	显示字符	说　明
1	.	在循环操作中发现一个错误
2	0	转换为保护模式
3	1	开始从 PCMCIA 卡下载
4	带小数点的数字	已经下载的模块号出现在状态显示上
5	2	从 PCMCIA 卡成功下载
6	3	Debug 监控驱动
7	4	操作系统成功下载
8	5	操作系统已经下载
9	6	NCK 软件启动

图 5-1　西门子 840D pl 系统 NCU 模块操作及显示元件

2）指示灯含义

① NCK 状态指示灯　NCK 模块上左面一组 5 个灯指示 NCK 的状态，其含义见表 5-4。

② PLC 状态指示灯　NCK 模块上右面一组 5 个灯指示 PLC 的状态，其含义见表 5-5。

表 5-4　NCK 状态指示灯含义

序号	指示灯	状 态 指 示
1	POK	电源指示灯（绿灯），电源提供的电压在允许的范围内，NCK 工作电压正常时亮，否则不亮
2	NF	NCK 故障监控灯（红色），正常时不亮，NCK 有故障时亮
3	CF	COM 故障监控灯（红色），正常时不亮，有故障时亮
4	CB	OPI 接口有数据传输时闪（黄色），闪亮时说明有数据传输
5	CP	MPI 接口有数据传输时闪（黄色），闪亮时说明有数据传输

表 5-5　PLC 状态指示灯含义

序号	指示灯	状 态 指 示
1	PR	PLC 运行状态指示灯（绿灯），正常工作时亮
2	PS	PLC 停机状态指示灯（红灯），正常时不亮，PLC 停止时亮
3	PF	PLC 故障指示灯（红灯），正常时不亮，PLC 出现故障时亮
4	PFO	PLC 强制状态指示灯，正常时不亮
5	DP	正常时不亮，指示没有 PROFIBUS DP 配置或没有故障；亮时指示故障

(3) 通过西门子 840D pl 系统报警信息诊断数控机床的故障

使用西门子 840D pl 系统的数控机床，当出现故障时，很多故障系统都能检测出来，并在屏幕上显示报警信息。所以，在使用西门子 840D pl 系统的数控机床出现故障时要注重检查数控系统的报警信息。下面介绍报警信息的具体调用方法。

在任何操作画面，按菜单转换按键⊟，使屏幕显示进入含有 Diagnosis（诊断）功能的画面，如图 5-2 所示。这时按 Diagnosis（诊断）功能下面的软键，屏幕显示进入图 5-3 所示的画面，按 Alarms（报警）下面的软键，显示所有已发生的没有被复位的报警信息。

报警信息包括报警号、报警日期、删除方式以及信息内容。如果是西门子 840D pl 的系统报警，可以按操作面板上的 HELP 按钮调出这个报警的详细解释。另外按图 5-4 所示的画面中 Alarm log（报警记录）下面的软键可以查看近期出现的机床报警信息及发生时间，便于故障信息的追溯。这个报警日志是遵守先进先出原则的，后出现的报警将最先出现的报警信息顶出，保存较新的报警信息。

在图 5-3 所示画面中按 Messages（信息）功能下面的软键，进入图 5-5 所示的 PLC 报警信息显示画面，

显示操作信息号、发生的时间和信息内容。

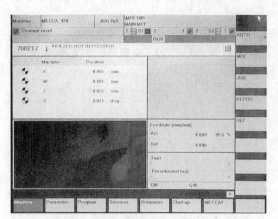

图 5-2　西门子 840D pl 系统包含
Diagnosis 功能的画面

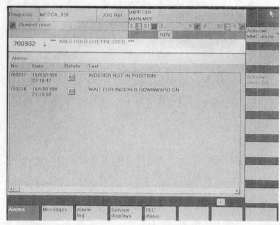

图 5-3　西门子 840D pl 系统报警显示画面

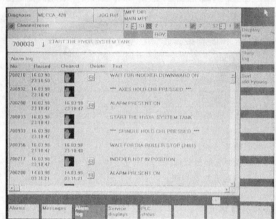

图 5-4　西门子 840D sl 系统报警记录画面

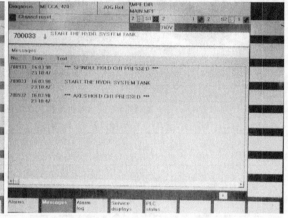

图 5-5　西门子 840D pl 系统 PLC 报警信息显示画面

(4) 通过监控数据诊断机床故障

西门子 840D sl 系统可以通过查看系统监控机床数据来诊断机床故障，常用监控数据参见表 4-11。

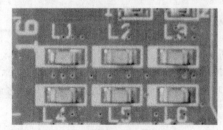

图 5-6　发那科 0C 系统主控
底板报警灯图片

5.1.3　发那科 0C 系统报警与故障维修

(1) 发那科 0C 系统的报警种类

发那科 0C 系统具有故障诊断能力，系统发现问题后，采用硬件或者软件报警的形式，告之操作人员和维修人员，并停止相应的操作。发那科 0C 系统的故障报警分为以下三类：

1) 硬件报警　当数控单元出现故障时，系统单元主印制电路板的左侧 LED 指示灯（图 5-6）显示故障状态，各指示灯的含义见表 5-6。

表 5-6　主印制电路板的 LED 指示灯显示状态

LED 指示灯	颜色	信 息 内 容
L1	绿	正常
L2	红	任何 NC 故障报警时都亮
L3	红	存储器板接触不良
L4	红	轴控制板故障（接触不良、脱落、软件版本不符），主印制电路板故障
L5	红	子 CPU 板（SUB）或第 5、6 轴控制板故障

2) 系统软件报警 发那科 0C 系统具有软件报警功能，检测出系统故障时，在屏幕上显示报警号和报警信息，这些报警号都在 1000 号以下，表 5-7 是这些报警的分类。

表 5-7 发那科 0C 系统报警分类

序号	报警代码	报警类别	说　　明
1	0～250	程序编辑错误报警	这些报警在加工程序编制或者加工程序运行时出现
2	3n *	脉冲编码器报警	指示编码器出现的各种故障
3	4n *	伺服报警	这类报警出现时可检查诊断数据 720～727
4	5n *	超程报警	指示进给轴超软件限位报警
5	600～699	PMC 报警	指示 PMC 或者 PMC 程序编制有问题
6	700	主板过热报警	指示系统冷却风扇有故障
7	900～999	系统报警	指示数控系统的一些故障

注：n 是数值 0、1 或者 2，0 代表伺服轴公共报警，1、2 代表轴号；* 是数值 0～9，代表故障分类号。

3) PMC 报警 发那科 0C 系统通过运行 PMC 用户故障诊断程序检测机床侧故障，当发现问题时，在屏幕上显示报警号，这时按系统操作面板上的 OPR ALARM 按键，就可以调用显示报警信息。

发那科 0C 系统 PMC 报警分为机床报警和操作信息两大部分，它们是机床制造厂家根据机床实际构成情况编写的，PMC 用户程序根据机床反馈信号进行自诊断。

按照发那科 0C 系统关于 PMC 的规定，机床故障的编号从 1000～1999，操作信息的编号从 2000～2999。原则上讲，出现机床报警时，数控系统立即进入进给暂停状态，而出现操作信息警示时，数控机床照常运行，仅对当前的操作给予说明。但具体情况要看 PMC 用户故障诊断程序是如何编制的。

(2) 发那科 0C 系统的故障诊断与维修

1) 通过硬件报警指示诊断系统故障 当数控系统出现故障时，可以通过检查系统的报警指示灯来诊断故障，这些故障指示灯的含义见表 5-6。

2) 通过系统的报警信息来诊断系统故障 数控系统的很多故障都能产生报警信息，当系统出现故障时，通过检查、分析报警信息来诊断故障原因。

3) 通过系统的诊断数据诊断故障 发那科 0C 系统有一个特殊的功能，就是使用专用的诊断数据指示一些系统的不正常状态，当系统出现故障报警时，除了查看系统报警信息，必要时还要分析系统的诊断数据，诊断数据功能给数控机床的故障维修提供了又一诊断手段。下面介绍发那科 0C 系统诊断数据的功能和作用。

① 700 号诊断数据 DGN700 号诊断数据具有 7 位有效诊断位，具体定义如下：

诊断号/位	7	6	5	4	3	2	1	0
700		CSCT	CITL	COVZ	CINP	CDWL	CMTN	CFIN

当信号状态为"1"时，每位的含义为

CSCT：等待主轴速度到达信号。

CITL：内部锁定信号接通，进给暂停。

COVZ：进给倍率选择开关在"0"位，进给暂停。

CINP：不使用。

CDWL：正在执行 G04 暂停指令，进给暂停。

CMTN：正在执行轴进给指令。

CFIN：正在执行 M、S、T 辅助功能指令。

② 701 号诊断数据 DGN701 号诊断数据有 3 个有效诊断位，具体定义如下：

诊断号/位	7	6	5	4	3	2	1	0
701			CRST				CTRD	CTPU

当信号状态为"1"时，每位的含义为

CRST：紧急停机按钮、外部复位按钮或 MDI 面板复位按钮生效。

CTRD：正在通过纸带读入机输入数据。

CTPU：正在通过纸带穿孔机输出数据。

③ 712 号诊断数据　DGN712 号诊断数据有 5 个诊断数据位，具体定义如下：

诊断号/位	7	6	5	4	3	2	1	0
712	STP	REST	EMS		RSTB			CSU

当信号状态为"1"时，每位的含义为

STP：该信号是伺服停止信号，在下列情况时出现。

a. 按下外部复位按钮时；

b. 按下急停按钮时；

c. 按下进给保持按钮时；

d. 按下操作面板上的复位键时；

e. 选择手动方式（JOG、HANDLE/STEP）时；

f. 出现其他故障报警时。

REST：急停、外部复位，或者面板上复位按钮按下。

EMS：急停按钮按下。

RSTB：复位按钮按下。

CSU：急停按钮按下或者出现伺服报警。

④ 伺服系统的诊断数据　DGN720～723 号诊断数据是伺服诊断数据，有 8 个诊断数据位，具体定义如下：

位 诊断号	7	6	5	4	3	2	1	0
720～723	OVL	LV	OVC	HCAL	HVAL	DCAL	FBAL	OFAL

其中 DGN720 是第一轴的诊断数据，DGN721 是第二轴的，依此类推，DGN722 是第三轴的，DGN723 是第四轴的。

当信号状态为"1"时，每位的具体含义为

OVL：伺服系统出现过载故障。

LV：伺服系统出现电压不足故障。

OVC：伺服系统出现过电流故障。

HCAL：伺服系统出现电流异常故障。

HVAL：伺服系统出现过电压故障。

DCAL：伺服系统出现放电单元故障。

FBAL：出现编码器断线故障。

OFAL：伺服系统出现数据溢出故障。

当机床出现伺服故障时，可以查看这些诊断数据，为确诊故障原因提供帮助。

⑤ 伺服轴位置误差显示数据　发那科 0C 系统 DGN800～803 号诊断数据显示位置误差，具体含义见表 5-8，通过观察这些数据可以知道伺服轴的跟随误差和定位误差的数值，过大时需要进行相应调整。

表 5-8　发那科 0C 系统 DGN800～803 号诊断数据显示内容

诊断号	显 示 内 容
800	SVERRX 为 X 轴位置误差 运动时表示跟随误差，停止时表示定位偏差（均为十进制数表示）
801	SVERRZ 为 Z 轴位置误差(0T 系统)；SVERRY 为 Y 轴位置误差(0M 系统) 运动时表示跟随误差，停止时表示定位偏差（均为十进制数表示）
802	SVERRZ(0M 系统)为 Z 轴位置误差 运动时表示跟随误差，停止时表示定位偏差（均为十进制数表示）
803	第 4 轴的位置误差 运动时表示跟随误差，停止时表示定位偏差（均为十进制数表示）

⑥ 伺服轴相对坐标原点的坐标显示数据　发那科 0C 系统 DGN820～823 号诊断数据显示各伺服轴坐标原点的机械位置坐标,具体见表 5-9。

表 5-9　发那科 0C 系统 DGN820～823 号诊断数据显示内容

诊断号	显 示 内 容
820	ABSMTX 显示 X 轴相对原点的机械位置坐标(均为十进制数表示)
821	ABSMTZ 显示 Z 轴相对原点的机械位置坐标(0T 系统);或者 ABSMTY 显示 Y 轴相对原点的机械位置坐标(0M 系统)(均为十进制数表示)
822	ABSMTZ 显示 Z 轴相对原点的机械位置坐标(0M 系统)(均为十进制数表示)
823	ABSMT4 显示第 4 轴相对原点的机械位置坐标(均为十进制数表示)

5.1.4　发那科 0iC 系统报警与故障维修

(1) 发那科 0iC 系统的报警种类

发那科 0iC 系统具有非常强的故障诊断能力,很多数控系统或者数控机床的故障都能诊断出来,并产生相应的硬件或者软件报警。发那科 0iC 系统的故障报警分为以下三类:

1) 硬件报警　当系统主控单元出现故障时,通过系统主控单元印制电路板上 LED 指示灯的显示来指示各种报警状态。

发那科 0iC 系统 CPU 主控板上共有两排二极管指示灯,每排 4 个,指示主控板的工作状态和报警信息,指示灯排列见图 5-7。报警指示灯的含义见表 5-10。

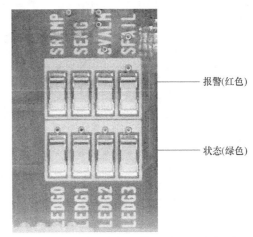

图 5-7　CPU 主控板状态与报警 LED 指示灯排列示意图

表 5-10　发那科 0iC 系统 CPU 主控板二极管报警指示灯含义

序号	报警灯	报 警 含 义
1	SVALM	指示伺服系统报警
2	SEMG	指示系统内部硬件故障
3	STAIL	指示内部软件故障 执行引导系统(BOOT)时亮
4	SRAMP	指示 RAM 奇偶校验出错或 SRAM ECC 错误

表 5-11 是状态指示灯的含义。

表 5-11　发那科 0iC 系统 CPU 主控板二极管状态指示灯含义

指示灯 LED0～LED3 的状态	指 示 含 义
□□□□	NC 电源未接通
■■■■	电源接通,执行引导系统操作
□■■■	NC 启动中
■□■■	CPU 配置(ID 设定)中
□□■■	CPU 配置完成,进行 NC 网络总线初始化
■■□■	总线初始化完成
□■□■	PMC 初始化完成
■□□■	NC 硬件配置完成
□□□■	PMC 用户程序初始化完成

续表

指示灯 LED0~LED3 的状态	指 示 含 义
□■■□	伺服与串行主轴初始化
■■■□	伺服与串行主轴初始化完成
■□□□	全部初始化完成,NC 已经进入正常工作状态

注:□代表 LED 不亮;■代表 LED 亮。

2) 系统软件报警　系统软件报警是通过系统显示器显示的故障。0iC 系统自身有故障诊断系统,当系统出现故障,并由系统检测出来后,在屏幕显示报警号和报警信息,这些报警号都在 1000 号以下,表 5-12 是这些报警的分类。

表 5-12　发那科 0iC 系统报警分类

序号	报 警 代 码	报 警 类 别	说　　明
1	0~255 5000~5455	程序编辑错误报警	这些报警在加工程序编制或者加工程序运行时出现
2	300~349	脉冲编码器报警	绝对脉冲编码器(APC)报警
3	350~399	脉冲编码器报警	串行脉冲编码器(SPC)报警
4	400~499 600~699	伺服报警	这类报警出现时可检查诊断数据 DGN720~727
5	500~599	超程报警	指示进给轴超软件限位
6	700~739	过热报警	指示系统或者主轴超温报警
7	749~799	主轴报警	指示主轴的一些故障报警
8	900~999	系统报警	指示系统的一些报警信息
9	7n01~7n98 9001~9122	串行主轴报警	指示串行主轴的报警信息

3) PMC 报警　发那科 0iC 系统通过运行 PMC 用户程序检测机床侧故障,发现问题后,在屏幕上显示报警号,并可以通过按系统操作面板上的 [?] 按键调用报警信息。

发那科 0iC 系统 PMC 报警分为机床报警和操作信息两大部分,它们是机床制造厂家根据机床实际的情况编写的,用 PMC 控制程序根据机床反馈信号进行自诊断。按照发那科 0iC 系统的规定,机床故障报警的编号从 1000~1999,操作信息的编号从 2000~2999。原则上讲,出现机床报警时,数控系统立即进入进给暂停状态,而出现操作信息警示时,数控机床照常运行,仅对当前的操作给予说明。

(2) 发那科 0iC 系统的故障诊断与维修

1) 利用系统报警指示灯诊断系统故障　当系统出现故障时,往往会通过报警指示灯指示故障,所以在系统出现故障时要通过检查图 5-7 所示的报警指示灯的状态来诊断故障原因。

2) 利用报警信息诊断系统故障　发那科 0iC 系统自诊断能力很强,很多报警都能检测出来并在屏幕上显示相应的报警信息,在系统出现故障时,通过检查、分析报警信息来诊断系统故障。

3) 利用系统的诊断数据诊断系统故障　发那科 0iC 系统与以往的发那科系统一样也有诊断数据,当机床出现故障时通过对这些诊断数据的分析,可以发现一些故障的原因,对确诊机床故障大有好处。下面介绍这些诊断数据的具体功能。

① 200~204 号串行脉冲编码器诊断数据

a. DGN200 号诊断数据指示串行编码器的一些故障状态,DGN200 号诊断数据包含 8 位诊断数据,这 8 位数据的符号如下:

位 诊断号	7	6	5	4	3	2	1	0
200	OVL	LV	OVC	HCA	HVA	DCA	FBA	OFA

当信号状态为"1"时，每位诊断数据的含义见表 5-13。

表 5-13　发那科 0iC 系统 DGN200 诊断数据位的具体含义

位号	符号	含　义
0	OFA	出现数据溢出故障
1	FBA	出现编码器断线故障
2	DCA	出现放电单元故障
3	HVA	出现过电压故障
4	HCA	出现电流异常故障
5	OVC	出现过电流故障
6	LV	出现电压不足故障
7	OVL	出现过载故障

b. DGN201 号诊断数据只有两位有效诊断数据，分别指示电动机或者放大器过热报警、编码器断线报警等，具体指示含义如下：

c. DGN202 号诊断数据有 7 个诊断数据位，指示串行编码器的各种故障状态，诊断数据的各位定义符号如下：

诊断号 \ 位	7	6	5	4	3	2	1	0
202		CSA	BLA	PHA	RCA	BZA	CKA	SPH

DGN202 号诊断数据各位故障指示含义见表 5-14。

表 5-14　发那科 0iC 系统 DGN202 诊断数据位具体含义

位号	符号	含　义
0	SPH	串行编码器或反馈电缆出现问题,反馈信号计数器有故障
1	CKA	串行编码器出现故障,内部时钟停止工作
2	BZA	电池的电压变为 0
3	RCA	串行编码器出现故障,脉冲计数器有故障
4	PHA	串行脉冲编码器或反馈电缆出现异常,反馈信号计数器有故障
5	BLA	电池电压过低(警告)
6	CSA	串行编码器的硬件出现问题

d. DGN203 号诊断数据有 4 位诊断数据，可以指示编码器的通信故障，具体安排与符号如下：

诊断号 \ 位	7	6	5	4	3	2	1	0
203	DTE	CRC	STB	PRM				

DGN203 诊断数据每位的故障指示含义见表 5-15。

表 5-15 发那科 0iC 系统 DGN203 诊断数据位具体含义

位号	符号	含　义
4	PRM	数字伺服单元检测到报警,参数设定值不正确
5	STB	串行脉冲编码器通信故障,传送数据有问题,停止位出错
6	CRC	串行脉冲编码器通信故障,传送数据有问题,CRC 校验出错
7	DTE	串行脉冲编码器通信故障,通信没有应答

e. DGN204 号诊断数据有 4 位有效故障诊断数据,具体排列与符号如下:

诊断号 ＼ 位	7	6	5	4	3	2	1	0
204	OFS	MCC	LDA	PMS				

DGN204 诊断数据的四个故障位的故障指示含义见表 5-16。

表 5-16 发那科 0iC 系统 DGN204 诊断数据位具体含义

位号	符号	含　义
4	PMS	串行脉冲编码器出现故障或反馈电缆出现问题
5	LDA	串行脉冲编码器 LED 出现问题
6	MCC	伺服放大器的接触器触点黏合
7	OFS	A/D 转换时产生异常电流

② 205、206 号分离型串行编码器报警诊断数据

a. DGN205 号诊断数据有八位数据,可以对分离型串行编码器的故障进行报警,八位数据的定义符号如下:

诊断号 ＼ 位	7	6	5	4	3	2	1	0
205	OHA	LDA	BLA	PHA	CMA	BZA	PMA	SPH

DGN205 诊断数据的八位数据的故障指示含义见表 5-17。

表 5-17 发那科 0iC 系统 DGN205 诊断数据位具体含义

位号	符号	含　义
0	SPH	分离型脉冲编码器出现软相位数据错误
1	PMA	分离型脉冲编码器脉冲出现问题
2	BZA	分离型脉冲编码器电池电压为 0
3	CMA	分离型脉冲编码器计数出现问题
4	PHA	分离型光栅尺相位数据出现错误
5	BLA	分离型脉冲编码器电池电压过低
6	LDA	分离型脉冲编码器 LED 出现问题
7	OHA	分离型脉冲编码器过热

b. DGN206 号诊断数据有三个有效位,主要对分离型串行编码器的通信故障进行报警,具体定义符号如下:

诊断号 ＼ 位	7	6	5	4	3	2	1	0
206	DTE	CRC	STB					

表 5-18 发那科 0iC 系统 DGN206 诊断数据位具体含义

位号	符号	含　义
5	STB	分离型脉冲编码器出现停止位错误
6	CRC	分离型脉冲编码器出现 CRC 错误
7	DTE	分离型脉冲编码器出现数据错误

DGN206 诊断数据的三位诊断数据的故障指示含义见表 5-18。

③ DGN280 号伺服参数异常诊断数据

DGN280 号报警有 5 位报警信息指示，可以显示伺服参数的异常情况，具体符号定义如下：

位 诊断号	7	6	5	4	3	2	1	0
280		AXS		DIR	PLS	PLC		MOT

DGN280 诊断数据的 5 位数据含义见表 5-19。

表 5-19　发那科 0iC 系统 DGN280 诊断数据位具体含义

位号	符号	含　义
0	MOT	机床参数 No.2020 中电动机代码设置了指定范围之外的数值
2	PLC	机床参数 No.2023 中设定的电动机每转速度反馈脉冲数小于等于 0
3	PLS	机床参数 No.2024 中设定的电动机每转位置反馈脉冲数小于等于 0
4	DIR	机床参数 No.2022 中设定的电动机旋转方向出现错误（设定了 111 或 −111 之外的数值）
6	AXS	机床参数 No.1023（伺服轴号）中没有按"1～控制轴数"的范围进行设定（例如用 4 替代 3），或者设定了不连续的数值

④ 进给轴位置、程序执行状态诊断数据

发那科 0iC 系统进给轴位置、程序执行状态诊断数据用来检查、指示闭环位置控制系统与程序执行状态，具体诊断数据与含义见表 5-20。

表 5-20　发那科 0iC 系统进给轴位置、程序执行状态诊断数据与含义

序号	诊断数据号	含　义
1	DGN300	表示位置偏差量，用检测单位表示进给轴位置偏差量
2	DGN301	表示机械位置，以最小移动单位显示各进给轴与参考点的距离
3	DGN302	指示寻找参考点的偏移量，从减速挡块末端到第一栅格点的距离
4	DGN303	精加减速有效时的位置偏差
5	DGN304	进给轴参考计数器
6	DGN305	各轴 Z 相位置反馈数据
7	DGN308	伺服电动机温度
8	DGN309	位置编码器温度
9	DGN352	设定异常伺服参数的报警详情
10	DGN360	指示从系统开机开始来自 NC 的移动指令脉冲的总和
11	DGN361	指示从系统开机开始来自 NC 的补偿脉冲（反向间隙补偿、螺距补偿）的总和
12	DGN362	指示从系统开机开始来自 NC 的移动指令脉冲和补偿脉冲的总和
13	DGN363	指示从系统开机开始伺服单元接到脉冲编码器的位置反馈脉冲的总和
14	DGN380	显示余程的数值
15	DGN381	NC 计算机械位置时，显示偏移量

⑤ DGN310、311 号诊断数据显示机床参数 No.1815.4（APZ）变为 0 的原因

诊断数据 DGN310 有 7 位诊断数据，可以显示机床参数 No.1815.4（APZ）变为 0 的原因，其诊断数据位符号定义如下：

位 诊断号	7	6	5	4	3	2	1	0
310		DTH	ALP	NOF	BZ2	BZ1	PR2	PR1

DGN310 的 7 位数据具体含义见表 5-21。

表 5-21　发那科 0iC 系统 DGN310 诊断数据位具体含义

位号	符号	含　义
6	DTH	输入了控制轴脱离信号或参数
5	ALP	α 脉冲编码器还没有旋转完整一圈时，试图用参数设置参考点

位号	符号	含　义
4	NOF	感应同步器没有偏置量数据输出
3	BZ2	分离型位置检测装置 APC 电池电压为 0
2	BZ1	感应同步器 APC 电池电压为 0
1	PR2	机床参数 ATS(No. 8302.1)发生了改变
0	PR1	机床参数 No. 1821、No. 1850、No. 1860、No. 1861 发生了改变

诊断数据 DGN311 有 7 位诊断数据,可以显示机床参数 No.1815.4(APZ)变为 0 的另外 7 个原因,其诊断数据位排列如下:

诊断号 ＼ 位	7	6	5	4	3	2	1	0
311		DUA	XBZ	GSG	AL4	AL3	AL2	AL1

诊断数据 DGN311 的 7 位数据具体报警含义见表 5-22。

表 5-22　发那科 0iC 系统 DGN311 诊断数据位具体含义

位号	符号	含　义
0	AL1	出现 APC 报警
1	AL2	有断线故障
2	AL3	串行脉冲编码器 APC 电池电压为 0
3	AL4	检测到转数(RCAL)不正常(参考点脉冲检测数量有问题)
4	GSG	G202 信号由"0"变为"1"
5	XBZ	分离型串行位置检测装置 APC 电池电压为 0
6	DUA	使用双位置反馈时,半闭环和全闭环的误差差值过大

⑥ FSSB 总线的状态诊断数据

a. 诊断数据 DGN320 显示 FSSB 总线的内部状态,共有 6 位诊断数据,具体排列如下:

诊断号 ＼ 位	7	6	5	4	3	2	1	0
320	CFE			ERP	OPN	RDY	OPP	CLS

DGN320 的 6 位诊断数据指示的状态含义见表 5-23。

表 5-23　发那科 0iC 系统 DGN320 诊断数据位具体含义

位号	符号	含　义
0	CLS	指示关断状态
1	OPP	表示执行 OPEN(开启)协议
2	RDY	指示开启并且准备好状态
3	OPN	表示开启状态
4	ERP	表示执行 ERROR(错误)协议
7	CFE	FSSB 配置错误

b. 诊断数据 DGN321 的 8 位诊断数据指示 FSSB 总线的故障状态,其符号定义如下:

诊断号 ＼ 位	7	6	5	4	3	2	1	0
321	XE3	XE2	XE1	XE0	ER3	ER2	ER1	ER0

DGN321 诊断数据各位的具体含义见表 5-24。

表 5-24　发那科 0iC 系统 DGN321 诊断数据位具体含义

位号	符号	含　义
7	XE3	指示外部急停信号有效
6	XE2	指示主通道(Port)断开
5	XE1	指示从通道(Port)断开
4	XE0	预留
3	ER3	指示外部急停信号有效,表示 FSSB 出错是因为外部故障引起的从属报警
2	ER2	指示主通道(Port)断开
1	ER1	预留
0	ER0	信息错误

c. 下面诊断数据显示 FSSB 总线的连接状态,每个诊断位的具体含义见表 5-25。

位 / 诊断号	7	6	5	4	3	2	1	0
330、332、334、336、338、340、342、344、346、348					EXT	DUA	ST1	ST0

表 5-25　发那科 0iC 系统 FSSB 总线连接状态诊断数据各位具体含义

位号	符号	含　义					
0	ST0	0	伺服放大器	0	分离型检测接口	1	1	无意义
1	ST1	0		1		0	1	
2	DUA	0:无从属站;1:有从属站					
3	EXT	0:双轴放大器第一轴无从属站;1:双轴放大器第一轴有从属站					

d. 下面的诊断数据可以显示 FSSB 总线设备的地址和连接设备,诊断数据各位符号定义如下,具体含义见表 5-26。

位 / 诊断号	7	6	5	4	3	2	1	0
331、333、335、337、339、341、343、345、347、349			DMA	TP1	TP0	HA2	HA1	HA0

表 5-26　发那科 0iC 系统 DGN331 等诊断数据各位具体含义

位号	符号	含　义					
0	HA0	用主 LSI 地址设定 DMA 的目的地址					
1	HA1						
2	HA2						
3	TP0	0	伺服放大器	0	分离型检测接口	1	1	无意义
4	TP1	0		1		0	1	
5	DMA	指示允许出现 DMA 的有效限定范围					

⑦ 串行主轴诊断数据

a. DGN400 号诊断数据显示串行主轴的连接状态,有如下 5 位数据,具体含义见表 5-27。

位 / 诊断号	7	6	5	4	3	2	1	0
400				SAI	SS2	SSR	POS	SIC

表 5-27　发那科 0iC 系统 DGN400 诊断数据各位具体含义

位号	符号	含　义	
0	SIC	0：没有安装串行主轴控制所用的模块；	1：安装有串行主轴控制所用的模块
1	POS	0：没有安装模拟主轴控制所用的模块；	1：安装有模拟主轴控制所用的模块
2	SSR	0：不使用串行主轴控制；	1：使用串行主轴控制
3	SS2	0：串行主轴控制中不使用第二主轴；	1：串行主轴控制中使用第二主轴
4	SAI	0：不使用模拟主轴控制；	1：使用模拟主轴控制

b. DGN408 号诊断数据主要显示串行主轴的通信报警，共 7 个诊断位，各位符号定义如下。

位 诊断号	7	6	5	4	3	2	1	0
408	SSA		SCA	CME	CER	SNE	FRE	CRE

DGN408 号诊断数据每位具体含义见表 5-28。出现这些故障的同时会引发 749 号报警，故障原因为干扰、断线及电源瞬间出现问题。

表 5-28　发那科 0iC 系统 DGN408 诊断数据位具体含义

位号	符号	含　义
0	CRE	出现 CRC 校验错误报警
1	FRE	出现帧频错误报警
2	SNE	收、发信号出现错误
3	CER	接收信号时出现错误
4	CME	自动扫描时没有应答信号
5	SCA	主轴放大器出现通信报警
7	SSA	主轴放大器出现系统报警

c. DGN409 号诊断数据有 4 位诊断数据位，各位符号定义如下。

位 诊断号	7	6	5	4	3	2	1	0
409					SPE	S2E	S1E	SHE

DGN409 号诊断数据各位含义见表 5-29。

表 5-29　发那科 0iC 系统 DGN409 诊断数据位具体含义

位号	符号	含　义
0	SHE	0：NC 部分的串行通信模块正常 1：NC 部分的串行通信模块不正常
1	S1E	0：串行主轴控制中第一主轴启动正常 1：串行主轴控制中第一主轴启动不正常
2	S2E	0：串行主轴控制中第二主轴启动正常 1：串行主轴控制中第二主轴启动不正常
3	SPE	0：串行主轴的参数满足主轴电源的启动条件 1：串行主轴的参数不满足主轴电源的启动条件

d. 发那科 0iC 系统通过表 5-30 所列的诊断数据，可以观察显示串行主轴的一些实时状态。

表 5-30　发那科 0iC 系统串行主轴诊断数据位具体含义

序号	诊断数据号	含　义
1	DGN401	指示第一串行主轴处于报警状态
2	DGN402	指示第二串行主轴处于报警状态
3	DGN403	显示第一主轴电动机温度数值
4	DGN404	显示第二主轴电动机温度数值
5	DGN410	第一主轴的负载显示（显示单位%）

序号	诊断数据号	含　义
6	DGN411	第一主轴的速度显示（显示单位 min^{-1}）
7	DGN412	第二主轴的负载显示（显示单位％）
8	DGN413	第二主轴的速度显示（显示单位 min^{-1}）
9	DGN414	第一主轴同步控制中的位置偏差量
10	DGN415	第二主轴同步控制中的位置偏差量
11	DGN416	第一主轴和第二主轴同步误差的绝对值
12	DGN417	第一主轴位置编码器的反馈信息
13	DGN418	第一主轴位置环的位置偏差量
14	DGN419	第二主轴位置编码器的反馈信息
15	DGN420	第二主轴位置环的位置偏差量
16	DGN425	第一主轴同步控制偏差（作为伺服轴同步方式时）
17	DGN426	第二主轴同步控制偏差（作为伺服轴同步方式时）
18	DGN445	第一主轴位置数据
19	DGN446	第二主轴位置数据

5.2　数控系统软故障诊断与维修

数控系统的有些故障不是因为硬件损坏，而是由于软件问题、操作问题、加工程序的错误、机床数据出现问题、一些参数没有设置好或者干扰因素，使机床不能正常工作，这是数控系统的软故障。下面介绍一些这类故障的维修案例。

案例 1：一台数控球道磨床开机屏幕没有显示。

数控系统：西门子 3M 系统。

故障现象：这台机床在长期停用后，再次启用时系统屏幕没有显示。

故障分析与检查：因为机床长期不用，怀疑后备电池电量耗尽。对系统进行检查，发现如图 5-8 所示 PLC 耦合模块上左侧监控灯闪烁，分析闪烁频率为 4Hz，查看维修手册，指示后备电池没电。对后备电池进行检查，发现电压接近 0V，说明系统数据和程序都已丢失。

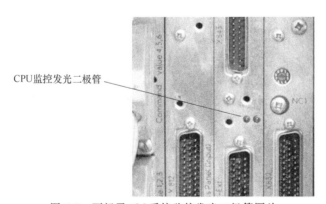

图 5-8　西门子 3M 系统监控发光二极管图片　　　　图 5-9　西门子 3M 系统 CPU
　　　　　　　　　　　　　　　　　　　　　　　　　　　　模块设定开关图片

故障处理：西门子 3M 系统数据和程序丢失后，必须首先对系统进行初始化，然后输入本机床的机床数据和程序，才能恢复机床运行。

1) 西门子 3M 系统初始化步骤如下：

① 将系统 CPU 模块设定开关（图 5-9）设定到"1"的位置。

图 5-10　西门子 3M
系统 CPU 模块上
按钮与指示灯图片

② 清空存储器：在通电的同时，一起按 ⟨⟩ + $\begin{array}{c}2\\J\end{array}$ $\begin{array}{c}3\\K\end{array}$ $\begin{array}{c}4\\X\end{array}$ 这四个键，这时系统存储器被清空，其中 ⟨⟩ + $\begin{array}{c}2\\J\end{array}$ 清除的是机床数据存储器，⟨⟩ + $\begin{array}{c}3\\K\end{array}$ 清除工件程序存储器，⟨⟩ + $\begin{array}{c}4\\X\end{array}$ 清除刀具补偿存储器，当然这三种操作也可以分别进行，每次开机的同时按一组键清除一类存储器。

③ 装入标准机床数据：在通电开机时，同时按 $\begin{array}{c}8\\(\end{array}$ + ⟨⟩ 按键装入 3M（铣床系统）标准机床数据（如果是 3T/3TT 车床系统在通电开机时，同时按 $\begin{array}{c}7\\\%\end{array}$ + ⟨⟩ 按键装入标准机床数据）。

④ 对 PLC 进行复位：将 PLC 的 CPU 模块（参考图 5-10）上的"Run/Stop"拨动开关放置在"Stop"位置，在系统接通电源的同时按"Restart"按钮，之后，将"Run/Stop"拨动开关从"Stop"位置拨到"Run"位置，然后再拨回"Stop"位置，之后再拨到"Run"位置，这时 PLC 的运行灯"Run"就会点亮，如果 PLC 程序存储在 EPROM 模块，PLC 就可以正常运行了，如果存储在随机存储器，还要将 PLC 程序下载到 PLC 中。

经过初始化后，系统屏幕恢复显示。

2) 将本机床的系统机床数据和程序通过系统操作键盘输入或者计算机下载。这时关机，数分钟后开机，机床恢复正常工作。

案例 2：一台数控铣床系统启动不了。

数控系统：西门子 3TT 系统。

故障现象：这台机床通电启动系统时，系统启动不了。

故障分析与处理：在启动系统时，发现屏幕上报警灯亮，屏幕没有显示，PLC 模块上的红色报警灯亮，说明系统供电没有问题，可能偶然因素或者干扰使系统启动程序没有执行。

故障处理：将 PLC 的 CPU 模块（参考图 5-10）的"Run/Stop"拨动开关放置在"Stop"位置，在系统接通电源的同时按"Restart"按钮，之后，将"Run/Stop"拨动开关从"Stop"位置拨到"Run"位置，然后再拨回"Stop"位置，之后再拨到"Run"位置，这时 PLC 的运行灯"Run"点亮，系统屏幕恢复显示，系统也正常工作了。

案例 3：一台数控外圆磨床开机屏幕没有显示。

数控系统：西门子 805 系统。

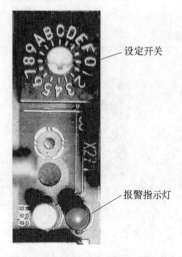

图 5-11　西门子 805 系统启动状态
设定开关与报警指示灯图片

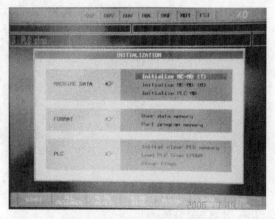

图 5-12　西门子 805 系统初始化画面

故障现象：这台机床在早晨上班通电开机时，系统屏幕没有显示。

故障分析与检查：对系统进行检查发现系统左下角（图 5-11）红色报警灯亮，而且这台机床在前一天还正常工作，说明可能是系统死机所致。

故障处理：西门子 805 系统消除死机可以通过强行启动的方式，方法如下：

在系统控制板的左下角有一个 16 挡设定开关，如图 5-11 所示，0 位置是系统正常工作方式，2 位置是初始化调整方式。

在机床断电的情况下将这个开关从 0 位置拨到 2 位置，系统通电进入如图 5-12 所示的初始化菜单，这时不进行任何操作，将系统断电，将设定开关拨回 0 位。然后再通电开机，系统恢复正常工作。

案例 4：一台数控内圆磨床通电开机系统屏幕没有显示。

数控系统：西门子 810G 系统。

故障现象：这台机床停用一段时间后，通电开机启动系统，屏幕没有显示。

故障分析与检查：因为机床的故障是长假后上班开机时出现的，所以怀疑系统后备电池没电导致系统数据丢失。关机重新启动，启动的同时按住系统操作面板上的"诊断"按键，这时系统屏幕出现显示，但有 1 号报警，如图 5-13 所示，屏幕显示的信息全部为德文。

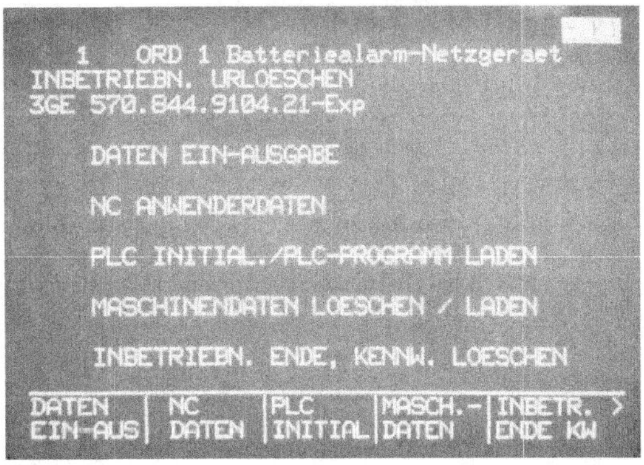

1 号报警是后备电池电量不足报警，而且屏幕显示语言变为德文，说明确实是后备电池没电，导致了系统机床数据和程序丢失。在系统带电的情况下，取下系统后备电池检查，果然电池电压偏低。

图 5-13　西门子 810G 系统屏幕报警显示画面

故障处理：更换 3 节新的 5 号碱性后备电池，为了恢复系统工作，首先应该对系统进行初始化，然后下载机床数据、报警文本、PLC 控制程序和加工程序等备份文件，之后机床恢复正常运行。

案例 5：一台数控磨床开机屏幕没有显示。

数控系统：西门子 810G 系统。

故障现象：这台机床在早晨上班通电开机后，屏幕没有显示。

故障分析与检查：检查系统电源模块上有 DC 24V，而且系统通电开机时，CPU 模块上指示灯闪，最后指示灯常亮。据此分析可能由于硬件或者软件的故障使系统不能启动。

故障处理：为了消除软件故障引起的系统死机，对系统进行强行启动，就是在数控系统通电的同时，按面板上的"眼睛"诊断按键 ◁，使系统进入初始化菜单。这时检查系统数据和程序发现并没有丢失，所以不进行初始化操作，直接退出初始化菜单，进入正常工作页面，这时系统恢复正常工作。

案例 6：一台数控外圆磨床一执行加工程序就死机。

数控系统：西门子 810G 系统。

故障现象：这台机床加工程序时，执行几段程序系统就不向下运行了，而且不执行任何操作。

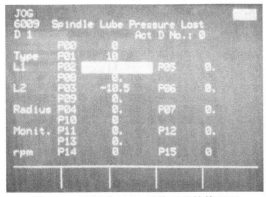

图 5-14　西门子 810G 系统刀具补偿画面

故障分析与检查：这台从英国进口的磨床在设备调试期间，厂家工程师将数控装置的 CPU 主板更换，重新输入机床数据和程序后，进行系统调试，手动操作一切正常，但在加工工件时，一执行加工程序数控系统就死机，不能执行任何操作，关机重新启动后，才可以恢复系统工作，但一执行程序又死机。

首先，怀疑更换的主板有问题，外方工程师将原板换上，重新输入数据和程序后，还是出现这个问题。又怀疑加工程序有问题，但检查也没有发现问题，并且这个程序在验收时也运行过。

当用单步功能执行程序时，发现每次死机时都是执行到子程序 L110 的 N150 时发生的，检查程序

N150 语句的内容为 G18 D1，是调用刀具补偿，而检查刀具补偿数据时，发现数据都是 0，没有设置数据。

故障处理：根据机床要求将 Tool Offset（刀具补偿值）P01 赋值 10 后（图 5-14），机床加工程序正常执行，再也没有发生死机的故障。这个故障就是因为没有设置刀具补偿造成的。

案例 7：一台数控立式车床出现报警"49 ORD1 NC in General Reset（NC 在总复位）"。

数控系统：西门子 840C 系统。

故障现象：这台机床在执行循环加工程序过程中突然出现 49 号报警。

故障分析与检查：西门子 840C 系统 49 号报警为系统报警，指示系统在总复位状态。查看西门子 840C 系统报警手册，49 号报警是软件系统问题，故障排除方法为脱离总复位状态。

故障处理：仔细观察系统屏幕显示，屏幕英文中说明"Further Information under Diagnosis Start-up/General Rest Mode Information on Start-up（详细信息查看诊断菜单/驱动菜单总复位模式下的启动信息）"。按屏幕右侧 Menue Select（菜单选择）按键，按 Diagnosis（诊断）下面的软键，进入诊断菜单画面；按 Start-up（启动）下面的软键，进入如图 5-15 所示的 Start-up（启动）画面。

在图 5-16 的操作状态下，按屏幕最右面 End gen. reset mode（结束总复位状态），系统回到正常工作画面，机床恢复正常运行。

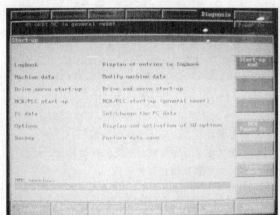

图 5-15　西门子 840C 系统 Start-up（启动）画面

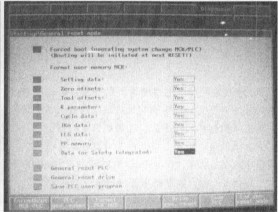

图 5-16　西门子 840C 系统总复位画面

案例 8：一台数控立式车床出现报警"105006 System Crash-Please Switch off/on（系统毁坏，请关闭电源后重新启动）"。

数控系统：西门子 840C 系统。

故障现象：这台机床开机出现 105006 报警（图 5-17），指示系统毁坏。

故障分析与检查：查看西门子 840C 系统的报警手册，105006 报警原因因为操作系统损坏或者 MMC 硬件出现问题。出现故障时检查数控系统，发现 MMC 模块上的数码管显示器显示"5"（图 5-18），正常运行时

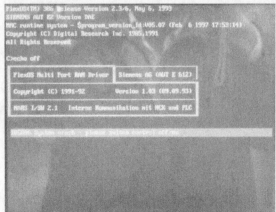

图 5-17　西门子 840C 系统 105006 报警图片

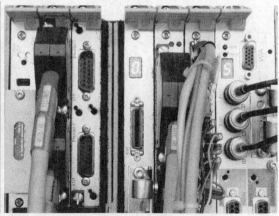

图 5-18　西门子 840C 数控系统数码显示器异常显示画面

应该显示"7"，NCU 模块上报警灯 OUTDS/亮。为了确认故障原因，将其他机床 MMC 模块安装到这台机床上，通电开机不产生这个报警。西门子 840C 系统 MMC 模块带有硬盘，将其他机床 MMC 模块的硬盘换到这台机床的 MMC 模块上，也不产生 105006 报警，说明 MMC 模块没有问题，是硬盘或者硬盘中的系统损坏。

故障处理：将 MMC 模块上硬盘拆下连接到台式计算机上，没有发现硬盘损坏，可能是程序丢失，使用 GHOST 备份对硬盘系统进行恢复，系统化后安装到 MMC 模块上，这时通电开机机床恢复正常工作。

案例 9：一台数控外圆磨床开机出现报警"2001 PLC Has Not Started up（PLC 没有启动）"。

数控系统：西门子 840D pl 系统。

故障现象：这台机床一次出现故障，在启动时出现 2001 报警，系统不能工作。

故障分析与检查：西门子 840D pl 系统 2001 报警指示 PLC 没有启动，在出现故障时对系统进行检查，发现 MCP（机床控制面板）上所有按键指示灯闪烁；NCU 模块上右面指示灯 PS 红灯闪亮，PF 红灯常亮。根据这些现象分析，怀疑 NCK 的数据丢失。

故障处理：这台机床西门子 840D pl 系统 MMC 采用 PC50.1，NCK 数据丢失可以通过下载系统的系列备份对系统数据进行恢复。

案例 10：一台数控球道磨床出现故障，加工数据修改不了。

数控系统：西门子 840D pl 系统。

故障现象：这台机床在一次自动加工时出现故障，加工数据修改不了。

故障分析与检查：观察故障现象，图 5-19 是磨削参数显示画面，其中有两项数据部分变成了♯♯，有数值的参数修改不了。据操作人员反映，在机床工作过程中，曾出现过机床操作面板上指示灯闪烁的问题，但加工循环并未受到影响，只不过加工几个工件后要修改磨削数据，这时发现数据修改不了。

根据这些现象分析，怀疑 NCU 中的一些数据发生了改变。为了排除这一故障，应该将 NC 和 PLC 内存总清，然后再下载系列备份文件。为了以防万一，虽然以前有过系列备份，但还是再做一次新的备份，NC 备份过程非常正常，但 PLC 备份很快，查看文件字节数也不对，如图 5-20 所示，PLC 备份文件 PLC1312NN 只有 3072 个字节，而以前的备份文件为 222208 个字节（文件 PLC070622N），因此怀疑是 PLC 的数据发生了混乱。

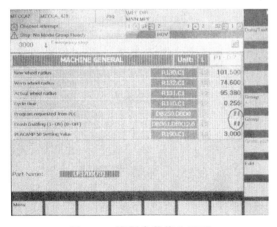

图 5-19　磨削参数修改画面

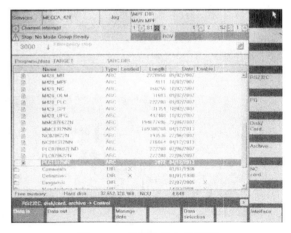

图 5-20　系列备份文件页面

故障处理：将 NCU 控制板拆下检查，发现冷却风扇风口吹过处油泥很多，首先清洗 NCU 控制板，然后安装到系统上，通电开机，对 NC 和 PLC 内存进行总清操作，下载正常的系列备份文件（NC070622N 和 PLC070622N），之后机床恢复了正常功能。

案例 11：一台数控加工中心出现通信报警"120201 Communication Failure（通信失败）"。

数控系统：西门子 840D pl 系统。

故障现象：这台机床一次出现故障，开机系统启动后，操作面板上所有指示灯闪亮，屏幕上有 120201 通信失败报警显示。

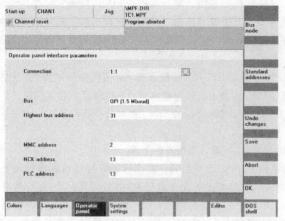

图 5-21 西门子 840D pl 系统节地址显示页面

故障分析与检查：根据 840D pl 系统通信失败报警原因分析，原因之一为总线地址冲突，查看 MPI/OPI 总线及标准总线地址，发现 MMC 的地址不是标准值，却变为了 6，而 MCP 的总线地址一直是 6，MMC 与 MCP 的地址发生冲突，从而产生了通信失败报警。

故障处理：首先断开＋24V 电源，然后断开 MMC 与 MPI 的连接，重新启动系统，在 Start-up 菜单设 Password（密码），然后按 Operator panel（操作面板）下面的软键，进入 Operator panel interface parameters（操作面板接口参数）页面，如图 5-21 所示，把 MMC 的地址改到 "2"。关闭系统，重新接通 MMC 与 MPI 的连接，启动系统，机床故障排除。

案例 12：一台数控球道磨床开机后系统启动不了。

数控系统：西门子 840D pl 系统。

故障现象：这台机床停机几天后，系统通电开机停在如图 5-22 所示的画面不向下运行，系统启动不了。

故障处理：机床断电后重新开机，还是停在这个页面。分析认为系统可能进入死机状态，为了解除死机状态，按 F2 键系统进入 Setup 页面，不进行任何修改，直接退出 Setup 页面，这时重新启动，进入了机床正常工作画面，系统恢复正常运行。

案例 13：一台数控硬车铣加工中心开机出现报警 "120202 Waiting for A Connection to The NC/PLC（等待连接 NC/PLC）"。

数控系统：西门子 840D sl 系统。

故障现象：这台机床通电开机，数控系统屏幕出现报警 120202，系统不能进行任何其他操作。

故障分析与检查：西门子 840D sl 系统 120202 指示 PCU 与 NCU 通信连接不上，检查 NCU 模块发现其上所有指示灯都显示橘红色亮，数码管显示字符 3、8、8. 循环显示，如图 5-23 所示。

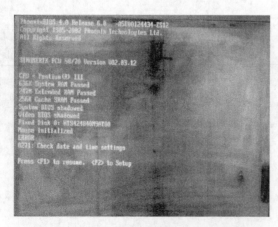

图 5-22 西门子 840D sl 系统启动停止画面

图 5-23 NCU 模块故障显示

首先怀疑 NCU 模块有问题，但更换 NCU 模块后，故障现象相同。既然 NCU 模块硬件没有问题，那么肯定是 NCU 模块的存储卡程序丢失或者存储卡损坏。

故障处理：使用 NCU 模块启动 U 盘将 CF 卡备份文件下载到 CF 卡后，数控系统恢复正常运行。原来故障原因是 CF 卡中的程序和数据丢失，CF 卡本身并没有损坏。

案例 14: 一台数控硬车铣加工中心出现报警"27000 Axis X1 Is Not Safely Referenced（X1 轴没在安全参考点）"。

数控系统: 西门子 840D sl 系统。

故障现象: 这台机床在一次重新下载 NC 备份后，出现 27000 报警，按照这个报警的解释，应该设置确认参考点。

故障处理: 按亮机床操作面板上 JOG 和 REF POINT 按键，如图 5-24 所示。按屏幕右侧 User agreement 右侧的软键，如图 5-25 所示，屏幕左下框显示参考点确认画面（图 5-26），如果数值没有问题，按系统操作面板上  确认按键，然后按操作面板上故障复位按键，报警消除，系统恢复正常工作。

图 5-24　机床操作面板

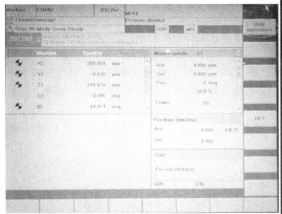

图 5-25　西门子 840D sl 系统显示画面

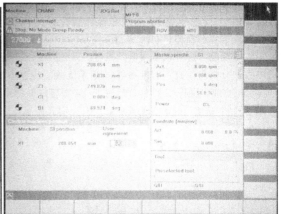

图 5-26　西门子 840D sl 系统参考点确认画面

案例 15: 一台数控车床开机屏幕没有显示。

数控系统: 发那科 0TC 系统。

故障现象: 这台机床在长期停用后重新使用时，通电开机系统屏幕没有显示。

故障分析与检查: 因为机床长期停用，所以怀疑系统后备电池电量不足使系统数据丢失，造成系统无法启动。

故障处理: 在系统通电的同时，按系统操作面板上的 RESET + DELET 两个按键，系统强行启动，这时系统恢复正常显示，但系统数据被恢复成缺省数据，机床不能工作。为此，重新输入、下载原机床数据。系统数据安装结束后，关机数分钟后开机，机床恢复正常工作。

案例 16: 一台数控立车开机出现报警"930 CPU Interrupt（CPU 中断）"。

数控系统: 发那科 0TD 系统。

故障现象: 这台机床开机后显示 930 号报警，画面被锁定，面板按键操作失效，重新开机，故障现象依旧。

故障分析与检查: 查阅系统报警手册，930 报警为 CPU 中断报警。分析故障原因有如下可能:

① 电源干扰或异常;

② 各控制模块、信号通信电缆接口接触不良;

③ X/Z 伺服轴控制模块 AXE、存储器模块 MEM、主板 PCB 有问题。

检测主变压器输入电压 AC 380V、输出 AC 200V，NC 系统控制电源 AC 200V 均正常，测量电源模块 AI 输出直流电压＋24V、＋24E、±15V、±5V 也均正常。检查各信号电缆连接插件，紧固各控制模块接口插座锁紧螺钉，保证在 X、Z 轴运动时，拉伸状况接触良好，但开机测试，故障现象依旧。与其他机床互换存储器模块 MEM，结果故障转移到另一台机床上，故确认为存储器模块有问题。

故障处理：将存储器模块换回，强行启动系统，存储器模块存储的内容全部清除，重新输入机床数据和程序后，机床恢复正常工作。说明故障原因是存储器模块储存的内容被突发事件改变，必须清除内容。清除内存后，重新下载数据和程序，系统恢复正常。

5.3 数控系统硬件故障诊断与维修

数控系统是数控机床的控制核心，现代的数控系统都是专用的计算机控制系统，由硬件和软件两大部分组成。

数控系统的硬件出现问题直接影响数控机床的运行，一旦出现硬件故障，必须将损坏的硬件修复或者更换备件机床才能恢复工作。数控系统的硬件包括 CPU 模块、存储器模块、显示模块、伺服轴控制模块、PLC 接口模块、电源模块、显示器等。数控系统硬件出现故障时，只有在找到有问题的模块后，对其进行修复或者更换备件，才能排除故障。下面介绍一些数控系统硬件故障的实际维修案例。

案例 1：一台数控车床开机后系统死机。

数控系统：发那科 0TC 系统。

故障现象：这台机床通电开机后，系统死机，不能进行任何操作。

故障分析与检查：对发那科 0TC 系统数控装置进行检查，发现 CPU 底板 L4 报警灯亮，伺服控制模块的 WDA 灯亮，见图 5-27。CPU 底板 L4 报警灯亮指示伺服控制模块（轴卡）故障（接触不良、脱落、软件版本不符），或者主 CPU 底板故障。因为伺服控制模块的报警灯也亮，所以首先与其他机床互换伺服控制模块，但这台机床故障依旧。与其他机床更换系统 CPU 底板（A20B-2000-0175/08B），故障转移到其他机床，说明系统 CPU 底板损坏。

故障处理：更换系统 CPU 底板后，机床恢复正常运行。

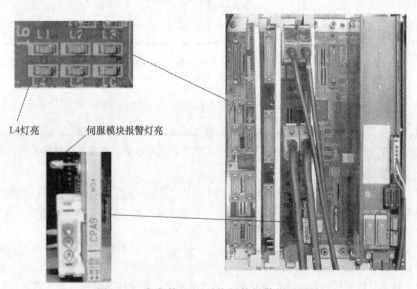

L4灯亮　　伺服模块报警灯亮

图 5-27　发那科 0TC 系统硬件报警指示图片

案例 2：一台数控车床工作时出现报警"930 CPU Interrupt（CPU 中断）"。

数控系统：发那科 0TC 系统。

故障现象：这台机床工作 2～3h 后，出现 930 报警，关机一会儿再开还可以工作。

故障分析与检查：观察故障现象，系统除了出现 930 报警外，有时还出现报警"920 Watch Dog Timer

（看门狗超时）"，检查系统发现 CPU 主板上 L2 和 L4 报警灯亮，L2 报警灯亮指示 NC 有故障报警，L4 灯亮指示轴控制模块故障（接触不良、脱落、软件版本不符）、主电路板故障等。因为工作一段时间后才出现报警，首先与其他机床互换电源模块，这台机床故障依旧；与其他机床互换 CPU 主板，还是原来的机床报警；与另一台机床互换伺服轴控制模块（A16B-2200-039）后，故障报警转移到另一台机床上，说明是系统伺服轴控制模块出现问题。

故障处理：更换数控系统伺服轴控制模块后，机床恢复稳定运行。

案例 3：一台数控车床开机出现报警 "408 Servo Alarm：（Serial Not RDY）（伺服报警：串行主轴没有准备好）" "409 Servo Alarm：（Serial ERR）（伺服报警：串行主轴错误）"。

数控系统：发那科 0TC 系统。

故障现象：这台机床开机就出现 408 和 409 报警，指示串行主轴故障。

故障分析与检查：这台机床采用发那科 α 系列数字伺服系统，检查伺服系统，发现主轴伺服模块显示器上有 "24" 号报警代码显示，如图 5-28 所示。根据主轴伺服系统报警手册说明，"24" 号报警代码指示串行口数据传输出错，故障原因如下：

图 5-28　发那科 α 系列数字主轴
伺服模块 "24" 号报警图片

① 主轴驱动模块与 NC 数据传输不正常；

② NC 没有接通；

③ 串行总线电缆连接有问题；

④ 串行总线接口电路有问题；

⑤ I/O 总线适配器有问题。

检查串行总线连接没有发现问题；与其他机床更换主轴驱动模块没有解决问题；串行主轴的信号是从系统的存储器模块输出的，互换系统存储器模块，故障依旧；当把另一台机床的系统 CPU 底板（A206-2002-065）更换上后，系统不再产生报警，说明系统 CPU 底板出现了问题。

故障处理：更换系统 CPU 底板后，机床恢复正常运行

案例 4：一台数控车床开机出现报警 "420 Servo Alarm：Z Axis Excess ERR（伺服报警：Z 轴超偏差错误）"。

数控系统：发那科 0TC 系统。

故障现象：这台机床开机系统就出现 420 报警，指示 Z 轴超差。

故障分析与检查：根据故障现象和报警信息分析，Z 轴开机就出现超差报警，这时还没有让 Z 轴运动，故障原因可能有机床数据问题、编码器问题、伺服电动机问题、系统伺服轴控制模块问题、伺服驱动模块问题等。

首先检查相关的机床数据没有发现异常，为了进一步确认故障，在系统伺服轴控制模块（轴卡）上将 X 轴指令电缆和反馈电缆插头与 Z 轴的互换，即指令输出插头 M184 与 M187 互换插接，编码器反馈插头 M185 与 M188 互换插接，这时开机，系统仍然出现 420 报警，指示的还是 Z 轴故障，说明故障与编码器、伺服驱动模块和伺服电动机没有关系，故障原因应该定位在系统的伺服轴控制模块（轴卡）上。

故障处理：更换系统的伺服轴控制模块（A16B-2200-039）后，通电开机，机床恢复正常运行。

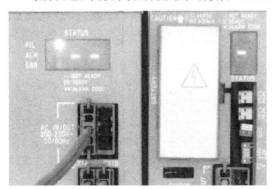

图 5-29　发那科 α 系列数字伺服模块数码管显示图片

案例 5：一台数控车床出现报警 "424 Servo Alarm：Z Axis Detect ERR（伺服报警：Z 轴检测错误）"。

数控系统：发那科 0TC 系统。

故障现象：这台机床开机系统就出现 424 报警，指示 Z 轴有问题。

故障分析与检查：这台机床的伺服系统采用发那科的 α 系列数字伺服驱动装置，更换伺服驱动模块和电源模块都没有解决问题，而且观察伺服装置所有数码管显示 "—"，如图 5-29 所示，指示伺服系统没有准备。因此，怀疑系统伺服轴控制模块（轴卡）有问题。

故障处理：更换系统伺服轴控制模块（轴卡）后，

电源模块指示灯

图 5-30　发那科 0TC 系统及电源指示灯图片

系统报警消除，机床恢复正常使用。

案例 6：一台数控车床通电开机后，屏幕没有显示。

数控系统：发那科 0TC 系统。

故障现象：这台机床通电后，系统启动不了。

故障分析与检查：出现故障后，首先对系统进行检查，按下系统启动按键后，系统电源模块上的指示灯一个也不亮，如图 5-30 所示，发那科电源模块上有两个指示灯，一个绿色 PIL 指示灯，指示电源模块工作正常；另一个红色指示灯指示电源系统有故障。

检查系统启动线路和电源模块输入电压都正常没有发现问题。那么肯定是如图 5-31 所示的系统电源模块（A16B-1212-0100-01）损坏。

故障处理：维修电源模块后，系统恢复正常工作。

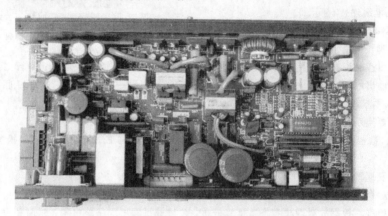

图 5-31　发那科 0TC 系统电源模块图片

案例 7：一台数控车床开机系统屏幕没有显示。

数控系统：发那科 0TC 系统。

故障现象：这台机床在系统通电启动按钮按下后，系统屏幕没有任何显示。

故障分析与检查：首先检查数控系统供电情况，电源模块的交流输入电源没有问题，启动按钮按下时电源模块的指示灯亮，说明供电没有问题。将系统所有外界电缆全部拔掉，以确认是否是负载短路引起的故障，但仍然没有显示。当将存储器模块更换后，系统恢复显示，说明是存储器模块出现问题。

故障处理：更换存储器模块备件之前，将原模块上 EPROM 程序存储器集成电路更换到备件模块上，如图 5-32 所示。更换模块后，通电强行启动系统，将系统清零，然后输入机床数据和加工程序，机床恢复正常工作。

案例 8：一台数控车床开机后系统屏幕显示不正常，缺少内容。

数控系统：发那科 0TC 系统。

故障现象：这台机床一次早晨上班通电开机，发现屏幕显示内容不全，如图 5-33 所示。

故障分析与检查：根据系统工作原理，通过存储器模块的输出屏幕显示信号，检查接口连接没有发现问题，与其他机床互换存储器模块，这台机床故障依旧。与其他机床互换显示器，故障转移到其他机床，说明是显示器的问题。分析故障原因，应该是显示器使用二十几年，电子线路和 CRT 都已老化，但即使是屏幕上能看到的一些字符内容也亮度不够，说明应该是显示器的亮度太暗。

故障处理：调整显示器的亮度旋钮后，显示内容就都出现了，故障排除。

图 5-32　发那科 0TC 系统存储器模块

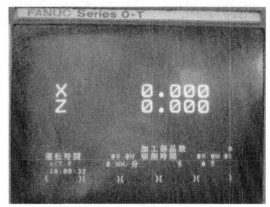

图 5-33　发那科 0TC 系统不正常显示图片

案例 9：一台数控球道铣床系统无法启动。

数控系统：西门子 3TT 系统。

故障现象：这台机床开机后，系统屏幕没有显示，检查数控系统发现 PLC 的 CPU 模块报警灯亮。

故障分析与检查：西门子 3TT 系统是西门子公司 20 世纪 80 年代的产品，虽然集成化程度不是很高，构成模块较多，但已经采用模块化结构，其构成框图见图 5-34。

在出现故障时检查数控系统，发现 PLC 的 CPU 模块上报警灯亮，所以首先怀疑 PLC 的 CPU 模块损坏，与另一台机床互换后，这台机床故障依旧，说明该模块没有问题。更换 PLC 的电源模块，输入、输出模块，PLC 一侧的耦合模块，都没有解决问题。当将 NC 一侧的耦合模块与另一台机床的互换后，这台机床故障消除，而另一台机床出现相同故障，证明是 NC 一侧的耦合模块损坏。

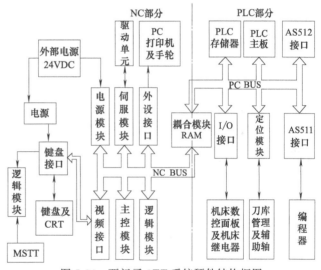

图 5-34　西门子 3TT 系统硬件结构框图

故障处理：换上新的 NC 耦合模块后，机床恢复正常工作。

案例 10：一台数控球道磨床屏幕没有显示。

数控系统：西门子 3M 系统。

故障现象：机床启动后屏幕没有显示。

故障分析与检查：因为机床启动后，屏幕没有显示，观察系统启动过程发现面板上的指示灯正常变化，说明系统已经启动了，并且手动动作正常没有问题，因而可能是显示器损坏，检查显示器发现控制板上有一个电阻烧坏。

故障处理：将显示器控制板上损坏的器件更换上后，显示器恢复正常显示。

故障总结：屏幕损坏的故障检修技巧就是开机后，虽然屏幕没有显示，但通过操作面板执行一些操作就可以看出是屏幕的问题还是系统问题，可以执行一些操作就是屏幕损坏了，不执行操作就是系统有问题。

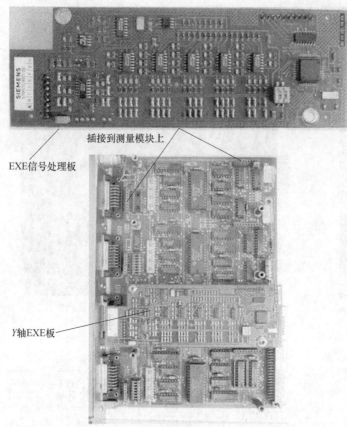

插接到测量模块上

EXE信号处理板

Y轴EXE板

图 5-35　西门子 3M 系统测量模块与 EXE 信号处理板图片

案例 11：一台数控球道磨床出现报警 "104 Control Loop Hardware（控制环硬件）"。

数控系统：西门子 3M 系统。

故障现象：这台磨床经常出现 104 号系统报警，指示 X 轴伺服控制环有问题。

故障分析与检查：根据机床的工作原理，为保证机床的精度，该机床采用光栅尺作为位置反馈元件，为此在系统测量模块上加装 EXE 信号处理板（260 619 015 918 976）对光栅尺反馈信号进行处理。对故障现象进行观察，发现无论 X 轴是否运动，都出现报警，有时开机就出现报警。因此怀疑光栅尺或者系统的测量模块有问题。

本着先易后难的原则，首先检查系统测量模块（6FX1125-1AA01），因为 X 轴和 Y 轴各采用一块 EXE 信号处理板，如图 5-35 所示，所以采用互换法将 X 轴的 EXE 测量板与 Y 轴的 EXE 板对换，这时机床再出现故障，显示 114 号报警，指示的是 Y 轴伺服环有问题，故障转移到 Y 轴上，说明是原 X 轴的 EXE 信号处理板有问题。

故障处理：更换 EXE 板后，机床恢复正常工作。

案例 12：一台数控球道铣床开机屏幕不显示。

数控系统：西门子 3TT 系统。

故障现象：这台机床通电后，系统屏幕没有显示，检查数控系统发现 PLC 的 CPU 模块报警灯亮。

故障分析与检查：根据系统工作原理，西门子 3M 系统的 PLC 采用单独的 S5-135W/B 的 CPU 模块，而 3TT 系统由于使用双 NC，各种模块较多，如图5-36所示，所以系统使用两个框架，每个框架都有一个电源模块。

通过故障现象分析，PLC 的 CPU 模块报警灯亮，说明 PLC 没有启动起来。所以，首先与另一台机床 PLC 的 CPU 模块对换，这台机床的故障依旧，另一台机床正常，说明 PLC 的 CPU 模块没有问题。检查输入模块、输出模块、耦合模块都没有发现问题；检查

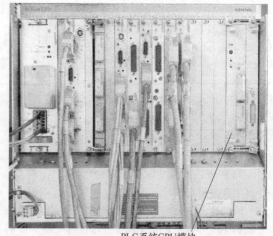

PLC系统CPU模块

图 5-36　西门子 3TT 系统图片

电源模块输入、输出电压也正常没有问题，但这台机床的 PLC 电源模块与另一台机床的互换，故障转移到另一台机床，说明虽然电源模块输入、输出电压都正常，但还是有其他问题使 PLC 的 CPU 模块启动不了。

故障处理：更换新的电源模块，通电开机对 PLC 进行复位操作后，机床恢复了正常工作。

案例 13：一台数控球道磨床 R 参数输入不进去。

数控系统：西门子 3M 系统。

故障现象：这台机床一次出现故障，通过 NC 系统的 PC 功能输入的 R 参数在加工中不起作用。

故障分析与检查：分析这台机床的工作原理，为方便操作者更改加工 R 参数，机床制造厂设计使用系统 PC 功能更改加工 R 参数，西门子 3 系统还有另一种方式输入 R 参数，就是使用手动数据输入 MDA 功能。用 PC 功能输入参数后，用手动数据输入 MDA 功能检查，发现确实输入的数据没有引起 NC 系统相应 R 参数的变化。通过对 NC 系统工作原理及故障现象分析，PC 功能输入的数据首先存入 PLC，然后传入 NC，因此怀疑如图 5-36 所示的 PLC 的 CPU 模块可能有问题，采用互换法与另一台机床的 PLC 的 CPU 模块对换后，故障转移到另一台机床上，说明确实是 PLC 的 CPU 模块有问题。

故障处理：经专业厂家维修后，机床故障被排除。

案例 14：一台数控外圆磨床开机出现报警"3 PLC Stop（PLC 停止）"。

数控系统：西门子 805 系统。

故障现象：这台机床在通电开机启动系统后，出现 3 号报警，指示 PLC 没有工作，系统不能进行其他工作，关机再开，故障依旧。

故障分析与检查：首先向操作人员了解故障发生的过程，据机床操作人员反映，这个故障以前也发生过，但关机再开，故障就会消失，而这次反复关机重开，故障依旧。

所以怀疑有的部件接触不良，对所有电缆接口、模块插接进行检查并重新插接没有发现问题，也没有解决问题。因为是 PLC 报警，将 PLC 的接口插头分别拔下，也没有消除故障。

这台机床的操作面板采用远程移动操作盒，如图 5-37 所示，将这个操作盒的连接插头拔下，还是出

图 5-37　西门子远程移动操作盒图片

现这个报警。将系统进行初始化处理，重新装载程序，故障也没有排除，说明 PLC 程序没有问题。与另一台机床的数控系统互换，还是这台机床出现报警，说明系统硬件也没有问题。维修至此，感觉无路可走。

仔细回顾这个故障的维修过程，有一点可能有所忽略，就是远程操作盒，虽然把它从系统上拔下，系统故障没有消除，但并没有排除它的故障。为此，做如下试验，将另一台机床的远程操作盒拔下，这时开机系统也出现 3 号报警。将这台机床的远程操作盒插到另一台机床，也出现 3 号报警，由此确认远程操作盒损坏为故障原因。

故障处理：更换新的远程移动操作盒，机床恢复正常运行。

案例 15：一台数控淬火机床数据传输下载不了。

数控系统：西门子 810T 系统。

故障分析与检查：这台机床一次开机系统屏幕没有显示，按"眼睛"按键强行启动后，发现系统机床数据混乱，在使用 PCIN 软件进行机床数据和备份文件下载时，发现数据输入不进去，经过检查确认为 CPU 模块上连接面板的通信口 1 损坏。

按照西门子 810T 的构成原理，我们通常使用的系统面板上的通信口为通信口 1，系统还有 2 号通信口，通信口 2 接口在系统 CPU 模块上，通信口 1 失效可以使用通信口 2 进行通信。

故障处理：为了使用 2 号通信口，首先将 NC 系统机床设定数据 MD5015.7 设定"1"，使 2 号通信口生效；然后在通信口通信数据设定画面设定通信口 2 的通信数据，MD5018 设置为"0"，MD5019 和 MD5021 设置为"1100 0111"，MD5024 设置为"0010 1000"；在输入/输出接口设定画面 Interface No. for data in（数据输入/输出接口号）后面的输入框内输入数字 2。

将通信电缆插接在 CPU 模块的 X131 接口上，这时可以正常将机床数据等备份文件传入系统了，备份恢复后，关机重新启动系统，系统恢复工作。

案例 16：一台数控中频淬火机床系统数据和加工程序经常丢失。

数控系统：西门子 810T 系统。

故障现象：这台机床在周末休息，周一上班工作时，系统屏幕没有显示。

故障分析与检查：因为系统屏幕没有显示，检查数控系统发现 CPU 模块的报警灯亮，说明是系统出现了问题，导致系统启动不了。

关闭电源重新启动系统，同时按住系统诊断键（眼睛键），这时系统屏幕恢复显示，但显示的是德文，

而且有1号报警，指示后备电池报警，检查后备电池确实没电，更换电池，然后下载机床数据和程序，机床恢复正常工作。

可是下周一又出现这个故障，检查后备电池又没电了。恢复后，跟踪检查，发现后备电池使用4～5天后，电压就下降很多，加之周末机床不通电开机，故每周后备电池都会耗尽电能。根据这些现象分析，认为系统模块对后备电池的电能消耗太大。

故障处理：为了查找故障原因，逐个更换系统电源模块、CPU模块和存储器模块，最后确认为CPU模块有漏电现象，导致后备电池消耗过快，更换CPU模块后，消除了系统频繁更换后备电池的问题。

案例17：一台数控专用轴双端卡簧槽磨床经常出现报警"6006 Servo Drive Not Ready（伺服系统没有准备）"。

数控系统：西门子810T系统。

故障现象：这台机床在自动加工时经常出现6006报警，加工循环处于等待状态。

故障分析与检查：这台机床伺服系统采用西门子611A交流模拟伺服系统，驱动部分使用双轴驱动模块，带动X1和X2两个伺服电动机运行，两个伺服电动机驱动滑台带动两片砂轮对淬火处理后的细长轴两端的卡簧槽进行磨削。

出现故障时检查伺服系统，伺服系统没有报警灯亮。电源模块上的使能灯亮，说明电源模块的使能没有问题。图5-38是伺服系统的连接图，根据电源模块的工作原理，端子排X121的端子72/73.2连接PLC的输入I3.2，是伺服系统准备好信号。出现故障时检查I3.2的状态为"0"，73.2端子电压为DC 24.2V，72号端子电压为0V，说明确实是伺服系统没有准备好。

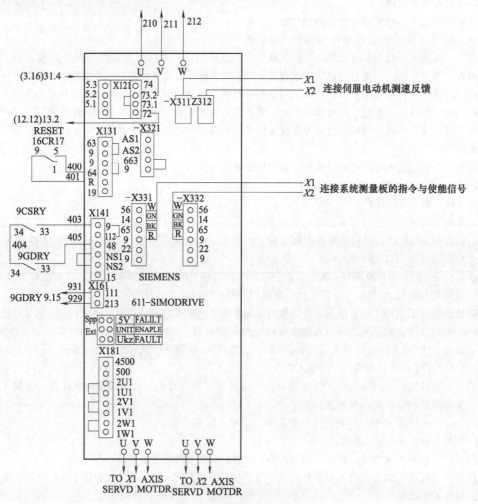

图5-38 伺服系统连接图

因为伺服电源模块使能信号正常，准备好信号没有，所以首先怀疑电源模块有问题，更换新的电源模块，虽然之后加工 100 多个零件没有报警，感觉应该问题解决了，但又加工二十几个零件后，还是出现这个报警，说明伺服电源模块没有损坏。

在出现故障报警时，手动操作状态下移动 X1 和 X2 轴，移动 X1 轴出现报警 "1040 DAC-Limit（DAC 超限）" 报警，移动 X2 轴没有问题，不报警。从这一现象分析，认为是 X1 轴伺服环节出现问题。

为了确认是否为驱动模块出现故障，将 X1 轴和 X2 轴伺服电动机测速反馈电缆插头 X311 和 Z312 交换插接，指令与使能端子排 X331 和 X332 对换插接，伺服电动机动力电缆插头 X1 与 X2 对换插接，就是说 X1 轴与 X2 轴伺服控制互换使用了。这时运行机床，出现报警时，手动操作状态下移动 X1 轴和 X2 轴，还是 X1 轴出现 1040 报警，说明伺服驱动模块和控制模块都应该没有问题。

思前想后我们认为可能是 X1 轴伺服电动机或者滑台有问题，将伺服电动机护板拆开，为了确认伺服电动机动力电缆和测速反馈电缆是否有问题，将 X1 轴伺服电动机动力电缆和测速反馈电缆插头与 X2 轴伺服电动机的互换，驱动模块上动力电缆插头和测速反馈电缆插头互换，这时运行机床，还是 X1 轴有问题，说明电缆和电缆插头都没有问题。

仔细观察故障现象每次都是在执行 N050 语句时出现报警的，如图 5-39 所示，可能是使能条件被破坏，而使伺服系统被动出现伺服没有准备好的报警。

伺服轴使能信号是西门子 810T 系统测量模块发出的，PLC 输出信号 Q108.2 和 Q108.5 为 X1 轴控制器使能信号和进给使能信号，通过系统诊断功能检查 Q108.2 和 Q108.5 都为 "1"，测量模块接口伺服部分是没有问题的。而在测量伺服驱动控制模块端子排 X331 和 X332 的端子 65/9 时发现 X331 的端子 65/9 没有使能信号，说明应该是系统的测量模块出现问题，X1 轴的伺服使能没能发出。数控系统测量模块的接口 X141 输出伺服的使能信号和指令信号，图 5-40 为接口 X141 的连接图，管脚 1 和 14 是 X 轴的使能信号连接端子。

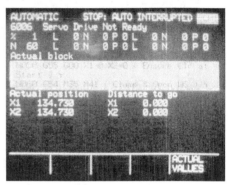

图 5-39　机床报警加工程序等待画面

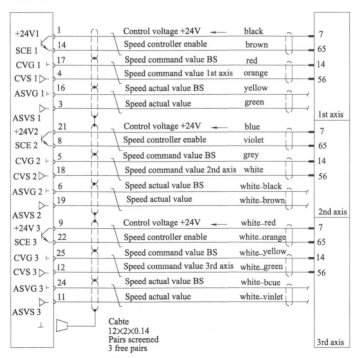

图 5-40　西门子 810T 测量模块 X141 接口连接图

故障处理：将系统伺服模块（6FX1121-4BA03）拆下进行检查，发现 X1 轴（第一轴）的伺服使能信号

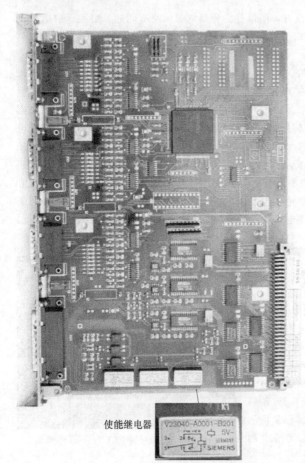

图 5-41 西门子 810T 系统伺服模块图片

连接到继电器 K1 的常开触点，如图 5-41 所示，怀疑该继电器触点有时不能可靠闭合，更换该继电器后，机床故障排除。

案例 18：一台数控车床 Z 轴无法返回参考点。

数控系统：西门子 810T 系统。

故障现象：这台机床开机 Z 轴回参考点时，Z 轴不动并有报警"1321 Control Loop Hardware（控制环硬件）"。

故障分析与检查：根据系统工作原理和维修经验，132 * 报警为位置反馈回路报警，1321 报警是 Z 轴报警。为了确认故障，在系统测量模块上将 X 轴的位置反馈电缆与 Z 轴反馈电缆交换插接，结果还是出现 1321 号报警，说明编码器和编码器连接都没有问题，可能测量模块有问题。将系统测量模块拆下进行检查，发现在 Z 轴位置反馈部分有一个开关 S1 的短接线烧断，参见图 5-42。

故障处理：将系统测量模块的 S1 开关用导线连通，这时开机，Z 轴回参考点正常进行，机床故障消除。

案例 19：一台数控沟道磨床开机出现报警"11 Wrong UMS Identifier（UMS 标识符错误）"。

数控系统：西门子 810M 系统。

故障现象：这台机床在开机时偶尔出现 11 号报警，指示机床厂家设置的特定功能不起作用。

图 5-42 西门子 810T 系统测量模块图片

故障分析与检查：根据西门子 810M 系统报警手册关于 11 号报警的说明，该报警是机床制造厂家储存在 UMS 中的程序不可用，在调用的过程中出现了问题。出现故障的原因可能是存储器模块或者 UMS 子模块出现问题。为此将存储器模块（6FX1128-1BA00）拆下检查，发现电路板上 A、B 间的连接线已腐蚀，参见图 5-43，没有连接上。

故障处理：按系统说明书要求，这两点必须短接。为此，将这两点直接用导线焊接上后，开机测试，这台机床再也没有出现这个报警，机床恢复稳定运行。

图 5-43　西门子 810M 系统存储器模块图片

案例 20：一台立式数控车床开机系统启动不了。

数控系统：西门子 840C 系统。

故障现象：这台机床开机系统启动时出现图 5-44 所示的报警画面。

故障分析与检查：根据西门子 840C 系统构成原理，其 MMC 模块（6FC51110-0DB02 -0AA2）上安装有 512MB 硬盘，如图 5-45 所示。在系统开机启动时，通过执行硬盘中的系统文件，调用西门子软件进入数控系统页面，开机就出现这个故障，说明硬盘引导文件没有装载。

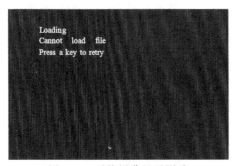

图 5-44　系统屏幕显示图片

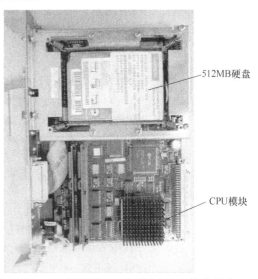

图 5-45　西门子 840C 系统 MMC 模块图片

将 MMC 模块从系统上拆下，把其上的硬盘通过移动硬盘盒连接到计算机上，读盘时噪声相当大，并且提示磁盘损坏，说明系统硬盘硬件损坏。

故障处理：将原机床系统硬盘 GHOST 备份文件恢复到旧笔记本电脑的 2G 硬盘上，经系统化后安装到系统上，这时通电开机，系统恢复正常工作。

图 5-46　PLC 输出模块图片

案例 21：一台数控加工中心加工时系统突然停止工作，PLC 输出模块无输出。

数控系统：西门子 810D pl 系统。

故障现象：这台机床在自动加工时突然停机，CCU1 工作正常，但 IM361 始终亮红灯，所有 PLC 输出模块的指示灯均无输出，如图 5-46 所示。

故障分析与检查：根据故障现象分析，故障原因有 CCU1 问题、IM361 及通信电缆问题、输入输出模块问题、IM361 和输入输出模块供电问题等。首先检查 IM361 和输入输出模块供电没有发现异常，为了进一步确认故障，将输入输出模块、IM361 及通信电缆拆到另一台机床上测试，没有问题，说明故障应该在 CCU1（6FC5410-0AY01-0AA0）模块上。

故障处理：拆下 CCU1 模块进行检查，发现有一个芯片（75ALS174A）爆裂，更换一个同样的芯片后，通电开机，机床恢复正常运行。

案例 22：一台数控外圆磨床系统启动不了。

数控系统：西门子 810D 系统。

故障现象：这台机床在通电启动后，经过一系列自检操作，最后 CCU3 模块的数码管显示"2"，系统不能启动，面板上所有指示灯闪亮。

故障分析与检查：关机再开还是启动不了，但有时 CCU3 模块的数码管显示"5"。正常情况下，系统通电经过自检，CCU3 模块的数码管应该显示"6"，表示系统启动正常，软、硬件没有问题。现在显示"2"或"5"，说明系统有问题。为了进一步确认故障，采用互换法把系统主板与另一台机床互换，参见图 5-47，故障转移到另一台机床上，说明主板损坏。

故障处理：更换一块新的主板，并下载 NC 和 PLC 的系列备份文件后，系统恢复正常运行。

案例 23：一台数控淬火机床屏幕不显示。

数控系统：西门子 840D pl 系统。

故障现象：这台机床在午休后，屏保黑屏无法唤醒。

故障分析与检查：因为按任何按键系统都没有反应，但手动执行机床的一些操作，还可以执行，因此怀疑 PCU 出现故障。

关机过几分钟后，再启动系统，系统屏幕出现显示，但自检期间就死机，出现如图 5-48 所示的画面。

CCU3模块

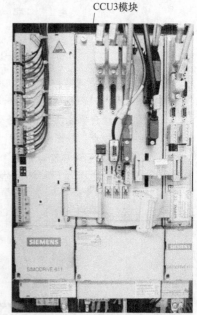

图 5-47　西门子 810D 系统图片

再次关机较长时间后，通电启动系统，这次自检通过，但进入西门子页面时又死机，停顿在图 5-49 所示的画面，因此怀疑 PCU 模块损坏。

故障处理：这台机床 PCU 模块采用 PCU50.1，将原 PCU 上的硬盘拆下安装到备用 PCU 上，然后将备用 PCU 安装到机床上，这时通电开机，系统恢复正常工作。

案例 24：一台数控球道磨床在加工时出现报警"120202 Waiting for A Connection to NC（等待与 NC 连接）"。

数控系统：西门子 840D pl 系统。

故障现象：这台机床在加工时出现如图 5-50 所示的 120202 报警，机床不能进行任何操作。

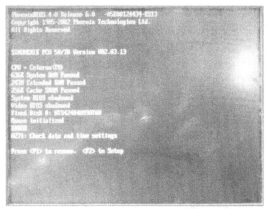

图 5-48　西门子 840D pl 系统死机画面（1）　　　　图 5-49　西门子 840D pl 系统死机画面（2）

故障分析与检查：因为报警指示等待与 NC/PLC 连接，说明 MMC 与 NCK 的通信中断。先检查 PCU50 显示的 MMC、NCK、PLC 地址和波特率，再检查总线电缆、手轮均正常，因此怀疑 NCU 模块有问题。

故障处理：更换 NCU 模块后报警解除，下载 NC 与 PLC 的系列备份文件后，机床恢复正常运行。

案例 25：一台数控加工中心加工时突然出现报警"300101 Bus Communications Failure（总线通信失败）"，系统停止工作。

数控系统：西门子 840D pl 系统。

故障现象：这台机床在自动加工时突然停机，系统屏幕出现如图 5-51 所示的 300101 报警，指示系统通信失败。

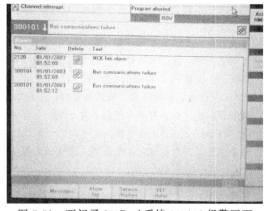

图 5-50　西门子 840D pl 系统 120202 报警画面　　　图 5-51　西门子 840D pl 系统 300101 报警画面

故障分析与检查：根据报警信息分析，故障原因有 NCU 问题、PCU 问题、驱动总线问题等。为此，首先检查相关的驱动总线，但没有发现异常；为了进一步确认故障，将 PCU 模块安装到另一台机床上测试，没有问题，说明故障应该在 NCU（6FC5357-0BB11-0AE0）上。

故障处理：拆下 NCU 模块进行检查，发现有一个芯片（DS36954M）爆裂，从以前损坏的 NCU 模块上找到一个一样的芯片换上后，通电开机，机床恢复正常运行。

案例 26：一台数控车铣中心停电后再开机，出现报警"120201 Communication Failure（通信失败）"。

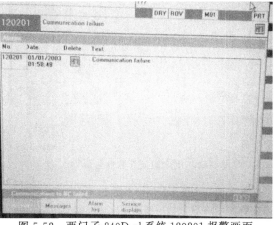

图 5-52　西门子 840D pl 系统 120201 报警画面

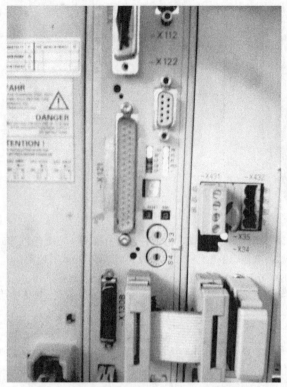

图 5-53　西门子 840D pl 系统 NCU 模块图片

数控系统：西门子 840D pl 系统。

故障现象：这台机床在自动加工时突然电源中断，重新供电启动系统后系统屏幕出现如图 5-52所示的 120201 报警，指示系统通信失败。

故障分析与检查：出现故障时检查数控系统，发现 NCU 模块的数码管显示如图 5-53 所示的"1"，NCU 左边＋5V、NF 灯亮，右边 PR 亮绿灯、PS 和 PF 亮红灯、PF0 和一亮黄灯。根据报警信息分析，说明故障应该在 NCU 模块（6FC5357-0BB33-0AE0）上。

故障处理：拆下 NCU 模块进行检查，发现内部比较脏，将主电路板和 4 小电路插板一起清洗干净并吹干（注意，NCU 模块拆下半小时后才能进行清洗操作），这时通电开机，系统恢复正常，下载 NC 和 PLC 系列备份文件后，机床恢复正常运行。

案例 27：一台数控球道磨床用户数据修改不了。

数控系统：西门子 840D pl 系统。

故障现象：这台机床在修改磨削参数时，数据输入后，修改不了。

故障分析与检查：观察故障现象，修改加工参数时，使用绿色钥匙将机床操作面板上的钥匙保护开关打开，屏幕右侧菜单栏上的 Edit 软键开关由灰色变为黑色，参见图 5-54，这时按数字按键输入 78，然后按输入按键，这时参数输入栏变为白色，数据没有发生变化还是 80。

怀疑 NC 或者 PLC 数据出现问题，NC 和 PLC 初始化后，下载系列备份文件，故障依旧。更换 NCU 模块的 NCK 控制板，初始化后下载系列备份，也没有解决问题。

最后怀疑钥匙保护开关有问题，在 Start-up 菜单，查看钥匙开关的变化情况，如图 5-55 所示，使用绿色钥匙，转动开关，开关位置显示只是"1"和"0"，绿色开关可以变为"2"，使用橘色开关也只有"1"和"0"两个位置，正常应该有 4 个位置。说明钥匙保护开关损坏。

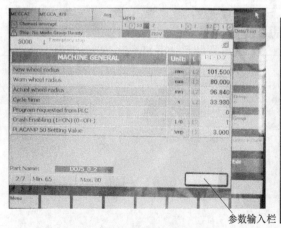

参数输入栏

图 5-54　机床加工参数信号画面

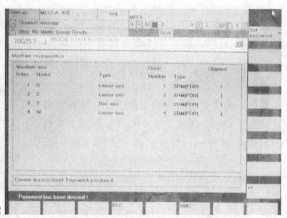

图 5-55　钥匙开关位置显示图片

故障处理：将机床控制面板拆下，更换新的钥匙开关后，机床故障消除。

案例 28：一台数控内圆磨床出现报警"700027 Wheel Coolant Flow Switch 106S4 Not OK（磨轮冷却液流量开关 106S4 故障）"。

数控系统：西门子 840D pl 系统。

故障现象：这台机床在磨削加工时有时出现报警 700027，指示磨削加工时冷却液流量不够。

故障分析与检查：根据报警信息对机床的磨削冷却液进行检查，发现手动操作方式下开关磨削液的动作正常，流量也没有问题。根据机床工作原理，流量开关 106S4 接入 PLC 输入 I36.0，利用系统 Diagnosis 功能检查 I36.0 的状态在启动磨削液喷射时马上变为"1"，停止磨削液喷射时立即变为"0"，没有发现问题。在磨削自动加工过程中监控 I36.0 的状态，发现有时突然变为"0"，这时就出现 700027 报警。

PLC 输出 Q41.6 控制磨削液喷射电磁阀，在磨削加工时同时监控 Q41.6 的状态，在 I36.0 的状态突然变为"0"时，Q41.6 的状态并没有发生改变，一直为"1"。

监控电磁阀发现其通电指示灯确实在变灭时出现 700027 报警，再仔细检查发现 PLC 输出模块（SM322-1BL00-0AA0）Q41.6 的输出有突然断电现象，说明输出模块有问题。

故障处理：将图 5-56 中第一块 PLC 系统的输出模块更换后，机床恢复稳定工作。

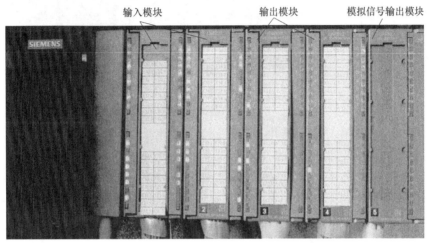

图 5-56　西门子 840D pl 系统 PLC 模块图片

案例 29：一台数控磨床出现报警"2120 NCK fan alarm（NCK 风扇报警）"。

数控系统：西门子 840D pl 系统。

故障现象：这台机床一次在正常工作时突然出现如图 5-57 所示的 2120 号报警，系统停止工作。

故障分析与检查：西门子 840D pl 系统 2120 号报警指示 NCU 模块的风扇有问题，如图 5-58 所示的西门子 840D pl 系统 NCU 风扇/电池模块插在 NCU BOX 上，工作时为系统冷却，断电时为系统提供后备电源。为此首先检查风扇的工作情况，发现风力正常没有发现问题，更换风扇/电池模块也没有解决问题。因此怀疑 NCU BOX 有问题，更换新的 NCU BOX 模块，但还是出现 2120 报警，说明是插接在 NCU BOX 上的 NCU 控制模块出现问题。

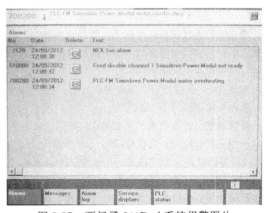

图 5-57　西门子 840D pl 系统报警图片

故障处理：维修 NCU 控制模块，安装上后，经过 NC 和 PLC 初始化，然后下载 NC 和 PLC 系列备份文件，这时关机数分钟后重新开机，系统报警消除，机床恢复正常运行。

案例 30：一台数控外圆磨床系统启动不了。

数控系统：西门子 840D pl 系统。

故障现象：这台机床在开机时系统启动不了。

故障分析与检查：这台机床的 MMC 采用 PCU50.1 模块（6FC5210-0DF21-2AA0），开机后系统进入不了西门子画面，出现死机现象。因为 PCU50.1 是带有硬盘的工业控制计算机，如图 5-59 所示，系统软件存

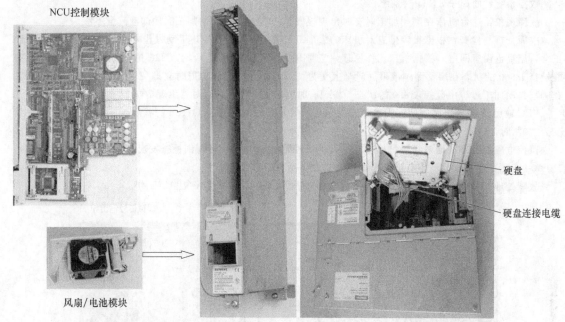

NCU控制模块

风扇/电池模块

图 5-58 NCU 模块构成示意图

硬盘

硬盘连接电缆

图 5-59 西门子 PCU50.1 模块图片

储在硬盘中，系统启动时首先调用硬盘中的系统软件，因此怀疑是 PCU50.1 的硬盘损坏。

故障处理：将硬盘拆下连接到台式计算机上测试，证实确实是系统硬盘损坏。用 GHOST 软件将整盘备份好的备份文件恢复到老笔记本电脑 40G 并口硬盘上，然后将恢复好的硬盘安装到 PCU 上，这时通电开机系统恢复正常工作。

5.4 数控装置系统报警故障维修

现代数控系统都具有很强的故障自诊断能力，很多故障系统都可以诊断出来，并且在系统显示器上显示报警信息。出现这类报警时，要分析报警信息，根据系统工作原理和报警信息对故障进行诊断和分析。下面列举一些实际维修案例。

案例 1：一台数控窗口磨床出现报警"222 Servo Loop Not Ready（伺服环没有准备）"。

数控系统：西门子 3M 系统。

故障现象：这台机床在手动操作时出现 222 号系统报警，另外观察屏幕右上角还有 F28 号机床报警。

故障分析与检查：出现故障时，使用西门子 3 系统的 PC 诊断菜单，调用 Faults（故障）功能，查看 F28 的报警信息显示为"Endposition Minus Z-Axis（Z 轴负向超行程）"。故障原因是因为超行程，使伺服使能信号取消，产生 222 系统报警。

故障处理：将限位解除钥匙开关打开，启动伺服系统，然后手动将 Z 轴正向运动，脱离限位后，将限位解除钥匙开关打回，机床恢复正常工作。

案例 2：一台数控球道磨床出现报警"134 Control Loop Hardware（控制环硬件）"。

数控系统：西门子 3M 系统。

故障现象：这台磨床一次出现故障，开机出现 134 号报警，指示 B 轴伺服环出现硬件故障，机床不能工作。

故障分析与检查：根据西门子说明书的解释，134 报警是 B 轴伺服环有问题，根据经验一般这个故障原因都是因为位置反馈回路出现问题，这台机床 B 轴的位置反馈元件采用的是旋转编码器，检查反馈电缆连接没有发现问题，数控系统测量模块用互换法证明也没有问题，所以确认是 B 轴编码器有问题。

故障处理：更换 B 轴编码器后，机床故障消除。

案例 3：一台数控卧式加工中心出现报警"104 Control Loop Hardware（控制环硬件）"。

数控系统：西门子 3M 系统。

故障现象：这台机床在一次工作过程中，突然出现 104 报警，机床停止运行。机床断电重新启动后，报警消除，机床恢复正常，但工作一段时间又出现上述故障。

故障分析与检查：因为西门子 3M 系统的 104 报警指示 X 轴位置反馈系统出现问题，所以可能是位置反馈连接电缆折断、短路、信号丢失、门槛信号不正确、频率信号不正确。这台机床 X 轴的位置检测元件采用光栅尺，形成全闭环位置控制系统。

根据报警信息和故障现象，首先检查光栅尺的读数头和光栅尺，光栅尺密封良好，读数头和光栅尺没有受到油污和灰尘污染，并且光栅尺工作也正常。

然后检查 EXE 板和测量模块，都没有发现问题。最后对光栅尺连接电缆进行检查，发现 13 号线电压不稳，断电测量 13 号线的电阻，发现阻值较大，仔细检查发现该电缆有一处将要折断、似接非接，造成连接不好、信号不稳定，从而出现 104 号报警。

故障处理：对断线部分进行重新连接，这时开机测试，机床工作正常，故障消除。

案例 4：一台数控球道铣床启动伺服系统时出现报警"101 Clamping Check（卡紧检查）"和"111 Clamping Check（卡紧检查）"。

数控系统：西门子 3TT 系统。

故障现象：这台机床在开机后启动伺服系统时出现 101 和 111 报警，在产生报警的同时，X 轴和 Z 轴都产生了位移。

故障分析与检查：这台机床的伺服系统采用西门子 6SC610 交流模拟伺服装置，在启动伺服系统时，检查伺服系统上的指令信号，没有指令电压，说明数控系统没有问题，问题出在伺服系统上。而在启动伺服系统时，观察系统屏幕，屏幕上两个轴的坐标值也发生了变化，说明位置反馈也正常没有问题。

对伺服系统进行检查，发现 G0 电源模块上的指示灯若隐若现，亮度不够，测量其端子上的 15V 电压很低。在检查伺服系统的供电电压时发现有一相没有电压，检查供电端的熔断器，发现有一个熔断器烧断，对系统进行检查没有发现其他问题。

故障处理：更换供电端的熔断器后，机床恢复正常工作。

案例 5：一台数控球道磨床出现报警"131 Clamping Monitoring（卡紧监控）"。

数控系统：西门子 3G 系统。

故障现象：这台机床在自动加工时出现 131 号报警，指示机床第 4 轴，即 B 轴出现卡紧监控报警。

故障分析与检查：这台机床的 B 轴由伺服电动机带动绕水平轴旋转的工作台，通过同步齿轮带动旋转，手动旋转 B 轴，发现齿带和伺服电动机一窜一窜地运动，运行不平稳。为此，首先怀疑机械负载过大，但检查 B 轴工作台并没有发现问题。另外根据机床工作原理，B 轴伺服电动机为防止 B 轴工作台断电靠重力自行向下旋转，伺服电动机带有抱闸。将 B 轴伺服电动机与 B 轴工作台连接的齿带脱开，直接给伺服电动机的抱闸加 24V 电源，手动转动伺服电动机的轴，发现伺服电动机抱闸没有完全打开，转动阻力很大。说明是伺服电动机的抱闸出现了问题，没有完全打开致使阻力过大，从而出现了 131 号报警。

故障处理：对 B 轴伺服电动机的抱闸部分进行维修，维修后机床恢复正常工作。

案例 6：一台数控淬火机床经常出现报警"3 PLC Stop（PLC 停止）"。

数控系统：西门子 810G 系统。

故障现象：这台机床在正常加工过程中经常出现 3 号报警，关机再开还可以正常工作。

故障分析与检查：仔细观察故障现象，每次出现故障停机时，都是一工位淬火能量过低时发生的，如果不出现 PLC 停止的报警，应该出现一工位能量低的报警，并且出现 3 号报警时还有"6105 Missing MC5 Block（MC5 块丢失）"的 PLC 报警信息，指示控制程序调用的程序块不可用。根据电气原理图，一工位能量低信号连接到 PLC 的输入 I5.1，如图 5-60 所示。检查 PLC 关于输入 I5.1 的控制程序，这部分的程序在 PB12 块 5 段中，具体如下：

在检测到一工位能量低的输入 I5.1 为"1"时，跳转到程序块 PB21，但检查控制程序根本没有这个程序块，所以出现了 3 号报警，说明程序设计有问题。

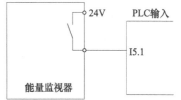

图 5-60 PLC 输入 I5.1 连接图

故障处理：因为是 PLC 用户程序设计有问题，所以对 PLC 程序进行如下修改：

A   I5.1

S   F106.0

A   I6.4

R   F106.0

BE

在 I5.1 为 "1" 时，把产生一工位能量低的报警标志 F106.0 置 "1"，产生 6048 能量低报警而不跳转到 PB21，从而将机床故障排除。

这个故障是因为 PLC 用户程序编程不完善引起的，因此这类故障必须修改 PLC 程序才能消除。

案例 7：一台数控内圆磨床出现报警 "1320 Control Loop Hardware（控制环硬件）"。

数控系统：西门子 810G 系统。

故障现象：这台机床在工作时经常出现 1320 报警，指示 X 轴有问题。

故障分析与检查：西门子 1320 报警指示 X 轴位置反馈回路有问题，首先与其他机床互换系统测量模块，但这台机床的故障依旧，另一台机床还是正常，说明数控系统的测量模块没有问题。更换 X 轴伺服电动机的外置编码器也没有解决问题。

图 5-61 是系统测量模块与编码器的连接图，根据这个连接图对电缆连接进行检查，发现有些导线阻值过大，说明编码器电缆有折断现象，造成接触不良。

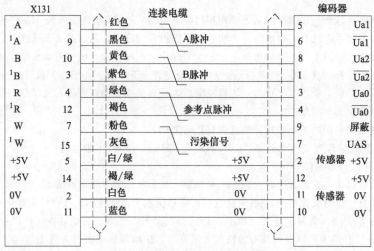

图 5-61 测量模块与编码器连接图

故障处理：更换编码器反馈电缆，机床报警消除。

案例 8：一台数控车床飞车并产生报警 "1120 Clamping Monitoring（卡紧监控）"。

数控系统：西门子 810T 系统。

故障现象：这台机床开机 X 轴一运动就飞车，并产生 1120 报警。

故障分析与检查：这台机床在更换 X 轴伺服电动机后出现这个故障。因此，怀疑伺服电动机相序连接有问题，对相序进行检查，发现确实接错了。

故障处理：按正确的相序连接伺服电动机，开机运行，机床恢复正常工作（如果无法确认相序是否正确，可将伺服电动机从机床上拆下，不带滑台运动，防止相序再一次出错造成飞车，撞坏机械装置）。

案例 9：一台数控车床出现报警 "1120 Clamping Monitoring（卡紧监控）"。

数控系统：西门子 810T 系统。

故障现象：这台机床在自动加工时出现 1120 报警，按复位 RESET 按键，可消除报警。

故障分析与检查：西门子 810T 系统 1120 报警原因很多，但总的来说就是运动的指令与运动的实际位置不符。因为 1120 报警指示 X 轴运动有问题，手动运动 X 轴，可以运动没有问题，但仔细观察 X 轴运动的速度有些不稳，怀疑数控系统速度给定有问题。

这台机床的伺服系统采用西门子 611A 交流模拟伺服控制装置，伺服控制连接如图 5-62 所示。仔细检查发现端子 56 的连接线不紧，造成系统给定信号不稳。

故障处理：将端子 56 紧固后，重新运行加工程序，机床正常运行。

案例 10： 一台数控车床出现报警 "1120 Clamping Monitoring（卡紧监控）"。

数控系统：西门子 810T 系统。

故障现象：这台机床的 X 轴在开机回参考点和手动时，出现 1120 报警。

故障分析与检查：观察故障现象，在 X 轴回参考点或手动时，实际上 X 轴滑台并没有运动，X 轴伺服电动机也不转。这台机床的伺服系统采用西门子 611A 交流模拟伺服控制装置，在出现报警时伺服模块上没有任何报警指示。在检查时发现，X 轴伺服模块上来自 NC 的给定信号端子排 X331 没有插接

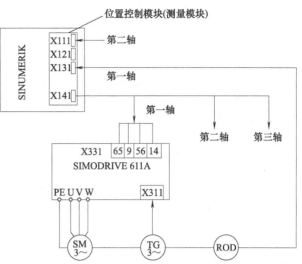

图 5-62　西门子 810T 系统伺服控制连接示意图

好，NC 信号的连接参考图 5-62，611A 上的端子 56 和 14 连接伺服给定信号。在 X 轴发出运动指令时，在端子 56、14 上检查有给定信号，说明数控系统工作正常。

故障处理：将伺服驱动模块上的端子排 X331 插接好后，重新开机，机床恢复正常工作。

案例 11： 一台数控球道磨床出现报警 "1122 Clamping Monitoring（卡紧监控）"。

数控系统：西门子 810G 系统。

故障现象：这台机床开机，急停开关打开后，Z 轴屏幕上实际数值负向变化，出现 1122 报警，指示 Z 轴伺服系统有问题。观察 Z 轴砂轮轴，也确实下滑。

故障分析与检查：分析机床的工作原理，Z 轴带动砂轮做垂直方向的运动，因此为防止断电后 Z 轴靠重力下滑，Z 轴伺服电动机采用带有抱闸的交流伺服电动机，系统断电时抱闸起作用。通电时，在伺服系统准备好后，抱闸打开，由伺服系统控制 Z 轴滑台。

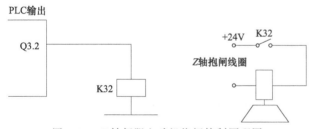

图 5-63　Z 轴伺服电动机抱闸控制原理图

根据故障现象和机床工作原理分析，故障原因可能是急停开关打开后，抱闸就得电失去作用，此时伺服系统还没有准备好，所以 Z 轴靠重力下滑。为此检查抱闸线圈的电压，在急停开关打开时，确实抱闸已得电。根据机床电气工作原理，抱闸的控制原理图如图 5-63 所示，PLC 输出 Q3.2 控制一直流继电器 K32，继电器 K32 的常开触点控制抱闸打开。

在急停开关打开时，利用系统 Diagnosis（诊断）功能监视 PLC 输出 Q3.2 的状态，发现一直为 "0"，没有变化，是正常的，因此确定可能是继电器 K32 有问题，对继电器进行检查，发现其常开触点黏合，所以在急停开关打开后，系统 24V 直流电源开始工作时，24V 电源就通过黏合的继电器 K32 的常开触点向抱闸供电，使抱闸打开，此时伺服系统还没有工作，所以导致 Z 轴下滑，产生 1122 报警。

故障处理：更换新的继电器 K32 后，机床故障消除。

案例 12： 一台数控内圆磨床 Z 轴回参考点时出现报警 "1121 Clamping Monitoring（卡紧监控）"。

数控系统：西门子 810G 系统。

故障现象：这台机床 Z 轴在回参考点时出现 1121 报警，指示 Z 轴运行时出现故障。

故障分析与检查：观察故障现象，在 Z 轴回参考点时，压上减速开关后，Z 轴减速运行，找到零脉冲后，减速至 0，然后在走 2000 个单位时，出现报警。从现象看，零点开关没有问题，编码器的零点脉冲也没有问题，怀疑编码器的反馈精度不够，拆下编码器检查时，发现联轴器的紧固螺钉有些松，造成位置反馈低速时丢步。

故障处理：将联轴器螺钉紧固后，机床恢复正常工作。

案例 13：一台数控外圆磨床出现报警"1160 Contour Monitoring X-Axis（X 轴轮廓监控）"。

数控系统：西门子 805 系统。

故障现象：这台机床在开机准备好后，按 X 轴移动键，屏幕上 X 轴的坐标数值发生变化，但马上出现报警 1160，屏幕上的数值又恢复到原值，观察 X 轴滑台，根本就没有动，其他轴工作正常没有问题。

故障分析与检查：因为 X 轴实际没有动，屏幕上 X 轴的坐标值也没有变，说明位置反馈没有问题。这台机床的伺服系统采用西门子的 611A 交流模拟伺服驱动装置，为了进一步确认故障，测量伺服系统上的给定信号，让 X 轴运动，伺服控制板上有电压信号和使能信号，说明 NC 部分没有问题，问题出在伺服驱动上。与其他轴伺服驱动的控制模块互换，报警显示其他轴有问题，而 X 轴恢复正常，说明原 X 轴的伺服控制模块损坏。

故障处理：更换新的 X 轴伺服控制模块后，机床恢复正常工作。

案例 14：一台数控车床 X 轴运动出现报警"1160 X Axis Contour Monitoring（轮廓监控）"。

数控系统：西门子 840C 系统。

故障现象：这台机床开机 X 轴回参考点时出现 1160 报警，观察 X 轴滑台并没有动。

故障分析与检查：观察故障现象，手动操作方式下移动 X 轴也出现 1160 报警，根据故障现象和报警信息，机床的 X 轴得到运动指令后，实际上并没有移动，所以产生 1160 报警。因为 X 轴滑台没有动，所以首先检查 X 轴伺服电动机的驱动电压，在让 X 轴运动时，伺服电动机没有驱动电压，说明伺服电动机没有问题。

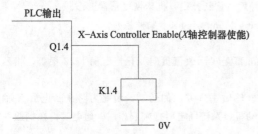

图 5-64　PLC 系统 X 轴伺服使能信号连接图

这台机床的伺服控制采用德国 INDRAMAT 交流模拟伺服驱动装置，在启动 X 轴运动时，检测 X 轴伺服控制装置端子 1、2 之间的给定电压，有电压输入，说明数控系统已经输出了运动指令值，但检查 7 号端子的使能信号时，却发现没有使能信号。

查看这台机床的电气图纸，分析使能的给定原理，这台机床除了系统给出使能外，PLC 也给出了使能信号，如图 5-64 示，其使能信号连接如图 5-65 所示。

图 5-65　X 轴伺服使能信号连接图

检查 PLC 的 X 轴使能信号 Q1.4 为"1"没有问题，继电器 K1.4 的触点也闭合了。根据图 5-64 所示的连接图对连接的元件进行逐个检测，840C 测量模块 X 轴伺服使能信号没有问题，X 轴伺服控制器准备好信号也正常，只是发现刀塔噪声监测仪的触点没有闭合，发现该监测仪有报警信号。

故障处理：将刀塔噪声监测仪的故障信号复位，这时机床 X 轴进给运动恢复正常。

案例 15：一台数控车床出现报警"1160 X Axis Contour Monitoring（X 轴轮廓监控）"。

数控系统：西门子 840C 系统。

故障现象：这台机床一次出现故障，在加工时出现 1160 报警，指示 X 轴有问题。

故障分析与检查：出现报警后检查系统还有报警"1680 X Servo Enable Traveling（X 轴伺服使能中断）"，这时手动移动 X 轴也出现 1160 报警，并且 X 轴不动。这台机床的伺服系统采用的是德国 INDRAMAT 交流模拟伺服驱动装置，检查伺服系统，发现伺服电源模块（型号为 TVD 1.3-08-03）有报警灯闪亮，模块温度很高，说明电源模块损坏。

故障处理：更换伺服系统的电源模块后，机床恢复正常工作。

案例 16：一台数控外圆磨床一次出现故障，开机数控系统上有伺服报警 "300500 Axis B Drive7 System Error，Error Codes 000001BH，00020000H（B 轴驱动系统错误，错误代码 0000001BH，00020000H）" 和 "300500 Axis C Drive1 System Error，Error Codes 000001BH，00010000H（X1 轴驱动系统错误，错误代码 0000001BH，00010000H）"。

数控系统：西门子 810D 系统。

故障现象：这台机床开机就出现 300500 报警，指示 B 轴、C 轴出现伺服问题。

故障分析与检查：这台机床 B 轴采用单独的 611D 伺服装置控制，C 轴使用集成在 CCU3 模块上的伺服控制装置控制，因为 B 轴和 C 轴都报警，怀疑伺服电源模块出现问题。因为与另一台 840D pl 系统的数控内圆磨床使用相同的伺服电源模块，故将机床上出现故障的伺服电源模块更换到好的机床上，好的机床也出现伺服报警，说明确实是伺服电源模块损坏。

故障处理：维修伺服电源模块后，机床恢复正常工作。

案例 17：一台数控加工中心出现报警 "25001 Axis Y Hardware Fault of Passive Encoder（Y 轴从动编码器故障）"。

数控系统：西门子 840D pl 系统。

故障现象：这台机床开机就出现 25001 号报警，指示 Y 轴编码器有问题。

故障分析与检查：这台机床采用全闭环位置控制系统，位置反馈采用光栅尺，伺服系统转速反馈采用伺服电动机的内置编码器。伺服系统采用西门子 611D 交流数字伺服系统。

因为报警指示 Y 轴从动编码器故障，也就是指示 Y 轴伺服电动机的内置编码器回路有故障。在驱动模块上将 Y 轴与 X 轴伺服电动机的动力电缆和编码器电缆对换，开机系统出现 X 轴报警，说明数控系统和驱动模块没有问题，故障可能在编码器、编码器电缆或连接上。检查 Y 轴伺服电动机编码器的电缆时发现在伺服电动机上的插接有些松动。

故障处理：重新插接编码器反馈电缆插头并锁紧，系统通电开机，机床故障消除。

案例 18：一台数控加工中心出现报警 "25000 Axis Y Hardware Fault of Active Encoder（Y 轴主动编码器硬件故障）"。

数控系统：西门子 840D pl 系统。

故障现象：这台机床开机就出现 25000 报警，指示 Y 轴主动编码器故障，Y 轴不能移动。

故障分析与检查：这台机床采用全闭环位置控制系统，采用光栅尺作为位置反馈元件。因为报警指示主动编码器出现故障，故对 Y 轴位置检测元件光栅尺进行检查，该光栅尺采用封闭型，通有压缩空气使光栅尺内部形成正压，防止灰尘进入。检查发现光栅尺连接的风管没有压力，对管路进行检查发现管路过滤器堵塞。

故障处理：对过滤器进行清洗，重新安装并通一段时间压缩空气后开机，这时机床报警消除，恢复正常运行。

案例 19：一台数控车床出现报警 "25000 Axis X Hardware Fault of Active Encoder（X 轴主动编码器硬件错误）"。

数控系统：西门子 840D pl 系统。

故障现象：这台机床一次出现故障，系统显示 25000 报警，指示 X 轴编码器有问题。

故障分析与检查：该机床采用伺服电动机内置编码器作为位置反馈元件。因为报警指示 X 轴编码器有问题，将 X 轴伺服电动机与 Z 轴伺服电动机互换，但还是 X 轴出现报警，说明编码器本身没有问题。

检查 X 轴编码器的反馈电缆和电缆连接都没有发现问题，使用临时编码器反馈电缆连接也没有解决问题。

这台机床的伺服驱动采用西门子 611D 交流数字伺服控制装置，与其他机床互换伺服驱动控制模块，故障转移到其他机床上，说明伺服驱动控制模块损坏。

故障处理：更换新的 X 轴伺服驱动控制模块后，机床恢复正常运行。

案例 20：一台数控车铣加工中心开机出现报警。

数控系统：西门子 840D sl 系统。

故障现象：这台机床在多日停用再通电开机时，出现若干报警，使用系统诊断功能查看，如图 5-66 所示，第一个报警为 "27252 PROFIsafe：slave/device 34，bus 1，sign-of-Life error（34 号从站/装置，总线 1，

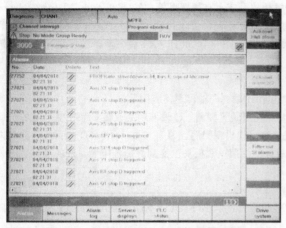

图 5-66　西门子 840D sl 系统报警画面

激活标识错误)"。

故障分析与检查：根据 27252 报警信息对 34 号从站进行检查，34 号从站连接的是 PLC 模块，发现其 DP 开关应该是设置错误，这个开关放置在下方的 OFF 位置，根据图纸应该在 ON 位置。

故障处理：系统断电关机，将这个 DP 开关拨回上面的 ON 位置，如图 5-67 所示，这时系统通电开机，系统恢复正常工作，报警消除。故障原因应该是有人无意中将这个开关拨动了。

案例 21：一台数控车床出现报警 "401 SERVO ALARM：（VRDY OFF）（伺服报警：伺服准备好信号关闭）" 和 "430 SERVO ALARM：3 轴 误差过大"。

数控系统：发那科 0TC 系统。

故障现象：这台机床在午休后出现如图 5-68 所示的 401 和 430 报警，指示伺服系统出现问题。

图 5-67　西门子 840D sl 系统 PLC 模块图

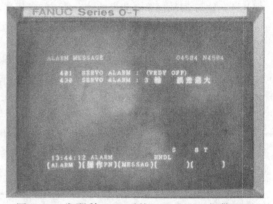

图 5-68　发那科 0TC 系统 401 和 430 报警画面

故障分析与检查：根据报警信息分析为第三轴超差报警，关机后系统重新通电，开机就出现这两个报警，查看报警手册 430 报警应该是第三轴停止时位置误差大于设定值，但这台机床是车床，而且没有第三轴，检查机床位置坐标，确实出现了第三轴 C 轴，参考图 5-69。因此怀疑机床参数出现了问题，询问机床操作人员并没有过修改机床参数，与另一台机床核对参数也没有发现异常。感觉应该是系统内存或者机床数据出现混乱，最好的处理方式是对系统进行初始化操作。

故障处理：在系统通电启动的同时，按住系统面板上 RESET 和 DELETE 两个按键数秒，系统内存被清除，系统参数初始化，这时查看系统坐标，C 轴消除，重新输入这台机床的参数和加工程序后，机床报警消除恢复正常运行。

案例 22：一台数控车床开机就出现报警 "940 PCB ERROR（PCB 板故障）"。

数控系统：发那科 0TC 系统。

故障现象：这台机床开机就出现 940 报警，如图 5-70 所示，指示系统印制电路板有问题，关机再开还是出现这个报警，并且不能进行任何操作，相当于系统死机。

故障分析与检查：因为报警指示印制电路板有问题，先将轴卡与其他机床互换，还是这台机床出现故障；更换系统底板也未能消除故障；与另一台机床互换存储器卡时，故障转移到另一台机床上，说明存储器卡故障或者系统参数出现问题。

故障处理：对系统存储器进行初始化，在系统通电启动的同时，按住系统面板上 RESET 和 DELETE

两个按键数秒，系统内存被清除，系统参数初始化，查看系统报警 940 报警消除，重新输入这台机床的参数和加工程序后，机床恢复正常运行。

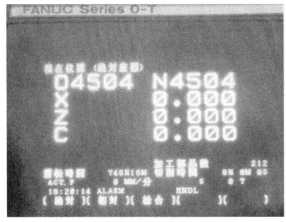

图 5-69　发那科 0TC 系统坐标显示画面

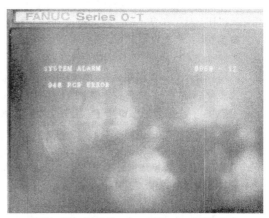

图 5-70　发那科 0TC 系统 940 报警画面

案例 23：一台数控车床启动主轴时系统出现报警"409 Servo Alarm：（SERIAL ERR）（伺服报警：串行主轴错误）"。

数控系统：发那科 0TC 系统。

故障现象：这台机床在启动主轴时出现 409 报警，指示主轴系统故障。

故障分析与检查：这台机床主轴伺服系统采用 S 系列数字伺服装置，观察故障现象，在启动主轴时，主轴旋转速度很慢，然后出现 409 报警，主轴停转。在出现故障时检查主轴系统，发现其数码管显示"AL-31"，主轴 31 报警含义为，根据经验一般都是主轴电动机内部的检测转速的磁传感器出现问题或者传感器与检测齿轮的间隙过大。打开主轴伺服电动机后盖，检查磁传感器的间隙没有问题，怀疑损坏，但更换新磁传感器故障依旧。回想故障是更换主轴电动机之后出现的，能不能是主轴电动机的相序接错导致主轴旋转方向错了呢？让经验丰富的机床操作人员观察慢速旋转的主轴，发现果然是主轴旋转方向反了。

故障处理：将主轴电动机电源相序更换后，系统报警消除，机床故障消除。

案例 24：一台数控车床出现报警"1-1 CPU-Alarm Bus Error（System Bus）〔CPU 报警总线错误（系统总线）〕"。

数控系统：日本 OKUMA OSP7000L 系统。

故障现象：这台机床一次上班通电开机就出现 1-1 报警，系统死机不能进行任何操作。

故障分析与检查：因为报警指示数控系统出现问题，对数控系统进行检查发现系统主板上 SBER 报警灯亮，这个报警灯亮指示系统 SVP 伺服控制板故障。

故障处理：更换 SVP 伺服控制板后，机床恢复正常运行。

5.5　数控系统无报警故障的诊断与维修

5.5.1　数控系统死机故障的诊断与维修

数控系统死机故障是数控系统开机之后或者运行时虽有显示但不能进行任何操作的故障。数控系统是专用的计算机系统，由软件和硬件两大部分构成，所以系统死机的原因也是有软故障和硬件故障两种原因。下面通过实际维修案例介绍这两种原因引起系统死机故障的维修方法和技巧。

案例 1：一台数控车床开机后死机。

数控系统：发那科 0TD 系统。

故障现象：开机之后屏幕不显示。

故障分析与检查：根据系统故障原理，系统屏幕没有显示故障的原因可能是系统电源问题、显示器问题或者系统死机。为了排除系统供电电源的问题，检查数控装置的电源、电压正常，各个控制模块上的显示灯正常没有问题，检查显示器也没有损坏，为此确认为系统死机。

故障处理：为了清除这种死机状态，强行启动系统，这时系统恢复正常工作，重新输入机床数据和程序后，该机床恢复了正常工作。

案例2：一台数控车床系统无法启动。

数控系统：发那科0TC系统。

故障现象：这台机床开机启动系统时，显示检测画面后不再往下运行。

故障分析与检查：这种现象似乎是受干扰，系统死机，为此首先对电器柜进行检查，发现伺服系统主接触器MCC上一个触点的电源线电缆接头烧断，接触不良。系统通电后，MCC吸合时可能由于接触问题产生电磁信号，使系统死机。

故障处理：将主接触器MCC的电源线重新连接好后，通电开机，机床恢复正常工作。

案例3：一台数控球道磨床开机出现系统屏幕黑屏故障。

数控系统：西门子3M系统。

故障现象：这台机床一次出现故障，开机后系统屏幕没有显示

故障分析与检查：系统通电后对数控装置进行检查，发现PLC耦合模块上左面的CPU监控发光二极管闪亮，PLC模块的报警红色二极管灯亮，CPU监控发光二极管闪亮频率为4Hz，说明是后备电池没电，这台机床之前很长时间没有开机，检查后备电池发现确实没电。

在PLC耦合模块上有两个CPU循环检查监控发光二极管，可以指示系统的运行状态和报警状态。3T/M系统左面的发光二极管用于监控，右边的没用（保持常亮）；3TT系统左面的发光二极管用于NC1的监控，右面的用于NC2的监控。

电源接通后，如果监控发光二极管闪动，则：

① 以1Hz频率闪动时，指示EPROM故障；

② 以2Hz频率闪动时，指示PLC故障；

③ 以4Hz频率闪动时，表示后备电池报警。

故障处理：首先更换系统后备3.6V锂电池，因为后备电池已无电，系统数据和加工程序已丢失，所以必须对系统进行初始化，然后再输入机床专用数据和程序。这时关机数分钟后重新开机，机床故障排除。

案例4：一台数控立式淬火机床开机后屏幕有显示但不能进行任何操作。

数控系统：西门子810T/M系统。

故障现象：这台机床在正常淬火加工时，系统死机，不能进行任何操作，关机重新启动，系统自检后，直接进入自动操作状态。系统工作状态不能改变，也不能进行任何其他操作。

故障分析与检查：根据故障现象分析，认为系统可能陷入了死循环。

故障处理：为了退出死循环，对系统进行强行启动，即在系统通电的同时按住系统操作面板上（图5-71）的"诊断"按键，系统进入图5-72所示的初始化菜单，检查系统数据和程序并没有丢失，所以没有进行初始化操作，按图5-72右下角SET UP END PW下面的软键，系统退出初始化状态后，进入正常工作页面，系

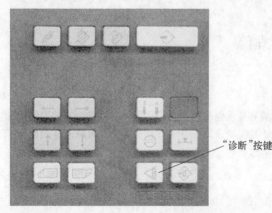

图5-71 西门子810T/M系统控制按键图片

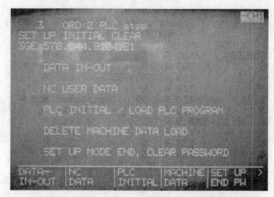

图5-72 西门子810T/M系统初始化页面

统恢复了正常工作。

案例 5： 一台数控内圆磨床开机系统屏幕黑屏。

数控系统：西门子 810T/M 系统。

故障现象：这台机床在停用一段时间后，开机时系统没有显示。

故障分析与检查：观察系统的启动过程，发现面板上的报警灯亮，显示系统报警，因此怀疑系统数据丢失。为此首先对系统进行强行启动。

西门子 810T/M 系统强行启动方法如下：

重新启动系统，同时按住面板上的诊断"眼睛" ◁ 按键，这时如果系统是因为软件问题引起的死机或黑屏，系统就会进入初始化画面。

对这台机床进行强行启动，系统进入初始化画面，但显示是德文，说明确实是系统数据丢失，需要重装。此时屏幕显示 1 号报警，指示系统后备电池电量不足。对系统后备电池进行检查，发现电压有些偏低。

故障处理：首先更换系统后备电池，然后下载机床数据和相关文件，关机重开，机床恢复正常工作。

案例 6： 一台数控球道磨床 X、Y、Z 轴都不运动。

数控系统：西门子 810M 系统。

故障现象：这台机床开机回参考点的过程不执行，手动移动 X、Y、Z 轴也不动，除了"没有找到参考点"的故障显示外，没有其他报警，检查伺服使能条件也都满足，仔细观察屏幕发现，伺服轴的进给倍率为 0，如图 5-73 所示，但按进给倍率增大按键，屏幕上的倍率数值并不变化，一直为 0。关机再开也无济于事。

故障处理：为了将这个类似死机的状态清除，强行启动系统，使系统进入初始化状态，但不进行初始化操作，直接退出初始化菜单。按进给倍率增大键，进给速率开始变大，直至将进给速率增加到 100%，这时各轴操作正常。

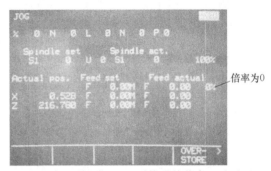
倍率为 0

图 5-73　西门子 810M 系统进给倍率显示画面

案例 7： 一台数控铣床系统通电后，屏幕没有显示。

数控系统：西门子 810M 系统。

故障现象：这台机床系统通电后，屏幕没有显示，系统没有启动。

故障分析与检查：首先对系统供电电源进行检查，24V 供电电源电压幅值正常且稳定，更换系统电源模块也没有解决问题，因此怀疑系统负载有问题，首先将所有系统外接电缆全部拔掉，这时通电启动系统，系统可以启动了。

将外接电缆逐个插回系统，发现 Z 轴编码器的反馈电缆一插上，系统就启动不了。在编码器一侧拔下反馈电缆，测量模块一侧插回电缆，这时通电系统也能启动起来，说明反馈电缆没有问题，是 Z 轴编码器出现了问题。检查 Z 轴编码器，发现 +5V 电源与外壳短路，系统通电检测到电流过大后，立即采取保护措施关机，防止损坏电源或者模块。

故障处理：更换新的编码器后，机床恢复正常工作。

案例 8： 一台数控加工中心系统屏幕没有显示。

数控系统：西门子 840D pl 系统。

故障现象：这台机床在加工过程中屏幕突然关闭，没有显示。

故障分析与检查：在出现故障时，按操作面板上的任何按键，屏幕都没有反应，排除了屏幕保护的问题。

这台机床的 MMC 单元使用的是 PCU20 控制单元和 OP010 显示操作单元，引起这个故障的原因可能是 PCU20 控制单元故障、OP010 显示操作单元故障、电源故障或者系统软件进入死循环。关机重开，系统屏幕没有任何反应，排除了软件死机的可能；接着检查 PCU20 控制单元的直流 +24V 电源的输入端子，没有 +24V 电压，进一步检查发现 OP010 操作面板的 +24V 电源端子松动，接触不良。

故障处理：对电源端子进行紧固处理后，系统屏幕显示恢复正常。

案例 9： 一台数控无心磨床系统死机。

数控系统：西门子 840D pl 系统。

故障现象：这台机床由于前一天停电，第二天早上一开机，NCU 自检正常，但 MMC103 系统引导失败，数码管显示停留在"3"就不变化了，屏幕提示未找到硬盘，多次重启无效。

故障分析与检查：根据以往经验，MMC103 受潮时也会出现上述现象，一般用 1500W 左右的吹风机在其启动时对着 CPU 散热风扇处烘吹 2～3min 后，可以成功引导，但这次经多次试验都不行。怀疑硬盘损坏，不得已将硬盘拆下，安装到办公室一台台式机上运行，发现系统有时能引导成功，有时又不能，确认硬盘受损。

故障处理：找到一块联想笔记本电脑使用的 4.7GB 小硬盘，用原来在另一台同样配置的机床上备份的 GHOST 文件还原之后，再安装到 MMC103 系统上，上电试机，系统可以成功引导，运行各轴并找参考点皆正常，整机恢复正常运行。

5.5.2 温度过高引起的数控系统自动掉电关机故障的维修案例

数控系统具有自我保护功能，系统工作时实时检测系统工作温度，当温度超限时，有时不报警，而是自动关机，下面是一些实际维修案例。

案例 1：一台数控铣床系统经常自动关机。

数控系统：西门子 3TT 系统。

故障现象：这台机床在工作时经常自动关机，过一会儿再开系统还可以工作一段时间。

故障分析与检查：观察故障现象，出故障时恰好为夏季天气很热，在上午刚开始工作时，系统可以工作很长时间才出现自动关机的故障，而下午时就比较频繁。通过这种种迹象分析，可以确认是系统超温造成系统自动关机的。

为此，首先对系统的冷却风扇进行检查，发现还可以工作，但系统的温度确实偏高。其次进一步检查发现冷却风扇风量太小，冷却能力不够，说明冷却风扇损坏。

故障处理：更换新的冷却风扇后，系统恢复了稳定工作。

案例 2：一台数控淬火机床系统经常自动关机。

数控系统：西门子 810M 系统。

故障现象：这台机床在工作时经常自动关机，过一会儿再开系统还可以工作一段时间。

故障分析与检查：接到故障报告后，向操作人员了解情况，据操作人员反映，系统在上午工作时一般不出现这个故障，在下午时偶尔出现故障，在晚上时故障较频繁。联想到出故障时恰好是夏季三伏天，怀疑系统超温。

出现故障时检查系统发现温度确实很高，开机检查系统的风扇通风情况，发现风量有些小，将风扇拆下进行检查，发现风扇的扇叶上粘满油污，使风扇阻力变大、转速降低、风量变小。

故障处理：对风扇扇叶进行清洁处理，并对风扇轴承进行润滑，重新安装到系统上，这时开机运行，系统温度适中，机床恢复稳定工作。

案例 3：一台数控淬火机床数控系统经常自动断电关机。

数控系统：西门子 810T 系统。

故障现象：这台机床的数控系统在正常工作时经常自动关机，重新启动后还可以工作。

故障分析与检查：因为系统自动断电关机，屏幕上无法显示故障，检查硬件部分也没有报警灯指示。故根据经验首先怀疑数控系统的 24V 供电电源有问题，对供电电源进行实时监测，发现电压稳定在 24V 左右，变化不大，没有问题。接着对系统的硬件结构进行检查，这时发现系统的风扇冷却风入口的过滤网太脏，这是操作人员为防止灰尘进入系统而采取的过滤措施，但由于长期没有更换，通风效果变差，造成系统温度升高，系统采取保护措施，自动关机。

故障处理：更换新的风扇过滤网后，系统工作恢复稳定，机床故障排除。

案例 4：一台数控外圆磨床经常自动关机。

数控系统：西门子 805 系统。

故障现象：这台机床在工作时经常自动关机，重新启动还可以工作一段时间。

故障分析与检查：根据西门子数控系统的工作原理分析，通常自动关机主要有两个原因，一是系统温度过高，二是系统供电电源出现问题。

对机床各个控制部分进行目视检查，当检查电器柜内数控装置时，发现系统冷却的排风口被电缆槽盖板遮盖，怀疑因为排风口被堵塞，造成系统通风不畅，又赶上是夏季，使系统温度升高，系统通过温度检测，发现温度过高后，为防止损坏系统硬件，采取保护措施，自动关机。

故障处理：将电缆槽盖板移开，盖到电缆槽上，保持系统通风畅通，系统恢复了稳定工作。

案例 5：一台数控车床经常出现黑屏故障。

数控系统：发那科 0iTC 系统。

故障现象：这台机床一段时间经常出现问题，上午工作还比较正常，中午和下午经常出现黑屏故障。

故障分析与检查：观察故障现象，无论是机床工作时还是机床在待机时都会出现黑屏的故障。关机一段时间后，还能启动系统工作一段时间。

分析故障现象，通常上午刚开机时，故障基本不发生，说明硬件损坏的可能性不大。观察机床所处的环境，机床放置在阳面窗户附近，季节又是刚入夏，故障频繁出现在室温较高的中午和下午。故判断故障原因可能是机床电气柜温度较高，散热不良所致。打开电气控制柜检查，发现温度确实很高，而且电源模块上灰尘堆积较厚，散热风扇明显转速不够。

故障处理：清除电源模块上的灰尘及冷却风扇上的油泥，改善电气柜通风条件，这时开机测试，再也不出现黑屏的故障。

5.5.3 系统供电问题引起数控系统自动掉电关机故障的维修案例

数控系统供电电源电压过低可能引起系统工作失常，为避免系统出现混乱，系统进行自诊断，实时检测系统的供电电压，一旦电压下降到阈值，系统采取保护措施立即自动关机，避免故障扩大。下面是一些这类故障的实际维修案例。

案例 1：一台数控车床工作中突然出现故障，系统断电关机。

数控系统：发那科 0TC 系统。

故障现象：这台机床在工作中，系统突然断电关机。重新启动机床，系统启动不了。

故障分析与检查：对系统电气柜进行检查，发现 24V 电源自动开关断开，对负载回路进行检查发现对地短路，短路故障是比较难于发现故障点的，如果逐段检查非常烦琐。所以首先对图纸进行分析，然后向操作人员询问，故障是在什么情况下发生的，据操作人反映是在踩完脚踏开关之后机床就出现故障了，根据这一线索，首先检查脚踏开关，发现确实是脚踏开关对地短路。

故障处理：更换脚踏开关后，机床恢复了正常工作。

案例 2：一台数控车床通电启动系统后，屏幕没有显示。

数控系统：发那科 0TC 系统。

故障现象：这台机床在通电启动后，系统屏幕没有显示。

故障分析与检查：对系统进行检查，发现在系统启动按钮按下后，系统电源上的红色报警灯亮，指示电源故障。

检查机床的交流电源及系统的电源模块都没有发现问题。将系统的 PMC 接口模块上的输入输出电缆全部拔掉，这时启动系统，正常显示。逐个插回电缆，当插上 M1 时，系统就启动不了，而其他电缆插回系统可以启动没有问题。说明是 M1 电缆连接的接口信号出现短路问题。

检查 M1 电缆连接的信号，发现一个铁屑将机床与刀塔锁紧开关的电源端子连接了，造成直流 24V 电源对地短路。

故障处理：将铁屑清除掉，并采取防护措施，这时机床通电启动系统，系统恢复正常显示，机床正常工作。

案例 3：一台数控机床通电开机后，自动关机。

数控系统：发那科 0TC 系统。

故障现象：这台机床系统启动准备好后，按机床准备按钮时，系统自动关机，出现黑屏故障

故障分析与检查：对电器柜进行检查，发现 AC 110V 电源的自动开关跳闸，但检查负载没有发现电源短路和对地短路现象。

将这个开关复位，然后机床通电，系统启动正常，这时检查电器柜，AC 110V 电源的自动开关没有断开，但只要按下机床准备按钮，这个自动开关又自动跳闸。因此怀疑机床准备时，要对机床一些机构进行控

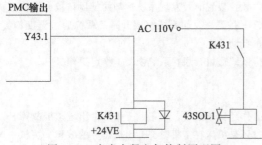

图 5-74　卡盘卡紧电气控制原理图

制，当执行某一个动作，负载通电时，由于这个负载出现短路，机床保护电路动作，使自动开关断开，所以故障原因应该是负载短路问题。

为此，对 AC 110V 电源负载进行逐个检查，发现卡盘卡紧电磁阀 43SOL1 线圈短路。如图 5-74 所示，当机床准备时，PMC 输出 Y43.1 有输出，继电器 K431 得电，K431 触点闭合，AC 110V 电源为电磁阀 43SOL1 供电，因为线圈短路电流过大，所以 AC 110V 电源的自动开关跳闸。

故障处理：更换电磁阀线圈后机床恢复正常工作。

案例 4：一台立式铣床经常死机。

数控系统：西门子 3M 系统。

故障现象：这台机床在使用过程经常无规律地出现死机、系统无法正常启动等故障。机床出现故障后，断电进行重新启动，有时可以正常启动，有时启动不了，需要等待一段时间才能启动，但系统只要正常启动，就可以进行正常工作。

故障分析与检查：根据故障现象，只要系统正常启动后，机床就可以恢复正常工作，而且故障无规律出现，有时工作几天才出现一次故障，有时只能工作数小时或几十分钟，故障发生的随机性比较大，无任何规律可循，说明系统构成模块应该没有什么问题。故障原因可能为系统温度问题、干扰问题或者电源问题。

对系统的冷却风扇进行检查，风扇工作正常，而且有时出故障后，断电重启系统还可以正常工作数天，说明系统没有超温。

为了排除干扰问题，对数控系统、机床、车间的接地系统进行了认真检查，发现并纠正了部分接地不良点；对系统的电缆屏蔽连接、走线、安装进行了整理归类；对系统模块的安装、连接进行了检查和固定。做了这些工作后，故障频次有所减少，但故障仍旧发生，说明根本问题还没有解决。

其后对系统的供电电源进行检查，机床三相电源稳定正常；根据机床的电气图纸进行分析，为数控系统供电的 24V 直流电源使用的是普通的二极管桥式整流，这样电源工作不稳定，受电网和负载变化的影响较大，难以保障系统电源稳定的要求。

故障处理：采用标准的稳压电源取代了原机床的普通直流电源后，机床正常工作，再也没有发生类似故障。

案例 5：一台数控车床在自动加工过程中有时出现系统自动关机故障。

数控系统：西门子 810T 系统。

故障现象：这是一台从德国进口的双工位数控车床，每个工位都采用一台西门子 810T 系统进行控制。这台机床右手工位的数控系统在机床加工过程中经常自动断电关机，每次关机时，工件的加工位置不尽相同，而系统重新启动后还可以正常工作，不进行切削加工时不出现这个故障。

故障分析与检查：根据故障现象首先怀疑系统的硬件有问题，将两套系统的控制模块对换后，还是右面的系统出现问题。

根据数控系统的工作原理，如果供电系统的 24V 直流电源电压过低，系统检测到后会自动关机。因此，对系统的供电电压进行检查，这台机床的两套数控系统公用一套直流电源，监测其电压有些偏低，24V 偏下，而在数控系统上的电源模块连接端子测量供电电压，左面的系统电压在 23V 左右，右面的系统只有 22V 左右。

根据电气原理进行分析，由于稳压电源在电气柜中，而数控系统在机床前面的操作位置，供电线路较长，产生了线路压降，而右面的供电线路更长，所以压降更大，实时检查右面系统的供电电压，发现在加工的过程中，由于机床的负载加大，特别在主轴旋转、刀具切削时，电压还要向下波动，当系统自动断电后，电压又恢复到 22V 以上。

为此我们认为是系统的供电电源电压偏低，而且供电线路过长，一部分能量被线路在途中消耗，直流电源到达系统时电压被打折扣，在切削加工时又使机床能量总需求加大，使供给电压再次下降，最终使系统直流电源电压下降到阈值，这时系统检测到电源电压过低，为防止意外，关闭系统。

故障处理：为了使用简单的方法解决这个棘手的问题，考虑到是系统电源供电线路过长、线路压降造成供电电压过低的，为此，另增加电源线与原电源线并联使用，加大了系统直流供电线路的线径，以减少线路压降，使右面系统的供电电压也达到 23V 以上，之后这台机床再也没有出现类似故障。

负载短路可以造成系统电源损坏，为避免故障扩大，当检测电路检测到负载电流过大时，系统立即关机。这类故障检修起来比较烦琐，要分步进行，以缩小范围、最终确诊故障。下面列举一些实际维修案例。

案例 6： 一台淬火机床开机后自动断电关机。

数控系统：西门子 810T 系统。

故障现象：这台机床在系统通电按下 NC 启动按钮时，系统开始自检，但当显示器刚出现基本画面时，数控系统马上掉电自动关机。再按 NC 启动按钮，出现同样故障现象。

故障分析与检查：这个故障可能是 810T 系统 24V 供电电源的问题或 NC 系统的问题造成的。

① 为确定是否为 NC 系统的问题，做如下试验，因为 24V 直流电源除供给 NC 系统外，还为 PLC 的输入、输出和其他部分供电，为此切断 PLC 输入、输出所用的电源，这时启动 NC 系统，可正常上电，不出现上述问题，证明 NC 系统无故障；

② 另一重要原因为电源问题，当 24V 直流电源电压幅值下降到一定数值时，NC 系统采取保护措施，自动切断系统电源。根据故障现象判断，可能由于负载漏电，使直流电源幅值下降。为此，在不通电时测量负载电路，没有发现短路或漏电现象。

然后根据电气图纸，逐段抬开负载的 24V 电源线，以确定故障点。当抬开 X、Z 轴四个限位开关公用的电源线时，系统启动后恢复正常。但检查这四个开关并没有发现对地短路或漏电现象。

为进一步确认故障，将四个开关的电源线逐个接到电源上，当最后一根 X 轴的正极限开关 S60 的电源线接上时，NC 系统就启动不了。因为这几个开关直接连接到 PLC 的输入口上，所以首先怀疑可能是 PLC 的输入接口出现问题，用机外编程器将 PLC 程序中的有关 S60 的输入，即 PLC 的输入点 I6.0 全部改为备用输入点 I7.0，并将 S60 接到 PLC 的输入 I7.0 上。重新开机试验，但系统还是启动不了，这样 PLC 输入点的问题被排除了。

重新试验表明，当 X 轴的两个限位开关只要全接上电源，系统就启动不了，而接上任意一个，系统都可以启动。据此分析认为可能与 X 轴伺服系统有关，因为两个限位开关都接上电源，并没被压上，这时伺服系统就应准备工作，但检查图纸伺服系统与 24V 电源没有关系。

进一步分析发现，因为 X、Z 轴都是垂直轴，为防止断电后 X、Z 轴滑台靠自重下滑，都采用了带有抱闸的伺服电动机，而电磁抱闸是由 24V 电源供电的，如图 5-75 所示，当 X 轴伺服条件满足后，包括两个限位开关没被压上，PLC 输出 Q3.4 的状态变为"1"，输出高电平 24V，这时 KA34 的触点闭合，抱闸线圈接通 24V，抱闸释放。由

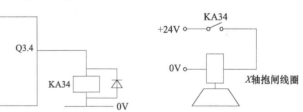

图 5-75 X 轴伺服电动机抱闸控制原理图

此怀疑是抱闸线圈有问题导致这个故障，测量抱闸线圈，果然与地短路。由于 NC 系统保护灵敏，伺服系统准备好后，抱闸通电，24V 接地，NC 系统马上断电，KA34 继电器触点及时断开，没有自动开关及保险动作。

故障处理：因伺服电动机与抱闸一体，更换新的 X 轴伺服电动机后，机床故障消除。

案例 7： 一台数控车床开机后屏幕没有显示。

数控系统：西门子 810T 系统。

故障现象：这台机床在正常加工中突然掉电，按系统启动按钮，系统启动不了，面板上的指示灯一个也不亮。

故障分析与检查：在系统启动时观察系统的 CPU 模块，其上的发光二极管在启动按钮按下时，闪一下就熄灭了。测量系统电源的 5V 直流电源，在启动按钮按下瞬间，电压上升，然后立即下降至 0。因此怀疑系统电源模块有问题，但换上备用电源模块，故障依旧，说明电源模块没有问题，可能是其他模块使 5V 电源短路，电源模块通电检测到短路后，为避免损坏电源模块，立即关闭电源。为此拔下图形控制模块和接口模块，都没有解决问题，但拔下测量模块时，通电后系统正常上电，说明问题出在测量模块上。

为进一步确定故障，把测量模块的电缆插头拆下，之后重新将测量模块插回，再通电测试，系统正常上

电，说明测量模块没问题。将电缆插头逐个插到测量模块上，当将 X121 插头插到测量模块上时，通电开机系统又启动不起来了。问题肯定出在 X121 的连线上，根据系统接线图 X121 连接主轴脉冲编码器，对主轴编码器进行检查，发现其连接电缆破皮损坏，使电源线对地短路引起故障。

故障处理：对主轴编码器电缆进行处理，并采取防护措施后，系统再通电启动，正常工作没有问题。

案例 8：一台数控铣床系统通电后，屏幕没有显示。

数控系统：西门子 810M 系统。

故障现象：这台机床系统通电后，屏幕没有显示，系统没有启动。

故障分析与检查：对系统电源进行检查，24V 供电电源电压幅值正常且稳定，更换系统电源模块也没有解决问题。因此怀疑系统负载有过大现象，将所有系统外接电缆全部拔掉，这时通电启动系统，系统可以启动了。

将外接电缆逐个插回系统，发现 Z 轴编码器的反馈电缆一插上，系统就启动不了。在编码器一侧拔下反馈电缆，测量模块一侧插回电缆，这时通电系统也能启动起来，说明反馈电缆没有问题，是 Z 轴编码器出现了问题。检查 Z 轴编码器，发现 +5V 电源与外壳短路，系统通电检测到电流过大后，立即保护关机，防止损坏电源或者模块。

故障处理：更换新的编码器后，机床恢复正常工作。

案例 9：一台数控加工中心在加工过程中，机床突然断电，供电恢复再次开机时，系统启动不了。

数控系统：西门子 810M 系统。

故障现象：这台机床在加工过程中，电源供电系统突然断电，供电恢复后，系统屏幕没有显示。

故障分析与检查：检查系统电源 24V 供电电压正常，系统启动电路也没有问题。观察系统在启动时，系统没有任何反应，因此怀疑系统电源模块损坏。

检查电源模块没有 5V 电压，但系统的冷却风机还在正常旋转。将电源模块拆下进行检查，发现熔断器 F1 熔断，检查 UE 与 0V 之间无短路现象，可能是由于突然断电，造成熔断器熔断。

故障处理：更换 F1 熔断器后，系统恢复正常工作，故障排除。

案例 10：一台数控加球道磨床系统屏幕没有显示。

数控系统：西门子 840D pl 系统。

故障现象：这台机床在加工过程中屏幕突然关闭，没有显示。

故障分析与检查：在出现故障时，按操作面板上的任何按键屏幕都没有反应，排除了屏幕保护的问题。

这台机床的 MMC 单元使用的是 PCU50.1 控制单元和 OP010 显示操作单元，引起这个故障的原因可能是 PCU50.1 控制单元故障、OP010 显示操作单元故障、电源故障或者系统软件进入死循环。关机重开，系统屏幕没有任何反应，排除了软件死机的可能；接着检查 PCU50.1 控制单元的直流 +24V 电源的输入端子，没有 +24V 电压，进一步检查发现操作面板的 +24V 电源端子松动，接触不良。

故障处理：对电源端子进行处理后，系统屏幕显示恢复正常。

第6章 可编程控制器与机床侧故障

6.1 可编程控制器 (PLC) 介绍

6.1.1 可编程控制器 (PLC) 的概念

PLC 是英文 Programmable Logic Controller（可编程控制器）的缩写，是由早期的继电器逻辑控制线路和装置（RLC，Realy Logic Controller）加上近代的微处理器技术综合而成的一种崭新的数字控制系统。

1987 年 2 月，国际电工委员会 (IEC) 在颁布的可编程控制器标准草案中，对 PLC 作了如下定义：

"可编程控制器是一种数字运算电子系统，专为在工业环境下运用而设计。它采用可编程序的存储器，用于存储执行逻辑运算、顺序控制、定时、计数和算术运算等特定功能的用户指令，并通过数字式或模拟式的输入和输出，控制各种类型的机械或生产过程。可编程控制器及其辅助设备都应按易于构成一个工业控制系统，且它们所具有的全部功能易于应用的原则设计"。

发那科数控系统使用的可编程逻辑控制器称之为 PMC（Programmable Machine Controller），中文含义就是可编程机床控制器，定义得更确切，因为其确实是专门为数控机床设计的。发那科公司其实也没有通用的可编程控制器，只有集成在数控系统上的 PMC。

6.1.2 可编程控制器 (PLC) 的功能

在数控机床出现之前，顺序控制技术在工业生产中已经得到广泛应用。许多工业设备的工作过程都是按照一定的顺序进行的。

顺序控制装置主要有两种，一种是传统的"继电器逻辑控制"，简称 RLC。后来出现了可编程控制器 (PLC)。

在 PLC 出现之前所有的顺序控制都是采用 RLC 控制，RLC 是将继电器、接触器、按钮和开关等机电式控制器件组合而成的控制电路。在实际应用中，RLC 存在一些难以克服的缺点，如：只能解决开关量的简单逻辑运算以及定时器、计数器等有限的几种功能控制，难以实现复杂的逻辑运算、算术运算、数据处理以及数控机床所需要的许多特殊控制功能，而且修改控制逻辑时需要增减控制元器件和重新布线，安装调试烦琐、周期长、工作量大；继电器、接触器等器件体积大，但触点却有限。当控制过程对象较多或者较复杂时，需要大量的器件，因而整个 RLC 控制系统体积庞大、功耗高。另外 RLC 的致命缺点是可靠性差，因为采用继电器或者接触器的触点进行逻辑控制，如果有一个触点接触不好，系统就会出现故障，并且故障诊断起来也比较烦琐。

PLC 出现之后 RLC 已基本不用了，特别是大型复杂的顺序控制都是使用 PLC。数控机床也是如此，自从出现 PLC 后，数控系统就不再使用 RLC 了。

与 RLC 比较，PLC 是一种工作原理完全不同的顺序控制装置。PLC 具有如下基本功能：

① PLC 是一种计算机控制装置，但为适应顺序控制的需要，弱化了计算机的一些计算功能，而强化了逻辑运算控制功能，是一种功能介于 RLC 与纯计算机控制之间的自动控制装置。

PLC 具有与计算机类似的一些功能器件和单元，包括 CPU、存储器、与外部设备进行数据通信的接口以及系统电源等。为与现场信号进行交换，PLC 还具有输入、输出信号接口。

② 具有面向用户的指令系统，用户控制逻辑用软件来实现，提高了系统运行的可靠性，适用于控制对象动作复杂、控制逻辑需要灵活变更的场合。用户程序多采用图形符号和逻辑顺序关系与继电器电路十分类似的"梯形图"编辑，利于现场技术人员的掌握，也便于故障检修诊断。

③ 具有输入输出口状态显示功能，通过输入输出状态指示灯可以检查输入输出的状态。

④ 具有通信功能，可以与编程器或者通用计算机通信，除了编辑用户程序外，还可以通过编程器在线跟踪用户程序运行，便于故障诊断。

⑤ 可以实现基本逻辑控制，PLC为用户设置了"与"（And）、"或"（Or）、"非"（Not）等逻辑指令，用软件实现触点之间的串联、并联、串并联等各种连接，完全取代了继电器的触点连锁控制。

⑥ 具有定时器和计数器功能，PLC为用户提供了若干个软件定时器和计数器，设置了多种定时和计数指令，编程方便，其中定时器的定时数值和计数器的计数数值可以由用户在编程时设定，也可以用拨码开关设定。计时值和计数值可以在运行中被读出，也可以在运行中被修改，使用灵活方便。

⑦ 具有步进控制、A/D和D/A转换、数据处理、通信网络等RLC不可能具有的功能。

⑧ 监控功能，PLC配置了较强的监控功能。通过监控功能记忆一些异常情况，或者在发生异常情况时自动中止运行。在控制系统中，操作人员通过监控命令可以监控有关部分的运行状态，可以调整定时、计数等设定值，为调试和维护提供了方便。

⑨ 可以连接各种智能模块，如温度控制模块、位置控制模块、高速模拟量转换模块、高速计数模块等，使PLC能够完成更加复杂的控制功能。

6.1.3 机床用可编程控制器（PLC/PMC）与数控机床的关系

现在数控系统的PLC通常采用集成式，就是没有单独的PLC的CPU模块，而是使用NC系统的CPU，采用分时控制，输入输出使用单独的模块。例如发那科0C、0D、0i系统都是采用集成式PLC（PMC）。而早期的数控系统通常采用单独的PLC，与NC通过各种方式通信进行信息交流。下面介绍数控系统常采用的PLC方式。

数控机床用PLC可分为两类。一类为独立式PLC，是标准通用型的，其输入/输出信号接口技术规范、输入/输出点数、程序存储容量以及运算和控制功能等均能满足数控机床的要求，与数控装置有用输入输出点直接连接和用通信模块连接的两种连接方式。另一类是集成式PLC，是专为实现数控机床顺序控制而设计的，与数控装置融为一体的新式PLC。

(1) 独立式PLC

独立式PLC采用的是通用PLC，是一套独立的PLC系统，与数控装置相互独立，具有独立的软件和硬件功能，能够独立完成规定的控制任务。

PLC与数控装置通常有两种连接方式。一种连接方式是直接用数控装置的输入输出连接PLC的输入输出，早期的数控装置很多都采用这种方式，如海德汉TNC155采用的就是这种方式，PLC采用西门子公司通用型S5115U可编程控制器；美国TEACHABLEⅢ数控装置连接的是GE-FANUC公司的90-30系列PLC，其连接框图见图6-1。

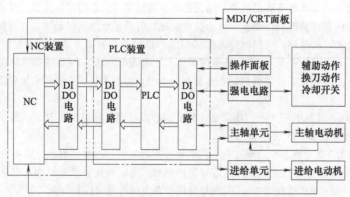

图6-1 采用独立式PLC的NC机床系统框图

另一种连接方式是通过专用的通信接口进行连接的，例如西门子3系统采用通用型西门子可编程控制器S5 135W/B，使用耦合模块实现PLC与数控装置的通信，其连接框图见图6-2。

独立式PLC具有如下特点：

① 独立式PLC具有如下的功能机构：

· CPU及其控制电路；

・用户程序存储器；

・输入、输出接口电路；

・与编程器等外部设备通信的接口；

・电源等。

② 独立式 PLC 一般采用模块化结构，各功能板为独立的模块或印制电路插板，具有安装方便、功能易于扩展和维护等优点。

③ 独立式 PLC 的输入、输出点数扩展容易，通过增加 I/O 模块或插板就可以增加点数。

(2) 集成式 PLC

集成式 PLC 从属于 NC 装置，PLC 与 NC 之间的信号是在数控装置内部进行交换的。PLC 与机床侧 (MT) 的连接是通过 PLC 的输入、输出接口实现的，其连接框图见图 6-3。

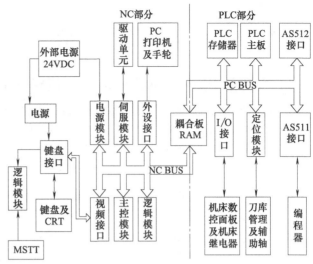

图 6-2　西门子 3 系统外接 PLC 硬件结构框图

集成式 PLC 有如下特点：

① 集成式 PLC 实际上是数控装置的一种功能，一般作为一种基本的或可选择的功能提供给用户。

② 集成式 PLC 的性能指标（如：输入输出点数、程序最大步数、每步执行时间、程序扫描时间、程序扫描周期、功能指令数量等）是根据所从属的数控装置的规格、性能、适用机床的类型等确定的。其硬件和软件部分是作为数控系统的基本功能或附加功能与数控系统其他功能一起统一设计、制造的。因此，系统硬件和软件整体结构十分紧凑，且 PLC 所具有的功能针对性强，技术指标亦较合理、实用，尤其适用于单机数控设备的应用场合。

③ 在系统的具体结构上（图 6-4），集成式 PLC 一般与 NC 共用 CPU，但也可以单独使用一个 CPU；硬件控制电路可与 NC 其他电路制作在一块印制板上，也可以单独制成一块附加板，当数控装置需要附加 PLC 功能时，再将此附加板插接到数控装置上。集成式 PLC 一般配置单独的输入输出接口电路，PLC 控制电路及部分输入、输出电路（一般为输入电路）所用电源由数控装置提供，不需另加电源。

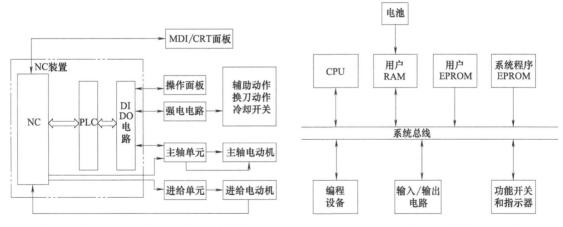

图 6-3　集成式 PLC 与 NC 系统组成框图　　　　图 6-4　通用型 PLC 的硬件基本结构

④ 采用集成式 PLC 的数控装置可以具备某些高级的控制功能，如：梯形图编辑和传送功能，在 NC 内部直接处理 PLC 窗口的大量信息等。

自 20 世纪 70 年代末以来，世界上著名的数控系统厂家在其生产的 NC 产品中，大多开发了集成式 PLC，使系统更加紧凑、简洁。

6.2 西门子 810T/M 系统 PLC 的接口信号

6.2.1 西门子 810T/M 系统 PLC 接口信号综述

西门子 810T/M 系统采用集成式可编程控制器（PLC），即没有独立的 PLC，NC 与 PLC 共用一个 CPU。编程语言采用西门子 SIMATIC S5 系列可编程控制器的语言 STEP5。PLC 与 NC 间的信号传递见图 6-5。在图中，VDI 信号是 NC 将其信号状态通过接口输入给 PLC 的，再由 PLC 程序进行处理，其中包括程序运行、NC 报警以及辅助状态信号等；VDI 还有 PLC 传递给 NC 的信号。

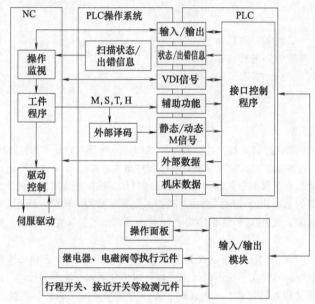

图 6-5 西门子 810T/M 系统 NC 与 PLC 间的信号传递

图 6-6～图 6-8 介绍了西门子 810T/M 系统各种信号的地址分配及信号的作用。

(1) 输入信号

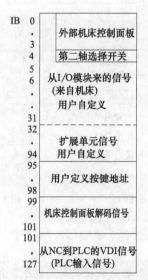

图 6-6 西门子 810T/M 系统 PLC 输入分配示意图

(2) 输出信号

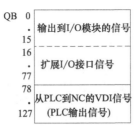

图 6-7 西门子 810T/M 系统 PLC 输出分配示意图

(3) 标志位

图 6-8 西门子 810T/M 系统 PLC 标志位分配示意图

6.2.2 西门子 810T/M 系统 PLC 输入信号

西门子 810T/M 系统 PLC 有些输入信号系统已经定义好,有特殊功能,不允许用户自行定义。这些信号一些是 NC 传送给 PLC 的信号,另一些是内部或者外部操作面板的输入信号,了解这些信号对数控机床的检修是十分必要的。除了这些信号外,其他输入信号用户可以自行定义和使用。表 6-1 是内部面板和外接面板使用输入信号的表。表 6-2 为 PLC 从 NC 得到的输入信号表,这些信号用户只能使用,不能自行定义。

表 6-1 西门子 810T/M 系统内部面板和外接面板使用输入信号表

序号	输入地址	符号	信号含义
1	I0.0～I0.3		工作方式选择开关信号(如果外接控制面板,则用户定义)
2	I0.4～I0.7		主轴倍率开关信号(如果外接控制面板,则用户定义)
3	I1.0～I1.4		进给轴选择开关 1 信号(如果外接控制面板,则用户定义)
4	I1.5		快进倍率信号 1(如果外接控制面板,则用户定义)
5	I1.6～I1.7		方向按键信号 1(如果外接控制面板,则用户定义)
6	I2.0	* NC Stop	NC 停止信号(如果外接控制面板,则用户定义)
7	I2.1	NC Start	NC 启动信号(如果外接控制面板,则用户定义)
8	I2.2		进给轴停止信号(如果外接控制面板,则用户定义)
9	I2.3		进给轴启动信号(如果外接控制面板,则用户定义)
10	I2.4		主轴停止信号(如果外接控制面板,则用户定义)
11	I2.5		主轴启动信号(如果外接控制面板,则用户定义)
12	I3.0～I3.4		进给轴倍率开关信号(如果外接控制面板,则用户定义)
13	I3.5	Single Block	单块设定信号(如果外接控制面板,则用户定义)
14	I3.6		钥匙操作开关信号(如果外接控制面板,则用户定义)
15	I3.7	Reset	复位按键(如果外接控制面板,则用户定义)

序号	输入地址	符号	信 号 含 义
16	I4.0～I4.4		进给轴选择开关 2 信号（如果外接控制面板，则用户定义）
17	I4.5		快进倍率信号 2（如果外接控制面板，则用户定义）
18	I4.6～I4.7		方向按键信号 2（如果外接控制面板，则用户定义）
19	I5.0～I63.7		用户自行定义
20	I95.0～I95.3		操作方式选择开关信号（内部集成面板信号）
21	I95.4～I95.7		主轴倍率开关信号（内部集成面板信号）
22	I96.5		快进倍率选择信号（内部集成面板信号）
23	I97.0	＊NC Stop	NC 停止信号（内部集成面板信号）
24	I97.1	NC Start	NC 启动信号（内部集成面板信号）
25	I97.2		进给轴停止信号（内部集成面板信号）
26	I97.3		进给轴启动信号（内部集成面板信号）
27	I97.4		主轴停止信号（内部集成面板信号）
28	I97.5		主轴启动信号（内部集成面板信号）
29	I98.0～I98.4		进给倍率开关信号（内部集成面板信号）
30	I98.5	Single Block	单块设定信号（内部集成面板信号）
31	I99.0	4. －	第四轴负向按键
32	I99.1	4. ＋	第四轴正向按键
33	I99.2	Z－	Z 轴负向按键
34	I99.3	Z＋	Z 轴正向按键
35	I99.4	Y－	Y 轴负向按键
36	I99.5	Y＋	Y 轴正向按键
37	I99.6	X－	X 轴负向按键
38	I99.7	X＋	X 轴正向按键
39	I100.4		手轮 1 选择第四轴
40	I100.5		手轮 1 选择 Z 轴
41	I100.6		手轮 1 选择 Y 轴
42	I100.7		手轮 1 选择 X 轴
43	I101.4		手轮 2 选择第四轴
44	I101.5		手轮 2 选择 Z 轴
45	I101.6		手轮 2 选择 Y 轴
46	I101.7		手轮 2 选择 X 轴
47	I101.0		手轮 3 选择第四轴
48	I101.1		手轮 3 选择 Z 轴
49	I101.2		手轮 3 选择 Y 轴
50	I101.3		手轮 3 选择 X 轴

注：1. 带有 ＊ 的信号为低电平有效。

2. 如果使用外接控制面板，IB5～IB94 输入信号可以由用户自行定义；如果不连接外部面板，那么 IB0～IB94 都由用户使用。

表 6-2　西门子 810T/M 系统 PLC 从 NC 接收输入信号表

序号	输入地址	符号	信 号 含 义
1	I102.0	Programing	程序运行信号
2	I102.1	Prog. Interrupted	程序中断信号
3	I102.3	G96	G96 信号
4	I102.4	G00	G00 信号
5	I102.5	G33/G63	G33/G63 信号
6	I103.6	M02/M30	M02/M30 信号
7	I103.7	M00/M01	M00/M01 信号
8	I114.0		主轴超速信号
9	I114.1		M19 激活信号
10	I114.2		主轴同步信号
11	I114.3		主轴停止信号
12	I114.4		主轴位置达到信号
13	I114.5		主轴转速在范围之内信号
14	I114.6		主轴转速编程过高
15	I114.7		实际主轴旋转顺时针信号
16	I115.0～I115.3		设定主轴调速级别信号
17	I115.7		主轴调速级别变换信号

第 **6** 章 可编程控制器与机床侧故障

续表

序号	输入地址	符号	信号含义
18	I118.0、I120.0 I122.0、I124.0		第一到第四进给轴定位在粗定位范围
19	I118.1、I120.1 I122.1、I124.1		第一到第四进给轴定位在精定位范围
20	I118.2、I120.2 I122.2、I124.2		第一到第四进给轴负方向命令信号
21	I118.3、I120.3 I122.3、I124.3		第一到第四进给轴正方向命令信号
22	I118.4、I120.4 I122.4、I124.4		第一到第四进给轴参考点达到信号
23	I118.6、I120.6 I122.6、I124.6		第一到第四进给轴在位置环控制信号

6.2.3 西门子 810T/M 系统 PLC 输出信号

西门子 810T/M 系统 PLC 输出信号 QB0~QB77 的信号由用户自行定义。QB78~QB127 为 PLC 输出给 NC 的 VDI 信号，这些信号系统都已定义好，用户只能使用，不能变为他用，具体定义见表 6-3。

表 6-3 西门子 810T/M 系统 PLC 输出到 NC 信号表

序号	输入地址	符号	信号含义	
1	Q78.1	* Emergency Stop	急停信号	
2	Q78.3	Cycle Disable	循环禁止信号	
3	Q78.4	Data in Start 1	数据输入开始 1 信号	准备信号
4	Q78.5	Data in Start 2	数据输入开始 2 信号	
5	Q78.6		钥匙操作开关信号	
6	Q82.0~Q82.3		操作方式设定信号	
7	Q82.6	Reset	复位信号	通道 1、通道 2 操作方式
8	Q82.7		DRF 信号生效	
9	Q83.3		M01 生效	
10	Q83.4		空循环进给	
11	Q83.5		单程序段解码	通道 1 程序 控制信号
12	Q83.6		单段	
13	Q83.7		程序段跳过	
14	Q84.0~Q84.4		进给轴倍率选定信号	
15	Q84.5		进给轴倍率有效信号	
16	Q84.7		进给轴总使能	进给控制信号
17	Q85.0~Q85.4		快速进给速率选定信号	
18	Q85.5		进给轴快速进给倍率有效信号	
19	Q87.0	NC Start	NC 启动信号	
20	Q87.1	NC Stop	NC 停止信号	
21	Q87.2		取消子程序号	通道 1 程序控制
22	Q87.3		取消剩余路程信号	
23	Q87.5	Read-in Enable	读入使能信号	
24	Q92.3		M01 生效	
25	Q92.4		空循环进给	
26	Q92.5		单程序段解码	通道 2 程序 控制信号
27	Q92.6		单段	
28	Q92.7		程序段跳过	
29	Q96.0	NC Start	NC 启动信号	
30	Q96.1	NC Stop	NC 停止信号	
31	Q96.2		取消子程序号	通道 2 程序控制
32	Q96.3		取消剩余路程信号	
33	Q96.5	Read-in Enable	读入使能信号	

续表

序号	输入地址	符号	信号含义	
34	Q100.0~Q100.3		主轴速度倍率设定信号	主轴控制信号
35	Q100.4		主轴速度倍率开关有效	
36	Q100.5		预设主轴速度为0	
37	Q100.6		主轴控制器使能	
38	Q100.7		主轴使能	
39	Q108.0、Q112.0 Q116.0、Q120.0		第一、第二、第三、第四进给轴第二软件负向限位有效	
40	Q108.1、Q112.1 Q116.1、Q120.1		第一、第二、第三、第四进给轴第二软件正向限位有效	
41	Q108.2、Q112.2 Q116.2、Q120.2	Controller Enable	第一、第二、第三、第四进给轴控制器使能信号	
42	Q108.3、Q112.3 Q116.3、Q120.3		第一、第二、第三、第四进给轴闲置信号	
43	Q108.4、Q112.4 Q116.4、Q120.4	* Deceleration	第一、第二、第三、第四进给轴减速(回参考点减速)信号	
44	Q108.5、Q112.5 Q116.5、Q120.5	Feed Enable	第一、第二、第三、第四进给轴使能信号	
45	Q108.6、Q112.6 Q116.6、Q120.6		第一、第二、第三、第四进给轴跟随信号	
46	Q108.7、Q112.7 Q116.7、Q120.7	Mirroring	第一、第二、第三、第四进给轴镜像信号	
47	Q109.0、Q113.0 Q117.0、Q121.0		第一、第二、第三、第四进给轴第一手轮生效信号	
48	Q109.1、Q113.1 Q117.1、Q121.1		第一、第二、第三、第四进给轴第二手轮生效信号	
49	Q109.2、Q113.2 Q117.2、Q121.2		第一、第二、第三、第四进给轴第三手轮生效信号	
50	Q109.3、Q113.3 Q117.3、Q121.3		第一、第二、第三、第四进给轴禁止信号	
51	Q109.5、Q113.5 Q117.5、Q121.5		第一、第二、第三、第四进给轴快进信号	
52	Q109.6、Q113.6 Q117.6、Q121.6		第一、第二、第三、第四进给轴手动负向运动信号	
53	Q109.7、Q113.7 Q117.7、Q121.7		第一、第二、第三、第四进给轴手动正向运动信号	

6.2.4 西门子810T/M系统PLC标志位特定信号

西门子810T/M系统PLC使用0~225个中间标志位字节,其中一些标志作为NC系统传递给PLC或者PLC传递给NC的特定信号,这些信号用户只能使用不能自行定义。这些信号对PLC故障的检修非常重要,表6-4列出了这些信号的地址和功能。

表6-4 西门子810T/M系统PLC标志位特定信号表

序号	输入地址	符号	信号含义
1	F0.0	Zero	总是0信号
2	F0.1	One	总是1信号
3	F0.7		1Hz的方波信号
4	F24.0	NC Alarm	NC报警信号
5	F24.1		电池报警信号
6	F24.2		超温故障信号
7	F24.3		NC准备信号2

续表

序号	输入地址	符号	信 号 含 义
8	F25.0		M 字 1 变换信号
9	F25.1		M 字 2 变换信号
10	F25.2		M 字 3 变换信号
11	F25.3		S 字变换信号
12	F25.4		T 字变换信号
13	F25.5		H 字变换信号
14	F26.0		M 字 1 不能解码
15	F26.1		M 字 2 不能解码
16	F26.2		M 字 3 不能解码
17	F27.0～F52.3		M00～M99 的动、静态解码信号
18	FB53～FB64		扩展 M 指令译码信号
19	FB65～FB70		扩展 S 指令译码信号
20	FB73～FB76		扩展 T 指令译码信号
21	FB79～FB82		扩展 H 指令译码信号
22	FB92～FB99		M 指令的动、静态信号
23	F100.0～F107.7		6000～6063 报警信号
24	F108.0～F115.7		7000～7063 操作信息信号
25	FB116～FB119		机床数据位 MD3000～MD3003 的对应位
26	FB100～FB135		存储机床数据 MD1000～MD1007
27	FB136～FB199		用户自行分配使用

6.3 西门子 840D/810D 系统 PLC 接口信号

6.3.1 西门子 840D/810D 系统 PLC 接口信号综述

西门子 840D/810D 系统采用集成式 PLC，PLC 集成在 NCU 模块内，采用 STEP7 编程语言及 S7 系列输入、输出模块。西门子 840D/810D 的 PLC 共有三类接口信号，分别如下：

① 与外围机床控制部件的接口信号，如连接行程开关、接近开关、控制按钮等输入信号以及控制继电器、电磁阀、指示灯等输出信号，这些信号通过 S7 系列输入、输出模块连接到系统中。

② 与机床控制面板（MCP）的接口信号，这些信号通过 MPI 总线连接到 NCU 模块上，输入/输出到 PLC。

③ 与 NCU 的联络信号，这些信号通过 DB 数据块进行通信。

这三类信号的通信连接参见图 6-9。

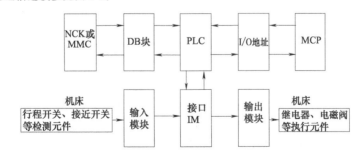

图 6-9 西门子 840D 系统 PLC 接口连接示意图

6.3.2 西门子 840D pl/810D 系统 PLC 输入/输出模块地址表

西门子 840D pl/810D 系统的 PLC 使用 PLC S7-300 的电源与信号硬件模块。图 6-10 是常规的 S7-300 系

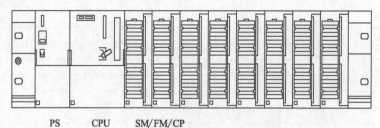

图 6-10 S7-300 的单架（Rack）安装

统连接示意图，图中 PS 为电源模块，CPU 为 S7-300 的 CPU 模块（840D pl 不使用这个模块，CPU 集成在 NCU 上），SM/FM/CP 为输入、输出、功能及通信模块。每一个模块占用一个安装槽（Slot），对于 I/O 模块来讲，每个 Slot 分配 32 位的地址，即 4 个字节的地址资源。其地址的类型取决于模块的类型，如是输入模块，则地址为输入点，若该位置安装的是输出模块，则地址为输出点地址。而每条安装架（Rack）上可以安装 8 个类似于 I/O 模块的功用模块，即每条 Rack 上共有 8 个 4 字节的地址资源。而一个 S7-300 的 CPU 可以寻址 4 个 Rack 的最大范围，如图 6-11 所示。

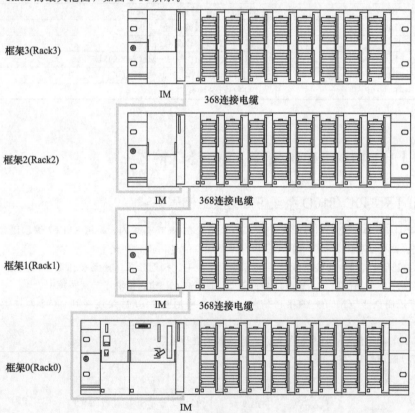

图 6-11 S7-300 的四框架组态

对西门子 840D pl 数控系统来说，PLC 的 CPU 为集成式，集成在 NCU 模块中，同时也将框架 0（Rack0）的资源占用了，如机床控制面板 MCP 的输入输出的地址即使用了框架 0（Rack0）的地址资源，故外部的接口地址的起始地址为 32.0。其模块位置与地址设定的关系见表 6-5。

表 6-5 840D pl 用 PLC 信号模块位置与地址对应表

机架号	模块起始地址	槽 号									
		1	2	3	4	5	6	7	8	9	10	11
0	数字地址	PS	CPU	IM	0.0~3.7	4.0~7.7	8.0~11.7	12.0~15.7	16.0~19.7	20.0~23.7	24.0~27.7	28.0~31.7
	模拟地址				246	272	288	304	320	336	352	368

机架号	模块起始地址	槽 号									
		1	2	3	4	5	6	7	8	9	10	11
1	数字地址	—		IM	32.0~35.7	36.0~39.7	40.0~43.7	44.0~47.7	48.0~51.7	52.0~55.7	56.0~59.7	60.0~63.7
	模拟地址				384	400	416	432	448	464	480	496
2	数字地址	—		IM	64.0~67.7	68.0~71.7	72.0~75.7	76.0~79.7	80.0~83.7	84.0~87.7	88.0~91.7	92.0~95.7
	模拟地址				512	528	544	560	576	592	608	624
3	数字地址	—		IM	96.0~99.7	100.0~103.7	104.0~107.7	108.0~111.7	112.0~115.7	116.0~119.7	120.0~123.7	124.0~127.7
	模拟地址				640	656	672	688	704	720	736	752

6.3.3 西门子 840D pl/810D 系统 PLC 与 MCP 接口信号表

上节已经提到，在 840D pl 系统中 PLC S7-300 的框架 0 集成在 NCK 中，机床操作面板 MCP 使用框架 0 的接口地址，采用 MPI 总线与 PLC 通信，PLC 使用功能块 FC19 或 FC25 处理操作面板 MCP 信息，参见图 6-12。840D pl 系统有两种标准 MCP 可选——铣床用操作面板和车床用操作面板。表 6-6 和表 6-7 为两种操作面板的按键与 PLC 输入地址对照表；表 6-8 和表 6-9 为两种操作面板的指示灯与 PLC 输出地址对照表。对于第一个操作面板，表中 n 为 0。

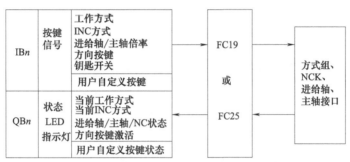

图 6-12 机床控制面板与系统信息交换示意图

表 6-6 PLC 从铣床用机床控制面板输入接口信号表

字节地址 \ 位地址	位 7	位 6	位 5	位 4	位 3	位 2	位 1	位 0
IBn+0	主轴速度倍率				操作方式			
	D	C	B	A	JOG	TEACH IN	MDA	AUTO
IBn+1	机床功能							
	REPOS	REF	Var. INC	10000INC	1000INC	100INC	10INC	1INC
IBn+2	钥匙开关位置0	钥匙开关位置2	主轴启动	*主轴停止	进给启动	*进给停止	NC 启动	*NC 停止
IBn+3	复位 Reset	钥匙开关位置1	单步	进给倍率				
				E	D	C	B	A
IBn+4	方向按键		快移 R14	钥匙开关位置3	轴选择			
	+R15	—R13			X R1	第4轴 R4	第7轴 R7	R10
IBn+5	轴选择							
	Y R2	Z R3	第5轴 R5	移动命令 MCS/WCS R12	R11	R9	第8轴 R	第6轴 R
IBn+6	未指定的用户按键							
	T9	T10	T11	T12	T13	T14	T15	
IBn+7	未指定的用户按键							
	T1	T2	T3	T4	T5	T6	T7	T8

表 6-7 PLC 从车床用机床控制面板输入接口信号表

字节地址 \ 位地址	位 7	位 6	位 5	位 4	位 3	位 2	位 1	位 0
IBn+0	主轴速度倍率				操作方式			
	D	C	B	A	JOG	TEACH IN	MDA	AUTO
IBn+1	机床功能							
	REPOS	REF	Var. INC	10000INC	1000INC	100INC	10INC	1INC
IBn+2	钥匙开关位置0	钥匙开关位置2	主轴启动	*主轴停止	进给启动	*进给停止	NC 启动	*NC 停止
IBn+3	复位 Reset	钥匙开关位置1	单步	进给倍率				
				E	D	C	B	A
IBn+4	R15	R13	R14	钥匙开关位置3	方向按键			
					+Y R1	−Z R4	−C R7	R10
IBn+5	方向按键							
	+X R2	+C R3	快速进给倍率 R5	移动命令 MCS/WCS R12	R11	−Y R9	−X R	+Z R
IBn+6	未指定的用户按键							
	T9	T10	T11	T12	T13	T14	T15	
IBn+7	未指定的用户按键							
	T1	T2	T3	T4	T5	T6	T7	T8

表 6-8 PLC 输出到铣床用机床控制面板接口（LED 灯）信号表

字节地址 \ 位地址	位 7	位 6	位 5	位 4	位 3	位 2	位 1	位 0
QBn+0	机床功能主轴速度倍率				操作方式			
	1000INC	100INC	10INC	1INC	JOG	TEACH IN	MDA	AUTO
QBn+1	进给启动	*进给停止	NC 启动	*NC 停止	机床功能			
					REPOS	REF	Var. INC	10000INC
QBn+2	轴选择按键							
	方向按键 — R13	X R1	第 4 轴 R4	第 7 轴 R7	R10	单段 (Single Block)	主轴启动	*主轴停止
QBn+3	轴选择							
	Z R3	第 5 轴 R5	移动命令 MCS/WCS R12	R11	R9	第 8 轴 R8	第 6 轴 R6	方向按键 + R15
QBn+4	未指定的用户按键							Y R2
	T9	T10	T11	T12	T13	T14	T15	Y R2
QBn+5	未指定的用户按键							
	T1	T2	T3	T4	T5	T6	T7	T8

表 6-9 PLC 输出到车床用机床控制面板接口（LED 灯）信号表

字节地址 \ 位地址	位 7	位 6	位 5	位 4	位 3	位 2	位 1	位 0
QBn+0	机床功能主轴速度倍率				操作方式			
	1000INC	100INC	10INC	1INC	JOG	TEACH IN	MDA	AUTO
QBn+1	进给启动	*进给停止	NC 启动	*NC 停止	机床功能			
					REPOS	REF	Var. INC	10000INC
QBn+2	方向按键							
	R13	+Y R1	−Z R4	−C R7	R10	单段 (Single Block)	主轴启动	*主轴停止

续表

位地址 字节地址	位 7	位 6	位 5	位 4	位 3	位 2	位 1	位 0
	方向按键							
QBn+3	R3	R5	移动命令 MCS/WCS R12	R11	$-Y$ R9	$-X$ R8	$+Z$ R6	R15
QBn+4	未指定的用户按键							
	T9	T10	T11	T12	T13	T14	T15	R2
QBn+5	未指定的用户按键							
	T1	T2	T3	T4	T5	T6	T7	T8

6.3.4　西门子 840D pl/810D 系统 PLC 与 NCK 接口通信信号

西门子 840D pl 系统的 PLC 与 NCK 之间的信息交换是通过数据接口和功能接口进行的，PLC 与 NCK 的接口如图 6-13 所示。PLC 与 NCK 之间是通过双口存储器 DPR 进行数据交换的，所以把这个 DPR 称为数据接口。图中的 P 总线连接 PLC 的 I/O 设备，如 PLC 的接口模块 IM361（单 I/O 模块 EFP）等。840D pl 系统配置的操作面板、机床控制面板和手持单元通过操作面板接口 OPI 或多点接口 MPI 交换信息。在 PLC 内部 MPI 与 K 总线连接，编程设备经过 MPI 接口连接到 PLC。

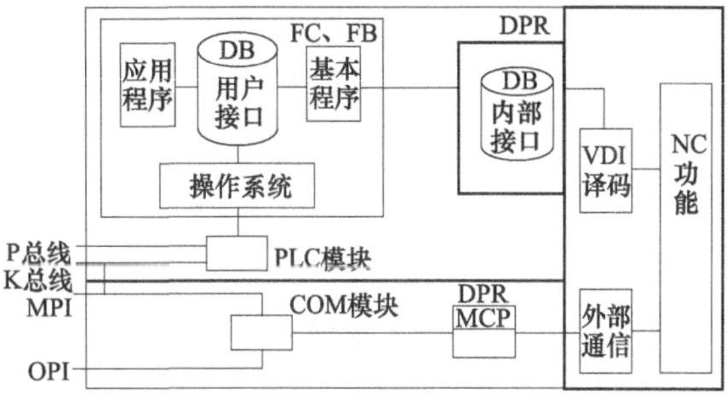

图 6-13　西门子 840D pl 系统 PLC 与 NCK 的接口连接示意图

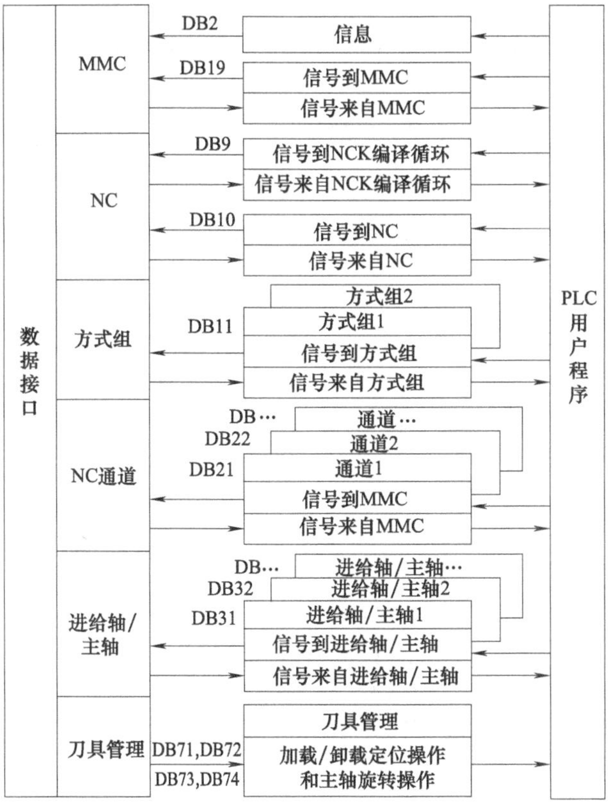

PLC 与 NCK 之间的数据接口 DPR 实际上是数据块 DB，由基本数据块和用户数据块组成，控制信息和状态信息都在对应的 DB 中交换。

基本数据块由西门子公司提供定义，程序在执行过程中，NCK 通过规定的基本数据块与 PLC 交换信息。

系统数据接口包括 MMC 数据接口、NC 数据接口、NC 通道数据接口、刀具管理接口及进给轴/主轴驱动数据接口等，在各个内部数据接口中，系统与 PLC 的相关信息都有特定的含义，用户只能对总线数据进行读写，而不能改变这些数据的定义。内部数据口中交换的信息是具有方向性的，一种是 NCK 到 PLC 的信号，表示 NCK 的内部状态信号，这些信号 PLC 只能使用，不能改变，对 PLC 来说是只读的；另一种信息是 PLC 到 NCK 的信号，这些信号中的一些是 PLC 向数控系统发出的控制请求，还有一些是状态信号，反映机床的一些现行状态，NCK 接收到这些信号后进行译码，然后由 NC 系统决定执行哪些操作。

用户数据块是应用程序与基本程序中间的数据接口，NCK 与 PLC 用户程序的信息经过用户数据接口、内部数据接口和基本逻辑块进行交换。内部数据接口里的各数据块与 PLC 用户程序的信号连接关系如图 6-14 所示。

图 6-14　内部数据接口中的各数据块与
PLC 用户程序的信号连接关系

PLC 与 NCK 的接口信号完成二者之间的数据交换，其接口信号传输有两种类型：从 NC 到 PLC 的信号（为 PLC 输入信号）和从 PLC 到 NC 的信号（为 PLC 输出信号），接口信号为状态信号和控制信号。

接口信号细分为下列几组：

① NCK 特定接口。

② 方式组特定接口。

③ 通道特定接口。

④ 进给轴/主轴/驱动特定接口。

接口信号通过已定义的数据块进行数据交换，表 6-10 是接口数据块的功能表。

表 6-10 接口数据块功能表

DB 块号	功能	DB 块号	功能
DB1	西门子保留	DB19	MMC 接口
DB2～4	PLC 信息	DB20	PLC 机床数据
DB5～8	基本编程使用	DB21～30	NC 通道接口
DB9	NC 编译循环接口	DB31～61	进给轴/主轴接口
DB10	NCK 接口	DB62～70	未定义
DB11	方式组接口	DB71～74	刀库管理
DB12	计算机连接和传输接口	DB75、76	M 代码译码
DB13、14	基本编程所保留	DB77	刀具管理缓冲器
DB15	PLC 基本编程	DB78～80	西门子预留
DB16	PI 服务功能	DB81～89	西门子为 ShopMill、Manu-alTurn 预留
DB17	版本代码		
DB18	安全集成	DB90～127	未定义，用户安排使用

下面介绍一些在数控机床故障检修时经常使用的接口信号。

(1) 常用 PLC 与 NCK 接口信号（DB10）

DB10 是 PLC 与 NCK 的接口数据块，表 6-11 是常用 PLC 输出到 NCK 的信号（DB10），表 6-12 是常用 PLC 从 NCK 输入的信号（DB10）。

表 6-11 常用 PLC 输出到 NCK 的信号（DB10）

字节地址	位 7	位 6	位 5	位 4	位 3	位 2	位 1	位 0
DBB56	钥匙开关					急停应答	急停	
	位置 3	位置 2	位置 1	位置 0				
DBB57					PC 关闭			方式组区域激活 INC 输入

表 6-12 常用 PLC 从 NCK 输入的信号（DB10）

字节地址	位 7	位 6	位 5	位 4	位 3	位 2	位 1	位 0
DBB104	NCK CPU 准备好					HHU 准备好	MCP2 准备好	MCP1 准备好
DBB106						急停激活		
DBB107	英制	NCU 连接激活					探头有效 1 号探头	2 号探头
DBB108	NC 准备好	驱动准备好	驱动在循环操作中		MMC CPU 准备好（MMC 到 OPI）	MMC CPU 准备好（MMC 到 MPI）	MMC2 准备好	
DBB109	NCK 电池报警	空气温度报警	散热器温度报警（NCU573）	PC 操作系统错误				NCK 报警

188

(2) 常用 PLC 方式组接口信号（DB11）

DB11 是 PLC 与 NC 方式组的接口数据块，表 6-13 是常用 PLC 输出到 NCK 的方式组接口信号，表 6-14 是常用 PLC 从 NCK 输入的方式组接口信号。

表 6-13　常用 PLC 输出到 NCK 的方式组接口信号

字节地址	位 7	位 6	位 5	位 4	位 3	位 2	位 1	位 0
DBB0	方式组复位	方式组停止进给轴和主轴	方式组停止	方式组不能改变		操作方式		
						点动 JOG	MDA	自动
DBB1	单步					机床功能		
	类型 A	类型 B				Ref 参考点	Repos 再定位	Teach in 示教
DBB2	机床功能							
		Var. INC	10000INC	1000INC	100INC	10INC	1 INC	

表 6-14　常用 PLC 从 NCK 输入的方式组接口信号

字节地址	位 7	位 6	位 5	位 4	位 3	位 2	位 1	位 0
DBB4 MMC→PLC						STROBE MODE		
						JOG	MDA	AUTO
DBB5 MMC→PLC						STROBE MACHINE FUNCTION		
						REF	REPOS	AUTO
DBB6	所有通道都在复位状态				方式组准备好	操作方式激活		
						点动 JOG	MDA	自动 AUTO
DBB7						机床功能		
						Ref 参考点	Repos 再定位	Teach in 示教

(3) 常用 PLC 通道接口信号（DB21～DB28）

DB21～DB28 是 NC 8 个通道与 PLC 接口数据块，表 6-15 是常用 PLC 输出到 NCK 的通道信号，表 6-16 是常用 PLC 从 NCK（MMC）输入的通道信号。

表 6-15　常用 PLC 输出到 NCK 的通道信号（DB21～DB28）

字节地址	位 7	位 6	位 5	位 4	位 3	位 2	位 1	位 0
DBB0		激活空循环进给速率	激活 M01	激活单步	激活 DRF			
DBB1	激活程序测试	PLC 作用完成	CLC 倍率	CLC 停止	时间监控激活刀具（刀具管理）	同步功能关闭	保护区域有效	参考点激活
DBB2	程序块跳转							
	/7	/6	/5	/4	/3	/2	/1	/0
DBB4	进给倍率							
	H	G	F	E	D	C	B	A
DBB5	快速进给倍率							
	H	G	F	E	D	C	B	A
DBB6	进给倍率激活	快速进给倍率激活				删除余程	不能读入	不能进给
DBB7	复位 Reset		NC 停止进给轴和主轴	NC 停止	NC 停止在程序块极限		NC 启动	NC 不能启动

表6-16　常用PLC从NCK（MMC）输入的通道信号（DB21~DB28）

字节地址	位7	位6	位5	位4	位3	位2	位1	位0
DBB24 MMC→PLC		空循环速率已选择	M01已选择	与NCK相关的M01已选择	DRF已选择			
DBB25 MMC→PLC	程序测试已选择			Repos方式界限	快移进给倍率已选择	Repos路径模式		
						2	1	0
DBB26 MMC→PLC	程序块跳转已选择							
	7	6	5	4	3	2	1	0
DBB27 MMC→PLC							程序块跳转已选择	程序块跳转已选择
DBB35 NCK→PLC	通道状态				程序状态			
	复位	中断	激活	退出	中断	停止	等待	运行
DBB36 NCK→PLC	进给停止的NCK报警	通道专用NCK报警	通道准备进行操作	中断加工	所有进给轴静止	所有需要回参考点的轴已回参考点		
DBB37 NCK→PLC	在程序块末尾停止，单段被抑制	读入使能被忽略	CLC停止在上限	CLC停止在下限	CLC激活	轮廓手轮激活		
						3	2	1

（4）PLC的进给轴/主轴驱动的接口信号

DB31~DB61是NC系统31个进给轴/主轴与PLC的接口数据块，用来交换驱动信息。表6-17是常用PLC输出到NCK的驱动信号，表6-18是常用PLC从NCK输入的驱动信号。

表6-17　常用PLC输出到NCK的驱动信号（DB31~DB61）

字节地址	位7	位6	位5	位4	位3	位2	位1	位0
DBB0 进给轴和主轴	进给倍率							
	H	G	F	E	D	C	B	A
DBB1 进给轴和主轴	倍率激活	位置测量系统2	位置测量系统1	跟随方式	进给轴/主轴禁止			
DBB2 进给轴和主轴	参考点数值				卡紧		删除余程/主轴复位	控制器使能
	4	3	2	1				
DBB4 进给轴和主轴	移动按键		快移倍率	移动禁止	进给轴停止/主轴停止	手轮激活		
	+	−				3	2	1
DBB5 进给轴	机床功能							
			Var. INC	10000INC	1000INC	100INC	10INC	1 INC
DBB12 进给轴	延迟接近参考点				第二软件限位开关激活		硬件限位开关激活	
					正	负	正	负
DBB16 主轴	删除S值	齿轮变换时不监控	重新同步主轴1	重新同步主轴2	齿轮已经更换	实际齿轮级别		
						C	B	A
DBB17 主轴			M3/M4互换	重新同步主轴在位置2	重新同步主轴在位置1			进给位率对主轴有效
DBB18 主轴	设定主轴旋转方向		摆动速度	通过PLC摆动				
	CCW	CW						
DBB19 主轴	主轴倍率							
	H	G	F	E	D	C	B	A
DBB20 611D				设定速度平滑	扭矩极限2	斜坡功能发生器接口	运行切换到U/F方式	
DBB21 611D	脉冲使能	总数控制器积分禁止	选择电动机	刀具选择		驱动参数设定选择		
				B	A	C	B	A

续表

字节地址	位7	位6	位5	位4	位3	位2	位1	位0
DB22 安全集成				速度极限位值1	速度极限位值0		不选安全静止	不选安全速度和静止
DBB23 安全集成	激活测试停止			激活结束点2		位值2传送	位值1传送	位值0传送
DBB30				位置主轴	自动齿轮级别转换	逆时针启动主轴	顺时针启动主轴	停止主轴
DBB32 安全集成			不选外部停止E	不选外部停止D	不选外部停止C	不选外部停止A		
DBB33 安全集成	选择倍率							
	位值3	位值2	位值1	位值0				

表 6-18 常用 PLC 从 NCK 输入的驱动信号 （DB31~DB61）

字节地址	位7	位6	位5	位4	位3	位2	位1	位0
DBB60 进给轴和主轴	位置接近		参考点/同步2	参考点/同步1	编码器极限频率超出2	编码器极限频率超出1	NCU_Link 轴激活	主轴/无进给轴
	使用精准停	使用粗准停						
DBB61 进给轴和主轴	电流控制器激活	速度控制器激活	位置控制器激活	进给轴/主轴静止 ($n<n_{min}$)	跟随方式激活	进给轴准备	进给轴报警	移动请求
DBB62					测量激活	旋转进给激活		软件挡块激活
DBB63					进给轴/主轴禁止有效	进给轴停止激活	PLC控制进给轴	进给轴复位
DBB64	移动命令					手轮激活		
	正向	负向				3	2	1
DBB65 进给轴	机床功能有效							
			Var. INC	10000INC	1000INC	100INC	10INC	1 INC
DBB68	PLC进给轴/主轴	中性进给轴/主轴	进给轴可以代换	PLC请求的新类型	在通道中的进给轴/主轴			
					D	C	B	A
DBB82 主轴					齿轮变换	设定齿轮级别		
						C	B	A
DBB83 主轴	实际旋转方向	主轴监控	主轴在设定范围	超出支持区域极限	几何监控	设定速度增加	设定速度极限	超出速度极限
DBB84	主轴操作方式激活				无补偿攻螺纹	CLGON激活	SUG激活（磨轮表面速度）	恒定切削速度激活
	控制方式	摆动方式	定位方式	同步方式				
DBB93 611D	脉冲使能	速度控制器积分器禁止	驱动准备好	激活电动机		激活驱动参数设定		
				B	A	C	B	A
DBB94 611D	可变的信号系数	$n_{act}=n_{set}$	$\lvert n_{act}\rvert<n_x$	$\lvert n_{act}\rvert<n_{min}$	$M_d<M_{dx}$	斜坡上升完成	超温度预警告散热	电动机
DBB95 611D								$U_{DC-Link}$ <报警阈值

6.4 发那科 0C 系统 PMC 接口信号

6.4.1 发那科 0C 系统 PLC （PMC） 输入接口信号

机床控制面板上的各种控制开关以及机床上各种行程开关、检测开关都接入发那科 0C 系统的 PLC

（PMC），表 6-19 是输入点地址与控制单元 I/O 板上的插座以及其插芯号的对应关系。

表 6-19　发那科 0C 系统 PMC 输入点地址与 I/O 板插座及其插芯号的对应关系

PMC 地址	诊断号	位 7	位 6	位 5	位 4	位 3	位 2	位 1	位 0
X0000	000	M18～36	M18～21	M18～5	M18～35	M18～20	M18～34	M18～19	M18～33
X0002	002	M18～24	M18～8	M18～38	M18～23	M18～7	M18～37	M18～22	M18～6
X0004	004	M18～11	M18～41	M18～26	M18～10	M18～40	M18～25	M18～9	M18～39
X0006	006	M18～45	M18～14	M18～44	M18～13	M18～43	M18～12	M18～42	M18～27
X0008	008	M18～49	M18～18	M18～48	M18～17	M18～47	M18～16	M18～46	M18～15
X0010	010	M20～11	M20～41	M20～26	M20～10	—	—	—	—
X0012	012	M20～45	M20～14	M20～44	M20～13	M20～43	M20～12	M20～42	M20～27
X0014	014	M20～49	M20～18	M20～48	M20～17	M20～47	M20～16	M20～46	M20～15
X0016	016	M1～6	—	M1～38	—	M1～20	M1～21	M1～11	M1～12
X0017	017	M1～7	—	M1～39	—	M1～22	M1～23	M1～9	M1～10
X0018	018	M1～8	—	M1～40	—	M1～24	M1～25	—	—
X0019	019	M20～40	—	M20～25	—	M20～9	M20～39	—	—
X0020	020	M1～13	M1～37	M1～5	M1～14	M1～15	M1～16	M1～17	M1～18
X0021	021	M1～41	M1～26	M1～27	M1～19	M1～33	M1～34	M1～35	M1～36
X0022	022	M1～42	M1～43	M1～44	M1～45	M1～46	M1～47	M1～48	M1～49

6.4.2　发那科 0C 系统 PLC（PMC）输出接口信号

机床各种电磁阀、指示灯以及一些电动机是由 PLC（PMC）输出控制的。发那科 0C 系统 PLC（PMC）输出点的地址与控制单元 I/O 板的插座及其插芯号对应关系见表 6-20。

表 6-20　发那科 0C 系统 PMC 输出点地址与 I/O 板插座及其插芯号的对应关系

PMC 地址	诊断号	位 7	位 6	位 5	位 4	位 3	位 2	位 1	位 0
Y0048	048	M2～5	M2～6	M2～7	M2～8	—	M2～27	M2～26	M2～25
Y0049	049	M2～9	—	—	M2～41	M2～22	—	M2～23	M2～24
Y0050	050	—	—	M2～10	—	M2～20	M2～19	—	M2～21
Y0051	051	M2～33	M2～34	M2～35	M2～36	M2～37	M2～38	M2～39	M2～40
Y0052	052	M2～11	M2～12	M2～13	M2～14	M2～15	M2～16	M2～17	M2～18
Y0053	053	M2～42	M2～43	M2～44	M2～45	M2～46	M2～47	M2～48	M2～49
Y0080	080	M19～8	M19～7	M19～6	M19～5	M19～4	M19～3	M19～2	M19～1
Y0082	082	M19～16	M19～15	M19～14	M19～13	M19～12	M19～11	M19～10	M19～9
Y0084	084	M20～36	M20～21	M20～5	M20～35	M20～20	M20～34	M20～19	M20～33
Y0086	086	M20～24	M20～8	M20～38	M20～23	M20～7	M20～37	M20～22	M20～6

6.4.3　发那科 0C 系统 NC 输出到 PLC（PMC）接口信号

发那科 0C 系统在工作过程中，NC 需要将一些信号传递给 PLC（PMC），这些信号是 NC 将相应的 F 标志位置 "1" 完成的，这些信号是特定信号，每位都有特定含义，表 6-21 是发那科 0C 系统 NC 输出到 PLC（PMC）的信号，常用信号的含义见表 6-22。这些信号可以在系统诊断画面中观察其状态，也可以利用系统 PLC（PMC）梯形图在线显示功能显示这些信号在梯形图中的作用。

表 6-21　发那科 0C 系统 NC 输出到 PLC（PMC）的信号

PMC 地址	诊断号	位 7	位 6	位 5	位 4	位 3	位 2	位 1	位 0
F148	148	OP	SA	STL	SPL	ZP4	ZPZ/EF	ZPY	ZPX
F149	149	MA	DEN2	TAP	ENB	DEN	BAL	RST	AL
F150	150	BF1	BF2	DST	—	TF	SF	EFD	MF
F151	151	M28	M24	M22	M21	M18	M14	M12	M11
F152	152	S28	S24	S22	S21	S18	S14/GR30	S12/GR20	S11/GR10
F153	153	T28	T24	T22	T21	T18	T14	T12	T11
F154	154	M00	M01	M02	M30	B38	B34	B32	B31
F155	155	B28	B24	B22	B21	B18	B14	B12	B11
F156	156	T48	T44	T42	T41	T38	T34	T32	T31
F157	157	—	—	MF3	MF2	M38	M34	M32	M31

表 6-22　发那科 0C 系统 NC 输出到 PLC（PMC）部分信号的含义

序号	符号	地址号	信号意义
1	OP	F148.7	自动操作信号
2	SA	F148.6	伺服系统准备好信号,可以接通伺服电源
3	STL	F148.5	循环启动(Cycle Start)接通
4	SPL	F148.4	进给暂停信号
5	ZP×～ZP4	F148.0～F148.3	X、Y、Z 和第四轴返回参考点完成信号
6	MA	F149.7	NC 准备好信号
7	BAL	F149.2	数控系统后备电池故障
8	RST	F149.1	NC 系统发出的复位信号
9	AL	F149.0	NC 系统故障信号
10	DST	F150.5	手动数据输入启动
11	TF	F150.3	读 T 功能代码信号
12	SF	F150.2	读 S 功能代码信号
13	MF	F150.0	读 M 功能代码信号
14	M28～M11	F151.7～F151.0	M 功能代码(二位 BCD 码)
15	T28～T11	F153.7～F153.0	T 功能代码(二位 BCD 码)

6.4.4　发那科 0C 系统 PLC（PMC）输出到 NC 的接口信号

在机床工作过程中，为了信息交换，PLC（PMC）也要将一些信号传递给 NC，这类信号用地址为 G 的符号表示，这些信号是特定信号，每位都有特定含义，在 PLC（PMC）的梯形图中根据机床运行状况将相应的位置"1"。表 6-23 是发那科 0C 系统 PLC（PMC）输出到 NC 的信号关系，常用信号的含义见表 6-24。这些信号可以在系统诊断画面中观察其状态，也可以利用系统 PLC（PMC）梯形图在线显示功能显示这些信号在梯形图中的"置"位情况。

表 6-23　发那科 0C 系统 PLC（PMC）输出到 NC 的信号关系

PMC 地址	诊断号	位 7	位 6	位 5	位 4	位 3	位 2	位 1	位 0
G115	115	BFIN1	BFIN2	—	—	TFIN	SFIN	EFIND	MFIN
G116	116	HX/ROV1	—	—	—	−X	+X	SBK	BDT
G117	117	XY/ROV2	—	—	—	−Y	+Y	MLK	* LIK
G118	118	HZ/DRN	—	—	—	−Z	+Z	—	—
G119	119	H4	—	—	—	−4	+4	—	—
G120	120	ZRN	* SSTP	SOR	SAR	FIN	ST	MP2	MP1/MINP
G121	121	ERS	RT	* SP	* ESP	* OV8	* OV4	* OV2	* OV1
G122	122	PN8	PN4	PN2	PN1	KEY	MD4	MD2	MD1
G123	123	CON	—	—	—	GR2	GR1	—	—

表 6-24　发那科 0C 系统 PLC（PMC）输出到 NC 部分信号的含义

序号	符号	地址号	信号意义
1	TFIN	G115.3	T 功能完成信号
2	SFIN	G115.2	S 功能完成信号
3	MFIN	G115.0	M 功能完成信号
4	−X	G116.3	X 轴负方向进给
5	+X	G116.2	X 轴正方向进给
6	SBK	G116.1	单程序段工作方式
7	BDT	G116.0	程序段跳过工作方式
8	−Y	G117.3	Y 轴负方向进给
9	+Y	G117.2	Y 轴正方向进给
10	MLK	G117.1	机床锁定工作方式
11	DRN	G118.7	空运行信号
12	−Z	G118.3	Z 轴负方向进给
13	+Z	G118.2	Z 轴正方向进给

续表

序号	符号	地址号	信 号 意 义
14	-4	G119.3	第四轴负方向进给
15	+4	G119.2	第四轴正方向进给
16	ZRN	G120.7	回参考点工作方式
17	SAR	G120.4	主轴达速信号
18	FIN	G120.3	M、S、T功能完成信号
19	ST	G120.2	启动循环信号
20	STLK	G120.1	互锁信号
21	ERS	G121.7	外部复位信号
22	RT	G121.6	手动快速进给选择信号
23	*SP	G121.5	进给暂停信号
24	*ESP	G121.4	急停信号
25	*OV4~OV1	G121.3~G121.0	进给倍率信号
26	KEY	G122.3	程序保护开关
27	MD4~MD1	G122.2~G122.0	操作方式选择信号(见表6-25)

注: *代表0信号起作用。

表 6-25 操作方式设定表

操 作 方 式	MD1	MD2	MD3
①存储器编辑(EDIT)	1	1	0
②自动运行(AUTO)	1	0	0
③手动数据输入(MDI)	0	0	0
④手摇/单步进给(HANDLE/STEP)	1	1	0
⑤手动连续进给(JOG)	1	0	1

6.5 发那科 0iC 系统 PMC 接口信号

6.5.1 发那科 0iC 系统 PMC 输入接口信号

发那科0iC系统PMC输入接口寻址范围为 X0.0~X127.0、X200.0~X327.7、X1000.0~X1127.7,其中一些信号是有固定定义的,表6-26是0iTC系统PLC(PMC)的固定输入信号,表6-27是0iMC系统PLC(PMC)的固定输入信号。表6-28是0iTC系统PLC(PMC)固定输入信号的含义,表6-29是0iMC系统PLC(PMC)固定输入信号的含义。这些信号用户只能按固定含义使用,不能他用,其他信号用户可以自行定义。

表 6-26 发那科 0iTC 系统 PLC(PMC)的固定输入信号

地址(字节) \ 位	7	6	5	4	3	2	1	0
X004	SKIP	ESKIP SKI6	-MIT2 SKIP5	+MIT2 SKIP4	-MIT1 SKIP3	+MIT1 SKIP2	ZAE SKIP8	XAE SKIP7
X008				*ESP				
X009					*DEC4	*DEC3	*DEC2	*DEC1

表 6-27 发那科 0iMC 系统 PLC(PMC)的固定输入信号

地址(字节) \ 位	7	6	5	4	3	2	1	0
X004	SKIP	ESKIP SKI6				ZAE SKIP2	YAE SKIP8	XAE SKIP7
X008				*ESP				
X009					*DEC4	*DEC3	*DEC2	*DEC1

表 6-28　发那科 0iTC 系统 PLC（PMC）固定输入信号的含义

序号	符号	地址号	信 号 意 义
1	XAE	X4.0	X 轴测量位置到达信号
2	ZAE	X4.1	Z 轴测量位置到达信号
3	＋MIT1，＋MIT2	X4.2，X4.4	各轴各方向进给互锁信号
4	－MIT1，－MIT2	X4.3，X4.5	各轴各方向进给互锁信号
5	ESKIP	X4.6	跳步信号（PMC 轴控制）
6	SKIP	X4.7	跳步信号
7	SKIP7、SKIP8、SKIP2～SKIP6	X4.0～X4.6	跳步信号
8	＊ESP	X8.4	急停信号
9	＊DEC1～＊DEC4	X9.0～X9.3	返回参考点用减速信号

表 6-29　发那科 0iMC 系统 PLC（PMC）固定输入信号的含义

序号	符号	地址号	信 号 意 义
1	XAE	X4.0	X 轴测量位置到达信号
2	YAE	X4.2	Y 轴测量位置到达信号
3	ZAE	X4.3	Z 轴测量位置到达信号
4	ESKIP	X4.6	跳步信号（PMC 轴控制）
5	SKIP	X4.7	跳步信号
6	SKIP7、SKIP8、SKIP2、SKP6	X4.0、X4.1、X4.2、X4.6	跳步信号
7	＊ESP	X8.4	急停信号
8	＊DEC1～＊DEC4	X9.0～X9.3	返回参考点用减速信号

6.5.2　发那科 0iC 系统 PMC 输出接口信号

发那科 0iC 系统 PMC 输出接口寻址范围为 Y0.0～Y127.0、Y200.0～Y327.7、Y1000.0～Y1127.7，输出信号系统没有指定作为固定信号的，用户可以全部自行定义。

6.5.3　发那科 0iC 系统 PLC（PMC）输出到 NC 的接口信号

在机床工作过程中，为了信息交换，PLC（PMC）将一些信号传递给 NC，这类信号用地址为 G 的符号表示，发那科 0iC 系统 G 标志的寻址范围为 G0.0～G767.7、G1000.0～G1767.7、G2000.0～G2767.7、G3000.0～G3767.7，这些信号是特定信号，每位都有特定含义，在 PLC（PMC）的梯形图中根据机床运行状况将相应的位置"1"或置"0"。表 6-30 列出了发那科 0iC 系统 PLC（PMC）输出到 NC 的信号，这些信号的具体含义见表 6-31。这些信号可以在系统诊断画面中观察其状态，也可以利用系统 PLC（PMC）梯形图在线显示功能显示这些信号在梯形图中的"置"位情况。

表 6-30　发那科 0iC 系统 PLC（PMC）输出到 NC 的信号

地址（字节）　　位	7	6	5	4	3	2	1	0
G000	ED7	ED6	ED5	ED4	ED3	ED2	ED1	ED0
G001	ED15	ED14	ED13	ED12	ED11	ED10	ED9	ED8
G002	ESTB	EA6	EA5	EA4	EA3	EA2	EA1	EA0
G004			MFIN3	MFIN2	FIN			
G005	BFIN	AFL		BFIN	TFIN	SFIN	EFIN	MFIN
G006		SKIPP		OVC		＊ABSM		SRN
G007	RLSOT	EXLM	＊FLWU	RLSOT3		ST	STLK	
G008	ERS	RRW	＊SP	＊ESP	＊BSL		＊CSL	＊IT
G009				PN16	PN8	PN4	PN2	PN1
G010	＊JV7	＊JV6	＊JV5	＊JV4	＊JV3	＊JV2	＊JV1	＊JV0
G011	＊JV15	＊JV14	＊JV13	＊JV12	＊JV11	＊JV10	＊JV9	＊JV8
G012	＊FV7	＊FV6	＊FV5	＊FV4	＊FV3	＊FV2	＊FV1	＊FV0
G014							ROV2	ROV1

续表

地址(字节) \ 位	7	6	5	4	3	2	1	0
G016	FID							
G018	HS2D	HS2C	HS2B	HS2A	HS1D	HS1C	HS1B	HS1A
G019	RT		MP2	MP1	HS3D	HS3C	HS3B	HS3A
G024	EPN7	EPN6	EPN5	EPN4	EPN3	EPN2	EPN1	EPN0
G025	EPNS		EPN13	EPN12	EPN11	EPN10	EPN9	EPN8
G027	CON		* SSTP3	* SSTP2	* SSTP1	SWS3	SWS2	SWS1
G028	PC2SLC	SPSTP	* SCPF	* SUCPF		GR2	GR1	
G029		* SSTP	SOR	SAR				GR21
G030	SOV7	SOV6	SOV5	SOV4	SOV3	SOV2	SOV1	SOV0
G032	R081	R071	R061	R051	R041	R031	R021	R011
G033	SIND	SSIN	SGN		R121	R111	R101	R091
G034	R0812	R0712	R0612	R0512	R0412	R0312	R0212	R0112
G035	SIND2	SSIN2	SGN2		R1212	R1112	R1012	R0912
G036	R0813	R0713	R0613	R0513	R0413	R0313	R0213	R0113
G037	SIND3	SSIN3	SGN3		R1213	R1113	R1013	R0913
G038	* BECLP	* BEUCP			SPPHS	SPSYC		
G039	GOQSM	WOQSM	OFN5	OFN4	OFN3	OFN2	OFN1	OFN0
G040	WOSET	PRC	S2TLS					
G041	HS21D	HS21C	HS21B	HS21A	HS11D	HS11C	HS11B	HS11A
G042	DMMC				HS31D	HS31C	HS31B	HS31A
G043	ZRN		DNCI			MD4	MD2	MD1
G044							MLK	BDT1
G045	BDT9	BDT8	BDT7	BDT6	BDT5	BDT4	BDT3	BDT2
G046	DRN	KEY4	KEY3	KEY2	KEY1		SBK	
G047	TL128	TL64	TL32	TL16	TL08	TL04	TL02	TL01
G048	TLRST	TLRST1	TLSKP					TL256
G049	* TLV7	* TLV6	* TLV5	* TLV4	* TLV3	* TLV2	* TLV1	* TLV0
G050							* TLV9	* TLV8
G053	CDZ	SMZ			UINT			TMRON
G054	UI007	UI006	UI005	UI004	UI003	UI002	UI001	UI000
G055	UI015	UI014	UI013	UI012	UI011	UI010	UI009	UI008
G058					EXWT	EXSTP	EXRD	MINP
G060	* TSB							
G061			RGTSP2	RGTSP1				RGTAP
G062		RTNT					* CRTOF	
G063			NOZAGC					
G066	EKSET						ENBKY	IGNVRY
G070	MRDYA	ORCMA	SFRA	SRVA	CTH1A	CTH2A	TLMHA	TLMLA
G071	RCHA	RSLA	INTGA	SOCNA	MCFNA	SPSLA	* ESPA	ARSTA
G072	RCHHGA	MFNHGA	INCMDA	OVRA	DEFMDA	NRROA	ROTAA	INDXA
G073				DSCNA		MPOFA	SLVA	MORCMA
G075	RCHB	RSLB	INTGB	SOCNB	MCFNB	SPSLB	* ESPB	ARSTB
G076	RCHHGB	MFNHGB	INCMDB	OVRB	DEFMDB	NRROB	ROTAB	INDXB
G077				DSCNB		MPOFB	SLVB	MORCMB
G078	SHA07	SHA06	SHA05	SHA04	SHA03	SHA02	SHA01	SHA00
G079					SHA11	SHA10	SHA09	SHA08
G080	SHB07	SHB06	SHB05	SHB04	SHB03	SHB02	SHB01	SHB00
G081					SHB11	SHB10	SHB09	SHB08
G091					SRLNI3	SRLNI2	SRLNI1	SRLNI0
G092				BGEN	BGIALM	BGION	IOLS	IOLACK

续表

地址（字节） 位	7	6	5	4	3	2	1	0
G096	HROV	* HROV6	* HROV5	* HROV4	* HROV3	* HROV2	* HROV1	* HROV0
G098	EKC7	EKC6	EKC5	EKC4	EKC3	EKC2	EKC1	EKC0
G100					+J4	+J3	+J2	+J1
G102					−J4	−J3	−J2	−J1
G106					MI4	MI3	MI2	MI1
G108					MLK4	MLK3	MLK2	MLK1
G110					+LM4	+LM3	+LM2	+LM1
G112					−LM4	−LM3	−LM2	−LM1
G114					* +L4	* +L3	* +L2	* +L1
G116					* −L4	* −L3	* −L2	* −L1
G118					* +ED4	* +ED3	* +ED2	* +ED1
G120					* −ED4	* −ED3	* −ED2	* −ED1
G125					IUDD4	IUDD3	IUDD2	IUDD1
G126					SVF4	SVF3	SVF2	SVF1
G130					* IT4	* IT3	* IT2	* IT1
G132					+MIT4	+MIT3	+MIT2	+MIT1
G134					−MIT4	−MIT3	−MIT2	−MIT1
G136					EAX4	EAX3	EAX2	EAX1
G138					SYNC4	SYNC3	SYNC2	SYNC1
G140					SYNCJ4	SYNCJ3	SYNCJ2	SYNCJ1
G142	EBUFA	ECLRA	ESTPA	ESOFA	ESBKA	EMBUFA	ELCKZA	EFINA
G143	EMSBKA	EC6A	EC5A	EC4A	EC3A	EC2A	EC1A	EC0A
G144	EIF7A	EIF6A	EIF5A	EIF4A	EIF3A	EIF2A	EIF1A	EIF0A
G145	EIF15A	EIF14A	EIF13A	EIF12A	EIF11A	EIF10A	EIF9A	EIF8A
G146	EID7A	EID6A	EID5A	EID4A	EID3A	EID2A	EID1A	EID0A
G147	EID15A	EIDA4A	EID13A	EID12A	EID11A	EID10A	EID9A	EID8A
G148	EID23A	EID22A	EID21A	EID20A	EID19A	EID18A	EID17A	EID16A
G149	EID31A	EID30A	EID29A	EID28A	EID27A	EID26A	EID25A	EID14A
G150	DRNE	RTE	OVCE				ROV2E	ROV1E
G151	* FV7E	* FV6E	* FV5E	* FV4E	* FV3E	* FV2E	* FV1E	* FV0E
G154	EBUFB	ECLRB	ESTPB	ESOFB	ESBKB	EMBUFB	ELCKZB	EFINB
G155	EMSBKB	EC6B	EC5B	EC4B	EC3B	EC2B	EC1B	EC0B
G156	EIF7B	EIF6B	EIF5B	EIF4B	EIF3B	EIF2B	EIF1B	EIF0B
G157	EIF15B	EIF14B	EIF13B	EIF12B	EIF11B	EIF10B	EIF9B	EIF8B
G158	EID7B	EID6B	EID5B	EID4B	EID3B	EID2B	EID1B	EID0B
G159	EID15B	EID14B	EID13B	EID12B	EID11B	EID10B	EID9B	EID8B
G160	EID23B	EID22B	EID21B	EID20B	EID19B	EID18B	EID17B	EID16B
G161	EID31B	EID30B	EID29B	EID28B	EID27B	EID26B	EID25B	EID24B
G166	EBUFC	ECLRC	ESTPC	ESOFC	ESBKC	EMBUFC	ELCKZC	EFINC
G167	EMSBKC	EC6C	EC5C	EC4C	EC3C	EC2C	EC1C	EC0C
G168	EIF7C	EIF6C	EIF5C	EIF4C	EIF3C	EIF2C	EIF1C	EIF0C
G169	EIF15C	EIF14C	EIF13C	EIF12C	EIF11C	EIF10C	EIF9C	EIF8C
G170	EID7C	EID6C	EID5C	EID4C	EID3C	EID2C	EID1C	EID0C
G171	EID15C	EID14C	EID13C	EID12C	EID11C	EID10C	EID9C	EID8C
G172	EID23C	EID22C	EID21C	EID20C	EID19C	EID18C	EID17C	EID16C
G173	EID31C	EID30C	EID29C	EID28C	EID27C	EID26C	EID25C	EID24C
G178	EBUFD	ECLRD	ESTPD	ESOFD	ESDKD	EMBUFD	ELCKZD	EFIND
G179	EMSBKD	EC6D	EC5D	EC4D	EC3D	EC2D	EC1D	EC0D
G180	EIF7D	EIF6D	EIF5D	EIF4D	EIF3D	EIF2D	EIF1D	EIF0D
G181	EIF15D	EIF14D	EIF13D	EIF12D	EIF11D	EIF10D	EIF9D	EIF8D

地址(字节)	位 7	6	5	4	3	2	1	0
G182	EID7D	EID6D	EID5D	EID4D	EID3D	EID2D	EID1D	EID0D
G183	EID15D	EID14D	EID13D	EID12D	EID11D	EID10D	EID9D	EID8D
G184	EID23D	EID22D	EID21D	EID20D	EID19D	EID18D	EID17D	EID16D
G185	EID31D	EID30D	EID29D	EID28D	EID27D	EID26D	EID25D	EID24D
G192					IGVRY4	IGVRY3	IGVRY2	IGVRY1
G198					NPOS4	NPOS3	NPOS2	NPOS1
G200					EASIP4	EASIP3	EASIP2	EASIP1

表 6-31　发那科 0iC 系统 PLC（PMC）输出到 NC 信号的含义

序号	符号	地址号	信号意义
1	ED0～ED15	G0.0～G1.7	用于外部数据输入的数据信号
2	EA0～EA6	G2.0～G2.6	用于外部数据输入的地址信号
3	ESTB	G2.7	用于外部数据输入的读取信号
4	FIN	G4.3	完成信号
5	MFIN2	G4.4	第二 M 功能结束信号
6	MFIN3	G4.5	第三 M 功能结束信号
7	MFIN	G5.0	辅助功能结束信号
8	EFIN	G5.1	外部运行信号
9	SFIN	G5.2	主轴功能结束信号
10	TFIN	G5.3	刀具功能结束信号
11	BFIN	G5.4、G5.7	第二辅助功能完成信号
12	AFL	G5.6	辅助功能锁定信号
13	SRN	G6.0	程序再启动信号
14	STLK	G7.1	启动锁定信号
15	ST	G7.2	自动运行启动信号
16	RLSOT3	G7.4	行程限位 3 释放信号
17	* FLWU	G7.5	跟踪信号
18	EXLM	G7.6	存储行程限位切换信号
19	RLSOT	G7.7	行程限位释放信号
20	* IT	G8.0	全轴释放信号
21	* CSL	G8.1	切削进给程序段启动锁定信号
22	* BSL	G8.3	程序段启动锁定信号
23	* ESP	G8.4	急停信号
24	* SP	G8.5	进给暂停信号
25	RRW	G8.6	复位和倒带信号
26	ERS	G8.7	外部复位信号
27	* JV0～* JV15	G10.0～G11.7	手动进给速度倍率信号
28	* FV0～* FV7	G12.0～G12.7	进给速度倍率开关
29	ROV1～ROV2	G13.0～G13.1	快速进给倍率信号
30	FID	G16.7	F1 位数进给选择信号
31	HS1A～HS1D	G18.0～G18.3	手轮进给轴选择信号
32	HS2A～HS2D	G18.4～G18.7	手轮进给轴选择信号
33	HS3A～HS3D	G19.0～G19.3	手轮进给轴选择信号
34	MP1,MP2	G19.4,G19.5	手轮进给移动量选择信号(增量进给信号)
35	RT	G19.7	手动快速进给选择信号
36	EPN0～EPN13	G24.0～G25.5	扩展工件号检索信号
37	EPNS	G25.7	扩展工件号检索启动信号
38	SWS1～SWS3	G27.0～G27.2	主轴选择信号
39	* SSTP1～SSTP3	G27.3～G27.5	各主轴停止信号
40	CON	G27.7	Cs 轮廓控制切换信号

序号	符 号	地址号	信 号 意 义
41	GR1、GR2	G28.1、G28.2	齿轮选择信号(输入)
42	* SUCPF	G28.4	主轴松开完成信号
43	* SCPF	G28.5	主轴夹紧完成信号
44	SPSTP	G28.6	主轴停止结束信号
45	PC2SLC	G28.7	第二位置编码器选择信号
46	GR21	G29.0	齿轮选择信号(输入)
47	SAR	G29.4	主轴达速信号
48	SOR	G29.5	主轴定向信号
49	* SSTP	G29.6	主轴停止信号
50	SOV0~SOV7	G30.0~G30.7	主轴电动机速度倍率信号
51	R011~R121	G32.0~G33.3	主轴电动机速度指令信号
52	SGN	G33.5	主轴电动机指令极性选择信号
53	SSIN	G33.6	主轴电动机指令极性选择信号
54	SIND	G33.7	主轴电动机速度指令选择信号
55	R0112~R1212	G34.0~G35.3	主轴电动机速度指令信号
56	SGN2	G35.5	主轴电动机指令极性选择信号
57	SSIN2	G35.6	主轴电动机指令极性选择信号
58	SIND2	G35.7	主轴电动机速度指令选择信号
59	R0113~R1213	G36.0~G37.3	主轴电动机速度指令信号
60	SGN3	G37.5	主轴电动机指令极性选择信号
61	SSIN3	G37.6	主轴电动机指令极性选择信号
62	SIND3	G37.7	主轴电动机速度指令选择信号
63	SPSYC	G38.2	主轴同步控制信号
64	SPPHS	G38.3	主轴相位同步控制信号
65	* BEUCP	G38.6	B 轴松开完成信号
66	* BECLP	G38.7	B 轴卡紧完成信号
67	OPN0~OPN5	G39.0~G39.5	刀具补偿号选择信号
68	WOQSM	G39.6	工件坐标系偏移量写入方式选择信号
69	GOQSM	G39.7	刀具偏置值写入方式选择信号
70	S2TLS	G40.5	主轴测量选择信号
71	PRC	G40.6	位置记录信号
72	WOSET	G40.7	工件坐标系偏置量写入信号
73	HS11A~HS11D	G41.0~G41.3	手轮中断轴选择信号
74	HS21A~HS21D	G41.4~G41.7	手轮中断轴选择信号
75	HS31AHS31D	G42.0~G42.3	手轮中断轴选择信号
76	DMMC	G42.7	直接运行选择信号
77	MD1、MD2、MD4	G43.0~G43.2	方式选择信号
78	DNCI	G43.5	DNC 运行选择信号
79	ZRN	G43.7	手动返回参考点选择信号
80	BDT1、BDT2~BDT9	G44.0,G45.0~G45.7	跳过任选程序段信号
81	MLK	G44.1	全轴机床锁定信号
82	SBK	G46.1	单程序段信号
83	KEY1~KEY4	G46.3~G46.6	存储器保护信号
84	DRN	G46.7	可运行信号
85	TL01~TL0256	G47.0~G48.1	刀具组选择信号
86	TLSKP	G48.5	刀具跳转信号
87	TLRST1	G48.6	每把刀具换刀复位信号
88	TLRST	G48.7	换刀复位信号
89	* TLV0~* TLV9	G49.0~G50.1	刀具寿命计数倍率信号
90	TMRON	G53.0	通用累计计数器启动信号
91	UINT	G53.3	宏程序用中断信号

续表

序号	符 号	地 址 号	信 号 意 义
92	SMZ	G53.6	错误测试信号
93	CDZ	G53.7	倒角信号
94	UI000~UI015	G54.0~G55.7	用于用户宏程序的输出信号
95	MINP	G58.0	程序输入外部启动信号
96	EXRD	G58.1	外部阅读开始信号
97	EXSTP	G58.2	外部阅读/穿孔停止信号
98	EXWT	G58.3	外部穿孔开始信号
99	* TSB	G60.7	尾座屏蔽选择信号
100	RGTAP	G61.0	刚性攻螺纹信号
101	RGTSP1、RGTSP2	G61.4、G61.5	刚性攻螺纹主轴选择信号
102	* CRTOF	G62.1	CRT 显示自动清屏取消信号
103	RTNT	G62.6	刚性攻螺纹回退启动信号
104	NOZAGC	G63.5	禁止垂直/夹角轴控制信号
105	IGNVRY	G66.0	全轴 Vrdy Off 报警忽略信号
106	ENBKY	G66.1	外部键输入方式选择信号
107	EKSET	G66.7	键代码信号
108	TLMLA	G70.0	扭矩限制指令下限信号（串行主轴）
109	TLMHA	G70.1	扭矩限制指令上限信号（串行主轴）
110	CTH2A、CTH1A	G70.2、G70.3	离合器/齿轮信号（串行主轴）
111	SRVA	G70.4	反向旋转指令信号（串行主轴）
112	SFRA	G70.5	正转指令信号（串行主轴）
113	ORCMA	G70.6	定向指令信号（串行主轴）
114	MRDYA	G70.7	机床准备结束信号（串行主轴）
115	ARSTA	G71.0	报警复位信号（串行主轴）
116	* ESPA	G71.1	紧急停止信号（串行主轴）
117	SPSLA	G71.2	主轴选择信号（串行主轴）
118	MCFNA	G71.3	动力线切换结束信号（串行主轴）
119	SOCNA	G71.4	软启动/停止取消信号（串行主轴）
120	INTGA	G71.5	速度积分控制信号（串行主轴）
121	RSLA	G71.6	输出切换请求信号（串行主轴）
122	RCHA	G71.7	动力线状态确认信号（串行主轴）
123	INDXA	G72.0	定向停止位置变更指令信号（串行主轴）
124	ROTAA	G72.1	定向停止位置变更时旋转方向指令信号（串行主轴）
125	NRROA	G72.2	定向停止位置变更时最短距离返回指令信号（串行主轴）
126	DEFMDA	G72.3	差速方式指令信号（串行主轴）
127	OVRA	G72.4	模拟倍率信号（串行主轴）
128	INCMDA	G72.5	增量指令外部设定定向信号（串行主轴）
129	MFNHGA	G72.6	主轴切换时主轴 MCC 触点状态信号（串行主轴）
130	RCHHGA	G72.7	主轴切换高速 MCC 触点状态信号（串行主轴）
131	MORCMA	G73.0	磁传感方式定向指令信号（串行主轴）
132	SLVA	G73.1	从动运行方式指令信号（串行主轴）
133	MPOFA	G73.2	电动机动力关闭指令信号（串行主轴）
134	DSCNA	G73.4	禁止断线检测信号（串行主轴）
135	ARSTB	G75.0	报警复位信号（串行主轴）
136	* ESPB	G75.1	紧急停止信号（串行主轴）
137	SPSLB	G75.2	主轴选择信号（串行主轴）
138	MCFNB	G75.3	动力线切换结束信号（串行主轴）
139	SOCNB	G75.4	软启动/停止取消信号（串行主轴）
140	INTGB	G75.5	速度积分控制信号（串行主轴）
141	RSLB	G75.6	输出切换请求信号（串行主轴）
142	RCHB	G75.7	动力线状态确认信号（串行主轴）

续表

序号	符号	地址号	信 号 意 义
143	INDXB	G76.0	定向停止位置变更指令信号(串行主轴)
144	ROTAB	G76.1	定向停止位置变更时旋转方向指令信号(串行主轴)
145	NRROB	G76.2	定向停止位置变更时最短距离返回指令信号(串行主轴)
146	DEFMDB	G76.3	差速方式指令信号(串行主轴)
147	OVRB	G76.4	模拟倍率信号(串行主轴)
148	INCMDB	G76.5	增量指令外部设定定向信号(串行主轴)
149	MFNHGB	G76.6	主轴切换时主轴 MCC 触点状态信号(串行主轴)
150	RCHHGB	G76.7	主轴切换高速 MCC 触点状态信号(串行主轴)
151	MORCMB	G77.0	磁传感方式定向指令信号(串行主轴)
152	SLVB	G77.1	从动运行方式指令信号(串行主轴)
153	MPOFB	G77.2	电动机动力关闭指令信号(串行主轴)
154	DSCNB	G77.4	禁止断线检测信号(串行主轴)
155	SHA00~SHA11	G078.0~G79.3	主轴定向外部停止位置指令信号
156	SHB00~SHB11	G080.0~G81.3	
157	SRLNI0~SRLNI3	G091.0~G91.3	组号指定信号
158	IOLACK	G092.0	I/O Link 确认信号
159	IOLS	G092.1	I/O Link 指定信号
160	BGION	G092.2	Power Mate 读/写进行中信号
161	BGIALM	G092.3	Power Mate 读/写报警信号
162	BGEN	G092.4	Power Mate 后台忙信号
163	*HROV0~*HROV6	G96.0~G96.6	1%快速进给倍率信号
164	HROV	G96.7	1%快速进给倍率选择信号
165	EKC0~EKC7	G098.0~G98.7	键代码信号
166	+J1~+J4	G100.0~G100.7	进给轴和方向选择信号
167	−J1~−J4	G102.0~G102.7	
168	MI1~MI4	G106.0~G106.7	镜像信号
169	MLK1~MLK4	G108.0~G108.7	各轴机床锁定信号
170	+LM1~+LM4	G110.0~G110.7	行程限位外部设定信号
171	−LM1~−LM4	G112.0~G112.7	
172	*+L1~*+L4	G114.0~G114.7	超程信号
173	*−L1~*−L4	G116.0~G116.7	
174	*+ED1~*+ED4	G118.0~G118.7	外部减速信号
175	*−ED1~*−ED4	G120.0~G120.7	
176	IUDD1~IUDD4	G125.0~G125.7	异常负载检测无效信号
177	SVF1~SVF4	G126.0~G126.3	伺服关闭信号
178	*T1~*T4	G130.0~G130.3	各轴互锁信号
179	+MIT1~+MIT4	G132.0~G132.3	各轴各方向互锁信号
180	−MIT1~−MIT4	G134.0~G134.3	
181	EAX1~EAX4	G136.0~G136.3	控制轴选择信号(PMC 轴控制)
182	SYNC1~SYNC4	G138.0~G138.3	简易同步轴选择信号
183	SYNCJ1~SYNCJ4	G140.0~G140.3	简易同步手动进给轴选择信号
184	EFINA	G142.0	伺服关闭信号
185	ELCKZA	G142.1	累计零点检查信号
186	EMBUFA	G142.2	禁止缓冲信号(PMC 轴控制)
187	ESBKA	G142.3	程序段停止信号(PMC 轴控制)
188	ESOFA	G142.4	伺服关闭信号(PMC 控制)
189	ESTPA	G142.5	轴控制瞬间停止信号(PMC 控制)
190	ECLRA	G142.6	复位信号(PMC 控制)
191	EBUFA	G142.7	轴控制指令读取信号(PMC 控制)
192	EC0A~EC6A	G143.0~G143.6	轴控制指令信号(PMC 控制)
193	EMSBKA	G143.7	禁止程序段停止信号(PMC 控制)

序号	符号	地址号	信号意义
194	EIF0A~EIF15A	G144.0~G145.7	轴控制进给速度信号(PMC控制)
195	EID0A~EID31A	G146.0~G149.7	轴控制数据信号(PMC控制)
196	ROV1E、ROV2E	G150.0、G150.1	快速进给倍率信号(PMC控制)
197	OVCE	G150.5	倍率取消信号(PMC控制)
198	RTE	G150.6	手动快速进给选择信号(PMC控制)
199	DRNE	G150.7	空运行信号(PMC控制)
200	*FV0E~*FV7E	G151.0~G151.7	进给速度倍率信号(PMC控制)
201	EFINB	G154.0	伺服关闭信号
202	ELCKZB	G154.1	累计零点检查信号
203	EMBUFB	G154.2	禁止缓冲信号(PMC轴控制)
204	ESBKB	G154.3	程序段停止信号(PMC轴控制)
205	ESOFB	G154.4	伺服关闭信号(PMC控制)
206	ESTPB	G154.5	轴控制瞬间停止信号(PMC控制)
207	ECLRB	G154.6	复位信号(PMC控制)
208	EBUFB	G154.7	轴控制指令读取信号(PMC控制)
209	EC0B~EC6B	G155.0~G155.6	轴控制指令信号(PMC控制)
210	EMSBKB	G155.7	禁止程序段停止信号(PMC控制)
211	EIF0B~EIF15B	G156.0~G157.7	轴控制进给速度信号(PMC控制)
212	EID0B~EID31B	G158.0~G161.7	轴控制数据信号(PMC控制)
213	EFINC	G166.0	伺服关闭信号
214	ELCKZC	G166.1	累计零点检查信号
215	EMBUFC	G166.2	禁止缓冲信号(PMC轴控制)
216	ESBKC	G166.3	程序段停止信号(PMC轴控制)
217	ESOFC	G166.4	伺服关闭信号(PMC控制)
218	ESTPC	G166.5	轴控制瞬间停止信号(PMC控制)
219	ECLRC	G166.6	复位信号(PMC控制)
220	EBUFC	G166.7	轴控制指令读取信号(PMC控制)
221	EC0C~EC6C	G167.0~G167.6	轴控制指令信号(PMC控制)
222	EMSBKC	G167.7	禁止程序段停止信号(PMC控制)
223	EIF0C~EIF15C	G168.0~G169.7	轴控制进给速度信号(PMC控制)
224	EID0C~EID31C	G170.0~G1173.7	轴控制数据信号(PMC控制)
225	EFIND	G178.0	伺服关闭信号
226	ELCKZD	G178.1	累计零点检查信号
227	EMBUFD	G178.2	禁止缓冲信号(PMC轴控制)
228	ESBKD	G178.3	程序段停止信号(PMC轴控制)
229	ESOFD	G178.4	伺服关闭信号(PMC控制)
230	ESTPD	G178.5	轴控制瞬间停止信号(PMC控制)
231	ECLRD	G178.6	复位信号(PMC控制)
232	EBUFD	G178.7	轴控制指令读取信号(PMC控制)
233	EC0D~EC6D	G179.0~G179.6	轴控制指令信号(PMC控制)
234	EMSBKD	G179.7	禁止程序段停止信号(PMC控制)
235	EIF0D~EIF15D	G180.0~G181.7	轴控制进给速度信号(PMC控制)
236	EID0D~EID31D	G182.0~G185.7	轴控制数据信号(PMC控制)
237	IGVRY1~IGVRY4	G192.0~G192.3	各轴Vrdy Off报警忽略信号
238	NPOS1~NPOS4	G198.0~G198.3	位置显示忽略信号
239	EASIP1~EASIP4	G200.0~G200.3	轴控制重叠指令信号

6.5.4 发那科0iC系统NC输出到PMC的接口信号

发那科0iC系统在工作过程中,NC需要将一些信号传递给PLC(PMC),这些信号是NC将相应的F标志位置"1"完成的,这些信号是特定信号,每位都有特定含义,表6-32是发那科0iC系统NC输出到PLC

（PMC）的信号，信号的具体含义见表 6-33。这些信号可以在系统诊断画面中观察其状态，也可以利用系统 PLC（PMC）梯形图在线显示功能显示这些信号在梯形图中的作用。

表 6-32　发那科 0iC 系统 NC 输出到 PLC（PMC）的信号

位 地址（字节）	7	6	5	4	3	2	1	0
F000	OP	SA	STL	SPL				RWD
F001	MA		TAP	ENB	DEN	BAL	RST	AL
F002	MDRN	CUT		SRNMV	THRD	CSS	RPDO	INCH
F003	MTCHIN	MEDT	MMEM	MRMT	MMDI	MJ	MH	MINC
F004			MREF	MAFL	MSBK	MABSM	MMLK	MBDT1
F005	MBDT9	MBDT8	MBDT7	MBDT6	MBDT5	MBDT4	MBDT3	MBDT2
F007	BF			BF	TF	SF	EFD	MF
F008			MF3	MF2				EF
F009	DM00	DM01	DM02	DM30				
F010	M07	M06	M05	M04	M03	M02	M01	M00
F011	M15	M14	M13	M12	M11	M10	M09	M08
F012	M23	M22	M21	M20	M19	M18	M17	M16
F013	M31	M30	M29	M28	M27	M26	M25	M24
F014	M207	M206	M205	M204	M203	M202	M201	M200
F015	M215	M214	M213	M212	M211	M210	M209	M208
F016	M307	M306	M305	M304	M303	M302	M301	M300
F017	M315	M314	M313	M312	M311	M310	M309	M308
F022	S07	S06	S05	S04	S03	S02	S01	S00
F023	S15	S14	S13	S12	S11	S10	S09	S08
F024	S23	S22	S21	S20	S19	S18	S17	S16
F025	S31	S30	S29	S28	S27	S26	S25	S24
F026	T07	T06	T05	T04	T03	T02	T01	T00
F027	T15	T14	T13	T12	T11	T10	T09	T08
F028	T23	T22	T21	T20	T19	T18	T17	T16
F029	T31	T30	T29	T28	T27	T26	T25	T24
F030	B07	B06	B05	B04	B03	B02	B01	B00
F031	B15	B14	B13	B12	B11	B10	B09	B08
F032	B23	B22	B21	B20	B19	B18	B17	B16
F033	B31	B30	B29	B28	B27	B26	B25	B24
F034						GR3O	GR2O	GR1O
F035								SPAL
F036	R08O	R07O	R06O	R05O	R04O	R03O	R02O	R01O
F037					R12O	R11O	R10O	R09O
F038					ENB3	ENB2	SUCLP	SCLP
F040	AR7	AR6	AR5	AR4	AR3	AR2	AR1	AR0
F041	AR15	AR14	AR13	AR12	AR11	AR10	AR09	AR08
F044				SYCAL	FSPPH	FSPSY	FSCSL	
F045	ORARA	TLMA	LDT2A	LDT1A	SARA	SDTA	SSTA	ALMA
F046	MORA2A	MORA1A	PORA2A	SLVSA	RCFNA	RCHPA	CFINA	CHPA
F047				EXOFA			INCSTA	PC1DTA
F049	ORARB	TLMB	LDT2B	LDT1B	SARB	SDTB	SSTB	ALMB
F050	MORA2B	MORA1B	PORA2B	SLVSB	RCFNB	RCHPB	CFINB	CHPB
F051				EXOFB			INCSTB	PC1DTB
F053	EKENB			BGEACT	RPALM	RPBSY	PRGDPL	INHKY
F054	UO007	UO006	UO005	UO004	UO003	UO002	UO001	UO000
F055	UO015	UO014	UO013	UO012	UO011	UO010	UO009	UO008
F056	UO107	UO106	UO105	UO104	UO103	UO102	UO101	UO100
F057	UO115	UO114	UO113	UO112	UO111	UO110	UO109	UO108

地址(字节) \ 位	7	6	5	4	3	2	1	0
F058	UO123	UO122	UO121	UO120	UO119	UO118	UO117	UO116
F059	UO131	UO130	UO129	UO128	UO127	UO126	UO125	UO124
F060						ESCAN	ESEND	EREND
F061							BCLP	BUCLP
F062	PRTSF			S2MES	S1MES			AICC
F063	PSYN							
F064						TLCHI	TLNW	TLCH
F065							RGSPM	RGSPP
F066			PECK2				RTPT	G08MD
F070	PSW08	PSW07	PSW06	PSW05	PSW04	PSW03	PSW02	PSW01
F071	PSW15	PSW14	PSW13	PSW12	PSW11	PSW10	PSW09	PSW08
F072	OUT7	OUT6	OUT5	OUT4	OUT3	OUT2	OUT1	OUT0
F073				ZRNO		MD4O	MD2O	MD1O
F075	SPO	KEYO	DRNO	MLKO	SBKO	BDTO		
F076			ROV2O	ROV1O	RTAP		MP2O	MP1O
F077		RTO			HS1DO	HS1CO	HS1BO	HS1AO
F078	* FV7O	* FV6O	* FV5O	* FV4O	* FV3O	* FV2O	* FV1O	* FV0O
F079	* JV7O	* JV6O	* JV5O	* JV4O	* JV3O	* JV2O	* JV1O	* JV0O
F080	* JV15O	* JV14O	* JV13O	* JV12O	* JV11O	* JV10O	* JV9O	* JV8O
F081	—J4O	+J4O	—J3O	+J3O	—J2O	+J2O	—J1O	+J1O
F090						ABTSP2	ABTSP1	ABTQSV
F094					ZP4	ZP3	ZP2	ZP1
F096					ZP24	ZP23	ZP22	ZP21
F098					ZP34	ZP33	ZP32	ZP31
F100					ZP44	ZP43	ZP42	ZP41
F102					MV4	MV3	MV2	MV1
F104					INP4	INP3	INP2	INP1
F106					MVD4	MVD3	MVD2	MVD1
F108					MMI4	MMI3	MMI2	MMI1
F112					EADEN4	EADEN3	EADEN2	EADEN1
F114					TRQL4	TRQL3	TRQL2	TRQL1
F120					ZRF4	ZRF3	ZRF2	ZRF1
F122								HDO0
F124					+OT4	+OT3	+OT2	+OT1
F126					—OT4	—OT3	—OT2	—OT1
F129	* EAXSL		EOVO					
F130	EBSYA	EOTNA	EOTPA	EGENA	EDENA	EIALA	ECKZA	EINPA
F131							EABUFA	EMFA
F132	EM28A	EM24A	EM22A	EM21A	EM18A	EM14A	EM12A	EM11A
F133	EBSYB	EOTNB	EOTPB	EGENB	EDENB	EIALB	ECKZB	EINPB
F134							EABUFB	EMFB
F135	EM28B	EM24B	EM22B	EM21B	EM18B	EM14B	EM12B	EM11B
F136	EBSYC	EOTNC	EOTPC	EGENC	EDENC	EIALC	ECKZC	EINPC
F137							EABUFC	EMFC
F138	EM28C	EM24C	EM22C	EM21C	EM18C	EM14C	EM12C	EM11C
F139	EBSYD	EOTND	EOTPD	EGEND	EDEND	EIALD	ECKZD	EINPD
F140							EABUFD	EMFD
F141	EM28D	EM24D	EM22D	EM21D	EM18D	EM14D	EM12D	EM11D
F142	EM48A	EM44A	EM42A	EM41A	EM38A	EM34A	EM32A	EM31A
F143	EM48B	EM44B	EM42B	EM41B	EM38B	EM34B	EM32B	EM31B

续表

位 地址（字节）	7	6	5	4	3	2	1	0
F144	EM48C	EM44C	EM42C	EM41C	EM38C	EM34C	EM32C	EM31C
F145	EM48D	EM44D	EM42D	EM41D	EM38D	EM34D	EM32D	EM31D
F172	PBATL	PBATZ						
F177	EDGN	EPARM	EVAR	EPRG	EWTIO	ESTPIO	ERDIO	IOLNK
F178					SRLNO3	SRLNO2	SRLNO1	SRLNO0
F180					CLRCH4	CLRCH3	CLRCH2	CLRCH1
F182					EACNT4	EACNT3	EACNT2	EACNT1

表 6-33　发那科 0iC 系统 NC 输出到 PLC（PMC）的信号含义

序号	符号	地址号	信号意义
1	RWD	F0.0	倒带状态信号
2	SPL	F0.4	自动运行暂停状态信号
3	STL	F0.5	自动运行启动状态信号
4	SA	F0.6	伺服准备好信号
5	OP	F0.7	自动运行状态信号
6	AL	F1.0	报警状态信号
7	RST	F1.1	复位状态信号
8	BAL	F1.2	电池报警信号
9	DEN	F1.3	分配结束信号
10	ENB	F1.4	主轴使能信号
11	TAP	F1.5	攻螺纹在执行中信号
12	MA	F1.7	准备结束信号
13	INCH	F2.0	英制输入信号
14	RPDO	F2.1	快速进给状态信号
15	CSS	F2.2	执行恒表面切削速度的状态信号
16	THRD	F2.3	执行螺纹切削功能的状态信号
17	SRNMV	F2.4	程序再启动状态信号
18	CUT	F2.6	执行切削进给状态信号
19	MDRN	F2.7	空运行检测信号
20	MBDT1	F4.0	跳过任选程序段检测信号
21	MMLK	F4.1	全轴机床锁定确认信号
22	MABSM	F4.2	手动绝对值确认信号
23	MSBK	F4.3	单程序段确认信号
24	MAFL	F4.4	辅助功能锁定确认信号
25	MREF	F4.5	选择手动返回参考点确认信号
26	MBDT2～MBDT9	F5.0～F5.7	跳过任选程序段检测信号
27	MF	F7.0	辅助功能选通信号
28	EFD	F7.1	用于高速接口的外部运行信号
29	SF	F7.2	主轴速度选通信号
30	TF	F7.3	刀具功能选通信号
31	BF	F7.4、F7.7	第二辅助功能选通信号
32	EF	F8.0	外部运行信号
33	MF2	F8.4	第二 M 功能选通信号
34	MF3	F8.5	第三 M 功能选通信号
35	DM30、DM02、 DM01、DM00	F9.4、F9.5、 F9.6、F9.7	M 功能译码信号
36	M00～M31	F10.0～F13.7	辅助功能代码信号
37	M200～M215	F14.0～F15.7	第二 M 辅助功能代码信号
38	M300～M315	F16.0～F17.7	第三 M 辅助功能代码信号
39	S00～S31	F22.0～F25.7	主轴功能代码信号

序号	符号	地址号	信 号 意 义
40	T00～T31	F26.0～F29.7	刀具功能代码信号
41	B00～B31	F30.0～F33.7	第二辅助功能代码信号
42	GR1O、GR2O、GR3O	F34.0～F34.2	齿轮选择信号
43	SPAL	F35.0	主轴波动检测报警信号
44	R01O～R08O R09O～R12O	F36.0～F36.7 F37.0～F37.3	S12 位代码信号
45	SCLP	F38.0	主轴夹紧信号
46	SUCLP	F38.1	主轴松开信号
47	ENB2、ENB3	F38.2、F38.3	主轴使能信号
48	AR0～AR15	F40.0～F41.7	实际主轴速度信号
49	FSCSL	F44.1	Cs 轮廓控制切换束信号
50	FSPSY	F44.2	主轴同步速度控制结束信号
51	FSPPH	F44.3	主轴相位同步控制结束信号
52	SYCAL	F44.4	相位误差监控信号
53	ALMA	F45.0	报警信号（串行主轴）
54	SSTA	F45.1	速度零信号（串行主轴）
55	SDTA	F45.2	速度检测信号（串行主轴）
56	SARA	F45.3	主轴达速信号（串行主轴）
57	LDT1A	F45.4	负载检测信号 1（串行主轴）
58	LDT2A	F45.5	负载检测信号 2（串行主轴）
59	TLMA	F45.6	扭矩限制状态信号（串行主轴）
60	ORARA	F45.7	定向结束信号（串行主轴）
61	CHPA	F46.0	动力线切换信号（串行主轴）
62	CFINA	F46.1	主轴切换结束信号（串行主轴）
63	RCHPA	F46.2	输出切换信号（串行主轴）
64	RCFNA	F46.3	输出切换结束信号（串行主轴）
65	SLVSA	F46.4	从动运行方式指令信号（串行主轴）
66	PORA2A	F46.5	位置编码器方式定位接近信号（串行主轴）
67	MORA1A	F46.6	磁传感器方式定向结束信号（串行主轴）
68	MORA2A	F46.7	磁传感器方式定向接近信号（串行主轴）
69	PC1DTA	F47.0	位置编码器 1 转信号的检测状态信号（串行主轴）
70	INCSTA	F47.1	增量方式定向信号（串行主轴）
71	EXOFA	F47.4	电动机有效关闭状态信号（串行主轴）
72	ALMB	F49.0	报警信号（串行主轴）
73	SSTB	F49.1	速度零信号（串行主轴）
74	SDTB	F49.2	速度检测信号（串行主轴）
75	SARB	F49.3	主轴达速信号（串行主轴）
76	LDT1B	F49.4	负载检测信号 1（串行主轴）
77	LDT2B	F49.5	负载检测信号 2（串行主轴）
78	TLMB	F49.6	扭矩限制状态信号（串行主轴）
79	ORARB	F49.7	定向结束信号（串行主轴）
80	CHPB	F50.0	动力线切换信号（串行主轴）
81	CFINB	F50.1	主轴切换结束信号（串行主轴）
82	RCHPB	F50.2	输出切换信号（串行主轴）
83	RCFNB	F50.3	输出切换结束信号（串行主轴）
84	SLVSB	F50.4	从动运行方式指令信号（串行主轴）
85	PORA2B	F50.5	位置编码器方式定位接近信号（串行主轴）
86	MORA1B	F50.6	磁传感器方式定向结束信号（串行主轴）
87	MORA2B	F50.7	磁传感器方式定向接近信号（串行主轴）
88	PC1DTB	F51.0	位置编码器 1 转信号的检测状态信号（串行主轴）

序号	符号	地址号	信 号 意 义
89	INCSTB	F51.1	增量方式定向信号（串行主轴）
90	EXOFB	F51.4	电动机有效关闭状态信号（串行主轴）
91	INHEY	F53.0	键输入禁止信号
92	PRGDPL	F53.1	程序画面正在显示状态信号
93	RPBSY	F53.2	阅读/穿孔正在进行状态信号
94	RPALM	F53.3	阅读/穿孔报警信号
95	BGEACT	F53.4	后台忙信号
96	EKENB	F53.7	键代码读取结束信号
97	UO000~UO015 UO100~UO131	F54.0~F59.7	用于用户宏程序的输出信号
98	EREND	F60.0	用于外部数据输入的读取结束信号
99	ESEND	F60.1	用于外部数据输入的检索结束信号
100	ESCAN	F60.2	外部数据输入检索取消信号
101	BUCLP	F61.0	B轴松开信号
102	BCLP	F61.1	B轴卡紧信号
103	AICC	F62.0	AI先行控制方式状态信号
104	S1MES	F62.3	主轴1处于测量状态信号
105	S2MES	F62.4	主轴2处于测量状态信号
106	PRTSF	F62.7	到达所需要零件数量信号
107	TLCH	F64.0	换刀信号
108	TLNW	F64.1	新刀具选择信号
109	TLCHI	F64.2	每把刀换刀信号
110	RGSPP	F65.0	主轴旋转方向信号
111	RGSPM	F65.1	
112	G08MD	F66.0	处于先行控制方式状态信号
113	RTPT	F66.1	刚性攻螺纹回退完成信号
114	PECK2	P66.5	处于小深孔加工钻削循环状态信号
115	PSW01~PSW15	F70.0~F71.7	位置开关信号
116	OUT0~OUT7	F72.0~F72.7	软操作面板开关信号
117	MD1O	F73.0	软操作面板信号（MD1）
118	MD2O	F73.1	软操作面板信号（MD2）
119	MD4O	F73.2	软操作面板信号（MD4）
120	ZRNO	F73.4	软操作面板信号（ZRN）
121	BDTO	F75.2	软操作面板信号（BDT）
122	SBKO	F75.3	软操作面板信号（SBK）
123	MLKO	F75.4	软操作面板信号（MLK）
124	DRNO	F75.5	软操作面板信号（DRN）
125	KEYO	F75.6	软操作面板信号（KEY1~KEY4）
126	SPO	F75.7	软操作面板信号（*SP）
127	MP1O	F76.0	软操作面板信号（MP1）
128	MP2O	F76.1	软操作面板信号（MP2）
129	RTAP	F76.3	处于刚性攻螺纹方式状态信号
130	ROV10	F76.4	软操作面板信号（ROV1）
131	ROV20	F76.5	软操作面板信号（ROV2）
132	HS1AO	F77.0	软操作面板信号（HS1A）
133	HS1BO	F77.1	软操作面板信号（HS1B）
134	HS1CO	F77.2	软操作面板信号（HS1C）
135	HS1DO	F77.3	软操作面板信号（HS1D）
136	RTO	F77.6	软操作面板信号（RT）
137	*FV0O~*FV7O	F78.0~F78.7	软操作面板信号（*FV0~*FV7）
138	*JV0O~*JV15O	F79.0~F80.7	软操作面板信号（*JV0~*JV15）

序号	符号	地址号	信 号 意 义
139	+J1O,+J2O, +J3O,+J4O	F81.0,F81.2 F81.4,F81.6	软操作面板信号(+J1、+J2、+J3、+J4)
140	−J1O,−J2O, −J3O,−J4O	F81.1,F81.3 F81.5,F81.7	软操作面板信号(−J1、−J2、−J3、−J4)
141	ABTQSV	F90.0	伺服轴异常负载检测信号
142	ABTSP1	F90.1	第一主轴异常负载检测信号
143	ABTSP2	F90.2	第二主轴异常负载检测信号
144	ZP1～ZP4	F94.0～F94.3	返回参考点结束信号
145	ZP21～ZP24	F96.0～F96.3	返回第二参考点结束信号
146	ZP31～ZP34	F98.0～F98.3	返回第三参考点结束信号
147	ZP41～ZP44	F100.0～F100.3	返回第四参考点结束信号
148	MV1～MV4	F102.0～F102.3	轴处于移动状态信号
149	INP1～INP4	F104.0～F104.3	到位信号
150	MVD1～MVD4	F106.0～F106.3	轴移动方向信号
151	MMI1～MMI4	F108.0～F108.3	镜像确认信号
152	EADEN1～EADEN2	F112.0～F112.3	处于控制状态信号(PMC轴控制)
153	TRQL1～TRQL2	F114.0～F114.3	扭矩极限到达信号
154	ZRF1～ZRF4	F120.0～F120.3	参考点建立信号
155	HDO0	F122.0	高速跳转状态信号
156	+OT1～+OT4	F124.0～F124.3	行程限位到达信号
157	−OT1～−OT4	F126.0～F126.3	行程限位到达信号
158	EOVO	F129.5	%倍率信号(PMC轴控制)
159	*EAXSL	F129.7	控制轴选择状态信号(PMC轴控制)
160	EINPA	F130.0	到位信号(PMC轴控制)
161	ECKZA	F130.1	处于零跟随误差检测状态信号(PMC轴控制)
162	EIALA	F130.2	处于报警状态信号(PMC轴控制)
163	EDENA	F130.3	辅助功能执行状态信号(PMC轴控制)
164	EGENA	F130.4	辅助功能结束信号(PMC轴控制)
165	EOTPA	F130.5	正方向超程信号(PMC轴控制)
166	EOTNA	F130.6	负方向超程信号(PMC轴控制)
167	EBSYA	F130.7	轴控制指令读取完成信号(PMC轴控制)
168	EMFA	F131.0	辅助功能存储信号(PMC轴控制)
169	EABUFA	F131.1	缓冲器满信号(PMC轴控制)
170	EM11A～EM28A	F132.0～F132.7	辅助功能代码信号(PMC轴控制)
171	EINPB	F133.0	到位信号(PMC轴控制)
172	ECKZB	F133.1	处于零跟随误差检测状态信号(PMC轴控制)
173	EIALB	F133.2	处于报警状态信号(PMC轴控制)
174	EDENB	F133.3	辅助功能执行状态信号(PMC轴控制)
175	EGENB	F133.4	辅助功能结束信号(PMC轴控制)
176	EOTPB	F133.5	正方向超程信号(PMC轴控制)
177	EOTNB	F133.6	负方向超程信号(PMC轴控制)
178	EBSYB	F133.7	轴控制指令读取完成信号(PMC轴控制)
179	EMFB	F134.0	辅助功能存储信号(PMC轴控制)
180	EABUFB	F134.1	缓冲器满信号(PMC轴控制)
181	EM11B～EM28B	F135.0～F135.7	辅助功能代码信号(PMC轴控制)
182	EINPC	F136.0	到位信号(PMC轴控制)
183	ECKZC	F136.1	处于零跟随误差检测状态信号(PMC轴控制)
184	EIALC	F136.2	处于报警状态信号(PMC轴控制)
185	EDENC	F136.3	辅助功能执行状态信号(PMC轴控制)
186	EGENC	F136.4	辅助功能结束信号(PMC轴控制)
187	EOTPC	F136.5	正方向超程信号(PMC轴控制)

序号	符 号	地址号	信号意义
188	EOTNC	F136.6	负方向超程信号(PMC 轴控制)
189	EBSYC	F136.7	轴控制指令读取完成信号(PMC 轴控制)
190	EMFC	F137.0	辅助功能存储信号(PMC 轴控制)
191	EABUFC	F137.1	缓冲器满信号(PMC 轴控制)
192	EM11C~EM28C	F138.0~F138.7	辅助功能代码信号(PMC 轴控制)
193	EINPD	F139.0	到位信号(PMC 轴控制)
194	ECKZD	F139.1	处于零跟随误差检测状态信号(PMC 轴控制)
195	EIALD	F139.2	处于报警状态信号(PMC 轴控制)
196	EDEND	F139.3	辅助功能执行状态信号(PMC 轴控制)
197	EGEND	F139.4	辅助功能结束信号(PMC 轴控制)
198	EOTPD	F139.5	正方向超程信号(PMC 轴控制)
199	EOTND	F139.6	负方向超程信号(PMC 轴控制)
200	EBSYD	F139.7	轴控制指令读取完成信号(PMC 轴控制)
201	EMFD	F140.0	辅助功能存储信号(PMC 轴控制)
202	EABUFD	F140.1	缓冲器满信号(PMC 轴控制)
203	EM11D~EM28D	F141.0~F141.7	辅助功能代码信号(PMC 轴控制)
204	EM31A~EM48A	F142.0~F142.7	辅助功能代码信号(PMC 轴控制)
205	EM31B~EM48B	F143.0~F143.7	辅助功能代码信号(PMC 轴控制)
206	EM31C~EM48C	F144.0~F144.7	辅助功能代码信号(PMC 轴控制)
207	EM31D~EM48D	F145.0~F145.7	辅助功能代码信号(PMC 轴控制)
208	PBATZ	F172.6	绝对位置检测器电池零电压报警信号
209	PBATL	F172.7	绝对位置检测器电池低电压报警信号
210	IOLNK	F177.0	从属 NC I/O Link 选择信号
211	ERDIO	F177.1	从属 NC 外部读信号
212	ESTPIO	F177.2	从属 NC 外部读/写/停止信号
213	EWTIO	F177.3	从属 NC 外部写启动信号
214	EPRG	F177.4	从属 NC 程序选择信号
215	EVAR	F177.5	从属 NC 宏变量选择信号
216	EPARM	F177.6	从属 NC 参数选择信号
217	EDGN	F177.7	从属诊断选择信号
218	SRLNO0~SRLNO3	F178.0~F178.3	组号输出信号
219	CLRCH1~CLRCH4	F180.0~F180.3	挡块式设定参考点用扭矩限制到达信号
220	EACNT1~EACNT4	F182.0~F182.3	处于控制状态信号(PMC 轴控制)

6.6　数控机床 PLC/PMC 报警

6.6.1　概述

数控机床的 PLC 报警分为两类,一类是 PLC 本身软硬件出现问题产生的报警,另一类是通过用户逻辑控制程序检查出机床故障产生的报警。本节主要介绍后一类报警的诊断与维修,这类报警是 PLC 的用户程序通过检测机床的各种输入输出信号,经过逻辑运算产生的,检测出故障后,在数控系统显示器上显示报警信息,并根据不同的报警采取不同的措施。

数控机床的 PLC 报警除了对 PLC 硬件、PLC 用户编程时出现的问题进行报警外(这两类报警在机床投入正常使用时很少发生),绝大多数报警都是机床侧报警,如:是否超行程、电动机是否过载、冷却压力和流量是否够、润滑及润滑油雾压力是否够、电气柜是否超温、夹具是否夹好、各种动作是否到位等。

PLC 故障报警很多情况下都可以通过报警信息找到故障原因,从而排除故障。有一些则比较复杂,诊断起来比较困难。诊断这样的故障要从以下几方面入手:

① 报警信息;

② 故障现象；

③ 机床工作原理；

④ 根据 PLC 梯形图，利用系统的状态显示功能检查相应元件的状态或者通过机外编程器实时观察 PLC 梯形图的运行状态来诊断故障。

6.6.2 西门子 810T/M 系统 PLC 报警机理

西门子 810T/M 系统的 PLC 报警是通过运行 PLC 梯形图检测出来的，并通过数控系统显示报警信息，一些故障通过报警信息就可以找到故障原因，另一些故障报警显示只是一些故障结果或者不正常的状态，原因还需查找。

如果出现异常，PLC 通过机床厂家编制的梯形图，根据现场反馈回来的各种检测信号及指令信号，将相应的标志位置位；数控系统通过与 PLC 的约定信号，根据机床制造厂家编制的报警文本，显示报警信息。

(1) 西门子 810T/M 系统的 PLC 报警和 PLC 操作信息产生机理

西门子 810T/M 系统的 PLC 运行用户梯形图控制程序过程中，发现问题后，将相应的 PLC 标志位置位，810T/M 系统根据机床厂家编制的报警文本显示报警号和报警信息。

西门子 810T/M 系统 PLC 的 6000～6063 故障报警和 7000～7063 操作信息显示的报警信息来自机床厂家编制的报警文本，该文本格式如下：

%PCA

N6000＝AXES DRIVE NOT OK

⋮

N6063＝OIL LEVEL IS LOW

N7000＝WORN WHEEL

⋮

N7063＝BRING WHEEL ABOVE VERTICAL MASTER

M02

西门子 810T/M 系统的报警文本只能在编程器或者计算机上编制，然后在数控系统初始化菜单中通过 RS232 接口传入数控系统，这个报警文本在 GA1 和 GA2 版本中只能传入不能传出，GA3 版本中既可以传入也传出。

出现故障报警后，报警号和报警信息显示在屏幕第二行的故障显示行上。

那么故障是如何检测出来的，又是如何按照机床厂家编制的报警文本显示机床报警的呢？这些报警是 PLC 系统根据输入端子输入的故障检测信号，通过 PLC 用户逻辑程序把相应的标志位置位产生报警信号的。NC 系统与 PLC 之间有信号约定，PLC 的报警标志位与报警号和相应的报警信息是一一对应的，NC 系统根据从 PLC 传来报警信号，把存储在存储器中机床厂家编制的报警文本的相应报警信息调出，在屏幕上显示报警信息。

(2) 西门子 810T/M 系统 PLC 标志位与报警号的对应关系

表 6-34 是西门子 810T/M 系统 PLC 标志位与报警号的对应表。

表 6-34　西门子 810T/M 系统 PLC 报警号与 PLC 标志位的关系

标志＼位	故障报警信息							
	7	6	5	4	3	2	1	0
FB100	6007	6006	6005	6004	6003	6002	6001	故障号 6000
FB101	6015	6014	6013	6012	6011	6010	6009	6008
FB102	6023	6022	6021	6020	6019	6018	6017	6016
FB103	6031	6030	6029	6028	6027	6026	6025	6024
FB104	6039	6038	6037	6036	6035	6034	6033	6032
FB105	6047	6046	6045	6044	6043	6042	6041	6040
FB106	6055	6054	6053	6052	6051	6050	6049	6048
FB107	6063	6062	6061	6060	6059	6058	6057	6056

例如，如果 PLC 将 F100.7 置位，NC 系统就会产生 6007 号报警，并从存储器的报警文本中调出 6007 号的报警信息在显示器上显示。如果故障消除，按应答键可将 F100.7 复位，6007 号的故障报警显示也随之消除。

（3）西门子 810T/M 系统 PLC 标志位与操作信息报警号的对应关系

7000～7063 号操作信息显示功能是西门子 810T/M 的系统设计者为数控机床制造厂家提供的，可为特定机床设定操作提示信息，一般不属于真正的报警（但有许多机床制造厂把这些也变成报警信息）。出现警示后，操作信号号和操作信息内容显示在屏幕上。这些操作信息由 PLC 根据相应的输入检测信号，通过 PLC 用户逻辑程序把相应的标志位置位，NC 系统查看到相应标志位置"1"后，从存储器中调出相应的报警文本，在屏幕上显示相应的错误信息。表 6-35 是西门子 810T/M 系统 PLC 标志位与操作信息显示号的对应关系表。

表 6-35　西门子 810T/M 系统 PLC 操作信息显示号与 PLC 标志位的关系

标志 \ 位	操作信息							
	7	6	5	4	3	2	1	0
FB 108	7007	7006	7005	7004	7003	7002	7001	故障号 7000
FB109	7015	7014	7013	7012	7011	7010	7009	7008
FB110	7023	7022	7021	7020	7019	7018	7017	7016
FB111	7031	7030	7029	7028	7027	7026	7025	7024
FB112	7039	7038	7037	7036	7035	7034	7033	7032
FB113	7047	7046	7045	7044	7043	7042	7041	7040
FB114	7055	7054	7053	7052	7051	7050	7049	7048
FB115	7063	7062	7061	7060	7059	7058	7057	7056

例如，如果 PLC 将 F109.7 置位，NC 系统就会产生 7015 号报警，并从存储器的报警文本中调出 7015 号的报警信息在显示器上显示。如果故障排除后，F108.7 可能随之变为"0"，也可能按应答键才能将 F109.7 复位（这依赖于机床制造厂家 PLC 用户程序是如何编制的），F109.7 的状态变为"0"，7015 故障报警显示也随之消失。

6.6.3　西门子 840D 系统 PLC 报警机理

西门子 840D 系统 PLC 检测出机床故障后，将数据块 DB2 中相应的数据位置位，NC 系统检测 DB2 的数据状态，如发现某位变"1"，就会产生相应的报警号，并从报警文本中调出报警信息在显示器上显示。西门子 840D 系统的 700000～702463 号报警为用户 PLC 报警，对应于 DB2 的数据位，见表 6-36。

表 6-36　西门子 840D 系统用户报警与数据块 DB2 相应位对应表

字节地址	位 7	位 6	位 5	位 4	位 3	位 2	位 1	位 0
DBB180	700007	700006	700005	700004	700003	700002	700001	故障号 700000
DBB181	700015	700014	700013	700012	700011	700010	700009	700008
DBB182	700023	700022	700021	700020	700019	700018	700017	700016
DBB183	700031	700030	700029	700028	700027	700026	700025	700024
DBB184	700039	700038	700037	700036	700035	700034	700033	700032
DBB185	700047	700046	700045	700044	700043	700042	700041	700040
DBB186	700055	700054	700053	700052	700051	700050	700049	700048
DBB187	700063	700062	700061	700060	700059	700058	700057	700056
DBB188～DBB195	用户区域 1,位 0～7(报警号:700100～700163)							
……	……							
DBB372～DBB379	用户区域 24,位 0～7(报警号:702400～702463)							

西门子 840D 系统 PLC 用户报警是从 700000 号开始的，因为对应于数据位是从 DB2.DBX180.0 开始的，所以可以根据报警号通过以下方法来迅速确定 DB 数据块中的数据位。

180（初始报警点）＋（中间两位数乘8）＋（后两位数除8的商＋小数点＋余数）

例如：报警号为701661，那么DB数据块的数据位可进行如下计算：

180（初始报警点）＋16×8（中间两位数乘8）＋61/8（后两位数除8＝商加小数点＋余数）＝180＋128＋7.5＝315.5

那么701661号报警对应的数据位就是DBX315.5。

6.6.4 发那科 0C 系统 PMC 报警机理

发那科0C系统机床侧报警分为机床报警和操作信息两大部分，它们是机床制造厂家根据机床实际的情况编写的，用PLC（PMC）控制程序根据机床反馈信号进行自诊断。按照发那科0C系统的PMC规定，机床故障的编号从1000～1999，操作信息的编号从2000～2999。原则上讲，出现机床报警时，数控系统立即进入进给暂停状态，而出现操作信息警示时，数控机床照常运行，仅对当前的操作给予说明。

发那科0C系统PMC报警检测由PMC程序来完成，出现报警时，将相应的报警位置"1"，报警显示由NC执行。报警信息编制在PMC程序中，PMC有专用指令根据报警位的置位情况将相应的报警信息传送给NC，由NC将报警信息显示在屏幕上。

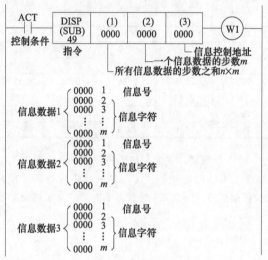

图6-15 信息显示指令（DISP）的格式

这个指令为信息显示指令（DISP），下面介绍其功能和使用。

① 功能　用于将显示信息显示于NC的屏幕上，一条信息显示指令最多可以显示16条不同类型的显示信息。

② 格式　如图6-15所示。

③ 控制条件

ACT＝0：不作信息处理，W1保持不变。

ACT＝1：指定信息被显示或删除。

④ 参数

a. 信息数据的步数总和为 $m×n$，一条信息显示指令最多可以显示16条信息，所以 n 最大为16。

b. 每条信息数据步数为 m，即每条显示信息由 m 个信息数据组成，设定步数后，一条信息显示指令中的每条显示数据的步数（数据数量）必须相同，如果少于 m，可用数字0来补充。

c. 信息控制地址：一条信息显示指令的控制地址要求使用4个连续字节的中间继电器R，4个字节的数据定义与分配如图6-16所示。

		信息数据8	信息数据7	信息数据6	信息数据5	信息数据4	信息数据3	信息数据2	信息数据1
显示请求	指定地址	信息数据8	信息数据7	信息数据6	信息数据5	信息数据4	信息数据3	信息数据2	信息数据1
	指定地址+1	信息数据16	信息数据15	信息数据14	信息数据13	信息数据12	信息数据11	信息数据10	信息数据9
显示状态	指定地址+2	信息数据8	信息数据7	信息数据6	信息数据5	信息数据4	信息数据3	信息数据2	信息数据1
	指定地址+3	信息数据16	信息数据15	信息数据14	信息数据13	信息数据12	信息数据11	信息数据10	信息数据9

图6-16 信息控制地址

信息控制地址中，前两个字节的16位依次为1～16个信息请求，如果其中某位为"1"，表示有信息显示请求，NC根据这个请求从信息数据中调用显示数据进行显示。

信息控制地址中，后两个字节的16位依次表示1～16个信息状态显示，其中为"1"的位表示相应的信息数据已在系统的显示器显示报警信息了。

⑤ 信息数据　信息数据为报警显示的信息包括

a. 信息号：第一信息数据为信息号，分类如下：

• 1000～1999 为报警信息，产生这类报警时，NC 进入一个故障状态。在发那科 0C 系统中这类显示信息的显示内容最多为 32 个字符（不包括信息号）。如果轴运动期间出现这类报警，系统进入进给保持状态。

• 2000～2099 为操作信息，出现这类报警时，NC 不进入故障报警状态，信号号显示在显示器上，显示的信息内容（不包括信息号）最多为 255 个字符。

• 2100～2999 也为操作信息，与前者不同之处是仅为信息号，信息不显示在显示器上。

b. 信息字符：显示的信息字符是用二进制数表示的英文字母、数字和符号，常用的数字、符号和英文字母编码见表 6-37，每个信息字符可以指定两个数字或英文字母。

表 6-37　显示信息的数字、符号和英文字母编码

指定数值	对应文字	指定数值	对应文字	指定数值	对应文字	指定数值	对应文字
47	/	58	.	69	E	80	P
48	0	59	;	70	F	81	Q
49	1	60	<	71	G	82	R
50	2	61	=	72	H	83	S
51	3	62	>	73	I	84	T
52	4	63	?	74	J	85	U
53	5	64	@	75	K	86	V
54	6	65	A	76	L	87	W
55	7	66	B	77	M	88	X
56	8	67	C	78	N	89	Y
57	9	68	D	79	O	90	Z

⑥ 处理结束标记 W1

W1＝0：处理结束。

W1＝1：正在处理中（ACT＝1 时，W1＝1）。

6.6.5　发那科 0iC 系统 PMC 报警机理

发那科 0iC 系统机床侧报警分为机床报警和操作信息两大部分，它们是机床制造厂家根据机床实际的情况编写的，用 PLC（PMC）控制程序根据机床反馈信号进行自诊断。按照发那科 0iC 的系统要求，机床故障的编号从 1000～1999，操作信息的编号从 2000～2999。原则上讲，出现机床报警时，数控系统立即进入进给暂停状态，而出现操作信息警示时，数控机床照常运行，仅对当前的操作给予说明。

发那科 0iC 系统无论是 PLC（PMC）的机床报警和操作信息都是通过运行 PLC（PMC）用户机床程序检测出来的，然后将相应的显示信息位 A×.×（A0.0～A24.7）置位，PLC（PMC）通过使用信息显示指令（图 6-17）将相应的信息显示在系统屏幕上，显示的信息存储在报警信息表（报警文本）中（表 6-38 为一台数控磨床报警信息的一部分），由机床设计者编制。

图 6-17　信息显示指令（DISPB）格式

表 6-38　发那科 0iC 系统 PLC（PMC）报警信息

显示信息请求地址位	显示信息	显示信息请求地址位	显示信息
A0.0	1000 Emergency Stop	A1.1	2001 Coolant Press Missed
A0.1	1001 Battery Low	A1.2	1010 Load Arm Error
A0.2	1002 Work Operate Date Error	A1.3	1011 Work Drive No Ready
A0.3	1003 Grinding Operate Data Error	A1.4	1012 Grinding Drive No Ready
A0.4	1004 X Axis Travel	A1.5	1013 FR Overload
A0.5	1005 Z Axis Travel	A1.6	1014 Work or Grinding Drive Over Temp
A0.6	1006 Hydraulic Oil Alarm		
A0.7	1007 Air Press Missed	A1.7	1015 System Not Memory Mode
A1.0	2000 Lub Level Low	A2.0	2002 Door No Close

报警文本是为 PLC（PMC）编辑的，报警信息可以有 200 条，每条包含的字符最多可达 255 个。报警文本可在通用计算机上编制，然后传入数控系统，也可以在数控系统上通过操作面板进行编制。

报警文本通过系统操作面板编辑的方法如下：

① 按 MDI 操作面板上的显示功能按键 SYSTEM，进入系统管理和诊断菜单；

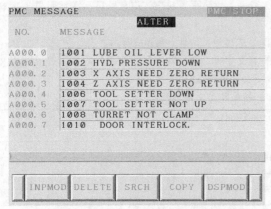

图 6-18　发那科 0iC 系统报警文本输入页面

② 按屏幕 PMC 下方的软键，系统进入 PMC 编辑器操作菜单；

③ 按菜单扩展按键▶，在 PMC 编辑器操作扩展菜单中，按 EDIT 下面的软键，进入 PMC 编辑菜单；

④ 按屏幕 MESSAGE 下方的软键，进入 PMC 报警文本报警页面；

⑤ 在这个页面可以按照机床要求编辑、修改报警文本，见图 6-18。在这个页面中，使用 INPUT 按键输入信息，或者按 INPMOD 软键选择 INPUT（输入）、INSERT（插入）、ALTER（替换）软键进行操作；按 DELETE 软键进行删除，按 COPY 软键进行复制，按 SRCH 软键进行搜索，按 DSPMOD 软键可以选择输入文本的语言。

6.7　数控机床 PLC/PMC 报警故障的检修

数控机床的 PLC 报警除了对 PLC 硬件、PLC 用户编制时出现的问题进行报警外（这两类报警在机床投入正常使用时很少发生），绝大多数报警都是机床侧报警，如：伺服轴超行程报警、电动机过载报警、冷却压力和流量报警、润滑及润滑油雾压力报警、电气柜超温报警、夹具报警、各种动作不到位报警等。

PLC 故障报警很多情况下都可以通过报警信息找到故障原因，从而排除故障。有一些则比较复杂，诊断起来比较困难。诊断这样的故障要从以下几方面入手：

① 报警信息；

② 故障现象；

③ 机床工作原理；

④ 根据 PLC 梯形图，利用系统的状态显示功能检查相应元件的状态或者利用机外编程器通过实时观察 PLC 梯形图的运行状态，来检查故障。

6.7.1　利用报警信息检修 PLC/PMC 报警故障

很多机床侧故障 PLC 系统都能检测出来，并且在屏幕上显示报警信息。数控机床的机床侧故障是数控系统通过 PLC 运行用户程序检测出来的，并产生报警、停止机床的相应运动。PLC 检测到故障后，将故障信号传递给数控系统，由数控系统根据故障信号调用报警文本，在屏幕上显示报警信息。有很多故障根据报警信息就可以排除故障。下面列举几个实际维修案例。

案例 1：一台数控车床在运行时出现 2014 号报警。

数控系统：发那科 0TC 系统。

故障现象：这个机床在正常运行时突然出现 2014 号报警。

故障分析与检查：发那科 0C 系列数控系统 2014 号报警为 PMC 报警，检查这台机床的报警信息，2014 的报警信息为 "Lubrication Oil No Enough（润滑油不足）"，检查润滑油箱发现油位过低。

润滑油不足是通过液位开关 L2.7 检测的，如图 6-19 所示，该开关接入 PMC 的输入 X2.7，当油位低时，这个开关断开，X2.7 的状态变为 "0"，PMC 用户程序检测到这一状态后就会产生 2014 号报警。

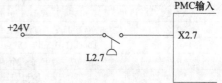

图 6-19　PMC 润滑油位检测连接原理图

故障处理：添加润滑油后报警消除。

案例 2：一台数控磨床出现 1008 号报警。

数控系统：发那科 0iTC 系统。

故障现象：这台机床工作时突然出现 1008 号报警。

故障分析与检查：检查报警信息，1008 报警的内容为"Mist Oil Fault（油雾故障）"，指示润滑油雾有故障，根据报警信息对油雾器进行检查发现油雾器内油太少。

故障处理：添加润滑油后，复位故障报警，机床恢复正常工作。

案例 3：一台数控车床出现报警"2041 X-Axis Over Travel（X 轴超行程）"。

数控系统：发那科 0TC 系统。

故障现象：这台磨床开机就出现 2041 报警，指示 X 轴超行程。

故障分析与检查：因为是 X 轴超行程报警，但对 X 轴进行检查，发现 X 轴滑台却在行程范围内，并没有压上行程开关，根据电气原理图，如图 6-20 所示，X 轴行程开关连接到 PMC 输入 X0.0 上，利用系统 Dgnos Param 功能，检查 PMC 输入 X0.0 的状态，发现为"1"，表示限位开关已经被压上，说明是限位开关的问题引起的误报警，将限位开关拆下检查发现开关已经损坏。

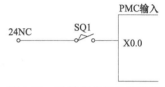

图 6-20　X 轴限位开关连接图

故障处理：更换 X 轴限位开关，机床恢复正常工作。

案例 4：一台数控窗口磨床出现 F28 报警。

数控系统：西门子 3M 系统。

故障现象：这台机床在手动操作时出现 F28 机床侧 PLC 报警和系统报警"222 Servo Loop Not Ready（伺服环没有准备）"。

故障分析与检查：因为系统有 PLC 报警号显示，西门子 3M 系统需要在 PC 诊断菜单中显示 PLC 报警信息，为此调用 3M 系统 PC 诊断菜单中的 Faults（故障）功能，查看 F28 的报警信息显示为"Endposition Minus Z-Axis（Z 轴负向超行程）"。原来是在手动操作 Z 轴运动时使 Z 轴滑台压到负向限位开关，引起了 Z 轴超行程报警。因为限位开关动作，使伺服使能信号取消，系统产生了 222 号系统报警。

故障处理：将限位解除钥匙开关打开，启动伺服系统，然后将 Z 轴手动正向运动，脱离限位后，将限位解除钥匙开关打回，机床恢复正常工作。

案例 5：一台数控车床出现报警"7009 Hydraulic Filter Block（液压过滤器堵塞）"。

数控系统：西门子 810T 系统。

故障现象：机床开机出现 7009 号报警，不能进行其他操作。

故障分析与检查：对 7009 号报警信息进行分析，认为报警指示的液压过滤器堵塞，应该检查清理液压管路过滤器。拆下液压过滤器进行检查确实比较脏。

故障处理：将液压管路过滤器清理干净重新安装，这时开机故障报警消除，机床恢复正常工作。

案例 6：一台数控沟道磨床出现报警"700100 Loader Timeout：Rough Arm Downward（送料机械手下落超时）"。

数控系统：西门子 840D pl 系统。

故障现象：这台机床在自动加工时，出现 700100 号报警，自动循环中止。

故障分析与检查：根据报警信息的提示，对送料机械手进行检查，发现确实没有落下。手动操作，该机械手也不动作。

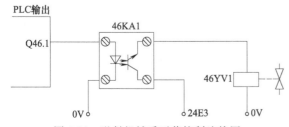

图 6-21　送料机械手下落控制连接图

根据机床工作原理，电磁阀 46YV1 控制送料机械手下落，PLC 输出 Q46.1 通过光电耦合器 46KA1 控制电磁阀 46YV1 的通断，如图 6-21 所示。

通过系统 Diagnosis（诊断）功能检查 PLC 输出 Q46.1 的状态，发现为"1"没有问题，光电耦合器 46KA1 也有输出，那么可能是电磁阀 46YV1 损坏，检查电磁阀发现线圈损坏。

故障处理：更换电磁阀线圈后，机床恢复正常运行。

案例 7：一台数控外圆磨床在机床启动后，出现报警"700010 Technolube Lube. Not OK（润滑系统有问题）"。

数控系统：西门子 840D pl 系统。

故障现象：这个故障是在机床启动后 1min 左右出现的，指示润滑压力不够。

故障分析与检查：观察润滑泵，机床启动后并未工作。分析机床的工作原理，PLC 输出 Q44.1 通过直流继电器 K44.1 控制润滑泵工作。利用数控系统 Diagnosis（诊断）功能检查 PLC 输出 Q44.1 的状态，在机床启动时为"1"没有问题，可能是直流继电器损坏。把该继电器拆下检查，发现其触点损坏。

故障处理：更换直流继电器后，机床故障消除。

案例 8：一台数控内圆磨床出现报警"700011 Hydraulic System Tank Filter 108S1 Clogged（液压系统油箱过滤器堵塞）"。

数控系统：西门子 840D pl 系统。

故障现象：这台机床在运行一次过程中出现 700011 报警，指示液压过滤器堵塞。

故障检查与处理：根据报警的提示对液压系统的过滤器进行检查，发现过滤器很脏，将过滤器清洗后，开机运行机床，机床恢复正常工作。

案例 9：一台数控磨床出现报警"700015 Hydraulic System Tank Oil Temperature 106S1 Not OK（液压系统油箱温度有问题）"。

数控系统：西门子 840D pl 系统。

故障现象：这台机床一次出现故障 700015 报警，指示液压油箱超温。

故障检查与处理：根据报警的提示对液压油箱进行检查，发现温度确实过高。询问操作人员，液压油已经使用三年。因此，怀疑液压油已经变质，性能下降，更换新的液压油后，机床故障消除。

案例 10：一台数控淬火机床出现报警"700336 Failure Bad Parts Saturation（不合格工件箱已满报警）"。

数控系统：西门子 840D pl 系统。

故障现象：这台机床在自动加工过程中，出现 700336 报警，指示不合格工件箱已满，自动循环停顿等待。

故障分析与检查：这台机床在自动循环中，发现淬火不合格的工件自动放入不合格工件箱。如果发现不合格工件箱已满，加工程序处于等待状态，待操作人员将不合格工件拿出后，复位故障，程序方能继续执行。在出现故障时检查不合格工件箱，并没有工件存在。

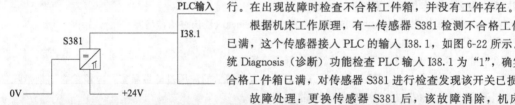

图 6-22　PLC 输入 I38.1 的连接图

根据机床工作原理，有一传感器 S381 检测不合格工件箱是否已满，这个传感器接入 PLC 的输入 I38.1，如图 6-22 所示。利用系统 Diagnosis（诊断）功能检查 PLC 输入 I38.1 为"1"，确实指示不合格工件箱已满，对传感器 S381 进行检查发现该开关已损坏。

故障处理：更换传感器 S381 后，该故障消除，机床加工循环连续进行。

6.7.2　利用数控系统自诊断功能维修 PLC/PMC 报警故障

现在很多数控系统都有 PLC 输入、输出状态显示功能，如西门子 3 系统 PC 菜单下的 STATUS PC 功能，西门子 805、810T/M、810D/840D 等系统 DIAGNOSIS 菜单下的 PLC STATUS 功能，发那科 0 系统 DGNOS PARAM 软件菜单下的 PMC 状态显示功能，日本 MITSUBISHI 公司 MELDAS L3 系统 DIAGN 菜单下的 PLC-I/F 功能，日本 OKUMA 系统的 CHECK DATA 功能等。利用这些自诊断功能，可以直接在线观察 PLC 输入和输出的瞬时状态，这些状态的在线检测对诊断数控机床的很多故障是非常有用的。

数控机床的有些故障根据故障现象和机床的电气原理图，查看 PLC 相关的输入、输出状态即可确诊故障。下面介绍几个实际维修案例。

案例 1：一台数控车床出现报警"2031 Turret Not Clamp（刀塔没有卡紧）"。

数控系统：发那科 0TC 系统。

故障现象：这台机床一次出现故障，刀塔旋转后出现 2031 报警，指示刀塔没有卡紧，不能进行自动加工。

故障分析与检查：因为报警指示刀塔没有卡紧，所以首先对刀塔进行检查，发现刀塔已经卡紧没有问题。根据机床工作原理，如图 6-23 所示，刀塔卡紧是通过位置开关 PRS13 检测的，接入 PMC 输入 X2.5，利用系统 DGNOS PARAM 功能检查 PMC 输入 X2.5 的状态，如图 6-24 所示，发现 X2.5 的状态为 "0"，PMC 没有接收到卡紧信号。怀疑刀塔卡紧检测开关可能有问题，将刀塔后盖打开，检查刀塔卡紧检测开关确实损坏。

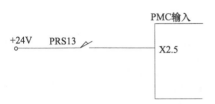

图 6-23 PMC 输入 X2.5 的连接图

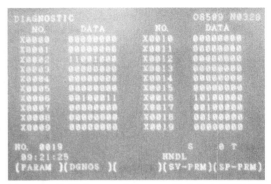

图 6-24 发那科 0TC 系统 PMC 输入状态显示图片

故障处理：更换刀塔卡紧检测开关，机床恢复正常工作。

案例 2：一台数控车床出现报警 "2048 Turret Encoder Error（刀塔编码器错误）"。

数控系统：发那科 0TC 系统。

故障现象：一次机床出现故障，旋转刀塔后，出现 2048 报警，指示刀塔编码器有问题。

故障分析与检查：根据机床工作原理，这台机床使用编码器检查刀塔的刀号，编码器采用 8421 码对刀号进行编码，刀号的 8421 码接入 PMC 的 X6.0、X6.1、X6.2、X6.3、X6.4，刀塔转换信号接入 PMC 的 X6.5，用 DGNOS PARAM 功能检查 X6.5 的状态，如图 6-25 所示，发现变化异常，这种现象表明可能编码器位置有问题，需要调整。将刀塔拆开，对编码器进行调整，发现刀号编码变化和 X6.5 的变化都不正常，说明编码器有问题。因为没有备件，将编码器拆开进行检查，刀塔编码器见图 6-26，发现刀塔编码器内部有很多油，将码盘部分遮盖了，所以编码器工作不正常。

故障处理：因为没有备件，所以用清洗剂将编码器清洗，安装并调整好位置，重新开机，机床故障消除。

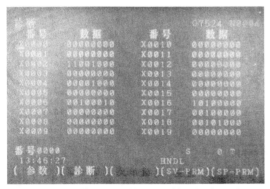

图 6-25 发那科 0TC 系统 PMC 输入状态显示画面

图 6-26 数控车床刀塔编码器图片

案例 3：一台数控沟槽磨床出现报警 "6032 X2 Axis＋ve Overtravel（X2 轴超正向行程）"。

数控系统：西门子 810T 系统。

故障现象：这台机床在自动循环加工时出现 6032 号报警，指示 X2 轴正向超程。

故障分析与检查：因为机床报警指示 X2 轴正向超程，将机床面板上的超行程释放开关打开，按-X2 按钮，但轴不动。检查机床所有报警信息，发现还有报警 "6033 X2 Axis-ve Overtravel（X2 轴超负向行程）"，指示 X2 轴负向也超限。

根据机床电气原理图，两个限位开关接入 PLC 的输入 I0.5 和 I0.6，如图 6-27 所示。利用系统的 Diagnosis（诊断）功能检查这两个输入的状态都为 "0"，如图 6-28 所示，确实是处于都压上的状态。这是不可能同时发生的状况，因此怀疑连接 X2 轴正、负向限位开关的电源线断线，对线路进行检查发现确实是连接两个限位开关的电源线老化折断。

故障处理：更换新的连接电缆后，通电开机，机床故障消除。

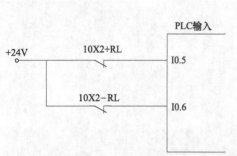

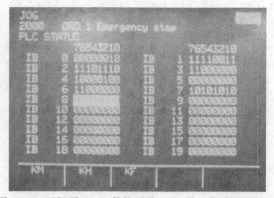

图 6-27 X2 轴限位开关 PLC 连接图　　图 6-28 西门子 810T 数控系统 PLC 输入状态显示画面

案例 4： 一台数控球道磨床出现报警"6008 Indexer Not Down（分度器没有在下面）"。

数控系统：西门子 810G 系统。

故障现象：这台机床在自动磨削加工时出现这个报警，指示分度器没有落下，磨削不能继续进行。观察故障现象，分度器确实没有落下。

故障分析与检查：根据机床的电气原理图，分度器落下是由 PLC 的输出 Q8.2 控制电磁阀 8SOL2 来完成的，检查电磁阀 8SOL2 的指示灯没有亮，说明这个电磁阀没有电。

利用系统 Diagnosis（诊断）功能，在线检测 Q8.2 的状态，如图 6-29 所示，其状态为"1"没有问题，那么问题可能出在中间控制环节上，根据电气控制原理图，见图 6-30，PLC 输出 Q8.2 通过一个中间继电器 K82 来控制 8SOL2 电磁阀，检查这个继电器，发现其触点损坏。

故障处理：更换新的继电器后故障消除。

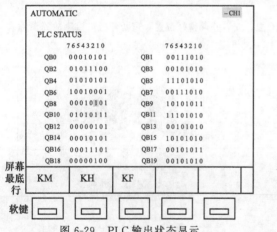

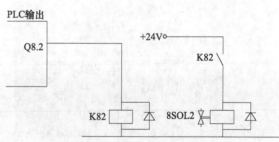

图 6-29 PLC 输出状态显示　　图 6-30 分度器落下电气控制原理图

案例 5： 一台数控球道磨床出现报警"6040 X Axis Not Enable：Arm Not up（X 轴不能运动，机械手臂没有抬起）"。

数控系统：西门子 810G 系统。

故障现象：这台机床在一次自动加工时出现这个故障，自动循环中止，X 轴不能运动。

故障分析与检查：分析机床的工作原理，在送料机械手臂没有抬起时，为防止撞上机械手臂，禁止 X 轴运动，但观察机械手臂的位置，已经抬起并没在下面。

根据 PLC 报警机理，6040 报警是因为 PLC 标志位 F105.0 的状态被置"1"，为此查看梯形图，F105.0 置位的梯形图在 PB6 的 5 段中，具体见图 6-31。

利用系统 Diagnosis（诊断）功能检查相应的状态，发现 F142.5、F43.2、F43.4、Q108.5 的状态为"0"和 F144.2 的状态为"1"，使 F105.0 的状态为"1"，其中 F142.5 是指示机械手在上面的标志位，其状态为"0"，指示机械手臂没有在上面。

关于标志位 F142.5 的梯形图如图 6-32 所示，检查输入 I8.5 和 I8.4 的状态都为 "0"，根据电气原理图 PLC 输入 I8.5 连接接近开关 8PS5，如图 6-33 所示，检测机械手臂是否在上面，机械手在上面时，I8.5 应该为 "1"。利用系统 Diagnosis（诊断）功能检查 PLC 输入 I8.5 的状态为 "0"，如图 6-34 所示，显然是错误的。在手动操作方式下，无论机械手的上、下，PLC 输入 I8.5 的状态始终为 "0"，因此断定接近开关 8PS5 损坏是故障原因。

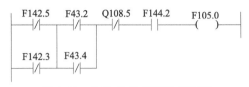

图 6-31　关于 6040 报警的梯形图

图 6-32　关于标志位 F142.5 的梯形图

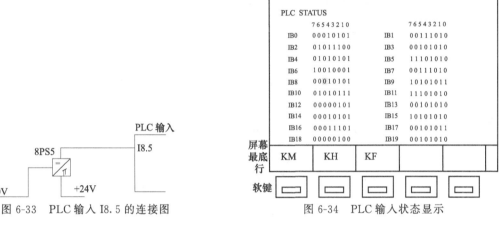

图 6-33　PLC 输入 I8.5 的连接图

图 6-34　PLC 输入状态显示

故障处理：更换新的接近开关后，机床故障消除。

案例 6：一台数控沟槽磨床工件冷却液不停。

数控系统：西门子 805 系统。

故障现象：这台机床在自动磨削加工结束后，冷却液不停，仍然在喷射。

故障分析与检查：分析机床工作原理，冷却液喷射是由电磁阀 Y45 控制的，如图 6-35 所示，观察电磁阀指示灯亮，说明是控制部分有问题。电磁阀是 PLC 输出 Q4.5 通过中间继电器 R45 控制的，通过系统 Diagnosis（诊断）功能检查 Q4.5 的状态为 "0"，如图 6-36 所示，说明已经发出停止喷射的命令，检查中间继电器 R45，发现其常开触点黏合。

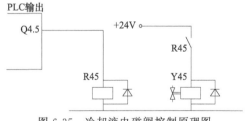

图 6-35　冷却液电磁阀控制原理图

故障处理：更换继电器 R45，机床恢复正常工作。

案例 7：一台数控淬火机床在自动循环时出现报警 "700156 Failure Close Input Manip. Clipper，Y35，S613（入口机械手卡爪卡紧故障）"，自动循环中止。

数控系统：西门子 840D pl 系统。

故障现象：这台机床在自动加工时出现 700156 报警，指示上料机械手没有抓住工件，自动循环不能继续进行。

故障分析与检查：检查入口机械手，发现工件已经抓住没有问题，所以怀疑故障检测回路有问题。

根据机床工作原理，接近开关 S613 检测机械手是否卡紧，这个开关接入 PLC 输入 I61.3，如图 6-37 所示，利用系统 Diagnosis（诊断）功能检查 PLC 的状态，如图 6-38 所示，输入 I61.3 为 "0"，说明是位置检测回路出现问题。

检查接近开关 S613，发现这个开关对金属物体没有反应，说明已经损坏。

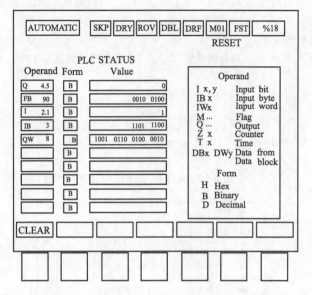

图 6-36　西门子 805 系统 PLC 状态显示画面

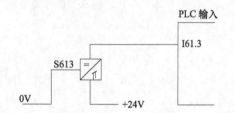

图 6-37　PLC 输入 I61.3 的连接图

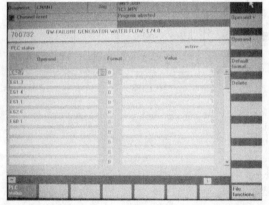

图 6-38　西门子 840D pl 系统 PLC 状态显示画面

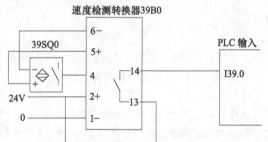

图 6-39　工件主轴速度检测回路电路图

故障处理：更换新的接近开关后，机床故障排除，自动循环恢复正常运行。

案例 8：一台数控外圆磨床出现报警"700024 Workhead Spindle Still（工作头主轴静止）"。

数控系统：西门子 840D pl 系统。

故障现象：这台机床在自动加工启动工件主轴时，出现 700024 号 PLC 报警，自动加工不能进行。

故障分析与检查：出现故障时检查工件主轴，发现已经旋转并且速度正常没有问题。所以，肯定是报警回路出现问题。

根据机床工作原理，工件主轴的旋转状态是接近开关 39SQ0 检测的，该开关接入速度检测转换器 39B0，39B0 将转换之后的信号连接到 PLC 的输入 I39.0，如图 6-39 所示。

手动操作方式下启动工件主轴旋转和停止正常没有问题；手动操作方式下启动工件主轴旋转，之后通过系统 Diagnosis（诊断）功能检查 PLC 输入 I39.0 的状态为"0"，说明确实是速度检测环节出现了问题。

检查接近开关 39SQ0 正常没有问题，而检查速度检测转换器 39B0 输出端子 14 没有输出，说明 39B0 有问题。

故障处理：将速度检测转换器 39B0 拆开进行检查，发现其上的继电器损坏，更换继电器后，机床恢复正常工作。

6.7.3 利用梯形图检修机床侧故障

数控系统的 PLC 是通过运行用户程序（梯形图）来检测机床侧故障的，所以出现比较复杂的故障应该分析检查产生故障的梯形图来确定产生故障的各种原因，然后逐个排除，最后确诊故障。

对于数控机床的检修人员来说，应该掌握所使用数控机床的 PLC 编程语言，以便在分析机床 PLC 梯形图时轻车熟路。另外要有梯形图的图纸文件，便于翻阅。梯形图的软盘备份也是必不可少的，一旦数控系统梯形图丢失，可以将备份文件传入系统，恢复系统的正常工作。

利用梯形图诊断数控机床的故障通常有两种方式：

(1) 从结果出发

从结果出发就是从报警的结果或者没有执行的动作作为出发点，找到相应的梯形图，根据梯形图的运行状态，发现条件没有满足的原因，然后以这个原因作为下一个结果再根据梯形图找到另一个原因，从一个结果到一个原因，再以这个原因作为结果查找另一个原因，从下至上（逻辑关系）最终查到故障的根本原因。这个过程始终以 PLC 梯形图作为主线。这种方法是诊断数控机床机床侧故障比较常用的方法。

(2) 从指令信号出发

从指令信号出发就是以动作的指令信号作为出发点，根据梯形图从上至下（逻辑关系）查，最终找到故障原因。

下面介绍几个实际维修案例。

案例 1：一台数控车床出现报警"2048 Turret Encoder Error（刀塔编码器错误）"。

数控系统：发那科 0TC 系统。

故障现象：一次机床出现故障，在执行加工程序旋转刀塔后，出现 2048 报警，指示刀塔编码器有问题。

故障分析与检查：出现故障后将操作方式改为手动，复位报警，这时旋转刀塔没有问题。改为自动方式执行加工程序还是出现 2048 报警。观察故障现象，手动转动刀塔时，刀塔只能顺时针旋转，而执行加工程序时，顺时针旋转刀塔时不报警，当逆时针找刀时，刀号找到后，出现 2048 报警。

查看 PMC 的梯形图，关于 2048 报警的梯形图如图 6-40 所示，利用系统 PMC 梯形图在线显示功能，发现 R0507.3 触点闭合是产生 2048 报警的原因。

图 6-40　关于报警 2048 的梯形图

查看如图 6-41 所示的关于 R0507.3 的梯形图，发现 R0506.6 触点闭合是 R0507.3 得电的原因。继续查看图 6-42 所示的关于 R0506.6 的梯形图，发现 PMC 输入信号 X0006.5 的状态为"0"，是 R0506.6 得电的原因。

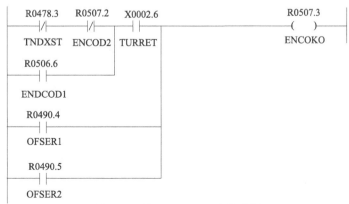

图 6-41　关于 R0507.3 的梯形图

根据机床工作原理，X0006.5连接刀塔编码器的TP信号，刀塔到位时这个信号应该为"1"，手动操作转动刀塔，发现这个信号"0""1"变化正常，说明编码器没有什么问题，编码器位置需要调整。

故障处理：将刀塔后盖打开，将编码器固定螺栓松开，调整编码器的位置后，机床故障排除。

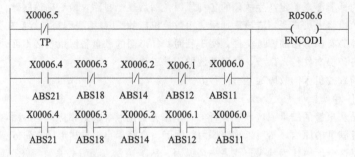

图6-42　关于R0506.6的梯形图

案例2：一台数控外圆磨床出现报警"1010 Load Arm Error（装载臂故障）"。

数控系统：发那科0iTC系统。

故障现象：这台机床一次在自动加工时出现1010报警，指示装载臂出现问题。

故障分析与检查：观察故障现象，发现装载机械手停在磨削位置，没有将加工完的工件带出。

利用系统梯形图功能，观察关于1010的报警梯形图，如图6-43所示，由于Y8.5和X8.5一直连通，使R851.4带电产生1010报警。

根据机床电气原理图，PMC输出Y8.5控制电磁阀V8.5使装载臂向上料口旋转，如图6-44所示，而PMC输入X8.5连接的检测开关用来检查装载臂是否达到上料口。Y8.5闭合说明装载臂向出料口旋转的指令已经发出，检查电磁阀V8.5线圈也有110V电压，检查电磁线圈烧断，确认为电磁阀V8.5损坏。

故障处理：更换电磁阀V8.5，机床恢复正常。

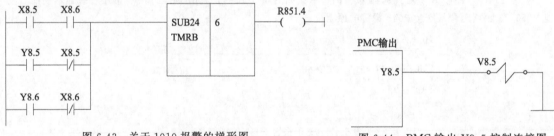

图6-43　关于1010报警的梯形图　　　　图6-44　PMC输出Y8.5控制连接图

案例3：一台数控车床卡具松不开。

数控系统：西门子810T系统。

故障现象：工件加工完后，不松卡，工件拿不下来。

故障分析与检查：根据故障现象，在自动加工时，工件松不开，在手动状态下，踩脚踏开关松卡具，也松不开。

分析机床工作原理，如图6-45所示，工件卡紧是电磁阀Y14控制的，电磁阀Y14受PLC输出Q1.4的控制。利用系统Diagnosis功能检查PLC输出Q1.4，在踩脚踏开关时，Q1.4的状态为"0"，没有变为"1"，说明PLC并没有给出卡具松开的信号。

查阅PLC梯形图，关于卡紧松开控制的PLC输出Q1.4的梯形图见图6-46，利用系统Diagnosis功能检查各个元件的状态，发现标志位F141.2和F146.2的状态为"0"，使PLC输出Q1.4的状态不能置位。

关于标志位F141.2的梯形图如图6-47所示，

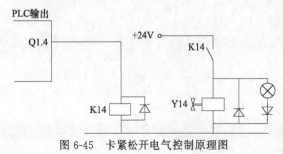

图6-45　卡紧松开电气控制原理图

观察其置位的各个元件的状态，发现标志位 F146.2 的状态为 "0" 使标志位 F141.2 不能置位。

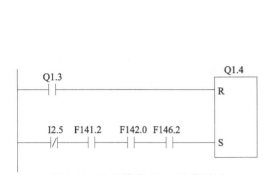

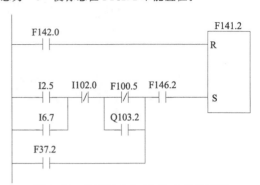

图 6-46　PLC 输出 Q1.4 的梯形图　　　　　　图 6-47　关于标志位 F141.2 的梯形图

由此发现 PLC 输出 Q1.4 和标志位 F141.2 不能置位的根本原因都是标志位 F146.2 的状态为 "0"。关于标志位 F146.2 的梯形图见图 6-48，检查各个元件的状态，发现 PLC 输入 I4.7 的状态为 "0"，使 F146.2 的状态为 "0"。

PLC 输入 I4.7 是主轴静止信号，接入主轴控制单元，如图 6-49 所示。检查工件主轴已经停止。测量 PLC 输入 I4.7 的端子确实没有电压，但断电测量 K5 闭合没有问题，检查主轴＋24V 输入端子 14 没有电压信号，继续检查发现接线端子 65 松动，使电源线虚接，所以即使主轴静止继电器已经动作，PLC 还是没有得到信号。

故障处理：将电源线连接端子紧固好后，这时机床恢复正常工作。

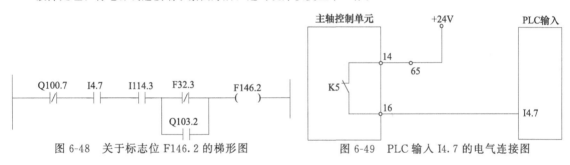

图 6-48　关于标志位 F146.2 的梯形图　　　　　图 6-49　PLC 输入 I4.7 的电气连接图

案例 4：一台数控铣床工作台旋转时出现报警 "F50 Cycle Time Turn Forw. Rot Table（工作台向前旋转超时）"。

数控系统：西门子 3TT 系统。

故障现象：这台机床一次出现故障，旋转工作台时旋转不停，出现 F50 报警，指示工作台向前旋转超时。

故障分析与检查：这是一台三工位数控铣床，一工位装、卸工件，二工位粗铣，三工位精铣，在一工位，工件卡装到旋转工作台的卡具上后，旋转到粗铣工位，开始加工。

在出现故障时，旋转工作台开始旋转之后不停，从而出现 F50 报警，手动操作方式下旋转也是不停。根据机床工作原理，工作台的旋转是液压控制的，向前旋转是 PLC 输出 Q0.6 控制电磁阀 Y0.6 来完成的，利用系统 PC 菜单下的 PC STATUS 功能检查 PLC 输出 Q0.6 的状态，一直为 "1"，所以旋转不停。检查这部分的梯形图，关于 Q0.6 的梯形图在 PB10 的 15 段中，详见图 6-50。

根据机床控制原理，标志位 F141.2 是自动操作方式的标志，F100.1 是手动操作方式的标志，因为手动、自动旋转都不正常，所以问题肯定出在标志位 F141.2 上，检查 F141.2 的状态一直为 "1"，所以工作台旋转一直不停。

图 6-51 是关于标志位 F141.2 的梯形图，检查每个元件的状态，F105.5、F121.6、I4.4、Q8.5 的状态为 "1"，Q66.7、Q76.7、I4.3 的状态为 "0"，使 F141.2 的状态为 "1"。

根据机床工作原理，其他状态都是正确的，只有 F121.6 的状态在工作台到位时应该变为 "0"。关于标志位 F121.6 的梯形图见图 6-52 所示，其中标志位 F121.2 是工作台旋转的停止条件，其状态一直为 "0"，

223

图 6-50 关于 PLC 输出 Q0.6 的梯形图

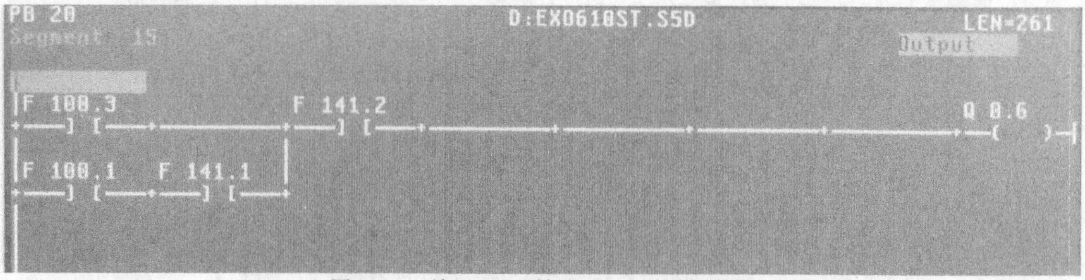

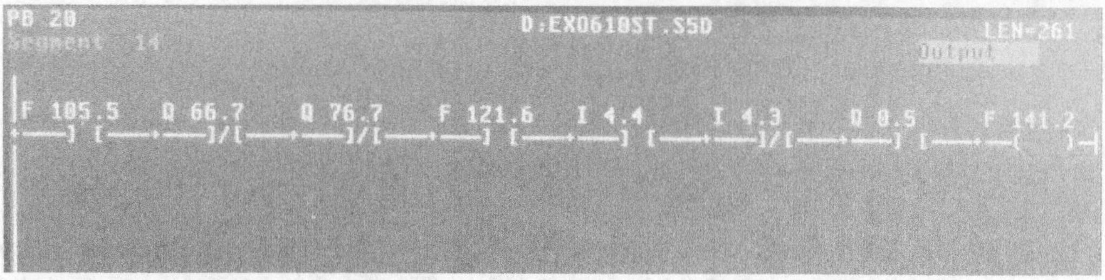

图 6-51 关于标志位 F141.2 的梯形图

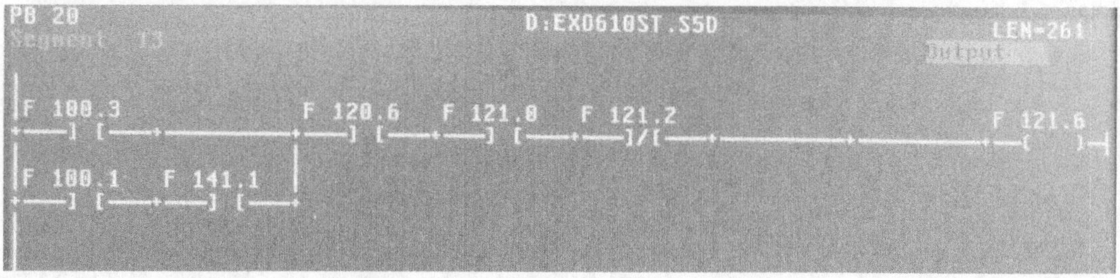

图 6-52 关于标志位 F121.6 的梯形图

所以使 F121.6 的状态一直为"1"。

关于标志位 F121.2 的梯形图见图 6-53，检查梯形图各元件的状态，F91.1 的状态一直为"1"，而 PLC 输入 I5.0 却一直为"0"，没有变化。

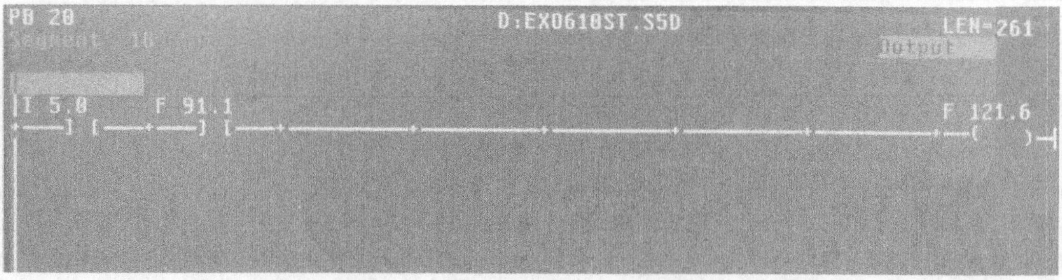

图 6-53 关于标志位 F121.2 的梯形图

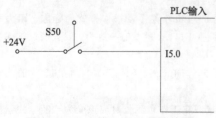

图 6-54 PLC 输入 I5.0 的连接图

根据如图 6-54 所示的机床电气原理图，PLC 输入 I5.0 连接检测工作台到达停止位置的检测开关 S50，其状态一直为"0"，说明开关可能有问题，打开机床保护罩，对开关进行检查，发现旋转工作台停止检测的碰块松动，已经串位，压不上检测开关，所以工作台一直旋转不停。

故障处理：将碰块移回原位并紧固后，工作台旋转恢复正常。

案例5： 一台数控淬火机床出现报警"7032 Motor Protect Switch Return Pump（抽水泵电动机保护开关）"。

数控系统：西门子810G系统。

故障现象：这台机床在淬火过程中出现7032报警，自动循环中止。

故障分析与检查：因为这个报警指示抽水泵电动机保护开关有问题，对电气控制部分进行检查，发现自动开关F65跳开。抽水泵的电气控制原理图如图6-55所示，F65是抽水泵的自动保护开关，它自动跳开说明抽水泵电动机可能有问题，但检查电动机并没有发现问题。

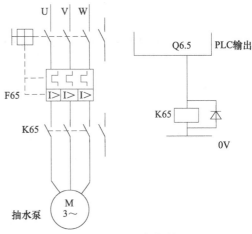

将自动开关复位后，报警消除，机床又恢复了工作。但过了不久这个开关又跳开了，在F65没有跳开时发现接触器K65频繁通电断开，据此分析抽水泵也要频繁启动，长时间的频繁启动导致保护装置过热，自动开关F65为了保护电动机而断开，从而产生了7032报警。

为了分析K65频繁动作的原因，首先搞清K65是如何控制的。如图6-55所示，K65是PLC的输出Q6.5控制的，利用系统PLC STATUS功能在线检查

图 6-55 抽水泵电气控制原理图

Q6.5的状态，发现Q6.5也是频繁"0""1"转换，为此查阅PLC梯形图，有关Q6.5的梯形图在程序块PB5的16段中，具体如图6-56所示。

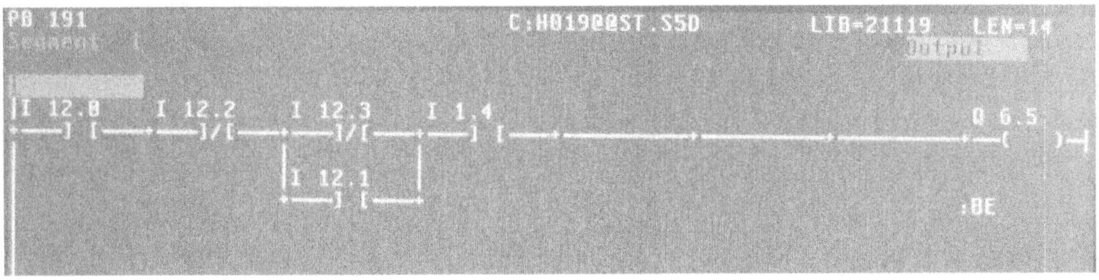

图 6-56 PLC输出Q6.5的控制梯形图

根据该梯形图，通过系统Diagnosis功能在线检查梯形图中PLC的输入状态（其连接图见图6-57），发现是因为I12.2的状态频繁变化导致PLC输出Q6.5的频繁变化的。

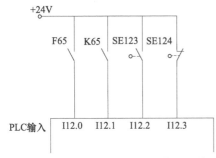

图 6-57 与淬火液相关的PLC输入连接图

分析机床的工作原理，当水箱中的水位达到上限时，抽水泵开始启动抽水，当水位下降到下限水位时，抽水泵停止工作。所以根据梯形图6-56分析，应该是到达水位上限时I12.3的状态变为"0"，而此时下限已超出，I12.2的状态也应该为"0"，这时Q6.5有电，控制接触器K65有电，常开触点闭合，使I12.1的状态变为"1"，实现自锁，虽然上限开关马上闭合，但由于自锁功能，抽水泵继续抽水。

当水位下降到下限时，I12.2的状态变为"1"，Q6.5断电，这时I12.1的状态随之变为"0"，Q6.5自锁条件被破坏，使Q6.5维持为"0"，水泵停止工作。

当水位高于下限时，I12.2的状态又变成"0"，但由于I12.1的状态为"0"，水位上限还没达到，I12.3的状态为"1"，所以这时Q6.5无电，只有水位达到上限，I12.3再次变为"0"时，Q6.5才能再通电，启动抽水泵工作。

利用系统Diagnosis（诊断）功能，实时观察梯形图的状态，I12.3的状态一直为"0"，I12.2的状态交变，好似I12.2变成水位上限，I12.3变成水位下限。回想几个月前，因为老鼠把这两个传感器的电缆咬断，重新连接上后，没有仔细检查，又因为当初也没有报警，一直工作至今，所以确定故障原因是两个水位传感

器的信号线接反了。

故障处理：将这两个传感器的信号线重新交换连接后，抽水泵正常工作，机床也不再产生7032报警了。

6.7.4 机床侧无报警故障的维修

数控机床的有些故障没有报警信息显示，只是某些动作不执行。诊断这类故障，要熟练掌握数控机床的工作原理，仔细观察故障现象，根据数控系统的工作原理和PLC的梯形图来诊断故障。图6-58是这类故障的一般检测步骤框图。

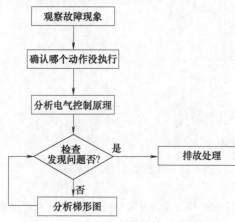

图6-58 机床侧无报警故障的诊断框图

下面介绍几个实际维修案例。

案例1：一台数控球道磨床B轴不回参考点。

数控系统：西门子3M系统。

故障现象：这台机床在机床开机回参考点时，X和Y轴回参考点没有问题，B轴回参考点不走。

故障分析与检查：手动操作方式下试验，X和Y轴都可以正常运动，但B轴也不走，为此认为可能B轴使能没有加上。根据西门子3M系统的工作原理，PLC输出Q72.3是B轴进给使能信号，检查这个信号为"0"，确实有问题。

PLC关于B轴进给使能的梯形图在PB25的36段中，如图6-59所示。利用系统PC功能检查PLC的状态，发现Q72.3的状态为"0"的原因是标志位F122.4的状态为"0"。关于标志位F122.4的梯形图在PB25中的32段中，见图6-60。继续用PLC状态显示功能查看相应的梯形图中各元件的状态，发现标志位F105.6的状态为"0"是标志位F122.4的状态为"0"的原因。

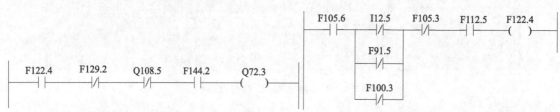

图6-59 B轴进给使能Q72.3的梯形图   图6-60 关于标志位F122.4的梯形图

关于标志位F105.6的梯形图在PB25的28段中，见图6-61。利用系统的PLC状态显示功能逐个检查梯形图中各个元件的状态，发现T8的状态为"0"是标志位F105.6的状态为"0"的原因。

关于定时器T8的梯形图在梯形图PB25的23段中，见图6-62，检查梯形图相应元件的状态，发现由于输入I3.6的状态为"0"，使定时器T8没有工作。

PLC输入I3.6连接的是继电器K36的常开触点信号，见图6-63，K36是受接近开关B36控制的，接近开关检测的是分度装置在位信号，它的状态为"0"，说明分度装置没有到位，但检查分度装置已经到位，而接近开关B36已经松动，不能正确反映分度装置的到位状况。

故障处理：将B36接近开关位置调整好，紧固上后，这时机床B轴正常回参考点没有问题，机床故障被

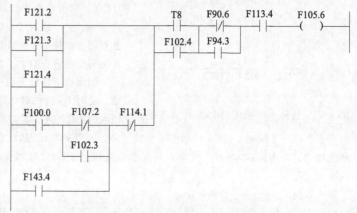

图6-61 关于标志位F105.6的梯形图

排除。

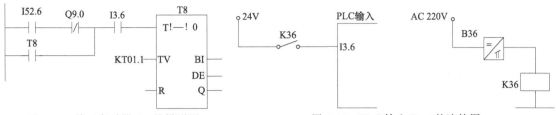

图 6-62 关于定时器 T8 的梯形图　　　　　图 6-63 PLC 输入 I3.6 的连接图

案例 2：一台数控窗口磨床工件磨削面有道棱。

数控系统：西门子 3G 系统。

故障现象：这台机床在磨削工件时，发现在磨削平面明显有一道棱。

故障分析与检查：在磨削过程中观察屏幕，发现进给保持灯（Feed Hold）闪亮一下。根据这一现象分析，可能在磨削过程中，进给轴有停顿现象，造成了磨削表面的痕迹。

利用系统 PC 功能检查伺服使能 Q66.7 的状态，发现在进给保持灯亮时确实瞬间变为了"0"，之后又恢复为"1"状态，说明确实是进给停顿了一下。

图 6-64 是关于伺服使能的 PLC 梯形图，根据梯形图对各个元件的状态进行检查，发现是标志位 F116.4 瞬间变为"0"引起伺服使能信号 Q66.7 发生变化的。

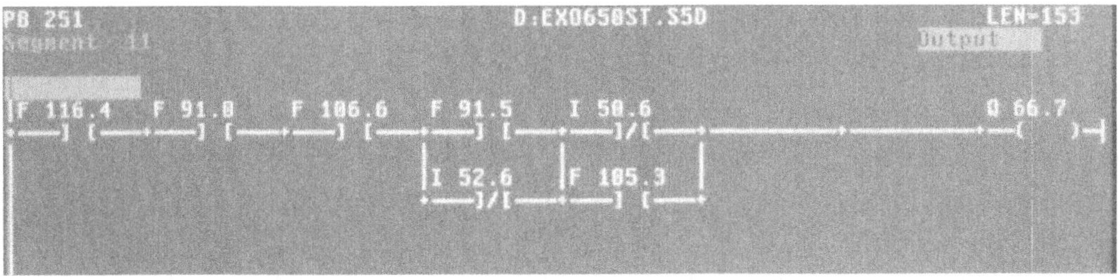

图 6-64 关于伺服使能 Q66.7 的梯形图

图 6-65 是关于标志位 F116.4 的 PLC 梯形图，对各个元件的状态进行检查，发现标志位 F123.4 状态的瞬间变化引起标志位 F116.4 的状态发生瞬间变化。

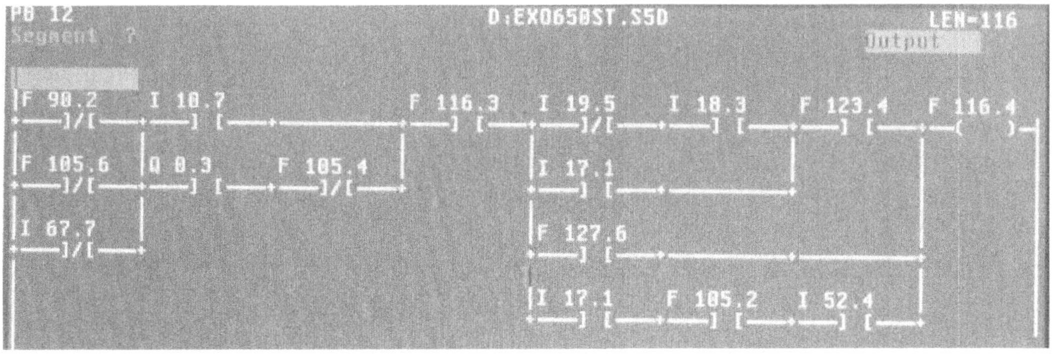

图 6-65 关于标志位 F116.4 的 PLC 梯形图

图 6-66 是关于标志位 F123.4 的 PLC 梯形图，对两个 PLC 输入元件进行检查，发现是 PLC 输入 I12.4 的状态瞬间变为"0"，使 F123.4 的状态发生了瞬间变化。

查阅机床电气原理图，PLC 输入 I12.4 连接的是压力开关 P124，如图 6-67 所示，这个压力开关是检测工件卡紧压力的，其状态变为"0"说明工件液压卡紧压力不足，为安全起见所以系统停止进给。观察故障现象，在 I12.4 的状态变为"0"时，恰好机械手下降，机械手下降也是液压控制的。根据这一现象分析，可能是机械手下降时使液压系统的压力下降，导致工件卡具压力也下降，故障原因应该是液压系统压力不稳。

227

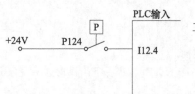

图 6-66　关于标志位 F123.4 的 PLC 梯形图

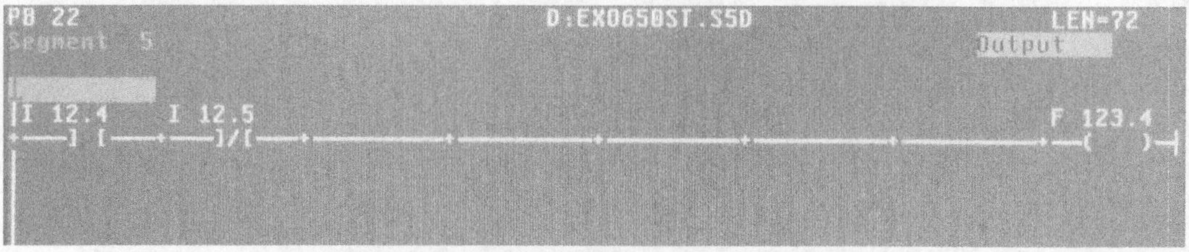

图 6-67　PLC 输入 I12.4 的连接图

故障处理：对液压系统进行调整，使之压力稳定，这时机床恢复工作正常。

案例 3：一台数控球道磨床开机后不回参考点。

数控系统：西门子 810G 系统。

故障现象：这台机床一次出现故障，但没有报警显示。

故障分析与检查：出现故障时检查机床控制面板，发现分度装置落下的指示灯没亮。原来这台机床为了安全起见，只要分度装置没落下，机床的进给轴就不能运动，但检查分度装置，已经落下没有问题。根据机床厂家提供的 PLC 梯形图，PLC 输出 Q7.3 控制面板上的分度装置落下指示灯。

关于 Q7.3 的梯形图见图 6-68，利用系统 Diagnosis 功能检查 PLC 的状态，发现 F143.4 的状态为"0"，致使 Q7.3 的状态为"0"。F143.4 指示工件分度台在落下位置，继续检查图 6-69 所示的关于标志位 F143.4 的梯形图，发现由于输入 I13.2 没有闭合导致 F143.4 的状态为"0"。

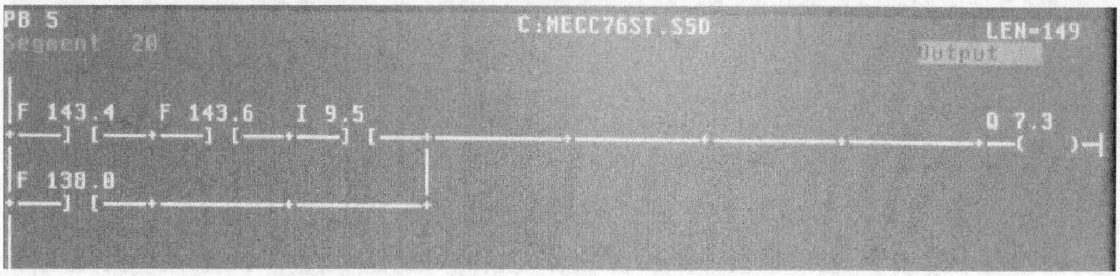

图 6-68　关于 PLC 输出 Q7.3 的梯形图

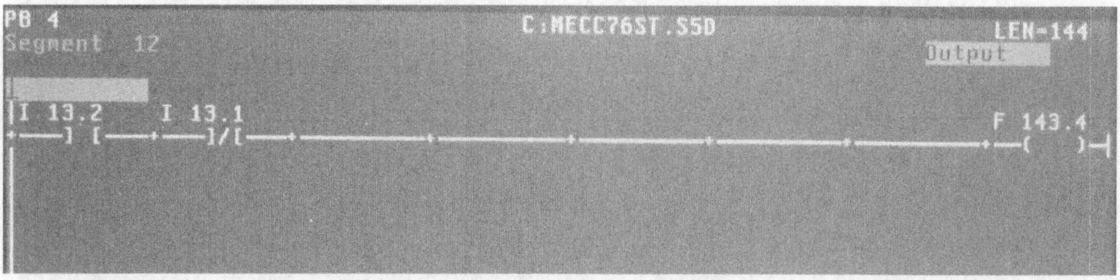

图 6-69　关于标志位 F143.4 的梯形图

根据如图 6-70 所示的电气原理图，PLC 输入 I13.2 连接的是检测工件分度装置落下的接近开关 36PS13，将分度装置拆开检查，发现机械装置有问题，不能带动驱动接近开关的机械装置运动，所以 I13.2 始终不能闭合。

故障处理：将机械装置维修好后，机床恢复了正常使用。

案例 4：一台数控外圆磨床测量仪有时不工作。

数控系统：西门子 805 系统。

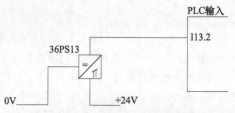

图 6-70　PLC 输入 I13.2 的连接图

故障现象：在出现故障时，马波斯测量仪指示表针不动。

故障分析与检查：这台机床使用马波斯测量仪，在磨削工件外圆的同时，在线测量工件磨削的外圆尺寸，当工件尺寸达到设定的尺寸时，停止磨削。

分析马波斯测量仪的工作原理，在磨削工件时，马波斯测量头由液压缸带动，向工件方向移动，并且与工件表面接触，这时测量仪指示表针偏转角度达到最大，指示偏差最大，当磨削开始后，表针偏转的角度越来越小，到达工件尺寸公差范围内时，发出尺寸到信号，系统接收到这个信号后停止磨削。而出现故障时，马波斯测头接触到工件后，测量仪指针不动。

根据机床工作原理和故障现象分析，故障原因可能有两种，一种为马波斯测量仪有问题，另一种为马波斯测量仪在测头接触到工件时没有启动测量。根据电气控制原理，见图 6-71，马波斯测量仪是由 PLC 输出 Q1.4 启动的，利用系统的 Diagnosis（诊断）功能检查 PLC 输出 Q1.4 的状态，发现其状态一直为 "0"，没有跟随测头的位置变化而变化。

图 6-71　马波斯测量仪控制电气图

PLC 有关输出 Q1.4 的梯形图见图 6-72，利用系统的 Diagnosis（诊断）功能在线检查这段梯形图有关的输入输出状态，发现在出现故障时输入 I1.2 的状态没有变成 "1"，致使输出 Q1.4 的状态也不能变为 "1"，也就是没有启动马波斯测量仪。如图 6-73 所示，PLC 输入 I1.2 连接的是接近开关 B12，该开关用来检测测头是否到位，在出现故障时虽然测头已到位，但输入信号 I1.2 并没有变为 "1"，说明检测开关有问题，检查这个接近开关，发现其可靠性有问题。

故障处理：更换接近开关，机床正常工作。

图 6-72　关于马波斯测量仪启动控制的梯形图

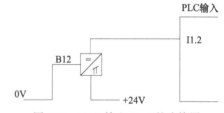

图 6-73　PLC 输入 I1.2 的连接图

案例 5：一台数控外圆磨床机械手不动作。

数控系统：发那科 0iTC 系统。

故障现象：这台机床在正常加工时，突然出现故障，机械手不上行。

故障分析与检查：这台机床是一台全自动外圆磨削数控机床，采用机械手送、取工件。出现故障时，工件已磨削结束，等待机械手上行取出工件。

根据机床工作原理，PMC 输出 Y0008.6 控制机械手上行电磁阀，通过 PMC 信号检查功能发现 PMC 输出 Y0008.6 没有输出。

将 PMC 的梯形图调出进行在线显示，关于 Y0008.6 的梯形图如图 6-74 所示，发现 R0340.4 触点没有闭合是 Y0008.6 不能得电的原因。

图 6-74　关于 PMC 输出 Y0008.6 的梯形图

调出关于 R0340.4 的梯形图如图 6-75 所示，R0340.2 没有闭合使得 R0340.4 没有得电。

R0340.2 是机械手上行的条件，其梯形图见图 6-76，查看这个梯形图的运行，发现触点 R0354.0 没有闭合。

根据图 6-77 的梯形图进行检查，发现 R0354.1 的触点没有闭合。

继续检查关于 R0354.1 的控制梯形图，如图 6-78 所示，发现 PMC 输入 X9.4 的状态为 "0"，导致 R0354.1 不能得电。

根据机床电气原理图进行检查，发现 PMC 输入连接继电器 KA14 的触点信号，如图 6-79 所示，而继电器 KA14 受砂轮主轴变频器的运行信号 Y1 控制，Y1 是砂轮主轴达速信号，检查这个信号已输出没有问题，KA14 线圈也有电，继续检查发现 KA14 的触点损坏。

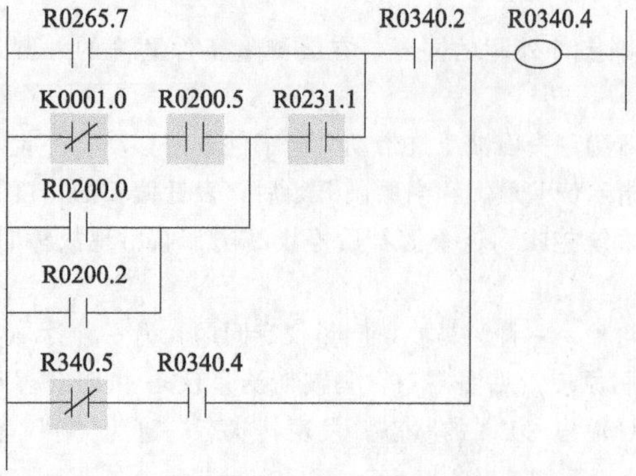

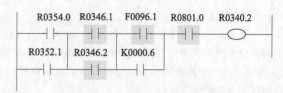

图 6-75　关于 R0340.4 的梯形图

图 6-76　关于 R0340.2 的梯形图

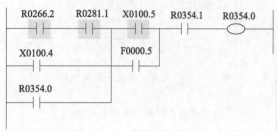

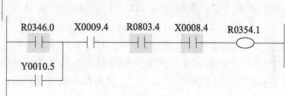

图 6-77　关于 R0354.0 的梯形图

图 6-78　关于 R0354.1 的梯形图

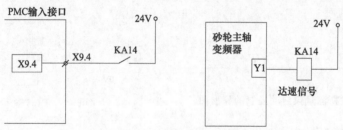

图 6-79　PMC 输入 X9.4 连接图

故障处理：更换继电器 KA14 后，机械手恢复正常工作。

6.7.5　利用 PLC 梯形图在线实时状态显示功能检修机床侧故障

有些机床侧的故障诊断起来比较复杂，通过系统的 PLC（PMC）状态显示功能检查起来非常困难，这时使用梯形图在线跟踪监控梯形图的运行，可以达到事半功倍的作用。发那科数控系统具有梯形图在线显示功能，西门子早期数控系统必须连接编程器才能对梯形图进行在线跟踪，后期的西门子 810D/804D 系统的 MMC 可以安装 S7 软件，调用 MMC 中的 S7 软件可对 PLC 梯形图在线监控。

下面以西门子 810T/M 系统为例，介绍使用机外编程器的梯形图在线状态显示功能诊断数控机床机床侧故障。

在线跟踪梯形图运行应做如下准备：

① 电缆连接　将机外编程器或者通用计算机连接到 810T/M 系统面板上的 RS232 接口上。

② 通信口数据设置　将机床通信口数据设定为：

5010 00000100

5011 11000111

5013 11000111

5016 00000000

③ 数控系统的通信口设定　在西门子 810T/M 系统上用菜单转换键找到 DATA IN-OUT 功能，按下面

的软键，系统显示如图 6-80 所示。

在 INTERFACE NO. FOR DATA IN
（数据输入用接口号）后面的方框中输入数
字 1，即选择接口 1，之后按 DATA-IN
START 按键，启动通信口。

④ 调用编程器软件　机外编程器或者
通用计算机调用 S5 编程软件。

⑤ 连机　在 S5 编程软件中，设置为
Online（在线连机）状态；用 Test（试验）
菜单中的 Block Status（块状态）功能观察
梯形图运行。

⑥ 跟踪梯形图　根据故障现象首先找
到没有执行的动作，然后再依据 PLC 梯形
图的因果关系，从结果出发，跟踪梯形图

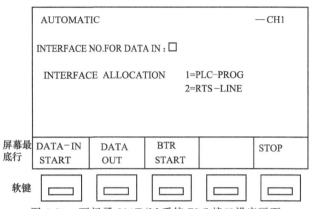

图 6-80　西门子 810T/M 系统 PLC 接口设定画面

变化，最终找出故障原因。有时也可以从指令信号发出入手，分析 PLC 用户程序，逐步跟踪 PLC 程序的运
行，最后找到动作没有执行的原因。

下面介绍几个实际维修案例。

案例 1：一台数控内圆磨床经常出现报警"6002 Vital MCB Tripped（第二路热继电器跳闸）"。

数控系统：西门子 810G 系统。

故障现象：这台机床有一段时间经常出现 6002 号报警，出现报警时，机床不能进行其他操作。按复位
键或者关机再开，故障有时会消除。

故障分析与检查：出现报警后对机床控制部分的热继电器进行检查，并没有发现问题。根据数控系统工
作原理，出现 6002 号报警时，PLC 的相应标志位 F100.2 应该置"1"，用系统 Diagnosis 菜单中的 PLC
Status 功能检查 F100.2 的状态，在出现报警时其状态确实变成"1"。连接编程器在线查看 PLC 梯形图，有
关标志位 F100.2 部分的梯形图在 PB5 的 32 段中，见图 6-81，明显地看出 PLC 输入 I2.1 的常闭触点闭合使
6002 报警的标志位 F100.2 得电，I2.1 的 1 常闭触点闭合，说明 PLC 输入 I2.1 的状态为 0。

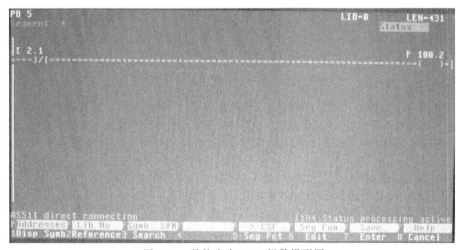

图 6-81　数控磨床 6002 报警梯形图

根据电气原理图，PLC 输入 I2.1 的接法如图 6-82 所示，是 6 个热继电器的常闭触点串联之后接入 PLC
输入端子的。在出现报警时，PLC 输入 I2.1 的状态确实变为"0"。这时在线测量热继电器常闭触点接线端
子上的电压，2MCB6B 上的 1107 号接线端子上有电压，而 2MCB7 上的 1107 号接线端子却没有电压，检查
端子间的连线时发现，1107 号导线在 2MCB6B 的接线端子上虚接。

故障处理：紧固 2MCB6B 的接线端子后，这个故障再也没有发生。

案例 2：一台数控淬火机床修改加工程序时出现报警"22 Time Monitoring（V.24）（RS232 接口监控超

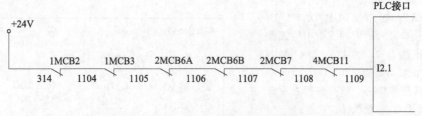

图 6-82 PLC 输入 I2.1 电气连接图

时)"。

数控系统：西门子 810T 系统。

故障现象：这台机床在修改工件程序时，将数据程序保护钥匙开关打开，当输入修改的程序时，出现 22 号报警，数据输入不进去。

故障分析与检查：西门子 810T 系统的 22 号报警指示通信口超时。系统报警手册关于这个报警的解释为，在通信口启动之后，数控系统在 60s 内没有接收到信息或没能发出信息时产生这个报警。引起这个故障的原因可能是通信双方数据设置不一致，通信电缆有问题或接触不良等。但这台机床在出现报警时并没有进行通信操作，找到通信菜单，按软键 STOP 还可消除，但当再一次输入程序时，还出现这个报警，无法修改程序。当将数据程序保护钥匙开关关闭后，系统正常没有问题，但修改不了程序。

检查机床数据没有发现问题，对 PLC 程序梯形图进行检查，有关钥匙开关输入的梯形图如图 6-83 所示，钥匙开关接入 PLC 的输入 I1.0，在数据钥匙保护开关打开后，PLC 输入 I1.0 变成 "1"，这时将允许数据输入的标志 Q78.6 置 "1"，同时也画蛇添足地将通信口 1 的启动数据输入的 PLC 输出 Q78.4 和通信口 2 的启动数据输入的 PLC 输出 Q78.5 置 "1"，启动了 RS232 V24 接口，因为根本没有进行通信操作，所以出现 22 号报警。

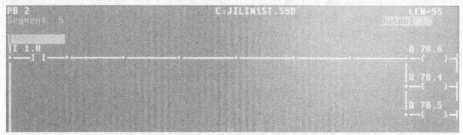

图 6-83 有关钥匙开关输入控制的梯形图

故障处理：经过分析研究，有两个办法可以解决这个问题，一是修改 PLC 程序，在打开钥匙开关时不启动通信口，另一种办法是将 NC 系统 RS232 V24 通信口的设置改为 PLC 接口，因为后一种办法简单易行，故采用后一种方式，修改通信口设置，将通信设置为 PLC 接口，这时修改程序，就不产生报警了，系统正常工作。

这个故障报警的原因是因为机床厂家编制的用户程序（梯形图）不是很周密。

案例 3：一台数控外圆磨床机械手不能将磨削完的工件带出。

数控系统：西门子 810G 系统。

故障现象：这台机床在加工工件时，有时机械手没能把磨削完的工件带出，而又送入一个工件，将两个工件都挤到吸盘上，无法正常加工。

故障分析与检查：分析这台机床的工作原理，工件磨削完成后，机械手插入环形工件并带着工件沿着弧形轨道上滑至出料口，机械手退出工件，磨削完的工件掉入出料口，而机械手继续上滑至上料口，完成上料的工作。

仔细观察故障发生过程，工件磨削完成后，机械手插入环形工件，之后机械手又马上退出工件，接着机械手经过出料口上滑至上料口，将机械手插入未磨削的工件，带动工件下滑至电磁吸盘与没有带出的工件挤在一起。

因为故障比较复杂，并且不经常发生，用机外编程器在线监视 PLC 程序的运行。

梯形图在线跟踪：从工件磨削完，机械手插入工件又马上退出这一现象入手，根据机床电气原理，PLC 输出 Q2.2 控制气缸使机械手从工件退出。这部分的 PLC 程序在 PB4 的 18 段中，具体如图 6-84 所示。

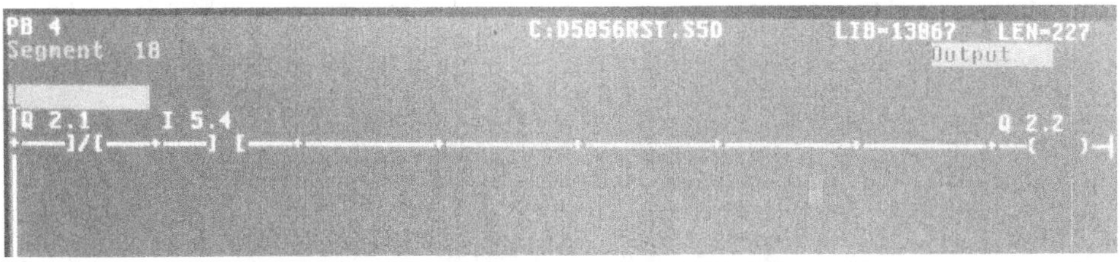

图 6-84　机械手退出工件控制梯形图

用编程器在线观察梯形图的运行，发现机械手插入时，由于 Q2.1 变为通电状态（Q2.1 控制机械手插入电磁阀），其常闭触点断开，使 Q2.2 处于断电状态。而插入工件后，Q2.1 马上断电，Q2.1 的常闭触点恢复闭合，从而使 Q2.2 有电，控制机械手退出。

根据电气原理图，PLC 的输出 Q2.1 控制气缸使机械手进入工件，为了确定 Q2.1 断电的原因，继续观察有关 Q2.1 的梯形图，这部分梯形图在 PB4 的 17 段中，具体见图 6-85。

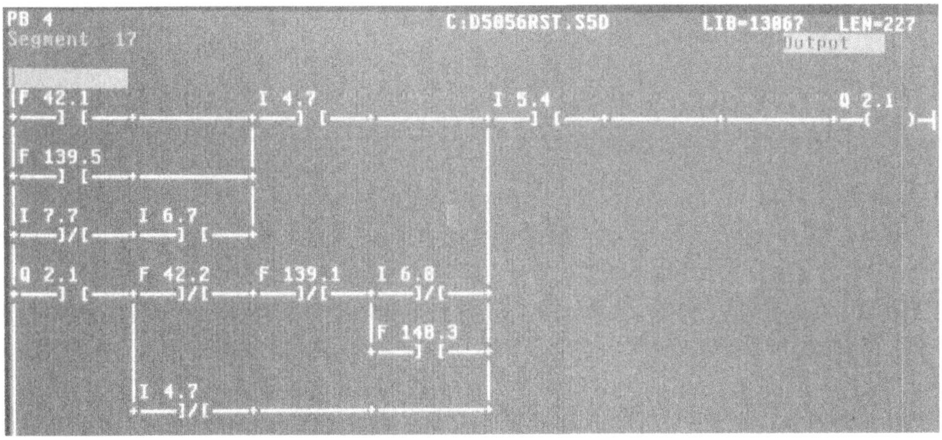

图 6-85　机械手插入工件控制梯形图

在线跟踪 PLC 程序运行，发现 Q2.1 断电的直接原因是标志位 F42.1 的触点断开，F42.1 是加工程序中的辅助功能指令 M57 的译码信号，M57 是机械手插入指令，标志位 F42.1 是由数控系统把加工程序中的 M57 指令译码后置位的，复位则由 PLC 程序完成，F42.1 复位梯形图在 PB4 的第 19 段中，具体如图 6-86 所示。

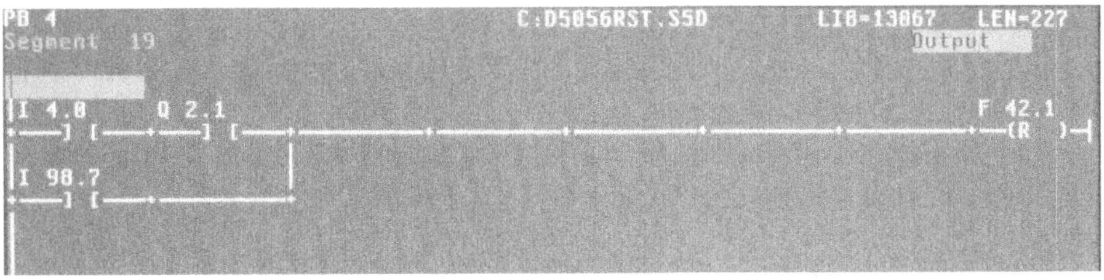

图 6-86　M57 辅助指令复位梯形图

机械手插入时 Q2.1 通电，机械手到位后，到位信号 I4.0 的状态变为"1"，这时把 F42.1 复位，应该是正常的，因此 Q2.1 掉电应该另有原因，重新分析图 6-85 所示的梯形图，Q2.1 得电后有一支路应该可以实现自锁，从在线梯形图显示来看，由于标志位 F139.1 常闭触点断开，不能使 Q2.1 自锁。

控制标志位 F139.1 的梯形图在 PB4 的第 5 段中，具体见图 6-87，继续在线观察这部分梯形图，发现 PLC 的标志位 F138.1、F139.5 和输入 I3.2 的触点都闭合，使标志位 F139.1 的"线圈"有电，所以三个问题只能逐个排除，首先检查 PLC 输入 I3.2 的状态是否正常，根据电气原理图，如图 6-88 所示，PLC 输入

I3.2 连接无触点开关 3PX2，该开关检测机械手是否到达出料口的信号，在机械手到达出料口时，它的状态应该变为"1"，在其他位置它的状态都应该是"0"。当出故障时，机械手在磨削位置，其状态应该是"0"，但它的状态却为"1"。在机械手还没有上滑至出料口时它的状态就已经为"1"，说明这个开关损坏。

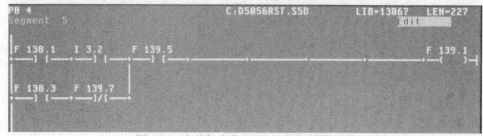

图 6-87 有关标志位 F139.1 的控制梯形图

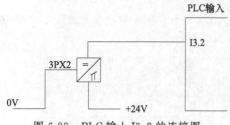

图 6-88 PLC 输入 I3.2 的连接图

故障处理：更换新的无触点开关，机床故障被排除。

案例 4：一台数控球道铣床自动加工循环不能连续执行。

数控系统：西门子 3TT 系统。

故障现象：机床有时在自动循环加工过程中，工件已加工完，工作台正要旋转，主轴还没有退到位，这时第二工位主轴停转，自动循环中断。还经常伴有报警 F97 "Spindle1 Speed Not OK Station2（二工位主轴 1 速度不正常）"和报警 F98 "Spindle2 Speed Not OK Station2（二工位主轴 2 速度不正常）"。

故障分析与检查：该机床为双工位专用铣床，每工位都有两个主轴，可同时加工两个工件。根据故障现象，自动加工程序中断肯定与二工位主轴停止有关。两个主轴分别由 B1、B2 两个传感器来检测转速。F97 和 F98 报警就是因为这两个传感器检测主轴转速不正常而产生的，为此对主轴进行检查，并对机械传动部分进行检修。因主轴是由普通交流异步电动机带动的，检查主轴电动机及过载保护都没有发现问题，故障也没有消除。

根据机床控制原理，主轴电动机是由 PLC 输出 Q32.0 控制接触器来启停的。检查 Q32.0 的状态为"0"，所以主轴电动机断电，主轴停转。

梯形图在线跟踪：因为故障比较复杂，用机外编程器跟踪梯形图的变化。将编程器 PG685 连接到数控系统上，以 Q32.0 为线索实时跟踪梯形图的变化。Q32.0 在 PB7 的 8 段中，梯形图见图 6-89，在出现故障时，F111.7 闭合，而 F112.0 断开，致使 Q32.0 的状态变为了"0"，因此主轴停转。F112.0 的断开是由于 B1、B2 检测主轴速度不正常所致，是正常的。既然主轴系统本身没有问题，会不会是由于其他问题导致主轴停转的呢？主轴被动停转也可能使 B1、B2 检测不正常。

用编程器继续监视梯形图的运行，仔细观察图 6-89 中 3 个元件的实时变化，经反复动态观测，发现故障没有出现时，F112.0 和 F111.7 都闭合，PLC 输出 Q32.0 得电，主轴旋转。当出现故障时，F111.7 瞬间断开，Q32.0 跟随着断电，主轴电动机也断电，之后 F111.7 又马上闭合，断开的时间很短，但已使主轴断电。而由于主轴电动机断电后，电动机的电磁抱闸起作用，转速急剧下降，B1、B2 两个传感器检测到主轴减速不正常，而使 F112.0 的触点断开，维持 Q32.0 不得电，主轴停转。据此分析 F111.7 的断开是主轴停转的根本原因。

主轴启动条件的标志位 F111.7 受多方面因素的制约，其程序在 PB8 的第 4 段中，梯形图见图 6-90，用编程器监视该段梯形图的状态变化，发现主轴运行信号 F111.6 触点的瞬间断开，使 F111.7 产生变化。

继续观察关于 F111.6 的梯形图，在 PB8 的第 3 段中，见图 6-91，发现刀具卡紧标志 F115.1 触点的瞬间断开，促使 F111.6 发生变化，由此可见是主轴保护起作用使主轴停转。

F112.0：二工位主轴启动标志
F111.7：二工位主轴启动条件
Q32.0：二工位主轴启动输出

图 6-89 关于主轴启动部分的梯形图

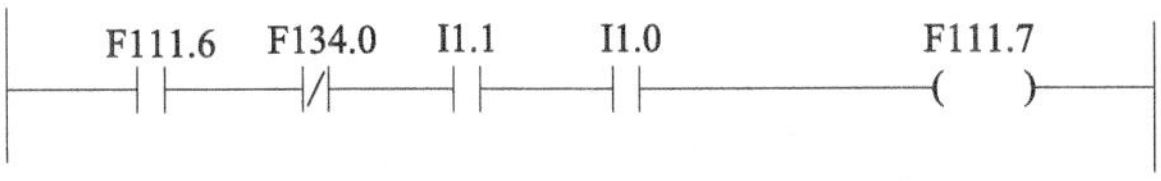

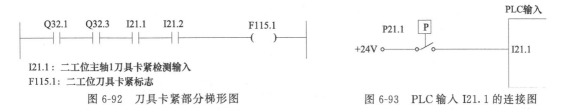

图 6-90   主轴启动条件的梯形图 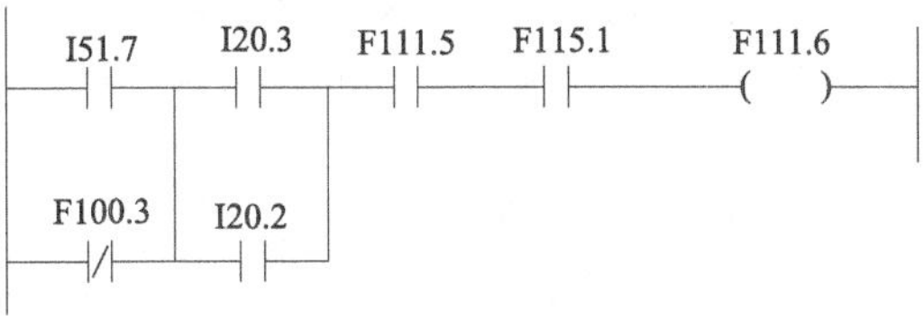   图 6-91   主轴运行信号

继续跟踪关于 F115.1 的梯形图，在 PB10 的第 7 段中，详见图 6-92，用编程器观察状态变化，发现在出故障时，输入 I21.1 瞬间断开使 F115.1 也瞬间断开，最后导致主轴停转。

PLC 输入 I21.1 接的是刀具液压卡紧压力检测开关 P21.1，见图 6-93，它的状态变为"0"指示刀具卡紧力不够，为安全起见，PLC 采取保护措施，迫使主轴停转。为此对液压系统进行检查，发现液压系统工作不稳定，恰好这时其他液压元器件动作，造成液压系统压力瞬间降低，刀具液压卡紧压力检测开关 P21.1 检测到压力降低，将压力不够的信号反馈给 PLC，以致主轴停转，最后导致加工程序中断。

I21.1：二工位主轴1刀具卡紧检测输入
F115.1：二工位刀具卡紧标志

图 6-92   刀具卡紧部分梯形图   图 6-93   PLC 输入 I21.1 的连接图

故障处理：调整液压系统，使液压压力保持稳定，机床正常使用，故障排除。

这个故障由于 I21.1 的状态是瞬间变化的，变化的时间极短，如果没有编程器的动态观测是很难发现问题的。另外故障分析也是非常重要的，只有真正按照故障的因果关系来跟踪梯形图的变化，才能尽快发现故障原因。

案例 5：一台数控车床出现报警"2006 Tool Number Set Error（刀号设定错误）"。

数控系统：发那科 0TC 系统。

故障现象：这台机床出现 2006 号报警，指示刀塔的刀号设定错误。

故障分析与检查：根据机床工作原理 2006 报警为 PMC 报警，是因为 PMC 内部继电器 R514.5 被置"1"引起的，调用系统 PMC 梯形图显示功能，关于 R514.5 的梯形图如图 6-94 所示。

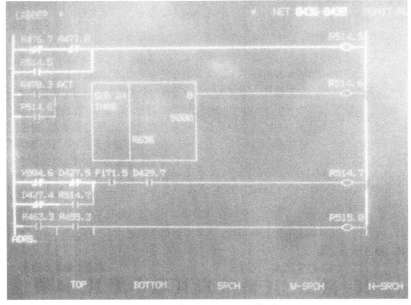

图 6-94   关于 R514.5 的梯形图

查看这个梯形图，发现 R476.7 和 R477.0 的状态为"0"是产生 2006 报警的原因。继续检查如图 6-95 所示的梯形图发现是断电保持型数据存储器 D408 单元设置有误。D408 是设置刀具数的存储器，根据图 6-95 所示的梯形图分析，D408 设置的数值是 86，而根据机床工作原理，本机床刀塔使用 8 把刀，D408 应该设置为 08（根据梯形图分析还可以设置为 12 把刀，即 12）。

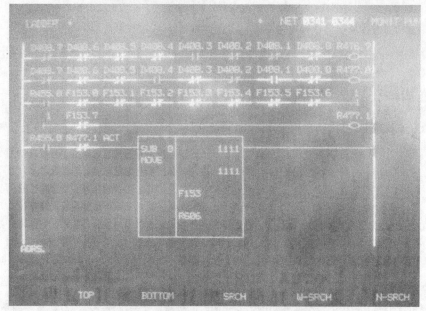

图 6-95　关于 R476.7 和 R477.0 的梯形图

将 D0408 设置页面调出检查，如图 6-96 所示，D0408 果然变成 86 了。

图 6-96　关于 D0408 数据设置画面

故障处理：将 D0408 的设置改为 08 后，机床恢复正常运行。

7.1 概述

7.1.1 机床参考点的概念

机床参考点（Machine Reference Position）就是给机床各个进给轴预设置的一个位置。对于采用增量控制系统的数控机床，它用来确定初始位置，也就确定了机床坐标系原点。

7.1.2 为什么要回参考点

在机床上电后，要在机床上建立一个唯一的坐标系，而大多数数控机床的位置反馈系统都使用增量式的旋转编码器或者增量式光栅尺作为反馈元件，因而机床在上电开机之后，无法确定当前在机床坐标系中的真实位置，所以都必须首先返回参考点，从而确定机床的坐标系原点。

7.2 数控机床回参考点的过程

现代数控机床一般都采用增量式的旋转编码器或增量式的光栅尺作为位置反馈元件，因而机床在每次开机之后都必须首先寻找参考点，以确定机床的坐标原点。寻找参考点主要与零点开关、编码器或者光栅尺的零点脉冲有关，一般回参考点有自动识别回参考点方向和不自动识别回参考点方向两种方式。

(1) 自动识别回参考点方向

当系统设置为自动识别回参考点方向时，通常零点开关设置在轴的一端，靠近这端的限位开关。只要按系统指定的按键，系统就会自动识别回参考点的方向，寻找参考点。通常有两种不同的寻找参考点的过程。

1) 压上零点开关后寻找零点脉冲

① 如果伺服轴没有压在零点开关上，按相应的回参考点启动按键后，伺服轴向预定方向快速运动，压上零点开关后，伺服轴减速向前继续运动，直到数控系统接收到第一个零点脉冲，伺服轴停止运动，数控系统自动设定零点坐标值。回参考点的过程如图 7-1 所示。

② 如果在回参考点时，伺服轴恰好压在零点开关上，伺服轴的运动方向与上述的预定方向相反，离开零点开关后，减速至 0，然后反向运动，压上零点开关后，准备接收第一个零点脉冲，以确定参考点。过程见图 7-2。

2) 脱离零点开关寻找零点脉冲

① 如果伺服轴没压在零点开关上，按相应的回参考点启动按键后，伺服轴快速按预定方向运动，压上零点开关后，减速至 0，然后反向慢速运动，当又脱离零点开关后，数控系统接收第一个零点脉冲时，确定参考点。其过程见图 7-3。

② 如果在回参考点时，伺服轴恰好压在零点开关上，伺服轴的运动方向与上述的预定方向相反，离开零点开关后，PLC 产生减

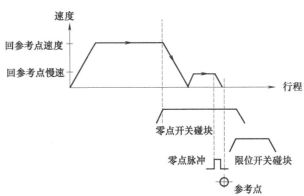

图 7-1 伺服轴在零点开关碰块前面自动识别
回参考点方向的回参考点过程（1）

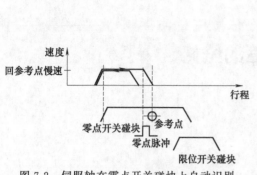

图 7-2　伺服轴在零点开关碰块上自动识别
回参考点方向的回参考点过程（1）

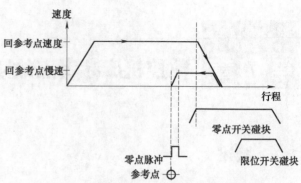

图 7-3　伺服轴在零点开关碰块前面自动识别
回参考点方向的回参考点过程（2）

速信号，使数控系统在接收到第一个零点脉冲时确认参考点。其过程见图 7-4。

（2）不自动识别回参考点方向

当系统设置为不自动识别回参考点方向时，零点开关碰块通常设置在伺服轴行程中部位置。这时回参考点的过程有三种情况。

1）伺服轴回参考点时停在零点开关碰块的前面

回参考点时，按相应的伺服轴方向键后，伺服轴首先以寻找参考点的速度运动，当压上零点开关时，减速到参考点慢速，离开零点开关碰块时，开始准备接收零点脉冲，当接收到第一个零点脉冲时，确定参考点。其过程见图 7-5。

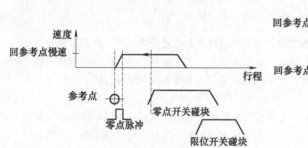

图 7-4　伺服轴在零点开关碰块上自动识别
回参考点方向的回参考点过程（2）

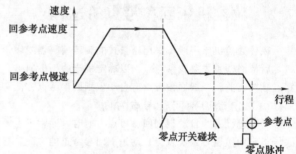

图 7-5　伺服轴在参考点碰块前方的回参考点过程

2）伺服轴压在零点开关上

如图 7-6 所示，按机床数据中规定的方向键后，因为伺服轴在参考点碰块上，所以伺服轴立即加速到回参考点慢速，当离开零点开关碰块时，开始准备接收零点脉冲，当接收到零点脉冲时，确定参考点。

3）伺服轴在零点开关后面

如图 7-7 所示，因为伺服轴没有压在零点开关碰块上，所以按下规定的方向键后，首先加速到回参考点的

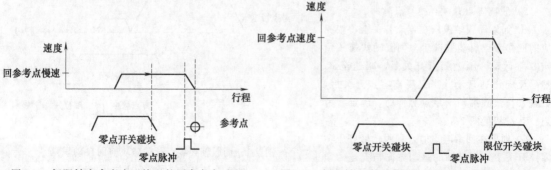

图 7-6　伺服轴在参考点碰块上的回参考点过程　　图 7-7　伺服轴在参考点碰块后面的回参考点过程

速度，因为没有回到参考点，所以软件限位不起作用，直到压上限位开关，产生报警，伺服轴运动才停止。

所以在不自动识别回参考点方向时，开机后应手动将伺服轴向回参考点方向的相反方向移动一段距离，使伺服轴不在参考点碰块之后，以避免上述情况的发生。

7.3 西门子810T/M系统参考点相关的机床数据与相关信号

西门子810T/M系统有许多机床数据可以控制回参考点的过程，下列数据与回参考点过程直接相关：

MD 240 * 参考点的数值，回完参考点后，屏幕显示参考点的坐标值。

MD 244 * 参考点偏移，系统接收到参考点脉冲后，再移动的距离。该机床数据可以用来调整参考点的实际位置。

MD 284 * 回参考点时，压上参考点减速开关后的速度。

MD 296 * 回参考点速度。

MD 5008 位 5，设定为点动操作方式。

MD 560 * 位 6，回参考点时自动识别方向。

MD 564 * 位 0，接近参考点的方向。

图 7-8 是西门子810T/M系统回参考点与机床数据的关系。还有两个机床数据与参考点有关，但对回参考点过程没有直接关系。

MD 5004 位 3，该位的设置，可以不回参考点就可以运行工件程序。

MD 560 * 位 4，该位的设置，可以使个别轴不回参考点就可以启动加工程序。

回参考点相关信号见表7-1。

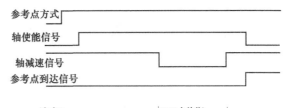

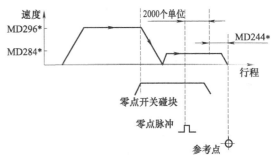

图 7-8 西门子810T/M系统回参考点与机床数据关系

表 7-1 西门子810T/M系统回参考点相关信号

信号	公用	X轴	第二轴	第三轴	第四轴
参考点方式	Q83.0=1 Q83.1=1 Q83.2=1 Q83.4=1				
轴使能信号	Q84.7	Q108.5	Q112.5	Q116.5	Q120.5
减速信号		Q108.4	Q112.4	Q116.4	Q120.4
参考点完成信号		I118.4	I120.4	I122.4	I124.4

7.4 西门子840D/810D系统与参考点相关的机床数据与相关信号

西门子840D/810D系统有许多机床数据可以控制回参考点的过程（图7-9），下列数据与回参考点过程直接相关。

MD34050：设定寻找参考点脉冲信号的控制方式。

0：寻找参考点脉冲的过程从参考点减速开关的信号断开开始。

1：寻找参考点脉冲的过程从参考点减速开关的信号接通开始。

MD34010：设定返回参考点的方向。

0：正向运动寻找参考点。

1：负向运动寻找参考点。

MD34020：设定返回参考点的速度。

MD34040：设定寻找参考点脉冲的速度。

MD34070：设定参考点定位速度。

MD34080：设定参考点距离。

MD34090：设定参考点偏移距离。

MD34100：设定参考点数值。

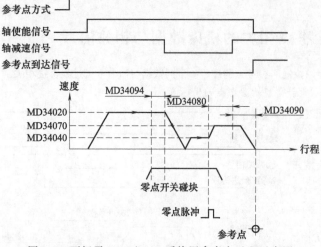

图 7-9　西门子 840D/810D 系统回参考点过程示意图

MD34030 设定了寻找零点减速开关动作的最大距离，这是为了监控寻找参考点碰块的过程，如果进给轴的移动量超出这个距离但仍然没有发现零点开关动作信号，返回参考点的过程自动停止，并出现 20000 号（参考点碰块没有找到）报警。

MD34060 设定了寻找零点脉冲的最大距离，这是为了监控寻找零点脉冲的过程。在寻找参考点的过程中，系统接收到零点开关信号后，开始寻找参考点脉冲，如果进给轴的移动量超出这个距离，但系统仍然没有接收到零点脉冲，返回参考点的过程自动停止，并出现 20004 号（参考点脉冲错误）报警。

MD34092 设定参考点碰块的电子偏移量。这是个非常人性化的机床数据，在使用以往的系统时经常遇到每次回参考点，参考点位置不一致的情况，原因是参考点开关动作的时机与参考点脉冲太近，这时我们需要移动参考点碰块或者将编码器拆下旋转半圈，但西门子 840D/810D 使用这个机床数据就解决了调整硬件的问题，调整这个数据就可以实现延迟寻找参考点脉冲、移动挡块的作用。

回参考点相关信号见表 7-2。

表 7-2　西门子 840D/810D 系统回参考点相关信号

信号	公用	X 轴	第二轴	第三轴	第四轴
参考点方式	DB21.DBX1.0				
轴使能信号		DB31.DBX2.1	DB32.DBX2.1	DB33.DBX2.1	DB34.DBX2.1
减速信号		DB31.DBX12.7	DB32.DBX12.7	DB33.DBX12.7	DB34.DBX12.7
参考点完成信号		I118.4	I120.4	I122.4	I124.4

7.5　发那科 0C 系统回参考点相关参数与信号

发那科 0C 系统回参考点相关机床参数与相关信号的关系见图 7-10，相关机床参数见表 7-3。

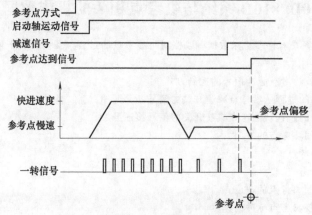

图 7-10　发那科 0C 系统回参考点示意图

表 7-3 发那科 0C 系统回参考点相关机床参数

机床参数	X 轴	第二轴(T 系统为 Z 轴，M 系统为 Y 轴)	第三轴（M 系统为 Z 轴）	第四轴
回参考点方向	PRM No. 3.0	PRM No. 3.1	PRM No. 3.2	PRM No. 3.3
参考点数值	PRM No. 708	PRM No. 709	PRM No. 710	PRM No. 711
参考点偏移	PRM No. 508	PRM No. 509	PRM No. 510	PRM No. 511
接近参考点快速	PRM No. 518	PRM No. 519	PRM No. 520	PRM No. 521
参考点慢速 FL	PRM No. 534	PRM No. 534	PRM No. 534	PRM No. 534
参考计数器	PRM No. 4	PRM No. 5	PRM No. 6	PRM No. 7

发那科 0C 系统回参考点相关信号见表 7-4。

表 7-4 发那科 0C 系统回参考点相关信号

信号	公用	X 轴	第二轴	第三轴	第四轴
参考点方式	G120.7				
轴驱动信号		G116.7 或 G116.6	G117.7 或 G117.6	G118.7 或 G118.6	G119.7 或 G119.6
减速信号		X16.5	X17.5	X19.7(X16.7)	X19.5(X17.7)
参考点完成信号		F148.0	F148.1	F148.2	F148.3

7.6 发那科 0iC 系统回参考点相关参数与信号

发那科 0iC 系统回参考点相关机床参数与相关信号的关系见图 7-11，相关机床参数见表 7-5。

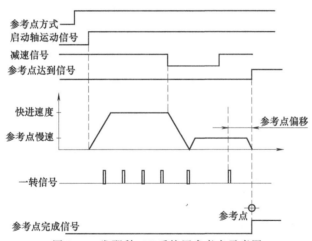

图 7-11 发那科 0iC 系统回参考点示意图

表 7-5 发那科 0iC 系统回参考点相关机床参数

机床参数	X 轴	第二轴(T 系统为 Z 轴，M 系统为 Y 轴)	第三轴（M 系统为 Z 轴）	第四轴
回参考点方向	No. 1006.5	No. 1006.5	No. 1006.5	No. 1006.5
减速信号极性	No. 3003.5	No. 3003.5	No. 3003.5	No. 3003.5
参考点数值	No. 1240	No. 1240	No. 1240	No. 1240
参考点偏移	No. 1850	No. 1850	No. 1850	No. 1850
接近参考点快速	No. 1428	No. 1428	No. 1428	No. 1428
参考点慢速	No. 1425	No. 1425	No. 1425	No. 1425
参考计数器容量	No. 1821	No. 1821	No. 1821	No. 1821

发那科 0iC 系统回参考点相关信号见表 7-6。

表7-6 发那科 0iC 系统回参考点相关信号

信号	公用	X 轴	第二轴	第三轴	第四轴
参考点方式	G43.7				
轴驱动信号		G100.0 或 G102.0	G100.1 或 G102.1	G100.2 或 G102.2	G100.3 或 G102.3
减速信号		X 9.0	X9.1	X9.2	X9.3
参考点到达信号		F94.0	F94.1	F94.2	F94.3
参考点完成信号		F120.0	F120.1	F120.2	F120.3

7.7 西门子 840D/810D 系统使用绝对值编码器的零点设定

西门子 840D/810D 系统使用绝对值编码器，在更换伺服电动机或者编码器时，必须重置零点，重置步骤如下：

① 已知固定点坐标值，例如机床在拆下 Z 轴伺服电动机之前，将滑台移动到一固定点，做标识 A，并且记录此处的轴坐标值 A××；

② 将该轴的机床数据 MD34200-ENC_REEP_MODE 设为 0（ENC_REEP_MODE＝0 表明轴的实际值被设定一次）；

③ NCK 复位使该数据生效；

④ 在 JOG 方式下手动将 Z 轴移动到已知位置 A；

⑤ 将记录的固定点 A 的坐标数值 A×× 输入到该轴机床数据 MD34100-REEP_SET_POS 中，这个值可以是预定的数值（如固定停止点）或由测量装置测得；

⑥ 把机床数据 MD34210-ENC_REEP_STATE 设为 1（为了激活"调整"功能）；

⑦ NCK 复位使该数据生效；

⑧ 将系统转换到 JOG_REF 方式（回参考点方式）；

⑨ 通过按该轴的正方向键（MD34010＝0）[或负方向键（MD34010＝1）]，可使机床数据 MD34100 的数值输入到机床数据 MD34090-REEP_MOVE_DIST_CORR 中且 MD34210-ENC_REEP_STATE 变为"2"；

⑩ 退出 JOG_REF 方式，该轴参考点设置完成，这时屏幕上显示的 Z 轴坐标值就是记录下来的 A×× 数值。

7.8 发那科 0iC 系统采用绝对值编码器如何返回参考点

使用发那科 0iC 系统的数控机床，伺服轴使用绝对值编码器，如果零点丢失或者更换编码器时，按如下步骤重新确定参考点：

① 在 MDI 方式下，将机床参数保护开关 PWE 设置为 1；

② 在手动或者手轮方式下，将相应的轴移动到需要指定为零点的位置；

③ 在 MDI 方式下将对应轴 1815 数据中的 APZ 位改为"1"，然后再改回"0"，这时对应轴的机床坐标将变为"0"，这时可以回到位置画面确认是否坐标值变为"0"；

④ 再将对应轴的 1815 数据的 APZ 改为 1；

⑤ 将系统参数保护开关 PWE 改回"0"；

⑥ 关闭系统重新上电即可。

注意：在零点调整时机床最好要有移动，调整后应重新对刀，重新修改机床软件保护数据，防止零点设错后对设备或人身造成损伤。

7.9 机床不回参考点故障的维修

因为很多数控机床位置反馈元件都采用增量式旋转编码器或者增量式光栅尺，为此要求机床每次开机都必须回参考点，以确定机床的坐标原点。因此回参考点的故障也是数控机床的常见故障。

根据数控机床回参考点的原理和过程，机床不回参考点主要原因有伺服系统故障、零点开关损坏、零点脉冲丢失、数控系统位置反馈模块故障以及外围故障，另外有时因为零点脉冲与零点开关和限位开关位置调整不好回参考点也会出现故障。其故障诊断框图如图 7-12 所示。

如果位置反馈元件有问题，在换上新的反馈元件后，机床的坐标原点一般都会发生变化。在自动加工之前要进行检查和校对，如果发生了变化，要及时调整加工程序或进行机床的零点补偿。另外重新换上零点开关或编码器后，要调整好零点脉冲与零点开关的距离，最好压上零点开关后，编码器再转半圈左右发出零点脉冲，否则，太近或太远都可能造成回参考点不准的故障。

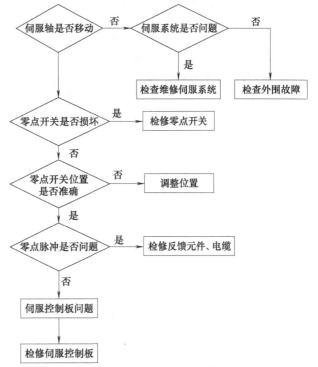

图 7-12　回参考点故障诊断框图

7.9.1　零点开关引发回参考点故障的维修案例

如果零点开关压上或者脱离时不动作，肯定会出现回参考点故障。零点开关的问题可以使用下面的方法检修：

① 在回参考点的过程，观察在压上零点开关时，有没有减速过程。

② 利用系统的 PLC 实时状态显示功能，检测零点开关信号或者减速信号是否正常。也可以手动按压零点开关，通过 PLC 状态显示功能检查零点开关接通、断开是否正常。

下面介绍几个实际维修案例。

案例 1：一台数控外圆磨床 X 轴回参考点时，X 轴向回参考点相反方向移动。

数控系统：西门子 840D pl 系统。

故障现象：这台机床在开机回参考点时，X 轴一直向回参考点相反的方向移动，直到急停按钮被按下。

故障分析与检查：分析这台机床回参考点的工作过程，如果没有压在零点开关上，那么回参考点时，向零点开关方向移动，压上零点开关后，减速停止移动，然后反向运动，脱离零点开关后，接收到第一个零点脉冲即确定参考点；如果开机时压在零点开关上，回参考点时向回参考点相反方向运动，脱离零点开关后，接收到第一个零点脉冲即确定参考点。

这台机床 X 轴的零点开关接入 PLC 输入 E60.1。利用系统 Diagnosis（诊断）功能检查 E60.1 的状态为"0"，按照机床的工作原理，零点开关被压下时为断开状态，即 PLC 输入状态为"0"，但检查零点开关并没有被压下，这时其触点断开说明开关损坏，检查这个开关发现确实损坏了，常闭触点不能闭合。因为零点开关始终不能闭合，系统一直认为零点开关还压着，所以向脱离零点开关的方向一直运动。

故障处理：更换零点开关后，机床恢复正常工作。

案例 2：一台数控立式淬火机床 Z 轴回参考点动作不对。

数控系统：西门子 810T 系统。

故障现象：这台机床在开机执行回参考点操作时，Z 轴一直向上运动。

故障分析与检查：这台机床的 Z 轴是垂直轴，观察故障现象，Z 轴回参考点之前，在手动操作方式下将 Z 轴移到零点开关上方，然后执行返回参考点操作，这时 Z 轴向上运动，直到压上限位开关，报警停止运动。而正常工作顺序应该是 Z 轴向下运动，压上零点开关后，反向向上运动，接收到编码器的零点脉冲后，停止运动确定参考点。

根据故障现象分析，首先认为应该是零点开关出现问题，把零点开关拆开进行检查，没有发现问题，测量开关触点电压、开关闭合和断开、电压信号也正常，但观察屏幕的 PLC 输入状态，按下零点开关时，观察 PLC 状态显示画面，所有输入状态都没变（因为当时手头没有机床图纸资料，不知道零点开关 PLC 接到哪个输入点上了）。因此，怀疑零点开关触点连线可能有问题。

故障处理：对零点开关的连接电气线路进行检查，发现确实是有一根导线折断，把这根导线连接上后，这时手动按压零点开关，发现 PLC 输入 I7.4 的状态有变化（说明零点开关接入 PLC 的输入 I7.4），功能恢复正常，将开关安装到机床上，执行 Z 轴回参考点操作，正常完成，故障排除。

案例 3：一台数控车床在 Z 轴回参考点时出现 2042 号报警。

数控系统：发那科 0TC 系统。

故障现象：这台数控车床在开机之后回参考点时出现报警"2042 Z-Axis Over Travel（Z 轴超行程）"，并停机。

故障分析与检查：根据系统工作原理，发那科 0TC 系统的 2042 报警是 PMC 报警，指示 Z 轴压上限位开关。观察故障现象，在机床开机之后回参考点时，X 轴先走，按 +X 键后，X 轴回参考点没有问题。之后按 +Z 键，Z 轴正向运动，屏幕上显示 Z 轴运动的数值，在压上零点开关后，Z 轴减速后一直运动直到压上限位开关，出现 2042 报警，指示 Z 轴超限位。

因为能减速运动说明零点开关没有问题，那么可能是 Z 轴脉冲编码器有问题，更换编码器故障依旧。更换数控系统的伺服控制模块，故障也没有消除。

重新分析回参考点的工作原理，在回参考点时，压上零点开关后，开始减速，在离开零点开关之后，再接收编码器的零点脉冲，以确定参考点。压上零点开关能减速只能说明减速开关压上后触点可以断开，用 Dgnos Param 功能检查 Z 轴零点开关的输入 X17.5 的状态，压上零点开关后其状态从"1"变成"0"，但离开开关之后没有马上变回"1"，而是在报警出现之后才变成"1"，说明零点开关有问题，常闭触点能断开，可能触点簧片弹性有问题不能及时闭合，将开关拆开检查，发现机床的冷却液进入开关内，使开关失灵。

故障处理：将零点开关内的油污清除，把开关修复。零点开关重新安装上后，机床故障消除。

案例 4：一台数控车床在回参考点时 Z 轴向相反方向运行。

数控系统：发那科 0iTC 系统。

故障现象：在回参考点时，本应向正方向运行，但 Z 轴却一直向负方向运行。

故障分析与检查：询问操作人员，在机床关机重新开机回参考点时出现这个故障。按照这台机床回参考点的原理，在没有压上零点开关时，Z 轴回参考点向正方向运行，压上零点开关后减速向负方向运行，然后接收零点脉冲确定参考点。

虽然开机回参考点时，操作人员已经手动使 Z 轴向负方向移动，按正常已经脱离零点开关，但回参考点却还是向负方向运行。

根据上述分析，首先怀疑零点开关有问题，利用系统功能检查零点开关的输入信号，发现一直为"0"，对零点开关进行检查，最后确认为 Z 轴零点开关损坏。

其实这种故障还有一种原因，回参考点的方向是在机床数据中设定的，但机床正常运行时，这种机床数据被改变的可能性非常小。

故障处理：更换零点开关，机床恢复正常运行。

7.9.2 编码器问题引发回参考点故障的维修案例

编码器故障也是回参考点故障的重要原因之一。影响回参考点正常进行的编码器原因主要是因为没有发出零点脉冲。零点脉冲是回参考点的重要标志，当零点开关动作后，PLC 产生减速信号，数控系统接收到减速信号后，开始等待接收零点脉冲，数控系统接收到第一个零点脉冲后，即确认参考点。所以如果位置反馈元件发不出零点脉冲，数控系统也就确定不了参考点。在实际故障检修过程中，如果发现 PLC 已经产生减速信号，但还是回不了参考点，多半是位置反馈元件有问题。

可以使用示波器检测反馈元件是否有零点脉冲发出，也可以采用备件置换法确诊故障。下面介绍一些故障的实际维修案例。

案例 1：一台数控窗口磨床 Z 轴回参考点时出现 F84 报警。

数控系统：西门子 3M 系统。

故障现象：这台机床在回参考点时，Z 轴找不到参考点，一直运动直到出现 F84 报警，F84 报警信息为

"End Position Plus Z-Axis（Z 轴超正向限位）"，说明 Z 轴超限位报警。

故障分析与检查：根据机床的工作原理，正常情况下，Z 轴回参考点时，首先向负方向运动，当压到零点开关时，马上反向减速向正方向运动，这时 NC 系统开始零点脉冲，当接收到离开零点开关后编码器发出的第一个零点脉冲时，零点被确认，Z 轴停止运动。旋转编码器除了能间接反馈轴向运动数值外，还是确认机床零点的重要元件，其输出信号如图 7-13 所示，$\overline{U}_{a1}$ 与 U_{a2} 脉冲系列和 $\overline{U}_{a1}$ 与 U_{a2} 反向脉冲系列为计数脉冲。编码器每转一圈，可发出若干个这样的脉冲，这台磨床 Y 轴使用的编码器作为位置反馈元件，每圈发2500 个脉冲。NC 系统对这些脉冲进行计数，并换算成轴向运动的直线位移。$\overline{U}_{a0}$ 与 U_{a0} 为零点脉冲，编码器每转一圈，可发出一个零点脉冲，用来确定机床参考点。

这台机床回参考点的过程是比较典型的，许多机床都采用这种方式。机床找不到参考点有如下几种可能。

① 零点开关有问题：仔细观察 Z 轴回参考点的过程，发现 Z 轴运动压到零点开关后，能减速并反向运动但不停止，直到压到极限开关。说明回参考点过程正常，零点开关没有问题，经对零点开关进行检查，也验证了这一判断。

② 零点脉冲丢失：零点开关没有问题，那么最大的可能就是零点脉冲出现问题，NC 系统没有接收到这个信号。该机床其他两个轴可以正常回参考点，说明 NC 系统应该没有问题。更换 NC 系统伺服位置反馈板，问题也没有解决。那么肯定是编码器出了问题，用示波器测试，没有发现零点脉冲。

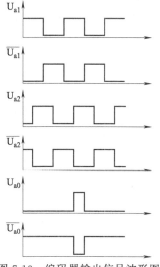

图 7-13 编码器输出信号波形图

故障处理：因编码器无备件可更换，订货周期又长，不能解燃眉之急。为此对编码器进行检查，当将编码器拆开后，检查发现里面有许多油，原因是编码器密封不好，机床冷却油的油雾进入编码器，时间长了沉淀下来，将编码器刻盘遮挡，致使零点脉冲发不出来，将编码器中的油清除并清洗，重新密封安装后，故障消除。

案例 2：一台数控车床在 Z 轴回参考点时出现超行程报警。

数控系统：西门子 810T 系统。

故障现象：这台机床在回参考点时，X 轴正常没有问题，Z 轴回参考点时出现超行程报警。

故障分析与检查：观察 Z 轴回参考点的过程，在压上零点开关后，减速运行，但一直运动不停，直到压上限位开关。根据故障现象判断，零点开关没有问题，可能是位置反馈元件没有发出零点脉冲。这台机床Z 轴采用旋转编码器作为位置反馈元件，内置在伺服电动机内，利用示波器检查零点脉冲确实没有发现，说明脉冲编码器有问题。

故障处理：更换伺服电动机的内置编码器，机床恢复正常工作。

案例 3：一台数控车床在回参考点时，找不到参考点，并出现报警"1360 Meas. System Dirty（测量系统脏）"。

数控系统：西门子 810T 系统。

故障现象：这台机床开机，X 轴回不了参考点，还出现 1360 报警，指示 X 轴测量系统脏。

故障分析与检查：因为是 X 轴报警，对有关 X 轴的伺服系统进行检查，在检查 X 轴编码器时，发现电缆插头内有很多冷却液。

故障处理：将编码器电缆插头中的液体清除，进行清洁烘干处理，然后采取密封措施，重新插接，通电开机，机床恢复正常工作。

案例 4：一台数控加工中心开机后 X 轴不能返回参考点。

数控系统：西门子 810D 系统。

故障现象：这台机床开机后，X 轴正、负向运动正常，但不能返回参考点。

故障分析与检查：由于 X 轴正、负向运动正常，说明数控系统、伺服驱动工作均正常，此时不回参考点一般与参考点减速信号、零点脉冲、回参考点机床数据设定不当等原因有关。

利用系统 Diagnosis 功能检查参考点减速信号没有问题，回参考点的机床数据经检查也没有发现问题，初步判断故障是因为零点脉冲不良引起的。这台机床采用全闭环位置控制系统，使用光栅尺作为位置检测元件。检查光栅尺连接电缆没有发现问题，使用示波器检测光栅尺 EXE601 的输出脉冲信号，发现零点脉冲 U_{a0} 和 $*U_{a0}$ 均没有信号。检测光栅尺输入 J_{e0} 正弦波信号正常。逐级检查 EXE601 前置放大器的信号，发现长线驱动器 75114 损坏。

故障处理：更换光栅尺 EXE601 的长线驱动器 75114 后，机床故障消除。

案例 5：一台数控车床在回参考点时出现 91 号报警。

数控系统：发那科 6M 系统。

故障现象：这台机床在开机回参考点时出现 91 号报警，无法返回参考点。

故障分析与检查：根据发那科数控系统检修手册可知，91 号报警信息为"脉冲编码器同步出错"，可能的原因如下：

① 编码器"零脉冲"有问题；

② 回参考点时位置跟随误差值小于 128。

首先对跟随误差、位置环增益、回参考点速度等参数进行检查，均属于正常范围，排除了参数设定的问题。

然后对编码器进行检查，发现编码器电源（+5V 电压）只有 +4.5V 左右，但伺服单元上的电压为 +5V 没有问题。因此怀疑连接电缆可能有问题，对编码器的连接电缆进行检查，发现编码器电缆插头的电源线虚焊。

故障处理：对电源线重新焊接后，机床恢复正常工作。

案例 6：一台数控车床出现报警"319 SPC Alarm：X Axis Coder（SPC 报警：X 轴编码器）"。

数控系统：发那科 0TC 系统。

故障现象：这台机床开机，X 轴回参考点时出现 319 号报警，指示 X 轴编码器有问题。

故障分析与检查：根据数控系统的报警信息，说明 X 轴编码器连接系统可能有问题。发那科数控系统出现编码器报警有几种可能：

一是数控系统的伺服轴控制模块（轴卡）有问题，出现的是假报警，但与另一台机床的伺服轴控制模块对换，故障依旧；

二是编码器的连接线路有问题，但对线路进行检查，也没有发现问题；

三是编码器出现问题，数控系统确认的是真正的编码器故障，因前两种可能已经排除，所以问题可能出在编码器上。

故障处理：更换新的 X 轴编码器后，X 轴返回参考点正常进行，机床故障排除。

7.9.3 数控系统问题维修案例

如果回参考点有减速过程，反馈元件也没有问题，那么多半是数控系统的伺服控制模块有问题。下面列举几个实际维修案例。

案例 1：一台数控车床 Z 轴找不到参考点。

数控系统：发那科 0TD 系统。

故障现象：这台机床在开机回参考点时，Z 轴找不到参考点，最后出现超行程报警。

故障分析与检查：观察机床回参考点的过程，X 轴回参考点正常没有问题。Z 轴回参考点时，先正向运动，压上零点开关后减速，然后慢速运动，但不停，直到压上限位开关。

根据这些现象分析，零点开关没有问题，问题可能出在系统伺服轴控制模块（轴卡）、编码器或者编码器反馈电缆连接上。

为了确定故障原因，在系统上，把 X 轴伺服电动机的动力电缆和编码器反馈电缆与 Z 轴的互换插接，然后进行回参考点操作。这时 X 轴回参考点实际是 Z 轴滑台运动，没有问题，说明 Z 轴的编码器和编码器反馈电缆没有问题。Z 轴回参考点时，X 轴滑台运动，最后出现 X 轴超行程报警，说明系统伺服轴控制模块有问题。

故障处理：更换系统伺服轴控制模块，机床恢复正常运行。

案例 2：一台数控车床开机回参考点时出现报警"90 Reference Return Incomplete（参考点返回没有完成）"。

数控系统：发那科 0TC 系统。

故障现象：这台机床开机，在 X 轴回参考点时出现 90 号报警，指示不能完成返回参考点的操作。

故障分析与检查：查阅发那科系统维修手册，90 号报警的含义为参考点返回时，起始点与参考点靠得太近或速度太慢。

首先怀疑返回参考点的速度可能被改变了，数值过小、速度太慢，使位置偏差量小于 128 个脉冲，但检查机床数据 PRM534 无误，将其数值改大也没有排除故障。

然后调出诊断页面观察诊断数据 DGN800，发现回参考点时 X 轴的位置偏差量大于 128 个脉冲，也没有问题。

进而怀疑系统伺服轴控制模块（轴卡）有问题，没有检测到参考点脉冲，或者编码器有问题没有发出参考点脉冲。与其他机床互换伺服轴控制模块，证明确实是伺服轴控制模块故障。

故障处理：维修伺服轴控制模块后，机床恢复正常工作。

案例 3：一台数控球道磨床，开机 Y 轴找不到参考点。

数控系统：西门子 3M 系统。

故障现象：这台机床在开机执行回参考点操作时，X 轴回完参考点后，Y 轴开始运动，但减速后一直运动，直到压上限开关。

故障分析与检查：根据故障现象，Y 轴回参考点时压上零点开关之后能够减速，说明零点开关没有问题，很明显是零点脉冲出现了问题，但用示波器检查 Y 轴输出的零点脉冲并没有问题，故可能是数控系统没有接收到零点脉冲。西门子 3M 系统是通过测量模块接收零点脉冲和位置反馈信号的，由于位置反馈采用的是光栅尺，所以测量板上 X、Y 轴各加一块脉冲整形及放大电路 EXE 板。由于 X 轴没有问题，可能是 Y 轴的 EXE 板有问题，采用互换法，将 X 轴与 Y 轴的 EXE 板对换，开机测试，故障转移到 X 轴上，说明确实是 Y 轴的 EXE 板出现了问题。

故障处理：更换新的 EXE 板后故障消除。这个故障是由于数控系统的测量模块出现问题，接收不到零点脉冲，而导致 Y 轴回不了参考点的。

7.9.4 零点脉冲距离问题维修案例

如果零点开关与零点脉冲之间的距离没有调整好，也会出现回参考点故障或者参考点不准。

有时因为编码器的零点脉冲距离零点开关太近，有可能使参考点的位置不定，每次回参考的实际位置可能不是一个位置，如图 7-14 所示，因为每次离开参考点挡块的时机不可能完全一致，当稍早些（开关在 A 点断开），刚一离开挡块，就接收到编码器的零点脉冲（Z），参见图 7-14（编码器回参考点时逆时针旋转），这时立即找到了参考点。如果零点开关稍微慢一些断开，在图 7-14 中 B 点断开，这时参考点脉冲刚刚错过，编码器旋转接近一周才能发出下一个参考点脉冲，这时找到的参考点 B 与参考点 A 的距离为一个丝杠螺距。所以编码器在参考点脉冲附近离开参考点挡块是不合理的，在图 7-14 中圆弧 EFG 内是比较合理的，如果恰好在参考点脉冲距离半周的 F 附近，是最佳位置。

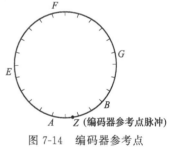

图 7-14　编码器参考点
脉冲位置示意图

下面介绍几个维修案例。

案例 1：一台数控球道磨床有时 B 轴找不到参考点。

数控系统：西门子 3M 系统。

故障现象：这台磨床有时 B 轴回参考点，出现超限位报警，找不到参考点。

故障分析与检查：检查零点开关没有问题，零点脉冲也没有问题，后发现零点开关与零点脉冲距离太近，有时减速开关离开早一点就可以找到参考点，若稍微晚一点就错过零点脉冲，之后超限位报警。

故障处理：将挡块位置调整，使零点开关与零点脉冲之间有一段距离，这之后再也没有发生这个故障。

案例 2：一台数控外圆磨床有时加工工件尺寸有误。

数控系统：西门子 805 系统。

故障现象：这台数控磨床，有一段时间偶尔出现故障，有两次故障出现在早晨开机时，第一次故障时磨削第一个工件磨量过大停机，第二次没有磨上工件。

故障分析与检查：首先我们怀疑晚上机床断电后，机床加工参数产生变化，为此我们在晚上关机时，记录加工数据。当另一次早晨开机出现磨不上工件的故障时，与前一天晚上记录的数据核对，并没有发现变化。那么可能是机床 Z 轴的参考点有问题，每次回参考点的位置不同，导致机床零点变化，也会使实际加工位置发生变化。为此首先检查机床零点开关，正常没有问题，当检查编码器时，发现编码器与伺服电动机轴的联轴器有些松动。

故障处理：将联轴器紧固后，开机工作。这之后再也没有发现尺寸有变化的现象。

案例 3：一台数控外圆磨床 X 轴回参考点不准。

数控系统：西门子 810G 系统。

故障现象：这台机床有时返回参考点 X 轴位置不一致。

故障分析与检查：这台机床因为 X 轴编码器损坏，更换编码器一段时间后出现问题，有时开机回参考点后加工工件时，磨削不到工件，调整补偿后可以磨削到工件，但下次重开机床后，再加工工件又磨削过多，经检查有时两次回参考点的位置相差 6mm，为丝杠螺距，多次执行 X 轴回参考点的操作，并进行跟踪检查，发现参考点位置要么不差，要么就差 6mm，所以认为编码器参考点脉冲位置调整得不恰当。

故障处理：将编码器拆下，把编码器轴旋转半周后重新安装，机床再也不出现这个故障了。

案例 4：一台数控车床 X 轴回参考点时出现报警"1120 Clamping Monitoring（卡紧监控）"。

数控系统：西门子 810T 系统。

故障现象：在开机 X 轴回参考点时，找不到参考点，出现 1120 报警。

故障分析与检查：这台机床在 X 轴护板损坏，更换新的护板后，重新通电开机，X 轴回参考点时，压减速开关后，减速运行，但出现 1120 报警，找不到参考点。因为零点开关与限位开关很近，并且在出现 1120 报警时还没有压上限位开关，说明限位开关位置不对，需要调整。调整后，X 轴回参考点出现超限位报警。为了确认是编码器问题还是零点开关的距离问题，在 X 轴回参考点时，提前按零点开关，这时 X 轴能够找到参考点，说明编码器和零点开关都没有问题，可能是零点开关碰块的位置有问题。

故障处理：将 X 轴零点开关碰块与限位开关碰块之间的距离调大后，X 轴正常回参考点不再出现问题。

案例 5：一台数控立式车床 Q 轴回参考点时经常出现报警"1682 Servo Eenable Travering Q Axis（Q 轴运动过程中使能丢失）"和"1882 Q HW Limit Switch Plus（Q 轴压正向硬件限位开关）"。

数控系统：西门子 840C 系统。

故障现象：这台机床 Q 轴回参考点时出现 Q 轴压正向限位报警和 Q 轴使能丢失报警。

故障分析与检查：观察故障现象，有时 Q 轴可以找到参考点，有时就出现压限位报警。仔细观察 Q 轴回参考点的过程，出故障时，Q 轴参考点动作正常，零点接近开关检测到参考点碰块，减速反向向负方向运动，离开零点开关后反向运动，但没有停止，一直正方向运动，因为硬件限位开关距离参考点很近，还没有找到参考点就压上限位开关。根据故障现象分析，应该是参考点碰块感应零点接近开关的时机恰好在编码器发出零点脉冲附近，有时刚错过零点脉冲，找到下一圈零点脉冲时，已压上限位开关。

故障处理：将 Q 轴零点接近开关向负方向移动 2mm 左右，紧固零点开关，这时反复执行 Q 轴回参考点操作，都没有再出现压限位故障报警，机床恢复稳定工作。

案例 6：一台数控车床在 X 轴回参考点时经常出现零点漂移。

数控系统：发那科 0TC 系统。

故障现象：这台机床在 X 轴回参考点时，经常出现零点漂移的现象，每次漂移量在 10mm 左右。

故障分析与检查：分析机床故障现象，每次出现参考点漂移时都在 10mm 左右，再回参考点又可能没有漂移，且 X 轴滚珠丝杠的螺距就是 10mm。

检查与回参考点相关的机床参数数据没有发现问题。因此怀疑 X 轴回参考点的减速撞块压上零点开关的时刻与编码器的零点脉冲直接的距离太近，有时压上零点开关不久就能收到编码器的零点脉冲，有时零点开关动作时刚好错过零点脉冲，需要等待接收下一个零点脉冲，所以就产生了零点漂移，并且漂移数值在 10mm（即滚珠丝杠一个螺距）左右。

故障处理：调整 X 轴减速撞块的位置，向负方向（因为回参考点是向负方向运动）调整 4mm（即接近滚珠丝杠螺距的一半）左右，这时反复执行 X 轴回参考点操作，再也没有出现参考点漂移的故障。

7.9.5 其他原因引发回参考点故障的维修案例

有时因为连接编码器的联轴器有问题，或者编码器线路问题，或者伺服条件有问题，或者其他问题也会引起回参考点故障。下面是一些实际维修案例。

案例 1：一台数控窗口磨床，开机 Y 轴出现回不了参考点的故障。

数控系统：西门子 3M 系统。

故障现象：该机床在回参考点时，X 轴回完参考点后，Y 轴正向运动，之后减速反向运动，但出现报警"113 Contour Monitoring（轮廓监控）"，回不了参考点。

故障分析与检查：检查机床数据、数控系统和伺服系统都没有发现问题，将编码器拆下检查时，发现编码器与伺服电动机轴的联轴器在直径方向上有一斜裂纹，致使负向运动时，编码器脉冲丢失，产生 113 号报警。

故障处理：更换新的联轴器，故障消失。

案例 2：一台数控车床 Z 轴找不到参考点。

数控系统：发那科 0TC 系统。

故障现象：观察故障的发生过程，当回参考点时首先 X 轴回参考点，没有问题，然后 Z 轴回参考点，这时 Z 轴一直正向运动，直至运动到压上限位开关，产生超限位报警。

故障分析与检查：根据故障现象和工作原理进行分析，可能是零点开关有问题。利用系统的 Dgnos Param 功能检查 Z 轴零点开关输入 X17.5 的状态，发现其状态为 0，在回参考点的过程中一直没有变化，更证明是零点开关出现了问题；但检查零点开关却没有问题，再检查其电气连接线路，发现这个开关的电源线折断，使 PMC 得不到零点开关的变化信号而没有产生减速信号以接收零点脉冲。

故障处理：重新连接线路，故障消除。

案例 3：一台数控车床开机不回参考点。

数控系统：发那科 0TC 系统。

故障现象：这台机床一次开机回参考点时 X 轴不走，但显示屏幕上 X 轴的坐标数值一直在变。

故障分析与检查：手动移动 X 轴也不走，只是屏幕坐标数值在变化，并且没有报警。试验 Z 轴也是如此。对机床操作面板进行检查，发现一个按钮被按下，这个按钮是进给保持按钮，恰巧这个按钮的指示灯损坏，所以机床操作人员没有注意到这个误操作。

故障处理：将进给保持按钮按开后，机床进给恢复正常。

案例 4：一台数控车床在 Z 轴回参考点时出现报警"520 Over Travel：＋Z Axis（Z 轴运动超正向限位）"。

数控系统：发那科 0TC 系统。

故障现象：这台机床在开机回参考点时出现 520 号报警。关机再开回参考点时还是出现这个报警。

故障分析与检查：根据系统手册关于这个报警的解释，这个报警指示 Z 轴回参考点时超正向软件限位。解决这个故障通常可以采用两种方式：

第一种方式是将 Z 轴正向软件限位设定参数 PRM702 更改成 9999999，回参考点后，再将其改回原来的数值，这种方式比较烦琐；

第二种方式是在开机时，同时按住数控系统面板上 CAN 键和 P 键，过一会松开，这时再回参考点就可以正常运行了。

但按照正常的工作原理，机床在开机回参考点之前，不应出现 5n0 和 5n1 报警，这种报警是属于数控系统失误造成的。如果是开机回参考点后，再运行 X 轴或 Z 轴时出现这个报警，可向相反方向运动这个轴，然后按 RESET 按键，故障报警即可消除。如果消除不掉的话，说明是数控系统有问题，可关机，然后开机同时按住 CAN 键和 P 键，过一会松开，这时再回参考点故障即可消除。

故障处理：通电开机的同时按住 CAN 键和 P 键，过一会松开，这时回参考点，正常完成，故障消除。

案例 5：一台数控车床开机回参考点时出现报警"424 Servo Alarm：Z Axis Detect ERR（伺服报警：Z 轴检测错误）"。

数控系统：发那科 0TC 系统。

故障现象：这台机床在开机回参考点时，X 轴没有问题，Z 轴回参考点时出现 424 号伺服报警，指示 Z 轴检测错误。

故障分析与检查：检查 Z 轴的参考点减速开关，没有问题。将回参考点慢速机床数据 PRM534 从 300 改到 400，又改到 600 都没有解决问题，但随着 PRM534 的数值增大，诊断数据 DGN0801 的数值从 2698 降低到 1056，说明 Z 轴运行阻力太大。对 Z 轴滑台进行检查，发现滑台下面铁屑过多。

故障处理：将铁屑清除干净，这时 Z 轴回参考点恢复正常运行，诊断数据 DGN0801 也变为 200 左右，机床恢复了正常运行。

案例 6：一台数控车床回参考点时出现报警"424 Servo Alarm：Z Axis Detect ERR（伺服报警：Z 轴检测错误）"。

数控系统：发那科 0TC 系统。

故障现象：这台机床在回参考点时，X 轴正常没有问题，Z 轴出现 424 报警。

故障分析与检查：询问机床操作人员，操作人员告知，只有在机床开机回参考点时出现这个报警，正常工作时从来不出现这个报警，说明问题不是很大。

观察回参考点的过程，Z 轴回参考点向正方向运行，压上零点开关后减速，脱离零点开关后，停止运动，屏幕 Z 轴零点坐标显示 5.760，这个数值就是零点坐标。但过几十秒后，出现 424 报警，这时 Z 轴坐标值变为 5.130。多次观察，发现出现报警时，Z 轴的坐标值都在 5.1 左右。

根据这些现象分析，怀疑系统接到零点脉冲后，减速过快，没有达到系统要求的定位精度。

怀疑伺服驱动模块低速驱动能力有问题，与其他机床互换伺服驱动模块，还是这台机床出现问题，说明不是伺服驱动模块的问题。检查 Z 轴伺服电动机和编码器，连接良好，没有发现问题。因此怀疑 Z 轴滑台可能运动阻力变大，使 Z 轴低速运行时，停止过快。

故障处理：将回参考点慢速机床数据 PRM0534 从 300 改到 400，就是提高回参考点慢速的速度数值，这时 Z 轴回参考点恢复正常，报警消除。

案例 7：一台数控铣床在回参考点时出现报警"103 Contour Monitoring（轮廓监视）"。

数控系统：西门子 3TT 系统。

故障现象：这台磨床一次出现故障，在机床回参考点时出现 103 报警。

故障分析与检查：分析机床工作原理，该机床考虑安全因素，在 Y 轴运动时，X 轴必须在干涉区外，在回参考点时，首先 X 轴必须压到非干涉开关，表示不在干涉区内，然后 Y 轴回参考点，Y 轴回完参考点后，X 轴再回参考点。观察发生故障的过程，在开机回参考点时，X 轴正向运动，但非干涉开关一直没有起作用，一直到 X 轴不能运动产生 103 报警，检查机床 X 轴非干涉开关和挡块，发现挡块位置发生变化，X 轴始终压不上非干涉开关。

故障处理：根据机床的要求重新调整挡块位置，故障排除。

案例 8：一台数控窗口磨床，回参考点不走。

数控系统：西门子 3M 系统。

故障现象：在回参考点时，轴不动。

故障分析与检查：查看机床的报警信息，有 X 轴超负向限位的报警信息，将取消限位的开关（Overriding End Position）打开，手动让 X 轴向正向运动，但也不走。查看 X 轴的伺服使能条件，发现为 0，根据 PLC 程序进行检查，发现一上料开关应打到"不用"位置。

故障处理：将这个开关打到正确位置后，将 X 轴走回，然后机床三轴正常回参考点。

当开机后，回参考点的命令不执行，手动运动时轴也不动，这时故障的原因一般都是伺服轴的伺服使能条件没有准备好。遇到这类问题，就要根据机床工作原理和 PLC 的程序，逐步检查，才能确定故障原因。

案例 9：一台数控卧式淬火机床 Y 轴不回参考点。

数控系统：西门子 810M 系统。

故障现象：这台机床在开机回参考点时 Y 轴不走。

故障分析与检查：观察故障现象，X 轴回参考点没有问题，Y 轴按下回参考点启动按键时，Y 轴不动，但手动操作方式下点动 Y 轴，没有问题。回参考点时观察系统屏幕，进给速度 F 的数值为"0"，面板上的进给保持灯和不到位灯亮。检查 Y 轴控制器使能信号 Q112.2 为"1"没有问题，进给使能 Q112.5 为"0"，所以 Y 轴不走。

关于 Q112.5 的梯形图如图 7-15 所示，通过系统 PLC 状态显示功能逐个检查这个梯形图各个元件的状态，发现 I11.0 的状态为"0"，导致 Q112.5 为"0"（F255.4 是手动操作方式状态标志，所以手动操作方式下时为"1"，Q112.5 变为"1"，手动进给使能没有问题）。

查阅机床电气原理图，PLC 输入 I11.0 连接行程保护 S110 开关，连接图见图 7-16，检查 S110 行程开关已经压上没有问题，检查开关本身也没有问题，最后检查发现该开关的电源连接端子 104 松动。

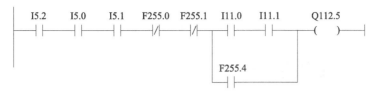

图 7-15　关于 *Y* 轴进给使能 Q112.5 的梯形图

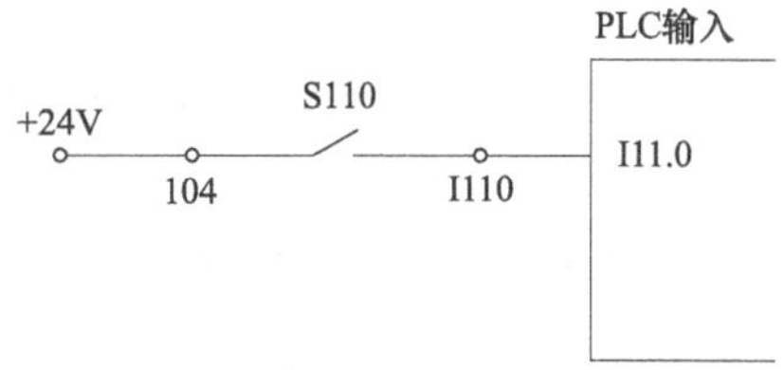

故障处理：将开关 S110 的电源连接端子 104 紧固后，这时 *Y* 轴回参考点正常进行。

案例 10：一台数控车床 *X* 轴有时找不到参考点。

数控系统：西门子 840D pl 系统。

故障现象：这台机床在执行回参考点操作过程中 *X* 轴有时找不到参考点。

图 7-16　PLC 输入 I11.0 连接图

故障分析与检查：观察 *X* 轴回参考点的过程，发现每次 *X* 轴脱离零点开关后，都能减速运行，但有时出现找不到参考点的故障。因此，怀疑编码器的零点脉冲可能有问题，用示波器对零点脉冲进行检查，发现有零点脉冲，但似乎幅值有些低，检查编码器的电源发现只有 4.5V，而且有波动，可能是电源电压偏低或波动引起零点脉冲异常，导致有时找不到参考点的。在伺服系统侧检查编码器电源输出为 5V 正常没有问题，因此判断可能编码器连接线路有问题。对编码器的连接电缆进行检查，发现线路接触不良。

故障处理：重新连接编码器连接电缆后，机床恢复正常工作。

案例 11：一台数控外圆磨床 *U* 轴找不到参考点。

数控系统：西门子 840D pl 系统。

故障现象：这台机床在开机寻找参考点操作时，*X* 轴和 *Z* 轴找到参考点后，*U* 轴一动就出现报警 "25050 Axis U1 Contour Monitoring（*U* 轴轮廓监控）"。

故障分析与检查：因为出现轮廓报警，首先怀疑机械部件有问题，用手盘动 *U* 轴，感觉机械负载不是很大，更换 *U* 轴伺服功率驱动模块和控制模块都没有解决问题。

根据机床工作原理，*U* 轴减速开关接入 PLC 的输入 I6.4，检查减速开关没有问题。查看零点开关没有压上，利用系统 Diagnosis 功能检查 I6.4 的状态为 "0"，也是正常的。

按下急停开关，手动盘动 *U* 轴，使 *U* 轴减速开关被压上，这时 I6.4 的状态变为 "1"，也说明减速开关没有问题。这时启动伺服系统，进行回参考点的操作，*U* 轴开始移动，但 *U* 轴移动速度很慢，在线观察 I6.4 的状态，变为 "0" 后继续运动，但最后出现 "20002 Channel 1 Axis U1 Zero Mark Not Found（通道 1 的 *U* 轴零点标识没有发现）" 报警，有时出现 "2005 Channel 1 Axis U1 Reference Point Approach Aborted（通道 1 的 *U* 轴参考点接近失败）" 报警。

为此，怀疑 *U* 轴编码器有问题，但与 *Z* 轴互换伺服电动机后，*Z* 轴正常，还是 *U* 轴出现报警，说明伺服电动机编码器没有问题。

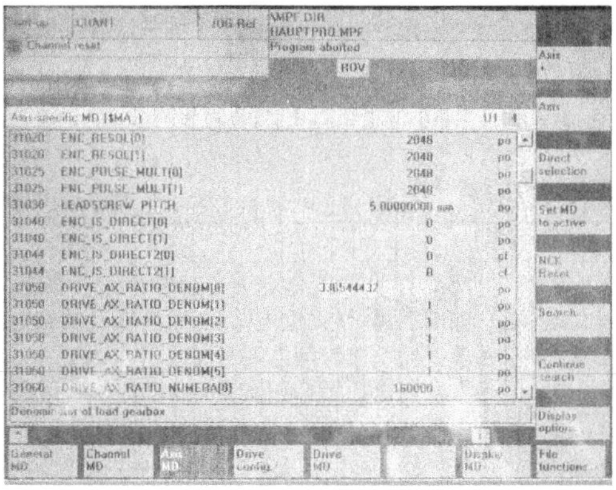

因为观察到 *U* 轴回参考点时运动速度极慢，出现 20002 报警时，*U* 的轴坐标数值却达到 1882.158mm，坐标数值很大，实际移动距离却很小，所以怀疑机床数据设置有问题。检查 *U* 轴的机床数据，发现编码器脉冲数设定数据 MD31020 和滚珠丝杠螺距设定数据 MD31030 都没有问题，而 MD31050 设置的数据极大，为 "336544432"，如图 7-17 所示，检查其他轴为 "100000"。

故障处理：将齿轮箱分母机床数据 MD31050 更改为 "100000" 后，关机重新启动，这时 *U* 轴回参考点正常没有问题，机床故障排除。

图 7-17　西门子 840Dpl 系统伺服轴机床数据显示画面

8.1 西门子 611A 交流伺服控制系统

8.1.1 西门子 611A 交流模拟伺服控制系统的构成

611A 是西门子公司交流模拟伺服系统，其构成简单、结构紧凑，图 8-1 是 611A 系列伺服驱动系统结构示意图，是由一个电源模块、一个主轴模块、一个双轴伺服进给模块、一个单轴伺服进给模块构成的三轴（带一个主轴）系统。

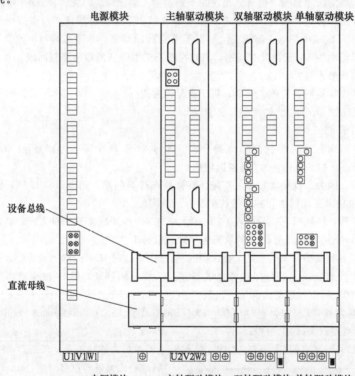

图 8-1 三个伺服轴、一个主轴的西门子 611A 系列驱动系统结构示意图

611A 驱动系统的基本构成见表 8-1。

表 8-1 西门子 611A 驱动系统的基本构成

组成部分		功 能 介 绍	
电源模块	非受控电源模块（UE）	主回路采用了二极管不可控整流电路，直流母线控制回路可以通过制动电阻释放因电动机制动、电源电压波动产生的能量，保持直流母线电压基本不变，因此适用于小功率，特别是制动能量较小的场合	电源模块由整流电抗器（有内置式和外置式两种）、整流模块、预充电电路、制动电阻以及相应的主接触器、检测、监控等电路组成 具有预充电控制和浪涌电流限制电路，预充电完成后自动闭合主回路接触器，提供 DC 600V/625V 直流母线电压。 监控电路监控直流母线电压，辅助控制±15V、+5V电源以及对电源电压过高、过低、缺相进行监控
	可控电源模块（I/R）	主回路采用晶体管可控整流电路，整流回路也采用了 PWM 控制，可以通过再生制动的方式将直流母线上的能量回馈电网，因此适用于大功率、制动频繁、回馈能量大的场合	

续表

组成部分	功能介绍
伺服驱动模块	伺服驱动模块由控制板和功率驱动模块组成。控制板插在功率驱动模块上,进行速度调节、电流调节、使能控制,对伺服驱动部分进行监控。功率驱动板主要由逆变(功率放大)电路组成 伺服驱动模块分为单轴驱动和双轴驱动两种基本类型 控制模块的速度调节器的速度漂移补偿(Drift Offset)、比例增益(K_p)、积分时间(T_n)以及测速反馈电压(Tacho)通过安装在模块表面上的电位器进行分别调整 电流调节器的比例增益、电流极限等参数通过控制板上的设定开关进行设定
主轴驱动模块	主轴驱动部分也是由控制板和功率驱动模块组成的,可以与西门子的 1PH6、1PH4、1PH2 主轴电动机配套,构成交流主轴驱动系统。主轴驱动的详细说明见第 9 章的介绍

8.1.2　西门子 611A 交流伺服控制系统的连接

西门子 611A 伺服系统连接简洁、便于操作,下面介绍西门子 611A 系统的具体连接及接口信号。

(1) 内部连接

611A 伺服驱动内部连接由两个总线组成,一个为直流电源 DC 600V/625V 直流母线,由电源模块输出,通过西门子专用铜排连接到主轴功率驱动板和伺服功率驱动板上;另一个为设备总线,也是由电源模块输出,通过西门子专用总线连接器连接到主轴驱动控制板和伺服驱动控制板上。

(2) 外部连接

1) 电源模块的连接

611A 电源模块与外部的连接端子参考图 8-2。

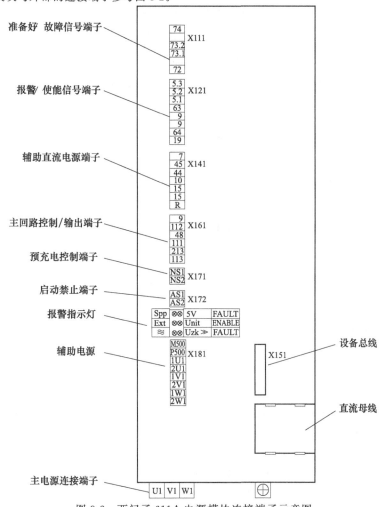

图 8-2　西门子 611A 电源模块连接端子示意图

① 输入电源的连接　611A 系列伺服系统要求的输入电源为三相 400V/415V，允许电压波动为±10%。三相输入电源可以直接或者为了提高系统可靠性通过伺服变压器或滤波电抗器连接到电源模块的主电源连接端子 U1/V1/W1 上。

② 使能信号连接　使能信号连接是通过端子排 X121 进行连接的，信号含义见表 8-2。

表 8-2　西门子 611A 电源模块使能信号连接端子排 X121 的信号含义

序号	端子号	意　义
1	9/63	伺服驱动电源模块"脉冲使能"输入信号，当 9/63 接通时，驱动装置各驱动控制模块的控制回路开始工作
2	9/64	伺服驱动电源模块"驱动使能"输入信号，当 9/64 接通时，驱动装置各驱动控制模块的调节器开始工作
3	5.3/5.2/5.1	电源模块过电流触点输出（5.3/5.1 为常闭，5.2/5.1 为常开），驱动能力为 DC 50V/500mA
4	9	伺服驱动电源模块"使能"端辅助输出电压+24V
5	19	伺服系统"使能"端辅助电压 0V

③ 伺服驱动"准备好/故障"信号连接　伺服驱动"准备好/故障"信号通过端子排 X111 输出，信号含义见表 8-3。

表 8-3　西门子 611A 电源模块端子排 X111 输出信号含义

序号	端子号	意　义
1	74/73.2	伺服驱动"准备好"信号，触点输出为"常闭"触点，驱动能力为 AC 250V/2A 或 DC 50V/2A
2	72/73.1	伺服驱动"准备好"信号，触点输出为"常开"触点，驱动能力为 AC 250V/2A 或 DC 50V/2A

④ 辅助电压输出端　辅助电压输出通过端子排 X141 连接，信号含义见表 8-4。

表 8-4　西门子 611A 电源模块端子排 X141 输出信号含义

序号	端子号	意　义
1	7	伺服系统 DC 24V 辅助电压输出，电压范围为+20.4～+28.8V，驱动能力为 24V/50mA
2	45	伺服系统 DC 15V 辅助电压输出，驱动能力为 15V/10mA
3	44	伺服系统 DC −15V 辅助电压输出，驱动能力为−15V/10mA
4	10	伺服系统 DC −24V 辅助电压输出，电压范围为−20.4～−28.8V，驱动能力为−24V/50mA
5	15	0V 公共端
6	R	故障复位输入，当 R 与端子 15 间连通时伺服驱动装置故障复位

⑤ 主回路输出/控制的连接　主回路输出/控制是通过端子排 X161 连接的，信号含义见表 8-5。

表 8-5　西门子 611A 电源模块端子排 X161 信号含义

序号	端子号	意　义
1	9	伺服驱动装置电源模块"使能"端辅助电压+24V 连接端子
2	112	电源模块调整与正常工作转换信号（正常使用时一般与 9 号端子短接，将电源模块设为正常工作状态）
3	48	电源模块接触器控制端
4	111	主回路接触器辅助触点公共端
5	213	主回路接触器辅助触点常闭触点连接端，与 111 配合使用，驱动能力为 AC 250V/2A 或 DC 50V/2A（注意：有部分电源模块 213 端无作用）
6	113	主回路接触器辅助触点常开触点连接端，与 111 配合使用，驱动能力为 AC 250V/2A 或 DC 50V/2A

⑥ 预充电控制的连接　预充电控制通过端子排 X171 连接。通常连接端子 NS1/NS2 直接短接，当 NS1/NS2 断开时，电源模块内部的直流母线预充电回路的接触器将无法接通，预充电回路不能工作，伺服装置也无法正常启动。在伺服系统故障维修过程中要注意检查它们的连接状况。

⑦ 启动、禁止信号的连接　启动、禁止信号是通过端子排 X172 连接的。

该端子排的连接端子 AS1/AS2 为电源模块内部"常闭"触点输出，触点受"调整与正常工作转换"信号

112 的控制，可以作为外部安全电路的"互锁"信号使用，AS1/AS2 的驱动能力为 AC 250V/1A 或 DC 50V/2A。

⑧ 辅助电源的连接　辅助电源是通过端子排 X181 连接的，信号含义见表 8-6。

表 8-6　西门子 611A 电源模块端子排 X181 信号含义

序号	端子号	意　义
1	M500/P500	直流母线电源辅助供给，一般不使用
2	1U1/1V1/1W1	主回路电源输出端。在电源模块内部与主电源输入 U1/V1/W1 直接连接。在实际应用中，一般直接连接到 1U1/1V1/1W1 端子上，作为电源控制回路的电源输入
3	2U1/2U1/2W1	电源模块控制电源输入端，通常与 1U1/1V1/1W1 端子直接连接

⑨ 驱动装置设备总线连接　驱动装置设备总线接口 X351 通过西门子专用设备总线连接器连接到下一个模块（通常为主轴驱动模块）的总线连接端子 X151 上。这是内部总线，属于内部连接。

2）伺服驱动模块的连接

本节以双轴驱动模块为例，介绍其信号的连接，连接参见图 8-3。对于单轴驱动模块，只有第一轴的连接端子。下面介绍伺服驱动模块的连接。

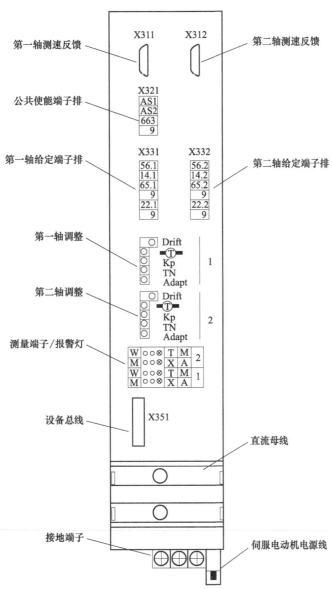

图 8-3　西门子 611A 伺服驱动模块连接端子示意图

① 驱动模块的"使能"连接　驱动模块的"使能"是通过端子排 X321 连接的，信号含义见表 8-7。

表 8-7　西门子 611A 进给驱动模块端子排 X321 信号含义

序号	端子号	意义
1	9/663	伺服驱动装置伺服驱动"脉冲使能"信号输入，通常连接外部常开触点，当 9/663 间的触点闭合时，驱动模块的控制回路开始工作，这个控制信号对该模块上的两个轴都有效
2	AS1/AS2	AS1/AS2 是驱动模块内部的"常闭"触点输出，触点受"脉冲使能"输入端 663 的控制，可以作为外部安全电路的"互锁"信号使用，AS1/AS2 的驱动能力为 AC 250V/1A 或 DC 30V/2A

② 速度给定与"速度控制使能"信号的连接　速度给定与"使能"信号是通过端子排 X331（第一轴）和 X332（第二轴）连接的，信号含义见表 8-8。

表 8-8　西门子 611A 伺服驱动模块给定信号端子排信号含义

序号	端子号	端子排号	意义
1	56.1/14.1	X331	该模块第一轴速度给定信号输入端子，一般为 −10～+10V 的模拟量输入
2	56.2/14.2	X332	该模块第二轴速度给定信号输入端子，一般为 −10～+10V 的模拟量输入
3	9/65.1	331	该模块第一轴"速度控制使能"信号的输入端子，当 9/65.1 间的触点闭合时，速度控制回路开始工作
4	9/65.2	X332	该模块第二轴"速度控制使能"信号的输入端子，当 9/65.2 间的触点闭合时，速度控制回路开始工作
5	9/22.1	X331	该模块第一轴速度调节与电流调节选择，一般不使用
6	9/22.2	X332	该模块第二轴速度调节与电流调节选择，一般不使用

③ 测速反馈信号输入接口　测速反馈信号是通过接口 X311/X312 接入的，通常直接连接伺服电动机的"速度反馈"信号，采用插头连接，各"插脚"的作用说明见表 8-9。

表 8-9　西门子 611A 进给驱动模块测速反馈信号含义

插脚号	信号代号	意义	伺服电机反馈插脚号
1	Shield	屏蔽线	
2	G	0V	5 脚
3			
4	P15	提供给转子位置检测元件的 +15V 电源	4 脚
5	RLG-T	转子位置检测元件的 T 相输入	2 脚
6	RLG-R	转子位置检测元件的 R 相输入	3 脚
7	T	输出反馈 T 相的输入	7 脚
8	R	输出反馈 R 相的输入	11 脚
9	Shield	屏蔽线	
10			
11	PTCA	来自伺服电动机的过热检测元件的输入 A	9 脚
12	PTCB	来自伺服电动机的过热检测元件的输入 B	10 脚
13	RLG-S	转子位置检测元件的 S 相输入	1 脚
14	M	0V	
15	S	输出反馈 S 相的输入	12 脚

④ 伺服电动机电枢的连接　伺服电动机电枢是通过驱动模块下部的插头连接的。在安装、调试、维修时一定要注意以下两点：

a. 确定伺服驱动模块的输出 U2/V2/W2 与伺服电动机的 U/V/W 一一对应，防止伺服电动机"相序"接错，使伺服系统不能正常运行。

b. 双轴驱动模块的两个电动机输出不要搞混。

⑤ 设备总线连接　设备总线属于内部连接，从电源模块来的设备总线连接到接口 X351 上，如果下面还有模块，通过转接插头接到下一个模块。

⑥ 直流母线连接　通过西门子专用铜排与上一个模块的直流母线相连，将电源模块通过的直流电源引入伺服模块。

8.1.3 西门子 611A 交流伺服控制系统的故障维修

(1) 西门子 611A 的状态显示

在西门子 611A 伺服系统的电源模块和驱动模块上都有 LED 报警指示灯，在伺服系统出现故障时，首先检查这些状态指示是否正常。下面介绍这些 LED 报警指示灯的具体含义。

① 电源模块上的 LED 报警指示灯　如图 8-2 所示，611A 电源模块上有 6 个 LED 报警指示灯，当指示灯亮时，具体含义见表 8-10 所示。

表 8-10　西门子 611A 电源模块 LED 报警指示灯含义

序号	指示灯代号	符号	颜色	含　义
1	V1	Spp	红	辅助控制电源±15V 故障
2	V2	5V	红	辅助控制电源+5V 故障
3	V3	Ext	绿	电源模块未加使能
4	V4	Unit	黄	电源模块准备好
5	V5	≈	红	电源模块电源输入故障
6	V6	Uzk≫	红	直流母线过电压

② 驱动模块的状态显示　如图 8-3 所示，西门子 611A 驱动模块有两个（双轴驱动模块有四个）红色 LED 报警指示灯，亮时指示系统有问题，报警灯含义及故障原因见表 8-11。

表 8-11　西门子 611A 进给驱动模块 LED 报警指示灯含义

序号	指示灯代号	功能	故障内容	故障原因
1	H1(A)	轴故障	①速度调节器到达输出极限 ②驱动模块超过了允许的温升 ③伺服电动机超过了允许的温升 ④电动机与伺服驱动电缆连接不良	①电动机电源连接不正确，有"相序"错误 ②伺服系统通风等问题引起模块超温 ③伺服电动机负载过重，电动机内部绕组存在局部电路，电动机制动器以及控制电路的问题引起电动机"过热" ④电动机与伺服驱动的反馈电缆、电枢电缆连接错误或者接触不良 ⑤电器柜制冷有问题 ⑥电动机内部温度传感器有问题或者接触不良 ⑦伺服驱动模块设定有误 ⑧驱动模块本身有问题 ⑨机械问题或者加工负载过重
2	H2(M)	电动机/电缆连接故障	监控回路检测到来自伺服电动机的故障	①测速反馈电缆连接不良 ②伺服电动机内置式测速发电机故障 ③伺服电动机内置式转子位置故障

③ 驱动模块的控制板使用带 7 段数码管显示器时数码管显示信息　西门子 611A 进给驱动模块上的控制板还有一种类型，这种控制板带有一个 7 段数码管显示器，这个数码管显示信息含义见表 8-12。

表 8-12　西门子 611A 驱动模块 7 段数码管显示器显示信息含义

序号	显示符号	代表含义
1		参数板未插入驱动模块
2		脉冲使能（端子 663）、速度控制使能（端子 65）信号未接入
3		脉冲使能（端子 663）信号未接入，速度控制使能（端子 65）信号已接入
4		脉冲使能（端子 663）信号已接入，速度控制使能（端子 65）信号未接入
5		脉冲使能、速度控制使能信号已接入

续表

序号	显示符号	代 表 含 义
6	0	I^2t 监控,超温
7	2	转子位置检测器不良
8	3	伺服电动机过热
9	4	测速发电机有问题
10	5	速度控制器达到输出极限,引起 I^2t 报警
11	6	速度控制器达到输出极限
12	7	实际电流为零,伺服电机连线不良
13	F	5V 电压过低

(2) 西门子611A进给驱动模块状态测试

如图 8-3 所示,在进给驱动模块上有 8 个测试端子(每轴 4 个),在出现故障时,可以测量这些测试端子的电压,辅助故障的检修。这些测试端子的含义见表 8-13。

表 8-13 西门子 611A 驱动模块测试端子测试内容

序号	测试点符号	作 用
1	W	实际电流值(±10V)
2	T	电流设定值(±10V)
3	X	速度实际值(±10V,10V 为额定速度值)
4	M	测量参考点地

(3) 西门子611A伺服系统常见故障处理

西门子 611A 伺服系统常见故障与处理方法见表 8-14。

表 8-14 西门子 611A 伺服系统常见故障与处理方法

序号	故障现象	故障原因	故障处理
1	电源模块无任何显示	①伺服系统电源未接入; ②伺服系统电源模块内部熔断器熔断; ③电源模块连接端子 X181 的 1U1/2U1、1V1/2V1、1W1/2W1 未短接; ④电源模块有问题	①检查机床强电电路,接入主电源; ②更换电源模块内部熔断器; ③短接 X181 的 1U1/2U1、1V1/2V1、1W1/2W1; ④更换电源模块
2	接入电源后,电源模块只有 Ext 指示灯亮	①电源模块端子 9/48 未接通; ②电源模块端子 9/63 未接通; ③电源模块端子 9/64 未接通; ④电源模块有问题	①检查机床强电回路、PLC 程序,接入相应的使能信号; ②更换电源模块
3	接入电源后,电源模块 Ext、Unit 指示灯一直亮	①电源模块端子 9/63 未接通; ②电源模块端子 9/64 未接通; ③伺服系统电源模块内部熔断器熔断; ④电源模块有问题	①检查机床强电回路、PLC 程序,接通相应的使能信号; ②更换电源模块内部熔断器; ③更换电源模块
4	电源模块"使能"信号正常,但只有 Ext 指示灯亮	①电源模块端子 AS1/AS2 未接通; ②直流母线未连接或者连接错误; ③电源模块有问题	①检查机床强电回路、PLC 程序,接通 AS1/AS2 信号; ②重新连接直流母线; ③更换电源模块
5	电源模块电源输入报警指示灯≈亮	①输入电源缺相; ②电源电压过低; ③电源模块有问题	①检查机床强电回路; ②测量输入电源,提高输入电压; ③更换电源模块

续表

序号	故障现象	故障原因	故障处理
6	电源模块±15V、+5V报警指示灯亮	①设备总线未连接或者连接错误； ②电源模块内部辅助电源回路故障	①重新连接设备总线； ②检修电源模块或者更换电源模块
7	电源模块 Uzk 报警指示灯亮	①直流母线电压过高； ②外部输入电压过高； ③电源模块有问题	①检查直流母线电压； ②检查外部输入电压，降低电压； ③更换电源模块
8	电源模块 Unit 指示灯亮，但无准备好信号输出	①电源模块设定不正确； ②+24V电源故障； ③电源模块有问题	①更改电源模块设定； ②检修电源模块； ③更换电源模块

8.2　西门子 611D 交流数字伺服控制系统

西门子 SIMODRIVE 611D 系列伺服系统是数字化伺服系统，西门子 810D pl、840D pl 及 802D 数控系统采用的都是 611D 数字化伺服系统。

8.2.1　西门子 611D 交流伺服控制系统的构成

西门子 611D 数字驱动系统的构成部分包括前端部件、电源模块 UE 或 I/R、主轴驱动模块 MSD 和进给轴驱动模块 FDD，图 8-4 为伺服系统构成示意图。电源模块使用与 611A 系统相同的电源模块，自成系统。驱动模块由 6SN1123 系列伺服驱动功率模块和 6SN118 系列伺服控制模块组成。西门子 611D 伺服系统采用 1FT6、1FK7 交流伺服电动机及 1PH6 系列主轴电动机。

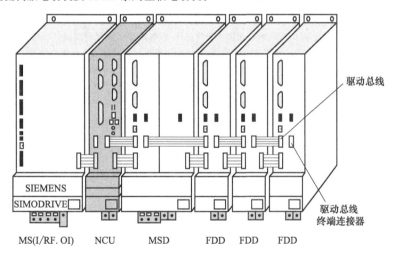

图 8-4　西门子 611D 系列数字伺服驱动系统结构示意图

西门子 611D 数字伺服驱动系统的基本构成见表 8-15。

图 8-5 是西门子 611D 数字伺服驱动系统的原理框图。从图中可以看到，驱动功率模块主要由 IGBT、电流互感器及信号调节电路组成；控制模块由位置调节器、速度调节器和电流调节器组成。其中位置调节器是数字比例调节器，其余两个调节器是数字比例积分调节器；交流伺服电动机是永磁的同步电动机，内置编码器作为转速反馈（在精度要求不太高的情况下也作为位置反馈），并内置温度传感器检测伺服电动机温度。

表 8-15　西门子 611D 数字伺服驱动系统的基本构成

组成部分	功能介绍
整流电抗器	可以抑制电网干扰，提高可靠性，与电源模块共同为相连的增压型变频器存储能量 整流电抗器是可选件，电源质量比较好的地方可以不安装此部件

组成部分		功 能 介 绍	
电源滤波器		消除 611D 伺服驱动系统在工作过程中对电网的干扰,使驱动系统符合电磁兼容的标准,避免驱动系统对电网造成影响,同时也可以抑制电网对驱动系统造成的不良影响 它安装在整流电抗器之后,电源模块之前,也是选件	
电容模块		用于增大直流母线连接线路的电容容量,可以缓冲驱动系统的动态能量波动,也能使短暂的电源故障得以克服。2.8mF 和 4.1mF 的电容模块直接与电源模块的直流母线连接,存储态能量。20mF 的电容模块可以缓冲由于电源故障而导致的直流母线的电压下降,为驱动系统提供能量,在一个较短的时间内保持直流母线电压不变。这个模块也是选件	
电源模块	非受控电源模块(UE)	主回路采用了二极管不可控整流电路,直流母线控制回路可以通过制动电阻释放因电动机制动、电源电压波动产生的能量,保持直流母线电压基本不变,因此适用于小功率,特别是制动能量较小的场合	电源模块由整流电抗器(有内置式和外置式两种)、整流模块、预充电电路、制动电阻以及相应的主接触器、检测、监控等电路组成 具有预充电控制和浪涌电流限制电路,预充电完成后自动闭合主回路接触器,提供 DC 600V/625V 直流母线电压 监控电路监控直流母线电压,辅助控制电源 ±15V、+5V 电源以及对电源电压过高、过低、缺相进行监控
	可控电源模块(I/R)	主回路采用晶体管可控整流电路,整流回路也采用了 PWM 控制,可以通过再生制动的方式将直流母线上的能量回馈电网,因此适用于大功率、制动频繁、回馈能量大的场合	
伺服驱动模块		伺服驱动模块由数字闭环控制模块和驱动功率模块组成。控制模块插在驱动功率模块上,进行速度调节、电流调节、使能控制,对伺服驱动部分进行监控,并进行位置的闭环控制。驱动功率模块主要由逆变(功率放大)电路组成,驱动功率模块与 611A 系列使用同系列的功率模块。 伺服驱动模块分为单轴驱动和双轴驱动两种基本类型	
脉冲电阻模块		可以实现直流母线的快速放电,使直流母线电路中的能量转化为热能消耗掉,起到保护设备的作用。当与非调节型电源模块连接时,增大脉冲电阻器模块的额定值,或当主电源有故障时,在制动过程中降低直流母线电压。外部脉冲电阻模块可以将热量转移到控制柜以外,28kW 以上的 UE 必须安装外部脉冲电阻模块。所有与脉冲电阻模块的连接都应该使用屏蔽电缆	
过压限制模块		在接通感性负载或变压器时,可能会产生过压,这时需要过压限制模块,以保证驱动系统安全可靠地工作。对于功率大于 10kW 的功率模块,过压限制模块可以直接插入电源模块的 X181 接口	
监控模块		用来对一独立的驱动组进行集中监控,当驱动组中有较多的驱动模块,超过了电源模块的功率,就需要一个监控模块。监控模块包含一套完整的电源,由三相交流 380V 电网供电或直流母线电压供电	
伺服电动机		西门子 611D 驱动系统可以与多种电动机配合使用,常用的有 1FT6、1FK6、1FK7 系列交流伺服电动机,1FN 系列直流电动机,1PH6 和 1PH7 系列主轴电动机等	

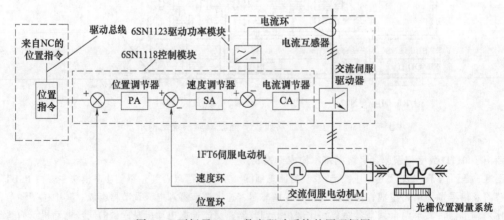

图 8-5 西门子 611D 数字驱动系统的原理框图

8.2.2 西门子 611D 交流伺服控制系统的连接

西门子 840D pl 系统使用的 611D 数字伺服系统的电源模块连接见图 8-6,西门子 611D 系统电源模块与 611A 系统采用相同系列的电源模块,具体信号连接参见 8.1.2 节,这里不再赘述。图 8-7 为带有伺服控制模块的单轴伺服控制接口示意图。

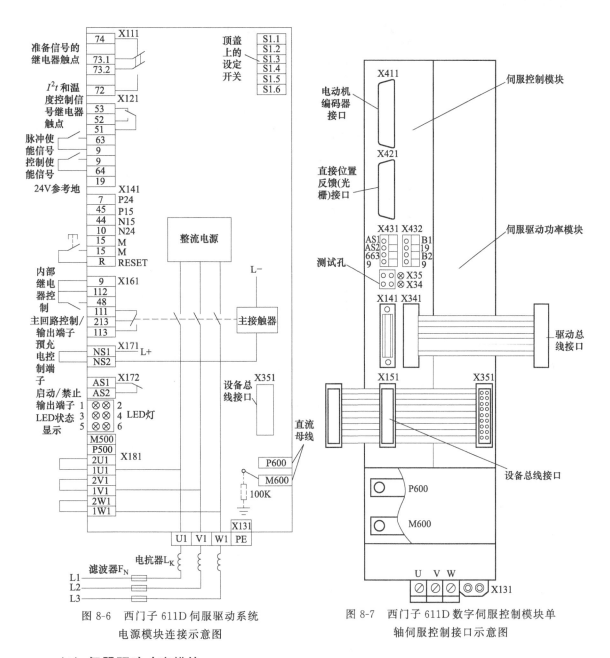

图 8-6 西门子 611D 伺服驱动系统
电源模块连接示意图

图 8-7 西门子 611D 数字伺服控制模块单
轴伺服控制接口示意图

(1) 伺服驱动功率模块

驱动功率模块和控制模块一起完成逆变,主要是提供逆变的功率单元及其保护电路,驱动功率模块主要有两个接口,第一个是直流母线接口,连接由电源模块提供的 DC 600V 直流电源,其中:

P600——600V DC 正极母排。

M600——600V DC 负极母排。

第二个接口 U/V/W 连接交流伺服电动机的输出接口,为交流伺服电动机提供电源。

(2) 伺服驱动控制模块

伺服驱动控制模块是伺服驱动的控制中心,主要完成电流、速度、位置的调节控制,为驱动功率模块的绝缘栅双极型晶体管 IGBT 提供控制信号。下面介绍伺服控制模块的各接口连接信号。

① X411 电动机编码器接口,连接伺服电动机内置编码器,作为伺服系统的转速反馈,在系统精度要求不是非常高时,也作为位置反馈。接口信号见表 8-16。

② X421 位置反馈接口,在机床要求精度要求比较高的情况下,连接第二编码器或者光栅尺作为位置

261

反馈，在精度要求不是非常高时，通过机床数据设置可以不使用这个接口。接口信号见表 8-16。

③ X431 使能接口，使能信号一般由 PLC 给出，也可以将使能信号短接。信号具体含义见表 8-17。

表 8-16　X411 与 X421 测量接口连接信号

引脚	信号代码	信号类型	信号意义	说明
1	P-Encoder	电压	编码器电源（＋5V）	
2	M-Encoder	电压	编码器电源（0V）	
3	A	输入	编码器脉冲 A 相输入信号	
4	$\overline{A}$	输入	编码器脉冲$\overline{A}$相输入信号	
5	M	电压	逻辑参考地	可作为屏蔽线接点
6	B	输入	编码器脉冲 B 相输入信号	
7	$\overline{B}$	输入	编码器脉冲$\overline{B}$相输入信号	
8	M	电压	逻辑参考地	可作为屏蔽线接点
9	Reserved		备用	
10	CLK	输出	EnDat 时钟信号	带 EnDat 协议的绝对值编码器
11	Reserved		备用	
12	CLK	输出	EnDat 时钟信号	带 EnDat 协议的绝对值编码器
13	＋Temp	输入	电机过热检测信号	
14	5V sense	电压	＋5V 检测电源	
15	DAT	双向	EnDat 数据脉冲信号	带 EnDat 协议的绝对值编码器
16	0V sense		0V 检测电源	
17	R	输入	编码器脉冲 R 相输入信号	
18	$\overline{R}$	输入	编码器脉冲$\overline{R}$相输入信号	
19	C	输入	编码器脉冲 C 相输入信号	
20	$\overline{C}$	输入	编码器脉冲$\overline{C}$相输入信号	
21	D	输入	编码器脉冲 D 相输入信号	
22	$\overline{D}$	输入	编码器脉冲$\overline{D}$相输入信号	
23	DAT	双向	EnDat 数据脉冲信号	带 EnDat 协议的绝对值编码器
24	M	电压	逻辑参考地	可作为屏蔽线接点
25	－Temp	输入	电动机过热检测信号	

表 8-17　X431 接口端子信号表

端子标号	类型	功能
AS1	输出	启动继电器输出，由使能端子 663 控制
AS2	输出	启动继电器输出，由使能端子 663 控制
663	输入	为 FDD 或 MSD 脉冲使能，端子 663 开/关"启停继电器"断开时，控制脉冲无使能
9	输出	使能电压 24V 输出端子

④ X432 高速输入输出接口端子，连接外部控制开关，端子信号定义见表 8-18。

表 8-18　X432 接口端子信号表

端子标号	含义	类型	功能
B1	BERO1	输入	轴 1 的外部零标志信号输入，如接近开关信号，常用于同步驱动控制
B2	BERO2	输入	轴 2 的外部零标志信号输入，如接近开关信号。B2 用于双轴模块的第二轴，与 B1 一样用于同步驱动控制
19			BERO 信号的参考地，是使能电压端子 9 和所有使能信号的参考地（0V），如果使能信号来自外部电压，外部电压的参考地（0V）必须连接端子 19
9			使能电压＋24V（相对于端子 19）

⑤ X141 驱动总线输入接口，从 NCU 模块发出，与上个模块的 X341 接口相连。这是 611D 新增加的接口，用来与 NCU 进行驱动数据通信，通过这个接口实现驱动数字化。

⑥ X341　驱动总线输出接口，连接到下一个驱动模块的 X141，如果是最后一个模块，这个接口插接西门子专用终端端子，否则系统报警不能正常工作。

⑦ X151　设备总线输入接口，与上一个模块的 X351 相连，提供模块使用的各种电源，设备总线来自电源模块。

⑧ X351　设备总线输出接口，与下一个模块的 X151 相连。大功率驱动模块的这个接口安装在驱功率模块上，而小功率驱动模块的这个接口安装在驱动控制模块上。

⑨ 状态检测测试孔　在伺服控制模块上有 4 个驱动系统状态测试孔，其中第四个孔是信号地，其他三个作为信号测量用，信号可以通过数控系统屏幕进行设定。

8.2.3　西门子 611D 交流伺服控制系统的故障维修

(1) 西门子 611D 数字伺服驱动系统的状态显示

在西门子 611D 数字伺服驱动系统的电源模块和驱动模块上都有状态显示 LED，在伺服系统出现故障时，首先检查这些状态指示是否正常。下面介绍这些状态显示 LED 指示灯的具体含义。

① 电源模块上的状态显示 LED 指示灯　如图 8-9 所示，西门子 611D 电源模块上有 6 个状态显示 LED 指示灯，当指示灯亮时，具体含义见表 8-19。

表 8-19　西门子 611D 电源模块报警灯含义

指示灯代号	符号	颜色	含　　义
1	Spp	红	辅助控制电源±15V 故障
2	5V	红	辅助控制电源+5V 故障
3	Ext	绿	电源模块未加使能
4	Unit	黄	电源模块准备好
5	≈	红	电源模块电源输入故障
6	Uzk≫	红	直流母线过电压

② 西门子 611D 伺服进给驱动模块上的状态显示 LED 指示灯　如图 8-7 所示，西门子 611D 伺服进给驱动模块上有两个红色 LED 指示灯，亮时指示系统有问题，报警灯含义及故障原因见表 8-20。

表 8-20　西门子 611D 数字伺服进给驱动模块报警灯含义及故障原因

序号	指示灯代号	功能	故障内容	故障原因
1	X35	轴故障	①启动数据丢失或没有装入；②速度调节器到达输出极限；③驱动模块超过了允许的温升；④伺服电动机超过了允许的温升；⑤电动机与伺服驱动电缆连接不良	①电动机电源连接不正确，有"相序"错误；②伺服系统通风等问题引起模块超温；③伺服电动机负载过重，电动机内部绕组存在局部电路、电动机制动器以及控制电路的问题引起电动机"过热"；④电动机与伺服驱动的反馈电缆、电枢电缆连接错误或接触不良；⑤电器柜制冷有问题；⑥电动机内部温度传感器有问题或者接触不良；⑦伺服驱动模块设定有误；⑧驱动模块本身有问题；⑨机械问题或者加工负载过重
2	X34	电动机/电缆连接故障	监控回路检测到来自伺服电动机的故障	①测速反馈电缆连接不良；②伺服电动机内置式测速发电机故障；③伺服电动机内置式转子位置故障

(2) 西门子 611D 伺服进给驱动信号的检测

在西门子 611D 伺服进给驱动控制模块上有 4 个测试孔（图 8-4），可以检测驱动系统 3 个工作数据，检测孔的排列如图 8-8 所示。

第 4 个测试孔是信号地，其余 3 个测试孔连接控制模块上的 3 个 8 位 D/A 转换通道，3 个测量端子分别

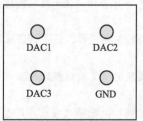

图 8-8　测量端子

为 DAC1、DAC2、DAC3。可以使用示波器和记录仪连接这些端子，在系统运行时实时测量或记录驱动系统内部的控制信号变化，这种变化以 0～5V 电压的形式显示出来。

使用 8 位 D/A 转换器反映 24 位或 32 位驱动信号，根据测量的精度（即分辨率），需要定义一个移位系数（Shift Factor），用来确定 24 位或 32 位驱动信号的输出范围。

与模拟系统 611A 不同的是这 3 个测试端子的信号可以通过系统设定，不是固定不变的信号。系统的缺省设置见表 8-21。

表 8-21　测试端子缺省信号设置

测试端子名称	缺省设置测量信号	移位系数设定
DAC1	电流设定值	4
DAC2	速度设定值	6
DAC3	速度实际值	6

通过系统屏幕操作，可以使 3 个 DAC 测试端子具有不同功能，输出不同的驱动系统控制信号。操作步骤如下：

① 输入系统密码。

② 按 "Start-up" 软键，进入如图 8-9 所示的 Start-up 菜单功能页面。

③ 按 "Drives/servo" 软键，进入图 8-10 所示的 Drives/servo 菜单功能页面。

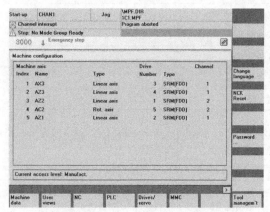

图 8-9　Start-up 菜单功能画面

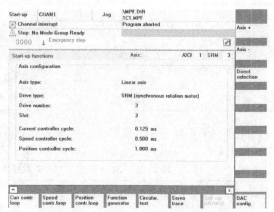

图 8-10　Drives/servo 菜单功能画面

④ 按软键 "DAC config."，进入图 8-11 所示的 DAC 测试端子信号设定页面。

⑤ 选择驱动模块的驱动号，例如 Drive：1，定义了 DAC 通道输出为该模块上的输出（参见图 8-11）。

⑥ 设置 DAC 输出的进给轴或主轴的名称。

⑦ 使用光标键选择 DAC 测试端子的输出信号类型，注意只能从提供的 FDD（进给）、MSD（主轴）和 Servo 的信号类型列表中选择。

⑧ 按垂直软键 "Start" 激活 DAC 输出，屏幕的右侧 Status（状态）栏中显示 Active（激活）；按垂直软键 "Stop" 停止 DAC 输出，屏幕的右侧 Status（状态）栏中显示 Inactive（失效）。选择了一个新的 DAC 输出信号后，为了使其失效，首先按垂直软键 "Stop" 停止 DAC 输出，然后按垂直软键 "Start" 激活 DAC 新的信号输出。

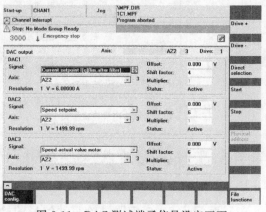

图 8-11　DAC 测试端子信号设定画面

表 8-22　西门子 611D 数字伺服驱动系统常见故障与维修

序号	故障现象	故障原因	故障检查及处理
1	电源模块没准备绿色 LED 灯亮	电源模块没有使能信号	①检查端子 48 与 9 之间是否有控制信号； ②检查端子 63 与 9 之间是否有脉冲使能信号； ③检查端子 64 与 9 之间是否有控制使能信号
2	驱动模块没准备	驱动模块缺少使能信号	检查驱动模块上 663 与 9 端子之间是否有使能信号，若没有根据 PLC 程序检查
3	进给轴不动	①没有使能信号； ②外部使能正常，内部使能有问题； ③驱动控制模块故障； ④驱动功率模块故障	①检查外部使能信号； ②检查 PLC 进给使能信号 I2.3 和 Q1.7； ③检查 PLC 进给使能禁止信号 I2.2 和 Q1.6； ④检查 PLC 进给脉冲使能信号 DB31.DBX21.7～DB61.DBX21.7； ⑤检查 PLC 控制使能信号 DB31.DBX2.1～DB61.DBX2.1
4	主轴不转	①没有使能信号； ②外部使能正常，内部使能有问题； ③驱动控制模块故障； ④驱动功率模块故障	①检查外部使能信号； ②检查 PLC 进给使能信号 I2.5 和 Q2.1； ③检查 PLC 进给使能禁止信号 I2.4 和 Q2.0； ④检查 PLC 进给脉冲使能信号 DB31.DBX21.7～DB61.DBX21.7； ⑤检查 PLC 控制使能信号 DB31.DBX2.1～DB61.DBX2.1
5	过压或欠压报警	系统的工作电压不正常	①检查供电状况； ②检修电源及驱动模块
6	过流报警	①进给过载； ②电流设定值太低； ③伺服电动机缺相； ④驱动模块故障	①检查机床相应轴负载情况； ②检查修改机床数据； ③检查电动机和驱动模块，检查连接电缆； ④检查驱动模块，如果损坏，维修或更换
7	过载报警	①机床负载不正常； ②进给传动系统有问题； ③伺服电动机故障； ④驱动模块故障	①检查机床相应轴负载情况； ②检修机械传动机构； ③检修或更换伺服电动机； ④检修或更换驱动模块，如果损坏，维修或更换

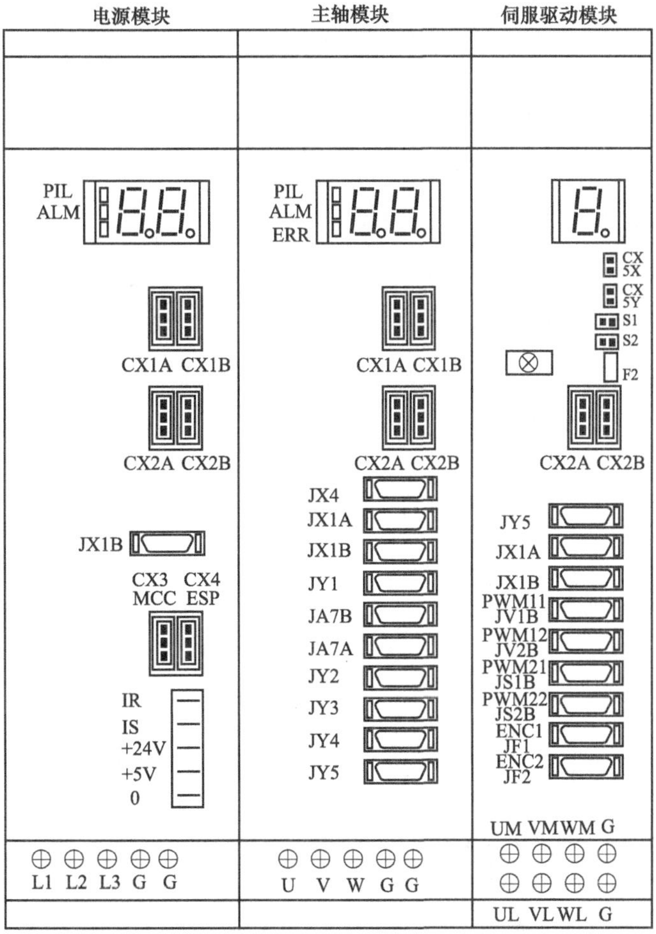

图 8-12　发那科 α 系列交流数字伺服控制系统

(3) 西门子611D 数字伺服驱动系统故障维修

西门子611D数字伺服驱动系统常见故障与处理见表8-22。

8.3 发那科α系列交流数字伺服控制系统

8.3.1 发那科α系列交流数字伺服控制系统的构成

发那科0C系列数控系统通常采用α系列数字伺服系统。α系列 SVM 型交流数字伺服系统采用模块化结构，伺服驱动和主轴驱动共用一个电源模块，模块与模块通过总线连接。图 8-12（见上页）带有一个电源模块、一个主轴模块与一个双轴伺服驱动模块的α系列伺服驱动装置的安装位置示意图，当系统需要增加驱动模块时，可以依次向右并联扩展，同时应该扩大电源模块的容量。

在α系列驱动装置中，模块按照规定的次序排列安装，由左向右依次为电源模块（PSM）、主轴驱动模块（SPM）、伺服驱动模块（SVM）。其中电源模块通常固定为一个，容量可以根据需要选择，主轴与伺服驱动模块可以安装多个。各组成模块共用电源模块提供的直流电源母线，每个模块有独立的数码管和指示灯显示工作状态。

8.3.2 发那科α系列交流数字伺服控制系统的连接

图 8-13 是发那科α系列 SVM 型交流数字伺服系统的连接示意图。下面介绍电源模块和进给伺服驱动模

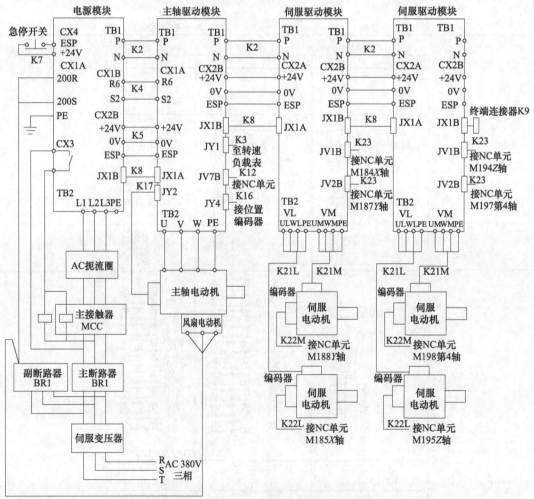

图 8-13 发那科α系列数字伺服系统的基本配置和连接示意图

块上各个连接端子的用途和作用。

(1) 电源模块 PSM

1) 与伺服系统的外部连接

① 电源连接端子 TB2　三相交流 200V/230V（−15%，+10%）电源接入电源连接端子 TB2 的 L1/L2/L3/PE，所以通常电源模块的交流电源都是经过三相变压器降压的。但在采用高电压驱动的 α 系列 SVM 型交流数字伺服装置时，可以直接连接三相交流 380～460V 的电源，而不需采用伺服变压器进行降压处理。但在这种情况下进线 AC 扼流圈还是需要的。另外必须根据不同的电源模块规格，采用规定的电缆可靠接地。

② 控制电源输入端子 CX1A（1、2）　端子 CX1A 为控制电源输入端子，两相交流 200V 电源通过端子 CX1A 接入伺服装置作为控制电源。

③ MCC 主接触器控制输出端子 CX3（1、3）　端子 CX3 控制伺服驱动系统动力电源输入回路的主接触器 MCC，触点输出，触点驱动能力为 AC 250V/2A，图 8-14 是典型的连接图。

图 8-14　伺服系统主电源接触器 MCC 控制电路图

根据这个连接图可以看出，只有伺服系统准备好、电源模块内部接触器闭合，伺服系统的主电源才能加上，也就是说伺服系统主接触器 MCC 是受电源模块控制的。

④ 外部急停信号输入连接端子 CX4　端子 CX4 连接外部急停信号。

2) 内部模块之间的连接

① 直流母线端子 TB1　电源模块将三相 200V/230V 交流电源整流后连接到直流母线 TB1 上，提供直流电源。所有的驱动系统组成模块都必须通过规定的连接母线与直流母线端子 TB1 进行并联连接，为各驱动模块提供电源。

② 控制电源输出端子 CX1B（1、2）　该端子连接下一个模块的 CX1A，为下一个模块提供两相交流 200V 的控制电源。

③ 内部急停信号输出端子 CX2B（1、2、3）　驱动系统内部急停信号连接端子，与下一个模块的 CX2A 端子连接。

④ 驱动装置内部连接总线输出端子 JX1B　该端子是驱动装置的内部总线信号输出端子，通过发那科专用电缆连接到下一个模块，与下一个模块的端子 JX1A 连接，内部信号的连接见图 8-15。

(2) 伺服驱动模块 SVM

1) 与伺服系统外部的连接

① 控制信号连接端子 JV1B/JV2B　用于连接第一轴与第二轴的 PWM 控制信号、电流检测信号、控制单元准备好信号等。JV1B/JV2B 通常与数控系统的轴控制板 M184、M187、M194、M197 端子连接，信号见图 8-16。

② 驱动装置检测连接端子 JY5　这个连接端子是在模块检修时使用的，用户通常不使用这个端子。

③ 控制信号连接端子 JS1B/JS2B　当驱动装置与发那科 20/21/16B/18B 等系统配套使用时，由于接口规定的标准不同（B 型接口），

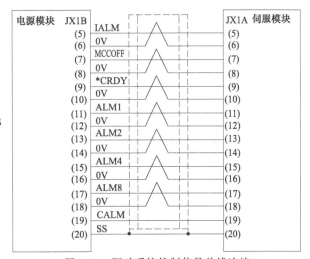

图 8-15　驱动系统控制信号总线连接

267

驱动装置与数控系统之间的 PWM 控制信号、电流检测信号、控制单元准备好信号等，需要通过 JS1B/JS2B 进行连接。发那科 0C 系统不使用这两个接口。

④ 编码器反馈连接端子 JF1/JF2　当驱动装置与发那科 20/21/16B/18B 等系统配套使用时，这两个接口用于连接电动机内置编码器。发那科 0 系统不使用这两个接口。

⑤ 伺服电动机电源连接端子 TB2　通过端子 TB2−U/V/W/PE 供给伺服电动机电源（两轴模块和三轴模块的第一、第二、第三轴用 L、M、N 区分）。

2）模块之间的连接

① 内部急停信号输入端子 CX2A（1、2、3）　端子 CX2B 与上一个模块的 CX2B 内部急停信号连接端子相连。

② 内部急停信号输出端子 CX2B（1、2、3）　端子 CX2B 是驱动系统内部急停信号连接端子，与下一个模块的 CX2A 端子连接。

③ 驱动装置内部连接总线输入端子 JX1A　端子 JX1A 是驱动装置总线连接端子，驱动装置的内部总线通过端子 JX1A 与上一个模块的 JX1B 相连。内部信号的连接参见图 8-15。

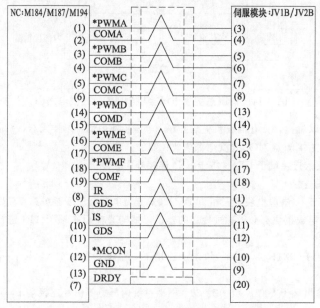

图 8-16　伺服驱动模块数控系统控制信号连接图

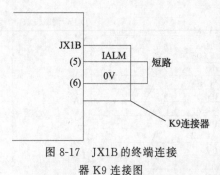

图 8-17　JX1B 的终端连接器 K9 连接图

④ 驱动装置内部连接总线输出端子 JX1B　端子 JX1B 是驱动装置总线输出端子，驱动装置的内部总线通过端子 JX1B 连接到下一个模块，与下一个模块的端子 JX1A 连接。内部信号的连接见图 8-15。

如果本模块是最右侧的模块，该模块的接口 JX1B 必须插接终端连接器 K9，否则会产生报警，系统无法工作，图 8-17 是插接 K9 的连接图。

⑤ 直流母线端子 TB1　端子 TB1 是直流动力电源输入端子，使用发那科专用电缆将该端子连接到直流母线上，把电源模块输出的直流电源引入到伺服驱动模块。

8.3.3　发那科 α 系列交流数字伺服控制装置的故障诊断维修

发那科 α 系列数字进给伺服系统的电源模块和进给驱动模块都有故障自诊断功能，当检测出故障时，模块上的指示灯和数码管指示报警，通过这些报警的分析对故障进行诊断。下面分别介绍电源模块和驱动模块故障显示信息的含义。

（1）电源模块的状态显示信息

发那科 α 系列进给数字伺服系统的电源模块有三个指示灯，指示模块的运行状态和报警状态，还有两个数码管显示器显示运行状态和报警码，表 8-23 是信息显示的含义和说明，有些故障通过数码管的显示字符就可以确定故障原因，例如数码管显示 02，故障原因通常为模块内风扇损坏。

表 8-23　发那科 α 系列交流数字伺服系统电源模块指示灯与数码管显示含义

状 态 显 示		含　义	原　因
指示灯 状态	所有显示都不亮	控制电源未接入	
	PIL 亮	控制电源已接入	
	PIL、ALM 同时亮	电源模块报警	电源模块存在故障，见数码管显示
数码管 显示 状态	—	电源模块未准备好（MCC OFF）	急停信号接通
	00	电源模块准备好（MCC ON）	正常工作状态
	01	主回路 IPM 检测错误	①IGBT 或 IPM 故障； ②输入电抗器不匹配
	02	风机不转	①风机故障； ②风机连接错误
	03	电源模块过热	①风机故障； ②模块污染引起散热不良； ③长时间过载
	04	直流母线电压过低	①输入电压过低； ②输入电压存在短时下降； ③主回路缺相或断路器断开
	05	主回路直流母线电容不能在规定的时间内充电	①电源模块容量不足； ②直流母线存在短路现象； ③充电限流电阻问题
	06	输入电源不正常	电源缺相
	07	直流母线过电压或过电流	①再生制动能量太大； ②输入电源阻抗过高； ③再生制动电路故障； ④IGBT 或 IPM 故障

（2）伺服驱动模块的状态显示信息

伺服驱动模块上有一个 8 段数码管指示伺服模块的运行状态和报警信息，显示信息含义见表 8-24，通过报警信息的显示可以初步判断伺服系统故障的原因。

表 8-24　发那科 α 系列交流数字伺服系统伺服驱动模块状态显示含义

数码管显示	含　义	说　明
-	驱动模块未准备好	
0	驱动模块准备好	
1	风机报警	
2	驱动模块+5V 欠电压报警	
5	直流母线欠电压报警	
8	L 轴电动机过电流	单轴或双、三轴模块的第一轴
9	M 轴电动机过电流	双、三轴模块的第二轴
A	N 轴电动机过电流	三轴模块的第三轴
B	L/M 轴电动机同时过流	
C	M/N 轴电动机同时过流	
D	L/M 轴电动机同时过流	
E	$L/M/N$ 轴电动机同时过流	
8.	L 轴的 IPM 模块过热、过流、控制电压低	单轴或双、三轴模块的第一轴
9.	M 轴的 IPM 模块过热、过流、控制电压低	双、三轴模块的第二轴
A.	N 轴的 IPM 模块过热、过流、控制电压低	三轴模块的第三轴
B.	L/M 轴的 IPM 模块过热、过流、控制电压低	
C.	M/N 轴的 IPM 模块过热、过流、控制电压低	
D.	L/N 轴的 IPM 模块过热、过流、控制电压低	
E.	$L/M/N$ 轴的 IPM 模块过热、过流、控制电压低	

8.4 发那科 αi 系列交流数字伺服控制系统

8.4.1 发那科 αi 系列交流数字伺服控制系统的构成

发那科 0i 系列数控系统通常采用 αi 系列数字进给伺服系统。

发那科 αi 系列交流数字伺服系统与发那科 α 系列交流数字伺服系统相同，也是采用模块化结构，主轴驱动与伺服驱动共有电源模块，模块与模块之间采用总线连接。图 8-18 是带有一个电源模块、一个主轴驱动模块和一个双轴进给驱动模块组成的驱动系统示意图，当系统需要增加驱动模块时，可以依次向右并联扩展，同时应该相应扩大电源模块的容量。

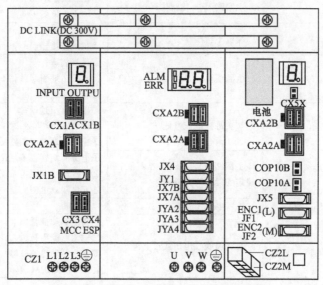

图 8-18 发那科 αi 系列交流数字伺服系统

在 αi 系列驱动装置中，模块按照规定的次序排列安装，由左向右依次为电源模块（PSM）、主轴驱动模块（SPM）、伺服驱动模块（SVM）。其中电源模块通常固定为一个，容量可以根据需要选择，主轴与伺服驱动模块可以安装多个。各组成模块共用由电源模块提供的直流电源，每个模块有独立的数码管和指示灯显示工作状态。

8.4.2 发那科 αi 系列交流数字伺服控制系统的连接

图 8-19 是 αi 系列交流数字伺服系统的连接示意图。下面介绍电源模块和进给伺服驱动模块上各个端子的信号连接。

(1) 电源模块

1) 外部连接

① 电源连接端子 CZ1（TB2） 对于标准型电源模块三相交流 200V/230V（-15%，+10%）电源接入电源连接端子 CZ1（TB2）的 L1/L2/L3/PE，所以在模块前面必须加伺服变压器对 380V 三相电源进行降压。对于高压（HV）型电源模块，可以直接连接三相交流 380~460V 的电源，而不需采用伺服变压器进行降压处理。但在这种情况下进线 AC 扼流圈还是需要的。另外必须根据不同的电源模块规格，采用指定规定的电缆可靠接地。

② 控制电源输入端子 CX1A（1、2） 端子 CX1A 为控制电源输入端子，两相交流 200V 电源接入端子 CX1A 作为伺服系统的控制电源。

③ MCC 主接触器控制输出端子 CX3（1、3） 端子 CX3 控制伺服驱动系统主电源输入回路的主接触器 MCC，触点输出，触点驱动能力为 AC 250V/2A。图 8-20 是典型的连接图。

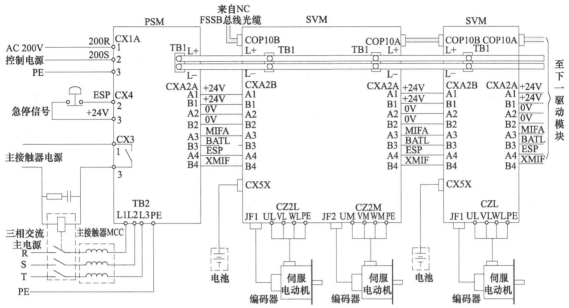

图 8-19　发那科 αi 系列交流数字伺服系统的连接示意图

　　根据图 8-20 这个连接图可以看出，只有伺服系统准备好、电源模块内部接触器闭合，伺服系统的主电源才能加上。也就是说伺服系统主接触器 MCC 是受电源模块控制的。

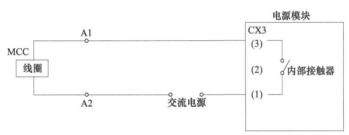

图 8-20　伺服系统主电源接触器 MCC 控制电路图

　　④ 外部急停信号输入连接端子 CX4　端子 CX4 连接外部急停信号。

　　2）模块之间的连接

　　① 直流母线输出端子 TB1　电源模块把输入的三相交流电经整流变为直流，连接到直流母线端子 TB1 上，供给后面的驱动模块使用，所有驱动系统组成模块都必须通过发那科专用连接母线与直流母线端子 TB1（L＋/L－）进行并联连接。

　　② 控制电源输出端子 CX1B（1、2）　端子 CX1B 为下一个模块提供两相交流 200V 电源，αi 系列伺服装置通常不使用这个端子。

　　③ 内部总线连接端子 CXA2A（A1～B4）　端子 CXA2A 连接下一个模块的 CXA2B，为其他模块提供内部 DC 24V 电源和控制信号，信号与连接参见图 8-21。

　　④ 驱动装置内部连接总线输出端子 JX1B　端子 JX1B 为驱动装置的内部总线输出端子，连接到下一个模块，与下一个模块的端子 JX1A 连接，接口信号与 α 系列伺服系统相同，参见图 8-15。该端子在 αi 系统中通常空闲不进行连接。

（2）进给伺服驱动模块 SVM

　　1）外部连接

　　① 绝对脉冲编码器后备电池连接端子 CX5X　当使用绝对脉冲编码器时，通过该端子为绝对脉冲编码器连接后备电池，在断电时保持脉冲编码器的位置数据。图 8-18 的伺服驱动模块上的内置电池通过专用连线连接到这个端子上，可参考图 8-19。通常后备电池的连接有两种方式：

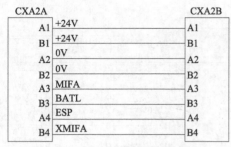

图 8-21 电源和控制总线 CXA2A/
CXA2B 连接图

a. 利用 CXA2A/CXA2B 连接端子的公共连接端子 BATL（B3 端子），连接一个所有驱动模块公用的电池盒（A06B-6050-K061）。公用电池盒以 CXA2A/CXA2B 总线端子的形式连接到最后一个驱动模块的 CXA2A-A2/B2 端子上。

b. 各驱动模块使用单独的内置电池盒（A06B-6050-K001），连接时要注意，不可再连接 CXA2A/CXA2B 连接端子的电池公共连接端子 BATL（B3 端子），以免造成电池间的短路。

② 驱动器 FSSB 总线光缆输入连接端子 COP10B 伺服系统的第一个伺服驱动模块使用这个端子与数控系统相连，接收数控系统的 FSSB 总线信号，此端子插接发那科特制光缆。

③ 驱动装置检测连接端子 JX5 这个连接端子供检修用，正常使用不进行连接。

④ 伺服电动机的位置编码器反馈连接接口 JF1/JF2/JF3 根据模块连接轴的数量不同，该模块（三轴模块）最多可以连接 3 个伺服电动机的位置编码器，接口分别是 JF1、JF2 和 JF3。伺服驱动模块 JF 接口与 αi 系列伺服电动机编码器信号连接见图 8-22。

⑤ 伺服电动机电源连接端子 CZ2-L/M/N 通过端子 CZ2 连接伺服电动机的电枢。对于多轴伺服驱动模块，第 1、2、3 轴分别以 L、M、N 区分。插接型连接器 CZ2 的插脚分布为 B1 对应 U、A1 对应 V、B2 对应 W、A2 对应 PE。从面板向底板的插头依次为 CZ2L、CZ2M、CZ2N。

2）模块之间内部连接

① 直流母线端子 TB1 所有驱动系统组成模块都必须通过发那科专用连接母线与直流母线端子 TB1

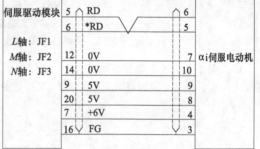

图 8-22 位置反馈的信号连接图

（L＋/L－）进行并联连接，将来自电源模块的主回路直流电源连入本模块。

② 内部总线输入端子 CXA2B 这个端子与上个模块的 CXA2A 端子相连，把来自电源模块的 DC 24V 工作电源和控制信号连接到本模块上。端子连接见图 8-21。

③ 内部总线输出端子 CXA2A 这个端子与下一个模块的 CXA2B 端子相连，把来自电源模块的 DC 24V 工作电源和控制信号连接到下一个模块上。端子连接见图 8-21。

④ 驱动器 FSSB 总线光缆输出连接端子 COP10A 该端子插接发那科特制光缆，将 FSSB 总线信号连接到下一个模块的 COP10B 端子上。

8.4.3 发那科 αi 系列交流数字伺服控制系统的故障诊断维修

发那科 αi 系列交流数字伺服系统的电源模块具有故障自诊断功能，通过电源模块的两个指示灯、一个 8 段数码管和伺服驱动模块上的一个 8 段数码管指示伺服系统的工作状态和故障状态，在伺服系统检修时要注意观察这些状态指示，以便确诊故障。下面介绍指示灯和数码管显示的含义。

(1) 电源模块的状态显示信息含义

发那科 αi 系列交流数字伺服系统电源模块指示灯的含义、数码管报警代码的指示含义见表 8-25。

(2) 伺服驱动模块的状态显示信息

发那科 αi 系列交流数字伺服系统伺服驱动模块的数码管报警代码指示的报警含义见表 8-26。

表 8-25 发那科 αi 系列交流数字伺服系统电源模块状态显示含义

状态显示		含　义	原　因
指示灯状态	所有显示都不亮	控制电源未接入	
	PIL 亮	控制电源已接入	
	ALM 亮	电源模块报警	电源模块存在故障，见数码管显示

续表

状态显示		含 义	原 因
数码管显示状态	—	电源模块未准备好(MCC OFF)	急停信号接通
	0	电源模块准备好(MCC ON)	正常工作状态
	1	主回路 IPM 检测错误	①IGBT 或 IPM 故障;②输入电抗器不匹配
	2	风机不转	①风机故障;②风机连接错误
	2.	驱动模块报警指示	驱动系统报警,但可以工作一定时间
	3	电源模块过热	①风机故障;②模块污染引起散热不良;③长时间过载;④温度传感器故障
	4	直流母线电压过低	①输入电压过低;②输入电压存在短时下降;③主回路缺相或断路器断开
	5	主回路直流母线电容不能在规定的时间内充电	①电源模块容量不足;②直流母线存在短路现象;③充电限流电阻问题
	6	输入电源不正常	电源缺相
	7	直流母线过电压或过电流	①再生制动能量太大;②输入电源阻抗过高;③再生制动电路故障;④IGBT 或 IPM 故障
	A	风机故障	①电源模块风机不转;②风机电源未连接或连接错误
	E	输入电源缺相	主轴电源缺相

表 8-26　发那科 αi 系列交流数字伺服系统伺服驱动模块数码管报警代码的含义

数码管显示	含 义	说 明
-	驱动模块未准备好	驱动系统的主电源没有连接或者驱动系统(电源模块)CX4 没有连接或者处于急停状态
-(闪烁)	驱动模块控制电源有问题或连接错误	①电动机连接错误或接触不好;②驱动模块 SVM 损坏;③伺服电动机损坏
0	驱动模块准备好	驱动模块处于正常工作状态
1	风机报警	①驱动模块的风机故障;②风机电源未连接或者连接错误;③驱动模块 SVM 有问题
2	驱动模块+24V 欠电压报警	①驱动模块的 CXA2B 或上一个模块的 CXA2A 接触不好;②电源模块的 24V 电源故障;③驱动模块 SVM 有问题
5	直流母线欠电压报警	①直流母线连接不好;②电源输入电压过低;③输入电源电压存在短时间下降;④主回路缺相或者断路器断开;⑤驱动模块 SVM 有问题或者安装有问题
6	驱动模块过热	①驱动模块风机有问题或者环境温度过高;②驱动模块太脏引起散热不好;③负载过重或者频繁启动;④驱动模块或者温度传感器故障

数码管显示	含 义	说 明
8	直流母线过电流	①伺服电动机负载过大; ②驱动模块故障; ③伺服电动机故障
8.	L 轴的 IPM 过热	①伺服电动机电枢对地短路或相间短路; ②伺服电动机相序连接错误;
9.	M 轴的 IPM 过热	③伺服电动机过载; ④SVM 功率输出模块或者控制板故障;
A.	N 轴的 IPM 过热	⑤环境温度过高或者模块散热不好; ⑥加减速过于频繁
B	L 轴电动机过电流	①伺服电动机电枢短路或相间短路; ②伺服电动机相序连接错误;
C	M 轴电动机过电流	③伺服电动机损坏; ④SVM 功率输出模块或者控制板故障;
D	N 轴电动机过电流	⑤电动机代码设定错误
F	风机故障	①驱动模块的风机故障; ②风机电源未连接或者连接错误; ③驱动模块 SVM 有问题
L	FSSB 总线通信出错(COP10A)	①光缆 COP10A 接触不好; ②驱动模块 SVM 故障; ③下一个模块的 FSSB 接口故障
U	FSSB 总线通信出错(COP10B)	①光缆 COP10B 接触不好; ②驱动模块 SVM 故障; ③上一个模块的 FSSB 接口故障
P	驱动模块通信错误	①驱动模块 CXA2A、CXA2B 电缆连接故障; ②驱动模块 SVM 故障

8.5　西门子 S120 书本型伺服系统

西门子 840D sl 系统的伺服装置采用西门子公司最新推出的 SINAMICS S120 通用伺服驱动器,这是与 840D pl 系统最主要区别之一。S120 驱动系统包括 3 种类型:书本型、装机装柜型、模块型。书本型和装机装柜型都是通过电源模块供电,只不过书本型最大输出电流为 200A,其电源模块最大功率为 132kW;装机装柜型是 132kW 及以上的规格,最大输出电流可达 490A,其电源模块输出最大功率 300kW。模块型结构类似于 Micro Master 4x0 系列变频器。西门子 840D sl 系统的 NCU 是通过 Drive CLiQ 总线与 S120 系统进行数据通信的。

数控机床的伺服驱动系统一般功率都不是很大,所以通常采用 S120 书本型伺服驱动系统。

图 8-23 是西门子 840D sl 系统使用 S120 伺服驱动的构成框图,从图中可以看出伺服系统通常由伺服电源模块(如图中的 Active Line Module 调节型电源模块)、伺服电动机驱动模块(如图中的 Single Motor Module 单轴伺服电动机驱动模块、Double Motor Module 双轴伺服电动机驱动模块)以及伺服轴伺服电动机和主轴电动机等构成。主轴电动机的驱动与伺服轴的驱动方式没有区别,没有单独的主轴电动机驱动模块,只是采用的电动机不同而已。

8.5.1　S120 书本型电源模块

S120 书本型伺服系统的电源模块根据其馈电特性分为 3 种类型:非调节型电源模块(Smart Line Module,SLM)、调节型电源模块(Active Line Module,ALM)、基本型电源模块(Basic Line Module,BLM)。

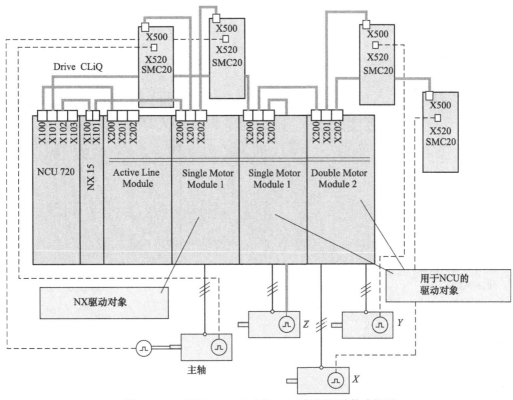

图 8-23　西门子 840D sl 系统 S120 伺服驱动构成框图

(1) 非调节型电源模块 SLM

SLM 模块是稳定的整流/回馈单元，其中二极管整流桥负责整流，IGBT 回路负责回馈，具有 100％的持续回馈功率。在 5kW 和 10kW 型 SLM 模块上，通过一个数字量输入可以禁止回馈模式；在 16kW 和 36kW 型 SLM 模块上，可以通过设定参数禁用回馈。SLM 适用于接地形式为星型 TN 或 TT 的供电系统和不接地的对称 IT 供电系统，直流母线由集成的预充电电阻预充电。对于 SLM 运行来说，连接进线电抗器至关重要，必要时配置 BLF 基本型输入滤波器。

(2) 调节型电源模块 ALM

ALM 模块是一个自控的整流/回馈单元，使用 IGBT 进行整流和回馈，所以其直流母线电压是可控的。这样，相连的伺服电动机驱动模块使用 ALM 电源模块提供的直流电压，在允许范围内的直流电源母线电压波动不会对伺服电动机的电源产生影响。ALM 适用于接地形式为星型 TN 或 TT 的供电系统和不接地的对称 IT 供电系统，直流母线由集成的预充电电阻预充电。ALM 必须使用配套的调节型接口模块（Active Interface Module，AIM）或 HFD 套装（进线电抗器＋阻尼电阻）。

AIM 和 ALM 组合在一起可以构成一个功能单元，这对于 ALM 的运行是至关重要的。AIM 模块包含一个输入滤波器，具有基本的干扰抑制功能，能够确保符合 EN 61800-3 规定的干扰放射 C3 类要求。输入滤波器可以防止电源受到模块开关频率的谐波影响，因此驱动系统可以从电源模块来的直流电生成一个正弦波的电流，几乎不会产生谐波。

ALM 连接比较简单，带有 3 个 Drive CLiQ 总线接口，可以与 NCU710/720/730、伺服电动机驱动模块、测量反馈模块 SMC10/SMC20/SMC30 等连接；X21 端子用于接入脉冲使能，若配置了 AIM 则 X21 的"＋Temp"和"－Temp"用于连接 AIM 的内置 KTY84 温度传感器信号。控制单元端子 X24 是 24V 控制电源接入端子，通过直流控制母线与伺服电动机驱动模块连接；直流驱动母线（DC 600V）与伺服电动机驱动模块通过铜排连接。图 8-24 是典型的 ALM 模块电气连接图，数控机床常用的是 ALM 模块。

(3) 基本型电源模块 BLM

BLM 模块针对的是无需电能回馈到电网或电动轴和再生轴之间的能量交换在直流母线中进行的应用。

275

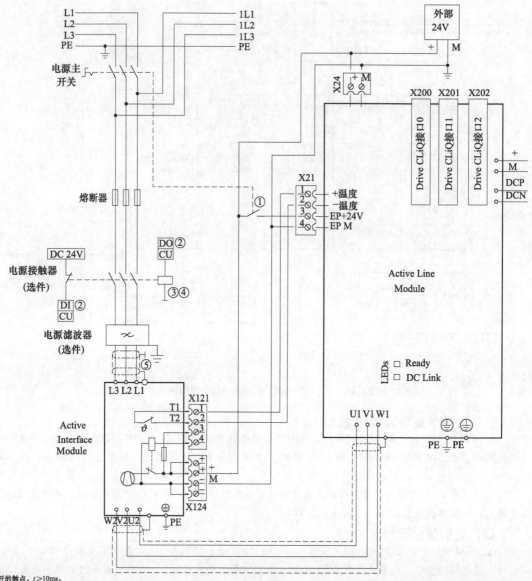

① 提前打开的触点, $t > 10ms$。
② DI/DO, 由控制单元控制。
③ 不允许在电源接触器后面连接更多负载！
④ 注意DO的载流能力, 必要时必须使用输出耦合元件。
⑤ 按照EMC指令通过安装背板或屏蔽母线接地。

图 8-24 典型的 ALM 模块电气连接图

BLM 只能将从电网来的交流电转变为直流电源, 而不能反向回馈。BLM 通过一个 6 脉冲电桥回路直接将输入的三相交流电转变为直流电从母线输出。BLM 适用于接地形式为星型 TN 或 TT 的供电系统和不接地的对称 IT 供电系统。相连的伺服电动机驱动模块由集成的预充电电阻 (20kW 和 40kW) 充电, 或者通过激活晶闸管 (100kW) 充电。20kW 和 40kW 的 BLM 模块集成了一个制动斩波器。附加了一个外部制动电阻后, BLM 模块可以直接用于带间歇性再生制动模式的应用, 如停机。除了外部制动电阻外, 只有在 100kW 的 BLM 模块才需要为再生制动配备一个制动模块。

BLM 模块通常配套使用进线电抗器, 必要时可配套使用 BLF 基本型输入滤波器。进线电抗器用于降低低频谐波, 减轻 BLM 半导体整流器的负荷。BLF 与进线电抗器共同使用降低传导性干扰, BLF 仅适用于 TN 类型接地的电源系统。

8.5.2　S120 书本型伺服电动机驱动模块

伺服电动机驱动模块包括单轴驱动模块（Single Motor Module，SMM）和双轴驱动模块（Double Motor Module，DMM）两种类型。

如图 8-25 所示 SMM 模块的外部接口包括直流驱动母线（DCP、DCN）、直流控制母线（DC24V、M）、3 个 Drive CLiQ 接口（X200、X201、X202）（接口信号见表 8-27）、X21 端子（仅带安全集成功能时有效的脉冲使能、对于无编码器时伺服电动机内部的 KTY84/PTC 温度传感器的连接）（接口信号见表 8-28）、伺服电动机抱闸控制端子 X11（BR＋、BR－）、伺服电动机连接端子 X1（U2、V2、W2）、接地端子 PE。

DMM 模块和 SMM 的外部连接接口一致，只不过相应的端口对应两套伺服电动机，DMM 接口示意图见图 8-26。DMM 的端子 X22 与 X21 的连接方式相同，接口信号见表 8-28；DMM 比 SMM 还多了一个Drive CLiQ总线接口（Drive CLiQ 总线接口各端子含义见表 8-27）X203。

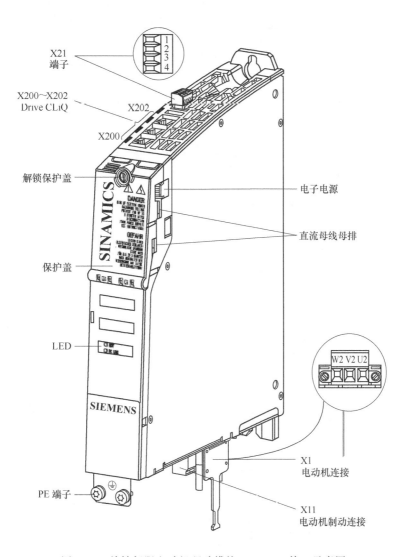

图 8-25　单轴伺服电动机驱动模块（SMM）接口示意图

图 8-27 是单轴/双轴伺服电动机驱动模块典型电气连接，该图上半部分是单轴伺服电动机驱动模块的电气连接示意图。

表 8-27　单轴/双轴伺服电动机驱动模块各 Drive CLiQ 接口端子含义

图示	端子	名　称	含　义
	1	TXP	发送数据＋
	2	TXN	发送数据－
	3	RXP	接收数据＋
	4	保留	
	5	保留	
	6	RXN	接收数据－
	7	保留	
	8	保留	
	A	＋24V	正电源
	B	M(0V)	负电源

表 8-28　单轴/双轴伺服电动机驱动模块 X21/X22 接口端子含义

图示	端子	名　称	含　义
	1	＋温度	温度传感器：KTY84-1C130/PTC/带常闭
	2	－温度	触点的双金属片开关
	3	EP＋24V(使能脉冲)	电压：DC 24V(20.4～28.8V)
	4	EP M(使能脉冲)	典型电流消耗：24V 时为 4mA

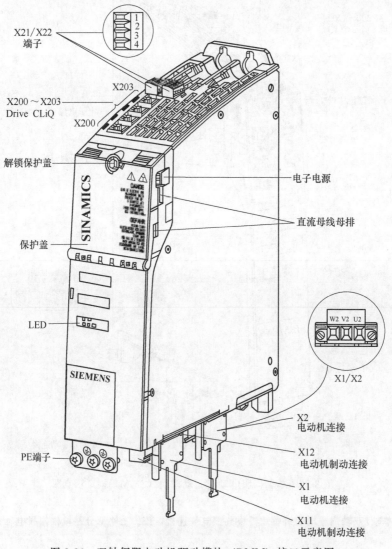

图 8-26　双轴伺服电动机驱动模块（DMM）接口示意图

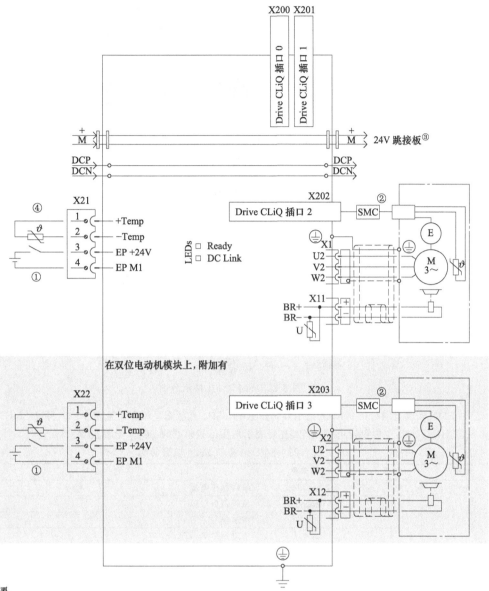

① 安全需要。
② 不带Drive CLiQ接口的电动机需要SWC
③ 接至下一个模块的24V。
④ 电动机温度分析的另一种方法。

图 8-27　单轴/双轴伺服电动机驱动模块典型电气连接图

8.5.3　编码器信号转换模块 SMC

通常西门子 840D sl 系统使用的伺服电动机编码器通常都带有 Drive CLiQ 接口，测量反馈可直接连接到伺服电动机驱动模块上。但如果还需要外部编码器或者光栅尺时，需要编码器信号转换单元转换为 Drive CLiQ 信号，然后再连接到系统上，并且 SMC 还为编码器提供工作电源。

电柜安装式编码器信号转换单元有 SMC10、SMC20、SMC30 三种规格。SMC10 用于连接旋转变压器；SMC20 用于连接常规增量编码器；SMC 用于连接采用 TTL/HTL 信号的增量编码器。图 8-28 是 SMC20 的接口示意图，SMC10 与其基本相同。

SMC 模块直接通过 Drive CLiQ 接口连接到相应的 S120 伺服电动机驱动模块上，通过软件拓扑识别即可实现内部数据连接。

SMC10 和 SMC20 模块通过 X520 接口连接编码器，SMC30 模块通过 X521、X531 接口连接编码器。SMC20 模块比较常用，表 8-29 是 SMC20 模块 X520 接口各端子的说明。

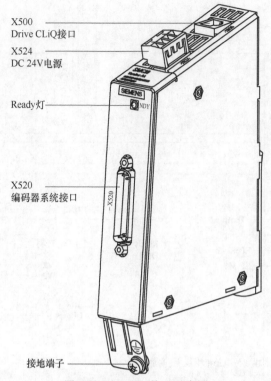

X500
Drive CLiQ接口

X524
DC 24V电源

Ready灯

X520
编码器系统接口

接地端子

图 8-28　SMC20 接口示意图

　　三种 SMC 模块上均有一个 RDY 指示灯，参见图 8-29，其状态显示含义见表 8-30。另外 SMC30 模块上还有一个"OUT＞5V"橙色指示灯，当其亮时表示提供给编码器的 DC5V 电源正常。

表 8-29　SMC20 接口 X520 信号说明

图示	端子	信号名称	含　义
	1	P encoder	编码器正电源
	2	M encoder	编码器负电源
	3	A	增量信号 A 正向
	4	A *	增量信号 A 反向
	5	Ground	接地（用于内部屏蔽）
	6	B	增量信号 B 正向
	7	B *	增量信号 B 反向
	8	Ground	接地（用于内部屏蔽）
	9	未定义	
	10	Clock	EnDat 接口时钟,SSI 时钟
	11	未定义	
	12	Clock *	反向 EnDat 接口时钟,反向 SSI 时钟
	13	＋Temp	电动机温度传感器 KTY84-1C130（＋）/PTC
	14	P sense	传感器正电源
	15	Data	EnDat 数据正向信号,SSI 数据正向信号
	16	M sense	传感器负电源
	17	R	编码器零脉冲信号正向
	18	R *	编码器零脉冲信号反向
	19	C	绝对信号 C 正向
	20	C *	绝对信号 C 反向
	21	D	绝对信号 D 正向
	22	D *	绝对信号 D 反向
	23	Data *	EnDat 数据反向信号,SSI 数据反向信号
	24	Ground	接地（用于内部屏蔽）
	25	＋Temp	电动机温度传感器 KTY84-1C130（－）/PTC

表 8-30　SMC 模块上 RDY 灯状态说明

颜　色	状　态	状　态　说　明	处理方法
—	熄灭	无 DC 24V 电源电压或电压不在允许范围内	
绿	常亮	模块就绪且 Drive CLiQ 通信已建立	
橙	常亮	Drive CLiQ 通信正在建立	
红	常亮	模块故障	
绿/红	0.5Hz 闪烁	软件正在下载	
	2Hz 闪烁	软件已下载完毕,等待上电	重新上电
绿/橙、红/橙	闪烁	参数 p0144＝1 时模块自动识别诊断	

8.5.4　S120 书本型伺服驱动系统故障诊断

　　S120 伺服驱动系统不论是电源模块还是单轴/双轴伺服电动机驱动模块，模块上都有两个指示灯。一个是 Ready（准备）指示灯，另一个是 DC Link（直流连接）指示灯，参见图 8-30。通过这两个指示灯的状态判断模块的工作状态。表 8-31 是 S120 模块上两个指示灯的指示含义。

表 8-31　S120 模块上 LED 灯的含义

状态		说　明	排　除
RDY	DC LINK		
熄灭	熄灭	无控制电压或控制电压超出允许偏差范围	
绿色	—	模块已运行就绪,正在进行循环 Drive CLiQ 通信	
	橙色	模块已运行就绪,正在进行循环 Drive CLiQ 通信,直流母线有电压	
	红色	模块已运行就绪,正在进行循环 Drive CLiQ 通信,直流母线电压过高	检查接线电压
橙色	橙色	正在建立 Drive CLiQ 通信	
红色	—	该模块至少有一个故障 注:无论是否重新配置了相关参数,该 LED 都会激活	确认并排除故障
绿色/红色（0.5Hz）	—	正在下载软件	
绿色/红色（2Hz）	—	软件下载结束,等待加电	执行上电
绿色/橙色或红色/橙色	—	参数 P041＝1 时对模块接线识别检测	—

图 8-29　SMC 模块实物图片

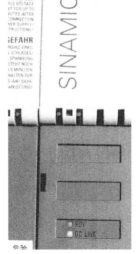

图 8-30　S120 伺服电动机驱动模块指示灯图片

8.6 数控机床伺服系统故障维修案例

8.6.1 数控机床伺服单元故障维修案例

案例1：一台数控车床出现报警"6016 Slide Power Pack No Operation（滑台电源模块没有操作）"。

数控系统：西门子810T系统。

故障现象：这台机床开机就出现6016报警，伺服系统启动不了。

故障分析与检查：这台机床的伺服系统采用西门子6SC610交流模拟伺服驱动系统。该系统采用模块化结构，由基本框架（包括安装于框架内的整流电源、直流电容、直流母线电压控制等）、控制模块、电源模块、功率放大模块等基本模块组成，进线通常需要加装伺服变压器，将AC 380V电源变为AC 165V。

因为报警信息指示伺服控制系统有问题，所以首先对伺服系统进行检查，发现电源模块G0所有指示亮都不亮，所以怀疑G0模块有问题，将G0模块拆下进行检查，发现其上的熔丝和几个器件已经烧断路，说明确实是G0模块损坏。

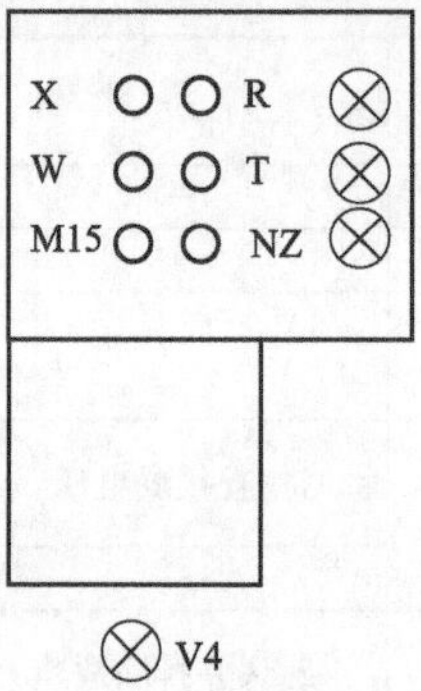

图8-31 N1模块上的测试端子和指示灯示意图

故障处理：更换G0电源模块后，机床恢复正常工作。

案例2：一台数控车床出现报警"6015 Slide Axis Motor Temperature（滑台伺服电动机温度）"。

数控系统：西门子810T系统。

故障现象：这台机床开机就出现6015号报警，伺服系统不能工作。

故障分析与检查：这台机床的伺服系统采用西门子6SC610交流模拟伺服驱动装置，在N1控制模块上每个轴都有四个报警指示灯，如图8-31所示，报警灯含义见表8-32。

在出现报警时，对伺服系统进行检查，发现伺服装置的控制模块N1上第二轴的电动机超温报警灯V4亮。第二轴是机床的Z轴，检查Z轴伺服电动机并不热，对热敏电阻进行检查也正常没有问题，将X轴伺服电动机的反馈电缆与Z轴的伺服电动机反馈电缆在控制模块上交换插接，发现故障报警灯还是第二轴的V4亮，说明伺服控制模块N1有问题。

故障处理：更换N1模块后，报警消除，机床恢复正常工作。

表8-32 控制模块N1报警灯含义

序号	报警灯号	报警含义
1	V1（第一轴）、V5（第二轴）、V9（第三轴）	测速反馈报警
2	V2（第一轴）、V6（第二轴）、V10（第三轴）	速度调节器达到输出极限
3	V3（第一轴）、V7（第二轴）、V11（第三轴）	驱动装置过载报警（I^2t 监控）
4	V4（第一轴）、V8（第二轴）、V12（第三轴）	伺服电动机过热

案例3：一台数控铣床出现报警"222 Servo Loop Not Ready（伺服环没有准备）"。

数控系统：西门子3M系统。

故障现象：这台机床开机在X轴回参考点时，出现222号报警，指示伺服环出现问题。复位后，故障报警消除，手动方式下运动Y轴和Z轴正常都不出现报警，而手动方式下一运动X轴就出现222报警。

故障分析与检查：根据故障现象分析，肯定是X轴伺服控制部分有问题。这台机床的伺服系统采用的是西门子6SC610交流模拟伺服驱动装置。对伺服系统进行检查，在出现故障时伺服控制模块N1上的第一轴的[Imax] t报警灯亮，电源模块G0上的"Common Fault（总故障）"灯亮。

N1模块上第一轴的[Imax] t报警灯亮，指示X轴伺服控制器故障报警，可能的原因是伺服驱动损坏、伺服电动机有问题，也可能是伺服控制板N1有问题产生的错误报警。

为了确认是否是伺服控制模块N1的问题，采用互换法，与另一台机床的N1模块互换，这台机床故障依旧，而另一台机床没有问题，说明N1模块没有问题。

当采用备件置换法将X轴伺服驱动模块A3换下后，这时故障消失，说明是伺服驱动板损坏。

故障处理：检查伺服驱动板，发现几个功放三极管损坏，更换新的器件后，将该板安装到伺服单元上，这时通电开机，机床恢复正常工作。

案例4：一台数控磨床3个轴都不动。

数控系统：西门子805系统。

故障现象：这台机床一次出现故障，开机X轴回参考点，出现"1040 D/A Converter Limit Has Been Reached X-Axis（X轴D/A转换器已经达到极限）"和"1560 Speed Command Value Too High X-Axis（X轴速度命令值太高）"，实际上轴没有动。Y轴和Z轴运动时，也不走，分别出现1041、1561和1042、1562报警。

故障分析与检查：这台磨床总计有三个轴，这三个轴都不走说明可能是伺服系统的共性问题。

这台机床的伺服系统采用西门子611A交流模拟伺服驱动装置，每个轴都采用独立的驱动模块。在为某轴下达运动命令时，在这个轴的伺服驱动模块上测量给定信号，发现伺服驱动部分已经得到运动指令，说明问题出在伺服系统上。

首先更换伺服电源，但没有解决问题。接着将这台机床的驱动模块上的控制模块逐个更换到好的机床上，当将Z轴的伺服控制模块更换到好的机床上时，也出现了这个故障。而这台机床的Z轴使用了其他机床上的伺服控制模块后恢复正常工作，说明是Z轴的伺服控制模块出现了问题。

故障处理：Z轴更换新的伺服控制模块后，机床恢复了正常工作。

案例5：一台数控外圆磨床出现报警"7006 Failure：Motor Controller（电动机控制器故障）"。

数控系统：西门子805系统。

故障现象：这台机床一次出现故障，开机就出现7006报警，指示电动机控制器有故障。X轴和Z轴运行正常，只是砂轮主轴启动不了。

故障分析与检查：根据数控系统工作原理，7006报警是PLC报警，是PLC标志位F108.6为"1"引起的，根据报警梯形图检查，发现报警的原因是PLC输入I3.5的状态为"0"。

这台机床采用西门子SIMODRIVE 611A交流模拟伺服驱动装置，PLC输入I3.5的连接就是伺服系统的各种信号（图8-32）。检查各触点的闭合情况，发现电源模块G0的准备好信号（72，73.1）信号没有闭合。因为X轴和Z轴运行正常，所以认为电源模块已经准备好，只是信号传递有问题。

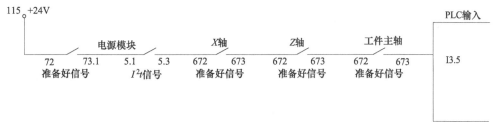

图8-32　PLC输入I3.5连接图

故障处理：将伺服系统的电源模块拆开进行检查，发现准备好继电器的触点烧蚀，更换后，机床恢复正常工作。

案例6：一台数控台阶外圆磨床开机出现报警"1121 Clamping monitoring（clamping tolerance）Y-axis[Y轴卡紧监控（卡紧允差）]"。

数控系统：西门子805系统。

故障现象：这台机床通电开机，机床准备好后，出现如图8-33所示的1121报警，指示X轴有问题，观察系统屏幕，Y轴位置坐标值也发生变化，观察机床Y轴滑台在机床准备好后也微动。

故障分析与检查：根据故障现象，开机后X轴微动并且屏幕上X轴的坐标数值也有所变化，说明位置反馈没有问题。

这台机床的伺服系统采用西门子的611A交流模拟伺服驱动装置，测量X轴伺服控制模块的给定端子56和14之间的给定电压，从机床准备好一直到出现报警都没有给定信号，说明问题出在伺服系统一侧，与数控系统无关。

与其他轴的伺服驱动模块的控制模块互换，这时故障转移这个轴上，说明是原Y轴伺服驱动的控制模

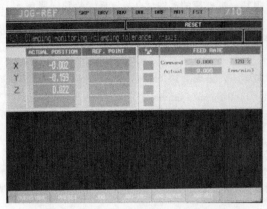

图 8-33　西门子 805 系统 1121 报警画面

块损坏。

故障处理：更换新的伺服控制模块，机床恢复正常工作，故障消除。

案例 7：一台数控外圆磨床一次出现报警，在移动 X 轴时出现报警"7006 Failure Motor Controller（电动机控制器故障）"。

数控系统：西门子 805 系统。

故障现象：这台机床在移动 X 轴出现 7006 报警，指示伺服系统出现问题，观察 X 轴并没有移动。

故障分析与检查：这台机床的伺服系统采用 611A 交流伺服系统。检查伺服系统发现 X 轴伺服控制模块的数码管显示"6"号报警代码，指示 X 轴速度控制器达到输出极限。为此，首先检查 X 轴伺服电动机电源线连接情况，没有发现异常，X 轴与 Z 轴互换伺服控制模块，还是 X 轴出现报警，与 Z 轴互换驱动功率模块，这时 Z 轴伺服控制模块出现"6"号故障报警，说明原 X 轴的伺服驱动功率模块出现问题。

故障处理：将驱动功率模块拆开进行检查，发现一 IGBT 模块损坏，更换后，伺服驱动模块修复，安装到机床上，机床恢复正常运行。

案例 8：一台数控车床开机出现报警"6000 Servo Not OK（伺服有问题）"。

数控系统：西门子 810T 系统。

故障现象：这台机床一次开机启动系统时，出现 6000 报警，指示伺服系统有问题。

故障分析与检查：这台机床的伺服系统采用西门子 611A 交流模拟伺服驱动装置，检查伺服装置，发现电源模块上的 5V 电源指示灯没有亮，检查电源模块输入 380V 交流没有问题，但直流母线无 600V 直流电压。脱开主轴驱动模块和伺服驱动模块后，故障现象依旧，为此判断伺服电源模块 6SN1145-1BA00-0DA0 有故障。

故障处理：拆开电源模块进行检测，发现大功率晶体管没有问题，只有几只 2MΩ 的电阻开路，更换损坏的器件，将伺服电源安装到机床，开机机床恢复正常工作。

案例 9：一台数控中频淬火机床出现报警"7008 Servo Module Axis X Not OK（X 轴伺服模块有问题）"。

数控系统：西门子 810M 系统。

故障现象：这台机床开机后，出现 7008 报警，指示 X 轴伺服模块没有准备好。

故障分析与检查：检查机床报警信息还有报警"7009 Servo Module Axis Y Not OK（Y 轴伺服模块有问题）"和"7035 Servo Supply Not OK（伺服电源有问题）"。

这台机床的伺服系统采用西门子 611A 交流模拟伺服装置，因为报警指示 X 轴和 Y 轴伺服模块都有问题，并且还有 7035 报警指示电源模块有问题，分析故障原因可能是伺服电源模块损坏引起的问题。检查伺服电源模块，发现直流母线没有电压。电源模块上有 6 个指示灯，检查发现伺服电源模块的伺服使能灯没有亮，证明确实是伺服电源模块有问题。

故障处理：更换电源模块后，机床恢复正常工作。

案例 10：一台数控内圆磨床出现报警"1120、1121 Clamping Monitoring（卡紧监视）"。

数控系统：西门子 810G 系统。

故障现象：这台机床一次出现故障，在开机回参考点时，运动 X、Z 轴各出现 1120 报警和 1121 报警。在手动运动时，按下 X、Z 轴运动按钮后，屏幕上坐标数值不变，伺服轴实际上也没有动。

故障分析与检查：因为伺服轴实际没有动，因此怀疑伺服系统有问题。对伺服系统进行检查，这台机床使用的是西门子 SIMODRIVE 611A 交流模拟伺服驱动装置，X、Z 轴共用一个双轴伺服驱动模块，在按下 X 轴或 Z 轴运动按钮时，检查伺服控制模块有输入信号，但伺服驱动功率模块并没有输出驱动信号，因此认为是伺服驱动功率模块损坏。

故障处理：更换新的伺服驱动功率模块，机床恢复正常使用。

案例 11：一台数控外圆磨床出现报警"6006 Servo Not Ready（伺服没有准备）"。

数控系统：西门子 810G 系统。

故障现象：这台机床一次出现故障，机床开机后启动伺服系统时，出现 6006 报警，指示伺服系统没有准备。

故障分析与检查：因为故障报警指示伺服系统没有准备，首先检查伺服使能信号 Q84.7，在按下伺服系统启动按键时其状态变为 "1"，说明数控系统部分没有问题。

根据西门子 810G 系统 PLC 的报警机理，6006 报警是由于 PLC 标志位 F100.6 状态为 "1"，根据图 8-34 所示的报警梯形图，检查 F100.6 的状态为 "1" 是因为 PLC 输入 I5.7 状态为 "0"，PLC 输入 I5.7 连接见图 8-35，连接到伺服系统的 72 号端子上。

图 8-34　关于 6006 报警的梯形图

该机床的伺服系统采用西门子 SIMODRIVE 611A 交流模拟伺服驱动装置，72 号端子连接的是伺服系统准备好继电器的常开触点。其信号为 "0" 说明伺服系统没有准备好。

测量伺服系统的 24V 电源，在端子 9、48 之间没有电压，怀疑伺服电源模块损坏，但更换并没有排除故障。当拆下连接伺服驱动模块的设备总线电缆时，端子 9、48 之间电压恢复。因此怀疑为伺服驱动部分有问题。

这台机床 X 轴和 Z 轴使用一块双轴驱动模块，与其他机床互换驱动功率模块，故障转移到另一台机床上，这台机床恢复正常，说明故障原因是驱动功率模块出现问题。

故障处理：更换伺服驱动功率模块，机床恢复正常工作。

图 8-35　PLC 输入 I5.7 的连接图

案例 12：一台数控外圆磨床自动加工时经常出现报警 "3000 Emergency Stop（急停）"。

数控系统：西门子 810D 系统。

故障现象：这台机床在工作时经常出现 3000 报警，机床不能工作，关机重新启动后机床还可以运行，在出现故障时检查系统报警清单，还有报警 "700314 P1：Regulators Supply Source No Ready〔205.6〕（调节器电源没有准备）"，"700315 P1：Regulators Power No Connected〔205.7〕（调节器电源没有连接）"。

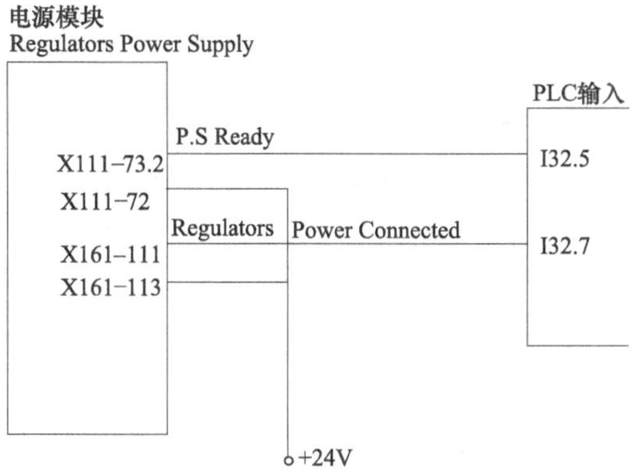

故障分析与检查：分析报警信息，所谓调节器电源就是伺服电源。报警指示伺服电源模块有问题，根据机床工作原理，伺服电源模块为 810D 系统的 NCU 模块和伺服模块伺服模块供电，其报警连接见图 8-36，电源模块准备好信号连入 PLC 输入 I32.5，电源已连接信号连入 PLC 的 I32.7。在出现故障时利用 810D 系统 Diagnosis（诊断）功能检查 I32.5、I32.7 状态都为 "0"，说明电源模块可能有问题，检查电源模块发现其上的红色报警灯亮，指示报警。检查输入电源没有问题，说明可能电源模块有问题。

故障处理：更换伺服系统电源模块后机床恢复稳定运行。

图 8-36　电源模块报警信号连接

案例 13：一台数控加工中心出现报警 "1042 DAC Limit reached（达到 DAC 极限）"。

数控系统：西门子 810M 系统

故障现象：这台机床一移动 Z 轴就出现 1042 报警。

故障分析与检查：西门子 810M 系统的 1042 号报警是系统关于 Z 轴的伺服报警，指示 DAC 设定值比机床数据 MD2682（最大 DAC 设定值）的值大时出现这个报警。出现这个报警后，DAC 的设定值不能再增加。为此首先检查机床数据 MD2682、MD3642 和 MD3682 都正常没有问题。

根据经验，这个故障多半是伺服电动机不转或者反馈回路有问题。

这台机床的伺服系统采用是西门子 SIMODRIVE 611A 系统，在启动 Z 轴时检查伺服驱动模块的给定端子 56 和 14 之间的给定电压的指令输入信号，电压很高接近 10V，但观察 Z 轴并没有动，屏幕上 Z 轴的数值也没有变化。说明数控系统部分没有问题，位置反馈也没有问题。因为 X 轴和 Y 轴运动正常，说明伺服系统的电源模块没有问题。更换 Z 轴伺服驱动功率模块，故障依然如故，说明 Z 轴的伺服功率驱动模块也没有问题。那么是不是 Z 轴伺服控制模块上的参数设定板有问题呢？采用互换法与 X 轴的参数设定板对换，这时机床 X 轴运动时，出现 1042 报警，故障转移到 X 轴上，说明原 Z 轴的参数设定板损坏。

故障处理：更换参数设定板后，机床恢复正常工作。

案例 14：一台数控外圆磨床出现报警"300501 Axis Y Maximum Current Monitoring（Y 轴最大电流监控）"和"300607 Axis Y Current Controller at Limit（Y 轴电流控制器达到极限）"。

数控系统：西门子 840D pl 系统。

故障现象：这台机床在运行时，突然出现 300501 报警和 300607 报警，指示 Y 轴伺服电动机电流有问题。出现故障后系统黑屏，NCU 和 PLC 启动不了。

故障分析与检查：检查 NCU 模块，发现其上 PF 报警灯亮。因为报警指示 Y 轴电流有问题，首先检查 Y 轴伺服电动机，但没有发现问题。

这台机床伺服系统采用西门子 611D 数字交流控制系统，依次断开 Y 轴数据总线、设备总线，发现断开设备总线后系统可以启动，设备总线是用来提供一些系统和模块的工作电压，因此断定可能 Y 轴伺服装置有问题，更换 Y 轴伺服控制模块和功率驱动模块，发现功率驱动模块有问题。

故障处理：功率驱动模块维修后，机床恢复正常工作。

案例 15：一台数控车床出现报警"300101 No Drive Found（没有发现驱动）"。

数控系统：西门子 840D pl 系统。

故障现象：这台机床开机出现 300101 报警，指示伺服驱动有问题。

故障分析与检查：这台机床的伺服系统采用西门子 611D 交流数字驱动装置，X 轴和 Z 轴使用一个双轴驱动模块，检查驱动装置，发现其上报警红灯亮。

检查驱动直流母线电压正常，查看系统驱动数据，发现读驱动数据特别慢，读出来后里面什么也没有，全是"#"，用下翻键看里面全是 0。为此，认为可能是系统驱动数据丢失，重新装载驱动数据，几次都不成功，装载到一半就出错了，改变波特率也装载不了。检查总线连接没有问题，使用临时总线也没有解决问题。与其他机床互换驱动控制模块后，故障转移到那台机床上，说明伺服驱动控制模块损坏。

故障处理：更换新的伺服驱动控制模块后，机床恢复正常工作。

案例 16：一台数控车床出现报警"25000 Axis X1 hardware fault of active encoder（X 轴主动编码器硬件错误）"。

数控系统：西门子 840D pl 系统

故障现象：这台机床一次出现故障，系统显示如图 8-37 所示的 25000 报警，指示 X 轴编码器有问题。

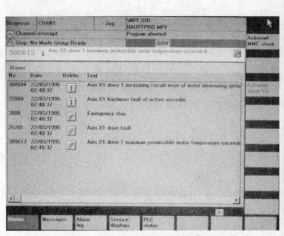

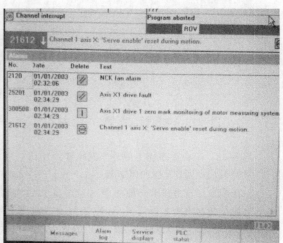

图 8-37 西门子 840D pl 系统 25000
报警信息图片

图 8-38 西门子 840D pl 系统 21612
报警画面

故障分析与检查：因为报警指示 X 轴编码器有问题，该机床采用伺服电动机内置编码器作为位置反馈元件，将 X 轴伺服电动机与 Z 轴伺服电动机互换，但还是 X 轴出现报警，说明编码器本身没有问题。

检查 X 轴编码器的连接电缆和电缆连接都没有发现问题，使用临时编码器连接电缆也没有解决问题。

这台机床的伺服驱动采用西门子 611D 交流数字伺服控制装置，与其他机床互换伺服驱动控制模块，故障转移到其他机床上，说明伺服驱动控制模块损坏。

故障处理：更换新的 X 轴伺服驱动控制模块后，机床恢复正常运行。

案例 17： 一台数控曲轴外圆磨床 X1 轴一工作就出现报警 "21612 Channel 1 axis X：'Servo enable' reset during motion（通道 1 的 X 轴在运动时伺服使能被复位）"。

数控系统：西门子 840D pl 系统。

故障现象：这台机床在 X1 轴一工作就出现如图 8-38 所示的 21612 报警，指示 X 轴有问题，点动操作模式和自动操作模式都一样。

故障分析与检查：检查系统还有报警 "300508 Axis X1 drive zero mark monitoring of motor measuring system（X1 轴电动机测量系统零标识监控故障）"，根据报警信息分析，故障原因有驱动系统问题、伺服电动机问题、电动机电缆问题、编码器电缆问题及编码器问题等。

首先检查相关的驱动没有发现异常，为了进一步确认故障，将 X1 轴的伺服电动机电源电缆和编码器电缆与 Z1 轴对调，还是出现 X1 轴报警，说明故障应该在伺服控制模块（6SN1118-0DM21-0AA0）上。

故障处理：更换原 X1 轴的伺服控制模块后，机床恢复正常工作。

案例 18： 一台数控无心磨床 X3 轴和 Z3 轴不动。

数控系统：西门子 840D pl 系统。

故障现象：这台机床在手动操作方式下点动 X3 轴或 Z3 轴，驱动使能即被切断，但系统显示器上没有报警信息。

故障分析与检查：由于无明确的报警信息，根据经验，先脱开任一轴机械负载，再点动该轴，现象依旧；检查伺服电动机及反馈电缆皆正常，由于这两个轴受一个双轴驱动模块控制，怀疑这块模块损坏，为了确定是伺服控制模块还是伺服功率模块有问题，根据先易后难的原则，先与相邻的同类型控制模块互换，结果故障现象转移，确认伺服控制模块损坏，该伺服控制模块的型号为 6SN1118-0DH23-0AA0，拆开该控制模块检查发现该其中一块编号为 78-089-0251 的小电源板烧坏。

故障处理：更换伺服控制模块上的 78-089-0251 小电源板后，机床恢复正常。

案例 19： 一台数控铣床出现报警 "300200 Drive Bus Hardware Fault（驱动总线硬件错误）"。

数控系统：西门子 840D pl 系统。

故障现象：这台机床在突然停电再开机时出现 300200 报警，指示驱动总线有故障。

故障分析与检查：这台机床的伺服系统采用西门子 611D 交流数字伺服驱动装置，在出现故障时检查伺服装置，发现所有驱动模块的报警灯都亮了。观察 NCU 的指示灯正常，而伺服电源模块上 Uzk 指示灯时亮时灭。对伺服电源模块的直流母线电压进行检查，发现直流电压不稳定，在 100～500V 之间波动，因此断定电源模块在突然停电时损坏。

故障处理：伺服电源模块维修后，机床恢复正常运行。

案例 20： 一台数控无心磨床出现 21612 和 300607 报警。

数控系统：西门子 840D pl 系统。

故障现象：这台机床开机后驱动使能正常，手动操作方式下点动导轮，驱动使能即被切断，同时面板上显示报警 "21612 VDI-Signal Drive Enable Reset During Traverse Motion"（运动过程中使能信号被复位）及 "300607 Axis MRS Current Controller at Limit"（电流控制器输出极限状态）报警信息。

故障分析与检查：查看西门子 840D 系统诊断手册，21612 报警只是结果，真正的原因应该是由 300607 报警引起的；由于是电流控制器在极限状态，首先怀疑机械负载过大，为此脱开负载单独驱动伺服电动机，故障现象依旧；进一步查阅 300607 报警的诊断说明，检查电动机三相平衡且对地绝缘良好，测试动力电缆和反馈电缆皆正常。偶然中发现，在驱动使能的情况下，用手可以轻易盘动伺服电动机轴，这明显是不对的，因为正常情况下，此时伺服电动机已加电，会产生较大扭力，不可能轻易用手盘动。因此怀疑该轴伺服驱动功率模块有问题，拆开该模块检查发现主回路上一熔断器已烧断，另有一 IGBT 模块受损（三相不平衡）。

故障处理：更换损坏的器件后，通电开机，故障消除，机床恢复正常运行。

案例 21：一台数控车床出现伺服报警。

数控系统：发那科 0TC 系统。

故障现象：这台机床一次出现故障，在自动加工时出现报警"401 Servo Alarm：（VRDY off）（伺服报警，没有 VRDY 准备好信号）""409 Servo Alarm：（Serial ERR）（伺服报警，串行主轴错误）""414 Servo Alarm：X Axis Detect ERR（伺服报警 X 轴检测错误）""424 Servo Alarm：Z Axis Detect ERR（伺服报警 Z 轴检测错误）"。

故障分析与检查：这台机床的伺服系统采用发那科 α 系列数字伺服驱动装置。因为这台机床 X、Z 和主轴都产生报警，所以首先怀疑的是伺服系统的公共部分伺服电源模块有问题，检查伺服装置，发现在电源模块的数码管上显示"01"报警代码，查看伺服系统报警手册，"01"报警代码指示"主回路 IPM 检测错误"，说明应该是伺服电源模块损坏。与其他机床互换伺服电源模块后，故障转移到另一台机床上，证明确实是伺服电源模块损坏。

故障处理：伺服电源模块维修后，机床恢复正常运行。

案例 22：一台数控车床出现 400 号和 401 号报警。

数控系统：发那科 0TC 系统。

故障现象：这台机床开机就显示报警"400 Servo Alarm：1.2TH Overload（伺服报警第一、二轴过载）"和"401 SErvo Alarm：1.2TH Axis vrdy off（伺服报警第一、二轴没有 VRDY 信号）"。

故障分析与检查：这台机床的伺服系统采用发那科 α 系列交流数字伺服系统，因为系统开机就出现 400 号报警，指示一、二轴过载，两个轴都没有动，说明这个报警的内容并不是真正的。系统说明书关于 401 号报警的解释为数控系统没有得到伺服控制的准备好信号（Ready），根据机床控制原理图进行检查，发现接触器 MCC 没有吸合，而 MCC 是受伺服系统的电源模块控制的，检查模块的供电没有问题，因此怀疑伺服系统的电源模块损坏，采用互换法与另一台机床的电源模块对换，证明确实是伺服电源模块损坏。

故障处理：将损坏的电源模块维修后，恢复了机床正常工作。

案例 23：一台数控车床出现 401 等伺服报警。

数控系统：发那科 0TC 系统。

故障现象：这台机床在自动加工时机床出现报警"401 Servo Alarm：VRDY off（伺服报警：VRDY 信号关断）""409 Servo Alarm：（Serial ERR）（伺服报警：串行主轴故障）""414 Servo Alarm：X Axis Detect ERR（伺服报警：X 轴检测错误）""424 Servo Alarm：Z Axis Detect ERR（伺服报警：Z 轴检测错误）"。

故障分析与检查：这台机床采用的伺服系统是发那科的 α 数字伺服装置，在出现故障时检查伺服装置上数码管的报警信息，电源模块的显示器显示代码"05"，主轴模块显示器显示代码"33"。

电源模块"05"代码报警指示"主回路母线电容不能在规定的时间内充电"，可能的原因有：

① 电源模块容量不足；

② 直流母线存在短路现象；

③ 充电限流电阻问题。

主轴模块"33"代码指示"直流母线电压过低"，可能的原因有：

① 输入电压低于额定值的 15%；

② 主轴驱动装置连接错误；

③ 驱动装置控制板有问题。

根据故障现象分析，该机床的伺服系统 3 个轴，X 轴、Z 轴和主轴都报警，说明可能为公共故障。

另外根据报警信息的说明，指示母线电压有问题，为此，怀疑伺服电源模块可能有问题，与其他机床互换电源模块，确定就是电源模块的问题。

故障处理：维修电源模块后，恢复了该机床的正常使用。

案例 24：一台数控车床出现报警"424 Servo Alarm：Z Axis Detect ERR（伺服报警，Z 轴检测错误）"。

数控系统：发那科 0TC 系统。

故障现象：这台机床一次出现故障，系统屏幕显 424 号报警，指示 Z 轴伺服系统有故障。

故障分析与检查：这台机床采用发那科 α 系列数字伺服装置，X 轴和 Z 轴使用一个双轴伺服驱动模块，在出现报警时检查伺服系统，发现伺服驱动模块的数码管上显示"9"号报警代码，如图 8-39 所示。查阅发那科伺服系统技术手册得知，伺服驱动模块的"9"号报警代码指示第二轴——Z 轴过流。

查阅数控系统报警手册的说明，424 号报警指示 Z 轴的数字伺服系统有错误，在伺服出现 424 报警时，可以通过诊断数据 DGN721 查看一些故障的具体原因。利用系统的诊断功能调出诊断数据 DGN721 进行查看，DGN721.4（HCAL）变为了"1"，通常没有报警时应该为"0"，变为"1"指示伺服驱动出现异常电流。这个报警有如下原因：

图 8-39　发那科 α 数字伺服装置报警图片

① Z 轴负载有问题，将 Z 轴伺服电动机拆下，手动转动滚珠丝杠，发现很轻没有问题，这时开机，只让伺服电动机旋转，也出现报警，所以不是机械故障。

② 伺服电动机有问题，将 X 轴伺服电动机与 Z 轴伺服电动机对换，还是 Z 轴出现报警，证明伺服电动机没有问题。

③ 伺服驱动模块出现问题，与其他机床互换伺服驱动模块，故障转移到另一台机床上，这台机床恢复正常，证明是伺服驱动模块出现故障。

将伺服模块拆开进行检查，发现 Z 轴 W 相的晶体管模块损坏。

故障处理：更换 W 相晶体管模块后，机床故障报警消除，恢复正常运行。

案例 25：一台数控磨床出现报警"400 Servo Alarm：1, 2th Axis Overload（伺服报警：第一、二轴伺服过载）"。

数控系统：发那科 0C 系统。

故障现象：这台机床开机就出现 400 号报警。

故障分析与检查：发那科 0C 系统的 400 号报警指示伺服过载，但机床还没有移动伺服轴就产生报警，说明故障原因不在机械负载上，可能伺服驱动模块出现问题。

这台机床的伺服系统采用发那科 α 伺服控制装置，检查伺服控制装置，发现开机后，进给伺服驱动模块显示字符"1"，根据伺服报警的说明伺服驱动模块显示"1"指示驱动模块冷却风扇有问题，检查发现模块的冷却风扇确实没有转，将模块拆开进行检查，发现风扇已损坏。

故障处理：更换伺服驱动模块的冷却风扇后，机床恢复正常工作。

案例 26：一台数控车床出现报警"414 Servo Alarm：X-Axis Detection System Error（X 轴检测系统错误）"。

数控系统：发那科 21i-T 系统。

故障现象：这台机床开机时出现 414 报警，指示 X 轴伺服装置有问题。

故障分析与检查：这台机床的伺服装置采用发那科 α 伺服控制装置，对伺服装置进行检查，发现电源模块数码管显示"07"，主轴模块的数码管显示"11"，根据报警信息的说明，为直流母线电压过高，怀疑是电源模块有问题，与其他机床的电源模块互换，证实确实是电源模块损坏。

故障处理：电源模块维修后，机床恢复正常工作。

案例 27：一台数控立式铣床出现报警"401 Servo Alarm：（VRDY off）（伺服报警：没有 VRDY 准备好信号）""409 Servo Alarm：（Serial Error）（伺服报警：串行主轴错误）"。

数控系统：发那科 0MD 系统。

故障现象：这台机床在夏季长时间停机后，再开机当主轴转速超过 500r/min 时，系统出现 401 和 409 报警。

故障分析与检查：这台机床的伺服电源模块采用发那科的 A06B-6077-A111，主轴驱动模块采用发那科 A06B-6102-H211♯H520，伺服驱动模块采用发那科 A06B-6079-H203。出现故障时检查伺服系统，伺服电源模块的数码显示器上显示"01"报警代码，主轴驱动模块的数码显示器上显示"30"报警代码。检查数控系统，底板上 LD2 报警灯亮。

伺服电源模块"01"报警代码指示"主回路 IPM 检测错误"，故障原因是 IGBT 或 IPM 故障，输入电抗器不匹配。

主轴驱动模块"30"报警代码指示"大电流输入报警"，故障原因是驱动模块 IPM 有问题，或者伺服电源模块输入回路有大电流流过。首先将伺服电源模块拆开检查，发现控制板上 IPM 损坏。

故障处理：更换新的 IPM 后，机床恢复正常使用。

8.6.2　伺服电动机故障维修案例

伺服电动机是数控机床伺服系统的最终执行元件，它分为直流伺服电动机和交流伺服电动机两类。

直流伺服电动机带有数对电刷，电动机旋转时，电刷与换向环摩擦会产生磨损。电刷异常或过度磨损，都会影响电动机的工作性能。有时电刷处理不好，还会造成换向环打火损坏。所以直流伺服电动机需要经常维护。

交流伺服电动机具有免维护的特点，不容易损坏，与直流伺服电动机比较，最大的优点是不存在电刷维护维修的问题。交流伺服电动机多采用交流永磁同步电动机，磁极是转子，定子的电枢绕组与三相交流电动机的电枢绕组一样。所以交流伺服电动机的故障通常为定子绕组出现问题。下面是一些现场伺服电动机故障实际维修案例。

案例 1：一台数控车床出现报警"222 Servo Loop Not Ready（伺服没有准备）"。

数控系统：西门子 8MC 系统。

故障现象：这台机床一次在运行加工程序中，执行 Z 轴进给指令时，出现 222 报警，指示伺服系统没有准备。

故障分析与检查：这台机床的伺服系统采用直流伺服系统，出现故障时，检查伺服系统发现 Z 轴直流放大单元上"Fault"故障灯亮，因此怀疑 Z 轴伺服放大板有问题。更换一新伺服放大板后，机床空载运行正常。带载运行时，又出现 222 报警，并且 Z 轴放大单元上"Fault"故障灯也亮了。为此，判断可能直流伺服电动机有问题，首先检查电动机绕组的电阻阻值正常，测量测速发电机绕组电阻达数百欧，并且随转动角度不同阻值也发生变化，确定为测速发电机有问题。

故障处理：拆开测速发电机，发现电刷接触不良，更换新的电刷，清理测速发电机内的碳粉、污垢，重新安装，开机测试，机床恢复正常工作。

案例 2：一台数控铣床伺服系统启动不了，产生报警"222 Servo Loop Not Ready（伺服环没有准备）"。

数控系统：西门子 3TT 系统。

故障现象：这台机床一次出现故障，伺服系统启动不了，出现 222 报警。

故障分析与检查：这台机床的伺服系统使用的是西门子 6SC610 交流伺服系统，对伺服系统进行检查，发现 N2 板上的第四轴的［Imax］t 报警灯亮，电源板 G0 上的 Common Fault（总故障）灯亮。

N2 板上的第四轴的［Imax］t 报警灯亮，指示三工位 Z 轴伺服控制器故障报警，可能的原因是伺服驱动损坏、伺服电动机有问题，也可能是伺服控制板 N1 有问题产生的错误报警。为了确认是否是伺服控制板 N1 的问题，采用互换法，与另一台机床的 N1 板互换，这台机床故障依旧，而另一台机床没有问题，说明 N1 板没有问题。更换三工位 Z 轴伺服驱动模块也没有解决问题，说明伺服控制系统没有问题。检查伺服电动机发现电动机绕组有问题，说明伺服电动机损坏了。

故障处理：Z 轴伺服电动机维修后，机床恢复正常工作。

案例 3：一台数控窗口磨床磨削工件 X 轴方向的尺寸不稳。

数控系统：西门子 3M 系统。

故障现象：这台磨床有一段时间磨削工件时 X 轴方向尺寸不稳。

故障分析与检查：因为磨削工件 X 轴方向尺寸不稳，首先怀疑 X 轴编码器有问题，但更换编码器并没有解决问题。

为了进一步确定故障原因，检查伺服电动机的连接情况，这时发现：X 轴伺服电动机的机械轴已断，伺服电动机只靠断轴的顶断力传递扭矩，使得有时会出现丢步现象，而 X 轴是半闭环位置控制系统，编码器只反映伺服电动机的旋转角度，没有真实反映滚珠丝杠的旋转角度，造成伺服电动机旋转到位而滚珠丝杠没有到位，系统也检测不到的故障，使得工件磨削尺寸不稳。

故障处理：更换 X 轴伺服电动机，机床恢复稳定运行。

案例 4：一台数控球道磨床经常出现 F25 报警。

数控系统：西门子 3M 系统。

故障现象：这台机床工作时经常出现 F25 报警，其报警信息为"Overload Axis Drives K25（轴驱动 K25 过载）"，指示驱动轴过载报警。

故障分析与检查：西门子 3M 系统的 F25 报警是 PLC 报警，根据系统的报警机理，F25 报警是 PLC 标志位 F163.1 被置"1"引起的。关于 F163.1 的梯形图见图 8-40。利用系统的 PC 功能调用 PLC 的状态显示，发现 PLC 输入 I2.5 的状态为"0"，导致报警标志位 F163.1 被置位。根据图 8-41 所示，PLC 输入 I2.5 连接的是继电器 K25 的常闭触点，K25 得电，其常闭触点断开，PLC 输入 I2.5 的状态变为"0"。根据机床控制原理，如图 8-42 所示，伺服单元的 7 号端子输出电压控制继电器 K25。该机床的伺服系统采用西门子的 6SC610 交流伺服系统，G0 电源模块上 7 号端子（I^2t 电动机超温信号）输出信号驱动继电器 K25 得电。

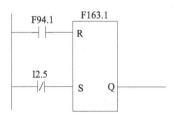

图 8-40　F25 报警的梯形图

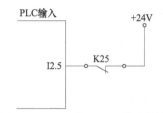

图 8-41　PLC 输入 I2.5 的连接图

检查伺服系统，发现在出故障时 N1 模块第二轴上的 I^2t 灯和 G0 模块板上的 Common Fault（总和错误）灯亮，这台机床的第二轴是 Y 轴。产生这种故障的首要原因应该是电动机，其次是伺服驱动模块出现问题；另一种可能是伺服控制单元出现故障产生错误的报警信号。因更换伺服系统的模块比较容易，所以首先更换 Y 轴驱动模块和 N1 控制模块，但问题不但没有解决，而且 N1 模块上的报警灯变成第二轴的电动机超温灯（Motor Overtemperature Monitoring）亮，从而进一步

图 8-42　继电器 K25 的控制图

证明是伺服电动机出现问题，拆下电动机保护罩，发现电动机确实过热，原来是电动机绕组匝间短路引起的。

故障处理：伺服电动机维修后，机床恢复正常工作。

案例 5：一台数控卡簧槽磨床 X 轴飞车。

数控系统：西门子 805 系统。

故障现象：这台机床在开机后，伺服系统通电时 X 轴飞车。

故障分析与检查：飞车时检查屏幕 X 轴坐标数值，发现数值也发生变化，说明位置反馈环节没有问题。这台机床采用西门子 611A 交流伺服系统，在伺服系统通电时，通过 X 轴控制模块上的 X331 端子排的 56、14 端子检查 X 轴伺服的给定信号，给定电压一直为 0，说明数控系统也没有问题。更换伺服控制模块和功率模块也没有解决问题，可能是伺服电动机故障。

故障处理：更换伺服电动机后，机床恢复正常工作。

案例 6：一台数控外圆磨床开机出现报警"7006 Failure：Motor Controller（电动机控制器故障）"。

数控系统：西门子 805 数控系统。

故障现象：这台机床开机出现 7006 报警指示伺服控制系统出现故障。

故障分析与检查：这台机床伺服系统采用西门子 611A 交流伺服系统，检查伺服系统，发现 Z 轴控制模块上的数码管显示"2"号报警，"2"号报警指示伺服电动机转子位置检测器不良，说明可能 Z 轴伺服电动机的转子位置检测器有问题。

故障处理：采用备件置换法，更换 Z 轴伺服电动机，这时通电开动机，机床报警消除，说明确实是伺服电动机出现了故障。

案例 7：一台数控卧式中频淬火机床出现报警"6015 Servomotors Power Supply No OK（伺服电机电源有故障）"。

数控系统：西门子 810M 系统。

故障现象：这台机床启动伺服系统时出现 6015 报警，指示伺服电动机电源有问题。

故障分析与检查：该机床的伺服系统采用西门子 6SC610 系统，出现故障时检查伺服系统，发现伺服控制模块第二轴（Y 轴）N1 上的 V2 灯亮，电源模块 G0 上的 V2 报警灯亮。为了确认故障，将 X 轴的功率驱

动模块与 Y 轴功率驱动模块互换，故障现象依旧；在 N1 控制模块上将 X 轴与 Y 轴指令信号插头互换插接，伺服电动机测速反馈插头互换插接，功率驱动模块上 X 轴和 Y 轴伺服电动机电源线互换连接。这时启动系统发现伺服控制模块第一轴的 V2 灯亮，说明 Y 轴伺服电动机有问题。

故障处理：更换 Y 轴伺服电动机后，机床故障被排除。

案例 8： 一台数控车床报警"1040 DAC Limit Reached（达到 DAC 极限）"。

数控系统：西门子 810T 系统。

故障现象：这台机床 X 轴运动时出现 1040 报警，指示 X 轴伺服系统有问题。

故障分析与检查：根据西门子系统说明书关于 1040 报警的解释，指示 X 轴的 DAC 设定值比机床数据 MD2680（最大 DAC 设定值）的值大时出现这个报警。出现这个报警后，DAC 的设定值不能再增加。所以首先检查机床数据 MD2680、MD3640 和 MD3680，这些数据都正常没有问题。根据经验，这个故障多半是伺服电动机不转或者位置反馈回路有问题。

观察故障现象伺服电动机确实没转，屏幕上 X 轴的数值也没有变化，说明不是反馈回路的问题。这台机床的伺服系统是西门子 6SC610 交流模拟伺服驱动装置，在 X 轴运动时检查伺服单元上的指令信号，不但有而且很高，说明数控系统没有问题，问题应该出在伺服部分，更换伺服系统的控制模块 N1 和 X 轴的伺服驱动模块 A1，都没有排除故障，为此认为 X 轴伺服电动机可能有故障，将 X 轴伺服电动机拆下检查，发现机床加工冷却液已经进入电动机，造成电动机损坏。

故障处理：更换备用伺服电动机后机床恢复正常使用。

案例 9： 一台数控车床出现报警"6016 Slide Power Pack No Operation（滑台电源模块没有操作）"。

数控系统：西门子 810T 系统。

故障现象：系统启动后出现 6016 号报警，故障复位后，过一会还出现这个报警。

故障分析与检查：因为系统 PLC 的 6016 报警指示伺服系统有问题。为此对这台机床的伺服系统进行检查，该机床的伺服系统采用的是西门子 SIMODRIVE 610 系统，在出现故障时，N1 板上第二轴的［Imax］t 报警灯亮，指示 Z 轴伺服电动机过载。引起伺服系统过载有三种可能，第一种可能是因为机械负载阻力过大，但检查机械装置并没有发现问题；第二种可能为伺服功率板损坏，但更换伺服功率板，并没有排除故障；第三种可能为伺服电动机出现问题，对伺服电动机进行测量，其绕组电阻确实有些低。

故障处理：更换新的 Z 轴伺服电动机，使机床恢复正常工作。

案例 10： 一台数控铣床系统启动后，出现报警"1161 Contour Monitoring（轮廓监控）"。

数控系统：西门子 810M 系统。

故障现象：这台机床在系统通电启动后，就出现 1161 报警，并且 Y 轴自行慢走，屏幕上 Y 轴的坐标数值也发生变化。

故障分析与检查：根据故障现象分析，这个故障与数控系统、伺服控制和伺服电动机都有关系。这台机床的伺服系统采用西门子 611A 交流模拟伺服驱动装置，在伺服装置上检查 Y 轴的运动给定信号，开机时为 0，这时 Y 轴就运动，说明与数控部分没有关系。将 Y 轴的伺服模块与 Z 轴的伺服模块互换（两模块型号相同），故障仍然是 Y 轴，说明伺服模块也没有问题。将 Y 轴伺服电动机与 Z 轴伺服电动机互换，这时故障转移到 Z 轴上，说明原 Y 轴伺服电动机有问题。

故障处理：将损坏的伺服电动机拆开检查，发现一传感器有问题，更换新的传感器，将伺服电动机重新组装并安装到机床上，这时系统通电，机床恢复正常工作。

案例 11： 一台数控外圆磨床出现报警"1120 Clamping Monitoring（卡紧监控）"。

数控系统：西门子 810G 系统。

故障现象：这台机床工作一段时间后出现 1120 报警，关机后再开机还可以工作。

故障分析与检查：这台机床的伺服系统采用西门子 611A 交流模拟伺服系统，在出现故障时，伺服系统的 X 轴控制模块显示器显示 2 号报警。611A 伺服模块 2 号报警含义：该报警指示转子位置检测器不良。

根据报警提示怀疑电动机转子检测器系统有问题，首先更换伺服系统的 X 轴伺服控制模块，但没有解决问题，更换备用伺服电动机，机床稳定运行，从而断定为伺服电动机转子位置检测装置（测速发电机）损坏。

故障处理：维修伺服电动机后，机床故障消除。

案例 12： 一台数控球道磨床 Z 轴关机时下落。

数控系统：西门子 810G 系统。

故障现象：这台机床关机时带动砂轮主轴的 Z 轴自行下落。

故障分析与检查：分析机床工作原理，Z 轴是垂直轴，伺服电动机带有抱闸，在伺服系统断电时，抱闸起作用防止 Z 轴自行下落。检查抱闸线圈没有问题，检查抱闸控制继电器工作正常，在伺服系统准备好时，抱闸继电器得电吸合，急停开关按下时，马上断电。据此分析认为伺服电动机的抱闸失灵。

故障处理：将伺服电动机拆下检查，发现其抱闸确实工作不正常，更换伺服电动机的新抱闸后，机床故障被排除。

案例 13：一台数控全自动球道磨床加工循环时出现报警"1040 DAC Limit Reached（到达 DAC 极限）"。

数控系统：西门子 810G 系统。

故障现象：这台机床在自动加工时出现 1040 报警，指示 X 轴有问题。

故障分析与检查：这台机床伺服系统采用西门子 611A 交流伺服模拟驱动装置，在出现故障时检查伺服系统，发现 X 轴伺服模块的过载灯亮，说明是过载引起的问题。

观察故障现象，机床开机回参考点和手动运动都没有问题，只是在磨削工件结束后，X 轴快退时出现报警。检查 X 轴滚珠丝杠和滑台都没有发现问题，排除了机械故障。更换伺服控制模块和伺服驱动模块都没有解决问题，因此怀疑 X 轴伺服电动机有问题。

故障处理：因为没有备件，所以使用应急措施降低 X 轴的快进速率，当降低到 70％ 时，机床可以工作没有报警，维持加工。待伺服电动机备件到位后，更换 X 轴伺服电机，恢复快进速率，这时机床正常工作。

案例 14：一台数控沟槽磨床开机出现报警"6006 Servo Drive Not Ready（伺服系统没有准备）"。

数控系统：西门子 810G 系统。

故障现象：这台机床开机就出现 6006 报警，指示伺服系统没有准备。

故障分析与检查：这台机床使用西门子 611A 伺服系统，开机就出现 6006 报警，指示伺服系统没有准备好，检查伺服电源模块端子排 X141 的端子 9 与 48 之间的触点（参考图 8-43）都已闭合，但电源模块准备好端子 72 与 73.1 之间的触点却没有闭合，说明伺服系统没有准备好，出现故障。

这台机床有两个轴 X1 和 X2，出现报警时，用手轮移动 X2 轴没有问题，X2 轴可以移动。但移动 X1 轴时，X1 轴不动，出现"1040 DAC-Limit（DAC 超限）"，说明 X1 轴有问题。X1 和 X2 轴使用一块双轴驱动模块 6SN1123-1AB00-0AA1，在驱动模块上将 X1 轴的指令信号插接端子、测速反馈信号插头和伺服电动机电力输出电缆插头与 X2 轴的互换，就是原来控制 X1 轴的伺服驱动，现在控制 X2 轴的伺服驱动，这时通电开机，移动 X2 轴时出现 1040 报警，说明伺服驱动模块没有问题。问题应该是原 X1 轴伺服电动机或者 X1 轴负载有问题。将 X1 轴伺服电动机拆下检查，X1 轴滚珠丝杠和滑台没有发现问题，将 X1 伺服电动机与 X2 轴伺服电动机对换，这时 X2 轴移动时出现 1041 报警，说明原 X1 轴的伺服电动机 1FT5064 1AF714FA0 有问题。

故障处理：X1 轴伺服电动机维修后，系统 6006 报警消除，机床恢复正常运行。

案例 15：一台数控无心磨床执行加工程序时突然停机。

数控系统：西门子 840D pl 系统。

故障现象：这台机床在自动运行过程中突然出现异响，随之驱动使能信号被切断，砂轮紧急制动。

故障分析与检查：出现故障后，打开机床磨削区域防护门检查，发现砂轮和导轮都有不同程度破裂，被加工零件（即曲轴）的曲颈和长轴已折断，观察送料臂（即 W 轴）位置显示与设定值相等，但在手动操作方式下点动料臂下降，发现实际位置已偏差近 5mm。

首先怀疑机械间隙，该轴的传动原理是这样的：伺服电动机作为动力源，与一个小型减速机相连，然后再通过一根周长 5m 左右的同步皮带将料臂输送到上、下料等相关区域，对相应传动环节检查后，未发现明显异常。

因故障发生后，经断电重启，机床各轴驱动控制正常，为此，选择自动操作方式，在不启动砂轮和导轮的情况下，空循环机床，并在 W 轴同步皮带与固定导轨处做好标记，发现该轴每来回走一次，实际位置即跑动 1mm 左右。

怀疑轴驱动控制模块异常，更换后无效；重新装载 NC 机床数据，现象依旧；检查并测量编码器反馈电缆也正常。

怀疑伺服电动机内置编码器有丢步现象，将该轴电动机与另一台同类型机床相应轴更换后，故障转移到

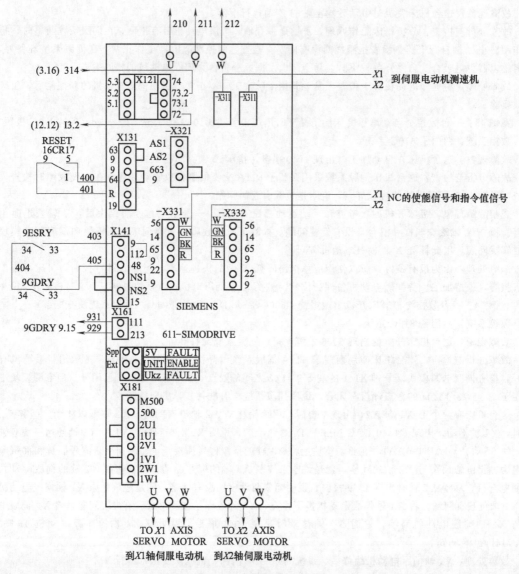

图 8-43 伺服系统连接图

另一台机床上，由此确认伺服电动机损坏。

故障处理：更换新的伺服电动机后，机床恢复正常运行。

案例 16：一台数控凸轮磨床出现故障，各轴都不动。

数控系统：西门子 840D pl 系统。

故障现象：这台机床在开机后所有轴都不动，不能进行返回参考点的操作，手动操作方式下点动各轴也不动。

故障分析与检查：这台机床的伺服控制采用西门子 611D 伺服装置，对伺服装置进行检查，发现 B 轴伺服驱动模块上的 X35 红色报警灯亮，指示 B 轴过载。伺服过载原因很多，包括机械卡死或阻力过大、伺服驱动出现问题、电动机出现问题等。本着先易后难的原则进行检查，步骤如下。

① 用手转动 B 轴没有发现机械问题。

② 检查驱动电源输入交流电压和直流母线电压均正常，且其他轴驱动没有故障显示。

③ 更换 B 轴伺服控制模块，故障依旧，说明伺服控制模块没有问题。

④ 对伺服驱动模块进行检测，首先将模块上的直流电源母线拆下，然后拆下电动机的动力连线。使用

万用表的二极管挡位对模块进行检测：

a. 将红色表笔连接母线的 P600 端子（直流母线正极），黑色表笔分别连接驱动模块的电动机电源输出端子 U1、V1、W1，万用表读数无穷大；

b. 将红色表笔连接直流母线的 M600 端子（直流母线负极），黑色表笔分别连接驱动模块的电动机电源输出端子 U1、V1、W1，万用表示数为 0.3 或 0.4（数值因万用表品牌不同略有不同，但各相的值应非常接近）；

c. 将黑色表笔连接 P600，红色笔分别连接驱动模块的电动机电源输出端子 U1、V1、W1，万用表示数如 b 所示；

d. 将黑色表笔分别连接驱动模块的电动机电源输出端子 U1、V1、W1，红色表笔分别连接驱动模块的电动机电源输出端子 U1、V1、W1，万用表读数无穷大；

e. 驱动模块的电动机电源输出端子 U1、V1、W1 相间阻值无穷大；

f. 拆开驱动模块进行检查，各熔断器正常。经过检测，驱动各项指标均合格，驱动模块未见异常。

⑤ 对 B 轴电机进行检测：

a. 三相绕组电阻平衡；

b. 用 500V 绝缘摇表测量电动机绕组对地电阻，只有 0.1MΩ。

因其他检查未见异常，所以电动机绕组对地绝缘为 0.1MΩ 有些偏小是疑点。因为没有找到这个电动机的技术指标，但根据普通 380V 三相交流异步电动机的技术要求，绕组绝缘电阻应高于 0.5MΩ，所以怀疑 B 轴的电动机有问题。这个电动机使用水冷却，可能密封不好，导致水雾进入电动机线圈绕组使其绝缘电阻下降。将 B 轴电动机拆下进行检查，发现绕组绝缘还是达不到 0.5MΩ。将 B 轴电动机解体检查，发现冷却水密封和电动机绕组线圈有破损现象。

故障处理：对 B 轴电动机进行烘干处理，使绝缘达到 0.5MΩ 以上，对线圈进行绝缘处理，对电动机的水密封进行修复，这时装配 B 轴电动机，开机运行，机床报警消除恢复了正常运行。

案例 17： 一台全自动数控中频淬火机床产生报警 "25100 Axis AZ2 Measuring System Switchover Not Possible（轴 AZ2 测量系统转换不可能）"。

数控系统：西门子 840D pl 系统。

故障现象：这台机床一次开机后，出现 25100 报警，系统不能正常工作。

故障分析与检查：根据报警信息，确认为测量系统有问题，AZ2 轴的位置反馈与 AZ2 轴速度反馈共用伺服电动机内置式编码器，将这个伺服电动机与其他轴对换，故障报警转移到其他轴上，说明确实是伺服电动机出现问题。

故障处理：更换伺服电动机，机床恢复正常工作。

案例 18： 一台数控铣床在加工工件过程中出现报警 "25050 Axis Y Contour Monitoring（Y 轴轮廓监控）"。

数控系统：西门子 840D pl 系统。

故障现象：这台机床在移动 Y 轴时出现 25050 轮廓监控报警。

故障分析与检查：这台机床为 611D 交流数字伺服系统，出现故障时查看驱动控制模块上没有报警灯亮，在手动操作方式下移动 Y 轴，查看驱动服务菜单，Y 轴的平滑电流值为 5A 左右，负载维持在 10% 左右，比较正常。但当 Y 轴停止时出现 25050 轮廓监控报警，偶尔出现 "25080 Axis X1 Positioning Monitoring（X 轴位置监控）" 报警、"25040 Axis X Standstill Monitoring（轴 X 静止监控）" 报警。针对此现象，调整机床数据 MD34600 轮廓公差带、MD32200 伺服增益和 MD32300 加速度的数值后，故障现象依旧。

调用诊断菜单，观察 Y 轴实际位置数值和系统给定值的变化情况发现，当 Y 轴出现报警时，实际位置值都下降 2～5mm。进一步验证，用百分表检查 Y 轴实际下降情况，也是下降 2～5mm。继续检查发现，机床在按下急停按钮时，Y 轴也下降。于是问题集中在 Y 轴伺服电动机抱闸和机械配重上，检查机械配重，没有发现松动和卡滞现象，对传动部分和配重传动链进行润滑，但故障现象依旧。至此，判断问题应该是由于带抱闸的 Y 轴伺服电动机引起的。

故障处理：更换 Y 轴伺服电动机，这时运行 Y 轴，再也不出现报警了，机床恢复了正常运行。

案例 19： 一台数控镗床出现立柱剧烈振动故障。

数控系统：西门子 840D pl 系统。

故障现象：这台机床 X 轴运动时，经常出现伴随立柱剧烈晃动的现象。

故障分析与检查：由于故障频繁发生，而且不论 X 轴运动速度快慢都出现振动的故障。首先对伺服电动机的动力电缆和编码器反馈电缆进行检查都没有发现问题。然后将 X 轴伺服电动机拆下进行检查，发现电动机抱闸有些问题。将伺服电动机的前端盖拆开，检查抱闸机构，发现抱闸机构动作失灵，偶尔在通电的情况下也出现抱死的现象，造成 X 轴运动时产生振荡引起立柱晃动的故障。

故障处理：更换备用伺服电动机后，机床恢复正常运行。

案例 20：一台数控立式加工中心出现报警"25050 X Axis Contour Monitoring（X 轴轮廓监控）"。

数控系统：西门子 840D pl 系统。

故障现象：这台机床 X 轴运动时，出现 25050 号报警，指示 X 轴轮廓监控报警。

故障分析与检查：手动操作方式下移动 X 轴，系统屏幕显示 X 轴走了 1～2mm 后，出现 25050 报警，屏幕上 X 轴的坐标数值又变回原值。调出机床轴驱动服务菜单，观察 X 轴伺服电动机的平滑电流值，发现电流变化很小，在 10％左右，因此排除了机械负载过重的问题。出现报警时检查伺服系统，X 轴伺服驱动模块上没有报警产生。调整机床数据 MD36400（公差带轮廓监控）、MD32300（轴加速）、MD32200（伺服增益系数）后，X 轴报警依旧。检测 X 轴伺服电动机时发现 X 轴电动机线圈有接地现象。

故障处理：处理完 X 轴电动机线圈接地问题后，开机运行，X 轴恢复正常，报警消除。

案例 21：一台多功能数控铣床出现报警"300503 Axis Y3 Error in Phase Current S of Motor Current Transducer（Y3 轴伺服电动机电流传感器相电流 S 出错）"。

数控系统：西门子 840D pl 系统。

故障现象：这台机床在开机后没有加工工件时，突然出现 300503 报警，指示 Y3 轴伺服电动机电流异常。

故障分析与检查：这台机床的伺服系统采用西门子 611D 交流数字伺服控制装置，出现故障时，检查伺服驱动装置，发现 Y3 轴的伺服模块上的红灯亮，关闭电源重新启动，报警依然存在。

因为报警指示 Y3 轴伺服电动机电流异常，并且 Y3 轴伺服驱动模块有报警，所以首先对 Y3 轴伺服电动机进行检查，发现其绕组对地短路，为此确诊故障原因为 Y3 轴伺服电动机损坏。

故障处理：更换 Y3 轴伺服电动机后，机床恢复正常运行。

案例 22：一台数控外圆磨床出现报警"300613 Axis X Maximum Permissible Motor Temperature Exceeded（X 轴电动机超温）""300614 Axis X Time Monitoring of Motor Temperature（X 轴电动机温度监控时间）"。

数控系统：西门子 840D pl 系统。

故障现象：这台机床开机就出现 300613 和 300614 报警，指示 X 轴伺服电动机超温。

故障分析与检查：因为开机就出现电动机超温报警，所以认为是报警回路有问题，检查 X 轴伺服电动机也确实不热。

根据系统诊断手册，300613 报警是因为电动机温度超出机床数据 MD1607 设定的温度极限，检查机床数据 MD1607（300613）没有问题。300614 报警是电动机温度超出 MD1602 设定的超温时间超过机床数据 MD1604 的设定，检查 MD1602 和 MD1604 也没有问题。

伺服电动机的温度传感器安装在伺服电动机内部，通过编码器反馈电缆接到伺服控制模块的 X411 接口，检查反馈电缆和插头都没有问题。

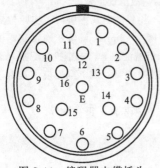

图 8-44 编码器电缆插头

图 8-44 是编码器的电缆插头示意图，其插头信号含义见表 8-33。8 脚和 9 脚连接温度传感器，测量其阻值很大，而正常电动机传感器阻值只有几百欧姆，因此判断是伺服电动机内部的温度传感器损坏。

故障处理：因为温度传感器封装在伺服电动机内部，用户没有手段进行维修。另外还没有备件，为此采取应急措施，将连接温度传感器的导线断开，接入一只 1kΩ 的电位器，系统通电后，调整电位器使机床数据 MD1702 的数值显示在 50℃，这时故障报警消除，机床恢复正常工作。待新电动机到位后，更换新电动机，将温度传感器损坏的电动机送修，彻底排除故障。

表 8-33　增量编码器插座引脚

引脚	信号	意　义	引脚	信号	意　义
1	A	A 相脉冲输出信号	10	Pencoder	编码器电源（+5V 端）
2	$\overline{A}$	$\overline{A}$ 相脉冲输出信号	11	B	B 相脉冲输出信号
3	R	R 相脉冲输出信号	12	$\overline{B}$	$\overline{B}$ 相脉冲输出信号
4	$\overline{D}$	$\overline{D}$ 相脉冲输出信号	13	$\overline{R}$	$\overline{R}$ 相脉冲输出信号
5	C	C 相脉冲输出信号	14	D	D 相脉冲输出信号
6	$\overline{C}$	$\overline{C}$ 相脉冲输出信号	15	0V sense	检测电源（0V）
7	Mencoder	电源（0V 端）	16	5V sense	+5V 检测电源
8	+Temp	电机温度检测信号+端	E		备用
9	−Temp	电机温度检测信号−端			

案例 23：一台数控无心磨床开机后出现报警"300613 MX3 轴超过电动机最大允许温度"。

数控系统：西门子 840D pl 系统。

故障现象：这台机床开机后出现 300613 报警，指示 MX3 轴电动机超温，多次断电重启，无法消除报警。

故障分析和检查：西门子 840D pl 系统 300613 报警产生的原因是电动机温度超过了机床数据 MD1607 允许的最大电动机温度限制。调用系统伺服诊断功能，发现显示的温度值达 150℃，远超过了 MD1607 设定的 120℃，但手摸 MX3 轴电动机并不发烫，感觉最多只有 30℃左右，怀疑电动机内部温度传感器有问题。

故障处理：考虑到单独更换传感器较困难，而更换整台电动机又不划算，于是通过修改 MD1608 MOTOR_FIXED_TEMPERATURE 机床数据，将其设定一个大于 0 小于 100 的任一数值，即可屏蔽此温度报警（注意：每天应确认电动机实际温度在制作工艺允许范围内）。

案例 24：一台数控车床出现报警"401 Servo Alarm：（VRDY off）（伺服报警：没有 VRDY 准备好信号）"和"424 Servo Alarm：Z Axis Detect ERR（伺服报警：Z 轴检测错误）"。

数控系统：发那科 0TC 系统。

故障现象：这台机床在加工过程中出现 401 号报警和 424 号报警，且 Z 轴伺服电动机有异响。

故障分析与检查：关机重开，机床报警消除，但一运行 Z 轴就又出现上述报警。为此认为可能是 Z 轴伺服驱动系统有问题，首先更换 Z 轴伺服电动机的伺服驱动模块，没有解决问题。

将 Z 轴伺服电动机从机床上拆下，这时运行，Z 轴还是出现上述报警，因此确定可能是 Z 轴伺服电动机有问题。

对伺服电动机进行检查，发现一相绕组有问题。打开伺服电动机后盖，发现电动机内有很多积水，原来是机床防护不好加工切削液浸入 Z 轴伺服电动机，使一相绕组损坏。

故障处理：维修伺服电动机后进行重新安装，并采取防范措施防止切削液再次进入伺服电动机，这时开机，机床故障消除。

案例 25：一台数控无心磨床加工尺寸不稳。

数控系统：发那科 0GC 系统。

故障现象：这台机床自动模式下砂轮修整补偿不准确，有时多补，有时少补，导致零件外圆尺寸控制不稳定，系统无任何报警。

故障分析与检查：首先怀疑机械传动有间隙，但经检查同步皮带、联轴器及丝杠等皆正常，检查绝对位置编码器反馈电缆，也未发现异常，初步确认伺服电动机（型号为 A06B-0533-B272）有问题。

故障处理：更换伺服电动机后（注意：更换电动机后，绝对位置数据会丢失，需重新设定原点坐标），经多天运行未再出现补偿不准确问题。

案例 26：一台数控磨床出现报警"436 Y 轴：软件热保护（OVC）"。

数控系统：发那科 0iMate-TC 系统。

故障现象：这台机床开机就出现 436 号报警，指示 Y 轴伺服电动机过热。

故障分析与检查：因为开机就出现 Y 轴伺服电动机过热报警，所以怀疑可能是伺服电动机的温度检测元件有问题，检查伺服电动机发现确实没有发热，却发现伺服电动机淋有很多磨削液，是机床密封出现问题将磨削液漏到伺服电动机上的。

故障处理：将伺服电动机拆开进行维修，更换热敏元件、清除磨削液并进行绝缘处理，然后对机床的密封进行维修并采取防漏措施，这时安装上伺服电动机，机床恢复正常工作。

8.6.3 编码器故障维修案例

数控机床的位置反馈元件种类较多，测量角度的有旋转变压器、容栅、旋转编码器等，测量直线位移的有感应同步器、磁栅尺、光栅尺等，现在常用的半闭环位置控制系统使用旋转编码器作为位置检测元件，全闭环位置控制系统使用光栅尺作为位置检测元件。

位置反馈的故障一般都是由于位置反馈检测元件的损坏、编码器进水进油、反馈插头接触不良、反馈电缆出现问题等原因引起的。

位置反馈出现问题时，很多的数控系统都会产生报警，一些位置反馈断路时会引起飞车的破坏性故障，所以如果出现飞车的问题，多数情况下是位置反馈断路。下面是一些实际维修案例。

案例1：一台数控球道磨床出现报警"138 Pollution Error（污染错误）"。

数控系统：西门子3M系统。

故障现象：这台机床开机后就出现138报警，指示第四轴的位置反馈元件有问题。

故障分析与检查：根据西门子手册说明，138报警是因为第四轴的位置反馈信号弱。该机床第四轴是 B 轴，位置反馈元件采用的是旋转编码器。因为这台磨床磨削时使用切削油对磨削的工件进行冷却，所以怀疑是油雾进入编码器使反馈信号出现问题的。将编码器拆开确实沉积很多的切削油。

故障处理：将编码器中的油清除，并对编码器进行清洗，重新安装上后，通电开机机床恢复正常工作。

案例2：一台数控铣床在加工过程中出现F104报警。

数控系统：西门子3TT系统。

故障现象：这台机床出现故障，在铣削工件时加工中断，机床出现报警F104，报警信息为"NC1 Alarm（NC1报警）"，指示NC1出现问题。

故障分析与检查：关机重开机床还可以工作，但工作一段时间后还会出现这个报警，观察数控系统的显示器没有发现其他报警，在出现故障时对伺服系统进行检查发现 X 轴伺服控制模块上的第一轴的［Imax］t 灯亮，指示 X 轴伺服电动机过载。

检查加工的工件，发现在停机时，工件的铣痕较深，而精铣工位的正常没有问题，因而怀疑可能是粗铣工位 X 轴进给过多所致。检查加工程序没有发现问题，并且不是每次加工都出现这个故障，因而排除了加工程序的问题。

之后又检查了滑台和滚珠丝杠都没有发现问题。那么问题可能出在编码器上，编码器工作不稳定，偶尔丢失脉冲，从而使 X 轴进给过多，造成 X 轴电动机过载而产生伺服报警，引起了F104报警指示NC1故障，使自动切削加工中断。

故障处理：更换 X 轴编码器后机床恢复正常工作。

案例3：一台数控球道磨床出现报警"1120 Clamping Monitoring（卡紧监控）"。

数控系统：西门子810G系统。

故障现象：这台机床在磨削加工时，偶尔出现故障，砂轮撞上工件，将砂轮撞碎，并出现1120报警，指示 X 轴出现问题。

故障分析与检查：分析撞车时的 X 轴位置数据，X 轴在屏幕上显示的数值与 X 轴的实际位置不符，实际位置有些超前，故导致工件进给过大，使工件与砂轮相撞。分析故障原因可能是位置反馈部分有问题，为了确认故障，首先更换数控装置的测量模块，但故障没能排除，为了进一步确认故障，将 X 轴编码器拆开检查，发现里面有很多油，原来由于冷却工件的冷却油雾进入编码器，长时间积累把编码器的码盘局部遮挡上，使脉冲丢失，导致进给超前而撞车，并因为跟随误差变大而产生1120报警。

故障处理：更换 X 轴伺服电动机新的外置编码器后故障消除。

案例4：一台数控沟槽磨床一次出现故障，在磨削加工时，磨轮与工件产生了撞击。

数控系统：西门子810G系统。

故障现象：这台机床一次出现故障，在自动磨削加工时，磨轮撞到工件上，致使7万余元的进口磨轮报废。

故障分析与检查：观察故障现象，在发生撞击后，系统屏幕上显示的坐标轴数据还没有到磨削点。这台机床采用半闭环位置控制系统，使用编码器作为位置反馈元件。分析故障原因，由于坐标轴实际移动的距离大于编码器反馈的数值，可能是编码器出现丢失脉冲引起的故障。

故障处理：更换编码器机床正常工作。研究故障发生的原因，一是该机床在磨削工件时采用磨削油冷却，蒸发出来的冷却油雾进入编码器中，使编码器工作不稳定；二是执行加工程序时，砂轮首先快速接近工件，在距离工件 0.5mm 时使用磨削速度磨削工件，这个距离太近。为了减少故障频次和损失，首先采取保护措施使编码器尽量少进油雾，其次对加工程序进行改进，在距离工件 10mm 时停止快移，然后以 5 倍磨削速度进给到距离工件 0.5mm 的位置，最后再进行磨削，这样即使编码器出现问题，也不至于磨轮撞到工件，只可能将工件磨废，减少损失并可以及时发现问题。

案例 5： 一台数控内圆磨床 Z 轴飞车并出现报警 "1121 Clamping Monitoring（卡紧监控）"。

数控系统：西门子 810G 系统。

故障现象：这台机床一次出现故障，当一按下＋Z 按钮时，Z 轴就以极快的速度运动，直到撞到工件的上料机构不能再运动而产生 1121 报警。Z 轴回参考点正常没有问题。

故障分析与检查：因为 Z 轴回参考点没有问题，说明数控系统方面没有问题。根据经验飞车多数情况是反馈部分有问题。为进一步确认故障，用手轮方式手动移动 Z 轴，Z 轴向前运动，并且屏幕上 Z 轴的坐标值也发生变化，但移动一段距离后，机床出现 1121 报警，而屏幕上的 Z 轴坐标值又恢复到 0。

查阅西门子手册，关于 1121 的解释是在定位时，跟随误差减少速度比机床数据 MD156 所设定的数值慢，或者机床数据 MD2121 卡紧设定数据被超过。检查机床数据 MD156 和 MD2121 都没有改变，还是原来的数据，没有问题。

根据故障现象分析，出现报警时，Z 轴坐标值变回 0，观察飞车后的 Z 轴坐标值也是 0，分析可能是数控装置根本没有得到 Z 轴运动的反馈，所以认为跟随误差过大，产生 1121 报警。为此检查数控系统的 Z 轴位置反馈部分，首先更换西门子 810G 系统的测量模块，因为数控装置通过该模块取得位移的反馈信号，但更换后，故障依然如故。

分析机床的工作原理，这台机床伺服轴的位置反馈是通过旋转编码器实现的，编码器出现问题也会出现这个故障。当拆开 Z 轴伺服电动机的保护罩时，发现编码器已浸在冷却液中，原来这台磨床磨削工件时采用水基磨削液冷却，部分冷却液溅入 Z 轴伺服电动机保护罩中，而其排水管已由砂轮粉末堵塞，没有得到及时清理，使编码器进冷却液损坏。

故障处理：更换新的编码器，故障消除。重新调整 Z 轴的零点位置后，机床恢复正常工作。

案例 6： 一台数控车床出现报警 "1321 Control Loop Hardware（控制环硬件）"。

数控系统：西门子 810T 系统。

故障现象：这台机床开机就出现 1321 报警，指示 Z 轴伺服控制环有问题。

故障分析与检查：根据经验这个故障报警一般都是位置反馈系统的问题，在系统测量模块上将 Z 轴的位置反馈电缆与 X 轴反馈电缆交换插接，这时系统出现 1321 报警，故障转移到 X 轴，更证明是 Z 轴的位置反馈出现问题，对 Z 轴的反馈电缆和和电缆插头进行检查没有发现问题。Z 轴的编码器是内置在伺服电动机上的，将位置反馈电缆插接到备用伺服电动机的编码器上时，机床报警消失，说明是内置编码器损坏。

故障处理：更换伺服电动机的内置编码器，机床恢复正常工作。

案例 7： 一台数控车床出现报警 "1321 Control Loop Hardware（控制环硬件）"。

数控系统：西门子 810T 系统

故障现象：这台机床开机就出现 1321 报警，指示 Z 轴伺服环出现问题。

故障分析与检查：因为问题出在伺服环上，首先更换数控系统的伺服测量模块，故障没有排除，接着又检查 X 轴编码器的反馈连接电缆和插头，这时发现编码器的电缆插头内有一些积水，这是机床加工时冷却液渗入所致。

故障处理：将编码器插头清洁烘干后，重新插接并采取防护措施，开机测试，故障消除。这个故障的原因就是编码器电缆接头进水，使连接信号变弱或者产生错误信号，从而出现 1321 报警。

案例 8： 一台数控内圆磨床出现报警 "1361 Meas. System Dirty（测量系统脏）"。

数控系统：西门子 810G 系统。

故障现象：这台机床在 Z 轴回参考点时，出现 1361 报警。关机重新开机故障消失，这时手动方式下点动 Z 轴，又出现 1361 报警。

故障分析与检查：因为报警指示是测量系统的问题，为了排除数控系统测量模块出现问题引起的误报警，首先更换测量模块，但故障没有排除，从而确认是 Z 轴的编码器环路出现问题。把编码器拆下来并拆开检查，发现编码器内部有很多磨削液，这是因为机床设计不合理，有时磨削液排水不畅，磨削液积累过多，将编码器淹没，而编码器密封不好，磨削液进入编码器，将码盘遮挡上，使编码器信号减弱产生了污染信号。

故障处理：将编码器中的磨削液清除并清洗后，把编码器重新安装上，并采取防范措施，这时开机测试，故障消失。

案例 9：一台数控淬火机床 X 轴位置窜动。

数控系统：西门子 810T 系统。

故障现象：这台机床在批量淬火长轴工件时，发现淬火位置不一致。

故障分析与检查：这台机床 X 轴滑台带动中频淬火感应器对工件长轴进行淬火，观察故障现象，在淬火时，在轴的一端起点开始淬火，然后 X 轴滑台带动中频淬火感应器向负方向移动，对整根轴进行淬火，到轴的另一端部停止淬火，然后 X 轴滑台带动感应器回到起点附近，自动更换另一个轴再次进行淬火，而这时淬火的起始位置提前了，将顶轴的顶尖淬火了，但检查屏幕显示 X 轴的坐标数值是正常的。

检查 X 轴伺服电动机与滚珠丝杠的连接，没有发现问题。

分析故障现象，应该是 X 轴在淬火过程和返回过程中，实际移动的位移比系统屏幕显示的移动距离长，也就是位置反馈不准。

这台机床采用半闭环位置控制系统，采用 X 轴内置编码器作为位置反馈元件，因此怀疑编码器丢失脉冲，反馈数据不准，从而造成实际运行的距离大于编码器反馈的距离（也就是系统屏幕显示的距离）。

故障处理：更换 X 轴伺服电动机的内置编码器后，机床故障消除。

案例 10：一台数控车床 X 轴飞车。

数控系统：西门子 810T 系统。

故障现象：这台机床在 X 轴运动时，X 轴运动速度很快从低速升至高速，产生超速报警。而 Z 轴运动没有问题。

故障分析与检查：在出故障后观察系统屏幕，X 轴的坐标数值并没有发生变化，说明位置反馈可能有问题。首先更换伺服系统的测量板，故障依旧。为此，怀疑问题可能出在 X 轴的编码器上。这台机床采用西门子 1FT5 系列交流伺服电动机，编码器采用内置式（ROD320），打开伺服电动机后盖，拆下编码器并拆开进行检查，发现一紧固螺钉脱落，造成 +5V 电源与接地端短路，编码器无信号输出，数控系统位置环处于开环状态，从而 X 轴运动时引起飞车。

故障处理：紧固编码器中的螺钉后，重新安装试车，机床恢复正常工作，故障消除。

案例 11：一台数控球道磨床 Y 轴正向移动出现报警 "1121 ORD1 Y Claming Monitoring（Y 轴卡紧监控）"。

数控系统：西门子 810M 系统。

故障现象：这台机床 Y 轴负向移动没有问题，正向移动时出现 1121 报警，指示 Y 轴伺服系统出现问题。

故障分析与检查：手动操作方式下正向移动 Y 轴，观察屏幕 Y 轴坐标数值的变化，在坐标数值变化到 48mm 左右时，出现 1121 报警，坐标数值又回到 45mm 左右，按故障复位按钮，报警消除，负方向移动 Y 轴，没有问题，然后向正方向移动 Y 轴，当屏幕坐标数值变化到 48mm 时又出现相同问题。

怀疑 Y 轴滑台有问题，拆下 Y 轴伺服电动机，检查滚珠丝杠和滑台正常没有问题。

这台机床采用半闭环位置控制系统，使用伺服电动机外置安装的编码器作为位置反馈元件，所以不带滚珠丝杠直接控制伺服电动机运转，但是也出现相同问题，说明故障与机械机构没有关系。对伺服电动机和外置编码器进行检查，发现编码器外壳已经严重变形，说明应该是编码器工作不正常。

故障处理：更换新的编码器后，机床故障消除。

案例 12：一台数控车床出现报警 "25000 Axis X Hardware Fault of Active Encoder（X 轴主动编码器硬件错误）"。

数控系统：西门子 840D pl 系统。

故障现象：这台机床一次出现故障，系统显示 25000 报警，指示 X 轴编码器有问题。

故障分析与检查：因为报警指示 X 轴编码器有问题，应确认 X 轴编码器是否损坏。该机床采用伺服电动机内置编码器作为位置反馈元件，将 X 轴伺服电动机与 Z 轴伺服电动机互换，这时显示 Z 轴报警，说明原 X 轴伺服电动机内置编码器有问题。

故障处理：更换新的 X 轴伺服电动机的编码器后，机床恢复正常运行。

案例 13：一台数控内圆磨床出现报警 "300508 Axis Z Zero Mark Monitoring of Motor Measuring System （Z 轴电动机测量系统零标识监控）"。

数控系统：西门子 840D pl 系统。

故障现象：这台机床先是出现 Z 轴的 300508 报警，系统重新启动后，出现 Z 轴快速运动，后报警 "300509 Axis Z Current Frequency Exceeded （Z 轴电流超频）"，随后重启数次，Z 轴分别出现 "300507 Axis Z Synchronization Error of Rotor Position （Z 轴伺服电动机转子位置同步错误）" 和 300508 报警，300507 出现的次数较多。

故障分析与检查：因为报警指示 Z 轴伺服故障，与 Y 轴伺服的控制模块和驱动模块互换，使用临时编码器电缆都没有解决问题，最后确诊为 Z 轴伺服电动机内置编码器有问题。

故障处理：将伺服电动机送西门子维修部门检修，确定为伺服电动机和编码器都有问题，维修后，机床恢复正常工作。

案例 14：一台数控卧式加工中心开机后，出现 X 轴缓慢向正方向运动的故障。

数控系统：西门子 840D pl 系统。

故障现象：这台机床开机后，X 轴滑台缓慢向正方向运动，系统没有报警。

故障分析与检查：观察系统显示器上 X 轴坐标数值并没有发生变化。分析这台机床的工作原理，这台机床采用全闭环位置控制系统，使用光栅尺作为位置反馈元件。X 轴滑台运动，但系统显示器的 X 轴坐标值没有变化，说明是位置反馈环节有问题。检查光栅尺反馈电缆没有问题，使用示波器检查光栅尺 EXE601 的输出脉冲，发现 U_{a1}、$*U_{a1}$ 和 U_{a2}、$*U_{a2}$ 均没有输出信号。进一步检测 J_{e1} 和 J_{e2} 信号没有问题，逐级测量前置放大器 EXE601 的信号，发现 EXE601 长线驱动器 75114 损坏。

故障处理：更换损坏的 75114 器件后，机床恢复正常工作。

案例 15：一台数控硬车铣加工中心在加工过程中出现报警 "25001 Axis Y1 Hardware Fault of Passive Encoder （Y1 轴被动编码器硬件故障）"。

数控系统：西门子 840D sl 系统。

故障现象：这台机床在加工过程中出现如图 8-45 所示的 25001 报警，指示 Y1 轴伺服电动机编码器故障。

故障分析与检查：出现报警后，机床断电关机数分钟，再通电开机，系统报警消除，但 Y 轴一移动就又出现 25001 报警。这台机床伺服系统采用 S120 伺服驱动，编码器接入伺服驱动模块的 X102 口，为了确认是否是伺服驱动模块的问题，与其他机床更换伺服驱动模块，这台机床故障依旧，检查编码器 Drive CLiQ 连接电缆的连接没有发现问题。说明 Y1 轴伺服电动机编码器确实损坏。

故障处理：更换 Y1 伺服电动机的编码器后，机床故障报警消除。

案例 16：一台数控车床出现报警 "25000 Axis X Hardware fault of Active Encoder （X 轴主动编码器硬件故障）"。

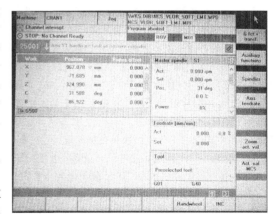

图 8-45　西门子 840D sl 系统 25001 报警画面

数控系统：西门子 802D 系统。

故障现象：这台机床一次出现故障，系统显示 25000 报警，指示 X 轴编码器硬件故障。

故障分析与检查：西门子 802D 系统的 25000 报警指示编码器反馈系统有问题，这台机床采用半闭环位置控制系统，用伺服电动机的编码器作为位置反馈元件，采用 1FK7 系列伺服电动机，编码器内置在伺服电动机内。

将 X 轴和 Z 轴的伺服电动机对换,这时系统还是出现 25000 报警,但指示 Z 轴报警,为此确定为原 X 轴伺服电动机的编码器损坏。

故障处理:更换 X 轴伺服电动机的内置编码器,并调整好编码器位置,这时开机,系统报警消除,机床恢复正常工作。

案例 17: 一台数控车床出现报警 "329 SPC Alarm Z Axis Coder (Z 轴编码器报警)"。

数控系统:发那科 0TC 系统。

故障现象:这台机床开机之后出现 329 号报警,指示 Z 轴编码器有问题。

故障分析与检查:数控系统出现编码器报警有如下几种可能:

一是数控系统的伺服控制模块(轴卡)有问题,出现的是假报警,但与另一台机床的伺服控制模块对换,故障依旧;

二是编码器的连接线路有问题,但对线路进行检查,也没有发现问题;

三是编码器出现问题,数控系统确认的是真正的编码器故障,因前两种可能已经排除,所以问题可能出在编码器上。

故障处理:更换新的编码器后,机床故障消除。

案例 18: 一台数控铣床出现报警 "319 SPC Alarm:X Axis Coder (SPC 报警:X 轴编码器)"。

数控系统:发那科 0MC 系统。

故障现象:这台机床在加工中出现 319 号报警,指示 X 轴编码器故障。

故障分析与检查:查阅维修手册,提示故障原因为 X 轴脉冲编码器异常或通信错误,检查诊断状态数据 DGN760,发现很多位都是置位状态,维修手册提示为脉冲编码器不良或反馈电缆不良。首先检查 X 轴编码器电缆插头 M185 连接正常,故判断是 X 轴串行编码器可能有问题。在电柜内将系统伺服轴控制模块上 M184 与 M194、M185 与 M195 及相应伺服电动机三相驱动电缆进行交换,这时通电开机,发现故障报警变为 339,故障变为 Z 轴,证实确实是原 X 轴编码器有问题。

故障处理:更换新编码器后,故障排除。

案例 19: 一台数控车床 Z 轴移动时出现剧烈振动。

数控系统:发那科 0TC 系统。

故障现象:这台机床一移动 Z 轴就出现剧烈振动,系统没有报警,机床无法正常工作。

故障分析与检查:观察故障现象,Z 轴小范围(2.5mm 以内)移动时,工作正常,运动平稳无振动,一旦运动范围加大时,机床就发生剧烈振动。据此分析,初步判定系统的位置控制和伺服驱动装置本身没有问题,应该与位置反馈系统有关。

这台机床采用编码器作为位置反馈元件,编码器安装在伺服电动机上。为便于操作与 X 轴伺服电动机整体互换,这时 X 轴运动时出现振动,说明确实是原 Z 轴伺服电动机的脉冲编码器出现故障。

按下机床急停开关,手动转动伺服电动机轴,观察系统显示器上坐标轴数值的变化正常,说明编码器的 A、B、*A 和 *B 信号正常。Z 轴滚珠丝杠的螺距为 5mm,Z 轴只要运动超出 2.5mm 左右就产生振动,说明故障原因可能与伺服电动机转子的位置有关,即编码器的转子位置检测信号 C1、C2、C4 及 C8 信号不良。因为在 2.5mm 以内运动正常,就是 Z 轴电动机旋转 180°,说明故障部位是转子位置检测信号的 C8 出现问题。拆下编码器,在电源引脚 N/T、J/K 加入 5V 电源,旋转编码器的轴,检查 C1、C2、C4 及 C8 信号,发现 C8 的状态没有变化,继续检查发现编码器内部的 C8 输出驱动集成电路损坏。

故障处理:更换新的集成电路,重新安装编码器,调整好转子位置后,通电开机,机床恢复稳定运行。

案例 20: 一台数控车床移动 Z 轴时出现报警 "421 Servo Alarm:Z Axis Excess Error (Z 轴超差)"。

数控系统:发那科 0iTC 系统。

故障现象:这台机床在移动 Z 轴时出现 421 报警,指示 Z 轴位置偏差过大。

故障分析与检查:关机重新开机,机床报警消除,此时调用系统伺服监控页面,观察 Z 轴移动时的误差数值,发现 Z 轴低速时,位置偏差的数值随轴的移动而变化,高速移动时,位置偏差的数值尚未来得及调整完就出现了 421 报警。该报警是 NC 系统发送到伺服电动机的指令和实际的反馈值不对应造成的,可能原因有:

① 位置偏差的机床数据发生改变;

② 负载过重运动速度上不来;

③ 编码器故障，脉冲丢失。

检查机床数据没有发现问题；移动 Z 轴时观察伺服监控页面的电流（%）项，数值在 15%～20% 之间变化，负载没有问题。因此说明编码器可能有问题。

故障处理：更换 Z 轴编码器后，机床恢复正常运行。

案例 21：一台数控磨床出现报警 "321 APC Alarm：Y Axis Communication（APC 报警，Y 轴通信错误）"。

数控系统：发那科 0iMC 系统。

故障现象：这台开机就出现 321 号报警，指示 Y 轴编码器通信错误。

故障分析与检查：发那科 0iMC 数控系统的 321 号报警属于数字伺服报警，该报警的含义为 "串行脉冲编码器通信出现错误"。

首先检查伺服驱动器编码器插头插接没有问题，按 "SYSTEM" 键进入系统自诊断功能，检查诊断数据 DGN0203，发现 Y 轴诊断数据第 7 位显示为 "1"，即 DGN0203.7（DTE）=1，提示为串行脉冲编码器无响应。导致此类状况的原因有：

① 信号反馈电缆断线；

② 串行脉冲编码器的 +5V 电压过低；

③ 串行脉冲编码器出错。

检查编码器信号反馈电缆，拆下 Y 轴信号反馈电缆插头，发现插头内有数根电线脱落。

故障处理：对电缆接头重新连接后再开机，报警解除，机床恢复正常工作。

案例 22：一台数控车床在加工螺纹是出现乱扣的现象。

数控系统：发那科 0iTC 系统。

故障现象：这台机床在加工螺纹时出现乱扣。

故障分析与检查：根据机床工作原理，在加工螺纹时，轴向进给与主轴转速相关，首先检查主轴实际速度，稳定没有问题。主轴转速稳定没有问题，那么是不是 Z 轴编码器有问题，因为如果编码器有问题，造成进给数值不准也会出现这个问题，对编码器进行检查，发现编码器的输出信号不正常。

故障处理：更换新的编码器后，机床正常工作，说明原编码器有问题。

案例 23：一台数控车床出现报警 "366 X Axis Pulse Miss（INT）（X 轴内置编码器脉冲丢失）"。

数控系统：发那科 0iTC 系统。

故障现象：这台机床开机就出现 366 号报警，指示 X 轴伺服电动机编码器故障。

故障分析与检查：因为开机就出现 366 号 X 轴编码器故障报警，所以首先检查电气柜内伺服模块的电缆连接情况，正常没有问题；检查 X 轴编码器的反馈电缆也没有发现问题；检查 X 轴伺服电动机编码器时发现编码器的保护盖上有一个裂缝，怀疑是粉尘进入编码器产生了故障。

故障处理：拆开编码器进行清洗，然后封装，这时开机，机床故障消除。

8.6.4 其他伺服报警故障的维修

案例 1：一台数控球道磨床开机伺服系统启动不了。

数控系统：西门子 3M 系统。

故障现象：这台机床通电开机后，伺服系统启动不了，按液压/伺服启动按钮，出现报警 "222 Servo Loop Not Ready（伺服环没有准备）"，报警消除不了。

故障分析与检查：检查系统报警信息除了有参考点没有完成的报警外，还有报警信息 "Overload Axis Drives（轴驱动过载）"。

这台机床的伺服系统采用西门子 6SC610 交流模拟伺服控制系统，检查伺服控制装置，发现伺服控制板 N1 的第一轴的 Motor Temp（电动机温度）报警灯亮，指示 X 轴伺服电动机超温。因为开机就产生报警，说明不可能是电动机真正过热。在 N1 板上将 X 轴测速与测温反馈电缆插头 X311 拆下，检测插脚 11 和 12（连接伺服电动机的测温电阻）之间的电阻，为断开状态，正常应该有 130Ω 左右，所以系统出现超温报警。

在伺服电动机侧将 X 轴伺服电动机和 Y 轴伺服电动机的测速反馈插头互换插接，这时开机，还是 X 轴伺服电动机超温报警，说明反馈电缆出现问题，将 X 轴伺服电动机侧的反馈电缆插头拆开进行检查，发现 9 号插脚的连线脱落，9 号管脚刚好连接伺服电动机的测温电阻。

故障处理：将 9 号管脚连接的电线重新焊接插到伺服电动机上后，开机测试，报警消除，机床恢复正常运行。

案例 2： 一台数控球道磨床出现报警 "114 Control Loop Hardware（控制环硬件）"。

数控系统：西门子 3M 系统。

故障现象：这台磨床在自动磨削时，经常出现 114 号报警，指示 Y 轴伺服控制环有问题，机床停止工作。

故障分析与检查：对故障现象进行观察，发现每次故障都是在 Y 轴运动到 195mm 左右时发生。关机重开，机床还可以工作。在轴向不运动时观察，从来不出现报警，因此怀疑故障与运动部件有关。对机床进行检查，这台机床的 X 轴和 Y 轴采用光栅尺作为位置反馈元件，在轴向运动时，光栅尺的连接电缆随滑台运动，因此怀疑可能电缆因经常运动而折断，对 Y 轴的光栅尺连接电缆进行检查，发现电缆已老化变硬，对电缆进行校对，发现确实有的导线电阻很大，是折断后虚接，说明反馈电缆有问题。

故障处理：更换光栅尺反馈电缆后，机床恢复正常使用。

案例 3： 一台数控沟槽磨床出现报警 "1041 D/A Converter Limit Has Been Reach（D/A 转换器已经达到极限）"。

数控系统：西门子 805 系统。

故障现象：一次在重新布置生产线时，将控制柜与机床床身之间的电气连接电缆拆开，机床移动到位后，重新连接安装。安装完毕后，仔细检查校对，确保无误后，开机试车，机床启动后一切正常，但各轴回参考点时，X 轴正常没有问题，当 Z 轴回参考点时，机床出现 1041 报警。观察故障现象，当 X 轴回完参考点后，Z 轴开始回参考点，屏幕上 Z 轴的数值发生变化，但观察 Z 轴却没有动。当出现 1041 报警时，屏幕上 Z 轴的数据又变成了 0。

故障分析与检查：根据西门子手册，1041 报警是 Z 轴 DAC 的值超出机床数据 MD2681 的设定值。检查机床数据 MD2681 的数值，没有发生变化。通过机床的 Diagnosis（诊断）功能检查所有的报警信息发现除了 1041 报警外，还有报警 "1561 Speed Command Value Too High（速度命令值过高）" 和 "7006 Failure: Motor Controler（电动机控制器故障）"。其中 7006 为 PLC 报警，指示电动机控制部分有问题。

1561 号报警是系统报警，指示 Z 轴设定速度过高，综合这些报警信息和故障现象，说明是伺服系统出现了问题。同时产生 1041 和 1561 报警，说明 Z 轴的设定速度过高，超出机床数据 MD2641 和 MD2681 所设定的数值，MD2681 没问题，检查 MD2641 也没有发现问题。

用速度倍率设定开关将速度调低，再试还是出现报警。通过这些现象分析应该是 Z 轴伺服单元执行部分出现问题。当数控装置发出 Z 轴运动的指令后，由于伺服单元出现问题，Z 轴不动，这时数控装置也没能得到运动的反馈，所以增大 Z 轴运动的指令值，但还是得不到反馈值，继续增大指令值，直到超出机床数据 MD2641 和 MD2681 所设定的数值，从而产生了 1041 和 1561 报警。

为了确认故障点，首先检查数控装置发出的运动指令是否到达伺服装置。这台机床的伺服装置采用西门子的 611A 交流模拟伺服系统，检查伺服装置 Z 轴伺服控制模块上指令输入的电压值，当让 Z 轴运动时，其数值确实变化很大，说明确实是指令值过高，同时也说明指令值已到达伺服装置。那么问题可能出在伺服单元上或伺服电动机上。更换 Z 轴的伺服模块，但故障没有排除。测量伺服电动机也没有发现问题。是不是伺服电动机的电源线的相序接错了呢？因为在搬移机床时，曾将该伺服电动机电源线做标记拆下，所做的标记为 U、V、W。核对标记并没有发现明显问题，是不是将 U、V 搞混了呢？

故障处理：将 U、V 电缆对换后，开机运行，Z 轴回参考点没有问题，机床恢复了正常使用。这个故障是由于将伺服电动机的电源线相序接错，导致 Z 轴不运动，从而产生了 1041 和 1561 报警。

案例 4： 一台数控外圆磨床开机移动 Z 轴时出现报警 "1042 D/A Converter Limit Has Been Reach Z-Axis（Z 轴 D/A 转换器已经达到极限）"。

数控系统：西门子 805 系统。

故障现象：这台机床在开机移动 Z 轴时出现 1042 报警，并且 Z 轴实际上并没有动。

故障分析与检查：观察这台机床的操作过程，在 X 轴回参考点时，正常没有问题。Z 轴回参考点时出现 1042 报警，并且根本就没有动。关机重开，报警消除，手动移动 X 轴没有问题，一移动 Z 轴就出现 1042 报警。这台机床的伺服系统采用西门子 611A 交流模拟伺服驱动装置，在出现报警时检查伺服控制装置，发现 Z 轴控制模块的数码管显示代码 "7"。

查阅西门子 611A 手册，"7"号信息指示电动机实际电流为 0，故障原因可能是伺服电动机、电缆连接有问题，或者模块有问题。首先对 Z 轴伺服电动机的连接电缆进行检查，发现伺服电动机的电源电缆插头松动。

故障处理：将 Z 轴伺服电动机的电源电缆插头重新插接并锁紧后，开机测试，机床恢复正常工作。

案例 5：一台数控外圆磨床出现报警"7006 Failure：Motor Controler（电动机控制器故障）"。

数控系统：西门子 805 系统。

故障现象：这台机床开机就出现 7006 报警，指示电动机控制器故障。

故障分析与检查：这台机床的伺服控制系统采用西门子 611A 交流模拟伺服驱动装置，检查伺服装置，发现在工件主轴控制模块上有"3"号报警，再仔细检查发现其上的设备总线插接松动没有连接好。

故障处理：重新连接设备总线，报警消除，机床恢复正常工作。

案例 6：一台数控车床 Z 轴运动时出现一窜一窜的现象。

数控系统：西门子 810T 系统。

故障现象：这台机床一次出现故障，Z 轴运动速度不稳，出现一窜一窜的现象，而且速度越快表现越明显。

故障分析与检查：这台机床的伺服系统采用西门子 6SC610 交流模拟伺服驱动装置，在 Z 轴运动时，测量 Z 轴速度设定端子 56 和 14 之间的电压，发现也不稳定，说明问题不在伺服驱动装置上。

为了进一步确定故障，更换系统的测量模块，但故障依旧。因此怀疑 Z 轴的位置反馈有问题，该机床的 Z 轴位置反馈元件采用光电编码器，将编码器拆下检查时，发现编码器与伺服电动机连接的联轴器簧片上的一个螺钉已脱落，从而造成编码器与伺服电动机有时失步，使位置反馈信号不稳，导致了给定信号也发生变化，最后使 Z 轴的运动也不稳。

故障处理：将编码器的联轴器的螺钉紧固后，机床恢复正常工作。

案例 7：一台数控加工中心在工作过程中出现报警"1040 DAC-Limit（DAC 超限）"。

数控系统：西门子 810M 系统。

故障现象：这台机床在加工过程中，突然 X 轴飞车，并出现 1040 报警。

故障分析与检查：根据故障现象分析飞车故障与位置反馈环和测速反馈环有关，而 1040 报警与位置环的关系比较大。所以，首先检查位置环，将系统测量模块与其他机床更换，这台机床恢复正常，而故障转移到另一台机床上，说明系统测量模块出现了问题。

故障处理：对测量模块进行检查，发现该模块灰尘较大、油污较多，用无水酒精对其进行清洗后，安装到系统上，这时系统通电恢复正常工作。

案例 8：一台数控车床快移时出现报警"1040 DAC-Limit（DAC 超限）"。

数控系统：西门子 810T 系统。

故障现象：这台机床手动没有问题，快移时出现 1040 报警。

故障分析与检查：观察故障现象，这台机床 X 轴手动和回参考点都没有问题，但在加工程序中执行 G00 指令时，出现 1040 报警，将进给倍率降到 80％时可以工作，没有报警。因为低速时可以运行，高速时出现报警，说明伺服模块没有损坏。根据 1040 的报警原因，速度快时，跟随误差超出设定值，因此位置控制系统的响应可能有些慢。这台机床的伺服系统采用西门子 6SC610 交流模拟伺服控制装置，在控制板 N1 上有电位器可以调节反馈深度。

故障处理：调节 X 轴的反馈调节电位器 R111，最后使倍率在 100％的情况下，X 轴快移不报警，保证机床正常工作。

案例 9：一台数控车床出现报警"1320 Control Loop Hardware（控制环硬件）"。

数控系统：西门子 810T 系统。

故障现象：这台机床开机就出现 1320 报警，指示 X 轴伺服环出现问题。

故障分析与检查：因为问题出在伺服环上，首先更换数控系统的伺服测量模块，故障没有排除，接着又检查 X 轴编码器的连接电缆和插头，这时发现编码器的电缆插头内有一些积水，这是机床加工时冷却液渗入所致。

故障处理：将编码器电缆插头清洁烘干后，重新插接并采取防护措施，开机测试，故障消除。这个故障的原因就是编码器电缆接头进水，使连接信号变弱或者产生错误信号，从而出现 1320 报警的。

案例 10：一台数控球道磨床 Y、Z 轴运动时分别出现报警"1121、1122 Clamping Monitoring（卡紧监控）"。

数控系统：西门子 810M 系统。

故障现象：这台机床在开机回参考点时，X、Z 轴回参考点没有问题，而 Y 轴回参考点时机床出现报警 1121 和"1681Servo Enable Trav. Axis"（运动伺服使能）。关机后重新开机，这时 Z 轴回参考点也出现报警 1122 和 1682。

故障分析与检查：根据西门子手册解释，1121 和 1122 分别是 Y 轴和 Z 轴的跟随误差过大时的报警，即轴运动时，命令值与实际值之间的偏差过大。1681 和 1682 分别是 Y 轴和 Z 轴的伺服使能信号没有满足。手动手动操作方式下点动 Y 轴时，发现屏幕上 Y 轴的坐标值发生变化，但 Y 轴并没有动，当屏幕上的数值变到 14 左右时，出现 1121 报警。手动运动 Z 轴时也是如此。检查机床的伺服单元，当出现故障时，其相应伺服控制器上的 H1/A 报警灯亮，表示伺服电动机过载。根据这些现象分析，可能是伺服轴运动机械阻力过大所致。

根据机床的工作原理，Y 轴伺服电动机通过一个同步齿带带动上、下料机械手旋转。断电时用手转动机械手，确实阻力很大。为此准备将机械手的旋转轴拆开，检查轴和轴承是否磨损。首先将伺服电动机与机械手旋转轴脱开，这时发现机械手的旋转轴很轻，很容易盘动，而伺服电动机轴却很紧，转不动。看来先前的判断是错误的。

分析机床的工作原理和电气原理图，原来机械手的旋转轴与垂直方向有大约不到 10° 的夹角，为了防止断电时机械手的滑移，Y 轴采用的是带有抱闸的伺服电动机（抱闸控制原理图见图 8-46），所以电动机轴是盘不动的。

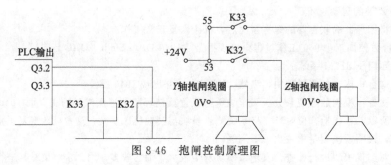

图 8-46　抱闸控制原理图

为了确认伺服电动机抱闸是否有问题，首先检查抱闸线圈，没有问题；又通过数控系统的 Diagnosis（诊断）功能检查 PLC 抱闸控制输出信号 Q3.2，其信号为"1"，也没有问题；Y 轴抱闸线圈供电是通过 PLC 输出 Q3.2 控制一直流继电器来实现的，为了确认继电器是否损坏，更换一只新的继电器，但也没有解决问题；检查 Y 轴抱闸线圈上也确实没有 24V 电压，再检查 Z 轴的抱闸（因为 Z 轴为垂直轴，理所当然得采用带有抱闸的伺服电动机，防止断电下滑）也没有电压信号，因为它们是通过一个直流电源供电的，但检查直流电源也没有发现问题；那么有可能是电源连接方面有问题，根据连接线路进行检查，发现在众多的串接端子中，端子 53 的螺钉松动，使电源连接不好，其后面部分没有得到电源。

故障处理：将这个端子紧固好，重新开机，这时检查两个轴的抱闸，供电都已正常。所有轴手动操作方式下运动也正常，故障消失。

案例 11：一台数控加工中心在加工过程中，突然出现报警"1681 Servo Enable Trav. Axis（轴伺服使能在移动期间取消）"。

数控系统：西门子 810M 系统。

故障现象：这台机床在执行加工程序 Y 轴进给时，出现 1681 报警，并停止 Y 轴进给运动。

故障分析与检查：根据系统报警手册的解释，1681 报警为在伺服轴运动期间，Y 轴伺服使能信号被 PLC 取消。检查系统还有 PLC 报警"6000 Servo Not Ok"（伺服系统有问题）。

该机床的伺服系统采用西门子 6SC610 交流模拟伺服驱动装置，检查伺服驱动装置，发现伺服控制模块 N1 第二轴的报警灯 V8 亮，指示 Y 轴伺服电动机过热。关机等待大约 1h 后开机，发现还是这个报警。检查 Y 轴伺服电动机并不热，将 Y 轴测速反馈电缆与 X 轴测速反馈电缆互换插接，发现 V4 灯亮，故障转移到 X 轴上，说明伺服控制模块 N1 没有问题，故障发生在测速电缆或者伺服电动机上。

通过原理分析（参考图 8-47），反馈电缆在伺服系统的连接端子 11 和 12 连接的是伺服电动机的温度检测元件，在连接端子测量发现 11 与 12 之间的电阻非常大，指示超温，在伺服电动机上检查插头 9 和 10 发现电阻正常没有问题，说明测速反馈电缆有问题。检查测速反馈电缆，发现 Y 轴滑台运动时，也拉动 Y 轴测速电缆运动，可能由于该电缆经常运动，在弯曲处有导线折断现象。

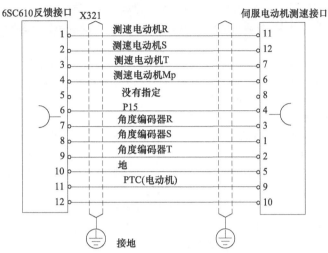

图 8-47　西门子 6SC610 伺服系统控制模块速度反馈接口连接图

故障处理：更换 Y 轴测速电动机反馈电缆后，故障消除，机床恢复正常工作。

案例 12：一台数控车床 X 轴偶尔有振动现象。

数控系统：西门子 810T 系统。

故障现象：这台机床在自动运行时，X 轴偶尔会出现剧烈振动的现象，关机再开，机床还可以工作。

故障分析与检查：在出现振动故障时，检查 X 轴的跟随误差，发现误差在 0～0.1mm 范围内波动，此值与滑台的实际振幅相同，由此确定数控系统的位置反馈系统正常没有问题。

这台机床的伺服系统采用西门子 6SC610 交流模拟伺服驱动装置，为了确定故障部位，逐步缩小范围，将 X 轴和 Z 轴的功率模块和伺服电动机分别进行对换，伺服系统的控制模块 N1 也与其他机床的进行对换，但故障依旧，还是 X 轴经常出现振动。更换数控系统的测量模块也没能解决问题。

检查伺服电动机的动力电缆也没有发现问题，根据图 8-47 检查伺服电动机的测速反馈电缆，发现该电缆 11 号线线间电阻过大，对电缆进行检查发现在电缆弯曲处有折断现象，把电缆在弯曲处拆开检查发现确实 11 号线折断，造成接触不良，11 号线连接测速电动机的 R 相测速信号，11 号线时断时连使速度反馈信号不稳，造成伺服系统产生振动。

故障处理：将 11 号线重新连接并固定后，机床开机恢复正常工作。

案例 13：一台数控加工中心在自动加工时出现报警"6006 Servo Power No Operation（伺服电源有问题）"。

数控系统：西门子 810M 系统。

故障现象：这台机床在自动加工时出现 6006 报警，指示伺服系统出现故障，机床停止运动。

故障分析与检查：这台机床的伺服系统采用西门子 6SC610 交流模拟伺服控制装置，在出现故障时，检查伺服装置，发现调节器 N1 模块的 V7 报警灯亮，指示 Y 轴过载。

伺服系统过载故障的原因很多，有机械故障和电气故障。拆下 Y 轴伺服电动机，手动转动 Y 轴滚珠丝杠阻力并不大，说明不是机械故障。

更换伺服系统调节器模块 N1 和 Y 轴功率模块 A2，都没有解决问题，故障依然出现在 Y 轴上。

仔细检查 Y 轴伺服电动机的连接电缆，发现工作台运动时，也拉动 Y 轴伺服电动机的测速反馈电缆运动，使得 Y 轴的测速反馈电缆出现了连接松动的现象。

故障处理：重新连接反馈电缆，并采取固定措施，开机测试，机床故障排除。

案例 14：一台数控加工中心在自动加工时偶尔出现 X 轴剧烈振动的现象。

数控系统：西门子 810M 系统。

故障现象：这台机床自动加工时偶尔出现 X 轴剧烈振动，关机再开机床可恢复正常。

故障分析与检查：在出现故障时检查 NC 和伺服系统都没有报警，观察故障现象，振动发生的时间和位置不定，没有任何规律。在出现故障时查看系统的位置跟随误差，发现 X 轴的位置跟随误差在 0～0.1mm 之间变化，与工作台的实际振幅相符，由此可以确定 NC 的位置反馈部分没有问题。为了进一步缩小故障部位，将 X、Y 轴的伺服驱动模块、伺服电动机分别进行互换，对电动机和驱动装置的连接进行检查，但均没有发现问题。

进一步分析认为，故障的唯一原因可能是 X 轴伺服电动机速度反馈电缆连接不好，更换一个新的速度反馈电缆，果然故障消除。对原 X 轴电缆进行检查，发现在电缆不断弯曲运动时，11 号线（测速机 R 相连接线）出现时通时断的现象，确认了故障原因。

故障处理：更换新的速度反馈电缆后，机床恢复稳定运行。

案例 15： 一台数控内圆磨床出现报警 "1121 Clamping Monitoring（卡紧监控）"。

数控系统：西门子 810G 系统。

故障现象：这台机床在工件换型后，自动加工时出现 1121 报警。观察故障现象，当 Z 轴负向运动进给到磨削点 29 时，又快速返回到 32 左右，并出现 1121 报警。

故障分析与检查：这台机床的砂轮主轴是由 Z 轴滑台带动的，为了确认是否是因为砂轮撞到工件吸盘上引起的报警，手动慢速摇动 Z 轴手轮，当进给到 29 时，这时并没产生报警，观察主轴砂轮与工件吸盘之间的距离，发现还有一段距离，正常进给时并不会撞上。

为了确认编码器是否有问题，反复测量 Z 轴的往复精度，都没有发现问题。根据这些现象分析，认为可能是机械部分出现问题。拆下 Z 轴伺服电动机保护罩，用手转动 Z 轴滚珠丝杠，发现当到达 30 左右时，再转动就非常沉。

可能因为滚珠丝杠后一部分很少用而出现问题，为此检查滚珠丝杠，当拆开 Z 轴滑台负向防护罩时，发现内腔已积下很厚的砂轮粉末，由于 Z 轴滑台不断挤压，非常坚实。原来是由于密封不好，使机床磨削冷却液进入 Z 轴滑台封闭罩，冷却液停机时排出，砂轮粉末沉淀下来，而滑台的运动使沉淀物向封闭罩负向积累，经过很长时间，积累过多形成粉末墙，阻碍滑台的负向运动，当 Z 轴快速运动时，Z 轴滑台撞到粉末墙上后，弹回一段距离，产生 1121 报警。

这个故障的原因就是因为更换新型工件后，Z 轴负向进给增大，当快到达磨削点时已撞到粉末墙上，由于粉末墙很坚实，受压缩后，产生弹性，将 Z 轴滑台弹回一段距离，从而产生了 1121 报警。

故障处理：将砂轮粉末清除，并采取防范措施，重新开机测试，机床恢复正常使用。

案例 16： 一台数控车床出现报警 "25001 Axis Z Hardware Fault of Passive Encoder（Z 轴从动编码器硬件故障）" "25201 Axis Z Drive Fault（Z 轴驱动故障）" "300504 Axis Z Drive 2 Measuring Circuit Error of Motor Measuring System（Z 轴驱动 2 电动机测量系统测量电路故障）"。

数控系统：西门子 810D pl 系统。

故障现象：这台机床一次出现故障，系统产生 25001 等报警，指示 Z 轴伺服电动机反馈回路有问题。

故障分析与检查：西门子 810D 系统报警 25001 和 300504 都是关于伺服电动机编码器的，这台机床位置控制采用光栅尺构成位置全闭环控制，伺服电动机的内置编码器只作为转速反馈，所以怀疑故障与 Z 轴伺服电动机编码器相关的电路有问题。

将 Z 轴伺服电动机与 X 轴伺服电动机对换，依然是 Z 轴出现故障，说明电动机和编码器都没有问题。

将 Z 轴的伺服控制模块与 X 轴的伺服控制模块对换，还是 Z 轴报警，说明伺服控制模块没有问题。

检查编码器连接电缆没有发现明显问题，在伺服控制部分将 Z 轴伺服电动机的动力电缆和编码器反馈电缆与 X 轴对换，这时出现的报警是关于 X 轴的，说明 Z 轴伺服电动机的编码器反馈电缆有问题。

故障处理：更换 Z 轴伺服电动机编码器的反馈电缆后，机床恢复正常工作。

案例 17： 一台数控外圆磨床一次出现故障，开机数控系统上有伺服报警 "300500 Axis B Drive7 System Error, Error Codes 000001BH，00020000H（B 轴驱动系统错误，错误代码 0000001BH，00020000H）"。

数控系统：西门子 810D 系统。

故障现象：这台机床开机就出现 300500 报警，指示 B 轴出现伺服故障。

故障分析与检查：这台机床的 B 轴采用 611D 伺服驱动模块控制，因为报警指示 B 轴伺服系统有问题，将 B 轴伺服装置上的控制模块（6SN1118-0DM33-0AA1）换到其他机床，也出现 300500 伺服报警，说明伺服控制模块损坏。

故障处理：更换备用伺服控制模块后，机床恢复正常运行。

案例 18：一台数控无心磨床出现报警"300507 转子位置同步错误"。

数控系统：西门子 840D pl 系统。

故障现象：这台机床在 $W1$ 轴运动时频繁出现 300507 报警，指示伺服电动机转子位置有问题。

故障分析与检查：根据 300507 报警的诊断说明，重点检查编码器部分，最后查明为更换伺服电动机时，将伺服电动机上编码器电缆插头内的一根针顶歪了。

故障处理：将编码器电缆插头中顶歪的插针校正并可靠插紧后，机床恢复正常运行。

案例 19：一台数控外圆磨床出现报警"700025 Servo Drive Not Ready（伺服驱动没有准备）"。

数控系统：西门子 840D pl 系统。

故障现象：这台机床开机就出现 700025 报警，指示伺服系统没有准备。

故障分析与检查：这台机床的伺服系统采用西门子 611D 交流模拟伺服驱动装置，出现故障时检查伺服装置，发现伺服电源模块的 Ext 绿灯亮，根据西门子伺服手册的说明，Ext 绿灯亮属于伺服使能没有加上。

对伺服电源进行检查，发现端子 64 上确实没有使能信号，伺服使能信号的连接如图 8-48 所示，继电器 K40.0 闭合，将使能信号加到伺服电源上。

继电器 K40.0 受 PLC 输出 Q40.0 控制，如图 8-49 所示，利用系统 Diagnosis（诊断）功能检查 PLC 输出 Q40.0 的状态发现为"1"没有问题，继续检查继电器 K40.0 发现线圈已断路，说明继电器 K40.0 损坏。

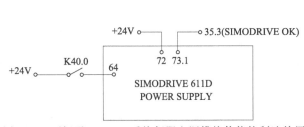

图 8-48　西门子 840D pl 系统伺服电源模块使能控制连接图

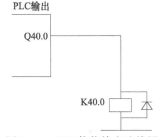

图 8-49　PLC 使能输出连接图

故障处理：更换继电器 K40.0，报警消除，机床恢复正常工作。

案例 20：一台数控中频淬火机床出现报警"300200 Drive Bus Hardware Fault（驱动总线硬件错误）"。

数控系统：西门子 840D pl 系统。

故障现象：这台机床开机出现 300200 报警，指示驱动总线硬件错误。

故障分析与检查：西门子 840D pl 系统使用驱动总线，NCU 模块通过驱动总线与 611D 伺服驱动模块进行连接。因为系统 300200 报警指示驱动总线出现问题，为此对伺服系统进行检查，发现 3 个驱动模块的报警灯都亮了，说明是公共故障。查阅系统帮助信息，300200 报警主要有三个原因：

① 驱动总线终端插接件丢失；

② 驱动总线在某处有断线问题；

③ 其他硬件故障。

首先对驱动总线的终端插件进行检查，发现接触不良。

故障处理：对驱动总线的终端插接重新插接，这时开机系统报警消除。

案例 21：一台数控无心磨床在早晨开机时出现报警"300300 MX2 轴启动错误，错误代码 3"和报警"300500 MX2 轴系统错误，错误代码：0000001BH 00050000H"。

数控系统：西门子 840D pl 系统。

故障现象：这台机床开机就出现报警，驱动无使能，所有轴皆不能移动，NCU 板上显示无异常。

故障分析与检查：关于此故障报警诊断说明书上未有明确解释，根据报警内容的字面理解，怀疑是系统问题，为此先对 NC 系统做了一次初始化并重装 NC 数据，但试机后报警依旧。

为了确定是否是驱动硬件配置改变（如模块型号不对）或损坏造成与原来备份的机床数据不符，观察该报警轴机床数据中的 VSA MD 和 HAS MD，发现所有机床数据的数值都变成了"♯"，没有具体数值。

为此，先将该轴伺服控制模块与同型号其他轴互换，报警依然，再将伺服功率模块互换，这时报警转移，为其他轴的 300300 和 300500 报警，说明是功率驱动模块有问题。

故障处理：将功率驱动模块拆开，用无水酒精清洗，特别是厚膜电路部分，然后再烘干，开机测试，系统恢复正常工作。

案例 22：一台数控无心磨床出现"300300 Axis MX2 and MZ2 Boot Error（轴 MX2 和 MZ2 驱动引导错误）"和"300500 Axis MX2 and MZ2 System Error（轴 MX2 和 MZ2 系统错误）"报警。

数控系统：西门子 840D pl 系统。

故障现象：这台机床一次由于拆卸主轴风扇检修，机床断电 24 小时后，再开机即出现 300300 和 300500 报警。

故障分析与检查：这两个报警在西门子 840D 诊断手册上未有明确的应对说明，根据故障现象，要么是软件（即机床数据）出错要么是硬件有问题而导致，为此先对 NCU 进行数据总清，然后下载系列备份，在此过程发现，不管是先做 NC 系列备份下载还是 PLC 归系列备份下载，总是一恢复完 NC 数据后即出现这两个报警。

根据诊断手册的提示，怀疑 NCU 板有问题，但更换后现象依旧；咨询西门子技术支持，解释此报警引起是由于驱动硬件配置改变（如功率板型号不对）造成与原来备份的机床数据不符，联想到此前更换过另一轴的伺服功率模块（原来是 15A 的，后用 25A 的替代），担心受此影响，于是从其他机床拆卸一块同型号伺服功率模块恢复原来配置，但试机后还是一样。

重点怀疑控制 MX2 和 MZ2 轴的双轴驱动模块，先与临近的 MX3 和 MZ3 轴交换伺服控制模块，故障现象依旧，然后再整体互换伺服驱动功率模块，结果故障转移到 MX3 和 MZ3 轴，由此确认伺服驱动功率模块损坏。

故障处理：拆卸该伺服驱动功率模块，检查外观未发现明显烧伤痕迹，怀疑只是由于断电时间过长而受潮所致，用无水酒精清洗并烘干后，上电试机，报警解除。

案例 23：一台数控球道磨床出现报警"300507 X Synchronization Error of Rotor Position（转子位置同步故障）"。

数控系统：西门子 840D pl 系统。

故障现象：这台机床一次出现故障，开机出现 300507 报警，指示 X 轴伺服电动机转子位置不同步。

故障分析与检查：查阅西门子 840D 系统的帮助信息，300507 故障报警原因主要有：

① 编码器或者编码器电缆有问题；

② 编码器电缆屏蔽及驱动控制模块屏蔽连接有问题；

③ 驱动控制模块有问题。

这台机床采用西门子 611D 交流数字伺服驱动装置，驱动采用双轴驱动模块，将 X 轴的伺服电动机动力电缆和编码器电缆与 Z 轴的互换，故障报警指示 Z 轴编码器有问题，说明伺服控制模块没有问题。

将 X 轴的伺服电动机与 Z 轴伺服电动机互换，这时故障指示 Z 轴编码器有问题，为此确认原 X 轴伺服电动机内置编码器有问题。

将 X 轴伺服电动机内置编码器拆下进行检查，发现内部有一些磨削油，原来是密封不好使油雾进入编码器，沉淀为液体油，使编码器码盘污染，有丢失脉冲现象。

故障处理：将编码器中的油清除，用无水酒精进行清洗，重新组装并采取密封措施，安装编码器并调整好位置，这时开机，机床故障消除。

案例 24：一台数控车床出现报警"300507 Axis X Synchronization Error of Rotor Position（X 轴转子位置同步错误）"。

数控系统：西门子 840D pl 系统。

故障现象：这台机床一次出现故障，开机出现 300507 报警，指示 X 轴伺服电动机转子同步有问题。

故障分析与检查：查阅 840D 系统上的帮助信息，这个报警与编码器及编码器电缆连接有关。为此，首先对编码器进行检查，在拆下 X 轴伺服电动机上编码器的连接电缆时，发现编码器电缆插头中有一些切削液，怀疑可能是因为编码器电缆接触不良引起的故障。

故障处理：将电缆插头中的切削液清除、清洁、烘干，并采取防护措施，这时开机，机床故障消失。

案例 25：一台数控外圆磨床出现报警 "300508 Axis X Zero Mark Monitoring of Motor Measuring System（X 轴电动机测量系统零标识监控）"。

数控系统：西门子 840D pl 系统。

故障现象：在机床工作过程中，X 轴经常出现 300508 报警，指示 X 轴编码器零点有问题。

故障分析与检查：因为报警指示 X 轴编码器零点脉冲信号丢失，X 轴编码器内置在 X 轴伺服电动机内部，更换了 X 轴的伺服电动机后，还是出现报警，说明编码器本身没有问题。

图 8-50 为 X 轴编码器的连接图，用示波器在伺服系统 611D 一侧检查零点脉冲确实有时检测不到，对编码器反馈连接电缆进行测试，发现 R 线接触不良。

故障处理：对编码器反馈电缆进行检查，找到折断处，修复断线后，机床恢复正常运行。

案例 26：一台数控车床 X 轴飞车。

数控系统：西门子 840D pl 系统。

故障现象：这台机床开机移动 X 轴时，X 轴飞车。

故障分析与检查：根据维修经验，飞车故障多半是由于位置反馈系统出现问题引起的，飞车后检查屏幕上 X 轴的坐标值为 "0"，也证实为位置反馈有问题。

这台机床采用半闭环位置控制，使用伺服电动机的内置编码器作为位置反馈元件，首先怀疑 X 轴编码器有问题，将伺服电动机拆下，只转

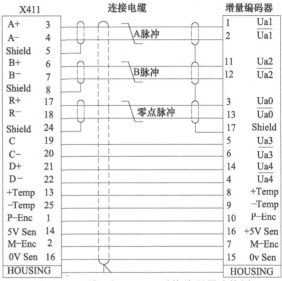

图 8-50 西门子 840D pl 系统编码器连接图

动伺服电动机的轴，屏幕上 X 轴的坐标值也不发生变化，但更换备用伺服电动机后，故障依旧，说明伺服电动机的编码器没有问题。对编码器反馈电缆进行检查，发现电缆有断线现象。

故障处理：更换 X 轴编码器反馈电缆后，机床恢复正常运行。

案例 27：一台数控球道磨床 X 轴经常出现报警 "300508 Axis X Zero Mark Monitoring of Motor Measuring System（X 轴电动机测量系统零标识监控）"及"25021 Axis X Zero Mark Monitoring Of Motro Measuring System（X 轴测量系统零点标识监控故障）"。

数控系统：西门子 840D pl 系统。

故障现象：在机床工作过程中，出现报警 300508 和 25021，出现报警后，复位不掉，机床断电之后再开机报警消失，但过一段时间之后继续出现报警。

故障分析与检查：这台机床的 X 轴采用光栅尺作为位置反馈元件，用编码器作为速度反馈元件。光栅尺和编码器都产生报警，说明是公共故障，不可能是编码器和光栅尺同时损坏。首先更换伺服系统 611D 的 X 轴伺服控制模块，但故障依旧。对反馈连接电缆进行检查，发现反馈线插板上的接头端屏蔽线断线。

故障处理：将屏蔽线连接好后，系统恢复正常工作。

案例 28：一台全自动数控淬火机床出现报警 "700034 Failure SIMODRIVE Not Ready（伺服驱动没有准备故障）""700033 Failure Enable CNC Axes（CNC 轴没有使能故障）"。

数控系统：西门子 840D pl 系统。

故障现象：这台机床在早晨上班开机时出现 700034 和 700033 报警，机床不能正常工作。

故障分析与检查：这台机床的伺服系统采用西门子 611D 交流数字伺服驱动装置，检查伺服装置，发现电源模块上的 Uzk、Ext 指示灯亮，Uzk 和 Ext 灯都指示伺服系统有故障，Uzk 灯亮指示直流母线有问题，Ext 灯亮指示使能没有加上。

本着先外部后内部的原则，首先根据图 8-51 检查电源模块供电的电压，发现只有一相电压为 385V，其他两相不到 100V，继续检查发现电源滤波器输出也是一样，但滤波器的输入三相 385V 没有问题，仔细检查发现滤波器的输出有一个端子没有接触好，端子松动。

故障处理：将电源滤波器输出端子紧固好后，重新开机，报警消除，机床恢复正常运行。

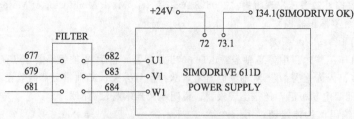

图 8-51 西门子 840D pl 系统伺服电源模块连接图

案例 29：一台数控轧辊磨床出现报警 "25000 HD Axis Hardware Fault of Active Encoder（HD 轴主动编码器硬件故障）"。

数控系统：西门子 840D pl 系统。

故障现象：这台机床一段时间经常出现 25000 报警，关机再开报警可以消除。

故障分析与检查：查看西门子 840D 的报警手册，25000 报警原因为编码器、反馈电缆和电缆插头故障或接地错误。

根据机床工作原理，HD 轴为工件主轴，采用西门子主轴电动机，主轴电动机编码器测量电动机转速，另外在主轴电动机经过齿轮减速的工件主轴上安装定位编码器，配合接近开关进行工件定位。因为报警指示主动编码器报警，报警应该指示定位编码器出现问题，对定位编码器及电缆进行检查，发现在电气柜内反馈电缆的屏蔽线和地线连接螺钉松动，怀疑屏蔽线接地不好，干扰信号没有有效屏蔽，当干扰信号强时产生 25000 报警。

故障处理：将反馈电缆屏蔽线接地螺钉紧固后，机床再也没有出现这个报警，故障排除了。

案例 30：一台数控车床出现报警 "380500 Fault on Drive Z Axis（Z 轴驱动错误）"。

数控系统：西门子 802D 系统。

故障现象：这台机床开机就出现 380500 报警，指示 Z 轴伺服有故障。

故障分析与检查：这台机床的伺服驱动采用西门子 611U 交流伺服驱动装置。在出现故障时检查伺服装置，发现有 E-B504 报警，查阅西门子 611U 驱动手册，E-B504 报警是第二轴位置检测系统故障。

对位置测量系统进行检查，发现 Z 轴伺服电动机的编码器电缆插头接触不良。

故障处理：重新紧固安装插头后，开机测试，机床恢复正常。

案例 31：一台立式加工中心快速移动时出现报警 "414 Servo Alarm：X Axis Excess Error（伺服报警：X 轴检测错误）" 和 "401 Servo Alarm：（VRDY off）（伺服报警，没有 VRDY 准备好信号）"。

数控系统：发那科 0MC 系统。

故障现象：这台机床在 X 轴快速移动时出现 414 和 401 号报警。

故障分析与检查：414 和 401 号报警的含义是 "X 轴超差" 和 "伺服系统没有准备好"。出现故障后关机重开，报警消除，但每次执行 X 轴快速移动时就报警，故初步判定故障与 X 轴伺服系统有关。首先检查 X 轴伺服电动机电源线插头，发现存在相间短路问题。

故障处理：对电源插头短路问题进行处理，重新连接后，故障排除。

案例 32：一台数控车床开机出现报警 "414 Servo Alarm：X Axis Excess Error（伺服报警：X 轴检测错误）"。

数控系统：发那科 0TC 系统。

故障现象：这台机床一次出现故障，一开机就出现 414 号报警指示 X 轴伺服系统出现问题。

故障分析与检查：根据系统工作原理，伺服驱动装置在每次启动时都会自检，还要对伺服电动机和编码器的连接进行检测。因为开机就出现报警，肯定自检就没有通过，为此首先检查电缆连接情况，没有发现问题。然后拆下 X 轴伺服电动机的电缆连接插头进行检查，发现插头烧焦，其中的两个接头已与外壳相通。

故障处理：更换电缆插头，这时开机报警消除，机床恢复正常。

案例 33：一台数控曲轴无心磨床出现报警 "424 Servo Alarm：Z Axis Detector Error（Z 轴检测错误）"。

数控系统：发那科 0GC 系统。

故障现象：这台机床在执行自动循环时频繁出现 424 号报警，没有规律。

故障分析与检查：发那科 0GC 系统的 424 号报警为伺服驱动方面的综合报警，具体原因可以通过查看诊断数据 DGN721 获得，在出现故障时，检查诊断数据 DGN721 发现 DGN721.5（OVC）＝1，指示过流。

怀疑机械过载，为此脱开负载，单独试验伺服电动机，还是报警，说明机械部分没有问题；为排除驱动模块的问题对其进行更换，更换后故障依旧；进一步检查伺服电动机，用摇表测量绕组对地情况，发现对地绝缘较差，不到 0.5MΩ，为判断是伺服电动机本身绝缘不好还是动力电缆影响，将航空插头从 Z 轴伺服电动机上拔下，测量伺服电动机本身绝缘良好，确认是伺服电动机的动力电缆有问题。

故障处理：更换 Z 轴伺服电动机的动力电缆后，机床恢复正常运行。

案例 34： 一台数控车床出现报警 "408 Servo Alarm：（Serial Not RDY）（伺服报警，串行主轴没有准备）"。

数控系统：发那科 0TC 系统。

故障现象：这台机床一次出现故障，出现 408 号报警，伺服系统不能工作。

故障分析与检查：出现报警后，对系统进行检查，除了 408 号报警外还有报警 "414 Servo Alarm：X Axis Detect ERR"（伺服报警：X 轴检测错误）和 "424 Servo Alarm：Z Axis Detect ERR"（伺服报警：Z 轴检测错误）。其中 408 号报警是主轴报警，X 轴、Z 轴和主轴都报警说明是共性故障。因此，怀疑伺服系统的电源模块可能有问题，对电源模块进行检查，发现电源模块的直流母线松动，通电时接触不好，产生火花，从而产生报警。

故障处理：将直流母线紧固好后通电试车，机床恢复正常工作。

案例 35： 一台数控卧式加工中心在加工过程中出现报警 "424 Servo Alarm：Y Axis Detect ERR（伺服报警：Y 轴超差错误）"。

数控系统：发那科 0MC 系统。

故障现象：这台机床在 Y 轴移动过程中出现 424 号报警，指示 Y 轴运动时位置超差。

故障分析与检查：分析这台机床的工作原理，这台机床采用的是全闭环位置控制系统，以安装在导轨侧和立柱上的光栅尺作为位置反馈元件，形成全闭环位置控制系统。检查 Y 轴光栅尺和电缆连接没有发现问题。

根据机床构成原理，Y 轴伺服电动机是通过联轴器与滚珠丝杠直接连接的，检查联轴器发现联轴器有些松动，原来紧固螺钉松了。

故障处理：紧固 Y 轴伺服电动机联轴器的所有螺钉，之后开机，机床稳定工作，再也没有发生同样的报警。

案例 36： 一台数控车床出现报警 "421 Servo Alarm：Second Axis Excess Error（伺服第二轴超差报警）"。

数控系统：发那科 0TC 系统。

故障现象：这台机床一移动 Z 轴就出现 421 号报警，指示 Z 轴出现超差故障。

故障分析与检查：仔细观察故障现象，当摇动手轮让 Z 轴运动时，屏幕上 Z 轴的数据从 0 变化到 0.1 左右时就出现 421 号报警，从这个现象来看是数控系统让 Z 轴运动，但没有得到已经运动的反馈，当指令值与反馈值相差一定数值时，就产生了 421 号报警。421 号报警通常包含两个问题：

第一，Z 轴已经运动但反馈系统出现问题，没有将反馈信号反馈给数控系统，但观察故障现象，这时 Z 轴滑台并没有动，说明不是位置反馈系统的问题；

第二，虽然数控系统已经发出运动的指令，但由于伺服模块、伺服驱动单元或者伺服电动机等出现问题，最终没有使 Z 轴滑台运动。

根据上面的分析，首先更换数控系统的伺服模块，没有解决问题；检查伺服驱动模块也没有发现问题；最后在检查 Z 轴伺服电动机时发现其电源插头由于经常振动而脱落。

故障处理：将伺服电动机的电源插头插接上并锁紧，重新开机，机床故障消失，恢复正常运行。

案例 37： 一台数控车床出现伺服报警 "401 Servo Alarm：（VRDY off）（伺服报警：没有 VRDY 准备好信号）" "409 Servo Alarm：（Serial Error）（伺服报警：串行主轴错误）" "414 Servo Alarm：（X Axis Detect Error）（伺服报警：X 轴检测错误）" "424 Servo Alarm：Z Axis Detect Error（伺服报警：Z 轴检测错误）"。

数控系统：发那科 0TC 系统。

故障现象：这台机床一次出现故障，在自动加工时出现 401 号、409 号、414 号和 424 号伺服报警。

故障分析与检查：这台机床的伺服系统采用发那科α系列数字伺服驱动装置，因为 X、Z 和主轴都产生报警，怀疑伺服系统的公共部分——电源模块有问题。对伺服装置进行检查，发现在电源模块的数码管上显示"01"报警信息，"01"报警代码指示"主回路 IPM 检测错误"。电源模块"01"报警代码原因有：

① IGBT 或 IPM 故障；

② 输入电抗器不匹配。

所以，首先对电源模块的输入电路（参考图 8-52）进行检查，发现有一相电压较低，在电抗器前测量还是有一相电压低，测量输入电源 R、S、T 的三相电压正常没有问题，说明主接触器 MCC 可能有问题，对主接触器 MCC 进行检测发现有一个触点烧蚀导致接触不良，产生压降。

图 8-52　伺服电源模块电源输入连接图

故障处理：更换主接触器 MCC 后，机床恢复正常工作。

案例 38：一台数控磨床出现报警"331 APC Alarm：Z Axis Communication（APC 报警：Z 轴通信错误）"。

数控系统：发那科 0iMC 系统。

故障现象：这台机床国庆长假后第一次开机就出现 331 号报警，指示 Z 轴编码器通信错误。

故障分析与检查：发那科 0iMC 数控系统的 331 号报警属于数字伺服报警，该报警的含义为"串行脉冲编码器通信出现错误"。向机床操作人员了解情况后得知，放假前对该机床进行了维护、保养，并对电气柜进行了打扫。因此怀疑是工作人员在打扫过程中误碰驱动器的连接线导致该报警的产生。

故障处理：将驱动器的连接插头重新连接牢固后重新开机，报警解除。

案例 39：一台数控磨床开机出现报警"401 Servo Alarm：1.2TH Axis VRDY off（伺服报警：第一、二轴没有 VRDY 信号）"。

数控系统：发那科 Power Mate 系统。

故障现象：这台机床开机后出现 401 号报警。

故障分析与检查：发那科数控系统的 401 号报警属于数字伺服报警，该报警的含义为"X、Z 轴伺服放大器未准备好"。遇到此类报警通常作如下检查：首先查看伺服放大器的 LED 有无显示，若有显示，则故障原因有以下 3 种可能：

① 伺服放大器至 Power Mate 之间的电缆断线；

② 伺服放大器出故障；

③ 基板出故障。

若伺服放大器的 LED 无显示，则应检查伺服放大器的电源电压是否正常，电压正常则说明伺服放大器有故障；电压不正常就基本排除了伺服放大器有故障的可能，应继续检查强电电路。

根据上述排查故障的思路进行诊断，经检查发现伺服放大器的 LED 无显示，检查伺服放大器的输入电源电压，发现 +24V 的输入连接线已脱落。

故障处理：重新连接 +24V 电源连线后，通电开机，机床恢复正常工作。

案例 40：一台数控车床出现报警"424 Servo Alarm：Z Axis Detect ERR（伺服报警：Z 轴检测错误）"。

数控系统：发那科 0TC 系统。

故障现象：这台机床一移动 Z 轴就出现 424 报警，指示 Z 轴移动时位置超差。

故障分析与检查：在出现故障后，关机重开，报警消除，但一移动 Z 轴还是出现 424 报警，观察故障现象，Z 轴滑台根本就没有移动。根据故障现象分析，故障原因如下：

第一，数控系统发出的指令信号系统没有接收到；

第二，伺服系统没有执行移动的指令。

这台机床采用发那科 α 系列数字伺服系统，Z 轴伺服指令信号通过伺服轴控制模块接口 M187 连接到伺服驱动模块接口 JV2B 上，首先对信号电缆连接进行检查，发现 M187 插接的不好，可能造成了接触不良，伺服移动的指令信号发不出去。

故障处理：将 M187 插头重新插接并紧固后，机床故障消除。

案例 41：一台数控车床出现报警 "411 Servo Alarm：X Axis Excess Error（伺服报警：X 轴超差错误）" 和 "414 Servo Alarm：X Axis Detect Error（伺服报警：X 轴检测错误）"。

数控系统：发那科 0TC 系统。

故障现象：这台机床在 X 轴移动时出现 411 和 414 号报警，指示 X 轴伺服驱动故障。

故障分析与检查：据操作人员反映，故障是机床开机运行一段时间之后发生的。出现故障后，关机过一会儿再开机，机床还可以运行一段时间。

出现故障后利用系统诊断功能检查诊断数据 DGN720，发现 DGN720.7（OVL）为 "1"，指示 X 轴伺服电动机过热。这时检查 X 轴伺服电动机发现确实很热。

根据这些现象分析可能是机械负载过重，将 X 轴伺服电动机拆下，手动转动 X 轴滚珠丝杠，发现阻力很大，由此判断故障原因确实是机械问题。

拆开 X 轴滑台防护板，发现导轨上切屑堆积很多，导轨磨损也很严重。

故障处理：清除切屑并对 X 轴导轨进行维护润滑，加强护板密封，防止切屑进入导轨，这时开机测试，机床恢复稳定运行。

案例 42：一台数控加工中心出现报警 "401 Servo Alarm：（VRDY off）（伺服报警：没有 VRDY 准备好信号）"。

数控系统：发那科 0MC 系统。

故障现象：这台机床开机后，在自动方式下运行时，出现 401 号报警，指示伺服系统没有准备。

故障分析与检查：查阅系统报警手册，401 报警说明伺服系统没有准备好，检查伺服驱动装置，L/M/N 轴伺服驱动装置的状态指示灯 PRDY 及 VRDY 均不亮。检查伺服驱动电源 AC 100V 和 AC 18V 均正常。测量驱动控制板的 ±24V 和 ±15V 异常，说明故障原因与伺服控制部分有关。检查伺服驱动装置，发现 X 轴输入电源的熔断器熔断。检查控制电路没有发现短路现象。

故障处理：更换熔断器，通电开机，±24V 和 ±15V 恢复正常，状态指示灯 PRDY 及 VRDY 也恢复正常显示，运行机床，再也没有出现 401 报警，机床故障排除。

案例 43：一台数控车床开机出现报警 "414 Servo Alarm：X Axis Detection Related Error（伺服报警：X 轴伺服错误）"。

数控系统：发那科 21i-T 系统。

故障现象：这台机床开机就出现 414 报警，指示 X 轴伺服系统故障。

故障分析与检查：因为报警指示伺服系统故障，对伺服系统进行检查。这台机床采用发那科 α 系列数字伺服系统，检查发现伺服电源模块显示器显示 "07" 报警代码，指示 "直流母线过电压或者过流"；主轴驱动模块显示 "11" 报警代码，指示 "直流母线电压过低"。因此，认为伺服电源模块损坏的可能性比较大。

故障处理：更换伺服电源模块后，机床恢复正常运行。

案例 44：一台数控车床开机出现报警 "401 Servo Alarm：X、Z Axis VRDY off（伺服报警：X 和 Z 轴没有 VRDY 信号）"。

数控系统：发那科 0TD 系统

故障现象：这台机床开机就出现 401 报警，指示伺服系统没有准备好。

故障分析与检查：因为报警指示伺服系统故障，首先对该机床的伺服系统进行检查，发现所有伺服模块的显示器都显示 "—"，而正常时应该显示 "0"，即伺服系统主电源没有提供，伺服系统主电源是受伺服电源模块控制的，更换电源模块没有解决问题。检查电源模块的控制信号，发现急停信号没有释放，根据机床电气原理图进行检查，发现一急停开关损坏，触点不能闭合。

故障处理：更换损坏的急停开关后，机床报警消除。

案例 45：一台数控立式加工中心出现报警 "434 Servo Alarm：Z Axis Detect Error（伺服报警：Z 轴检测错误）"。

数控系统：发那科 0MC 系统。

故障现象：这台机床 Z 轴移动时出现 434 报警，指示 Z 轴伺服系统有问题。

故障分析与检查：查阅系统报警手册，434 报警出现后，需要查看诊断数据 DGNOS720～727 来进一步确认故障。查看系统 Z 轴诊断数据 DGN722，发现 DGN722.7（OVL）为 "1"，说明 Z 轴过载，Z 轴采用带有抱闸的伺服电动机，首先检查抱闸线圈是否得电，抱闸线圈使用 DC 90V 供电，发现线圈上没有电源电压，进一步检查发现为抱闸线圈供电的直流电源的整流器损坏。

故障处理：更换损坏的整流器，这时开机运行，机床报警消除。

案例 46： 一台数控加工中心在自动加工时突然出现报警 "414 Servo Alarm：X Axis Detect Error（伺服报警：X 轴检测错误）"。

数控系统：发那科 0MC 系统。

故障现象：这台机床在自动加工时突然出现 414 报警，关机再开，报警消除，但一移动 X 轴就又出现这个报警。

故障分析与检查：因为报警指示 X 轴伺服故障，首先检查系统诊断数据 DGN720，发现 DGN720.4 为 "1"，指示过流报警。过流故障产生的原因可能有伺服驱动器、伺服电动机、伺服电动机动力电缆连接、机械故障等。首先检查伺服电动机，发现伺服电动机的三条动力线与盖板接触部分已漏出铜线，并且有明显的放电痕迹。

故障处理：拆下动力线重新进行绝缘处理并采取防磨措施，电缆连接后开机测试，机床故障消除。

案例 47： 一台数控铣床经常出现报警 "416 Servo Alarm：X Axis Disconnection（伺服报警：X 轴断开）"。

数控系统：发那科 0MC 系统。

故障现象：这台机床在自动加工过程中经常出现 416 报警，指示 X 轴编码器连接错误。

故障分析与检查：出现报警时按复位按键不起作用，只有关机再开报警才能消除。出现故障时观察系统诊断数据发现 DGN730.7（ALD）为 "1"，DGN730.4（EXP）为 "0"，这种情况下说明 X 轴伺服电动机内装编码器出现断线故障。检查 X 轴编码器没有发现明显损坏，更换备用系统伺服轴控制模块（轴卡）后，故障依旧。检查 X 轴编码器反馈电缆，发现局部出现磨损现象，电缆线防护损坏。

故障处理：更换损坏的 X 轴编码器反馈电缆后，机床故障消除。

案例 48： 一台卧式数控加工中心在自动加工时出现报警 414、350、351、749。

数控系统：发那科 0iMC 系统。

故障现象：这台机床一次出现故障，在自动加工过程中突然出现 414、350、351、749 报警，关机后重新启动，工作一段时间又出现同样的报警。

故障分析与检查：查阅系统报警手册，414 报警属于数字伺服系统异常报警或轴检测系统出错。检查系统 DGN200＃诊断数据，发现 DGN200.3 为 "1"，指示驱动器过压报警。当 350 和 351 报警同时出现时应重点检查 351 号报警，该报警指示轴串行脉冲编码器通信异常，检查诊断 DGN203＃诊断数据，发现 DGN203.7 为 "1"，指示轴串行脉冲编码器通信无应答故障；749 号报警指示串行主轴通信错误。根据以上报警信息和报警内容分析，轴串行脉冲编码器和串行主轴脉冲编码器的通信方面同时出现了问题，但四个驱动轴的脉冲编码器与主轴伺服模块同时出现故障的概率非常小，因此重点检查机床的公共电源部分。打开机床的电气控制柜，发现为电源模块提供电源控制的接触器（KM10）没有吸合，这个接触器受伺服电源模块控制，当伺服电源模块没有准备好或出现故障时，切断电源模块的电源输入。检查该接触器没有问题，与其他机床互换伺服电源模块也没有消除故障。最后在检查所有的电源连线时，发现电源变压器的三相 200V 输出端有一相端子螺钉松动，致使系统电源有瞬间缺相现象，从而造成了系统报警。

故障处理：将变压器上这个松动的螺钉紧固后，通电开机，机床恢复正常运行。

案例 49： 一台数控加工中心出现报警 "440 Servo Alarm：4th Axis Excess Error（伺服报警：第四轴超差报警）"。

数控系统：发那科 PM0 系统。

故障现象：这台机床开机出现 440 号报警，指示第四轴超差报警。

故障分析与检查：查看系统报警手册，该报警的含义为 "停止时的位置偏差量超过了机床数据 PRM1829 设定值"。检查机床数据，没有发现问题。分析故障产生的过程，回想起在出现故障前曾经检修过第四轴转台，故首先对第四轴转台与伺服电动机进行检查，发现第四轴的伺服电动机动力线连接不良。

故障处理：重新连接第四轴伺服电动机动力电缆后，通电开机，机床报警消除。

案例 50： 一台数控车床出现报警 "5136 FSSB：放大器数量不足"。

数控系统：发那科 0iTC 系统。

故障现象：这台机床通电开机，启动系统后出现如图 8-53 所示的报警。

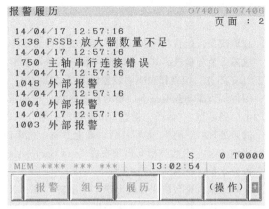

故障分析与检查：对报警信息进行分析，即有 5136 关于伺服轴的报警，还有 750 关于串行主轴的报警，说明是公共故障。这台机床伺服系统采用发那科 αi 系列交流数字伺服驱动装置，对伺服系统进行检查，发现伺服系统所有模块上的数码管都没有显示。继续检查电气柜，发现空气开关 QF3 跳闸。根据机床工作原理，QF3 控制伺服系统的 AC 200V 控制电源，这个开关跳闸，伺服系统没有了 AC 200V 电源，所以出现了伺服系统报警。

故障处理：检查空气开关 QF3 没有问题，负载回路也没有问题，将 QF3 合上后，再通电开机，机床恢复正常工作。

图 8-53　发那科 0iTC 系统 5136 报警画面

案例 51：一台数控加工中心出现报警"434 Servo Alar：Z Axis Detect ERR（伺服报警：Z 轴检测错误）"。

数控系统：发那科 0MC 系统。

故障现象：这台机床在自动加工时经常出现 434 报警，指示 Z 轴伺服系统故障。

故障分析与检查：观察故障现象，出现故障时，按系统复位按键，机床还可以工作一段时间，之后还是出现 434 报警，工作时间的长短不定，没有规律。

根据发那科数控系统工作原理，在出现伺服报警时，可以通过检查诊断数据进一步确认故障，为此，在出现故障时对诊断数据进行检查，发现 Z 轴的诊断数据 DGN722.2（DCAL）的状态为"1"，该状态为"1"指示"放电单元故障"，故障原因有：

① 放电晶体管或伺服放大器故障，因为机床可以工作，只是偶尔报警，说明放电晶体管和伺服放大器都应该没有损坏；

② 伺服放大器功能开关设定错误，检查没有发现问题；

③ 加减速频率太高，检查加工程序没有这种问题；

④ 分离式再生放电单元连接不良，对伺服放大器进行检查，发现再生放电电阻的压线螺钉松动。

故障处理：紧固再生放电电阻的压线螺钉，这时运行机床，故障消除。

案例 52：一台数控加工中心 X 轴运动时出现报警"400 Servo Alarm：1.2TH Overload（伺服报警：第一、二轴伺服过载）"和"414 Servo Alarm：X Axis Detect ERR（伺服报警：X 轴检测错误）"。

数控系统：发那科 0MC 系统。

故障现象：这台机床 X 轴运动时出现 400 和 414 报警，指示 X 轴伺服系统有问题。

故障分析与检查：这台机床采用发那科 α 系列数字伺服驱动装置，在出现故障时检查伺服驱动装置，发现显示器上显示"5"号报警代码。"5"号报警代码指示"直流母线欠电压"，故障原因可能为伺服驱动模块或者伺服电动机有问题，利用互换法检测，伺服驱动模块和 X 轴伺服都没有问题。最后仔细检查发现 X 轴伺服电动机的动力电缆插头受潮，造成电动机一加速就产生报警。

故障处理：将 X 轴伺服电动机电缆插头烘干并进行防潮处理，这时开机，故障消除。

案例 53：一台数控立车出现报警"416 Servo Alarm：Z Axia Disconnection（伺服报警：Z 轴断开）"。

数控系统：发那科 0TD 系统。

故障现象：这台机床一移动 Z 轴就出现 416 报警，指示位置反馈元件断线。

故障分析与检查：这台机床采用光栅尺作为位置反馈元件，为了判断故障，首先使用伺服电动机内部编码器作为位置反馈元件。方法是将机床数据 PRM37.1 改为"0"，即设定使用伺服电动机内置编码器作为位置反馈元件。这时运行机床，Z 轴不产生报警，说明问题应该出在 Z 轴光栅尺或者光栅尺反馈电缆上。检查 Z 轴光栅尺和反馈电缆，发现固定光栅尺检测头的螺钉松动。

故障处理：紧固固定光栅尺检测头的螺钉，恢复光栅尺的作用后，这时运行机床，故障消除。

案例54：一台数控车床出现报警"401 Servo Alarm：1.2TH Axis VRDY off（伺服报警：第一、二轴没有 VRDY 信号）"。

数控系统：发那科 0TC 系统。

故障现象：这台机床在开机移动伺服轴时出现 401 报警，指示伺服系统没有准备好。

故障分析与检查：这台机床的伺服系统采用发那科 S 系列伺服装置，检查伺服装置发现驱动器状态指示灯 PRDY 不亮。检查伺服驱动装置的电源 AC 100V、AC 18V 均正常。

测量伺服驱动控制板上的辅助控制电压，发现没有 24V 和 ±15V 电压。对伺服驱动装置进行检查发现辅助电源熔断器 F_1 熔断，检查负载电路没有短路现象。

故障处理：更换 F_1 熔断器后，通电开机，机床恢复正常运行，故障消除。

案例55：一台数控车床出现报警"414 Servo Alarm：X Axis Detect ERR（伺服报警：X 轴检测错误）"。

数控系统：发那科 0iTD 系统。

故障现象：这台机床开机出现 414 报警，指示 X 轴伺服装置出现问题。

故障分析与检查：这台机床采用发那科 α 系列数字伺服驱动装置，出现故障时检查伺服驱动模块与伺服电动机的连接没有发现问题，调用诊断数据发现 X 轴和 Z 轴的诊断数据 DGN200.6（LV）的状态为"1"，指示伺服驱动电压不足，进一步检查发现伺服系统电源模块没有三相输入电压，最后检查确认故障原因为伺服系统供电的空气开关 QF2 损坏。

故障处理：更换空气开关 QF2 后，机床报警消除。

案例56：一台数控车床出现报警"401 Servo Alarm：（VRDY off）（伺服报警：没有 VRDY 准备好信号）"。

数控系统：发那科 0iTD 系统。

故障现象：这台机床开机出现 401 报警，指示伺服系统有问题。

故障分析与检查：这台机床采用发那科 α 系列数字伺服驱动装置，出现故障时检查伺服驱动模块，发现数码显示器没用任何显示。检查伺服电源模块输入电源电压正常，后发现伺服驱动模块的 24V 电源插头连接不良。

故障处理：将 24V 电源插头连接处理后，重新插接，通电开机，机床报警消除。

案例57：一台数控车床出现报警"401 Servo Alarm：（VRDY off）（伺服没有准备好报警）"和"414 Servo Alarm：X Axis Detect ERR（伺服报警，X 轴检测错误）"。

数控系统：发那科 0iTC 系统。

故障现象：这台机床开机就出现 401 号和 414 号伺服报警。

故障分析与检查：因为报警指示数字伺服系统有问题，检查驱动装置、伺服电动机的电缆连接都没有发现问题。按操作面板"SYSTEM"按键进入系统自诊断菜单，检查诊断参数 DGN0200，发现该参数 X 轴第 6 位显示为"1"，查阅系统维修手册，这位为"1"指示低电压报警。检查驱动装置的输入电压，发现没有输入电压。根据电路原理图进行检查，发现为驱动系统供电的空气开关 QF4 始终没有闭合。

故障处理：更换新的空气开关，机床恢复正常工作。

案例58：一台数控车床出现报警"400 Servo Alarm：1.2TH overload（伺服报警：第一、二轴伺服过载）"。

数控系统：发那科 0TC 系统。

故障现象：这台机床开机就出现 400 号报警。

故障分析与检查：根据报警信息显示，400 号报警指示伺服驱动过载，但机床开机还没有移动伺服轴就产生过载报警，说明故障原因不应该是机械负载，可能是伺服系统出现问题。将诊断数据调出进行检查发现 DGN700 和 DGN701 都显示 10000000，位 7（OVL）的状态都为"1"说明 X、Z 轴都产生过载报警信号，因此怀疑伺服驱动模块有问题。

这台机床的伺服系统采用发那科 α 系列伺服控制装置，检查伺服控制装置，发现机床通电开机后，进给伺服驱动模块的数码管即显示"1"号报警代码。

伺服驱动模块"1"号报警代码含义为"该报警指示伺服模块风机不转"。其可能的原因有：

① 风机故障；

② 风机连接错误。

根据报警的提示，怀疑伺服模块的风机有问题。对伺服控制模块进行检查，发现模块的冷却风扇确实没有转，将模块拆开进行检查，发现风扇已损坏。

故障处理：更换伺服驱动模块的冷却风扇后，机床恢复正常工作。

案例 59：一台数控车床开机出现报警"401 Servo Alarm：（VRDY off）（伺服报警，没有 VRDY 准备好信号）"。

数控系统：发那科 0TC 系统。

故障现象：这台机床在一次开机后出现 401 报警，指示伺服驱动有问题。

故障分析与检查：这台机床的伺服系统采用发那科 α 系列数字伺服驱动装置，观察伺服装置的电源模块、主轴模块和伺服驱动模块上的数码管都显示"-"，指示伺服处于等待状态。检查数控系统，发现主 CPU 底板上 L2 亮，L2 报警指示灯指示伺服有故障。因此，怀疑机床伺服驱动系统有问题，首先检查伺服装置的供电是否有问题，伺服装置的电源连接如图 8-54 所示，主接触器线圈控制电源连线端子 R13（图 8-55）脱落。

图 8-54　伺服电源模块电源输入连接图

故障处理：将 R13 连接到主接触器，这时机床通电恢复正常。

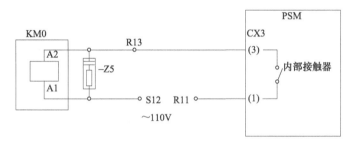
图 8-55　伺服系统主接触器 KM0 的控制原理图

案例 60：一台数控车床开机出现报警"401 Servo Alarm：（VRDY off）（伺服报警，没有 VRDY 准备好信号）"。

数控系统：发那科 0TC 系统。

故障现象：这台机床在一次开机后出现 401 报警，指示伺服驱动有问题。

故障分析与检查：这台机床的伺服系统采用发那科 α 系列数字伺服驱动装置，观察伺服系统电源模块、主轴模块和伺服驱动模块上的数码管都显示"—"，指示伺服处于等待状态，数控系统主 CPU 板上 L2 报警灯亮，指示伺服系统有故障。检查伺服系统的供电正常没有问题，更换伺服电源模块、伺服驱动模块都没有解决问题。在分析伺服控制的原理图时发现，在伺服系统最后一个模块——伺服驱动模块 JX1B 电缆插头上插接一个连接器 K9。将这个连接器插接到其他机床上，开机也出现 401 报警，说明这个连接器有问题。这个连接器其实是一个终端短路器，插到最后一个伺服模块的JX1B 电缆插口上，其连接图见图 8-56，将该连接器拆开检查发现，5、6 脚的连接线已经断开。

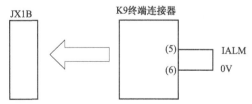
图 8-56　K9 终端连接器连接示意图

故障处理：将该连接器的短路线重新焊接，插到伺服驱动模块的 JX1B 电缆接口上后，通电开机，机床恢复正常工作。

案例 61：一台数控车床出现报警"421 Servo Alarm：Z-Axis Excess Error（伺服报警，Z 轴偏差超出）"，"424 Servo Alarm：Z-Axis Detection System Error（伺服报警，Z 轴检测系统错误）"。

数控系统：发那科 0iTC 系统。

故障现象：这台机床在自动加工中突然出现 421 号和 424 号报警，指示 Z 轴移动出现问题。

故障分析与检查：根据报警信息的提示，421 号报警指示 Z 轴移动过程中位置偏差过大，424 号报警指示伺服检测系统出错，都是指示 Z 轴伺服系统出现问题。

这台机床采用发那科 αi 交流数字伺服系统，对 Z 轴伺服驱动模块进行检查，发现 αi 伺服驱动模块的数码管显示报警码 "9."，"9." 号报警指示 Z 轴 IPM 过热。αi 系列伺服驱动模块 "9." 报警的原因有：

① 伺服电动机电枢对地短路或相间短路；

② 伺服电动机相序连接错误；

③ 伺服电动机过载；

④ SVM 功率输出模块或者控制板故障；

⑤ 环境温度过高或者模块散热不好；

⑥ 加减速过于频繁。

调出系统诊断数据 DGN200，指示 Z 轴驱动器过流。因此，怀疑机床负载过大，对 Z 轴滑台、丝杠进行检查，发现润滑系统有问题。

故障处理：对润滑系统进行调整并充分润滑后，再运行加工程序，机床正常运行。

第 **9** 章　主轴控制系统

9.1　西门子 611A 交流模拟主轴控制系统

9.1.1　西门子 611A 交流模拟主轴控制系统的构成

西门子 SIMODRIVE 611A 交流模拟主轴伺服控制系统采用了模块化结构,主轴驱动与进给伺服共用一个电源模块,主轴驱动模块、电源模块和进给伺服驱动模块通过设备总线进行连接,与伺服进给模块共用直流电压母线。

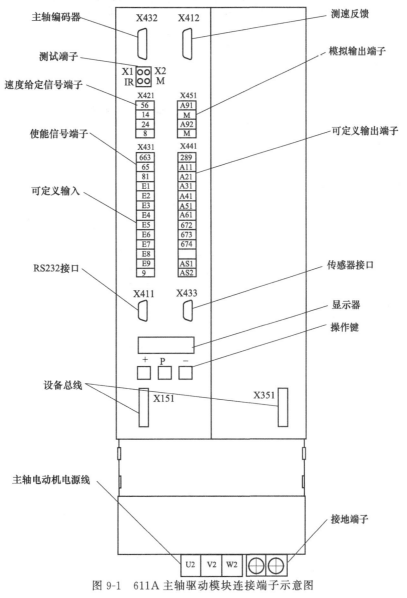

图 9-1　611A 主轴驱动模块连接端子示意图

西门子 611A 系列驱动装置可以安装多个主轴驱动模块，每一个主轴驱动模块都有独立的液晶显示器与操作按键，用于显示驱动模块的工作状态与设定驱动装置的内部数据。

西门子 611A 的主轴驱动模块由功率驱动模块和驱动控制板两部分组成。

9.1.2 西门子 611A 交流模拟主轴控制系统的连接

西门子 611A 系列主轴驱动模块与外部连接的信号连接端子位于驱动模块正面的控制板上，如图 9-1 所示。具体的连接详述如下。

(1) 主轴电动机电枢连接

主轴电动机电枢连接端子位于主轴驱动模块的下方。安装、调试、检修时需要注意必须保证驱动模块的 U2/V2/W2 与电动机的 U/V/W 一一对应，防止出现电动机"相序"的错误。

(2) 驱动使能与可定义输入的连接

端子排 X431 连接驱动使能输入和可定义的输入。表 9-1 是端子排 X431 信号的含义。

表 9-1 西门子 611A 主轴驱动模块 X431 信号含义

序号	端子号	意　义
1	9/663	主轴驱动模块"脉冲使能"输入信号，当 9/663 接通时，驱动模块的控制回路开始工作
2	9/65	"速度控制使能"输入信号，当 9/65 接通时，速度控制回路开始工作
3	9/81	"急停"输入信号，当 9/81 断开时，主轴电动机紧急停止
4	E1～E9	输入信号可以通过参数定义，信号作用决定于参数的设定

(3) 速度给定信号的连接

速度给定信号连接到端子排 X421。端子排 X421 信号含义见表 9-2。

表 9-2 西门子 611A 主轴驱动模块 X421 信号含义

序号	端子号	意　义
1	56/14	速度给定信号输入端子，一般为 -10～+10V 模拟量输入
2	24/8	辅助速度给定信号输入端子，一般为 -10～+10V 模拟量输入

(4) 模拟量输出的连接

模拟量输出通过端子排 X451 连接。端子排 X451 信号含义见表 9-3。

表 9-3 西门子 611A 主轴驱动模块 X451 信号含义

序号	端子号	意　义
1	A91/M	可以定义的模拟量输出端子 1，输出为 -10～+10V 模拟量
2	A92/M	可以定义的模拟量输出端子 2，输出为 -10～+10V 模拟量

(5) 测速反馈信号接口

接口 X412 连接主轴电动机的测速反馈，其信号含义见表 9-4。

表 9-4 西门子 611A 主轴模块测速反馈信号含义

X412 插脚号	信号代号	信号含义	编码器插脚号
1	P	提供给编码器 5V 电源	10
2	M	提供给编码器 0V 电源	7
3	A	编码器 A 相输出信号	1
4	$\overline{A}$	编码器 A 相输出的反向信号	2
5	Shield	屏蔽	17
6	B	编码器 B 相输出信号	11
7	$\overline{B}$	编码器 B 相输出的反向信号	12
8	Shield	屏蔽	8
9	5V	+5V 电源	16
10	R	编码器 R 相输出	3
11	0V	0V 电源	15
12	$\overline{R}$	编码器 R 相输出的反向信号	13
13			
14	+T	温度传感器输出	8
15	-T	温度传感器输出	9

9.1.3 西门子611A交流模拟主轴控制系统故障诊断维修

（1）西门子611A主轴驱动模块状态显示与监控

611A主轴驱动模块上有一个液晶显示器，可以显示6位数字，在正常运行时显示工作方式，在驱动装置出现故障时，显示故障信息。所以，在驱动装置出现故障时，首先应该检查液晶显示器，观察是否有报警信息或者对故障维修有用的信息。

① 工作方式显示参数P0　参数P0为611A驱动装置正常工作时自动选择的显示参数，其液晶显示的6位符号代表不同的含义，下面介绍不同显示的含义：

a. 左边第1位（■□□□□□）。代表电动机号，通常不显示。

b. 左边第2位（□■□□□□）。内部继电器状态显示，七段数码及小数点的每一段显示代表不同的内部继电器，当相应位亮时，代表继电器输出为"1"。611A系列驱动装置内部继电器的意义可以通过参数进行定义，因此在不同的机床上可能具有不同的含义，表9-5给出了参数为标准设置时，显示代表的含义及内部继电器的定义参数地址。

表9-5　左边第2个数码管显示的含义对应表

图示	段号	端子号	定义参数地址	含义
	1	A41	P244	$\mid n_{act}\mid < n_x$
	2	A51	P245	电动机过热
	3	A61	P246	P186定义
	4	A31	P243	$\mid n_{act}\mid < n_{min}$
	5	—	—	无定义
	6	A21	P242	$\mid M_d\mid > M_{dx}$
	7	A11	P241	$n_{act} = n_{set}$
	8	672/674	P53	准备好/故障

c. 左边第3位（□□■□□□）。显示驱动装置的工作状态，其含义见表9-6。

表9-6　左边第3位显示含义

序号	显示符号	代表含义
1		驱动没有使能
2		工作在转速控制方式,全部条件均满足
3		工作在转矩控制方式,全部条件均满足
4		工作在具有滑差监视的转矩控制方式,全部条件均满足
5		工作在主轴定位M19方式
6		工作在主轴定位方式,全部条件均满足
7		工作在C轴控制方式,全部条件均满足
8		HPC轴工作方式,0.5ms
9		HPC轴工作方式,0.6ms
10		数字功能,I/F控制操作

d. 左边第4位（□□□■□□）。显示启动条件，其含义见表9-7。

表 9-7　左边第 4 位显示含义

序号	显示符号	代表含义
1		端子 63 没有"使能"
2		端子 663 没有"使能"
3		端子 65 没有"使能"
4		端子 81 没有接通
5		设定点使能丢失
6		电动机工作方式
7		发电机工作方式

e. 左边第 5 位（□□□□■□）。这位指示主轴电动机的连接方式，其含义见表 9-8。

表 9-8　左边第 5 位显示含义

序号	显示符号	代表含义
1		主轴电动机选择星形连接
2		主轴电动机选择角连接

f. 左边第 6 位（□□□□□■）。传动级实际选择指示，显示 1～8，代表实际选择的传动级。

② 实际数据 P001～P010 的显示　611A 操作面板上的液晶显示器还可以显示实际数据 P001～P010，为驱动装置（电动机）的一些实际数据显示，其含义见表 9-9。

表 9-9　西门子 611A 主轴驱动装置实际数据显示

参数号	含义	单位	范围
P001	给定转速	r/min	−16000～16000
P002/P102	实际转速	r/min	−16000～16000
P003	电动机电枢电压	V	0～500
P004	$M_a/M_{dmax}(P/P_{max})$	%	0～100
P006	直流母线电压	V	0～700
P007	电动机电流	A	0～150
P008	实际容量	kVA	0～100
P009	实际功率	kW	0～100
P010	定子温度	℃	0～150
P101	转矩给定	%	−200～200

另外 611A 主轴驱动装置还可以显示很多的 I/O 信号状态，由于篇幅问题，这里就不详述了，具体可参见西门子相关手册。

（2）611A 主轴驱动装置的状态测试

在 611A 主轴驱动模块上有 4 个测试端子，如图 9-2 所示。每个测试端子的功能见表 9-10。

表 9-10　测试端子功能

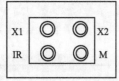

图 9-2　测试端子示意图

测试端子代号	功能
X1	通过参数 P76、P77、P80 设定
X2	通过参数 P72、P73、P74 设定
IR	R 相电流实际值,测试电压幅值与电流对应关系见表 9-11
M	公共地

表9-11　IR测试点最大电压值与最大电流值对应表

电源模块代码(参数P095)	电源模块容量	IR测试电压对应值
6	50A	50A对应8.25V
7	80A	80A对应8.25V
8	120A	120A对应8.25V
9	160A	160A对应8.25V
10	200A	200A对应8.25V
11	300A	300A对应8.25V
12	400A	400A对应8.25V
13	108A	108A对应8.25V

(3) 611A主轴驱动装置常见故障维修

611A主轴驱动装置的故障可分为无报警显示的故障和有报警显示的故障。常见的无报警显示的故障及引起故障的原因见表9-12。

表9-12　西门子611A主轴驱动装置常见故障与故障原因

故障现象	故障原因
开机时液晶显示器没有任何显示	①电源模块进线断路器跳闸；②电源模块输入电源缺相；③电源模块输入熔断器熔断；④电源模块的辅助控制电源故障；⑤驱动装置的设备总线连接有问题；⑥主轴驱动模块有问题；⑦主轴驱动模块的EPROM/FEPROM有问题
电动机转速低	①主轴电动机电源线相序有问题；②主轴驱动模块有问题

关于有报警显示的故障，显示故障代码在液晶显示器的后4位显示。发生故障时，显示器的右边第4位显示"F"，右边第3位、第2位为报警号代码，右边第1位显示═符号时，代表一个故障；显示═符号时，代表驱动装置存在多个报警，这时通过主轴驱动模块操作面板上的"+"键，查看其他报警代码。611A主轴驱动装置常见的报警号以及可能的原因见表9-13。

表9-13　西门子611A主轴驱动模块常见故障

故障代码	故障描述	故障原因
F07	向FEPROM存储数据时出错	①如果故障重复发生在存储数据时，FEPROM有问题；②如果在开机时出现这个报警，则表明上次关机前进行了数据修改，但修改的数据没有存储，数据必须重新存储
F08	永久性数据丢失	FEPROM有问题，换之
F09	编码器出错1(电动机编码器)	①主轴电动机编码器没有连接；②主轴电动机编码器电缆连接不好；③测量电路1故障，连接不好或者P150设置错误
F10	编码器出错2(主轴编码器)	使用编码器定位时，测量电路2故障，或者P150设置错误
F11	速度调节器输出达到极限值，实际速度值错误	①直流母线没有连接；②直流母线熔断器熔断；③电源模块晶体管损坏；④电动机编码器没有连接或者连接不好；⑤电动机编码器故障；⑥电动机没有接地；⑦电动机编码器屏蔽没有接；⑧电动机没有连接或者缺相；⑨电动机问题；⑩测量电路1故障或者连接有问题

续表

故障代码	故障描述	故障原因
F14	电动机超温	①电动机过载； ②电动机电流太大，或者参数 P096 设定错误； ③电动机冷却风扇故障； ④测量电路 1 故障； ⑤电动机绕组局部短路
F15	驱动装置超温	①驱动模块过载； ②环境温度过高； ③冷却风扇故障； ④温度传感器故障
F16	电源模块代码不正确	代码 3 选择 FW2.40
F17	空载电流过大	电动机与驱动模块不匹配
F19	温度传感器断线或者短路	①温度传感器故障； ②温度传感器连接断线； ③测量电路 1 故障
F61	超出电动机最大频率	在参数 P098 中输入的编码器脉冲数不正确
F79	电动机参数设定错误	电动机参数 P159～P176，或者 P219～P236 设定错误
FP01	设定给定值多于编码器脉冲数	参数 P121～P125、P131 设定输入太高
FP02	零位脉冲监控出错	①编码器故障； ②参数(P131)设定错误
FP03	零脉冲偏移值大于编码器脉冲数	参数 P130 的数值大于 P131(脉冲数)
FP04	不正确的零脉冲	参数 P128 设定不正确

9.2 发那科 α 系列交流数字主轴控制系统

9.2.1 发那科 α 系列交流数字主轴控制系统的构成

发那科 α 系列交流数字主轴驱动采用模块化结构，主轴驱动模块与伺服驱动模块共用一个电源模块。主轴驱动模块与其他模块之间、主轴驱动模块与 NC 之间通过 I/O Link 总线和光缆进行连接。在结构上主轴模块通常安装在伺服系统电源模块的右侧，进给伺服驱动模块的左侧，如图 9-3 所示。主轴驱动模块的输出连接发那科 α 系列主轴电动机，构成完整的主轴控制系统。

9.2.2 发那科 α 系列交流数字主轴控制系统的连接

发那科 α 系列交流数字主轴驱动系统主要包括驱动模块、主轴驱动电动机以及转速检测装置，驱动模块使用直流电源，由伺服系统的电源模块提供。其系统连接见图 9-4，下面介绍各连接接口的具体接口信号。

(1) 驱动模块之间连接

① 直流母线连接端子 TB1　端子 TB1 通过发那科专用连接电缆与直流母线相连，将电源模块提供的直流电源引入主轴驱动模块作为动力电源。

② 控制电源输入接口 CX1A　端子 CX1A（1、2）连接两相交流 200V 电源，作为主轴模块的控制电源，这个端子与前一个模块的 CX1B 接口通过发那科专用电缆连接器连接。

③ 控制电源输出接口 CX1B　端子 CX1B（1、2）为控制电源输出端子，与下一个模块的 CX1A 相连，为下一个模块提供两相交流 200V 控制电源。

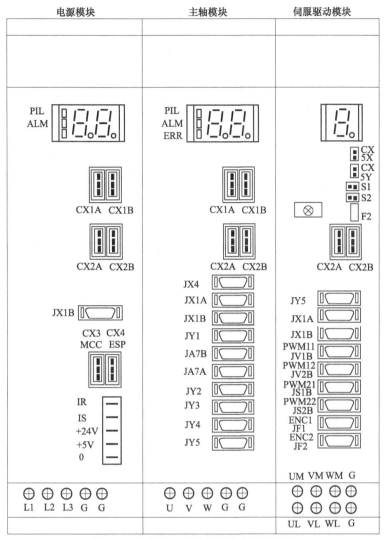

图 9-3　发那科 α 系列交流数字伺服系统

（2）驱动模块之间连接

① 直流母线连接端子 TB1　端子 TB1 通过发那科专用连接电缆与直流母线相连，将电源模块提供的直流电源引入主轴驱动模块作为动力电源。

② 控制电源输入接口 CX1A　端子 CX1A（1、2）连接两相交流 200V 电源，作为主轴模块的控制电源，这个端子与前一个模块的 CX1B 接口通过发那科专用电缆连接器连接。

③ 控制电源输出接口 CX1B　端子 CX1B（1、2）为控制电源输出端子，与下一个模块的 CX1A 相连，为下一个模块提供两相交流 200V 控制电源。

④ 内部急停信号输入 CX2A　端子 CX2A（1、2、3）与上一个模块的 CX2B 内部急停信号连接端子相连。

⑤ 内部急停信号输出接口 CX2B　端子 CX2B（1、2、3）输出内部急停信号到下一个模块，与下一个模块的 CX2A 端子连接。

⑥ 驱动装置内部总线输入端子 JX1A　端子 JX1A 是内部总线输入接口，与上一个模块的接口 JX1B 相连。内部总线信号的连接见图 9-5。

⑦ 驱动装置内部总线输出端子 JX1B　端子 JX1B 是内部总线输出接口，连接到下一个模块，与下一个模块的接口 JX1A 连接。内部信号的连接参见图 9-5。当本模块是最右边的一个模块时 JX1B 插接发那科专用终端连接器 K9，图 9-6 是插接 K9 时的连接示意图。

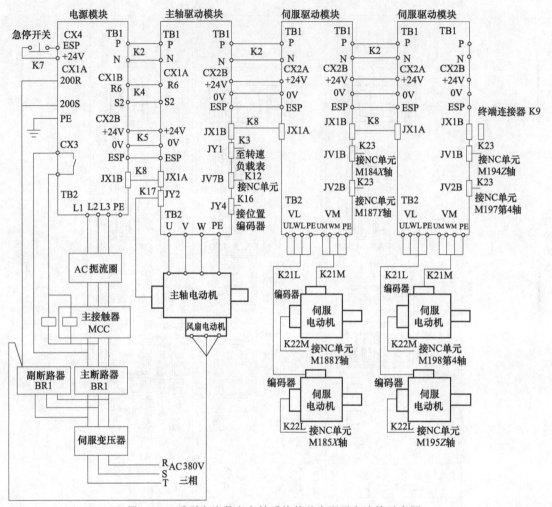

图 9-4 α系列交流数字主轴系统的基本配置和连接示意图

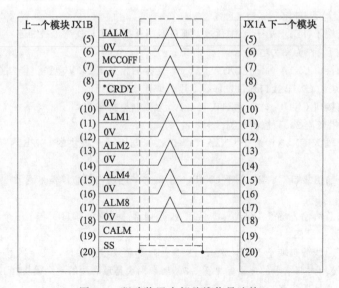

图 9-5 驱动装置内部总线信号连接

328

(3) 驱动模块的外部连接

① 控制信号输入接口 JA7B　接口 JA7B 与数控系统相连接，α 系列主轴驱动模块通过该接口接收数控装置的控制信号。在发那科 0C 系统中，伺服控制信号是系统存储器模块 COP5 接口输出的，用光信号传输，然后通过光缆适配器连接到这个接口，其连接图见图 9-7。图 9-8 是接口 JA7B 与光缆适配器接口 JD1 的信号连接图。

图 9-6　JX1B 的终端连接器 K9 连接图　　　　图 9-7　α 主轴驱动模块 NC 控制光缆连接图

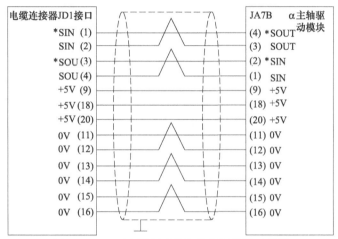

图 9-8　NC 到主轴驱动模块的控制信号连接图

② 主轴负载/转速表与外部倍率调节电位器的连接接口 JY1　接口 JY1 连接主轴负载/转速表与外部倍率调节电位器，其信号连接见图 9-9。连接负载表后，在主轴旋转时，可以通过观察负载表来查看负载情况，在机床主轴系统出现故障时也可以通过观察负载表进一步观察故障现象。

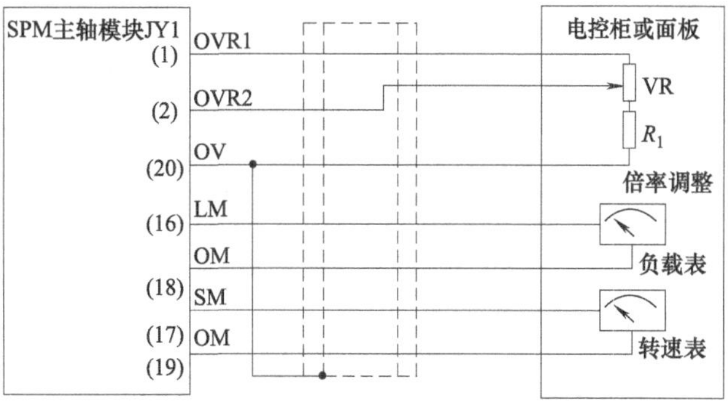

③ 内置速度编码器接口 JY2　接口 JY2 连接主轴电动机内置速度检测脉冲编码器（或内置位置检测编码器），该接口连接主轴电动机，从主轴电动机得到主轴转速的反馈信号，信号连接参考图 9-10。

④ 主轴定位磁传感器接口 JY3　接口

图 9-9　主轴负载/转速表与外部倍率调节电位器接口 JY1 连接图

JY3 连接主轴定位磁传感器和主轴 1 转信号，信号连接见图 9-11。

⑤ 主轴定位位置检测编码器或刚性攻螺纹位置检测编码器接口 JY4　接口 JY4 连接主轴定位位置检测编码器或刚性攻螺纹位置检测编码器，连接见图 9-12。

⑥ 编码器信号输出接口 JX4　接口 JX4 为编码器信号输出接口，可以将编码器的信号提供给数控系统或者其他单元，信号连接见图 9-13。

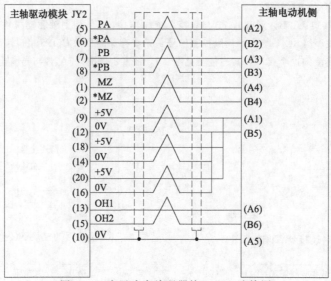

图 9-10　内置速度编码器接口 JY2 连接图

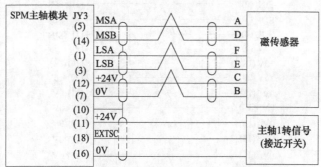

图 9-11　主轴定位磁传感器接口 JY3 连接图

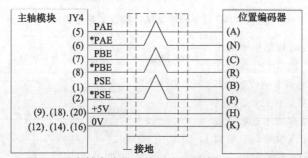

图 9-12　主轴定位位置检测编码器接口 JY4 连接图

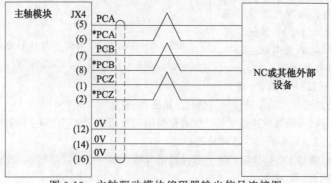

图 9-13　主轴驱动模块编码器输出信号连接图

⑦ CS 轴控制高精度位置检测磁传感器（编码器）接口 JY5 接口 JY5 是 CS 轴控制高精度位置检测磁传感器（编码器）接口，信号连接见图 9-14。

⑧ 电源输出端子 TB2 端子 TB2 是主轴电源驱动模块的驱动电源输出，其端子 U/V/W/PE 连接主轴电动机的电枢。

9.2.3 发那科 α 系列交流数字主轴控制系统故障诊断与维修

发那科 α 系列交流数字主轴驱动模块上有三个状态指示灯（PIL、ALM、ERR）和两个 7 段数码管。其中 PIL（绿色）为电源指示灯，ALM 为驱动模块报警指示灯，ERR（黄色）为驱动模块参数设定错误或操作、控制错误指示灯。两只 7 段数码管用于指示报警代码和错误代码。

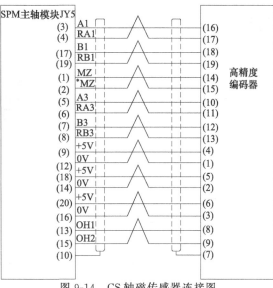

图 9-14 CS 轴磁传感器连接图

（1）状态指示灯

主轴驱动模块上三个状态指示灯（PIL、ALM、ERR）指示主轴驱动模块的工作、错误和报警状态，其显示过程及含义见表 9-14。通过对这三个指示灯和主轴模块通电时数码管显示过程的了解有助于故障判断。

表 9-14 发那科 α 系列交流数字主轴驱动模块状态指示灯含义

状态显示	含义与显示过程
PIL、ALM、ERR 及数码管均无显示	驱动装置电源没有接入，或驱动装置＋5V、＋24V 辅助电压没有建立
正常工作时	①驱动装置电源接入后，PIL 绿灯亮； ②大约 1s 后，两只 7 段数码管显示 ROM 系列号的后两位，如：对于 ROM 系列 9D00，数码管显示"00"； ③在系列号显示大约 1s 后，两只 7 段数码管以数字的形式显示 ROM 版本号； ④NC 未启动时，两只 7 段数码管闪烁显示"–"，表示驱动装置在等待串行口的连接与装载参数； ⑤NC 启动参数装载完成后，两只 7 段数码管显示"–"但不闪烁，表示电动机未励磁； ⑥当电动机励磁后，两只 7 段数码管显示"00"
红色 ALM 灯亮	指示有报警，7 段数码管显示报警号
黄色 ERR 灯亮	表明驱动装置参数设定错误或操作、控制错误，两只 7 段数码管显示错误代码

（2）主轴驱动模块报警

当主轴驱动模块上红色 ALM 灯亮时指示模块有故障报警，这时两只 7 段数码管会显示相应的故障代码，报警原因可以通过报警代码来了解，常见报警代码所指示的故障原因见表 9-15。

（3）主轴驱动模块错误指示

当主轴驱动模块上黄色 ERR 灯亮时，表明驱动装置参数设定错误或操作、控制错误，这时两只 7 段数码管会显示相应错误代码。所以，在 ERR 灯亮时要注意观察数码管显示的错误代码，以便查找错误原因。错误信息代码所指示的错误原因见表 9-16。

表 9-15 发那科 α 系列交流数字主轴驱动模块常见报警代码表

报警代码	报警含义	故障原因
A0	ROM 错误	①ROM 安装问题； ②ROM 版本不正确； ③控制板有问题； ④驱动装置需要初始化
A1	RAM 错误	

报警代码	报警含义	故障原因
01	电动机过热	①主轴电动机内置风机有问题; ②主轴电动机长时间过载; ③主轴电动机冷却系统有问题,影响散热; ④电动机绕组短路或者开路; ⑤温度检测装置有问题; ⑥检测系统参数不正确
02	实际转速与指令值不符	①电动机过载; ②功率模块(IGBT 或 IPM)有问题; ③NC 设定的加/减速时间设定不合理; ④速度反馈信号有问题; ⑤速度检测信号设定不合理; ⑥电动机绕组短路或者断路; ⑦电动机与驱动模块电源线相序不对或者连接有问题
03	直流母线熔断器熔断	①功率模块(IGBT 或 IPM)有问题; ②直流母线内部短路
04	输入电源缺相	电源模块输入电源缺相
07	电动机转速超过最大转速的 115%	参数设定或者调整不当
09	散热器过热	①驱动模块风机有问题; ②环境温度过高; ③冷却系统有问题,影响散热; ④驱动模块长时间过载; ⑤温度检测系统有问题
11	直流母线过电压	①电源输入阻抗过高; ②驱动装置控制板有问题; ③再生制动晶体管模块有问题; ④再生制动电阻有问题
12	直流母线过电流	①功率模块(IGBT 或 IPM)有问题; ②电动机电枢线输出短路; ③电动机绕组匝间短路或者对地短路; ④驱动装置控制板有问题; ⑤模块规格设定错误
13	CPU 存储器报警	①CPU 内部数据出错; ②检测板有问题
15	速度切换电路报警	①切换电路故障; ②转换电路连接不好; ③PMC 控制程序不合理
16	RAM 出错	①RAM 数据出错; ②控制板有问题
19	U 相电流超过设定值	①控制板连接有问题; ②U 相逆变晶体管模块损坏; ③电动机 U 相线圈匝间短路或者对地短路; ④A/D 转换器有问题; ⑤U 相电流检测器电路有问题
20	V 相电流超过设定值	参考 19 号报警,只是 V 相的问题
29	过载报警	①驱动装置过载; ②负载有问题,太重
30	大电流输入报警	①功率模块 IPM 有问题; ②电源模块输入回路有大电流流过
31	速度达不到额定转速,转速太低或不转	①电动机负载过重(例如、抱闸没有打开); ②电动机电枢相序不正确; ③速度检测电缆连接有问题; ④编码器有问题; ⑤速度反馈信号太弱或信号不正常

续表

报警代码	报警含义	故障原因
33	直流母线电压过低	①输入电压低于额定值的15%；②主轴驱动装置连接错误；③驱动装置控制板有问题
40	无C轴编码器"零脉冲"信号	①C轴编码器"零脉冲"信号连接有问题；②C轴编码器有问题；③零脉冲信号太弱；④检测电路有问题
41	主轴位置编码器"零脉冲"信号有问题	①主轴位置编码器"零脉冲"信号连接有问题；②主轴位置编码器有问题；③主轴位置编码器电缆屏蔽连接有问题；④信号太弱；⑤参数设定有问题
51	直流母线电压过低	①输入电压低于额定值的15%；②主轴驱动模块连接错误；③驱动装置控制板有问题
54	电动机长时间过载	①机械负载过重；②加/减速过于频繁
56	风机报警	主轴风机有问题
57	驱动装置硬件报警	①驱动装置控制板有问题；②驱动器连接有问题
58	电源散热器过热	①驱动装置风机有问题；②环境温度过高；③冷却系统有问题，影响散热；④驱动模块长时间过载；⑤温度检测系统有问题
59	风机报警	电源模块内置风机有问题
--	主电动机未励磁	主轴驱动模块驱动条件未满足
00	主电动机已励磁	

表 9-16　发那科 α 系列交流数字主轴驱动模块错误信息代码

显示代码	含义
01	急停(*ESP)与机床准备好(MRDY)信号未输入时,输入了正反转(SFR/SRV)指令信号
02	速度检测脉冲设定错误
05	在未设置主轴定向准停的情况下,输入了主轴准停指令
08	在未给定旋转方向(SFR/SRV)时,输入了"伺服方式"指令
09	在未给定旋转方向(SFR/SRV)时,输入了"同步控制"指令
10	在C轴控制指令输入时,其他控制方式已被定义
11	在"伺服方式"指令输入时,其他控制方式已被定义
12	在"同步控制"指令输入时,其他控制方式已被定义
13	在主轴定向准停指令输入时,其他控制方式已被定义
14	旋转方向 SFR/SRV 同时被指定
15	在"差动速度控制"功能有效期间,输入了C轴控制指令
16	在"差动速度控制"功能未被指定时,输入了"差动速度控制"指令
18	主轴定向准停指令输入时,位置编码器设定错误
19	主轴定向准停指令输入时,其他控制方式生效
21	在位控方式下,输入了"从动方式"指令
23	在"从动方式"未指定时,输入了"从动方式"指令

9.3 发那科 αi 系列交流数字主轴控制系统

发那科 0iB 与 0iC 系列数控系统通常采用 αi 系列交流数字主轴伺服装置。

发那科 αi 系列交流数字主轴驱动与 α 系列交流数字主轴驱动不同点之一就是 αi 系列交流数字主轴驱动使用 I/O Link 总线 JA7B 接口直接与数控系统相连接，而不是使用光缆进行转接，并且还可以使用 I/O Link 总线 JA7A 接口连接第二串行主轴。

9.3.1 发那科 αi 系列交流数字主轴控制系统的构成

发那科 αi 系列交流数字主轴驱动系统采用模块化结构，主轴驱动与伺服驱动共用一个电源模块。主轴

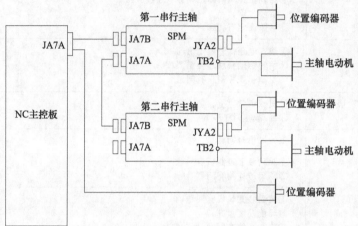

图 9-15 发那科 αi 系列交流串行数字主轴驱动连接示意图

驱动装置与数控系统之间通过 I/O Link 总线连接，参考图 9-15。

9.3.2 发那科 αi 系列交流数字主轴控制系统的连接

图 9-16 是发那科 αi 系列交流串行数字主轴驱动模块的正面示意图。从该图可以看到该模块上有很多连接接口，下面介绍各接口的信号连接。

(1) 模块之间的连接

① 直流母线连接端子 TB1 端子 TB1 是直流电源输入端子，主轴驱动模块的这个端子通过发那

科专用的连接电缆与直流母线进行并联连接，直流母线源自电源模块 SPM 提供的 DC 300V 电源。

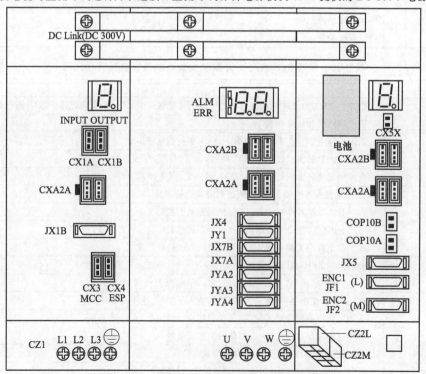

图 9-16 发那科 αi 系列交流数字伺服系统

② 内部总线输入端子 CXA2B　端子 CXA2B 与上个模块的 CXA2A 端子相连，把电源模块提供的 DC 24V工作电源和控制信号连接到本模块上。该端子信号与连接见图 9-17。

③ 内部总线输出端子 CXA2A　端子 CXA2A 与下一个模块的 CXA2B 端子相连，把电源模块提供的 DC 24V工作电源和控制信号连接到下一个模块上。该端子信号与连接见图 9-17。

④ I/O-Link 串行总线输出连接接口 JA7A　当使用多个串行主轴时，通过接口 JA7A 将 I/O-Link 串行总线连接到下一个主轴驱动模块的接口 JA7B 上，具体信号与连接见图 9-18。

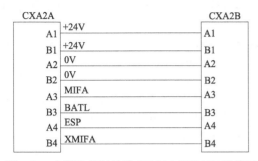
图 9-17　电源和控制总线 CXA2A/CXA2B 连接图

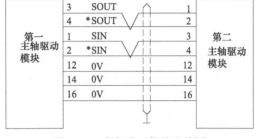
图 9-18　串行接口信号连接图

（2）外部连接

① 位置反馈输出接口 JX4　在 B 型主轴驱动模块中，当主轴电动机与机床主轴采用直接连接或通过同步齿带、齿轮进行 1∶1 连接的情况下，主轴电动机的内置编码器可以作为主轴的位置检测元件。

内置编码器的信号通过主轴驱动模块内部的转换电路经过接口 JX4 连接到数控系统的接口 JA7A 上（与串行总线共用），JX4 与数控系统上的 JA7A 接口连接如图 9-19 所示，输出信号为 1024 脉冲/转的 A、B、C 三相差分脉冲，信号可以用于数控系统的主轴定向准停与定位控制。

② 主轴负载/转速表与外部倍率调节电位器的连接接口 JY1　接口 JY1 连接主轴负载/转速表与外部倍率调节电位器，其信号与连接见图 9-20。通常数控机床都会连接负载表用来观察主轴运转时的负载情况，这对主轴故障的检测也是大有好处的。

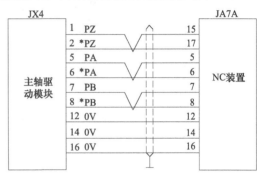
图 9-19　位置反馈端子 JX4 信号连接图

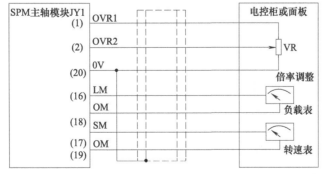
图 9-20　主轴负载/转速表与外部倍率调节电位器接口 JY1 连接图

③ I/O-Link 串行总线连接接口 JA7B　发那科 αi 系列交流数字主轴驱动模块与数控系统的总线连接不同于伺服总线，它有单独的 I/O-Link 串行总线，总线通过接口 JA7B 接入主轴驱动模块，数控系统一侧连接到接口 JA7A 上，信号与连接见图 9-21，其实这个接口就是一个特定的串行通信接口，实现各模块之间的通信。

④ 内置编码器连接接口 JYA2　主轴驱动模块通过接口 JYA2 连接主轴电动机的内置编码器，用来接收

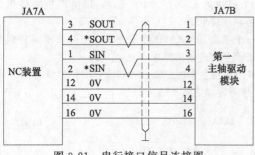

图 9-21　串行接口信号连接图

主轴电动机的速度反馈信号。发那科主轴电动机内置编码器有四种类型，图 9-22 是 JYA2 与 Mi 型编码器的连接图，图 9-23 是 JYA2 与 MZi 型编码器的连接图，图 9-24 是 JYA2 与 BZi 型编码器的连接图，图 9-25 是 JYA2 与 CZi 型编码器的连接图。表 9-17 介绍了四种编码器的区别。

⑤ 外置编码器连接接口 JYA3　主轴驱动模块的接口 JYA3 连接标准发那科 α 型位置编码器（方波输出的光电编码器），为了实现主轴定向，JYA3 还可以连接用来检测参考点的接近开关。JYA3 与标准 α 型位置编码器连接见图 9-26。

⑥ 外置编码器连接接口 JYA4　主轴驱动模块的接口 JYA4 为扩展接口，只能在 B 型主轴驱动模块上使用，连接的位置编码器可以是 BZi 型编码器（连接与图 9-24 相同）、可以是 CZi 型编码器（连接与图 9-25 相同）、可以是 α 型位置编码器（连接与图 9-26 相同）、可以是 αS 型位置编码器（连接见图 9-27）。

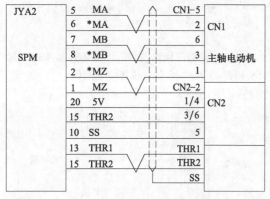

图 9-22　JYA2 接口与 Mi 型编码器的信号连接

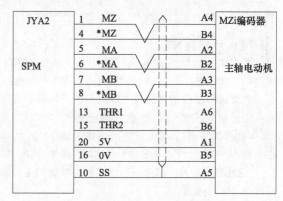

图 9-23　JYA2 接口与 MZi 型编码器的信号连接

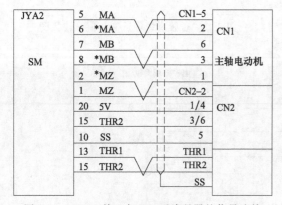

图 9-24　JYA2 接口与 BZi 型编码器的信号连接

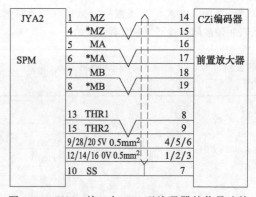

图 9-25　JYA2 接口与 CZi 型编码器的信号连接

表 9-17　发那科主轴内置编码器的种类

序号	编码器类型	零位脉冲	脉冲数	类型	安装方式	前置放大器
1	Mi	不带	64～256 周期/转	正弦波磁性	内置	无
2	MZi	带	64～256 周期/转	正弦波磁性	内置	无
3	BZi	带	128～256 周期/转	正弦波磁性	内置/外置	无
4	CZi	带	512～1024 周期/转	正弦波磁性	内置/外置	带

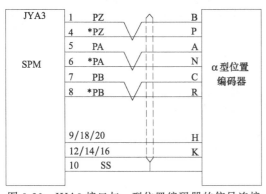

图 9-26　JYA3 接口与 α 型位置编码器的信号连接

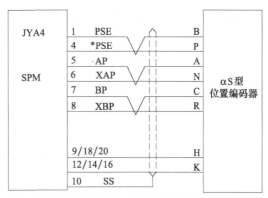

图 9-27　JYA4 接口与 αS 型位置编码器的信号连接

9.3.3　发那科 αi 系列交流数字主轴控制系统故障的诊断维修

发那科 αi 系列交流数字主轴驱动模块上有三个状态指示灯——绿灯 PIL、红灯 ALM、黄灯 ERR 和两个 7 段数码管。其中 PIL 为电源指示灯，ALM 为主轴驱动模块报警指示灯，ERR 为主轴驱动模块参数设定错误或操作、控制错误指示灯。两只 7 段数码管用于指示报警代码、出错代码等。下面介绍状态指示灯和数码管报警码代码的含义。

(1) 状态指示灯

主轴驱动模块上三个状态指示灯（PIL、ALM、ERR）分别指示电源、报警及错误状态，其具体含义及伺服系统通电时数码管显示过程见表 9-18。

表 9-18　发那科 αi 系列交流数字主轴驱动模块状态指示灯含义与显示过程

序号	状态显示	含义与显示过程
1	PIL、ALM、ERR 及数码管均无显示	驱动装置电源没有接入，或伺服驱动装置 +5V、+24V 辅助电压没有建立
2	PIL 绿灯亮	驱动装置电源接入后，指示伺服装置正常工作
3	显示软件系列号	驱动装置电源接入后，大约 1s 后，两只 7 段数码管显示主轴软件系列号的后两位，如：数码管显示"50"，对于软件系列 9D50
4	显示软件版本	1s 后，显示软件版本（显示 01，02，03…对应于 A，B，C…）如：显示"04"，软件版本 D 版
5	数码管闪烁显示 --	NC 未启动，等待串行通信及参数加载
6	数码管显示 --	表示电动机未励磁
7	数码管显示 0 0	电动机动励磁状态
8	红色 ALM 灯亮	指示有报警，7 段数码管显示报警代码
9	黄色 ERR 灯亮	表明驱动装置参数设定错误或操作、控制错误，两只 7 段数码管显示错误代码

(2) 主轴驱动模块报警代码

当主轴驱动模块上红色 ALM 灯亮时指示模块有故障报警，这时可以查看两个 7 段数码管显示的报警代码来确定故障原因。常见的报警代码相对应的故障原因见表 9-19。

(3) 主轴驱动模块错误信息代码

当主轴驱动模块上黄色 ERR 灯亮时，表明驱动装置参数设定错误或操作、控制错误，这时两只 7 段数码管显示错误代码。错误信息代码相对应的含义见表 9-20。

表 9-19　发那科 αi 系列交流数字主轴驱动模块常见报警代码与故障原因

报警码	报警含义	故障原因
A	ROM 错误	①ROM 安装问题; ②ROM 版本不正确; ③控制板有问题; ④驱动装置需要初始化
A1	ROM 错误	
A2	ROM 错误	
01	电动机过热	①主轴电动机内置风机有问题; ②主轴电动机长时间过载; ③主轴电动机冷却系统有问题,影响散热; ④电动机绕组短路或者开路; ⑤温度检测装置有问题; ⑥检测系统参数不正确
02	实际转速与指令值不符	①电动机过载,机床切削负载过重; ②功率模块(IGBT 或 IPM)有问题; ③NC 设定的加/减速时间设定不合理; ④速度反馈信号有问题; ⑤速度检测信号设定不合理; ⑥电动机绕组短路或者断路; ⑦电动机与驱动模块电源线相序不对或者连接有问题
03	直流母线熔断器熔断	①功率模块(IGBT 或 IPM)有问题; ②电动机对地短路; ③直流母线内部短路
04	输入电源缺相	电源模块输入电源缺相
06	温度测量传感器故障	①电动机的温度传感器故障; ②电动机的温度传感器连接有问题; ③温度检测电路故障; ④检测系统参数设定不正确
07	电动机转速超过最大转速的 115%	参数设定或者调整不当
09	主电路过载、IPM 过热	①驱动模块风机有问题; ②环境温度过高; ③冷却系统有问题,影响散热; ④驱动模块长时间过载; ⑤温度检测系统有问题
11	直流母线过电压	①电源输入阻抗过高; ②驱动装置控制板有问题; ③再生制动晶体管模块有问题; ④再生制动电阻有问题
12	直流母线过电流、IPM 报警	①功率模块(IGBT 或 IPM)有问题; ②电动机电枢线输出短路; ③电动机绕组匝间短路或者对地短路; ④驱动装置控制板有问题; ⑤模块规格设定错误
19	U 相电流超过设定值	①控制板连接有问题; ②U 相逆变晶体管模块损坏; ③电动机 U 相线圈匝间短路或者对地短路; ④A/D 转换器有问题; ⑤U 相电流检测器电路有问题
20	V 相电流超过设定值	参考 19 报警,只不过是 V 相的问题
27	位置编码器断线	①编码器反馈电缆接触有问题; ②编码器有问题; ③驱动装置控制板有问题,检测回路故障; ④参数设定、调整不合理; ⑤反馈信号太弱; ⑥反馈电缆屏蔽不好

续表

报警码	报警含义	故障原因
29	短时过载报警	①驱动装置过载; ②负载有问题,太重
30	电源电路过流报警	①功率模块 IPM 有问题; ②电源模块输入回路有大电流流过
31	速度达不到额定转速,转速太低或不转	①电动机负载过重(例如、抱闸没有打开); ②电动机电枢相序不正确; ③速度检测电缆连接有问题; ④编码器有问题; ⑤速度反馈信号太弱或信号不正常
33	电源充电短路	①输入电压低于额定值的 15% 或缺相; ②主轴驱动装置连接错误或电抗器失效; ③电源模块控制板有问题
51	直流母线电压过低	①输入电压低于额定值的 15%; ②主轴驱动模块连接错误; ③驱动装置控制板有问题
54	电动机长时间过载	①机械负载过重; ②加/减速过于频繁
56	内部冷却风机报警	SPM 风机或者电源回路有问题
57	驱动装置减速功率过大	①加/减速过于频繁; ②外围温度过高; ③风扇有问题; ④再生放电电阻异常
58	驱动器主电路过载	①驱动装置风机有问题; ②环境温度过高; ③冷却系统有问题,影响散热; ④驱动模块长时间过载; ⑤温度检测系统有问题
59	风机报警	电源模块内置风机有问题
73	电动机传感器断线	①反馈电缆有问题; ②电缆信号屏蔽出现问题; ③接口连接出现问题; ④传感器出现问题
88	散热器冷却风扇不转	散热器冷却风扇或者供电线路出现问题
—	主电动机未励磁	主轴驱动模块驱动条件未满足
00	主电动机已励磁	

表 9-20　发那科 αi 系列交流数字主轴驱动模块常见错误代码与含义

显示代码	含　义
01	急停(＊ESP)与机床准备好(MRDY)信号未输入时,输入了正反转(SFR/SRV)或定向指令(ORCM)信号
11	在"伺服方式"指令输入时,其他控制方式已被定义
12	在"主轴同步控制"指令输入时,其他控制方式已被定义
13	在主轴定向准停指令输入时,其他控制方式已被定义
14	旋转方向 SFR/SRV 同时被指定
16	在"差动速度控制"功能(No. 4000.5＝0)未被指定时,输入了"差动速度控制"指令
17	速度检测参数(No. 4011.2,1,0＝0)设定错误
18	在未设定使用位置编码器(No. 4002.3,2,1,0＝0,0,0,0)的情况下,指定了位置编码器方式定向
21	在位置控制(伺服方式,定向等)动作中,输入了从属运行方式指令(SLV)
25	不是 SPM4 型主轴放大器,却设定了 Cs 轮廓控制功能(No. 4018.4＝1)
29	参数设定了使用最短时间定向功能(No. 4018.6＝0,No. 4320～No. 4233≠0),αi 系列交流数字主轴无法使用最短时间定向功能
31	硬件配置为不能使用主轴 FAD 功能
36	子模块 SM(SSM)的故障或者 SPM 与 SSM 间连接不正常

9.4 数控机床主轴系统故障维修案例

9.4.1 数控机床主轴控制装置故障维修案例

案例 1：一台数控外圆磨床主轴不旋转。

数控系统：西门子 805 系统。

故障现象：这台机床在启动砂轮主轴时，主轴不转。

故障分析与检查：这台机床的砂轮主轴使用交流电动机驱动，交流电动机由西门子 611A 交流主轴控制装置控制。

出现故障时检查伺服控制装置，没有发现报警。测量主轴伺服驱动模块（6SN1123-1AA00-0CA1）的交流输出，发现交流电压很低，检查给定电压和直流母线电压都正常，为此确定为主轴功率驱动模块损坏。

故障处理：更换新的主轴功率驱动模块后，机床砂轮主轴恢复正常旋转。

案例 2：一台数控外圆磨床出现报警"7006 Failure：Motor Controller（电动机控制器故障）"。

数控系统：西门子 805 系统。

故障现象：这台机床一次出现故障，开机 X 轴和 Z 轴正常回参考点，只是启动砂轮主轴时，砂轮主轴启动不了，出现 7006 报警，指示电动机控制器有故障。

故障分析与检查：在启动主轴时，观察主轴启动过程，发现主轴有要旋转的迹象，但慢速转动几转就报警了。所以，首先怀疑主轴功率驱动模块有问题，但更换后故障依旧；检查主轴电动机也没有发现问题。将主轴控制模块 6SN1121-0BA11-0AA1 更换也未能解决问题，至此问题有些纠结了。

观察伺服电源模块，发现 Enable（使能）信号灯在主轴启动时一闪一闪地亮，再分析这台机床伺服系统的构成，X、Z 轴的伺服驱动模块功率只有 8A，而主轴驱动模块的功率却有 50A，怀疑主轴驱动的功率较大，而伺服电源模块可能有问题，功率达不到额定值，带不动主轴驱动。

故障处理：更换伺服电源模块后，机床恢复正常运行。

案例 3：一台数控外圆砂轮主轴转不起来。

数控系统：西门子 805 系统。

故障现象：这台机床在启动砂轮主轴时，主轴速度旋转很慢，没有报警。

故障分析与检查：这台机床的砂轮主轴采用西门子 611A 主轴控制装置控制，在出现故障时检查主轴控制模块的液晶显示器也没有报警显示，主轴转速显示参数 P002 显示实际转速只有 70r/min 左右，与主轴的实际转速相同。这台机床的砂轮主轴转速设定是通过电位器连到主轴控制模块的 X421 端子排的端子 56 和 14 上的，启动主轴时测量 56 和 14 端子上的电压为 DC 9.6V，接近 10V，给定电压没有问题。因此怀疑主轴控制模块（6SN1122-0BA12-0AA0）有问题。

故障处理：将主轴控制模块拆下检查，发现上面油泥很多，用专用清洗剂清洗烘干后，安装上测试，故障依旧。恰好有一块以前损坏的主轴控制模块，将其上的三块插接的小插板依次更换到机床所用的主轴控制模块上，如图 9-28 所示，当更换编号为 4620087242.00 的小插板时，机床主轴转速恢复正常，说明这块小插板损坏。

案例 4：一台数控沟道磨床砂轮主轴转速不稳定。

数控系统：西门子 810G 系统。

故障现象：这台机床砂轮主轴旋转时，速度不稳定，时快时慢。

故障分析与检查：这台机床的砂轮主轴是由西门子 611A 交流模拟主轴伺服驱动装置控制的，出现故障时对主轴控制系统进行检查，通过其液晶显示器的显示，发现速度显示数值也不稳定，而且电流也不稳定，比较大。因此认为故障原因为砂轮主轴有问题或者功率驱动模块有问题。检查砂轮主轴和主轴电动机都没有发现问题，那么主轴功率驱动模块（6SN1123-1AA00-0DA0）损坏的可能性比较大。

故障处理：更换新的主轴功率驱动模块后，机床恢复正常工作。

案例 5：一台数控球道磨床启动砂轮主轴时出现报警"6001 Wheel Controller Not OK（砂轮控制器故障）"。

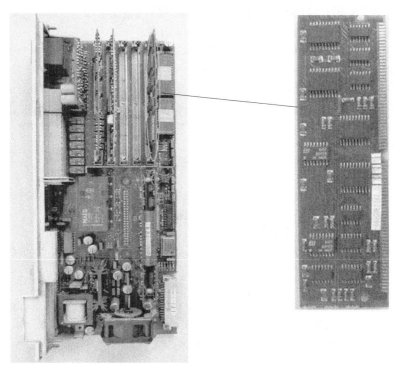

图 9-28　西门子 611A 主轴控制模块图片

数控系统：西门子 810G 系统。

故障现象：这台机床一启动砂轮主轴就出现 6001 报警，指示砂轮控制器有问题，砂轮启动不了。

故障分析与检查：这台机床的主轴控制系统采用西门子 611A 交流模拟主轴伺服驱动装置，在出现故障时在主轴驱动装置的液晶显示器上显示 F05 报警代码，查阅西门子 611A 使用手册，F05 报警代码指示主轴电动机没有电流。检查主轴电动机和功率驱动模块都没有问题，最后确认为主轴控制（参数设定和控制）模块出现问题。

故障处理：更换主轴控制模块，对模块进行初始化和参数设置后，机床恢复正常工作。

案例 6：一台数控加工中心在加工过程中出现报警 "6010 Spindle Controller Not OK（主轴控制器有问题）"。

数控系统：西门子 810M 系统。

故障现象：这台机床在加工时出现 6010 号 PLC 报警，指示主轴控制器出现故障，主轴不能旋转。

故障分析与检查：这台机床的主轴控制系统采用西门子 611A 交流模拟主轴伺服驱动装置，在主轴控制模块上有一个液晶显示器，正常工作时液晶显示器可以显示一些运行状态，在这个机床主轴出现故障时显示故障代码 F14。查阅西门子 611A 手册，F14 报警指示电动机超温，可能的原因有：

① 电动机过载；

② 电动机电流太大，或者参数 P096 设定错误；

③ 电动机冷却风扇故障；

④ 测量电路 1 故障；

⑤ 电动机绕组局部短路。

因为在启动主轴时，还没有进行切削加工，所以排除负载问题。用手转动主轴阻力也确实不大；检查主轴电动机也正常没有问题。为此，主轴功率驱动模块损坏的可能性非常大。

故障处理：更换主轴功率驱动模块，机床故障被排除。

案例 7：一台数控车床出现报警 "409 Servo Alarm：（Serial Error）（伺服报警，串行主轴错误）"。

数控系统：发那科 0TC 系统。

故障现象：这台机床在开机工作一段时间后，出现 409 报警，主轴停止工作。关机一会儿再开机还可以工作一段时间。

故障分析与检查：这台机床的主轴控制器采用发那科 α 系列交流数字伺服主轴驱动装置。分析故障现象，因为停机一段时间之后还可以工作，说明系统没有硬件损坏。

检查主轴电动机、电动机的电缆连接及机械部分都没有发现问题。出故障时对主轴驱动模块进行检查，发现主轴驱动模块上红色报警灯 ALM 亮，数码管显示"09"号报警代码。

α 系列交流数字伺服主轴驱动模块"09"号报警故障原因有：

① 驱动模块风机有问题；

② 环境温度过高；

③ 冷却系统有问题，影响散热；

④ 驱动模块长时间过载；

⑤ 温度检测系统有问题。

首先对主轴驱动模块进行检查，发现模块冷却风扇不转，进一步检查发现模块内的冷却轴流风机严重损坏，在工作时不能旋转通风散热，从而使模块超温，产生报警停机。

故障处理：更换新的轴流风机，驱动器重新安装上后，开机试车，机床故障消除。

案例 8：一台数控车床出现报警"409 Servo Alarm：（Serial Error）（伺服报警，串行主轴错误）"。

数控系统：发那科 0TC 系统。

故障现象：这台机床一次出现故障，系统显示 409 号报警，主轴启动不了。

故障分析与检查：这台机床的主轴控制装置采用发那科 α 系列交流数字主轴伺服驱动装置，因为报警指示主轴有问题，对主轴驱动模块进行检查，发现其数码管上显示"30"报警代码，指示电源电路过流报警。α 系列交流数字主轴伺服驱动模块"30"代码报警的原因有：

① 功率模块 IPM 有问题；

② 电源模块输入回路有大电流流过。

所以，怀疑主轴驱动模块有问题，与另一台机床的主轴驱动模块互换，故障转移到另一台机床上，说明确实是主轴驱动模块出现问题。

故障处理：主轴驱动模块维修后，机床恢复正常工作。

案例 9：一台数控车床出现报警"945 Serial Spindle Communication Error（串行主轴通信错误）"。

数控系统：发那科 0TC 系统。

故障现象：这台机床在正常加工工件时突然出现 945 号报警，指示主轴系统通信有问题，加工过程中止。

故障分析与检查：该机床采用发那科 α 系列交流数字串行主轴，因为报警指示主轴系统有问题，对主轴模块进行检查，发现主轴模块红色报警灯 ALM 亮，但数码管没有任何显示。关机重开，系统出现报警"408 Servo Alarm：（Serial Not RDY）（伺服报警：串行主轴没有准备）"，也是指示主轴系统有问题。因此怀疑主轴模块有问题，将该模块更换到另外一台机床上也是出现这个报警，说明确实是主轴模块出现问题。

故障处理：拆开主轴模块进行检查，发现如图 9-29 所示的内部侧板 A16B-2202-0432 主轴控制板损坏，更换后，系统恢复正常工作。

案例 10：一台数控车床主轴不旋转。

数控系统：发那科 0TC 系统。

故障现象：这台机床在启动主轴时，主轴不转，系统没有报警。

故障分析与检查：这台机床采用发那科 α 系列交流数字伺服驱动装置，在出现故障时检查主轴驱动装置，主轴控制模块的数码管上在系统启动前显示"03"号报警代码，数控系统启动后出现"11"号报警代码。怀疑主轴驱动模块有问题，与其他机床互换主轴驱动模块，故障转移到其他机床，说明确实主轴驱动模块出现故障。

故障处理：拆开主轴驱动模块进行检查，发现光电耦合板 A20B-2902-039 上有器件损坏，如图 9-30 所示，更换后，主轴驱动模块故障排除，机床恢复正常工作。

案例 11：一台数控车床出现"408 Servo Alarm：（Serial Not RDY）（伺服报警：串行主轴没有准备）"。

数控系统：发那科 0TC 系统。

故障现象：这台机床开机系统启动后出现 408 报警，指示串行主轴有问题。

故障分析与检查：这台机床采用发那科 α 系列交流数字伺服驱动装置，观察故障现象，在机床通电，系

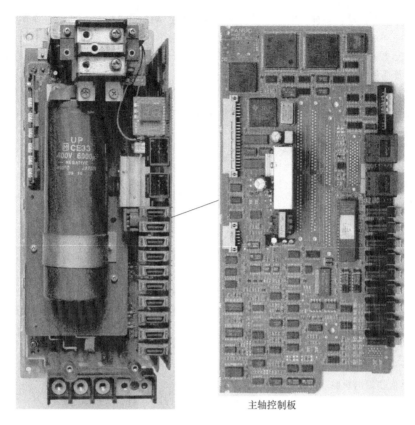

主轴控制板

图 9-29　发那科 α 数字串行主轴控制器图片

统没有启动时主轴控制模块 A06B-6088-H215♯520
上就显示"19"号报警代码，系统启动后主轴控制
模块报警号没有改变，系统产生 408 报警，指示串
行主轴故障。查看表 9-19，"19"报警代码指示"U
相电流超过设定值"，可能的原因有：

① 控制板连接有问题；
② U 相逆变晶体管模块损坏；
③ 电动机 U 相线圈匝间短路或者对地短路；
④ A/D 转换器有问题；
⑤ U 相电流检测器电路有问题。

将主轴控制模块拆开，与另一好的模块互换控
制侧板 A16B-2202-0432 没有解决问题，更换光电耦
合板 A20B-2902-039 也没有解决问题，说明主轴驱
动模块底板损坏。

故障处理：维修主轴驱动模块底板后，机床故
障排除。

案例 12：一台数控车床主轴低速时摆动。

数控系统：发那科 0TC 系统。

光电耦合线路板

图 9-30　发那科 α 主轴控制器图片

故障现象：这台机床在主轴低速旋转时，不按一个方向旋转，来回摆动。

故障分析与检查：观察故障现象，这台机床高速旋转（2000r/min 左右）时，没有问题，当拆卸工装卡
具需要低速旋转（5r/min）时，主轴卡盘摆动，并且没有转矩。与其他机床互换主轴驱动模块，故障转移到

其他机床，说明主轴驱动模块有问题。

故障处理：将主轴驱动模块拆开进行检查，发现内部侧板 A16B-2202-0432 控制板损坏，更换后，机床恢复正常工作。

案例 13：一台数控车床出现报警"409 Servo Alarm：（Serial Error）（伺服报警，串行主轴错误）"。

数控系统：发那科 0TC 系统。

故障现象：这台机床一次出现故障，系统显示 409 号报警，主轴启动不了。

故障分析与检查：这台机床的主轴控制装置采用发那科 α 系列交流数字伺服驱动装置，因为报警指示主轴有问题，对主轴控制装置进行检查，发现其数码管上显示"30"报警代码，查看表 9-19，"30"号报警代码指示"大电流输入报警"，可能的原因有：

① 功率模块 IPM 有问题；

② 电源模块输入回路有大电流流过。

怀疑主轴驱动模块有问题，与另一台机床的主轴驱动模块互换，故障转移到另一台机床上，说明确实是主轴驱动模块出现问题。

故障处理：主轴驱动模块维修后，机床恢复正常工作。

案例 14：一台数控车床出现报警"409 Aervo Alarm：（Serial ERR）（伺服报警，串行主轴错误）"。

数控系统：发那科 0TC 系统。

故障现象：这台机床开机出现 409 报警，指示主轴系统有问题。

故障分析与检查：这台机床的主轴控制装置采用发那科 A06B-6064-C312♯550 驱动控制器，出现故障时检查主轴控制装置，发现显示器上显示"AL-12"代码，并且报警灯亮，查阅主轴系统报警手册，AL-12 报警指示"直流母线过电流"，故障原因如下：

① 功率模块（IGBT 或 IPM）有问题；

② 电动机电枢线输出短路；

③ 电动机绕组匝间短路或者对地短路；

④ 驱动装置控制板有问题；

⑤ 模块规格设定错误。

对主轴控制装置进行检查发现一组 IGBT 损坏。

故障处理：更换损坏的 IGBT 后，机床故障消除。

案例 15：一台数控车床出现报警"409 Servo Alarm：（Serial ERR）（伺服报警，串行主轴错误）"。

数控系统：发那科 0TC 系统。

故障现象：这台机床在启动主轴时，出现 409 报警，主轴启动不了。

故障分析与检查：这台机床的主轴采用发那科 α 系列交流数字主轴伺服驱动装置控制，在出现报警时检查主轴控制装置，发现数码显示器上有"12"号报警代码显示，查阅主轴驱动装置的说明书，"12"号报警代码指示"直流母线过流报警"，检查主轴电动机没有发现问题。拆开主轴驱动装置进行检查，发现 V 相的 IGBT 损坏。

故障处理：更换 V 相 IGBT 后，机床恢复正常工作。

案例 16：一台数控车床主轴停车时间变长。

数控系统：发那科 0TC 系统。

故障现象：这台机床在主轴停车时，主轴停机时间变长，无报警显示，只是影响机床的使用效率。

故障分析与检查：首先对机床数据进行检查，没有发现问题，那么问题可能出在主轴控制器上。这台机床采用的是发那科 S 系列交流串行伺服主轴，对主轴控制装置进行检查，拆下控制板，发现板上一只刹车电阻放电烧坏。

故障处理：更换新的电阻后，机床故障消除。

案例 17：一台数控车床工作中突然出现报警"9021 SPN1：串行主轴错误（AL-021）"，自动加工程序无法运行。

数控系统：发那科 0i TC 系统。

故障现象：这台机床在自动加工过程中出现 9021 报警，指示主轴系统有问题。

故障分析与检查：这台机床的主轴采用发那科 αi 系列交流数字主轴控制系统，在出现故障时检查伺服系统，发现其上数码显示器显示"21"，如图 9-31 所示。查阅报警说明，21 号报警故障指示主轴驱动器 W 相电流超设定值。故障原因之一是主轴伺服控制装置损坏，与另一台机床互换主轴控制器，证明确实是主轴驱动装置损坏。

故障处理：主轴驱动装置维修后机床恢复正常工作。

9.4.2 数控机床主轴电动机故障维修案例

案例 1：一台数控车床主轴启动后有异响。

数控系统：西门子 810T 系统。

故障现象：启动主轴有异响。

故障分析与检查：手动操作方式下启停主轴，发现主轴一旋转就有异响，转速越快响声频率越高，主轴停止后，响声也没有了。这台机床的主轴采用直流系统，对主轴系统进行检查，发现响声是主轴直流电动机发出的，并有火花产生，对主轴直流电动机进行检查，发现换向环已经被烧蚀，与碳刷接触不良，所以电动机旋转时产生电火花，并伴随响声。

图 9-31　发那科 αi 系列主轴控制器报警显示

故障处理：对换向环进行处理，使表面平整光滑，安装上后机床恢复正常。

案例 2：一台数控外圆磨床出现报警"7006 Failure：Motor Controller（电动机控制器故障）"。

数控系统：西门子 805 系统。

故障现象：这台机床启动砂轮主轴时，砂轮开始转速很低，然后主轴停转并出现 7006 报警，指示电动机控制器有问题。

故障分析与检查：这台机床的砂轮主轴采用西门子 611A 交流模拟主轴驱动装置控制，出现 7006 报警时，检查主轴驱动装置，控制器的液晶显示器上有 F15 报警，指示主轴控制器过载。更换主轴驱动模块，没有解决问题。检查主轴电动机也没有发现明显问题。

故障处理：更换主轴电动机后，主轴启动正常，说明是主轴电动机出现故障。将主轴电动机拆开进行检查，发现轴承座出现问题，是机械问题使主轴电动机旋转时阻力过大引起的过载报警，维修后安装到机床恢复正常工作。

案例 3：一台数控外圆磨床工件磨削光洁度不好。

数控系统：西门子 805 系统。

故障现象：这台机床一次出现问题，磨削的工件光洁度不好。

故障分析与检查：据操作人员反映故障原因可能是砂轮转速有些偏低，这台机床的砂轮主轴由西门子 611A 交流模拟主轴驱动装置控制，通过检查驱动装置上的转速显示，发现确实转速变低，设定转速为 1200r/min，但主轴控制器显示实际转速只有 600r/min 左右。检查主轴的实际电流也满负荷，怀疑砂轮主轴电动机有问题，检查砂轮主轴电动机发现有绕组匝间短路现象。

故障处理：维修砂轮主轴电动机后机床故障消除。

案例 4：一台数控内圆磨床工件主轴不转。

数控系统：西门子 810G 系统。

故障现象：这台机床启动工件主轴后，工件主轴不转，并且没有报警。

故障分析与检查：根据机床电气控制原理，见图 9-32，该机床的工件主轴是由三相交流电动机 M5 带动的，电动机的通断电是靠接触器 7MC5 控制的，而 PLC 输出 Q7.5 控制接触器 7MC5 的通断。

为此，首先检查 PLC 的输出 Q7.5 是否正常，按下工件主轴启动键，这时利用系统的 Diagnosis（诊断）功能在线观察 PLC 输出 Q7.5 的状态，其状态变为"1"，说明 PLC 输出正常。然后观察接触器 7MC5 也吸合了，检查电动机上电压也正常，但电动机还是不转。检查电动机发现绕组已烧断。

故障处理：维修工件主轴电动机后，机床恢复正常工作。

案例 5：一台数控加工中心出现报警"409 Servo Alarm：（Serial Error）（伺服报警，串行主轴错误）"。

数控系统：发那科 0MC 系统。

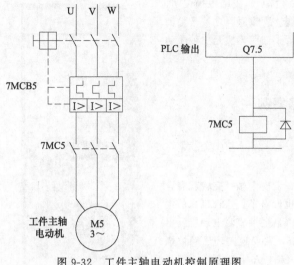

图 9-32 工件主轴电动机控制原理图

故障现象：这台机床在加工过程中，主轴运行突然停转，系统出现 409 报警指示主轴系统出现问题。

故障分析与检查：这台机床采用 S 系列主轴伺服控制装置，出现故障时检查主轴控制装置，发现其数码管上显示"AL-02"报警代码。关机再开，报警消除，机床还可以工作数小时，但长时间工作还是出现这个报警。查看主轴系统报警手册，"AL-02"报警代码指示主轴"实际转速与指令值不符"，可能的原因有：

① 电动机过载；

② 功率模块（IGBT 或 IPM）有问题；

③ CNC 设定的加/减速时间设定不合理；

④ 速度反馈信号有问题；

⑤ 速度检测信号设定不合理；

⑥ 电动机绕组短路或者断路；

⑦ 电动机与驱动模块电源线相序不对或者连接有问题。

检查主轴机械机构和加工条件，没有过载现象。因为关机再开，机床还可以工作，说明主轴驱动系统损坏的可能性很小。

对主轴电动机的绕组进行检查，发现 U 相绕组对地绝缘电阻较小，说明 U 相绕组存在局部对地短路现象。

拆开主轴电动机，发现电动机内部绕组与引出线的连接处绝缘套已经老化。

故障处理：对绝缘老化部分进行绝缘处理后，重新组装主轴电动机并进行安装，这时通电开机，机床稳定运行，故障消除。

案例 6：一台数控车床出现报警"409 Aervo Alarm：(Serial ERR)（伺服报警，串行主轴错误）"。

数控系统：发那科 0TC 系统。

故障现象：这台机床开机出现 409 报警，指示主轴系统有问题。

故障分析与检查：这台机床的主轴控制装置采用发那科 A06B-6064-C312♯550 驱动控制器，出现故障时检查主轴控制装置，发现显示器上显示"AL-56"报警代码，并且报警灯亮，查阅主轴系统报警手册 AL-56 报警指示"主轴风机有问题"，主轴风机安装在主轴电动机后面，对该风机进行检查，发现没有旋转，进一步检查确认主轴风机损坏。

故障处理：主轴风机修复后，机床故障消除。

案例 7：一台数控车床开机出现报警"409 Servo Alarm：(Serial Error)（伺服报警，串行主轴错误）"。

数控系统：发那科 0TC 系统。

故障现象：这台机床开机后，出现 409 报警，主轴旋转速度只有 20 转左右，并且有异响。

故障分析与检查：因为报警指示主轴系统有问题，并且转速不正常，说明是主轴系统的故障。

这台机床的主轴采用发那科 α 系列数字主轴系统，检查主轴放大器，在放大器上数码管显示有"31"号报警代码，根据报警手册，"31"号报警代码指示"速度检测信号断开"。但检查反馈信号电缆没有问题，更换主轴伺服放大器也没有解决问题。

根据发那科主轴电动机的控制原理在电动机内有一个磁性测速开关作为转速反馈元件，将这个硬件拆下检查，发现由于安装距离过近，主轴电动机旋转时将检测头磨坏，说明磁性测速开关损坏，该磁传感器为发那科的产品，型号为 A860-0850-V320，外形如图 9-33 所示，中间圆形器件就是检测传感器。

该传感器安装在主轴电动机的轴端，与检测齿轮的间距应在 0.1～0.15mm 中间，在现场安装时，可调整到单张打印纸可自由通过，但打印纸对折放置于其间略紧即可。

故障处理：更换磁性测速开关，机床恢复正常工作。

案例 8：一台数控车床出现报警"409 Servo Alarm：(Serial ERR)（伺服报警，串行主轴故障）"。

数控系统：发那科 0TC 系统。

故障现象：这台机床在启动主轴时出现 409 报警，指示串行主轴有问题。

故障分析与检查：该机床采用 α 系列数字串行主轴，对主轴驱动模块进行检查，发现模块的数码管上有"29"号报警。主轴伺服模块的"29"号报警的原因：

① 驱动装置过载；

② 负载有问题，太重。

图 9-33　发那科伺服数字主轴电动机测速传感器图片

首先检查主轴电动机负载是否过重，手动转动主轴感觉很轻，说明机械方面没有问题。

复位故障，然后设定转速 100，这时启动主轴旋转，发现面板负载表已摆动到最大，屏幕上显示主轴转速数值也不稳。用卡流表监视主轴电动机的电流，发现电流也有波动，并且波动范围比较大，在 5~20A 之间波动。

从转速和电流都有波动来看，似乎速度反馈有问题，发那科 α 主轴电动机采用磁传感器进行速度反馈，磁传感器安装在主轴电动机内靠近流风机一侧，拆开主轴电动机进行检查，发现磁传感器与检测齿轮距离有些近，拆下磁传感器检查发现测量头已磨损。

故障处理：更换磁传感器，调整好检测距离后，机床恢复正常工作。

案例 9：一台数控车床启动主轴时系统出现报警"409 Servo Alarm：(Serial ERR)（伺服报警：串行主轴错误）"。

数控系统：发那科 0TC 系统。

故障现象：一台数控车床启动主轴时系统出现报警"409 Servo Alarm：(Serial ERR)（伺服报警：串行主轴错误）"。

故障分析与检查：这台机床主轴伺服系统采用发那科 S 系列数字伺服装置，在出现故障时检查主轴系统，发现其数码管显示"AL-12"，如图 9-34 所示，查看报警手册，AL-12 指示"直流母线过电流"，可能的原因有：

① 功率模块（IGBT 或 IPM）有问题；

② 电动机电枢线输出短路；

③ 电动机绕组匝间短路或者对地短路；

④ 驱动装置控制板有问题；

⑤ 模块规格设定错误。

与其他机床互换主轴控制单元还是这台机床报警，说明主轴控制单元没有问题；检查发那科主轴电动机，发现绕组有问题，说明故障原因是主轴电动机损坏。

图 9-34　主轴控制器 AL-12 报警

故障处理：发那科主轴电动机维修后，机床恢复正常运行。

9.4.3 数控机床其他主轴故障的维修案例

案例 1：一台数控外圆磨床出现报警 "7001 Failure Grinding Wheel Lubrication（砂轮润滑故障）"。

数控系统：西门子 805 系统。

故障现象：这台机床出现 7001 报警，指示砂轮主轴润滑故障，砂轮主轴不能启动。

故障分析与检查：根据报警的提示信息，对主轴润滑装置进行检查，发现润滑泵出口压力没有问题。

根据系统工作原理，7001 报警是 PLC 报警，是 PLC 标志位 F108.1 置 "1" 所致。关于标志位 F108.1 的梯形图如图 9-35 所示，利用系统 Diagnosis（诊断）功能检查各个元件的状态，发现定时器 T2 得电是标志位 F108.1 置位的原因。

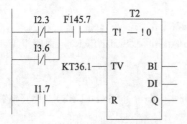

图 9-35 关于 7001 报警的梯形图

关于 T2 的梯形图如图 9-36 所示，对这个梯形图的各个元件进行检查发现 PLC 输入 I2.3 的状态为 "0" 是最终原因。

根据机床工作原理，PLC 输入 I2.3 的连接如图 9-37 所示，根据这个连接图进行检查，发现压力开关 9S2.1 的常闭触点断开。压力开关 9S2.1 是用来检测润滑过滤器是否堵塞的，其常闭触点断开，说明过滤器压力过大，有堵塞现象。

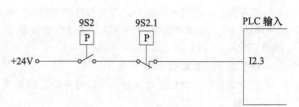

图 9-36 关于定时器 T2 的梯形图　　　图 9-37 PLC 输入 I2.3 的连接图

故障处理：对润滑过滤器进行清理、清洗之后，报警消除，机床恢复正常工作。

案例 2：一台数控外圆磨床出现报警 "7006 Failure：Motor Controller（电动机控制器故障）"。

数控系统：西门子 805 系统。

故障现象：这台机床启动砂轮主轴时，砂轮主轴开始转速很低，然后停转并出现 7006 报警，指示电动机控制器有问题。

故障分析与检查：这台机床的砂轮主轴采用西门子 611A 交流模拟主轴驱动装置控制，砂轮主轴采用普通三相异步电动机。在出现 7006 报警时，检查主轴控制器，驱动器的液晶显示器上有 F13 报警，查阅西门子 611A 手册，F13 报警为场控制器达到极限，原因如下：

① 电动机数据或控制器数据有问题；

② 电动机设定数据与实际线路 Y/△不符；

③ 电动机或控制器的数据完全错误。

检查 611A 的主轴系统设定数据没有发现问题，因为这个故障是更换主轴电动机之后出现的，所以怀疑电动机接法可能有问题。对电动机进行检查，电动机是△型接法，而换下的电动机为 Y 型接法，原来是电动机接法有问题。

故障处理：将电动机改成 Y 型接法后，机床报警消除恢复正常工作。

案例 3：一台外圆磨床在启动砂轮主轴旋转时，出现报警 "7021 Grinding Wheel Speed（磨轮速度）"。

数控系统：西门子 805 系统。

故障现象：在启动砂轮主轴时出现 7021 报警，指示砂轮速度不正常。

故障分析与检查：启动砂轮主轴时，观察砂轮发现速度确实很慢。分析机床的工作原理，砂轮主轴电动机 M0.5 是通过西门子伺服驱动模块 AMM（6SN1123-1AA00）控制的，如图 9-38 所示，而速度给定是通过一滑动变阻器 P9（图 9-39）来调节的，这个变阻器的滑动触点通过拉杆带动，随金刚石滚轮修整器的位置

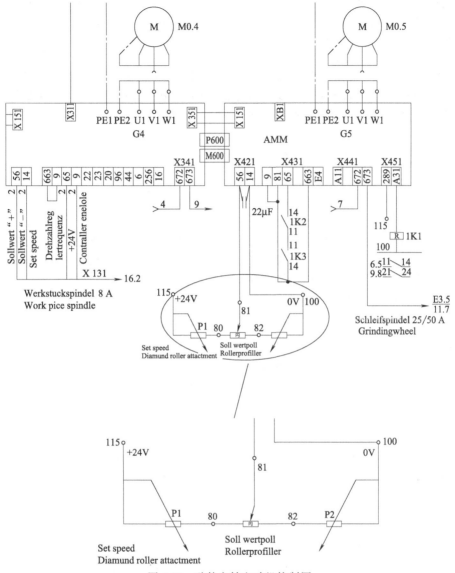

图 9-38　砂轮主轴电动机控制图

变化而变化，从而用模拟的办法保证磨轮直径变小后转速给定电压提高、砂轮转速加快，使砂轮的线速度保持不变。测量伺服模块的模拟给定输入 56 号和 14 号端子间的电压，发现只有 2.6V 左右，因为给定电压低，所以砂轮转速低。根据机床控制原理分析，P9 在磨床内部，其滑动触头跟随砂轮直径的大小变化。因为机床内工作环境恶劣，容易损坏，并且测量 P1 和 P2 没有问题，电源电压也正常，说明是 P9 出现了问题。

图 9-39　滑动变阻器图片

故障处理：将随动滑动变阻器 P9 拆下检查，发现电缆插头里有许多磨削液，清洁后，测量其阻值变化正常，重新安装后，机床故障消除。

案例 4：一台数控车床出现报警"2154 Spindle Measuring System Dirty（主轴测量系统脏）"。

数控系统：西门子 810T 系统。

故障现象：这台机床一次出现故障，机床出现 2154 号报警，指示主轴转速反馈系统有问题。

故障分析与检查：因为西门子 810T 系统的 2154 报警指示主轴编码器信号有问题，因此对主轴转速反馈系统进行检查，反馈电缆和电缆接头都没有问题，因此怀疑编码器有问题，采用互换法与这台机床另一个工位的主轴编码器对换，故障报警转移到另一工位上，说明确实是编码器出现故障。

故障处理：更换新的编码器，机床故障消除。

案例 5：一台数控球道磨床启动砂轮主轴时出现报警"6001 Wheel Fr. Converter Not OK（砂轮变频器有故障）"。

数控系统：西门子 810G 系统。

故障现象：这台机床在启动砂轮主轴时出现 6001 报警，主轴启动不了。

故障分析与检查：该机床的砂轮主轴也采用电主轴，是由西门子 611A 交流模拟主轴伺服驱动装置控制的，检查驱动装置的液晶显示器上有 F05 报警，指示电动机有问题，检查主轴电动机，发现有一根电源线脱落，造成电动机缺相，使驱动装置产生报警，导致主轴启动不了。

故障处理：将主轴电动机的电源线重新焊接后，主轴恢复正常工作。

案例 6：一台数控沟道磨床启动砂轮主轴时出现"2000 Emergency Stop（急停）"。

数控系统：西门子 810G 系统。

故障现象：这台机床一启动主轴砂轮就出现 2000 急停报警。

故障分析与检查：这台机床的主轴控制系统采用西门子 611A 交流模拟主轴伺服驱动装置。因为一启动主轴就出现急停报警，首先对伺服驱动模块进行检查，没有发现问题，更换新的模块也没有解决问题。

检查砂轮主轴电动机也没有发现问题。利用其他电动机直接连接到驱动模块上测试，正常启动不出现报警。因此怀疑可能电缆连接有问题，对砂轮主轴的电源电缆进行检查，没有发现问题。

最后发现砂轮主轴电动机的电缆插头上一相电源插头与热敏电阻的连接插头绝缘击穿，导致一启动砂轮主轴，交流电就连接到 PLC 的温度检测输入端，数控系统及时采取保护措施，停机并出现急停报警。

故障处理：更换砂轮主轴电动机电缆连接插头，开机测试，这时机床恢复正常工作。

主轴编码器连接皮带

主轴编码器

图 9-40　数控车床主轴编码器位置图片

案例 7：一台数控车床启动主轴时出现报警"7006 Spindle Speed Not in Target Range（主轴速度不在目标范围内）"。

数控系统：西门子 810T 系统。

故障现象：这台机床一次出现故障，在启动主轴旋转时出现 7006 报警，不能进行自动加工。

故障分析与检查：因为故障指示主轴有问题，观察主轴已经旋转，在屏幕上检查主轴转速的数值，发现为 0，所以出现报警。但实际上主轴不但已经旋转而且转速问题也不大。因此怀疑可能转速反馈系统有问题。对主轴转速反馈系统进行检查，发现主轴编码器是通过皮带带动的，皮带已经断开了，使主轴编码器不随主轴旋转，导致没有速度反馈信号。

故障处理：更换主轴传动皮带，如图 9-40 所示，机床恢复正常工作。

案例 8：一台数控车床出现报警"2153 Control Loop Spindle HW（主轴控制环硬件）"。

数控系统：西门子 810T 系统。

故障现象：这台机床开机就出现 2153 报警，指示主轴控制回路硬件有问题。

故障分析与检查：根据报警信息和经验，"控制环硬件"故障一般都是反馈回路有问题，这台机床的主轴采用编码器作为速度反馈元件。对主轴编码器进行检查，发现主轴编码器插头松动。

故障处理：将主轴编码器连接电缆从编码器上拆下，重新插接并锁紧，这时开机，机床故障消除。

案例 9：一台数控球道磨床启动砂轮主轴时出现报警"6023 EL. Spindle Temperature Not OK（电主轴温度不正常）"。

数控系统：西门子 810M 系统

故障现象：在机床启动后，就出现 6023 报警，指示砂轮主轴超温，无法启动。

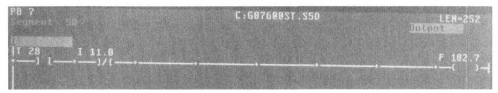

图 9-41 产生 PLC 报警 6023 的梯形图

故障分析与检查：因为系统报警为砂轮主轴超温报警，检查电主轴，并不热，说明是温度检测环节有问题。

根据西门子 810M 系统的报警机理，6023 报警是因为 PLC 标志位 F102.7 被置位引起的，关于 F102.7 的梯形图见图 9-41，由于 T28 的状态为"1"和 I11.0 的状态为"0"，使标志位 F102.7 被置"1"。

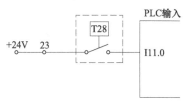

图 9-42 PLC 输入 I11.0 的连接图

根据机床工作原理 T28 的状态为"1"是正常的，PLC 输入 I11.0 连接的是主轴电动机内的热敏电阻，如图 9-42 所示，测量电动机的热敏电阻阻值正常没有问题，测量电动机上两个热敏电阻连接端子都没有 24V 电压，说明 24V 电源没有连入热敏端子，根据图纸进行检查，发现端子 23 松动，使 24V 电源断开。

故障处理：将 23 号端子的螺钉紧固后，机床报警消除，恢复了正常工作。

案例 10：一台数控车床出现报警"6015 Spindle Controller Not OK（主轴控制器故障）"。

数控系统：西门子 810T 系统。

故障现象：这台机床在启动主轴时，出现 6015 报警，指示主轴控制器故障。

故障分析与检查：这台机床采用西门子 611A 交流模拟主轴伺服驱动装置，主轴采用西门子 1PH6 系列伺服电动机。出现故障时检查伺服装置，发现主轴控制模块的液晶显示器上显示 F09 报警。

查阅西门子 611A 手册，F09 报警为编码器有问题。这台机床的主轴电动机使用电动机内置编码器作为速度检测元件，检查编码器连接没有问题；与其他机床互换主轴驱动控制模块，没有排除问题，那么肯定是主轴电动机的编码器损坏。

故障处理：更换主轴编码器，机床恢复正常。

案例 11：一台数控内圆磨床出现报警"6019 Spindle Inverter Not Healthy（主轴变频器有问题）"。

数控系统：西门子 810G 系统。

故障现象：这台磨床启动砂轮主轴时出现 6019 报警，指示主轴变频器有问题，主轴还没有达到工作转速就停转。

故障分析与检查：根据机床的工作原理，这台机床的砂轮主轴是电主轴，转速可达两万转左右，由英国 UNIDIVE 变频器控制的。在出现故障时检查变频器，发现变频器上有 OI. AC 报警，查阅手册这个报警指示变频器过电流，在启动主轴时查看变频器的实际电流显示，发现超过变频器的设定值，用电流卡表监视变频器的输出电流也确实偏高，检查砂轮主轴电动机没有发现问题，更换主轴电动机也没有解决问题，在检查变频器到主轴电动机的电源电缆的绝缘时，发现电缆绝缘不好，对电源电缆进行检查，发现电源插头有些碳化，导致绝缘不好。

故障处理：更换电源插头后，机床恢复正常工作。

案例 12：一台数控外圆磨床出现报警"700712 RP1：Wheel Inverter Alarm（磨轮变频器报警）"。

数控系统：西门子 810D 系统。

故障现象：这台机床在磨削加工时出现 700712 号报警，指示磨轮电动机变频控制器故障。

故障分析与检查：这台机床磨轮电动机是由变频器控制的，在出现故障时检查变频器有 U7 报警，指示变频器过载。报警 10min 后，可以消除故障报警。磨轮电动机这时可以正常启动，在加工过程中，监视变频器的电流变化，在没有磨削工件时，变频器的电流为 5A，在磨削工件时电流逐渐增大，最后达到 23A，这时变频器产生 U7 报警，西门子 810D 数控系统也跟随产生 700712 报警，磨削停止，根据这些现象分析是负载过大引起变频器报警的。

根据机床操作人员反映，这台机床的砂轮磨削 10 个工件修整一次，修整后前几个工件磨削正常，后来就产生报警了。根据这一信息，重新修整砂轮，然后进行工件磨削，这时观察变频器的负载电流，发现磨削前几个工件时，电流为 12A 左右，后来逐渐提高，在磨削第 8 个工件时，电流达到 23A，这时变频器报警。据此分析可能砂轮修整得不好，检查修整砂轮的金刚石笔发现有些钝，不能将砂轮修整得足够锋利。

故障处理：更换金刚石笔后，机床恢复正常工作。

案例 13：一台数控铣床主轴电动机转速不稳。

数控系统：西门子 840D pl 系统。

故障现象：这台机床在工作时发现主轴转速不稳定，时快时慢。

故障分析与检查：这台机床的主轴电动机采用西门子 1PH7 主轴电动机，使用西门子 611D 交流数字伺服驱动装置控制。分析主轴转速不稳的原因可有以下几个方面：

① 主轴驱动装置的机床数据调整不当，没有进行优化，使主轴驱动装置没有达到最佳工作状态。由于这台机床在出现故障之前，主轴工作一直很正常稳定，可以将这种可能排除。

② 由于干扰原因引起的，但机床其他部分工作正常，因此这种可能性也不大。

③ 转速反馈回路有问题，即主轴编码器有问题、编码器连接电缆有问题或者主轴伺服控制模块有问题等造成主轴控制环工作不稳定。为此，对编码器的电缆连接进行检查，发现编码器电缆插头连接松动，导致了主轴电动机转速不稳。

故障处理：将主轴编码器的电缆连接插头紧固后，机床故障消除，主轴稳定旋转。

案例 14：一台数控外圆磨床启动主轴时出现报警"700026 Electro Spindle Coolant 10B1 Not OK（电主轴冷却有问题）"。

数控系统：西门子 840D pl 系统。

故障现象：这台机床在启动主轴时出现 700026 报警，指示电主轴冷却装置有问题，主轴启动不起来。

故障分析与检查：这台机床的电主轴采用单独循环水冷却系统，在启动主轴时，观察冷却装置，启动十几秒后在冷却装置的显示器上出现报警 AFd，指示冷却系统有问题。为此检查冷却泵是否启动，发现冷却泵根本没有启动，检查冷却泵发现冷却泵电动机的绕组已烧断，说明电动机损坏。

故障处理：维修冷却泵电动机，机床恢复正常工作。

案例 15：一台数控球道磨床出现报警"700026 Electro Spindle Coolant 10B1 Not OK（电主轴冷却不良）"。

数控系统：西门子 840D pl 系统。

故障现象：这台机床开机工作一段时间后出现 700026 报警，指示主轴冷却装置有问题。

故障分析与检查：这台机床的砂轮主轴采用电主轴，电主轴使用冷却水冷却，冷却水装置采用自制冷系统——具有压缩机制冷换热的冷却系统，检查制冷装置显示器有 AFd 报警，检查冷却水温，温度很高，说明可能是制冷装置的冷却剂不足。

故障处理：添加制冷剂后，机床故障消除。

案例 16：一台数控车床出现"408 Servo Alarm：（Serial Not RDY）（伺服报警：串行主轴没有准备）"。

数控系统：发那科 0TC 系统。

故障现象：这台机床一次出现故障，系统显示 408 号报警，指示主轴驱动装置没有准备。

故障分析与检查：这台机床的主轴控制器采用发那科 α 系列交流数字伺服驱动装置，检查主轴驱动装置，发现数码管显示器显示"- -"，指示控制器没有准备。所以，首先对主轴控制器上的各种电缆插头进行检查，最后发现电缆插头 JA7B 连接不良，并且有油污。

故障处理：对电缆插头 JA7B 进行清洁处理，然后重新插接，这时机床恢复正常工作。

案例 17：一台数控车床出现报警"409 Servo Alarm：（Serial ERR）（伺服报警，串行主轴错误）"。

数控系统：发那科 0TC 系统。

故障现象：这台机床在启动主轴时出现 409 报警，主轴启动不了。

故障分析与检查：这台机床在更换主轴模块后，启动主轴时出现这个报警。这台机床的主轴采用发那科α系列交流数字主轴伺服控制器控制，在出现报警时检查主轴控制装置，发现数码显示器上有"31"号报警代码显示。查阅主轴控制器的说明书，"31"号报警原因如下：

① 速度检测有问题，因为在换主轴驱动模块之前没有这个报警，并且主轴基本没有旋转，检查电缆的连接也没有问题，这种可能被排除；

② 电动机负载太重，但速度转动主轴，发现负载并不重；

③ 电动机相序不对，对相序进行检查，发现 U、V 搞混了，使相序连接出现问题。

故障处理：正确连接电动机电枢的相序后，机床恢复了正常工作。

案例 18：一台数控车床出现报警"408 Servo Alarm：（Serial Not RDY）（伺服没有准备）"。

数控系统：发那科 0TC 系统。

故障现象：这台机床一次故障出现 408 报警，伺服系统不能工作。

故障分析与检查：出现报警时检查系统还有报警"414 Servo Alarm：X Axis Detect ERR（伺服报警 X 轴检测错误）"和"424 Servo Alarm：Z Axis Detect ERR（伺服报警 Z 轴检测错误）"。其中 408 报警是主轴报警。X 轴、Z 轴和主轴都报警说明是公共故障，这台机床的伺服系统采用发那科α系列伺服系统，首先对伺服系统的公共部分——伺服电源模块进行检查，发现电源模块的直流母线松动，通电时接触不好，产生火花，从而产生报警。

故障处理：将直流铜母线排拆下检查发现已经烧蚀。为此，制作新铜母排，安装紧固好后，如图 9-43 所示，通电试车，机床恢复正常工作。

案例 19：一台数控车床开机出现报警"409 Aervo Alarm：（Serial ERR）［伺服报警（串行主轴错误）］。"

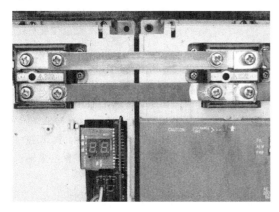

图 9-43　发那科α系列伺服系统直流母线连接图片

图 9-44　主轴伺服模块报警代码图片

数控系统：发那科 0TC 系统。

故障现象：这台机床开机出现 409 报警，指示串行主轴系统有问题。

故障分析与检查：这台机床采用发那科α系列数字伺服系统，检查伺服模块，报警灯亮，数码显示器上显示"27"号报警代码，如图 9-44 所示。查阅伺服系统报警手册"27"报警代码指示"位置编码器信号出错"，故障原因有：

① 编码器反馈电缆接触有问题；

② 编码器有问题；

③ 驱动装置控制板有问题，检测回路故障；

④ 参数设定、调整不合理；

⑤ 反馈信号太弱；

⑥ 反馈电缆屏蔽不好。

先对主轴编码器反馈电缆进行检查，发现电缆有折断现象。

故障处理：对编码器反馈电缆折断处进行处理，这时开机运行，机床报警消除。

主轴倍率开关背面

图 9-45　数控车床操作面板图片

案例 20：一台数控车床主轴转速不稳。

数控系统：发那科 0TC 系统。

故障现象：在机床切削加工过程中，主轴转速不稳定。

故障分析与检查：利用 MDI 方式启动主轴旋转时，发现主轴稳定旋转没有问题。而自动切削加工时，却经常出现转速不稳的问题。

在加工时仔细观察系统显示屏幕，发现除了主轴实际转速变化外，主轴速度的倍率数值也在变化。

检查主轴转速倍率设定开关没有问题，对电气连线进行检查，发现主轴倍率开关的电源连线 24NC 的焊点开焊，如图 9-45 所示，在加工时由于振动导致电源线接触不良，有时能够接触上，有时接触不上，使主轴速度的倍率发生变化，最后造成主轴转速不稳。而在 MDI 方式下，没有进行加工，没有振动，所以倍率开关电源线可以接触上，倍率不发生变化，主轴转速也就是稳定的。

故障处理：将该开关上的电源线焊接上后，主轴转速恢复稳定旋转。

案例 21：一台数控内圆磨床在加工过程中，电主轴突然反转。

数控系统：发那科 0iTC 系统。

故障现象：这台机床在工作过程中，突然听到异响，电主轴反转，砂轮撞到工件。手动控制电主轴正反转正常。

故障分析与检查：根据机床工作原理分析，电主轴异常反转可能的原因有：

① 控制电主轴的变频器故障导致相序改变；

② 砂轮主轴电动机瞬间缺相；

③ 砂轮主轴电动机动力电缆接触不良。

为此，检查电主轴的电缆，没有发现明显接触不良现象。检查主轴电动机，也没有发现问题。利用交换法，与其他机床的变频器互换，证明变频器也没有问题。重新分析，感觉可能是电主轴的电缆接线瞬间接触不良引起了这个故障，取下工件使机床空运转，发现工作台移动时出现电主轴反转现象，为此认为可能是工作台运动时拉动电主轴电缆，造成了接触不良。

故障处理：更换新的电主轴航空插头和动力电缆，这时开机运行，故障消除。

案例 22：一台数控车床手动启动主轴不旋转。

数控系统：发那科 0iTC 系统。

故障现象：这台机床手动操作方式下启动主轴不旋转。

故障分析与检查：对故障现象进行观察，在自动操作方式下运行加工程序主轴旋转没有问题，而在手动方式下，主轴不旋转。根据机床工作原理，手动操作方式下主轴速度设定是通过机床操作面板上的电位器来调整的，如图 9-46 所示。

查看机床电气图纸，面板上的主轴调速电位器连接到发那科 αi 主轴伺服模块的 JY1 接口，如图 9-47 所示，根据电气连接图纸对 0VR2 端子的电压进行检测，无论怎样调节电位器 RP，其电压都为 0 没有改变。

对电位器 RP 进行检测，发现已经损坏。

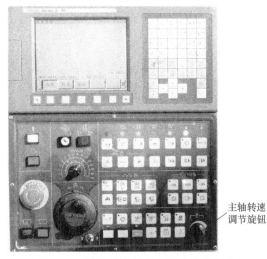

图 9-46　数控车床操作面板电位器图片

主轴转速
调节旋钮

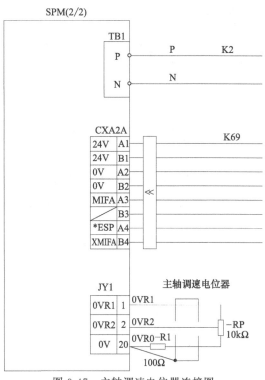

图 9-47　主轴调速电位器连接图

故障处理：更换新的电位器 RP 后，机床主轴在手动操作状态下启动可以旋转，调速功能也恢复正常。

案例 23：一台数控车床主轴旋转出现报警 "1068 Alarm-A Speed Deviation Too Large Spdl（主轴转速偏差太大）"。

数控系统：日本 OKUMA OSP 7000L 系统。

故障现象：这台机床更换电主轴的轴承后，开机启动主轴时出现 1068 报警，主轴转不起来。

故障分析与检查：因为是维修主轴之后出现的这个报警，所以怀疑主轴没有维修好，但进行检查没有发现问题。用低速旋转主轴，可以转起来，但机床主轴负载表显示负载率为 180%，过高，此时屏幕没有显示主轴速度。因此怀疑转速检测环节有问题，该机床的转速传感器采用 OKUMA 专用的编码器检测，如图 9-48 所示，主轴上安装有检测齿轮，编码器通过对齿轮的齿数计数，达到检测转速的功能。将主轴速度检测传感器拆下检查，发现由于安装不良，使传感器表面划伤，造成传感器损坏。

转速传
感器

检测
齿轮

电主轴

图 9-48　主轴转速传感器安装位置图

故障处理：更换速度检测传感器后，调整好间距，可以先将间隙调大，再逐渐调小直到系统能够检测到转速为止，但间距不能小于对折打印纸的厚度。转速传感器检测距离调整好后，主轴恢复正常工作。

第⑩章 数控机床机械系统的故障维修

10.1 数控机床机械系统故障的种类与诊断方法

10.1.1 数控机床机械系统的构成

数控机床由于很多动作都是自动（电动、液压和气动）控制的，其机械结构与以往的普通机床有较大的区别。数控机床的机械系统主要由以下部分组成：

① 机床基础件，如床身、底座等；

② 进给传动系统；

③ 主传动系统；

④ 实现工件分度、定位的装置和附件；

⑤ 刀塔（刀架）或自动换刀装置（ATC）；

⑥ 自动托盘交换装置（APC）；

⑦ 尾座；

⑧ 辅助装置，如液压、气动、润滑、冷却、排屑、防护等装置；

⑨ 特殊功能装置，如机械手、刀具监控、自动在线测量、砂轮自动平衡装置等；

⑩ 各种反馈信号装置及元件。

10.1.2 数控机床机械系统的主要特点与要求

数控机床是在数控系统控制下进行自动加工的，而普通机床在加工过程中需要操作人员手动进行操作，这就要求数控机床的机械系统要适应自动化控制的需求。数控机床对机械系统有如下要求：

① 有很高的加工精度、加工效率以及稳定的加工质量；

② 具有较好的刚性和抗振性；

③ 尽量减少热变形和运动部件产生温差引起的热负载；

④ 应充分满足工艺复合化，一次装卡，多工序加工；

⑤ 充分满足功能集成化，工件可以自动定位，可以对刀、刀具进行破损监控，可以对工件精度进行检测等；

⑥ 具有良好的操作、安全防护性能。

数控机床为达到高精度、高效率、高自动化的要求，其机械系统应具有如下特点：

① 高刚度与良好的抗振性能；

② 热变形小；

③ 高灵敏度；

④ 高抗振性；

⑤ 高精度保持性；

⑥ 高可靠性；

⑦ 低摩擦系数导轨；

⑧ 机械结构大为简化；

⑨ 应用了高频率与无间隙的传动装置与元件。

10.1.3 数控机床机械系统故障的类型和特点

数控机床的机械故障是指机械系统（零件、组件、部件、整台设备和设备组合）因偏离其设计状态而表失部分或者全部功能的现象。如机床运转不平稳、轴承噪声过大、机械手夹持工件或刀具不稳定等现象都是机械故障的表现形式。

数控机床机械故障主要发生在机械结构、润滑、冷却、排屑、液压、气动和防护等装置上。数控机床机械系统故障有如下几类：

① 功能型故障　主要指工件加工精度方面的故障，表现在加工精度不稳定，加工误差大，运动方向误差大，工件表面粗糙。

② 动作型故障　主要指机床各执行部件动作故障，如主轴不旋转、液压换向不灵活、工件或刀具夹不紧或松不开、刀塔（刀架）或刀库转位定位不准。

③ 结构型故障　主要指主轴发热、主轴系统噪声大、切削时产生振动等。

④ 使用型故障　主要指因使用和操作不当引起的故障，如由切削量过大造成过载引起的机械部件损坏、撞机等。

在机械故障出现以前，可以通过维护保养来延长机械部件的寿命。当故障发生以后，一般轻微的故障可以通过恰当调整来解决，如采取调整配合间隙、润滑供油量、液（气）压力、流量、轴承及滚珠丝杠的预紧力、堵漏等措施。对于已磨损、损坏或丧失功能的机械部件，应该通过修复或更换的方法来排除故障。

10.1.4　数控机床机械系统故障的诊断

数控机床在运行过程中，机械零部件受到力、热、摩擦以及磨损等多种因素的作用，运行状态不断变化，一旦发生故障往往会导致不良后果。因此，必须在机床运行过程中，对机床的运行状态进行监测，及时做出判断并采取相应的措施。运行状态异常时，必须停机检修或停止使用，这样就大大提高了机床运行的可靠性，进一步提高数控机床的利用率。数控机床机械系统故障诊断包括对机床运行状态的识别、预测和监视三个方面的内容，通过对数控机床机械装置的某些特征参数，如振动、噪声和温度等进行测定，将测定值与规定的正常值进行比较，可以判断机械装置工作状态的趋势性规律，从而对机械装置进行预测和预报。当然，要做到这一点，需要具备丰富的经验和必要的检测仪器、设备。

数控机床机械系统故障的诊断方法分为实用诊断技术、常用诊断技术、现代诊断技术等。

(1) 实用诊断技术

实用诊断技术也称为机械检测法，由维修人员借用简单的工具、仪器，如百分表、水准仪、光学仪等，通过人的器官，根据形貌、声音、温度、颜色、气味的变化来诊断。通过这个方法可以快速测定故障部位、监测劣化趋势，以选择有疑难问题的故障进行精密诊断。但是这需要检测者有丰富的实践经验，目前这种方法被广泛应用在现场诊断。

1) 问

问就是询问机床故障发生的经过，弄清故障是怎样发生的。一般机床操作者熟知机床的性能，故障发生时又在现场，所提供的情况对故障诊断非常重要。通常需要询问下列问题：

① 机床开动时有哪些异常现象；

② 对比故障出现前后的工件精度和表面粗糙度，以便分析故障产生的原因；

③ 传动系统是否正常；

④ 润滑油品牌、油号是否符号要求，用量是否适当；

⑤ 以前是否出现过类似故障，如何处理的；

⑥ 机床何时进行过保养检修等。

2) 看

① 看转速　观察主传动速度的变化，如皮带传动的线速度变慢，可能是传动带过松或负荷过大，对主传动系统中的齿轮，主要看是否有跳动、摆动等，对传动轴主要观察是否弯曲或跳动。

② 看颜色　如果机床转动部位，特别是主轴和轴承运转不正常，就会发热，长时间升温会使机床外表颜色发生变化，大多呈黄色。油箱里的油也会因温度过高而变稀，颜色变样。有时因长时间没有换油、杂质过多或油变质变成深墨色。

③ 看伤痕　机床机械零部件碰伤损坏部位很容易发现，若发现裂纹时，应做标记，隔一段时间再比较是否变大，以便进行综合分析。

④ 看工件　从工件来判断机床故障的原因，若车削后的工件表面粗糙度 Ra 数值大，主要是由于主轴与

轴承之间的间隙过大，溜板、刀塔（刀架）等压板衔铁有松动及滚珠丝杠预紧松动等原因所致；若是磨削后的工件表面粗糙度 Ra 数值大，主要是由于主轴或砂轮动平衡差，机床出现共振及工作台爬行等原因引起的；若加工后的工件表面出现波纹，则看波纹是否与机床传动齿轮的啮合频率相等，如果相等，则表明齿轮啮合不良是故障的主要原因。

⑤ 看变形　观察机床的传动轴、滚珠丝杠是否变形；观察直径较大的带轮和齿轮的端面是否跳动。

⑥ 看油箱和冷却液箱　观察油和冷却液是否变质，确定是否能够继续使用，如果不能使用则需要更换新油和冷却液。

3）听

利用人的听觉来判断机床运转是否正常，一般运行正常的机床其声音具有一定的音律和节奏，并保持持续的稳定。机械运动发出的正常音响大致可以归纳为以下情况：

① 一般做旋转的机械部件在运转区间较小或处于封闭系统时，多发出平静的声音；若处于非封闭的系统或运行区间较大时，多发出较大的蜂鸣声；各种大型机床则产生低沉而振动声浪很大的声音。

② 正常运行的齿轮副一般在低速下无明显的声响；链轮和齿条传动副一般发出平稳的声音；直线往复运动的机械部件一般发出周期性的"咯噔"声；常见的凸轮顶杆机构、曲柄连杆机构和摆动摇杆机构等通常都发出周期性的"嘀哒"声；多数轴承副一般无明显的音响，借助传感器（通常用金属杆或螺钉旋具）可听到较为清晰的"嘤嘤"声。

③ 各种介质的传输设备产生的输送声一般均随传输介质的特性而异。如气体介质多为"呼呼"声；流体介质为"哗哗"声；固体介质发出"沙沙"声或"呵罗呵罗"声。

4）触

用手感来判断机床的机械故障部位，通常有以下几个方面：

① 温升　人的手指触觉是很灵敏的，能相当可靠地判断各种异常的温升，其误差可准确到 3～5℃。根据经验可以得出表 10-1 所示的手感温度的大概范围。

应当注意的是为了防止手指烫伤，一般先用并拢的食指、中指和无名指指背部位轻轻触及机械部件的表面，断定对皮肤无损害后才能用指肚或手掌来触摸。

表 10-1　手触机床感受温度的一般规律

机床的温度	手触摸时的感觉
0℃左右	手感觉冰凉，长时间触摸会产生刺骨的感觉
10℃左右	手感到较凉，但可以忍受
20℃左右	手感到稍凉，随着接触时间延长，手感到弱温
30℃左右	手感到微温，有舒适感
40℃左右	手感如触摸高烧病人
50℃左右	手感到较烫，如掌心握的时间较长会有汗感
60℃左右	手感到很烫，但可以忍受 10s 左右
70℃左右	手有痛感，且手的接触部位很快出现红色
80℃左右	瞬时接触手感"麻辣火烧"，时间过长可出现烫伤

② 振动　轻微振动可用手感来鉴别，至于振动的大小可找一个固定基点，用一只手去触摸便可以比较出振动的大小。

③ 伤痕和波纹　用肉眼看不清的伤痕和波纹若用手指去触摸可以很容易地感觉出来。正确的方法是：对圆形的零件要沿切向和轴向分别去摸；对于平面则要左右、前后均匀去摸。触摸不能用力太大，轻轻用手指放在被检测面上接触即可。

④ 爬行　用手摸可直观地感觉出来，造成爬行的原因很多，常见的是润滑油不足或选择不当；活塞密封过紧或磨损造成机械摩擦阻力加大；液压系统进入空气或压力不足等。

⑤ 松或紧　用手转动主轴或摇动手轮，即可感到接触部位的松紧是否均匀适当，从而可判断出这些部位是否完好可用。

5）嗅

由于剧烈摩擦或电气元件绝缘破损短路，使附着的油脂或其他可燃物质发生氧化蒸发，燃烧产生油烟、焦糊气等异味，应用嗅觉诊断的方法可收到较好的效果。

(2) 常用诊断技术

常用诊断技术则事先要查阅技术档案资料，从以前发生的故障中分析规律，罗列引起故障的各种可能原因，再逐一进行分析，从而缩短了分析、诊断故障的时间，使数控机床故障尽快排除。

(3) 现代诊断技术

现代诊断技术是根据实用诊断技术选择出的疑难故障，由专职人员使用先进测试手段进行精确的定量检测与分析，根据故障位置、原因和数据，确定应采取的最合适的维修方法和时间的诊断法。

① 油液光谱分析   通过使用原子吸收光谱仪对进入润滑油或液压油中磨损的各种金属微粒和外来沙粒、尘埃等残留物进行形状、大小、化学成分和浓度分析，判断磨损状态、磨损严重程度等，从而有效掌握零件磨损情况。

② 振动监测   通过安装在机床某些特征点上的传感器，利用振动计循环检测，测量机床上某些特征点的总振级大小，如位移、速度、加速度和幅频特征等，在机床运行过程中获取信号，对信号做各种处理和分析，通过某些特征量的变化来判别是否有故障，根据由以往诊断经验形成的一些判据来确定故障的性质并综合一些其他依据来进一步确定故障的部位，或对故障进行预测和检测。但是要注意首先应进行强度测定，确认有异常时，再做定量分析。这种方法具有实用可靠、判断准确的特点。

③ 噪声谱分析   用噪声测量计、声波计对机床齿轮、轴承运行中噪声信号频谱的变化规律进行深入分析，识别和判断齿轮、轴承磨损时的故障状态，可作为非接触式测量，但要减少环境噪声干扰。要注意首先应进行强度测定，确认有异常时，再做定量分析。

④ 故障诊断专家系统   将诊断所必需的知识、经验和规则等信息输入计算机作为知识库，建立具有一定智能的专家系统。这种系统能对机器状态做常规诊断，解决常见的各种问题，并可修正和扩充已有的知识库，不断提高诊断水平。

⑤ 温度检测   用于机床运行中发热异常的监测，利用各种测温热电偶探头测量轴承、轴瓦、电动机和齿轮箱等装置的表面温度，具有快速、准确、方便的特点，或采用温度计、热电偶、测量贴片、热敏涂料直接接触轴承、电动机、齿轮箱等装置的表面进行测量。

⑥ 非破坏性监测   通过磁性探伤法、超声波法、电阻法、声反射法等方法观察零件内部的裂纹缺陷。测量不同性质材料的裂纹应采取不同的方法。

一般情况下都采用实用诊断技术来诊断机床的现时状态，只有对那些在实用诊断技术诊断中出现疑难问题的机床才进行下一步的诊断，综合应用三种诊断技术才最经济有效。

10.2   数控机床进给传动系统的结构与维修

10.2.1   数控机床进给传动系统的构成

数控机床进给传动系统是数控机床的主要组成部分，其功能是实现执行机构（如刀架、工作台等）的运动。数控机床进给传动系统基本都是有伺服电动机通过联轴器或齿带连接滚珠丝杠的，然后由滚珠丝杠带动滑台（工作台或刀架）在导轨上运动。

数控机床进给传动系统中的机械传动装置和部件通常具有高寿命、高强度、无间隙、高灵敏度和摩擦阻力等的特点。

10.2.2   滚珠丝杠副的构成与维护

滚珠丝杠副的构成原理如图 10-1 所示，由丝杠、螺母、滚珠和反向器（滚珠循环反向装置）等构成。丝杠和螺母上都有半圆弧形的螺旋槽，他们套装在一起时形成滚珠的螺旋滚道，在滚道内装满滚珠，当丝杠旋转时，带动滚珠在滚道内既自转又沿螺纹滚道滚动，从而使螺母（或丝杠）轴向移动。为防止滚珠从滚道端面掉出，在螺母的螺旋槽上设有滚珠回程反向引导装置（反向器），从而形成滚珠流动的闭合循环回路滚道，使滚珠能够返回循环滚动。

(1) 滚珠丝杠副的结构

滚珠丝杠副按照螺旋滚道型面的形状、滚珠的循环方式不同而有不同的结构。

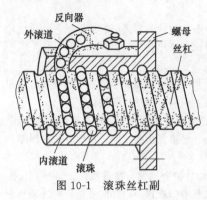

图 10-1　滚珠丝杠副

（图中标注：反向器、外滚道、螺母、丝杠、内滚道、滚珠）

1）按照螺旋滚道型面的形状滚珠丝杠副可有两种结构

① 单圆弧型面结构　如图 10-2（a）所示，通常滚道半径稍大于滚珠半径。滚珠与滚道型面接触点法线与丝杠轴线的垂直线的夹角称为接触角。对于单圆弧型面的螺纹滚道，接触角是随轴向负荷的大小而变化。当接触角增大时，传动效率、轴向刚度以及承载能力也增大。

② 双圆弧型面结构　如图 10-2（b）所示，当偏心预定后，只在滚珠直径滚道内相切的两点接触，接触角不变。双圆弧交接处有一小空隙，可容纳一些润滑油脂或杂物，这对滚珠的流动有利。从有利于提高传动效率、承载能力及流动畅通等要求出发，接触角应选大些，但由于制造的原因，一般接触角都为 45°。

2）按照滚珠循环方式滚珠丝杠副有两种结构

① 外循环结构　图 10-3 是滚珠丝杠副外循环结构示意图，图 10-3（a）是插管式，用一弯管作为返回管道。弯管的两端插在与螺纹滚道相切的两个孔内，用弯管的端部引导滚珠进入弯管，完成循环，其结构工艺性好，但管道突出在螺母体外，从而使径向尺寸较大。图 10-3（b）是螺旋槽式，在螺母的外圆上铣有螺旋槽，槽的两端钻出通孔并与螺纹滚道相切，安装上挡珠器，挡珠器的舌部切断螺旋滚道，迫使滚珠流向螺旋槽的孔中完成循环。外循

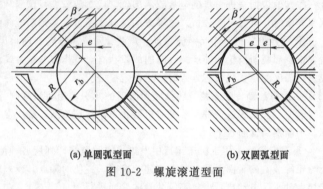

(a) 单圆弧型面　　　　　(b) 双圆弧型面

图 10-2　螺旋滚道型面

环式结构简单，使用广泛，但滚道接缝处很难做得平滑，影响了滚珠滚动的平稳性，噪声也较大。

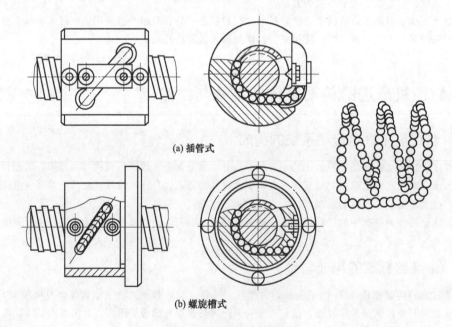

(a) 插管式

(b) 螺旋槽式

图 10-3　外循环式滚珠丝杠副

② 内循环结构　图 10-4 是滚珠丝杠副内循环结构示意图，在螺母的外侧孔中装有接通相邻滚道的圆柱凸键式反向器，反向器上铣有 S 形回珠槽，以迫使滚珠翻越丝杠的齿顶而进入相邻的滚道，实现循环。一般一个螺母装有 2～4 个反向器，反向器彼此沿螺母圆周等份分布，轴向间隔为螺距。内循环径向尺寸紧凑、刚

性好，因其返回轨道较短，摩擦损失小。

(2) 滚珠丝杠副的安装

滚珠丝杠副是在丝杠和螺母之间以滚珠为滚动体的螺旋传动元件。它将伺服电动机的旋转运动转化为滑台的直线运动。

数控机床的进给系统要获得较高的传动刚度，除了加强滚珠丝杠螺母本身的刚度之外，滚珠丝杠正确的安装及其支承的结构刚度也是不可忽略的因素。螺母及支承座都应具有足够的刚度和精度。通常都适当加大和机床结合部件的接触面积，以提高螺母座的局部刚度和接触刚度，新设计的机床在工艺条件允许时常常把螺母座或支承座与机床本体做成一个整体来增大刚度。

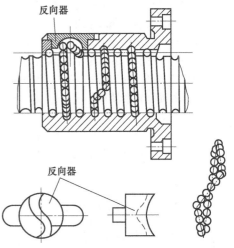

图 10-4　内循环式滚珠丝杠副

滚珠丝杠副的安装方式最常见的有如下几种类型：

① 双推-自由方式　如图 10-5（a）所示，丝杠一端固定，另一端自由。固定端轴承同时承受轴向力和径向力。这种支承方式适用于行程小的短丝杠。

② 双推-支承方式　如图 10-5（b）所示，丝杠一端固定，另一端支承。固定端同时承受轴向力和径向力，而且能做微量的轴向浮动，可以减少或避免因丝杠自重而出现的弯曲，同时丝杠热变形可以自由地向一端伸长。

③ 双推-双推方式　如图 10-5（c）所示，丝杠双端均固定。固定端轴承都可以同时承受轴向力，这种支承方式可以对丝杠施加适当的预紧力，提高丝杠支承的刚度，部分补偿丝杠的热变形。

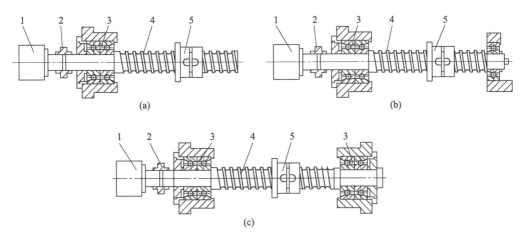

(a)　　　　　　　　　　　(b)

(c)

图 10-5　滚珠丝杠副的安装方式

1—伺服电动机；2—弹性联轴器；3—轴承；4—滚珠丝杠；5—滚珠丝杠螺母

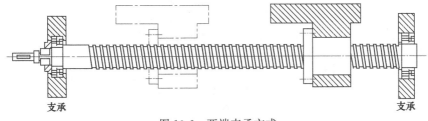

图 10-6　两端支承方式

④ 两端支承方式　如图 10-6 所示，丝杠两端均支承，这种支承方式简单，但由于支承端只承受径向力，

丝杠热变形后伸长，将影响加工精度，只适用于中等转速、中精度的场合。

(3) 滚珠丝杠副的防护

① 密封圈　密封圈装在滚珠丝杠的两端，接触式的弹性密封圈是用耐油橡胶或尼龙等材料制成的，其内孔制成与丝杠螺纹滚道相配合的形状。接触式密封圈的防尘效果好，但因有接触压力，使摩擦力矩略有增加。非接触式的密封圈是用聚氯乙烯等塑料制成的，其内孔形状与丝杠螺纹滚道相反，并略有间隙，非接触式密封圈又称迷宫式密封圈。

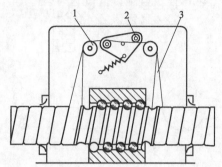

图 10-7　钢带缠卷式丝杠防护装置原理图
1—支承滚子；2—张紧轮；3—钢带

② 防护罩　滚珠丝杠副和其他滚动摩擦的传动元件一样，应避免硬物或者切屑污物进入。因此，必须采用防护装置。对于暴露在外面的丝杠一般采用螺旋钢带、伸缩套筒、锥形套筒以及折叠式塑料或人造革等形式的防护罩，以防止尘埃和切屑黏附到丝杠表面。这几种防护罩都是一端连接在滚珠丝杠的端面，另一端固定在滚珠丝杠的支承座上，钢带缠卷式丝杠保护装置的原理见图10-7。防护装置与螺母一起固定在拖板上，整个装置由支承滚子、张紧轮和钢带等零件造成。钢带的两端分别固定在丝杠的外圆表面。防护装置中的钢带绕过支承滚子，并靠弹簧和张紧轮将钢带张紧。当丝杠旋转时，工作台（或拖板）相对丝杠轴向移动，丝杠一端的钢带按丝杠的螺距被放开，而另一端则以同样的螺距将钢带缠卷在丝杠上，由于钢带的宽度正好等于丝杠的螺距，因此螺纹槽被严密地封住。还因为钢带的正反面始终不接触，钢带外表面黏附的脏物就不会被带到内表面去，使其内表面保持清洁，这是其他防护装置很难达到的。

机床工作中应避免撞击防护装置，防护装置一有损坏应及时更换。

(4) 轴向间隙的调整

为了保证反向传动精度和轴向刚度，必须消除轴向间隙。双螺母滚珠丝杠副消除间隙的方法如下。

利用两个螺母的相对轴向位移使两个滚珠螺母中的滚珠分别贴紧在螺旋滚道的两个相反的侧面上。用这种方法预紧消除轴向间隙时，应注意预紧力不宜过大，预紧力过大会使空载力矩增加，从而降低传动效率，缩短丝杠的使用寿命。此外还要消除丝杠安装部分的驱动部分间隙。常用的双螺母丝杠消除间隙的方法有：

① 垫片调隙式　如图10-8所示，通常用螺钉来连接滚珠丝杠两个螺母的凸缘，并在凸缘加垫片，调整垫片的厚度使螺母产生轴向位移，即可消除间隙和产生预紧力。这种方法简单、可靠性好、刚度高，但调整费时，且在工作中不能随时调整。

② 螺纹调隙式　如图10-9所示，两个螺母以平键与螺母座相连，其中左螺母的外端有凸缘，而右螺母的外端有螺纹，在套筒外用

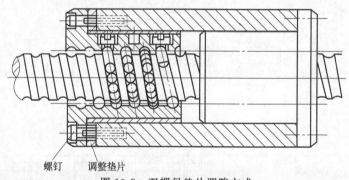

螺钉　调整垫片

图 10-8　双螺母垫片调隙方式

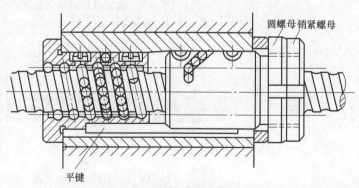

圆螺母销紧螺母

平键

图 10-9　双螺母螺纹调隙方式

圆螺母和销紧圆螺母固定。旋转圆螺母即可消除间隙，并产生预拉紧力，调整好后用销紧螺母锁紧。这种调整方式方便，可以在使用过程中随时调整，但预紧力大小不易准确控制。

③ 齿差调隙式　如图 10-10 所示，在两个螺母的凸缘上各有齿数为 Z_1 和 Z_2 的圆柱齿轮，其齿数相差一个齿，分别与紧固在套筒两端的内齿圈相啮合。调整时先取下两端的内齿圈，根据间隙的大小，将两个螺母分别同方向转动若干相同的齿数，然后再合上内齿圈。则两个螺母便产生相对角位移，从而使螺母在轴向相对移近距离达到消除间隙的目的。若两个螺母分别在同方向转动的齿数为 Z，滚珠丝杠的导程为 P，则相对两个螺母的轴向位移量（即消除间隙量）$S = ZP/(Z_1/Z_2)$。这种调整方式能够精确调整预紧量，调整方便可靠，但结构较复杂，尺寸较大，多用于高精度的传动。

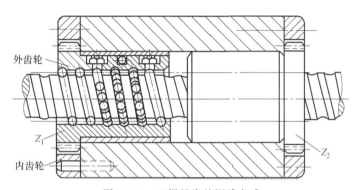

图 10-10　双螺母齿差调隙方式

(5) 支承轴承的定期检查

定期检查丝杠支承与床身的连接是否松动以及支承轴承是否损坏等。如果发现问题，要及时紧固松动部位并更换支承轴承。

(6) 滚珠丝杠副的润滑

润滑剂可分为润滑油和润滑脂两大类。润滑油一般为全损耗系统用油；润滑脂可采用锂基润滑脂。润滑脂一般加在螺纹滚道和安装螺母的壳体空间内，而润滑油则经过壳体上的油孔注入螺母的空间内。每半年更换一次滚珠丝杠上的润滑脂，先清洗滚珠丝杠上的旧润滑脂，然后涂上新的润滑脂。用润滑油润滑的滚珠丝杠副如果没有自动润滑，可在每次机床工作前加油润滑一次。

(7) 螺母的拆卸

通常螺母是不允许拆卸的，在必须把螺母拆下来时，要使用比丝杠底径小 0.2～0.3mm 的安装辅助套筒，以确保滚珠不会脱落，如图 10-11 所示。

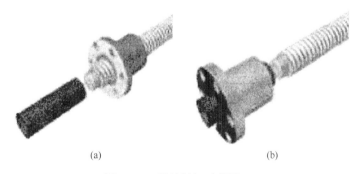

(a)　　　　　　　　　　　　　　(b)

图 10-11　螺母拆卸示意图

将安装辅助套筒推至丝杠螺纹起始端面，从丝杠上将螺母旋至辅助套筒上，连同螺母、辅助套筒一并取下，注意不要使滚珠散落。

安装顺序与拆卸顺序相反。必须特别小心谨慎地安装，否则螺母、丝杠或其他内部零件可能会受损或掉落，导致滚珠丝杠传动系统的提前失效。

组装时也必须注意在滚珠无脱落、垃圾及异物无混入状态下重新组装。组装后必须按设计要求预紧，施加了预载荷后，摩擦转矩增加，并使工作时的温升提高。因此必须恰当地确定预紧载荷（最大不得超过10%的额定动载荷），以便在满足精度和刚度的同时，获得最佳的寿命和较低的温升效应。

必须注意：任何情况下不允许分解螺母。

10.2.3 数控机床导轨副的结构

导轨的功用为导向和支承，也就是支承运动部件（如刀架、工作台等）并保证运动部件在外力作用下能准确沿着规定方向运动。导轨的精度及其性能对机床加工精度、承载能力等有着重要影响。所以，数控机床导轨应具有较高导向精度、良好摩擦特性和精度保持性以及必须具有较高的刚度和高耐磨性，机床在高速进给时不振动、低速进给时不爬行等特性。此外，导轨还要结构简单，工艺性好，便于加工、装配、调整和维修。

数控机床现在常用的导轨主要有三种：贴塑滑动导轨、滚动导轨和静压导轨。

(1) 贴塑滑动导轨

贴塑滑动导轨结构图见图 10-12。如不仔细观察，从表面看，它与普通滑动导轨没有多少区别。它在两个金属滑动面之间粘贴一层特制的复合工程塑料带，这样将导轨的金属与金属的摩擦副改变为金属与塑料的摩擦副，改变了数控机床导轨的摩擦特性。

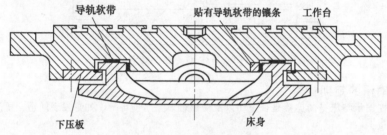

图 10-12　贴塑滑动导轨结构图

贴塑材料常采用聚四氟乙烯导轨软带和环养型耐磨导轨涂层两类。

1）聚四氟乙烯导轨软带的特点

① 摩擦性能好　金属对聚四氟乙烯导轨软带的动静摩擦系数基本不变。

② 耐磨性能好　聚四氟乙烯导轨软带材料中含有青铜、二硫化钼和石墨，因此其本身就具有润滑作用，对润滑的要求不高。此外，塑料质地较软，即使嵌入金属碎屑、灰尘等也不致损伤金属导轨面和软带本身，可延长导轨副的使用寿命。

③ 减振性好　塑料的阻尼性能好，其减振效果、消音效果较好，有利于提高运动速度。

④ 工艺性能好　可以降低对贴塑材料金属基体的硬度和表面质量的要求，而且塑料易于加工，使得导轨副接触面获得优良的表面质量。

2）环养型耐磨导轨涂层

环养型耐磨导轨涂层是以环氧树脂和二硫化钼为基体，加入增塑剂，混合成液状或膏状为一组分和固化剂为另一组分的双组分塑料涂层。环养型耐磨导轨涂层具有如下特点：

① 良好的加工性，可进行车、铣、刨、钻、磨加工和刮削；

② 良好的摩擦性；

③ 良好的耐磨性；

④ 使用工艺简单。

(2) 滚动导轨

滚动导轨的特点为摩擦系数小、运动灵活、可以预紧、刚度好、精度高、润滑方便。其主要缺点是抗振性差、防护要求高、结构复杂、制造成本高。滚动导轨有如下形式：

① 滚针导轨　图 10-13（a）所示为滚珠导轨结构。其特点是尺寸小、长径比大、结构紧凑，一般用于导轨尺寸受限制的机床上。

② 滚珠导轨　图 10-13（b）、（c）为滚珠导轨结构。特点是导轨接触面小、刚度低、承载能力小。一般适用于运动部件质量不大（通常小于 100～200kg）和切削力不大的机床，如数控磨床、仪器导轨等。

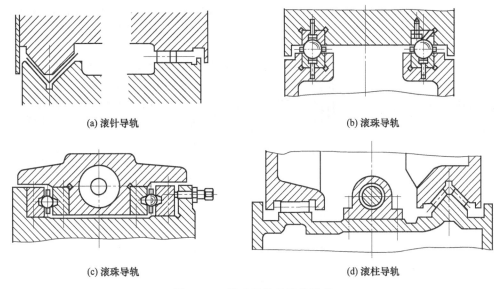

(a) 滚针导轨   (b) 滚珠导轨

(c) 滚珠导轨   (d) 滚柱导轨

图 10-13　滚动导轨的结构形式

③ 滚柱导轨　图 10-13（d）是滚柱导轨结构。这种导轨的刚度及承载能力比滚珠导轨都大，不易引起振动。现在数控机床多使用这种导轨。

（3）静压导轨

静压导轨将具有一定压力的油液经节流器输送到导轨面上的油腔中，形成油膜，将互相接触的金属表面隔开，实现液体摩擦。这种导轨摩擦系数小、机械效率高，能长期保持导轨导向精度。由于导轨面间有一层油膜，吸振性好；导轨面不相互接触，不会产生磨损，寿命长，而且在低速也不易产生爬行。但静压导轨结构复杂，需要配置专门的供油系统，制造成本较高，一般用于大型或重型机床。

10.2.4　数控机床导轨副的维护

（1）间隙调整

导轨副维护很重要的一项工作是保证导轨面之间具有合理的间隙。间隙过小，则摩擦阻力大，导轨磨损加剧；间隙过大，则运动失去准确性与平稳性，失去导向精度。导轨副的调整方法如下：

① 压板调整间隙　如图 10-14 所示为矩形导轨上常用的几种压板装置。

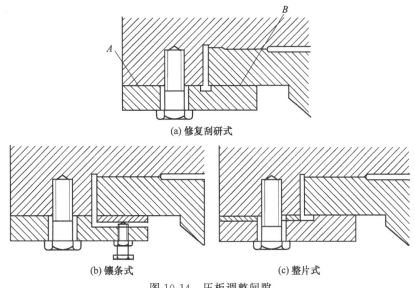

(a) 修复刮研式

(b) 镶条式   (c) 整片式

图 10-14　压板调整间隙

压板用螺钉固定在动导轨上，常用机械钳工进行刮研及选用调整垫片、平镶条等部件，使导轨面与支承面之间的间隙均匀，达到规定接触点数。对图 10-14（a）所示的压板结构，若间隙过大，应修磨或刮研 B 面；间隙过小或压板与导轨压得过紧，则可刮研或修磨 A 面。

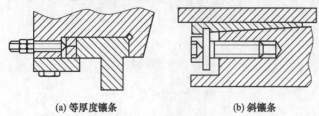

(a) 等厚度镶条　　　　　　(b) 斜镶条

图 10-15　镶条调整间隙

② 镶条调整间隙　如图 10-15（a）所示是一种全长厚度相等、横截面为平行四边形（用于燕尾形导轨）或矩形的平镶条，通道侧面的螺钉调节和螺母锁紧，以其横向位移来调整间隙。由于收紧力不均匀，在螺钉的着力点会有挠曲。如图 10-15（b）所示是一种全长厚度变化的斜镶条及三种用于斜镶条的调节螺钉，以其斜镶条的纵向位移来调节间隙。斜镶条在全长上支承，其斜度为 1：40 或 1：100，由于楔形的增压作用会产生过大的横向压力，因此要精心调整。

③ 压板镶条调整间隙　如图 10-15 所示，T 形压板用螺钉固定在运动部件上，运动部件内侧和 T 形压板之间放置斜镶条，镶条不是在纵向有斜度，而是在高度方面做成倾斜。调整时借助压板上几个推拉螺钉，使镶条上下移动，从而调整间隙。

三角形导轨的上滑动面能自动补偿，下滑动面的间隙调整和矩形导轨的下压板调整底面间隙的方法相同。圆形导轨的间隙不能调整。

（2）滚动导轨的顶紧

为了提高滚道导轨的刚度，对滚道导轨应预紧。预紧可提高接触刚度和消除间隙；在立式滚道导轨上，预紧可防止滚动体脱落和歪斜。常用的预紧有如下两种：

① 采用过盈配合　预加负荷大于外载荷，预紧力产生过盈量为 2～3μm，过大会使牵引力增加。若运动部件较重，其重力可起预加载荷的作用，如刚度满足要求，可不施预载荷。

② 调整法　利用螺钉、斜铁或偏心轮调整来进行预紧。

（3）导轨的润滑

导轨面上进行润滑后可降低摩擦系数、减少磨损，并且可防止导轨面的锈蚀。导轨常用的润滑剂有润滑油和润滑脂。前者用于滑动导轨，而滚道导轨两种润滑剂都用。

① 润滑方法　导轨最简单的润滑方式是人工定期加油或用油杯供油。这种方式简单、成本低，但不可靠，一般用于调节辅助导轨及运动速度低、工作不频繁的滚动导轨。对于运动速度较高的导轨大部分采用自动润滑泵，以压力油强制润滑；这样不但可连续或者间歇供油给导轨进行润滑，而且可利用油的流动冲洗和冷却导轨表面。为了强制润滑，必须使用专门的自动供油系统。

② 对润滑油的要求　在工作温度变化时，要求润滑油黏度变化小，具有良好的润滑性能和足够的油膜刚度，油中杂质尽量少且不腐蚀机械部件。

（4）导轨的防护

为了防止切屑、砂轮屑或冷却液散落在导轨面上而引起磨损、擦伤和锈蚀，导轨面应有可靠的防护装置。常用的刮板式、卷帘式和叠层式防护罩，大多用于长导轨上。在机床使用过程中应防止损坏防护罩，对叠层式防护罩要经常用刷子蘸机油清理移动接缝，避免碰壳现象的发生。

10.2.5　数控机床进给传动部件的常见故障与诊断维修

数控机床进给传动部件是数控机床机械系统主要部件之一，滚珠丝杠副和导轨的故障是数控机床常见故障，故障原因和排除方法见表 10-2。下面列举一些数控机床进给传动部件的故障维修实际案例。

表 10-2　数控机床进给传动系统常见故障原因与排除方法

序号	故障现象	故障原因	排除方法
1	工件加工粗糙度不好	①导轨的润滑油不足，导致溜板爬行； ②滚珠丝杠有局部拉毛或磨损； ③滚珠丝杠损坏，运行不平稳； ④伺服系统没有调整好，增益过大	①检修润滑系统； ②检修或更换滚珠丝杠； ③更换滚珠丝杠； ④调整电气伺服控制系统

序号	故障现象	故障原因	排除方法
2	反向间隙大,加工精度不稳定	①滚珠丝杠联轴器松动; ②滚珠丝杠轴滑板配合压板过紧或过松; ③滚珠丝杠轴滑板配合楔铁过紧或过松; ④滚珠丝杠螺母端面与结合面不垂直,结合过松; ⑤滚珠丝杠预紧力过紧或过松; ⑥滚珠丝杠支座轴承预紧力过紧或过松; ⑦滚珠丝杠制造误差大或轴向窜动; ⑧润滑油不足或没有; ⑨其他机械干涉	①重新紧固并用百分表检测校对; ②重新调整或修磨,用 0.04mm 塞尺塞不入为合格; ③重新调整或修磨,使接触率 70% 以上,用 0.03mm 塞尺塞不入为合格; ④调整或加垫; ⑤调整预紧力,检查轴向窜动值,使其误差不大于 0.115mm; ⑥检查、调整; ⑦用数控系统补偿功能进行补偿,监测并调整滚珠丝杠的窜动; ⑧检查、调整润滑系统使导轨面均有润滑油; ⑨排除机械干涉问题
3	滚珠丝杠在运转中转矩过大	①二滑板配合压板过紧或磨损; ②滚珠丝杠螺母反向器损坏,滚珠丝杠卡死或轴端面螺母预紧力过大; ③滚珠丝杠磨损过大; ④润滑不良; ⑤超程开关失灵造成机械故障; ⑥伺服电动机与滚珠丝杠连接不同轴; ⑦伺服电动机过热报警	①重新调整修研压板,使压板 0.04mm 塞尺塞不入为合格; ②检修或更换滚珠丝杠并进行调整; ③更换滚珠丝杠; ④检查、调整润滑系统; ⑤检查、更换失灵的开关; ⑥调整同轴度并紧固连接座; ⑦检修伺服控制系统及机械传动部分
4	滚珠丝杠副螺母润滑不良	①分油器有问题; ②油管堵塞	①检修定量分油器; ②排除污物使油管通畅
5	滚珠丝杠噪声	①伺服电动机与滚珠丝杠联轴器松动; ②滚珠丝杠支承轴承的压盖压合不好; ③滚珠丝杠支承轴承损坏; ④滚珠丝杠润滑不良; ⑤滚珠丝杠螺母副滚珠有损坏	①紧固联轴器锁紧螺钉; ②调整轴承压盖,使其压紧轴承端面; ③更换轴承; ④检修润滑系统,使润滑油量充分; ⑤更换滚珠
6	滚珠丝杠不灵活	①轴向预加载负荷太大; ②滚珠丝杠与导轨不平行; ③螺母轴线与导轨不平行; ④滚珠丝杠弯曲变形	①调整轴向间隙和预加负载; ②调整滚珠丝杠支座位置,使滚珠丝杠与导轨平行; ③调整螺母座的位置; ④校直或更换滚珠丝杠
7	导轨研伤	①机床经长期使用,地基与床身水平有变化,使导轨局部单位面积负荷过大; ②长期加工短工件或承受过分集中的负荷,使导轨局部磨损严重; ③导轨润滑不良; ④导轨材质不佳; ⑤刮研质量不符合要求; ⑥机床维护不良,导轨里落入脏物	①定期进行床身导轨的水平调整,或修复导轨精度; ②注意合理分布短工件的安装位置避免负荷过分集中; ③调整导轨润滑油量,保证润滑有压力; ④采用电镀加热自冷淬火对导轨进行处理,导轨上增加锌铝合金板,以改善摩擦状况; ⑤提高刮研修复的质量; ⑥加强机床保养,保护好导轨防护装置
8	导轨上移动部件运动不良或不移动	①导轨面研伤; ②导轨压板研伤; ③导轨镶条与导轨间隙大小调得太紧	①用 180# 砂布修磨机床导轨面上的研伤; ②卸下压板调整压板与导轨间隙; ③松开镶条止退螺钉,调整镶条螺栓,使运动部件运动灵活,保证 0.03mm 塞尺不能塞入,然后锁紧止退螺钉
9	加工面在接刀处不平	①导轨直线度超差; ②工作台塞铁松动或塞铁弯度太大; ③机床水平度差,使导轨发生弯曲	①调整或修刮导轨,允许误差 0.015/500; ②调整塞铁间隙,塞铁弯度在自然状态下小于 0.05mm 全长; ③调整机床安装水平,保证平行度,垂直度在 0.02/1000 之内

案例1：一台数控车床Z轴重复定位精度不好。

数控系统：发那科0TD系统。

故障现象：这台机床在使用一段时间后出现Z轴重复定位精度总是有一累加0.06mm的定值。

故障分析与检查：首先怀疑机床数据设置出现问题，调出机床数据进行仔细检查，没有发现问题。因此怀疑机械进给系统有问题，对Z轴滚珠丝杠的连接进行检查，发现支承轴承内一个珠子碎了。

故障处理：更换支承轴承后，重新装配，然后开机测试，累积误差消除。

案例2：一台数控车床加工的工件光洁度不好。

数控系统：发那科0TD系统。

故障现象：这台机床在加工工件时，光洁度愈来愈差。

故障分析与检查：观察机床的加工过程，发现X轴运动有异响。因此，怀疑X轴进给传动部件有问题，拆开X轴防护罩，拆下伺服电动机，检查滚珠丝杠和支承轴承，发现轴承有问题。

故障处理：更换轴承，重新安装调整，开机手动移动X轴，异响消除，试加工工件，工件光洁度满足要求。至此，机床故障排除。

案例3：一台数控车床在移动X轴时，工作台出现明显的机械抖动，系统没有报警。

数控系统：发那科0TC系统。

故障分析与检查：通过交换法进行检查，确定故障部位应在X轴伺服电动机与丝杠传动链一侧。为进一步确定故障点，将伺服电动机与滚珠丝杠之间的弹性联轴器拆开，单独实验伺服电动机。这时移动X轴，即只旋转X轴伺服电动机，没有振动现象，显然故障部位在机械传动部分。脱开弹性联轴器，用手转动滚珠丝杠进行手感检查，感觉有抖动，而且滚珠丝杠的全行程范围均有这种异常现象，拆下滚珠丝杠检查，发现滚珠丝杠螺母在丝杠副上转动不畅，时有卡滞现象，故而引起丝杠转动过程中出现抖动现象。拆下滚珠丝杠螺母，发现螺母内的反向器内有脏物和细铁屑，因此滚珠流动不畅，时有卡滞现象。

故障处理：对滚珠丝杠的反向器进行清理和清洗，重新安装，通电运行机床故障消除。

案例4：一台数控车床出现报警"421 Z Axis Excess Error（Z轴超差）"。

数控系统：发那科0TC系统。

故障现象：这台机床在运行时出现421报警，指示Z轴运动时位置偏差超差。

故障分析与检查：分析该机床的工作原理，该机床采用半闭环位置控制系统，位置反馈采用编码器。检查系统机床数据没有发现问题，对伺服电动机和滚珠丝杠的连接等部位进行检查也没有发现问题。观察故障现象，在产生421报警后，用手触摸Z轴伺服电动机，明显感到伺服电动机过热。检查Z轴导轨上的压板，发现压板与导轨间隙不到0.01mm。可以断定是由于压板压得太紧而导致摩擦力太大，使得Z轴移动受阻，导致伺服电动机电流过大而发热，快速移动时产生误差造成了421报警。

故障处理：松开压板，使得压板与导轨得间隙在0.02～0.04mm之间，锁定锁紧螺母，重新运行，机床不再产生报警。

案例5：一台数控车床X轴间隙过大。

数控系统：发那科0TC系统。

故障现象：这台机床在检测精度时发现X轴间隙为0.2mm，有些过大。

故障分析与检查：根据机床工作原理分析，X轴间隙由联轴器间隙、轴承间隙、丝杠间隙、机械弹性间隙等组成。拆开X轴滑台护板，在机床断电的情况下，用手来转动丝杠，感觉自由转角较大，有较大间隙。拧紧调整螺母调整X轴丝杠轴承间隙后问题没有改善，故怀疑丝杠螺母副有问题。将工作台与丝杠脱开，没有发现丝杠有间隙。打开轴承座法兰，检测丝杠轴承，发现两角接触轴承（背靠背）内圈已调至紧贴在一起（正常情况下应该有间隙），说明轴承间隙已无调整余地。

故障处理：按照轴承外径尺寸在两轴承之间外圈端部加一厚1mm的圆环垫，减去原来的间隙，这样轴承内圈就有0.8mm左右的间隙调整余量。全部安装好后，将轴承背紧螺母适当调紧，用百分表测量X轴间隙为0.01mm，满足机床要求，X轴间隙消除，机床精度恢复正常。

案例6：一台数控机床出现报警"410 Servo Alarm：X Axis Excess Error（伺服报警：X轴超差）"。

数控系统：发那科0TC系统。

故障现象：这台机床在加工时偶尔出现410报警。

故障分析与检查：发那科 0TC 系统的 410 报警是 X 轴停止时位置超差报警，检查屏幕 X 轴坐标值，发现程序设定数值确实与显示的数值有 0.04mm 的差距。对机床进行检查发现 X 轴运动时振动比较大，伺服电动机很热。检查、修改伺服参数没有解决问题，检查伺服驱动模块和 X 轴伺服电动机都没有发现问题。因此，怀疑 X 轴滚珠丝杠或者导轨有问题，首先将 X 轴滚珠丝杠拆下检查，滚珠丝杠没有问题，但丝杠支承轴承损坏严重。

故障处理：更换 X 轴滚珠丝杠的支承轴承后机床恢复正常使用。

案例 7：一台数控车床加工工件有横纹。

数控系统：发那科 0TC 系统。

故障现象：这台车床在车中心孔处出现有规律的横纹。

故障分析与检查：对机床工作原理和故障现象进行分析，认为应该是 Z 轴伺服系统出现问题。检查相关的机床数据、伺服驱动装置、伺服电动机和编码器都没有发现问题。在手动操作方式下，快速移动 Z 轴，发现 Z 轴滑台有抖动并伴有"吱吱"的尖叫声。拆开机床护罩，对 Z 轴滑台和滚珠丝杠进行检查，发现丝杠支承轴承损坏，丝杠后端支承轴承座也产生磨损。

故障处理：更换支承轴承和轴承座后，机床故障消除。

案例 8：一台数控车床出现报警"401 Servo Alarm：（VDRY off）（伺服没有准备）"和"414 Servo Alarm：X Axis Detect ERR（伺服报警：X 轴检测错误）"。

数控系统：发那科 0TC 系统。

故障现象：这台机床在自动加工过程中，X 轴电动机发出"吱吱"的声音，并相继出现 401 和 414 号报警，指示 X 轴伺服系统有问题。

故障分析与检查：出现故障后关机重开，报警消失，正常加工进行几分钟后又出现相同报警。为此怀疑可能机械部分有问题。找到系统伺服显示画面，发现 X 轴负载率为 80%～90%，首先排除了 X 轴伺服电动机抱死的问题。怀疑机械方面可能有问题，拆开 X 轴滑台护板，仔细检查滚珠丝杠和导轨，没有发现异常。拆下 X 轴伺服电动机，用手盘滚珠丝杠发现阻力很大，但拆下轴承，检查滚珠丝杠和轴承都正常没有问题。检查导轨表面光滑、润滑充分，也没有问题。最后认定 X 轴嵌铁太紧。

故障处理：在保证精度的情况下，稍松 X 轴嵌铁，这时开机测试，机床恢复正常工作。

案例 9：一台加工中心出现报警"421 Servo Alarm：Y Axis Excess Error（Y 轴超差）"。

数控系统：发那科 0MC 系统。

故障现象：这台机床在运行时出现 421 报警，指示 Y 轴在移动时跟随误差超差。

故障分析与检查：分析该机床的工作原理，这台机床的伺服系统采用全闭环控制，用安装在导轨侧和立柱上的光栅尺作为位置测量元件；伺服电动机与滚珠丝杠通过联轴器进行连接。

因为报警指示 Y 轴超差，所以首先对 Y 轴伺服电动机与连接进行检查，发现 Y 轴伺服电动机联轴器连接不良，进一步检查发现联轴器的紧固螺钉松动。

故障处理：紧固联轴器的螺钉，这时再运行机床，机床恢复正常运行，报警消除。

案例 10：一台数控加工中心出现报警"404 Servo Alarm：Z Axis VDRY off（伺服报警：Z 轴没有准备好信号）"。

数控系统：发那科 0MC 系统。

故障现象：这台机床在加工中经常出现 404 号 Z 轴伺服报警。

故障分析与检查：对 Z 轴伺服电动机进行检查，发现 Z 轴伺服电动机电流过大，伺服电动机发热，停机 1h 左右开机报警消失，接着还可以工作一段时间，之后又出现相同报警。

检查电气伺服系统没有发现问题，估计是负载过重带不动造成的。

为了区分是电气故障还是机械故障，将 Z 轴伺服电动机拆下与机械脱开，再运行时该故障不再出现。由此确认为机械滚珠丝杠或运动部位过紧造成。调整 Z 轴滚珠丝杠防松螺母后，效果不明显，后来发现 Z 轴导轨镶条偏紧。

故障处理：调整 Z 轴导轨镶条，机床负载明显减轻，该故障报警消除。

案例 11：一台数控加工中心出现报警"434 Servo Alarm：Z Axis Detect Error（伺服报警：Z 轴检测错误）"。

数控系统：发那科 0MC 系统。

故障现象：这台机床在加工中经常出现 434 号 Z 轴伺服报警。

故障分析与检查：根据报警信息首先对 Z 轴伺服电动机进行检查，发现 Z 轴电动机电流过大，电动机发热。出现故障后，停机 1h 左右报警消失，接着还可以工作一段时间，接着又出现相同报警。

检查电气伺服驱动系统无故障，估计是负载过重 Z 轴伺服电动机带不动造成的。

为了区分是电气故障还是机械故障，将 Z 轴伺服电动机拆下与机械脱开，这时运行机床，该故障不再出现。由此确认为机械丝杠或运动部位过紧造成。调整 Z 轴丝杠防松螺母后，效果不明显，后来检查发现 Z 轴导轨镶条偏紧。

故障处理：调整 Z 轴导轨镶条，机床负载明显减轻，该故障报警再也没有出现。

案例 12：一台数控车床在车削工件时出现报警"436 Z Axis：Soft Thermal（OVC）（Z 轴软件检测过热）"。

数控系统：发那科 0i Mate-TC 系统。

故障现象：这台机床在自动加工时出现 436 报警，指示 Z 轴过热。

故障分析与检查：出现报警后机床不能继续工作，关机再开。机床还可以工作，但时不时还会出现这个报警。观察故障现象，故障总是 Z 轴负方向运动时出现报警。

因为故障时而发生，说明没有元件彻底损坏的问题。检查伺服放大器，在出现报警时 LED 报警灯亮，冷却风扇工作正常，拆开放大器检查没有发现灰尘和油泥。过热问题还有一种可能是负载问题，拆开机床防护罩，按下急停按钮（使伺服电动机断电），用手转动 Z 轴滚珠丝杠使机床滑台向负方向移动，转动过程中感觉到受力不均，特别是靠近卡盘处更加明显，拆开滚珠丝杠两侧支承轴承，发现负方向外侧推力球轴承 51207 保持架损坏。

故障处理：更换支承轴承后，机床稳定运行，不再产生 436 报警。

案例 13：一台数控车床在加工过程中 Z 轴运行时出现报警"404 Servo Alarm：Z Axis VDRY on（伺服报警：Z 轴没有准备好信号）"。

数控系统：发那科 0iTC 系统。

故障现象：这台机床在执行加工程序进行加工时，出现 404 号报警，指示 Z 轴伺服故障。

故障分析与检查：出现故障时检查 Z 轴诊断参数 DGN200，发现 DGN200.5（OVC）的诊断信号由"0"变为了"1"，指示 Z 轴过载。引起过载的因素很多，为尽快诊断故障，弄清是电气故障还是机械故障，把 Z 轴伺服电动机与丝杠脱开，这时机床通电移动 Z 轴，Z 轴伺服电动机运行正常，拆下 Z 轴滑台的护罩，用手转动丝杠，发现滚珠丝杠螺母中的滚珠脱落造成丝杠卡死。

故障处理：拆下滚珠丝杠维修后重新安装试车，机床运行恢复正常。

案例 14：一台数控卧式加工中心在加工过程中出现报警"436 B Axis：Soft Thermal（OVC）（B 轴软件检测过热）"。

数控系统：发那科 18i 系统。

故障现象：这台机床在加工过程中出现 436 报警，指示 B 轴超温。

故障分析与检查：因为报警显示 B 轴过热，所以检查 B 轴伺服电动机，发现也确实是温度过高。通过系统伺服监控画面监控，在 B 轴不运动时，电动机电流不断增大，用手触摸蜗杆可以感觉到有振动现象。为了进一步判断故障，将 B 轴改为半闭环控制，并将柔性系统齿轮比改为 1/100（此数值是随机的，主要目的是使圆盘在半闭环方式下能够快速运动）。但还是出现 436 报警，排除了光栅尺的故障。

将 B 轴伺服电动机与机械传动脱开，只是运行 B 轴（因为改半闭环控制，系统可以单独控制 B 轴运动），这时电动机电流正常，不再产生报警，说明故障原因是机械负载过重。用扳手转动 B 轴蜗杆，发现确实比较沉。

故障处理：拆开 B 轴圆盘工作台，发现 B 轴个别锁紧块不能正常工作，将出现问题的锁紧块拆下研磨，对其他机械装置进行检修，确认润滑油路正常，之后重新组装 B 轴圆盘，安装完毕后，开机运行，机床故障消除。

案例 15：一台数控镗铣床 X 轴爬行。

数控系统：发那科 21i-MB 系统。

故障现象：这台机床一次出现故障，在自动加工时 X 轴突然出现爬行故障，机床没有报警。

故障分析与检查：通过故障现象和维修经验进行分析，引起数控机床进行爬行的原因有：数控系统伺服参数设置不当、伺服放大器或伺服电动机及编码器故障、机械传动部分安装调整不良、外部干扰、接地、屏蔽不良等。为此，首先检查与伺服相关的数控系统机床数据是否发生变化或被人改动，核对机床数据没有发现异常。采用互换法排除了伺服驱动模块、伺服电动机和编码器的原因。然后对机械系统进行检查，发现 X 轴滚珠丝杠与工作台连接的螺母副的四只内六角螺钉已全部松动。

故障处理：锁紧这些螺钉后，通电开机。机床恢复正常运行，故障被排除。

案例 16： 一台数控球道磨床磨削完的工件有波纹。

数控系统：西门子 810G 系统。

故障现象：这台机床在磨削工件时，球道上有横向波纹，不符合加工工艺要求。

故障分析与检查：分析机床的工作原理，波纹产生有几种可能，一是磨削砂轮主轴有转速下降现象，二是滑台有振动。检查砂轮和主轴都没有问题，检查 X 轴滑台精度也在允许范围内，对 X 轴滑台进行分解检查，发现滚珠丝杠和螺母之间有一定间隙，容易造成滑台振动。

故障处理：更换 X 轴滚珠丝杠和支承轴承后，磨削后的工件波纹消除。

案例 17： 一台数控车床在 Z 轴运动时有明显的抖动。

数控系统：西门子 810T 系统。

故障现象：这台机床在 Z 轴运动时有明显的机械抖动。

故障分析与检查：检查系统的伺服参数，没有发现问题。将 Z 轴伺服电动机拆下，单独运行伺服电动机，平稳运行没有问题。手动转动 Z 轴的滚珠丝杠，手感振动明显，拆下 Z 轴滚珠丝杠的防护罩，发现丝杠上有很多细小铁屑和脏物，为此判断为滚珠丝杠故障引起的机械抖动。拆下滚珠丝杠副，打开丝杠螺母，发现螺母内也有很多细小铁屑和脏物，造成了丝杠的滚珠流动不畅，时有阻滞现象。

故障处理：对滚珠丝杠、螺母、滚珠进行清洗，清除杂物，重新安装、调整，这时再运行机床，机床故障消除。

案例 18： 一台数控卧式淬火机床 Y 轴移动时有异响。

数控系统：西门子 810M 系统。

故障现象：这台机床在 Y 轴运动时噪声过大。

故障分析与检查：这台机床的 Y 轴带动两侧带有顶尖的工作台水平运动，将放置在其间的轴通过顶尖顶住，两侧各有一个滑台，由 Y 轴伺服电动机通过传动链同步驱动。观察故障现象，发现左面的滑台移动噪声较大，为此将左面的滑台拆开进行检查，发现由于淬火液进入滚珠丝杠的支承轴承，造成轴承损坏。

故障处理：更换支承轴承后，Y 轴移动的噪声消除。

案例 19： 一台数控卧式淬火机床出现报警 "1121 Y Axis Clamping Monitoring（卡紧监控）"。

数控系统：西门子 810M 系统。

故障现象：这台机床在自动加工时出现 1121 报警，指示 Y 轴卡紧报警。

故障分析与检查：出现故障时，查看系统报警信息，还有报警 "7008 Servo 1 Module Not OK（伺服 1 模块有问题）" 和 "7009 Servo 2 Module Not OK（伺服 2 模块有问题）"，指示伺服系统有问题。

这台机床采用西门子 6SC610 交流模拟伺服系统，检查伺服系统发现 N1 控制模块上第二轴的 V6 报警灯亮和 G0 模块的 V1 报警灯亮。V6 报警灯指示 "速度调节器达到最大"，G0 模块的 V1 报警灯应该是因为 V6 报警引起的。据此分析，故障原因应该是 Y 轴伺服电动机过载。为此，首先怀疑机械部分有问题，对 Y 轴机械传动机构进行检查，发现传动机构有问题，阻力过大，继续检查发现轴承损坏。

故障处理：将 Y 轴传动机构的轴承更换后，机床故障消除。

案例 20： 一台数控立式淬火机床产生报警 "1161 Contour Monitoring（轮廓监控）"。

数控系统：西门子 810M 系统。

故障现象：这台机床在开机回参考点时，X 轴回参考点没有问题，Y 轴回参考点时出现 1161 报警和 1121 报警。关机重开后，报警消失，但手动运动 Y 轴又出现上述报警。观察故障现象，Y 轴并没有动。

故障分析与检查：根据西门子 810M 系统关于报警 1161 的解释，该报警是由于伺服轴加速太慢或者减速太慢引起的，或者机床数据 MD3321 设置不当也会出现这个故障报警。为此在出现故障时，检查伺服控制系统，发现伺服系统指示 Y 轴过载报警。

为了确认是机械故障还是电气故障，手动转动 Y 轴机械传动机构，发现很沉，转不动。从而确认是机械故障，将伺服电动机等其他机械传动机构拆下，只转动滚珠丝杠，还是阻力很大，说明是滚珠丝杠损坏。拆下滚珠丝杠检查确实是滚珠丝杠出现了问题。

故障处理：更换新的滚珠丝杠后故障消失。这个故障的原因就是由于滚珠丝杠损坏，使伺服电动机带不动 Y 轴运转而过载产生 1161 报警，同时由于数控系统命令 Y 轴运动，但 Y 轴动不了，数控装置没有得到移动的反馈，又产生 1121 报警。

案例 21：一台数控淬火机床出现 X 轴移动定位不准的故障。

数控系统：西门子 810M 系统。

故障现象：这台机床一次出现故障，在对长轴工件淬火时，淬火位置发生变化。

故障分析与检查：对出现问题的淬火长轴工件进行观察分析，通常在轴的起始端开始淬火，出现问题的工件是已经过了起始端才开始淬火的，下一个轴的淬火位置在超出起始端更远的距离才开始淬火。

这台机床的淬火过程是长轴两端用顶尖顶上，X 轴带动淬火感应器，横穿长轴，在轴的起始端开始淬火，感应器行走到另一端时停止淬火。然后 X 轴带动淬火感应器再快速穿回长轴的起始端一侧，自动更换上另一个轴后，继续淬火过程。

根据故障现象和机床工作原理分析，显然是 X 轴实际移动的距离小于数控系统记录的距离。这台机床 X 轴采用伺服电动机内置编码器作为位置反馈元件，如果伺服电动机旋转，而 X 轴滑台没有同步跟随伺服电动机的旋转速度，就会出现这种现象。伺服电动机与滚珠丝杠是通过联轴器连接的，检查联轴器锁紧度没有问题，在反复移动 X 轴滑台的试验过程中，突发异响，检查发现滚珠丝杠从导引部分断开，检查断面，发现很平，说明滚珠丝杠已断裂一段时间，靠断面之间的摩擦力带动滑台移动，断面磨损得越来越平，导致断面有位移，所以实际移动的距离与编码器反馈的数值差距越来越大。

故障处理：更换新的滚珠丝杠后，机床故障消除。

案例 22：一台数控淬火机床出现报警"1680 Servo Enable Trav. X Axis（X 轴伺服使能）"。

数控系统：西门子 810T 系统。

故障现象：这台机床在开机 X 轴回参考点时出现 1680 报警，指示 X 轴伺服使能信号被撤销，手动操作方式下 X 轴运动时也出现这个报警。

故障分析与检查：这台机床的伺服控制器采用西门子的 SIMODRIVE 611A 系统，检测伺服装置发现 X 轴伺服放大器有过载报警。本着先机械后电气的原则，首先检查 X 轴滑台，手动盘动 X 轴滑台，发现非常沉，盘不动，肯定是机械部分出现了问题。将 X 轴滚珠丝杠拆下检查，发现滚珠丝杠锈蚀严重，原来是滚珠丝杠密封不好，淬火液进入滚珠丝杠，造成滚珠丝杠锈蚀。

故障处理：更换滚珠丝杠，并采取防护措施，这时重新开机，机床正常运行。

案例 23：一台数控车床在运行过程中出现报警"1041 DAC Limit（DAC 超限）"和"1161 Contour Monitoring（轮廓监控）"。

数控系统：西门子 810T 系统。

故障现象：这台机床在运行加工程序时，出现 1041 号和 1161 号报警，指示 Z 轴出现故障，加工循环中止。

故障分析与检查：根据报警手册 1041 报警是 Z 轴输出指令达到最大，1161 报警原因是 Z 轴运动不正常。据此分析故障原因可能是伺服系统故障或者机械部分出现问题。

这台机床的伺服系统采用西门子的 611A 交流模拟伺服驱动装置，在出故障时检查伺服装置，发现有过载报警。检查伺服电动机温度很高，可能确实过载，断电手动转动滚珠丝杠让 Z 轴滑台运动，发现阻力很大。将 Z 轴伺服电动机与滚珠丝杠脱开，检查伺服电动机没有问题，手动转动滚珠丝杠发现阻力很大，检查滚珠丝杠发现钢珠咬碎且有锈蚀。

故障处理：更换 Z 轴滚珠丝杠后，机床恢复正常工作。

案例 24：一台数控镗铣床 Z 轴快速移动时出现报警"1042 DAC-Limit（DAC 超限）"。

数控系统：西门子 810M 系统。

故障现象：这台机床 Z 轴快移时，出现 1042 报警，当将进给速度从 3m/min 降至 1m/min 时进给才能进行，并不产生报警。

故障分析与检查：西门子 810M 系统的 1042 报警是 Z 轴运动时，Z 轴运动指令已达到最大，但运动速度还是没有达到系统要求。故障原因可能是伺服系统的问题，也可能是机械问题。该机床的伺服系统采用西门子 611A 交流模拟伺服驱动装置，检查伺服装置没有报警，更换伺服驱动模块，故障依旧。在检查机床机械机构时，发现 Z 轴机械传动部分的电磁离合器吸合不良。

故障处理：更换电磁离合器，机床故障排除。

案例 25：一台数控外圆磨床出现报警"1121 Clamping Monitoring（卡紧监控）"。

数控系统：西门子 805 系统。

故障现象：这台机床一次自动加工时出现 1121 报警，指示 Z 轴滑台运动时出现问题。

故障分析与检查：西门子 805 系统的 1121 报警指示是 Z 轴出现问题，采用手动操作方式移动 Z 轴时，也经常出现 1121 报警，偶尔还会出现报警"1041 D/A Converter Limit Has Been Reached（D/A 转换器已经达到极限）"，也是指示 Z 轴移动时出现问题。根据 112 * 系列的报警信息和维修经验，112 * 类报警通常有如下方面的原因：

① 指示相应轴运动时没有达到系统的指定位置；

② 在轴运动时跟随误差过大；

③ 在轴没有运动指令时，系统却有该轴已经移动的反馈。

在 Z 轴运动过程中进行观察，Z 轴滑台可以移动一段距离，但噪声较大，之后报警，检查伺服系统有过载报警。为此，怀疑 Z 轴滑台阻力过大。将 Z 轴滑台拆开进行检查，发现润滑不良，滑台磨损严重。

故障处理：对 Z 轴滑台进行研磨，恢复润滑，重新安装滚珠丝杠和滑台，这时机床恢复正常工作。

案例 26：一台数控车床 X 轴运动出现报警"1160 X Axis Contour Monitoring（轮廓监控）"。

数控系统：西门子 840C 系统。

故障现象：这台机床 X 轴手动移动时没有问题，自动运行程序时出现 1160 报警。

故障分析与检查：因为 X 轴手动运动没有问题，说明伺服系统正常。观察故障现象，机床出现故障是在加工程序执行 G00 指令时出现的，用倍率开关降低快移的倍率到 60%，这时就不出现报警。分析故障原因可能是机械问题，检查滚珠丝杠，当拆下伺服电动机时，发现伺服电动机与皮带连接的皮带轮出现了问题，将伺服电动机轴憋住，致使机械负载过大。

故障处理：将皮带轮维修后，机床恢复正常工作。

案例 27：一台数控车床出现报警"300608 Axis Z Speed Controller at Limit（Z 轴速度控制器达到极限）"。

数控系统：西门子 840D pl 系统。

故障现象：这台机床在 Z 轴运动时出现 300608 报警，指示 Z 轴伺服有问题。

故障分析与检查：查阅 840D 系统的帮助信息，300608 报警故障原因有机械负载过重，原因有机械和电气故障两种。

为了区分机械原因还是电气原因，将 Z 轴伺服电动机和滚珠丝杠脱开，只运行伺服电动机，这时没有报警，说明可能是机械原因。

对滚珠丝杠进行检查，发现滚珠丝杠螺母锁紧背母松动，当丝杠螺母旋转到某一速度时，锁紧背母蹭到端盖，造成扭矩过大，引起报警。

故障处理：将滚珠丝杠螺母锁紧背母锁紧后，这时运行机床，机床正常运行。

案例 28：一台数控外圆磨床加工工件球心不稳。

数控系统：西门子 840D pl 系统。

故障现象：这台磨床在磨削工件外圆时，球心偶尔超差，机床不能稳定工作。

故障分析与检查：这台机床磨削工件时，卡紧工件的 Z 轴移动到磨削位置后，X 轴滑台带动砂轮对工件外圆进行磨削，球心超差说明 Z 轴滑台可能有问题。对 Z 轴进行精度检测发现 Z 轴滑台有 0.3mm 的反向间隙，因为间隙较大，使用系统间隙补偿不会有好的效果。故拆开 Z 轴滑台，检查滚珠丝杠，但滚珠丝杠没有明显问题，再检查支撑丝杠的轴承，发现窜动很大，说明轴承有问题。

故障处理：更换新轴承，重新安装丝杠和滑台后，检查 Z 轴滑台精度恢复正常，试磨削工件，球心尺寸稳定，机床恢复正常运行。

案例 29：一台数控车床 X 轴反向间隙过大。

数控系统：西门子 840D pl 系统。

故障现象：这台机床在加工圆弧过程中 X 轴出现加工误差过大的问题。

故障分析与检查：观察故障现象，在自动加工过程中，从直线到圆弧时接刀处出现明显的加工痕迹。用千分表分别对车床 X、Z 轴的反向间隙进行检测，发现 X 轴为 0.08mm，Z 轴为 0.008mm。从而确认该故障是由 X 轴的反向间隙过大引起的。为此，分别对伺服电动机连接的同步带、带轮等进行检查，没有发现异常。将 X 轴分别移动到正、负极限处，将千分表压在 X 轴侧面，用手左右推拉 X 轴中拖板，发现有 0.006mm 的移动量。因此，可以判断是 X 轴导轨的镶条引起的间隙。

故障处理：松开镶条止退螺钉，调整镶条的调整螺母，移动 X 轴，X 轴移动灵活，间隙测试值还有 0.01mm，锁紧镶条止退螺钉，将系统 X 轴的反向间隙补偿数据 MD32450 改为 0.01mm，激活数据，这时运行加工程序，故障消除。

案例30：一台数控球道铣床在自动加工时出现报警"21612 Channel 1 Axis B/B1：Servo Enable Reset During Motion（通道 1 轴 $B/B1$：在运动期间伺服使能复位）"，"300608 Axis B1 Drive 5 Speed Controller at Limit（轴 $B1$ 驱动 5 速度控制器在极限状态）"，"25201 Axis B1 Drive Fault（轴 $B1$ 驱动错误）"。

数控系统：西门子 840D pl 系统。

故障现象：这台机床在自动加工时出现上述报警，这时 B 轴翻转到上方，手动旋转 B 轴，向下运动可以回到水平位置（90°），向上旋转到 52°左右时，也出现这些报警。

故障分析与检查：这台机床的 B 轴是一个翻转轴，平时定位在水平位置，工作时 B 轴工作台带动铣削刀具向上翻转到 70°左右，然后向下转动加工主轴上卡装的工件。

这台机床伺服系统采用西门子 611D 系统，对伺服系统进行检查，在出现故障时，B 轴驱动模块上的报警灯亮，指示驱动过载。

手动转动 B 轴从 90°～50°、50°～90°，反复转动都没有问题。

根据这些现象分析，认为应该是 B 轴向上到旋转 52°左右时负载过重，造成 B 轴驱动过载报警。

分析机床工作原理，B 轴使用机械卡紧装置在 B 轴伺服电动机断电时禁止 B 轴工作台转动，这个机械卡紧装置是靠液压打开的，检查液压系统没有问题，那么可能是机械卡紧装置出现了问题。拆下机械卡紧装置进行检查，发现卡紧薄膜出现异常，在液压装置动作时没有完全打开，使 B 轴旋转到某一位置时摩擦力过大，造成伺服系统过载。

故障处理：更换 B 轴卡紧装置后机床恢复正常运行。

10.3 数控机床主轴传动部件的结构与维修

10.3.1 数控机床主轴传动部件的结构

数控机床主轴传动部件是影响机床加工精度的主要部件之一，其回转精度影响工件的加工精度。影响机床自动化程度的主轴传动部件的因素有自动变速、准停和换刀等。因此，要求具备与本机床工作性能相适应的高回转精度、刚度、抗振性、耐磨性和低温升的主轴传动部件。在结构上，必须很好地解决刀具和工件的卡紧、轴承的配置、轴承间隙调整和润滑密封等问题。

主轴的结构根据数控机床的规格、精度不同而采用不同的主轴轴承。一般中小规格数控机床的主轴部件多采用成组高精度滚动轴承；大型和重型数控机床采用液体静压轴承；高精度数控机床采用气体静压轴承；转速达 20000r/min 的主轴采用磁力轴承或氮化硅材料的陶瓷滚珠轴承。

数控机床主轴传动部件的典型结构见图 10-16。轴端部的结构是标准化的，采用 7：24 的锥孔，用于装卡刀具或刀杆。主轴端部还有一端面键，用于传递力矩，兼作刀具定位。主轴是空心的，用以安装自动换刀需要的卡紧装置。主轴前后轴承类型和配置的选择取决于数控机床加工对主轴部件精度、刚度和转速的要求。主轴前后端采用双列圆柱滚子轴承，在前端安装双列向心推力球轴承的结构有较高的刚度，适用于重载和中等转速的工作场合。但由于在高速下发热较多，通常只用于不超过 2000r/min 的机床主轴。采用 2～3 个向心推力轴承或用向心推力轴承和圆柱滚子轴承结合的配置，在预紧后也能达到较高的刚度，用在高转速中等载荷的工作场合，是中小型数控机床常用的一种结构。

10.3.2 数控机床主轴传动部件的维护

(1) 主轴润滑

为了减少主轴传动产生的摩擦，同时又能把主轴部件的热量带走，通常采用循环式润滑系统。用润滑油泵供油强力润滑，在油箱中使用油温控制器控制油温。近年来有些数控机床的主轴轴承采用高级油脂封入方式润滑，每加一次油脂可以使用7～10年，简化了结构、降低了成本且保养简单，但需要防止润滑油和油脂混合，通常采用迷宫式密封方式，为了适应主轴转速向更高速发展的需要，新的润滑冷却方式相继开发出来。这些新型润滑冷却方式不但要减少轴承温升，还要减少轴承内外圈的温差，以保证主轴热变形小。这些方式有：

① 油气润滑方式　这种润滑方式近似于油雾润滑方式，所不同的是油气润滑定时定量把油雾送进轴承空隙中，这样既实现了油雾润滑，又不至于油雾太多而污染环境。

② 喷注方式　喷注方式就是用较大量的恒温油（每个轴承3～4L/min）喷注到主轴轴承，以达到润滑、冷却的目的。这里要特别指出的是，较大流量喷注的油，不是自然回流，而是用排油泵强制排油，同时，采用专用高精度大容量恒温油箱，油温波动控制在±0.5℃。

(2) 主轴传动部件的密封

数控机床的主轴传动部件有接触式和非接触式两种密封。

接触式密封主要有油毡圈和耐油橡胶密封圈密封两种。

非接触式密封的主要形式如图 10-17 所示。图 10-17（a）所示是利用轴承盖与轴的间隙密封，在轴承盖的孔内开槽是为了提高密封效果，常用于工作环境比较清洁的油脂润滑处。图 10-17（b）所示是在螺母的外圆上开锯齿形环槽，当油向外流时，靠主轴转动

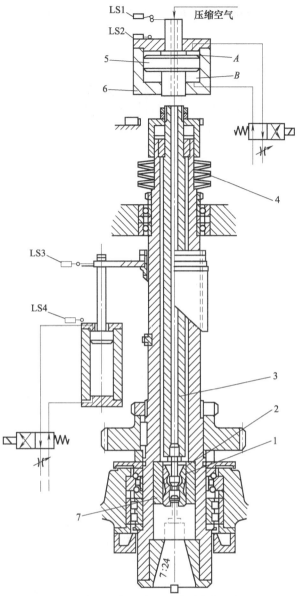

图 10-16　典型数控机床主轴传动部件的结构图

LS1—检测卡紧刀具的限位开关；LS2—检测松开刀具的限位开关；LS3、LS4—Z 轴行程限位开关；

1—卡爪；2—弹簧；3—拉杆；4—碟形弹簧；5—活塞；6—油缸；7—套筒

的离心力把油沿斜面甩到端面的空腔内，再流回箱内。图 10-17（c）所示是迷宫式密封的结构，在切屑多、灰尘大的工作环境下获得可靠的密封效果，适用于油脂或油液润滑的密封。使用非接触式的油液密封时，为了防漏，重要的是要保证回油能尽快排掉，保证回油孔的畅通。

接触式密封主要有油毡圈和耐油橡胶密封圈密封，如图 10-18 所示。

10.3.3 主轴传动部件的日常维护

主轴传动部件是数控机床的主要组成部分，其维护也是十分重要的，下面是主轴传动部件的日常维护项目：

① 熟悉数控机床主轴传动部件的结构、性能和参数，严禁超性能使用；

② 当主轴传动部件出现不正常现象时，应立即停机，排除故障后再使用；

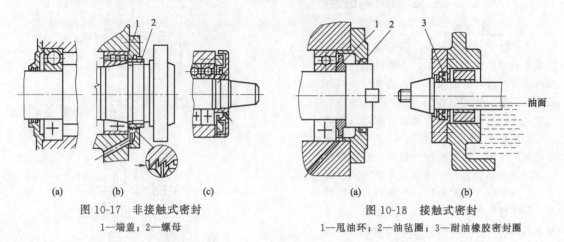

(a)   (b)   (c)

图 10-17 非接触式密封

1—端盖；2—螺母

(a)   (b)

图 10-18 接触式密封

1—甩油环；2—油毡圈；3—耐油橡胶密封圈

③ 机床操作者应注意观察主轴箱温度，检查主轴润滑恒温油箱，调节温度范围，保证油量充足；

④ 使用传动带传动的主轴系统，需要定期观察调整主轴驱动带的松紧程度，防止因传动带打滑造成的丢转现象；

⑤ 由液压系统平衡主轴箱重量的平衡系统，需定期观察液压系统的压力表，当发现油压将要低于要求数值时，及时补充；

⑥ 使用液压拨叉变速的主轴传动系统必须在主轴停转后变速；

⑦ 使用啮合式电磁离合器变速的主轴传动系统，离合器必须在主轴低于 20r/min 的转速下变速；

⑧ 保持主轴与刀柄连接部位及刀柄的清洁，防止对主轴的机械碰撞；

⑨ 每年对主轴润滑恒温油箱中的润滑油更换一次，并清洗过滤器；

⑩ 年清理润滑油池底一次，并更换润滑油泵滤油器；

⑪ 每天检查主轴润滑恒温油箱，使其油量充足，工作正常；

⑫ 防止各种杂质进入润滑油箱，保持油液清洁；

⑬ 经常检查轴端及各处密封，防止润滑油液的泄漏；

⑭ 刀具卡紧装置长时间使用后，会使活塞杆和拉杆间的间隙加大，造成拉杆位移量减少，使碟形弹簧伸缩量不够，影响刀具的卡紧，故需要及时调整液压缸活塞的位移量；

⑮ 经常检查压缩空气压力，保证在要求之内，足够的气压能使主轴锥孔中的切屑和灰尘清理彻底。

10.3.4 数控机床主轴传动部件常见故障与诊断

数控机床主轴传动部件常见故障与诊断见表 10-3。

表 10-3 主轴传动部件的故障诊断

序号	故障现象	故障原因	排除方法
1	切削振动大	①主轴箱和床身连接螺钉松动 ②轴承预紧力不够，游隙大 ③轴承预紧螺母松动，使主轴窜动 ④轴承拉毛或损坏 ⑤主轴与箱体超差 ⑥其他因素 ⑦如果是车床，则可能是刀架运动部位松动或压力不够未锁紧	①恢复精度后紧固连接螺钉 ②重新调整轴承游隙。但预紧力不宜过大，以免损坏轴承 ③紧固螺母，确保主轴精度合格 ④更换轴承 ⑤检修主轴或箱体，使配合精度、位置精度达到要求 ⑥检查刀具或切削工艺 ⑦调整检修

376

序号	故障现象	故障原因	排除方法
2	主轴旋转有噪声	①主轴传动部件动平衡不好 ②齿轮啮合间隙不均匀或严重损伤 ③轴承损坏或传动轴弯曲 ④传动带长度不一或过松 ⑤齿轮精度差 ⑥润滑不良	①做平衡 ②调整间隙或更换齿轮 ③修复或更换轴承,校直传动轴 ④调整或更换传送带,注意不要新旧混用 ⑤更换齿轮 ⑥调整润滑油量,并保持主轴箱的清洁度
3	主轴发热	①主轴前后轴承损伤或轴承不清洁 ②主轴前端盖与主轴箱体压盖研伤 ③轴承润滑油脂耗尽或润滑脂涂抹过多	①更换损坏的轴承,清除脏物 ②修磨主轴前端盖使其压紧主轴前轴承,轴承与后盖有 0.02~0.05mm 间隙 ③涂抹润滑油脂,每个轴承润滑脂的填充量约为轴承空间的 1/3
4	齿轮和轴承损坏	①变挡压力过大,齿轮受冲击产生破损 ②变挡机构损坏或固定销脱落 ③轴承预紧力过大或无润滑	①调整液压到适当的压力和流量 ②修复或更换零件 ③重新调整预紧力,并使润滑充分
5	主轴在强力切削时停转	①电动机与主轴连接的传动带过松 ②带表面有油 ③带使用过久而失效 ④摩擦离合器调整过松或磨损	①移动电动机机座,张紧带,然后锁紧电动机机座 ②用汽油清洗晾干,或更换新带 ③更换新带 ④调整摩擦离合器,修磨或更换摩擦片
6	主轴没有润滑油循环或润滑不足	①润滑油泵转向不正确或间隙太大 ②吸油管没有插入油箱的油面以下 ③油管或过滤器堵塞 ④润滑油压力不足	①改变油泵转向或修理油泵 ②吸油管插入油面以下 2/3 处 ③消除堵塞物 ④调整供油量
7	润滑油泄漏	①润滑油量过多 ②检查各处密封件是否损坏 ③管件损坏	①调整供油量 ②更换密封件 ③更换管件
8	刀具或工件不能夹紧	①碟形弹簧位移量较小 ②检查刀具或者工件松夹弹簧上的螺母是否松动	①调整碟形弹簧行程长度 ②顺时针旋转松夹弹簧上的螺母,使其最大工作载荷为 13kN
9	刀具或者工件卡紧后不能松开	①松卡弹簧压合过紧 ②液压缸压力和行程不够	①逆时针旋转松夹弹簧上的螺母,使其最大工作载荷为 13kN ②调整液压力和活塞行程开关位置

下面列举一些主轴故障的实际维修案例。

案例 1:一台数控车床主轴旋转时噪声很大。

数控系统:日本 OKUMA OSP7000L 系统。

故障现象:这台机床在主轴旋转时噪声越来越大。

故障分析与检查:在主轴旋转时,观察数控系统的主轴负载表,负载率为 90%,有些高,用手转动主轴,发现有卡滞现象,并且有些沉。为此,判断为主轴轴承出现问题。

故障处理:拆开主轴,更换轴承并涂抹润滑脂,重新安装,机床通电开机,主轴低速磨合后,恢复正常使用。

案例 2:一台数控车床加工工件粗糙度不合格。

数控系统:发那科 0TD 系统。

故障现象:这台车床在车削外圆时,精车后粗糙度达不到要求。

故障分析与检查:检查了刀具、主轴转速、工件材质、加工进给量、吃刀情况,都没有发现问题。将主轴挡位挂到空挡,用手转动主轴,感觉主轴较轻,预紧力有些偏低。

故障处理:打开主轴防护罩,松开主轴止退螺钉,主轴锁紧螺母调紧一些,手动转动主轴感觉松紧合适时，锁紧主轴止退螺钉，这时加工件，粗糙度满足要求，机床故障被排除。

案例 3：一台数控车床主轴噪声过大。

数控系统：发那科 0TC 系统。

故障现象：这台机床在主轴旋转时噪声很大。

故障分析与检查：这台机床的主轴采用齿轮变速，根据工作原理分析主轴产生噪声的原因可能有：齿轮在啮合时的冲击和摩擦产生的噪声；主轴润滑油箱的油位过低产生噪声；主轴轴承不良也会产生噪声。将主轴箱上盖的固定螺钉松开，卸下上盖，发现油箱的油在正常水平。检查齿轮和变速用的拨叉正常没有毛刺及啮合硬点，拨叉上的铜块没有摩擦痕迹，且移动灵活。排除以上原因后，拆下皮带轮及卡盘，松开前后锁紧螺母，卸下主轴，检查主轴轴承，发现轴承的外环滚道表面上有一个细小的凹坑碰伤，说明主轴轴承有问题。

故障处理：更换主轴轴承，重新安装恢复主轴，这时开机旋转主轴，噪声降到合理范围。

案例 4：一台数控立式加工中心出现报警"430 Servo Alarm：Z Axis Excess Error（伺服报警，Z 轴超出错误）"。

数控系统：发那科 0MC 系统。

故障现象：这台机床在自动加工过程中经常出现 430 报警，指示 Z 轴超差。

故障分析与检查：出现报警后报警消除不了，只有关机再开报警才能消除。观察故障发生的过程，有时在加工时出现报警，有时 Z 轴不动也出现报警，而且一旦出现报警，Z 轴有明显下移的现象。查看系统报警手册，430 报警指示"Z 轴停止时位置偏差大于机床数据 PRM595 设定的数值"，检查机床数据 PRM595 的设置在合理范围，适当增加其数值，仍产生报警。因此推断故障是 Z 轴伺服系统或者位置反馈编码器有问题，但检查更换相关元件都没有解决问题。

根据故障现象仔细分析该报警应该是由于 Z 轴明显下移引起的，Z 轴是垂直轴，原因是否与 Z 轴携带的主轴箱的重力有关？分析机床工作原理，为了平衡主轴箱的重力作用，在主轴后面采用平衡锤作为配重。询问机床操作人员，机床曾经出现过一次异响，此后就经常出现该报警了。将主轴后面护罩打开，发现连接平衡锤的链条断裂，致使平衡锤脱落。因为没有配重，Z 轴有时承受不住主轴箱的重力，自行滑落，出现 430 报警，此时 Z 轴伺服电动机的抱闸起作用，停止 Z 轴下滑。

故障处理：更换链条安装上平衡锤后，机床故障消除。

案例 5：一台数控球道磨床启动主轴时出现 F38 报警。

数控系统：西门子 3M 系统。

故障现象：砂轮主轴启动不了，出现 F38 报警，报警信息为"OverLoad L. H. Spindle（左高频主轴过载）"。

故障分析与检查：这台机床采用电主轴，转速可达 4 万转。因为故障报警指示左高频轴过载，说明可能高频电主轴有问题，手动转动电主轴，发现阻力很大，转不动，说明主轴轴承已烧损。

故障处理：更换高频电主轴的轴承后，机床主轴正常启动。

案例 6：一台数控外圆磨床出现报警"7006 Failure：Motor Controller（电动机控制器故障）"。

数控系统：西门子 805 系统。

故障现象：这台机床启动砂轮主轴时，砂轮开始转速很低，然后主轴停转并出现 7006 报警，指示电动机控制器有问题。

故障分析与检查：这台机床的砂轮主轴采用西门子 611A 交流模拟主轴驱动装置控制，出现 7006 报警时，检查主轴驱动装置，控制器的液晶显示器上有 F15 报警。查阅西门子 611A 手册，F15 报警指示主轴控制器超温，可能的原因有：

① 驱动模块过载；

② 环境温度过高；

③ 冷却风扇故障；

④ 温度传感器故障。

更换驱动模块，没有解决问题。检查环境温度正常，模块的冷却风扇也没有问题。检查主轴电动机也没有发现明显问题。

故障处理：更换主轴电动机后，主轴启动正常，说明是主轴电动机出现故障。将主轴电动机拆开进行检查，发现轴承座出现问题，是机械问题使主轴电动机旋转时阻力过大引起的过载报警，维修后安装到机床恢复正常工作。

案例 7：一台数控车床启动主轴时出现报警 "7006 Spindle Speed Not in Target Range（主轴速度不在目标范围内）"。

数控系统：西门子 810T 系统。

故障现象：这台机床一次出现故障，在启动主轴旋转时出现 7006 报警，不能进行自动加工。

故障分析与检查：因为故障指示主轴有问题，观察主轴已经旋转，在屏幕上检查主轴转速的数值，发现为 0，所以出现报警。但实际上主轴不但已经旋转而且转速也问题不大，可能转速反馈系统有问题。为此对主轴系统进行检查，这台机床的主轴编码器是通过传动皮带与主轴系统连接的，检查发现传动皮带已经断开脱落，使主轴编码器不随主轴旋转，造成没有速度反馈信号。

故障处理：更换新的主轴编码器传动皮带后，机床恢复正常工作。

案例 8：一台数控车床加工工件粗糙度不合格。

数控系统：西门子 810T 系统。

故障现象：这台车床在车削工件外圆时精车后粗糙度达不到要求。

故障分析与检查：首先检查了刀具、主轴转速、工件材质、加工进给量、吃刀情况，都没有发现问题。将主轴挡位挂到空挡，用手转动主轴，感觉主轴较轻，预紧力有些偏低。

故障处理：打开主轴防护罩，松开主轴止退螺钉，把主轴锁紧螺母调紧一些，用手转动主轴感觉松紧合适时，锁紧主轴止退螺钉，这时加工工件，粗糙度满足要求，机床故障被排除。

案例 9：一台数控外圆磨床砂轮主轴振动大。

数控系统：西门子 810G 系统。

故障现象：这台机床一次故障出现在磨削加工时，砂轮主轴振动较大，磨削完的工件光洁度不好。

故障分析与检查：观察工件的磨削过程，发现砂轮的动平衡器出现报警，平衡器不能使砂轮主轴达到平衡，并且在启动砂轮主轴后机床振动也较大，所以磨削完的工件光洁度不好。

对砂轮主轴系统进行检查，发现砂轮主轴的窜动较大，可能是主轴机械部出现问题，将主轴系统拆开进行检查发现主轴轴承磨损较严重。

故障处理：更换主轴轴承后，机床恢复正常工作。

案例 10：一台数控外圆磨床出现报警 "300608 Axis C Drive 1 Speed Controller at Limit（C 轴驱动 1 速度控制器在极限）" 和 "21612 Channel 1 Axis S1/C Signal 'Servo Enable' Rest During Motion（在运动期间通道 1 轴 S1/C 使能信号被复位）"。

数控系统：西门子 810D pl 系统。

故障现象：这台机床在启动工件主轴旋转时，出现 300608 和 21612 报警，指示主轴 C 故障。

故障分析与检查：在执行加工程序启动工件主轴时，出现报警，观察工件主轴 C 并没有旋转，手动操作方式下启动工件主轴也出现相同故障现象和报警。用手转动工件主轴发现阻力很大，将主轴箱拆开进行检查，发现润滑不充分，并且冷却液因为密封不好进入主轴箱，由于一周机床没有启动，使传动机构锈蚀，旋转阻力过大。

故障处理：将传动机构进行清洗，并检修充分润滑后，这时再开机，机床恢复正常运行。

案例 11：一台数控沟道磨床在磨削工件时球心不稳。

数控系统：西门子 840D pl 系统。

故障现象：这台机床磨削一个工件的六个圆弧形沟道，检测时发现圆弧形沟道的圆心不稳，变化较大，不能满足工艺要求。

故障分析与检查：对机床 X 轴和 Z 轴滑台精度进行检测没有发现问题。这台机床的砂轮是由电主轴直接带动的，对电主轴进行检查，发现主轴间隙过大。

故障处理：将将主轴拆下检查，发现主轴轴承磨损严重，更换轴承后，机床故障消除。

案例 12：一台数控内圆磨床启动主轴时出现报警 "700024 Workhead Spindle Still From IFM-141SQ2（IFM-141SQ2 检测工件主轴是静止的）"。

数控系统：西门子 840D pl 系统。

故障现象：观察故障现象，机床在执行加工程序启动工件主轴时出现 700024 报警，主轴没有启动起来，观察工件主轴，启动旋转时，刚一转就停止了，手动操作方式下启动主轴也出现报警。

故障分析与检查：在出现故障时对系统进行检查还有报警"700022 Axis Detach""2162 Channel 1 Axis S1/SP1 VDI-signal 'Drive Enable Reset'"和"300600 Axis SP1 Drive Fault"。因为报警700024指示传感器IFM-141SQ2检测主轴停止，为了确认是否是传感器失灵引起主轴停转，对传感器IFM-141SQ2进行检查，正常没有问题。

检查工件主轴也没有发现问题，通过机床数据MD1719观察主轴启动时实际电流的变化，当电流超过4.8A后，就出现报警。检查机床数据MD1122，设定的电流最大值为4.8A，因为主轴启动时电流已超出极限，所以出现300600和2162报警，使主轴停转，从而产生700024和70022报警。

故障处理：因为驱动模块的功率还正常，并且检查主轴机械机构没有发现明显问题，所以将电流极限机床数据MD1122从4.8改为6.8后，主轴启动正常，加工正常进行。但过几天又出现报警，检查实际电流值MD1719在启动主轴时超过了6.8A，看来机械负载还是越来越大，应该是机械系统出现问题。对主轴机械机构进行检修调整后，主轴启动电流低于5A，这时机床稳定工作，再也没有出现这个故障。

10.4 数控机床其他机械装置的故障维修

10.4.1 数控车床刀架故障的种类与维修案例

刀架是数控车床的重要配置，一般数控车床都有4～12把刀的刀架，在加工过程中自动寻找刀号，以提高加工效率。

数控车床的刀架分为转塔式和排刀式刀架两大类。转塔式刀架也称刀塔是普遍采用的刀架形式，它通过刀塔头的浮起、旋转、定位来实现机床的自动换刀动作。

两坐标连续控制的数控车床，一般都采用6～12工位转塔式刀架。排刀式刀架主要用于小型数控车床，适用于短轴或套类零件加工，但使用范围非常小。

数控车床刀架控制方式有多种，一种是液压马达驱动刀架旋转的，是PLC通过电磁阀控制的；另一种由普通电动机驱动刀具旋转的，是PLC通过接触器控制的；还有一种是伺服电动机带动的刀架旋转，是通过专门的控制器与伺服装置控制的。

(1) 刀架工作原理

下面介绍通常情况下的刀架工作原理，刀架换刀动作根据数控指令进行，由液压系统通过电磁换向阀配合电气进行控制，其动作过程可分为如下几步：

① 刀架浮起　当数控系统发出换刀指令后，由PLC发出刀架浮起指令，使浮起液压电磁阀得电，刀架浮起，旋转齿轮啮合，准备转位。

② 刀架旋转　刀架浮起到位后，刀架开始旋转。通常刀架由液压马达、普通电动机或伺服电动机等驱动旋转。液压马达驱动的刀架是PLC通过电磁阀控制的；普通电动机是PLC通过接触器控制的；伺服电动机带动的刀架是通过专门的控制器与伺服装置控制的。

③ 刀架刀号检测　刀架在旋转的过程中进行刀号确认。刀架刀号的检测分为编码器检测和检测开关检测两种。可以通过PLC控制或者专用控制器控制。

④ 刀架定位、锁紧　到达指定的刀号位置时，PLC控制液压系统使刀架定位，之后刀架落下锁紧。寻找刀号的过程通常通过PLC或者专门刀架控制器控制。

(2) 刀架常见故障

数控车床刀架常见故障种类如下：

① 刀架不浮起　给出刀架旋转的命令后刀架不浮起，通常故障原因为控制刀架浮起的继电器、刀架浮起电磁阀、液压系统或者机械系统有问题。

② 刀架不旋转　刀架浮起后，刀架不旋转，通常的故障原因为刀架浮起到位检测开关、驱动刀架旋转的继电器、电磁阀（或者驱动器）、液压马达（或者刀架）、液压系统或机械系统有问题。

③ 刀架不归位　刀架旋转后不归位的故障原因有控制刀架落下的继电器、刀号检测元件、刀架检测没到位、刀架落下电磁阀、液压系统或机械系统等有问题。

图 10-19 是刀架故障检修流程图。

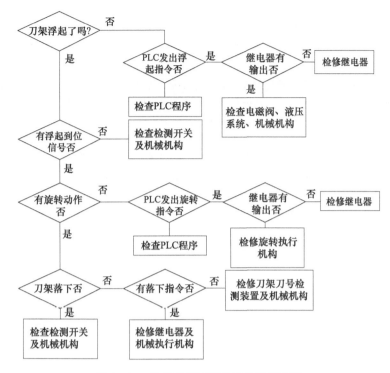

图 10-19　数控车床刀架故障检修流程图

(3) 刀架故障维修案例

刀架故障是数控车床常见故障，下面介绍几个刀架故障的实际维修案例。

案例 1：一台数控车床刀架不旋转。

数控系统：日本 MITSUBISHI MELDAS L3 系统。

故障现象：这台车床一次出现故障，启动刀架旋转时，刀架不转，也没有报警显示。

故障分析与检查：根据刀架的工作原理，刀架旋转时，首先靠液压缸将刀架浮起，然后才能旋转。观察故障现象，当手动按下刀架旋转的按钮时，刀架根本没有反应，也就是说，刀架没有浮起，根据电气原理图，如图 10-20 所示，PLC 输出 Y4.4 控制继电器 K44 来控制电磁阀，电磁阀控制液压缸使刀架浮起，首先通过系统 DIAGN 菜单下的 PLC-I/F 功能，观察 Y4.4 的状态，当按下手动刀架旋转按钮时，

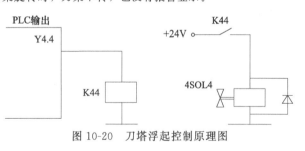

图 10-20　刀塔浮起控制原理图

其状态变为 "1"，没有问题，继续检查发现，是电磁阀 4SOL4 损坏。

故障处理：更换新的电磁阀，刀架恢复了正常工作。

案例 2：一台数控车床刀架不旋转。

数控系统：日本 MAZAK MAZATROL 640T 系统。

故障现象：这台机床在启动刀架旋转时刀架不转，出现伺服报警。

故障分析与检查：这台机床的刀架使用 MITSUBISHI 的伺服控制器 MR-J2-100CT 控制旋转，检查该控制器发现其显示器上有 23 号报警，指示过载，与另一台机床互换，这个控制器还是出现 23 号报警，说明刀架控制器损坏。

故障处理：更换伺服控制器，下载参数文件后，机床刀架恢复正常工作。

案例 3：一台数控车床出现报警 "2048 Turret Encoder Error（刀塔编码器错误）"。

数控系统：发那科 0TC 系统。

故障现象：一次机床出现故障，旋转刀塔后，出现 2048 报警，指示刀塔编码器有问题。

故障分析与检查：根据机床工作原理，利用系统 DGNOS Param 功能检查 PMC 输入 X6.5 的状态，发现变化正常，刀号也正常变化没有问题，调整编码器位置后，手动转动刀塔没有问题，但自动测试时，还是出现 2048 报警。

对手动操作方式下转动刀塔和自动操作方式下转动刀塔的情况进行对比分析，手动操作方式下转动刀塔时，刀塔只能顺时针一个方向旋转，而自动操作方式下转动刀塔两个方向都转动。观察故障现象，故障往往是在刀塔逆时针旋转时出现的，因此，首先怀疑编码器反向有间隙。

将编码器拆下进行检查，发现连接编码器的齿轮顶丝松动，造成了逆时针旋转时的编码器位置偏差。

故障处理：将连接编码器的传动齿轮的顶丝锁紧后，调整好编码器的位置，机床恢复正常运行。

案例 4：一台数控车床出现报警"2031 Turret Not Clamp（刀塔没有卡紧）"。

数控系统：发那科 0TC 系统。

故障现象：这台机床一次出现故障，刀塔旋转后出现 2031 报警，指示刀塔没有卡紧，不能进行自动加工。

故障分析与检查：因为报警指示刀塔没有卡紧，所以首先对刀塔进行检查，发现已经卡紧没有问题。根据机床工作原理，如图 10-21 所示，刀塔卡紧是通过位置开关 PRS13 检测的，接入 PMC 输入 X2.6，利用系统 DGNOS Param 功能检查 PMC 输入 X2.6 的状态，发现为"0"，PMC 没有接收到卡紧信号。因此，怀疑检测开关有问题，将刀塔后盖打开，检查刀塔卡紧检测开关确实损坏。

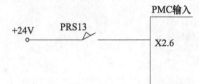

图 10-21　PMC 输入 X2.6 的连接图

故障处理：更换刀塔卡紧检测开关后，机床恢复正常工作。

案例 5：一台数控车床出现报警"2007 Turret Indexing Time up（刀塔分度超时）"。

数控系统：发那科 0TC 系统。

故障现象：一次这台机床出现故障，在旋转刀塔时，出现 2007 报警，指示刀塔旋转超时。

故障分析与检查：观察故障现象，在启动刀塔旋转时，刀塔根本没有旋转。根据刀塔旋转的工作原理，启动刀塔旋转时，首先刀塔浮起，然后进行旋转。

刀塔推出电磁阀是由 PMC 输出 Y48.2 通过直流继电器控制电磁阀 YV7 完成的，如图 10-22 所示，利用系统 DGNOS Param 功能观察 PMC 输出 Y48.2 的状态，在启动刀塔旋转时，其状态变为"1"没有问题，但电磁阀上没有电压，可能是继电器 K7 损坏，但更换继电器 K7 后，并没有解决问题，而检查 K7 的触点确实没有吸合，检查 PMC 输出继电器板上 K7 线圈上的电压只有 16V 左右，电压过低，而检查继电器板上端子 P24V 的电压时也为 16V 左右。为此查找电源低的故障原因，发现整流电源上的电源输出端子虚接，造成接触不良。

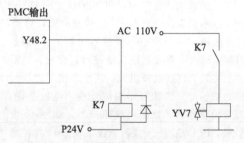

图 10-22　刀塔推出电气控制原理图

故障处理：将电源端子紧固好后，机床故障消除。

案例 6：一台数控车床在自动加工时出现报警"2007 Turret Indexing Time up（刀塔分度超时）"。

数控系统：发那科 0TC 系统。

故障现象：这台机床在自动加工时出现 2007 报警，指示刀塔旋转超时。

故障分析与检查：出现故障后，将系统操作方式改为手动，按故障复位按钮，报警消除。这时用手动方式旋转刀塔，没有问题。将操作方式切换为自动操作方式，执行加工程序，当换刀时，还是出现 2007 报警。

分析机床工作原理和加工程序，发现手动操作刀塔旋转时，只能顺时针旋转不能逆时针旋转，而执行加工程序时是就近找刀，刀塔可以顺时针旋转也可以逆时针旋转。

观察发生故障的过程，恰恰是逆时针旋转找刀出现报警。为此，使用 MDI 方式编辑逆时针换刀程序，这时测试，发现执行换刀指令时，刀塔浮起，但不旋转，但过一会儿就出现 2007 报警，而执行顺时针旋转找刀程序没有问题。

根据机床工作原理，参考图 10-23，PMC 输出 Y48.5 通过中间继电器 K3 控制刀塔反转电磁阀 YV3，利用数控系统 DGNOS Param 功能在刀塔逆时针旋转时检查 Y48.5 的状态变为 "1"，检查中间继电器 K3 也没有问题。拆开机床防护罩机床电磁阀 YV3 时，发现电磁阀线圈端子上 121 的连线脱落。

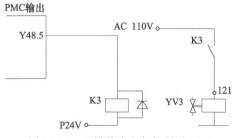

图 10-23　刀塔推出电气控制原理图

故障处理：重新连接电磁阀线圈连线并紧固接线端子，这时运行机床加工程序，故障消除。

案例 7：一台数控车床出现报警 "2048 Turret Encoder Error（刀塔编码器错误）"。

数控系统：发那科 0TC 系统。

故障现象：一次机床出现故障，旋转刀塔后，出现 2048 报警，指示刀塔编码器有问题。

故障分析与检查：根据机床工作原理，这台机床使用编码器检查刀塔的刀号，编码器采用 8421 码对刀号进行编码，刀号的 8421 码接入 PMC 的 X6.0、X6.1、X6.2、X6.3、X6.4，刀塔转换信号接入 PMC 的 X6.5，首先利用数控系统 DGNOS Param 功能检查 X6.5 的状态，发现变化异常，这种现象表明可能编码器位置有问题，需要调整。将刀塔拆开，对编码器进行调整，发现刀号变化和 X6.5 的变化都不正常，说明编码器有问题。因为没有备件，将编码器拆开进行检查，发现内部有很多液体，将码盘部分遮盖了，所以编码器工作不正常。

故障处理：用清洗剂对编码器进行清洗，重新安装，通电开机，调整好编码器的位置并锁紧，这时对刀塔进行顺时针和逆时针旋转操作，不再产生报警，故障消除。

案例 8：一台数控车床在自动加工时出现报警 "1008 Turret Not Clamp（刀塔没有卡紧）"。

数控系统：发那科 0iTC 系统。

故障现象：这台机床在自动加工换刀时出现 1008 报警，指示刀塔没有锁紧。

故障分析与检查：对刀塔进行检查发现刀塔已锁紧没有问题，根据机床工作原理，刀塔锁紧是通过检测开关 SQF 来检测的，SQF 接入 PMC 输入 X7.2，利用数控系统 DGNOS Param 功能检查 X7.2 的状态为 "0"，确实指示刀塔没有卡紧，检查卡紧检测开关 SQF 发现该开关损坏。

故障处理：更换刀塔卡紧开关 SQF 后，机床恢复正常运行。

案例 9：一台数控车床出现报警 "6027 Turrent Limit Switch（刀塔限位开关）"。

数控系统：西门子 810T 系统。

故障现象：这台机床在加工过程中，出现 6027 报警，加工程序中断。

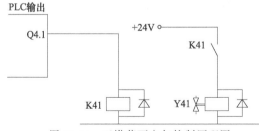

图 10-24　刀塔落下电气控制原理图

故障分析与检查：因为报警指示刀塔有问题，为此对刀塔进行检查，发现刀塔没有落下。根据刀塔工作原理，刀塔旋转时，首先由液压控制使刀塔浮起，然后伺服电动机带动旋转，到位后，刀塔落下，完成找刀过程。因为刀塔没有落下，所以程序不能进行。

根据机床控制原理，如图 10-24 所示，刀塔落下是受电磁阀 Y41 控制的，而电磁阀又是由 PLC 输出 Q4.1 通过直流继电器 K41 控制的。

利用西门子 810T 系统 Diagnosis 功能检查 PLC 输出 Q4.1 的状态为 "1"，已经发出落下指令，但电磁阀上并没有电压，那么可能直流继电器 K41 损坏。对这个继电器进行检查，发现确实是触点损坏。

故障处理：更换新的继电器后，机床恢复正常工作。

案例 10：一台数控车床出现报警 "6036 Turrent Limit Switch（刀塔限位开关）"。

数控系统：西门子 810T 系统。

故障现象：在一次旋转刀塔后出现 6036 报警，指示刀塔限位开关有问题。

故障分析与检查：因为报警指示刀塔开关有问题，因此对刀塔进行检查，发现刀塔确实没有锁紧，所以刀塔锁紧开关没有闭合，出现 6036 报警。

根据机床的工作原理，刀塔锁紧是靠液压缸完成的，液压缸的动作是 PLC 控制的，图 10-25 是刀塔锁紧电气控制原理图，PLC 输出 Q2.2 控制刀塔锁紧电磁阀，利用系统 Diagnosis 功能检查 Q2.2 的状态，发现为"1"没有问题，但检查继电器 K22 常开触点却没有闭合，线圈上也没有电压，继续检查发现 PLC 输出 Q2.2 为低电平，说明 PLC 的输出口 Q2.2 损坏。

故障处理：因为系统有备用输出口，用机外编程器把 PLC 用户梯形图中的所有 Q2.2 更改成备用点 Q3.7，并将继电器 K22 的控制线路连接到 Q3.7 上，如图 10-26 所示，这时开机运行机床，故障消除，机床恢复了正常工作。

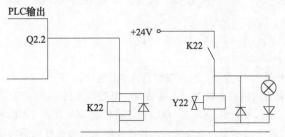

图 10-25　刀塔锁紧电气控制原理图

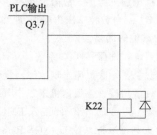

图 10-26　PLC 使用备用输出口 Q3.7 的连接图

案例 11：一台数控车床刀架不旋转。

数控系统：西门子 810T 系统。

故障现象：这台机床一次出现故障，加工换刀时刀架不旋转。

故障分析与检查：观察故障现象，在启动刀架旋转时，刀架浮起但不旋转。这台机床刀架的旋转是由伺服电动机带动的，测量伺服控制器的给定信号，没有问题，伺服放大器也输出驱动信号电压，因此怀疑可能机械方面有问题，将刀架保护罩拆开检查，这台机床刀架伺服电动机通过同步齿带带动刀架旋转，检查发现同步齿带已经断裂，不能带动刀架旋转。

故障处理：更换同步齿带，刀架恢复正常使用。

案例 12：一台数控车床出现报警"6016 Slide Power Pack No Operation（滑台电源模块不能操作）"。

数控系统：西门子 810T 系统。

故障现象：刀塔转动不到位，并出现 6016 号报警。在最初出现这个故障时，是在机床工作了两三个小时后，在自动换刀时，刀架转动不到位，这时手动旋转刀塔也出现这个报警。到后来，在开机确定 0 号刀时就出现报警，确定不了刀具零点。

图 10-27　6016 号报警梯形图

故障分析与检查：因为 6016 为 PLC 报警，根据 PLC 报警机理，6016 号报警是因为 PLC 的报警标志位 F102.0 被置"1"所致，相应的梯形图见图 10-27。

利用 NC 系统的 Diagnosis 功能检查 PLC 输入 I2.6 的状态，发现其状态为"0"致使 F102.0 的状态变为"1"，从而产生 6016 报警。根据机床电气控制原理图，如图 10-28 所示，PLC 的输入 I2.6 连接伺服控制单元的 72 号端子。

分析刀塔的工作原理，刀塔的旋转是由伺服电动机带动的。该机床的伺服系统采用的是西门子 SIMODRIVE610 系统，其 72 号端子是伺服系统的准备操作信号。该信号状态为"0"说明伺服控制系统可能有问题，不能工作。检查伺服系统，在出现故障时，N1 板上第三轴的［Imax］t 报警灯亮，指示刀塔伺服电动机过载。

引起伺服系统过载有三种可能：

第一种可能是因为机械负载阻力过大，但检

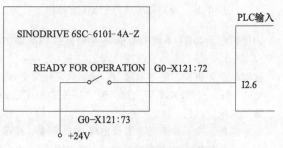

图 10-28　PLC 伺服报警连接图

查机械装置并没有发现问题;

第二种可能为伺服功率板损坏,但更换伺服功率板,并没有排除故障;

第三种可能为伺服电动机出现问题,对伺服电动机进行测量并没有发现明显问题,但与另一台机床上的伺服电动机交换,故障出现在另一台机床上,说明这个伺服电动机有问题。

故障处理:更换新的伺服电动机,使机床恢复正常工作。

案例 13:一台数控车床出现报警"9177 Tool Collision(刀具碰撞)"。

数控系统:西门子 840C 系统。

故障现象:在刀塔运转时出现 9177 报警,无法进行自动加工。

故障分析与检查:分析这台机床的工作原理,为了防止机床碰撞损坏,安装传感器监视刀塔的运行,如果发生碰撞立即停机,防止进一步的损坏。

如图 10-29 所示,U415 为声波传感器,检测碰撞的噪声信号,U45 为反馈信号处理电路,然后将碰撞信号连接到 PLC 输入 I9.0。手动旋转刀塔就出现这个报警,而此时根本就没有碰撞的可能。

在刀塔旋转时利用系统 Diagnosis 功能检查 PLC 输入 I9.0 的状态也确实变为"1",说明检测反馈回路有问题,利用互换

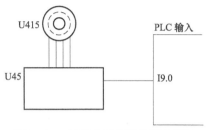

图 10-29　刀塔碰撞信号检测连接图

法与另一台机床的反馈信号处理板 U45 对换,这台机床恢复正常,而另一台机床出现这个报警,说明是反馈信号处理板损坏。

故障处理:更换上 U45 备件后,机床恢复正常工作。

案例 14:一台数控车床刀架旋转不停。

数控系统:西门子 840D pl 系统。

故障现象:这台机床在工作过程中,刀架先是偶尔发生不能准确换刀,不论手动还是自动,刀具定位与给定的换刀指令不符。后来故障逐渐加重,在执行换刀指令时,刀架旋转不停。

故障分析与检查:这台机床的刀架采用意大利 Duplomatic 编码器检测刀号,刀架有 8 个刀位。

根据机床工作原理,刀架编码器采用 8421 码编码,接入相应 PLC 输入 I36.4、I36.5、I36.6 和 I36.7。

手动转动刀架时,利用系统 Diagnosis(诊断)功能观察 IB36 的状态,发现 I36.7、I36.6、I36.5 和 I36.4 的状态一直为 0101,没有随刀架的转动而变化,说明刀架编码器或者连接电缆出现问题,检查刀架编码器的连接电缆没有发现问题,因此,怀疑刀架编码器故障。

故障处理:更换刀架编码器后,机床刀架恢复正常工作。

10.4.2　数控机床分度装置故障的种类与维修案例

一些数控铣床和专用数控磨床采用分度装置,加工工件的一部位后,工件进行自动分度,然后加工下一部位,分度装置通常都是液压系统驱动的,由电磁阀控制,由液压缸和液压马达作为执行机构,分度装置都是由 PLC 用户程序控制的。分度装置故障的种类如下:

① 分度装置没有浮起,故障原因为驱动浮起的继电器、电磁阀、液压系统或者机械系统有问题。

② 分度装置不旋转,故障原因为分度装置没有到位或者到位开关、控制旋转的继电器、电磁阀、液压系统或者机械系统有问题。

③ 分度装置没有锁紧,旋转后分度装置没有锁紧的原因有旋转没有到位或者控制下落的继电器、电磁阀、液压系统或机械系统有问题,也可能是检测锁紧的检测开关有问题。

下面介绍几个数控机床分度装置故障的实际维修案例。

案例 1:一台数控球道铣床出现报警"F61 Cycle Time Part Index up(工件分度升起超时)"。

数控系统:西门子 3TT 系统。

故障现象:这台机床在正常加工时出现 F61 报警,自动循环中止。

故障分析与检查:因为报警指示分度装置分度有问题,手动分度也不执行。根据机床分度装置的工作原理,在分度时首先使分度装置浮起,然后再进行分度。报警指示分度没有浮起,检查分度装置确实没有浮起。根据机床控制原理,如图 10-30 所示,电磁阀 Y14 控制分度装置浮起,PLC 输出 Q1.4 通过一直流继电

器 K14 控制电磁阀 Y14 的动作。在启动分度时，使用系统 PC 功能检查 PLC 输出 Q1.4 的状态为 "1"，没有问题，而检查电磁阀 Y14 线圈却没有电压，说明继电器 K14 损坏，检查 K14 发现其线圈已烧断。

故障处理：更换继电器 K14 后，机床恢复正常工作。

案例 2：一台数控球道铣床出现 F46 报警。

数控系统：西门子 3TT 系统。

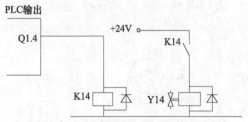

图 10-30 分度器落下电气控制原理图

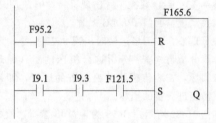

图 10-31 关于标志位 F165.6 (F46 报警) 梯形图

故障现象：这台机床在分度时有时出现 F46 报警。

故障分析与检查：调出 F46 报警信息为 "LS-Test Index up/down Sta.2/L. H（2 工位分度左侧上/下检测错误）"，是分度报警。

分析系统工作原理，根据西门子 3 系统 PLC 报警的机理，F46 报警是 PLC 标志位 F165.6 的状态为 "1" 引起的，关于 F165.6 的梯形图如图 10-31 所示，根据这个梯形图分析，只有 I9.1 和 I9.3 同时为 "1" 才能产生报警，I9.1 和 I9.3 分别连接检测 2 工位左侧分度装置上/下位置的接近开关 B91 和 B93，出现故障后检查这两个开关状态正常，分析可能分度装置在上下动作时，出现两个开关都闭合的问题，检查这两个接近开关的位置，发现接近开关 B93 开关的位置有些偏里了，容易造成这两个开关瞬间同时闭合。

故障处理：将接近开关 B93 向外调整 2mm 并固定锁紧，这时进行分度操作，正常进行没有报警了。

案例 3：一台数控球道磨床出现 F45 报警。

数控系统：西门子 3M 系统。

故障现象：这台机床一次出现故障，在自动循环加工时，出现 F45 报警，查看报警信息为 "Cycle Time Part Index（工件分度超时）"，指示工件分度有问题，自动加工中止。

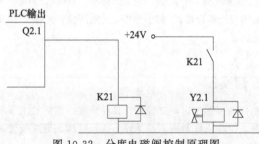

图 10-32 分度电磁阀控制原理图

故障分析与检查：因为报警指示工件分度有问题，首先检查分度装置，发现确实没有分度。根据机床的工作原理，分度装置是由液压缸带动的，如图 10-32 所示，PLC 输出 Q2.1 控制分度电磁阀 Y2.1，控制分度液压缸的动作。

在系统面板上，按右面的 PC 功能按键检查 PLC 输出 A2.1（Q2.1）的状态为 "1"，而电磁阀 Y2.1 的电源指示灯却没有亮，检查中间继电器 K21 的线圈上有 DC 24V 电压，因此确认是控制电磁阀的中间继电器 K21 损坏。

故障处理：更换中间继电器 K21 后，机床恢复正常工作

案例 4：一台数控球道磨床出现报警 "6008 Indexer Not Down（分度器没在下面）"。

数控系统：西门子 810M 系统。

故障现象：一次这台机床出现故障，开机出现 6008 报警，指示分度装置没有在下面。

故障分析与检查：因为报警指示分度装置有问题，所以首先检查分度装置，发现分度装置已经落下没有问题。为此认为可以是位置反馈信号有问题。根据机床工作原理，接近开关 8PRS6 检查分度装置是否在下面，该开关连入 PLC 的输入 I8.6（图 10-33），利用系统 Diagnosis（诊断）功能检查 I8.6 的状态为 "0"，证明确实是反馈信号有问题。检查接近开关 8PRS6，发现该开关已经松动，检测距离变大，检测不到分度装置落下，所以出现报警。

故障处理：将接近开关 8PRS6 的位置调整好并紧固后，机床报警消失，恢复正常工作。

案例 5：一台数控球道磨床出现报警"6008 Indexer Not Down（分度器没有在下面）"。

数控系统：西门子 810M 系统。

故障现象：这台机床在自动磨削加工时出现这个报警，指示分度器没有落下，磨削不能继续进行。观察故障现象，分度器确实没有落下。

故障分析与检查：根据机床的电气原理图，分度器落下是由 PLC 的输出 Q8.2 控制电磁阀 8SOL2 来完成的，检查 8SOL2 的指示灯没有亮，说明这个电磁阀没有电。

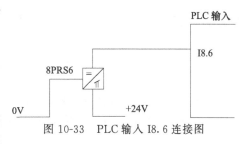

图 10-33　PLC 输入 I8.6 连接图

利用系统 Diagnosis（诊断）功能，在线检测 Q8.2 的状态，其状态为"1"没有问题，那么问题可能出在中间控制环节上，根据电气控制原理图，见图 10-34，PLC 输出 Q8.2 通过一个中间继电器 K82 来控制 8SOL2 电磁阀，检查这个继电器，发现其触点损坏。

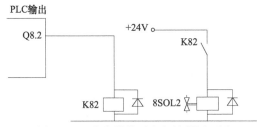

图 10-34　分度器落下电气控制原理图

故障处理：更换新的继电器后故障消除。

案例 6：一台数控球道磨床出现报警"7042 Indexer Position Not OK（分度装置位置不对）"。

数控系统：西门子 810M 系统。

故障现象：这台机床一次出现故障，在自动加工时出现 7042 报警，指示分度装置没有到位。

故障分析与检查：因为 7042 是 PLC 报警，所以是 PLC 的标志位 F113.2 的状态被置"1"所致，用系统的 Diagnosis（诊断）功能检查标志位 F113.2 的状态确实为"1"，关于 F113.2 的梯形图如图 10-35 所示。

图 10-35　关于 7042 报警的梯形图

检查梯形图各个元件的状态，发现原因是 PLC 输入 I9.5 的状态为"0"。PLC 的输入 I9.5 连接的是检查分度器是否到位的接近开关 9PRS5，如图 10-36 所示，I9.5 的状态为"0"说明分度器没有到位。对分度器进行检查发现已经到位，说明接近开关有问题，对接近开关进行检查，发现接近开关的连接插头已经损坏。

故障处理：更换接近开关 9PRS5 的电缆接头连线，机床故障消除。

案例 7：一台数控球道磨床出现报警"700215 Wait for Indexer Rotation off（等待分度旋转关闭）"。

数控系统：西门子 840D pl 系统。

故障现象：这台机床在自动运行时出现 700215 报警，指示分度没有完成。

故障分析与检查：使用手动操作方式，按分度启动按钮，分度装置没有反应，检查分度阀发现 47YV0 和 47YV1 电磁阀线圈指示灯都指示带电，47YV0 和 47YV1 是一个双向电磁阀的两个线圈，是不能同时带电的。

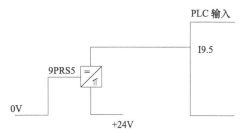

图 10-36　PLC 输入 I9.5 的连接图

根据图 10-37 的电磁阀控制原理图，PLC 输出 Q47.0 和 Q47.1 通过光电耦合器 47KA0 和 47KA1 控制这两个电磁阀线圈，利用系统 Diagnosis（诊断）功能检查 PLC 输出 Q47.0 和 Q47.1 的状态，发现 Q47.0 的状态为"1"，而 Q47.1 的状态为"0"，据此判断光电耦合器 47KA1 损坏。

故障处理：更换光电耦合器 47KA1 后，机床恢复正常工作。

10.4.3 数控机床机械手故障维修

很多专用自动数控机床具有机械手进行自动送、卸工件或更换刀具，执行装置基本都是液压或者气动驱动的，由 PLC 用户程序控制。

数控机床机械手故障通常为电磁阀故障、继电器故障以及传感器故障等，偶尔也会出现一些机械故障。诊断这些故障，通常可以根据机床工作原理、机床电气原理图和 PLC 程序来进行。下面列举一些实际维修案例。

案例 1：一台数控内圆磨床加工时出现报警"2040 X Axis Not Enable：Arm Not up（X 轴无使能：机械手臂没在上面）"。

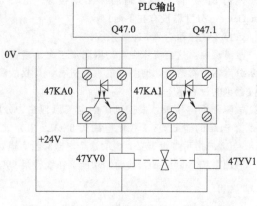

图 10-37 分度装置升起落下电磁阀控制图

数控系统：发那科 0iTC 系统

故障现象：这台机床在自动加工时出现 2040 报警，指示机械手臂没有抬起。

故障分析与检查：出现故障时，检查机械手的位置，发现已经抬起。根据机床工作原理检测机械手臂在上面是否是由无触点开关 SQ8.5 来完成的，接入 PMC 的输入 X8.5，利用数控系统 DGNOS Param 功能检查 X8.5 的状态为"0"，继续检查发现是 SQ8.5 无触点开关损坏了。

故障处理：更换新的开关后故障消除。

案例 2：一台数控球道磨床出现报警"6040 X Axis Not Enable：Arm Not up（X 轴无使能：机械手臂没在上面）"。

数控系统：西门子 810M 系统。

故障现象：这台机床一次在自动加工时出现这个故障，自动循环中止，出现 6040 报警，X 轴不能运动。

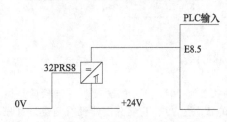

图 10-38 PLC 输入 E8.5 的连接图

故障分析与检查：分析机床的工作原理，在送料机械手臂没有抬起时，为防止撞上机械手臂，系统禁止 X 轴运动，但观察机械手臂的位置，已经抬起并没在下面，检测机械手臂在上面是否是由接近开关 32PRS8 来完成的，如图 10-38 所示，它接入 PLC 的输入 E8.5，检测 E8.5 的状态为"0"，说明没有到位信号反馈给 PLC，检查接近开关的位置没有问题，确定是接近开关损坏了。

故障处理：更换新的开关后，故障消除，机床恢复正常运行。

案例 3：一台数控内圆磨床机械手工作不正常。

数控系统：西门子 810G 系统。

故障现象：这台机床一次出现故障，在工件磨削结束后，机械手把工件带到了进料口，而没有在出料口把工件释放。

故障分析与检查：根据机床工作原理，机械手工作过程是首先插入环形工件，然后在圆弧轨道上带动工件向上滑动，到出料口时，退出工件，磨削完的工件进入出料口，而机械手继续向上滑动直至进料口。

根据机械手的工作过程，通过故障现象判断，可能系统没有得到机械手到达出料口的到位信号，检测机械手到达出料口到位信号是通过接近开关 12PX6 检测的，接入 PLC 输入 I12.6，如图 10-39 所示。检查该接近开关正常没有问题，而是

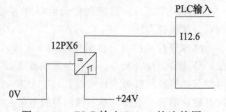

图 10-39 PLC 输入 I12.6 的连接图

感应碰块与接近开关的距离有问题，这个距离有些偏大，仔细检查发现原来是接近开关有些松动。

故障处理：将接近开关的位置调整好并紧固后，这时机床恢复正常工作。

案例 4：一台数控外圆磨床出现报警"6024 Pusher Return Timeout（送料器返回超时）"。

数控系统：西门子 810G 系统。

故障现象：这是在机床自动加工时产生的报警，显示送料器返回超时，停机检查，送料器根本没有返回。手动操作让其返回，也不动作。

故障分析与检查：根据电气图纸，PLC 的输出 Q3.2 通过一直流继电器控制送料器返回电磁阀，如图10-40 所示，利用数控系统的 Diagnosis（诊断）功能检查 PLC 输出 Q3.2 的状态，为"1"没有问题，继电器 K32 的触点也闭合，而测量电磁阀的线圈有电压，说明可能是电磁阀 3SOL2 损坏。检查电磁阀 3SOL2 发现其线圈烧断。

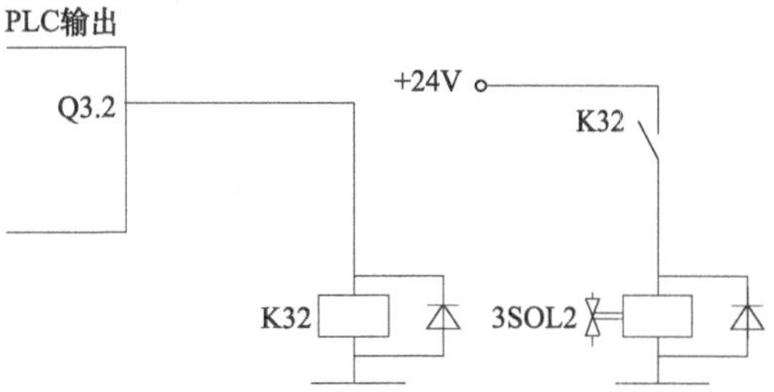

故障处理：更换新电磁阀，机床故障消除。

案例 5：一台数控车床机械手位置有偏差。

数控系统：西门子 840C 系统。

故障现象：这台机床开机各轴回参考点后，发现上料机械手与中心卡具有位置偏差。

图 10-40　送料器返回电气控制原理图

故障分析与检查：这台机床的机械手是直线轴 Q 带动的，Q 轴由伺服电动机驱动，使用增量编码器作为位置反馈元件。

按照机床的工作原理，Q 轴返回参考点后，Q 轴上料机械手恰好停在卡具中心，工作时上料机械手抓住工件停在这个位置，主轴卡具在工件的垂直上方下移，到达工件位置，抓住、卡紧工件，同时机械手松卡，主轴卡具带动工件到加工位置进行加工。

这次出现故障，上料机械手与主轴卡具中心目视观察有大概 7~8mm 的偏差，如果此时主轴卡具下降去抓工件，必将撞到工件上。

反复进行 Q 轴回参考点的操作，发现机械手的位置并不发生改变，分析原因可能为机械手的参考点发生变化。

故障处理：为了纠正机械手的位置，可以修改 Q 轴参考点的位置补偿数据，将 Q 轴参考点补偿机床数据 MD2442 调出，原数值为 77mm，经几次调整，修改到 88.1mm 时，偏差被纠正。

案例 6：一台数控车床自动加工时出现报警"6076 Movement Auxiliary Functions in Operation M101-199（运动辅助功能 M101-199 在操作中）"。

数控系统：西门子 840C 系统。

故障现象：在机床自动加工时，出现 6076 报警，加工程序中止。

故障分析与检查：出现故障时，检查发现主轴工件卡具机械手没有抓到工件。仔细观察加工过程，在第一上料机械手将工件转交到主轴工件卡具机械手时，上料机械手带着工件反转到主轴工件卡具机械手的下面位置，主轴卡具机械手移动到上料机械手的垂直上方，但未等主轴卡具机械手抓住卡紧工件，上料机械手就松卡了，工件自由下落一段距离之后，主轴卡具机械手这时才有卡紧动作，此时工件已不在正确位置，这时卡具就抓不到工件了，产生 6076 报警。

对机械手进行检查发现上料机械手卡紧检测传感器有问题，无论机械手是否卡紧，其状态始终为"1"。

故障处理：更换上料机械手卡紧检测传感器后，机床恢复正常运行。

案例 7：一台数控淬火机床出现报警"700153 Failure Close Input Manipulator Clipper（入口机械手卡爪卡紧故障）"。

数控系统：西门子 840D pl 系统。

故障现象：这台机床在自动加工时出现 700153 报警，指示上料机械手没有抓住工件。

故障分析与检查：检查入口机械手，发现工件已经抓住没有问题，所以怀疑故障检测回路有问题。

根据机床工作原理，接近开关 S751 检测机械手是否卡紧，这个开关接入 PLC 输入 I75.1，如图 10-41 所示，利用系统 Diagnosis（诊断）功能检查 PLC 输入 I75.1 的状态为"0"，说明是位置检测回路出现问题。

检查接近开关 S751，发现这个开关并没有损坏，只不过锁紧螺母松动，使开关与检测部位的距离变大。

故障处理：调整接近开关的检测距离然后锁紧固定，这时启动循环，机床正常运行。

图 10-41　PLC 输入 I75.1 的连接图　　　　　图 10-42　机械手向前运动控制连接图

案例 8：一台数控外圆磨床出现报警"700112 Loader Forward Timeout（送料机械手向前超时）"。

数控系统：西门子 840D pl 系统。

故障现象：这台机床在自动加工时，出现 700112 报警，指示机械手向前超时，自动循环不能继续进行。

故障分析与检查：因为报警指示机械手向前超时，对机械手进行检查，发现机械手根本就没有向前移动，还在后面。

根据机床工作原理，机械手向前运动是由电磁阀 41Y4 控制的，如图 10-42 所示，PLC 输出 Q41.4 通过光电耦合器控制电磁阀 41Y4。

利用系统 Diagnosis 功能检查 PLC 输出 Q41.4 的状态，其状态为"1"没有问题。继续检查发现电磁阀 41Y4 的线圈没有电压，说明可能光电耦合器出现了问题。检查光电耦合器，发现已经损坏。

故障处理：更换光电耦合器后，机床恢复正常运行。

10.4.4　数控机床自动测量系统故障维修

一些专用磨床为提高效率、保障加工质量，采用自动测量装置，多数测量装置或者传感器都是采用意大利 MARPOSS 公司的产品。自动测量系统的故障原因一般有传感器问题、自动测量装置问题、机械问题等。下面介绍几个实际维修案例。

案例 1：一台数控沟槽磨床偶尔出现废品。

数控系统：西门子 805 系统。

故障现象：这台机床在加工过程中偶尔出现问题，磨沟槽的位置发生变化，造成废品。

故障分析与检查：这台机床的工作原理是，在磨削加工时，首先携带 MARPOSS 探头的测量臂向下摆动到工件的卡紧位置，然后工件开始移动，当工件的基准端面接触到测量探头时，数控装置记录下此时的位置数据，然后测量臂抬起，加工程序继续运行。数控装置根据端面的位置数据，在距端面一定距离的位置磨削沟槽。所以沟槽位置不准与测量的准确与否有非常大的关系。因为不经常发生，所以很难观察到故障现象。

为此，根据机床工作原理，对测量头进行检查并没有发现问题；对测量臂的转动进行检查时发现旋转轴有些紧，观察测量臂向下摆动时，有时没有精确到位，使探头有时接触工件的其他位置，有时根本接触不到工件，使测量产生误差。将旋转轴拆开进行检查，发现旋转轴已严重磨损。

故障处理：制作新旋转轴，更换上后，再也没有发生这个故障。

案例 2：一台数控外圆磨床测量仪有时不工作。

数控系统：西门子 805 系统。

故障现象：在出现故障时，马波斯测量仪指示表针不动。

故障分析与检查：这台机床使用马波斯测量仪，在磨削工件外圆的同时，在线测量工件磨削的尺寸，当工件尺寸达到设定的尺寸时，停止磨削。

分析马波斯测量仪的工作原理，在磨削工件时，马波斯测量头由液压缸带动，向工件方向移动，并且与工件表面接触，这时测量仪指示表针偏转角度达到最大，指示偏差最大，当磨削开始后，表针偏转的角度越来越小，到达工件尺寸公差范围内时，发出尺寸到信号，系统接收到这个信号后停止磨削。而出现故障时，马波斯测头接触到工件后，测量仪指针不动。

根据机床工作原理和故障现象分析，故障原因可能有两种，一种为马波斯测量仪有问题，另一种为马波斯测量仪在测头接触到工件时没有启动测量。根据电气控制原理，见图 10-43，马波斯测量仪是由 PLC 输出

图 10-43　马波斯测量仪电气控制图

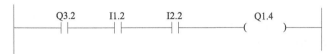

图 10-44　关于马波斯测量仪启动控制的梯形图

Q1.4 启动的，利用系统的 Diagnosis（诊断）功能检查 PLC 输出 Q1.4 的状态，发现其状态一直为 "0"，没有跟随测头的位置变化而变化。

　　PLC 有关输出 Q1.4 的梯形图见图 10-44，利用系统的 Diagnosis（诊断）功能在线检查这段梯形图有关的输入输出状态，发现在出现故障时输入 I1.2 的状态没有变成 "1"，致使输出 Q1.4 的状态也不能变为 "1"，也就是没有启动马波斯测量仪。如图 10-45 所示，PLC 输入 I1.2 连接的是接近开关 B12，该开关用来检测测头是否到位，在出现故障时虽然测头已到位，但输入信号 I1.2 并没有变为 "1"，说明检测开关有问题，检查这个接近开关，发现其可靠性有问题。

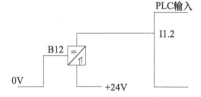

图 10-45　PLC 输入 I1.2 的连接图

　　故障处理：更换 B12 接近开关，机床正常工作。

　　案例 3：一台专用数控磨床经常加工出废品。

　　数控系统：西门子 805 系统

　　故障现象：这台机床在自动磨削加工工件时，经常出现废品，没有报警。观察故障现象，在自动磨削时，首先 MARPOSS 测量臂下来，到位后 Z 轴带动工件运动，直至工件接触上 MARPOSS 探头，面板上 "ADJUST" 指示灯亮，这时 Z 轴停止运动，测量臂抬起。但在出废品时，工件接触上 MARPOSS 探头后，机床 Z 轴继续向前运动，又走一段距离后，测量臂才抬起，Z 轴后移，然后开始磨削加工，这时磨削的工件就成了废品。

　　故障分析与检查：根据机床工作原理，在正常工作时工件接触上探头后，"ADJUST" 灯亮，系统记录下 Z 轴的实际位置数据，同时 Z 轴停止向前运动并后移，测量头抬起，这时进行磨削，工件尺寸正常。

　　根据故障现象，工件接触上探头后，"ADJUST" 灯亮，说明 MARPOSS 测量仪工作正常。

　　根据机床工作原理，工件接触上探头后，MARPOSS 测量装置发出信号，使 PLC 输入 I2.7 的状态变成 "1"，这时 PLC 控制 "ADJUST" 灯亮，工件脱离探头时，I2.7 的状态马上变成 "0"，"ADJUST" 灯马上熄灭，观察 PLC 的运行状态，也确实如此，也说明 MARPOSS 工作正常。

　　对机床测量原理进行分析，工件的测量是 NC 加工程序与 PLC 用户程序配合完成的。NC 加工程序中发出测量指令，PLC 控制测量过程。在加工程序中测量部分程序如下：

```
%21
⋮
N90　M45
N100 M46
N110 G01 Z＝R817 F＝R866
⋮
N300 M02
```

　　M45 是测量臂落下命令，M46 是指示等待测量作用的命令，执行 M46 指令后，F38.6 变成 "1" 之后继续向下执行，这时 PLC 用户程序起作用。

　　梯形图在线跟踪：从测量等待标志位 F38.6 入手，对 PLC 梯形图进行分析。有关 F38.6 的梯形图如图 10-46 所示，在线观察该段梯形图的运行，当测量探头接触到工件时，PLC 输入信号 I2.7 的常开触点闭合，

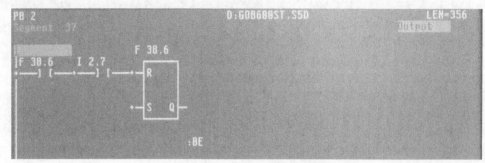

图 10-46　到位输出信号置位梯形图

将到位信号 Q87.3 置"1"，并且将 Z 轴位置数据存储到参数 R814 中，然后进行磨削加工。故障状态下 Q87.3 的状态为"0"没有变化，原因是 F38.6 的触点闭合不久就断开了，这时 I2.7 再闭合，Q87.3 的状态就不能改变了。

继续观察关于 F38.6 的梯形图，如图 10-47 所示，在出故障时执行完 M46 命令后即变成"1"，但还没有执行 N110 语句时就变成"0"，发现是因为 I2.7 触点瞬间闭合导致的 F38.6（M46）复位。为此观察测量臂的运行，执行 M45 后，向下运动，到达水平位置时，又向上反弹，出故障时，反弹的力比较大，故可能是振动使 I2.7 瞬间变成"1"后又恢复成"0"，但已使 M46 复位。

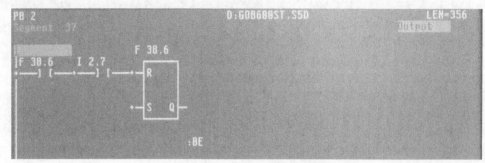

图 10-47　M46 指令复位梯形图

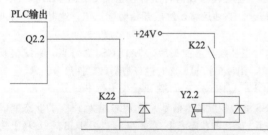

图 10-48　测量臂慢速下降控制原理图

故障原因可能是下降速度太快，测量臂下降由液压系统控制的，分析液压系统工作原理，发现有减速阀 Y2.2 起减速作用，是受 PLC 输出 Q2.2 控制的（图 10-48），在测量臂下降时观察 Q2.2 的状态，发现一直为"0"没有变化，说明减速阀没有起作用，检查 PLC 的控制程序，其程序梯形图见图10-49，在下降时，PLC 输入 I1.3 变成"1"，输出 Q2.2 就变成"1"了，而观察 PLC 的程序运行，在测量臂下降时，I1.3 触点断开始终没有变化。

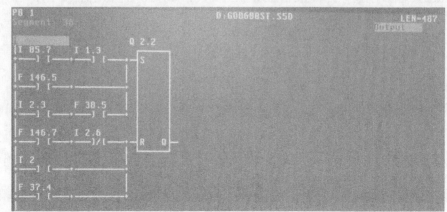

图 10-49　测量臂慢速下降控制程序梯形图

根据电气原理图，PLC 输入 I1.3 连接的是一个接近开关 B13，见图 10-50，是检测头减速位置的无触点开关，当快到达水平位置时，B13 应该有电，但在测量臂下降过程中观察，B13 却一直没电，检查接近开关 B13 并没有问题，只是位置有些远，检测不到减速信号。

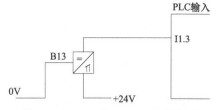

图 10-50　PLC 输入 I1.3 的连接图

故障处理：调整接近开关 B13 的检测距离后，测量臂在下降过程中有减速动作，机床也恢复正常工作。

案例 4：一台数控外圆磨床断电自动开机后测量仪工作不正常。

数控系统：西门子 805 系统。

故障现象：这台机床机床长期断电（2h 以上），再开机时马波斯测量仪报警，不能工作。

故障分析与检查：观察故障现象，发现机床通电 4～5h 左右，马波斯测量仪故障自行消除，对测量仪各个电气功能模块进行检查，都没有发现问题，因此怀疑电源模块性能可能不好。

故障处理：测量仪、电源模块维修后，机床恢复正常工作。

案例 5：一台数控外圆磨床出现报警"700716 Autosizing Cyclinder 1 Position Fault（自动测量装置驱动缸 1 位置错误）"。

数控系统：西门子 810D pl 系统。

故障现象：这台机床在自动加工时，一个工件磨削完，出现 700716 报警，故障复位后，机床还可以进行下一个工件的磨削，但磨削完还是出现报警。

故障分析与检查：因为机床故障报警指示自动测量装置驱动缸位置错误，因此重点对测量装置进行检查。

这台机床在自动加工时，自动测量缸带动马波斯测量头移动到工件位置，对磨削的工件外圆进行在线检

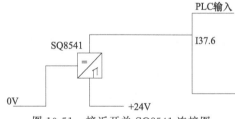

图 10-51　接近开关 SQ8541 连接图

测，工件磨削到尺寸后，自动测量缸带动马波斯测量头返回初始位置，接近开关 SQ8541 检测自动测量缸是否返回初始位置。

这个接近开关接入 PLC 的输入 I37.6，如图 10-51 所示，利用系统 Diagnosis（诊断）功能检查 PLC 输入 I37.6 的状态，发现在自动测量驱动缸退回初始位置大概 1s 左右后，其状态才变为"1"，这时已经产生了 700716 报警，因为其状态最后变为了"1"，所以可以复位故障报警。

对接近开关进行检查，发现接近开关的电缆插头有问题，造成接触不良。

故障处理：更换接近开关的电缆接头后，机床恢复正常工作。

10.4.5　数控磨床砂轮自动平衡装置故障维修

对于一些数控外圆磨床，通常砂轮直径都过大，故砂轮必须做平衡之后，才能工作；否则就会产生振动，影响工件的磨削精度，也影响机床的寿命。

现在许多数控外圆磨床都装有砂轮自动平衡器，在机床上对砂轮进行自动动平衡。在砂轮启动时，砂轮平衡器启动平衡功能，对砂轮进行自动平衡。自动平衡装置通过传感器检查平衡效果，当砂轮达到一定平衡时，可以开始加工工件，当达不当要求时，机床将产生报警，并停止砂轮旋转。下面介绍几个实际维修案例。

案例 1：一台数控台阶外圆磨床出现报警"7023 Failure：Balancing System（故障；平衡系统）"。

数控系统：西门子 805 系统。

故障现象：这台磨床在启动砂轮主轴时，出现 7023 报警，指示砂轮没有得到平衡，砂轮主轴停转，主轴启动不了。

故障分析与检查：这台机床使用的砂轮平衡器是德国 Walter Dittel 公司的产品，型号是 Hydrobalancer HBA 4000。

分析砂轮平衡器工作原理，这种平衡器采用液体平衡方法，在固定砂轮轴套的不同位置加工三个半圆弧的沟槽，主轴启动时通过三个电磁阀控制喷头，分别向这三个沟槽喷水（磨削液），用传感器检测平衡效果，

直到达到平衡。

在这台机床出现不平衡报警时,检查平衡系统,发现怎样喷水都达不到平衡,说明检测平衡的传感器可能有问题。

故障处理:更换平衡检测传感器,机床故障消除。

案例2: 一台数控台阶外圆磨床出现报警"7023 Failure:Balancing System(故障:平衡系统)"。

数控系统:西门子805系统。

故障现象:这台磨床在启动砂轮主轴时,出现7023报警,指示砂轮没有得到平衡,砂轮主轴停转,主轴启动不了。

故障分析与检查:也是上述的机床,检查平衡仪,发现平衡仪电源指示灯没有亮,平衡仪根本没有工作。检查平衡仪供电电源没有问题,说明平衡仪的电源板损坏了。

故障处理:更换平衡仪的电源板,使机床平衡仪恢复正常工作。

案例3: 一台数控外圆磨床在启动砂轮主轴时,出现报警"7023Failure:Balancing System(故障:平衡系统)"。

数控系统:西门子805系统。

故障现象:这台磨床在启动砂轮主轴时,出现7023报警,指示砂轮没有得到平衡,砂轮主轴停转,主轴启动不了。

故障分析与检查:根据经验,通常为检查砂轮平衡的传感器有问题,但更换传感器后,砂轮还是平衡不了。观察平衡仪,在启动砂轮时,指示三个阀工作的指示灯轮番亮,但平衡指示越来越差。用手动控制开关三个阀,经过调整可以平衡,但自动调整时还是不行,观察手动和自动的平衡过程,发现使用的阀不一致,为此认为可能在换传感器时,将水管拆下,再安装时安装错位了。

故障处理:将两个认为可能有问题的水管调换连接,这时启动主轴,可以达到平衡。

案例4: 一台数控外圆磨床启动砂轮主轴时,振动过大,无法加工出合格工件。

数控系统:西门子810G系统。

故障现象:这台磨床一次出现故障,启动主轴时,平衡仪不能使砂轮主轴平衡好,机床振动较大,磨削出来的工件尺寸不稳定。

故障分析与检查:这台机床的砂轮平衡仪是德国HOFMANN公司的产品,型号为Mecbalancer MB400,采用的是电磁感应式平衡。手动和自动都达不到平衡,因此怀疑电磁感应平衡头有问题。

故障处理:更换平衡头,机床恢复正常工作。

案例5: 一台数控外圆磨床砂轮不平衡。

数控系统:西门子810D系统。

故障现象:这台机床启动砂轮后,平衡器开始做平衡,但一直达不到平衡,出现报警"700101 Wheel Not Balanced(砂轮没有平衡)"。

故障分析与检查:这台外圆磨床的平衡器常用意大利MARPOSS公司的P7,出现故障时检查平衡器的操作面板,显示的振动量很大,噪声显示达到200dB以上,而正常工作时应该在30dB以下。

对马波斯P7平衡器的工作原理进行分析发现,这种平衡器采用电动平衡块进行平衡,首先平衡器根据传感器检测到的平衡状况,通过发射器向平衡头(平衡头安装在砂轮轴上)发送指令,平衡头的接收装置接收到指令后,转动相应平衡块,这时平衡器根据平衡效果继续控制平衡块的转动方向或者转动角度大小,直到平衡达到设定范围。

根据平衡器的工作原理分析,有多种原因可导致平衡器不起作用。

原因之一为发射器与接收装置距离过大,检查发射器与接收装置的距离为3.8mm满足要求。

原因之二为发射器与接收装置联络电压有问题,利用平衡器P7的诊断功能检查联络电压为14.1V,也符合系统要求。

排除上述两个原因后,怀疑平衡头可能有问题,将平衡头拆下并拆开进行检查,发现一根电缆脱落,并压断。

故障处理:将这根电缆焊接并固定,重新安装平衡头,这时开机机床恢复正常运行。

案例6: 一台数控外圆磨床砂轮启动后不平衡。

数控系统:西门子810D系统。

故障现象：这台机床启动砂轮后，振动很大，并出现报警"700101 Wheel Not Balanced（砂轮没有平衡）"，机床不能进行自动加工。

故障分析与检查：这台外圆磨床的平衡器采用意大利 MARPOSS 公司的 P7，出现故障时检查平衡器的操作面板，显示的振动量很大，噪声显示达到 150dB 以上。再仔细观察发现屏幕上没有主轴转速显示。

根据平衡器工作原理，主轴转速是通过平衡装置的发射器上一个接近开关来检测的，对这个接近开关进行检查，发现有磨损的痕迹，确定为接近开关损坏。

故障处理：因为没有接近开关的备件，为维持机床工作，将平衡器的转速检测设为固定转速方式，设定转速为正常平均转速 2000r/min，这时机床恢复使用，但转速变化时，平衡效果不是特别理想。待转速检测接近开关购买到后，安装到发射器上，这时机床恢复了正常功能。

案例 7：一台数控外圆磨床出现报警"700103 Wheel Balanced Unit Alarm（188.3）（砂轮平衡装置报警）"。

数控系统：西门子 810D 系统。

故障现象：这台机床在停机几天重新启动时出现 700103 报警，指示砂轮平衡器故障。

故障分析与检查：这台机床采用意大利马波斯平衡控制与尺寸检测装置 P7 进行砂轮平衡控制，检查平衡器 P7，其屏幕上有报警"A31037 Noise Function Failure（振动噪声功能失效）"，怀疑平衡器发讯头有问题，更换后故障依旧，将换下的平衡器发讯头换到其他机床上，正常没有问题。那么是不是连接电缆有问题呢？拆开检查平衡器发讯头的插接电缆接头，发现有一根电线脱落。

故障处理：将脱落的电线焊接好，重新安装平衡器发讯头后，机床报警消除。

案例 8：一台数控外圆磨床出现报警"700051 Wait for Wheel at Work Speed（等待砂轮到工作转速）"。

数控系统：西门子 840D pl 系统。

故障现象：这台机床一次出现故障，驱动主轴砂轮电动机后出现 700051 报警，不能进行自动加工。

故障分析与检查：分析报警信息，系统认为机床砂轮没有达到工作转速，故不能进行下一步操作，该机床的砂轮转速和平衡是受马波斯 E78 检测和控制的，查看 E78 显示器，转速显示区显示 0r/min。因为砂轮实际上已经旋转了，所以首先怀疑砂轮转速检测传感器有问题，转速检测传感器安装在砂轮平衡发讯头上，拆下发讯头，发现该传感器有磨损现象，如图 10-52 所示，从而确认该传感器损坏。

故障处理：更换新转速传感器后，机床故障消除。

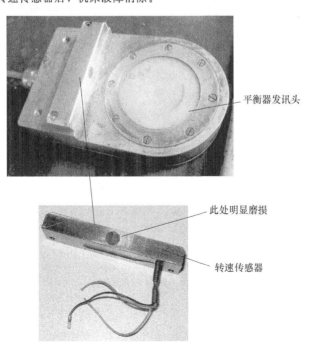

图 10-52 平衡器发讯头与转速传感器

案例 9：一台数控外圆磨床砂轮不平衡。

数控系统：西门子 840pl 系统。

故障现象：这台机床在启动砂轮后，砂轮达不到平衡，出现报警"700113 Wheel Not Balanced Time-Out（砂轮没有平衡，超时）"。

故障分析与检查：报警提示砂轮在规定的时间内没有达到平衡。这台机床的砂轮直径比较大，所以采用自动平衡器对其进行动态平衡。平衡器采用意大利 MARPOSS 公司的 E86 控制器。出现报警时检查 E86 显示器上的显示，振动量显示达到 $2\mu m$ 以上，而正常工作时应该在 $0.4\mu m$ 以下。说明确实效果不好。

这种平衡器也采用发射器和接收器，发射器发出平衡指令，接收器接到指令后，平衡头根据指令的要求转动平衡块，进行动态平衡。

观察故障现象，在砂轮启动时，平衡状态根本就没有改善，所以怀疑平衡头没有接到动作指令。检查发射器，发射器安装在砂轮主轴的轴端上与接收器相距 2mm 左右，接收器与轴一体，同时旋转。

对发射器进行检查，发现与接收器距离太近，拆下发射器发现由于产生摩擦，已经磨损。

故障处理：更换发射器后，故障排除。

10.4.6　数控机床工件夹具与电磁吸盘装置故障维修

对于一般的数控磨床，工件的卡装是靠液压卡具来完成的。对于一些重量较轻的工件，采取电磁吸盘固定工件。下面介绍一些有关这方面故障的实际维修案例。

案例 1：一台数控车床出现报警"2045 Chuck Unclamp（卡盘没有卡紧）"。

数控系统：发那科 0TC 系统。

故障现象：一次这台机床出现故障，在自动加工时，出现 2045 报警，加工程序中止。

故障分析与检查：根据"卡盘没有卡紧"的报警显示，检查卡盘发现确实没有把工件卡紧。

根据机床工作原理，卡盘的卡紧是电磁阀 Z16 控制的，PMC 的输出 Y49.1 通过一直流继电器 R16 控制这个电磁阀，如图 10-53 所示，利用 DGNOS Param（诊断参数）功能观察 PMC 输出 Y49.1 的状态，在卡盘卡紧时其状态为"1"没有问题，那么可能是继电器 R16 损坏，检查继电器 R16 线圈有电压，但触点没有闭合，说明继电器损坏。

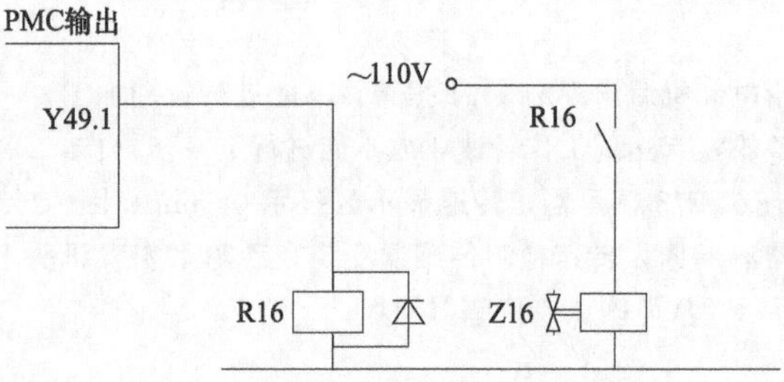

图 10-53　卡盘卡紧控制原理图

故障处理：更换继电器 R16，机床恢复正常使用。

案例 2：一台数控车床在自动加工时出现报警"2021 Chuck Unclamp（卡盘没有卡紧）"。

数控系统：发那科 0TC 系统。

故障现象：这台机床在自动加工时，突然出现 2021 报警，不能继续进行自动加工。

故障分析与检查：机床 2021 报警指示卡盘没有卡紧，检查机床工件确实没有卡紧，因此自动加工不能进行。根据机床工作原理，PMC 输出 Y48.1 通过直流继电器 K5 控制电磁阀 YV5，YV5 控制卡盘卡紧，如图 10-54 所示。通过系统 PMC 的 DGNOS Param（诊断参数）状态显示功能检查 PMC 输出 Y48.1 的状态，发现为"1"没有问题，检查卡紧电磁阀 YV5 线圈上也有电压，对线圈进行检查发现卡紧电磁阀线圈烧坏。

故障处理：更换电磁阀的线圈后，机床恢复正常工作。

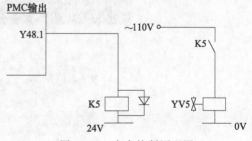

图 10-54　卡盘控制原理图

案例 3：一台数控车床工件不卡紧。

数控系统：发那科 0TC 系统。

故障现象：在进行自动操作时，踩下脚踏开关，但工件没有卡紧操作。

故障分析与检查：根据机床工作原理，第一次踩下脚踏开关时，工件应该卡紧，第二次踩下脚踏开关时，松开工件。脚踏开关接入 PMC 输入 X2.2，如图 10-55 所示。

首先利用系统 PMC 状态显示功能检查 X2.2 的状态，按下 [DGNOS PARAM] 键后，再按 "诊断" 下面的软键进入 PMC 状态显示画面，在踩下脚踏开关时，观察 PMC 输入 X2.2 的状态，发现一直为 "0"，不发生变化。所以怀疑脚踏开关有问题。检查脚踏开关发现确实损坏。

故障处理：更换脚踏开关后，机床恢复正常工作。

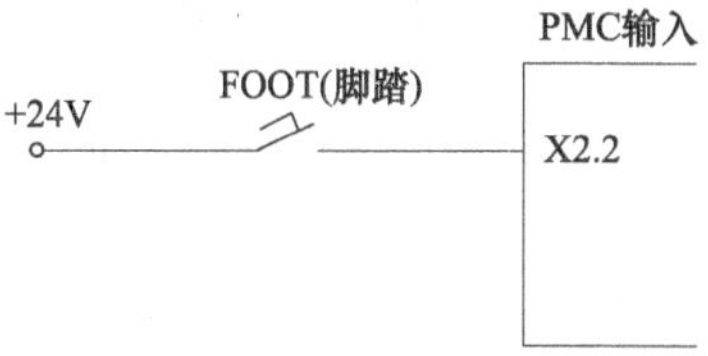

案例 4：一台数控球道磨床出现 F56 报警。

数控系统：西门子 3M 系统。

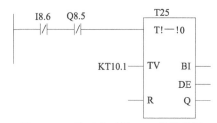

图 10-55　PMC 输入 X2.2 的连接图

故障现象：这台磨床在卡装工件时出现报警 "F56 Clamping Pressure Missing（卡紧压力没有）"，指示工件没有卡紧。

故障分析与检查：根据数控系统工作原理，F56 报警由于 PLC 的标志位 F165.6 被置 "1" 所致，根据图 10-56 所示的关于 F165.6 的梯形图，检查相应元件的状态，发现定时器 T25 的状态为 "1" 是产生报警的原因。

有关 T25 的梯形图如图 10-57 所示，由于 PLC 输入 I8.6 和 PLC 输出 Q8.5 的状态都为 "0"，使定时器 T25 得电。PLC 输出 Q8.5 控制的是卡具松开的电磁阀，如图 10-58 所示，为 "1" 控制卡具松开，为 "0" 控制卡具卡紧，所以其状态为 "0" 是正常的。

PLC 输入 I8.6 连接的是卡具卡紧控制的液压压力开关，其状态为 "0"，说明工件的卡紧压力不够，工件没有卡紧。检查卡具松开电磁阀上有电压，而 Q8.5 的状态为 "0"，说明中间继电器 K85 的常开触点粘连，断不开，所以使卡具松开电磁阀始终有电，产生卡具卡不紧报警。

故障处理：更换中间继电器 K85，机床故障消除。

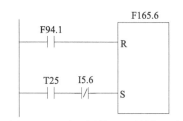

图 10-56　关于报警 F56 的梯形图

图 10-57　关于定时器 T25 的梯形图

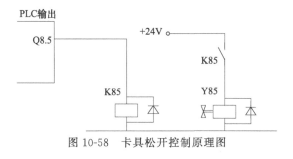

图 10-58　卡具松开控制原理图

案例 5：一台数控车床出现报警 "6012 Chuck Clamp Path Fault（卡具卡紧途径错误）"。

数控系统：西门子 810T 系统。

故障现象：这台机床在加工期间，突然出现 6012 报警，不能进行加工。

故障分析与检查：因为报警指示工件卡紧途径错误，为防止工件卡不紧，主轴旋转时工件飞出，系统禁止加工进行。

6012 报警是 PLC 报警，根据西门子 810T 系统报警机理，标志位 F101.4 是 6012 的报警标志，利用系统 Diagnosis（诊断）功能检查标志位 F101.4 确实也是 "1"。

关于标志位 F101.4 的梯形图，如图 10-59 所示，检查各个元件的状态，发现 T4 的状态为 "1"，使报警标志位 F101.4 置位。

有关 T4 的梯形图如图 10-60 所示，由于 F142.0 的状态为 "1" 和 F142.4 的状态为 "0"，使定时器 T4

有电，标志位 F142.0 是检测卡紧压力是否正常的标志，为"1"是正常的。关于标志位 F142.4 的梯形图如图 10-61 所示，故障原因是 PLC 输入 I0.6 的状态为"0"。

根据机床工作原理，如图 10-62 所示，PLC 输入 I0.6 连接的开关 S06 检测卡具的机械位移是否到位，但检查机械位置已经到位，没有问题。那么是不是开关 S06 有问题呢，检查该开关发现已经损坏。

故障处理：更换检测开关 S06，机床故障消除。

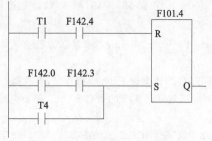

图 10-59　关于标志位 F101.4 的梯形图

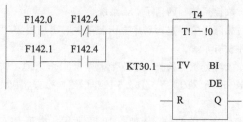

图 10-60　关于定时器 T4 的梯形图

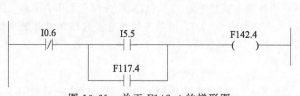

图 10-61　关于 F142.4 的梯形图

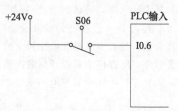

图 10-62　PLC 输入 I0.6 的连接图

案例 6：一台数控外圆磨床工件吸不住。

数控系统：西门子 810G 系统。

故障现象：在磨削工件时发现吸盘没有吸住工件。

故障分析与检查：这台机床采用电磁吸盘固定要磨削的工件，电磁吸盘是由直流吸盘控制器控制的，检查控制器上过流报警灯亮，说明负载有问题。检查电磁吸盘线圈没有发现问题。因为电磁吸盘与工件主轴一起运动，所以吸盘的电源连接是靠滑环连接的，测量滑环的绝缘发现对地的电阻只有几百欧姆，绝缘强度不够。

故障处理：更换绝缘材料，机床吸盘恢复正常工作。

案例 7：一台数控外圆磨床工件吸不住。

数控系统：西门子 810G 系统。

故障现象：在磨削工件时发现吸盘没有吸住工件。

故障分析与检查：也是上例中的机床，检查电磁控制器上也是过流报警灯亮，说明负载有问题。检查电磁吸盘线圈，发现绕组的电阻过低，说明电磁线圈有匝间短路现象。

故障处理：修理吸盘线圈，机床恢复正常工作。

案例 8：一台数控内圆磨床电磁吸盘无磁。

数控系统：西门子 810G 系统。

故障现象：在磨削工件时发现吸盘吸不住工件。

故障分析与检查：这台内圆磨床也是采用电磁吸盘固定工件，检查吸盘控制器时发现，控制板上的熔丝烧断，并且控制板有短路现象。

故障处理：维修吸盘控制板后，机床恢复正常工作。

案例 9：一台数控磨床显示报警"7020 Loading Chuck Is Empty（装料卡盘空）"。

数控系统：西门子 810G 系统。

故障现象：这台机床在磨削加工时，出现这个操作提示，指示电磁吸盘中没有工件，自动加工停止。

故障分析与检查：检查电磁吸盘，发现吸盘中有工件，那么可能是报警回路有问题。根据 PLC 报警机理，7020 报警是由于 PLC 标志位 F110.4 的状态置"1"所致，这部分梯形图见图 10-63，用系统 Diagnosis

（诊断）菜单中的 PLC Status 功能检查 F110.4 的状态，也确实是"1"，接着检查 PLC 输入 I6.1 的状态，为"0"，而 Q89.2 为"1"，促使 F110.4 经延时变成"1"，出现了 7020 警示。根据电气原理图，PLC 输入 I6.1 连接的是检测电磁吸盘是否有工件的接近开关 S61，如图 10-64 所示。对这个接近开关进行检查，发现已被磨削工件的火花烧坏。

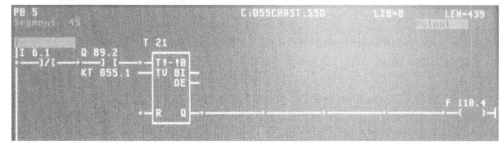

图 10-63　7020 报警梯形图

故障处理：更换接近开关，机床故障消除。

案例 10：一台数控磨床出现报警"700019 Magnetic Drive Worn（磁力驱动损坏）"。

数控系统：西门子 840D pl 系统。

故障现象：这台机床在开机准备进行工件自动加工时，出现 700019 报警，指示磁力吸盘驱动器损坏，自动加工不能进行。

故障分析与检查：对工件吸盘进行检查，发现吸盘的吸力正常，工件已吸浮在电磁吸盘上，说明吸盘没有问题。

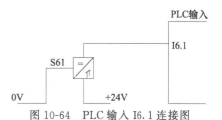

图 10-64　PLC 输入 I6.1 连接图

那么可能检测环节有问题，根据机床工作原理，通过接近开关 S362 检测磁力驱动，这个开关接入 PLC 输入 I36.2（图 10-65），利用系统 Diagnosis（诊断）功能检查 PLC 输入 I36.2 的状态，发现为"0"，说明确实是检测环节出现了问题。

检查接近开关 S362，发现其对检测信号没有反应，更换开关也是如此。根据图 10-65 进行检查，发现电源端子排 442 没有 24V 电源，继续检查发现熔断器 FU2 报警灯亮，检查熔断器发现已熔断，对其负载回路进行检查，没有发现问题。

故障处理：更换熔断器，报警消除，机床恢复正常工作。

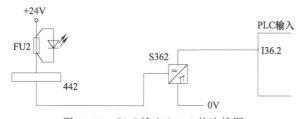

图 10-65　PLC 输入 I36.2 的连接图

第11章 数控机床液压与气动系统的故障维修

数控机床在实现全自动化控制中,除数控系统外,还需要配备液压和气动装置来实现自动化功能。所用的液压和气动装置应结构紧凑、工作可靠、易于控制和调节。液压和气动系统工作原理类似,但应用范围不同。

液压系统由于使用工作压力高的油性介质,因此液压装置输出力矩大、机械结构紧凑、动作平稳可靠、易于调节、噪声小,但要单独配置液压泵和油箱,液压油也容易渗漏污染环境,经常需要更换液压油,运行成本也较高。气动系统的气源容易获得,可以整个工厂配置一台空压机,机床不必单独配置气源,气动装置结构简单,工作介质不污染环境,工作速度快、动作频率高,适合完成频繁动作的辅助功能。过载时比较安全,不易发生过载而损坏器件的故障。

11.1 数控机床的液压系统

11.1.1 数控机床液压系统的组成

数控机床完整的液压系统由下列部件组成:

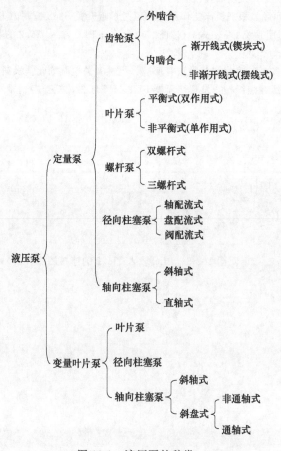

图 11-1 液压泵的种类

(1) 原动机

数控机床液压系统的原动机为交流电动机，交流电动机带动液压泵工作，产生动力源。

(2) 液压泵

液压泵是液压系统的核心部件，液压泵将原动机的机械能转换成工作液体的压力能。在液压系统中，液压泵作为动力源，提供液压传动所需的流量和压力。数控机床常用的液压泵的种类见图 11-1。

(3) 控制元件

液压控制元件主要是指液压控制阀。这种阀是用来控制液压回路中的压力、流量及流动方向，从而对液压缸和液压马达的启动、停止、速度、方向以及动作顺序进行控制的元件。

液压控制阀在液压元件中，占有与液压泵、液压马达、缸、管路等同样重要的位置，它所承担的任务也是多种多样的。

液压控制阀大致可分为压力控制阀、流量控制阀和方向控制阀，详见图 11-2。液压系统正是通过液压阀控制液压油流来完成主要任务的。通过液压阀进行流量的调节、控制，这在很久以前就已在一般的流体机械和装置中得到了广泛的应用。在液压回路、装置中所使用的上述阀一般都是小型的，但结构复杂。液压控制阀的共同点是：都设置在管路中间，流体的通过面积相当小，利用对流体的节流，使流体的压力降低，其结果是使通过阀的流体压力及流量得到控制。在这方面，方向控制阀有所不同，例如下面将要提到的换向阀等是通过换向动作来控制流动方向的。总之，操纵这些阀所需要的功率与控制的流体的功率相比，是非常小的。

- 控制阀
  - 压力控制阀
    - 溢流阀
    - 减压阀
    - 顺序阀
    - 卸载阀
    - 平衡阀
  - 流量控制阀
    - 节流阀
    - 调速阀
    - 分流阀
  - 方向控制阀
    - 换向阀(电磁式、电液式、手动式)
    - 单向阀
    - 截止阀

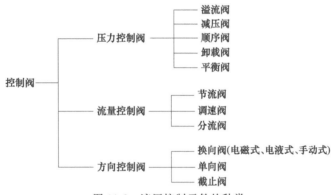

图 11-2 液压控制元件的种类

① 压力控制阀　在液压系统中，用来控制流体压力的阀统称为压力控制阀，简称压力阀。按用途分类如图 11-3 所示。按力学性能分类如图 11-4 所示。

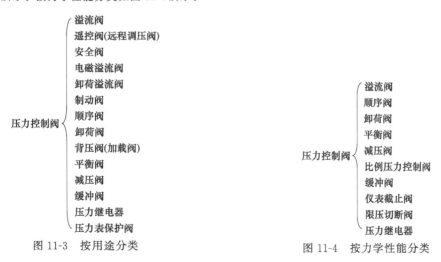

- 压力控制阀
  - 溢流阀
  - 遥控阀(远程调压阀)
  - 安全阀
  - 电磁溢流阀
  - 卸荷溢流阀
  - 制动阀
  - 顺序阀
  - 卸荷阀
  - 背压阀(加载阀)
  - 平衡阀
  - 减压阀
  - 缓冲阀
  - 压力继电器
  - 压力表保护阀

图 11-3 按用途分类

- 压力控制阀
  - 溢流阀
  - 顺序阀
  - 卸荷阀
  - 平衡阀
  - 减压阀
  - 比例压力控制阀
  - 缓冲阀
  - 仪表截止阀
  - 限压切断阀
  - 压力继电器

图 11-4 按力学性能分类

按结构、原理和功用，可把压力控制阀划分为溢流阀、顺序阀、减压阀、压力继电器和压力表保护阀 5 种基本类型。

a. 溢流阀控制回路的压力，对系统起着安全保护作用。

b. 顺序阀是当控制压力达到调定值时，阀芯开启使流体通过，以控制执行元件动作顺序的压力控制阀。顺序阀可分为直动式顺序阀和先导式顺序阀。

c. 压力继电器是将液压信号转换为电信号的一种元件，当工作系统中的油液压力达到调定数值时，发出电信号，以操纵电磁铁、继电器等电器元件的动作来实现系统的顺序动作或互锁。

② 流量控制阀　在液压系统中，用来控制流体流量的阀统称为流量控制阀，简称流量阀。

流量控制阀可按力学性能进行分类：节流阀、单向节流阀、调速阀、分流阀、集流阀、比例流量控制阀等。流量控制阀常用的有节流阀、调速阀、分流阀及与单向、行程阀的各种组合式流量阀。

③ 方向控制阀　在液压系统中，用来控制流体流动方向的阀统称为方向控制阀。按用途，方向控制阀可分为单向阀和换向阀两大类。

单向阀的作用是控制油液的单向流动，换向阀的作用是改变油液的流动方向或使油液通断。

方向控制阀可根据其用途、所控制的油口通路数目、工作位置数目以及控制方式等来分类，参见图11-5。

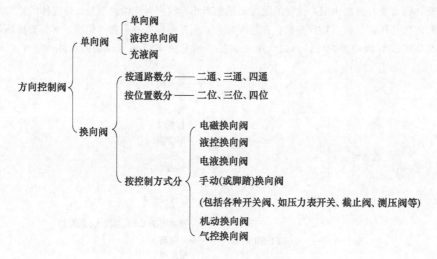

图 11-5　方向控制阀分类

(4) 执行元件

液压执行元件是一种依靠压力油使输出轴作旋转或往复运动而做功的各种元件的总称。它可分为液压马达（输出轴作旋转运动）、液压缸（输出轴作直线往复运动）和摆动液压马达（输出轴作旋转往复运动）三大类。液压执行元件具体分类见图11-6。

① 液压马达应用范围很广，如工程机械、矿山机械、机床等液压系统中作回转运动机构，也可能作为液压缸的同步运动的分流器使用。例如一些数控车床的刀架旋转是采用液压马达带动的，一些数控磨床的修整器金刚石滚轮旋转也是采用液压马达带动的。

② 液压缸应用在工程机械、起重机械、机床等的液压传动中。例如数控机床各种送料装置就是由液压缸驱动的。

(5) 辅助元件

辅助元件是液压系统不可缺少的组成部分，辅助元件的种类见图11-7。

11.1.2　液压控制在数控机床上的应用

现代数控机床只用一些简单的液压元件就能很经济地

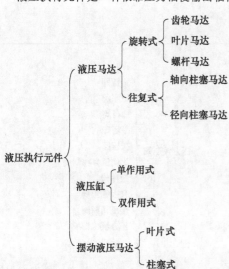

图 11-6　液压执行元件的分类

将机械能转化成液压能。利用流体的能量能比较容易地实现方向、速度和力的控制，因此液压系统被广泛应用到数控机床的工件夹紧装置、回转工作台、车床刀架、加工中心自动换刀装置、机械手、磨床砂轮修整装置、分度装置等机构。

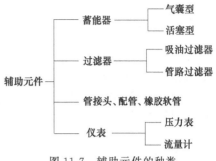

图 11-7　辅助元件的种类

11.1.3　数控机床液压系统的维护

数控机床的液压系统是很多数控机床的重要组成部分，其状态的好坏直接影响数控机床的运行，所以要做好液压系统的维护和检查工作。

(1) 数控机床液压系统的维护

数控机床液压系统的日常维护内容如下：

① 控制油液污染，保持油的清洁（80％液压故障来源于油液污染），是确保液压系统正常工作的重要措施，油液污染还会加速液压元件的磨损。

② 控制液压系统油液的温升，减少油液的温升是减少能源消耗、提高系统效率的一个重要环节。如果油液的温度过高，其后果是：

a. 影响液压泵的吸油能力及容积效率。

b. 系统工作不正常，压力、速度不稳定，动作不可靠。

c. 液压元件内外泄漏增加。

d. 加速油液的氧化变质。

③ 控制液压系统的泄漏，这项工作极为重要，因为泄漏和吸空是液压系统常见的故障，要控制泄漏，首先要选用高质量的液压元件，并且要提高液压元件零部件的加工精度、元件的装配质量以及管道系统的安装质量。其次是提高密封件的质量，注意密封件的安装使用与定期更换。

液压系统中管接头漏油是经常发生的。一般 B 型薄壁管扩口式管接头的结构如图 11-8 所示。

该管接头由具有 74°外锥面的接头体 1、带有 66°内锥孔的螺母 2、扩过口的冷拉纯铜管 3 等组成，具有结构简单、尺寸紧凑、重量轻、使用简便等优点，适用于数控机床行业中低压（3.5～16MPa）液压系统管路。使用时，将扩过口的管子置于接头体 74°

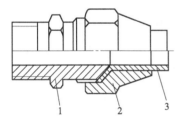

图 11-8　B 型薄壁管扩口式管接头
1—接头体；2—螺母；3—管子

外锥面和螺母 66°内锥孔之间，旋紧螺母，使管子的喇叭口受压并挤贴于接头体外锥面和螺母内锥孔的间隙中实现密封。在维修液压装置的过程中，经常发现管子喇叭口被磨损使接头处漏油或渗油，这往往是由于扩口质量不好或旋紧用力不当引起的。

④ 防止液压系统振动与噪声。振动影响液压元件的性能，使螺钉松动、管接头松脱，从而引起漏油。因此要防止和排除振动现象的发生。

⑤ 严格执行定期紧固、清洗、过滤和更换制度。液压系统在工作过程中，由于冲击振动、磨损和污染等因素，使管子松动，金属件和密封件磨损，因此必须对液压件及油箱等器件进行定期清洗和维修，对油液、密封件执行定期更换制度。

(2) 数控机床液压系统日常检查项目

数控机床液压系统故障存在多样性、复杂性和难于判断性，因此，应严格对液压系统的工作状态进行日常检查，把可能产生的故障现象记录在检查表中，并将故障在萌芽状态就排除，减少严重故障的发生。日常检查的项目如下：

① 各液压阀、液压缸及管路接头处是否有油泄漏；

② 液压泵和液压马达运转时是否有异常噪声等现象；

③ 液压缸移动时工作是否正常平稳；

④ 液压系统的各测压点压力是否在规定范围内，压力是否稳定；

⑤ 油液温度是否在允许的范围内；

⑥ 液压系统工作时是否有高频振动；

⑦ 电气控制和碰块（凸轮）控制的换向阀工作是否灵敏可靠；

⑧ 油箱内油量是否在油标刻线范围内；

⑨ 行程开关或限位挡块的位置是否变动；

⑩ 液压系统手动或者自动工作循环时是否有异常现象；

⑪ 定期对油箱内的油液进行取样化验，检查油液的质量，定期更换过滤器或油液；

⑫ 定期检查蓄能器的工作性能；

⑬ 定期检查冷却器和加热器的工作性能；

⑭ 定期检查和紧固重要部位的螺钉、螺母、接头和法兰螺钉；

⑮ 定期检查更换密封件；

⑯ 定期检查、清洗或更换液压件；

⑰ 定期检查、清洗或更换滤芯；

⑱ 定期检查、清洗油箱和管路。

11.1.4 数控机床液压系统常见故障的诊断与维修

(1) 数控机床液压系统故障的特点

数控机床使用很多液压装置作为执行元件，有时液压系统会出现故障影响数控机床的运行。数控机床液压系统的故障具有如下特点：

① 故障的多样性 液压系统的故障是多种多样的，而且在大多数情况下是几个故障同时出现的。例如，系统的压力不稳定就经常和噪声、振动故障同时出现；同一故障引起的原因可能有多个，而且这些原因常常是相互交织在一起互相影响的。例如，系统压力达不到要求，其产生原因可能是泵引起的，也可能是溢流阀引起的，也有可能是两者同时作用的结果。

液压系统中往往是同一原因，但因其程度的不同、系统结构的不同以及与它配合的机械不同，而表现出故障现象多样性。

② 故障的复杂性 液压系统压力达不到要求经常和动作故障联系在一起，甚至机械、电气部分的故障也会与液压系统的故障交织在一起，使得故障变得复杂，新设备的调试更是如此。

③ 故障的偶然性与必然性 液压系统中的故障有时是偶然发生的，有时是必然发生的。故障偶然发生的情况有：油液中的污物偶然卡死溢流阀或换向阀的阀芯，使系统偶然失灵或不能换向；电网电压的偶然变化，使电磁铁吸合不正常而引起电磁阀不能正常工作。这些故障不是经常发生的，也没有一定的规律。

故障必然发生的情况是指那些持续不断经常发生并具有一定规律的原因引起的故障，如油液黏度降低引起的系统泄漏、液压泵内部间隙大内泄漏增加导致泵的容积效率下降等。

④ 故障的分析难于判断性 由于液压系统故障存在上述特点，所以当系统出现故障时，不一定马上就可以确定故障的部位和产生的原因。如果这方面的专业工作人员的技术水平较高、熟练掌握所用液压设备的情况，就有能力对故障进行认真地检查、分析、判断，并很快找出故障的部位及其产生原因。但是如果专业工作人员对液压设备的情况还不熟悉，查找原因也是有一定困难的。但是，一旦找出原因后，故障处理和排除就比较容易，有时经过清洗或直接调整有关零件就可以顺利解决了。

(2) 数控机床液压系统的故障诊断

数控机床液压系统故障维修常用如下诊断方法：

1) 感官诊断法 这种诊断方法常喻为中医法"望、闻、问、切"。

① 望 就是观察系统的工作状态。

a. 压力：检查液压系统各测点压力是否达到规定要求。

b. 速度：观察液压缸和马达运行速度有无变化。

c. 泄漏：检查液压系统各个接头处有无泄漏。

d. 工件：检查加工后的产品件来判断压力和流量是否稳定。

② 闻 就是闻油液是否有变质的异味。

③ 问 就是询问机床操作工，了解机床日常工作状况。询问的内容包括：

a. 换油周期。

b. 近期的维修状况。

c. 是否对压力和速度进行调整。

d. 有无更换密封。

e. 是否曾经出现过类似问题,如何解决的。

④ 切　就是用手感觉液压系统的工作状态和温升是否正常,这包括:

a. 液压系统是否存在振动和爬行。

b. 泵、阀、油箱的温度是否过高。

2) 故障树分析法　当数控机床液压系统出现故障时,有时遇到故障比较复杂的情况,这时组织攻关小组,通过头脑风暴的方法,将所有影响该故障的原因一一列出,画出鱼刺图,然后逐一分析、逐项排除,最终确认故障原因。例如一台数控机床出现液压压力不足的故障,根据各种故障原因画出图 11-9 所示的鱼刺图,然后逐个剔出,最后找出故障原因。

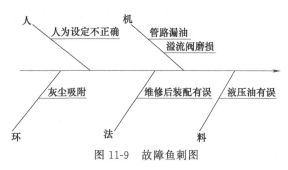

图 11-9　故障鱼刺图

(3) 数控机床液压系统实际维修案例

大部分数控机床都采用液压系统,所以液压系统故障也是数控机床常见的故障,下面介绍一些数控机床液压系统故障的实际维修案例。

案例 1: 一台数控窗口磨床在自动磨削过程中有停顿现象。

数控系统:西门子 3G 系统。

故障现象:这台机床在磨削工件时有停顿现象,造成磨削平面明显有一道棱。

故障分析与检查:在磨削过程中观察屏幕,发现系统操作面板上进给保持灯(Feed Hold)闪亮一下。

根据这一现象分析,可能在磨削过程中,进给轴有停顿现象,造成了磨削表面的痕迹。

利用系统 PC 功能检查伺服使能 Q66.7 的状态,发现在进给保持灯亮时确实瞬间变为了 "0",之后又恢复为 "1" 状态,说明确实是进给产生了停顿。

图 11-10 是关于伺服使能 Q66.7 的 PLC 梯形图,根据梯形图对各个元件的状态进行检查发现,是标志位 F116.5 瞬间变为 "0" 引起伺服使能信号 Q66.7 的状态发生变化。

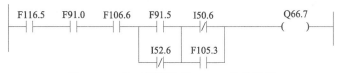

图 11-10　关于伺服使能 Q66.7 的梯形图

图 11-11 是关于标志位 F116.5 的 PLC 梯形图,对各个元件的状态进行检查发现,标志位 F123.4 状态的瞬间变化引起标志位 F116.5 的状态发生瞬间变化。

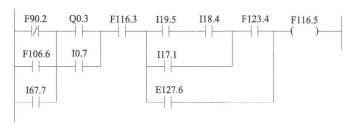

图 11-11　关于标志位 F116.5 的梯形图

图 11-12 是关于标志位 123.4 的 PLC 梯形图,对两个 PLC 输入元件进行检查发现,是 PLC 输入 I12.4

图 11-12　关于标志位 F123.4 的梯形图

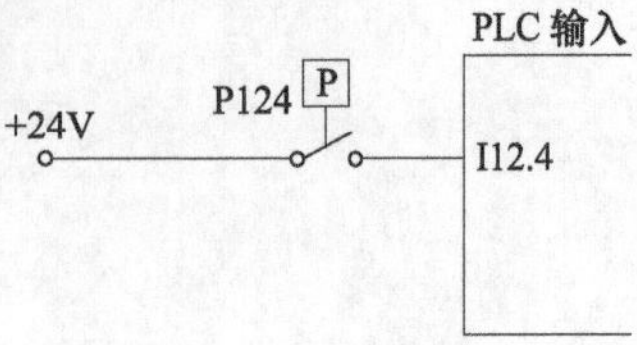

的状态瞬间变为"0"，使 F123.4 的状态发生了瞬间变化。

```
+24V    P124  P      PLC 输入
  o------/  o----------○ I12.4
```

图 11-13 PLC 输入
I12.4 的连接图

查阅机床电气原理图，PLC 输入 I12.4 连接的是压力开关 P124，如图 11-13 所示这个压力开关是检测工件卡紧压力的，其状态变为"0"说明工件液压卡紧压力不足，为安全起见所以系统停止进给。观察故障现象，在 I12.4 的状态变为"0"时，恰好机械手下降，机械手下降也是液压控制的。根据这一现象分析，可能是机械手下降时使液压系统的压力下降，导致工件卡具压力也下降，故障原因应该是液压系统压力不稳。

故障处理：对液压系统进行调整，使之压力稳定，这时机床恢复正常工作。

案例 2：一台数控球道磨床三个轴都不走。

数控系统：西门子 3M 系统。

故障现象：这台机床一次出现故障，X、Y 和 B 轴都不走。

故障分析与检查：因为三个轴都不走，所以可能总的进给使能条件没有满足。根据系统工作原理，PLC 输出 Q66.7 是进给总使能，检查 Q66.7 的状态为"0"，确实有问题。

梯形图在线跟踪：查看关于总进给使能的梯形图，发现比较复杂，所以连接机外编程器，在线跟踪梯形图的变化。关于总的进给使能 Q66.7 的梯形图在 PB251 中的 17 段，具体见图 11-14。

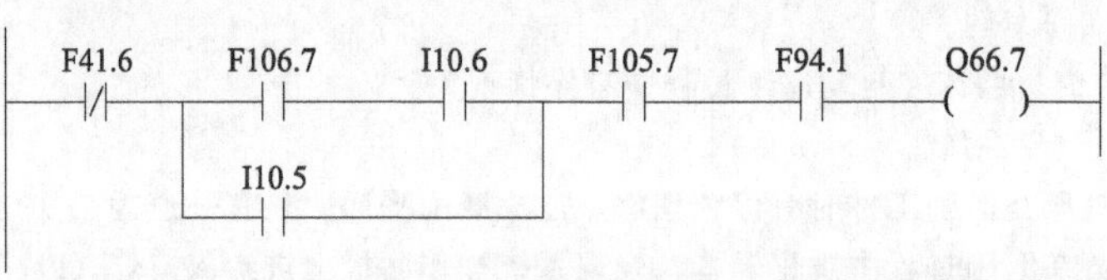

图 11-14 关于总进给使能 Q66.7 的梯形图

用机外编程器在线观察这段梯形图，发现标志位 F105.7 触点断开，使 Q66.7 无电。标志位 F105.7 是总进给使能的第一条件，其梯形图在 PB11 的 8 段中，如图 11-15 所示，用编程器在线观察这段梯形图，发现标志位 F105.6 触点没有闭合，使 F105.7 没有得电。

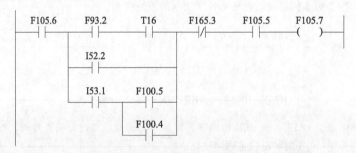

图 11-15 关于总进给使能的第一条件 F105.7 的梯形图

F105.6 是总进给使能的第二条件，关于这个标志位的梯形图在 PB11 的 6 段中，如图 11-16 所示，用编程器监视这段梯形图，发现定时器 T29 的触点没有闭合使 F105.6 没有得电。

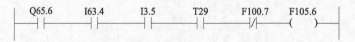

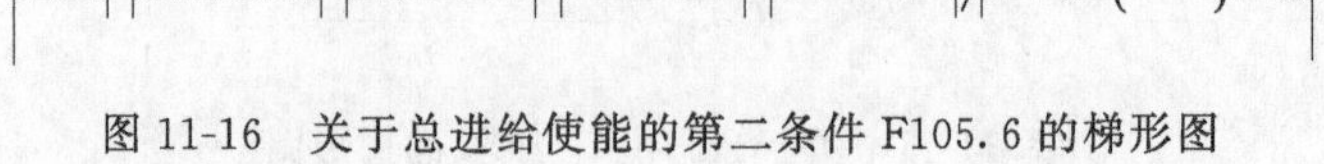

图 11-16 关于总进给使能的第二条件 F105.6 的梯形图

关于定时器 T29 的梯形图在 PB25 的 16 中，如图 11-17 所示，观察这段梯形图的运行，发现输入 I8.6 的触点没有闭合，使定时器 T29 没有工作。

输入 I8.6 连接的工件卡紧压力开关，如图 11-18 所示，其状态为"0"，说明工件没有卡紧，但检查工件已经卡紧没有问题，那么肯定是压力开关 P86 损坏了。

故障处理：更换压力开关 P86 后，机床恢复正常工作。

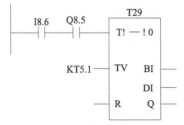

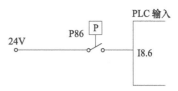

图 11-17　关于定时器 T29 的梯形图　　　　　　图 11-18　PLC 输入 I8.6 的连接图

案例 3：一台数控窗口磨床出现 F62 报警。

数控系统：西门子 3M 系统。

故障现象：这台磨床一次在自动磨削循环时出现报警"F62 Cycle Time Unclamp Fixture（卡具松开超时）"，指示工件没有松卡。

故障分析与检查：根据系统工作原理，F62 报警是 PLC 报警，是 PLC 标志位 F167.6 被置"1"所致，根据图 11-19 所示的关于 F167.6 的梯形图，对各个状态进行检查，发现定时器 T25 和 PLC 输出 Q8.5 的状态为"1"，使 F167.6 被置"1"。PLC 输出 Q8.5 控制卡具松开电磁阀，其状态为"1"是正常的。

关于定时器 T25 的梯形图如图 11-20 所示，检查各个元件的状态发现 F123.3 的状态为"0"，Q8.5 与 I8.2 的状态为"1"，使定时器 T25 得电，其中 Q8.5 和 I8.2 的状态为"1"是正常的，所以问题的原因是标志位 F123.3 的状态为"1"。

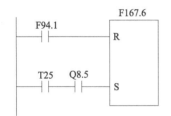

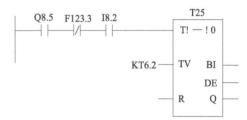

图 11-19　关于报警 F62 的梯形图　　　　　　图 11-20　关于定时器 T25 的梯形图

关于 F123.3 的梯形图见图 11-21 所示，PLC 输入 I12.4 的状态为"0"和 I12.5 的状态为"0"使 F123.3 的状态变为"0"。I12.5 连接的是检测工件卡具松开液压压力的检测开关，如图 11-22 所示，其状态为"0"，说明卡具没有松开。但检查卡具已经松开，说明压力开关 P125 有问题。

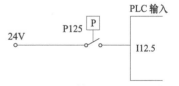

图 11-21　关于标志位 F123.3 的梯形图　　　　　图 11-22　PLC 输入 I12.5 的连接图

故障处理：更换压力开关 P125，机床故障消除。

案例 4：一台数控球道磨床修整器没有达到预定位置。

数控系统：西门子 3M 系统。

故障现象：这台机床在运行过程中，修整器没有达到预定位置。

故障分析与检查：这台数控磨床的液压系统见图 11-23。当将液压马达和机械系统脱离后，发现液压马达旋转没到位，而且整个系统发热，造成油温过高，检查泵的出口压力，没有发现异常，换向也正常，因此初步断定液压马达出现故障，拆分后发现，齿轮、配油盘磨损严重，这样造成内泄漏大，油温升高。

故障处理：修复液压马达后，故障排除。

案例 5：一台数控球道磨床出现报警"F35 Cycle Time Part Index（工件分度超时）"。

数控系统：西门子 3M 系统。

故障现象：这台磨床一次出现故障，在自动磨削时出现报警 F35，指示工件分度有问题。

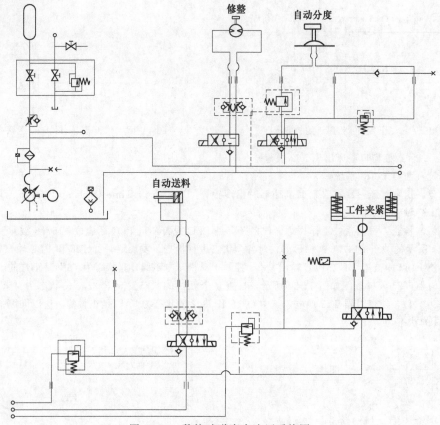

图 11-23 数控球道磨床液压系统图

故障分析与检查：根据系统工作原理，PLC 报警 F35 是因为标志位 F164.3 被置位所致，关于 F164.3 的梯形图如图 11-24 所示，利用系统 PC 功能检查发现 T23 的状态为 "1" 和 I5.6 的状态为 "0"，使 F35 的报警标志位 F164.3 置 "1"。

关于 T23 的梯形图见图 11-25，因为 PLC 的输出 Q8.6 的状态为 "1"，使 T23 得电，Q8.6 控制的是分度电磁阀 Y86，如图 11-26 所示，其状态为 "1"，说明已给出分度指令信号，T23 得电也是正常的。

图 11-24 关于报警 F35 的梯形图   图 11-25 关于定时器 T23 的梯形图

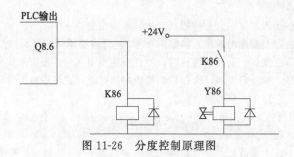

图 11-26 分度控制原理图

PLC 输入 I5.6 连接的检测开关检测分度器是否到位，其状态为 "0" 说明分度器并没有到位。检查分度装置确实没有到位。可能分度电磁阀根本没有动作，根据图 11-26 进行检查，发现电磁阀 Y86 线圈上有电压，说明电磁阀损坏。

故障处理：更换电磁阀 Y86 后，机床故障消除，恢复了正常运行。

案例 6：一台数控磨床出现报警 "7025 Check Hydraulic System（检查液压系统）"。

数控系统：西门子 805 系统。

故障现象：这台磨床一次出现问题，机床一启动液压系统，就出现 7025 号报警。

故障分析与检查：根据报警提示对液压系统进行检查，压力正常没有发现问题。分析系统工作原理，西门子 805 系统 PLC 报警是 PLC 用户程序通过检测相应的检测元件，发现问题后将相应的 PLC 标志位置位，NC 系统检测到某个标志位信号变为 "1" 后，产生相应的报警号并调用报警信息文件中的相应报警信息在屏幕上显示。

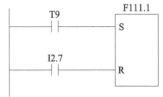

图 11-27　关于 7025 报警的梯形图

根据西门子 805 系统 PLC 报警产生的机理，7025 报警就是标志位 F111.1 的状态被置 "1" 所致，利用西门子 805 系统 Diagnosis（诊断）菜单中的 PLC Status 功能检查标志位 F111.1 位状态，发现其状态确实为 "1"。

下一步应该根据 PLC 梯形图进行检查，有关 F111.1 的梯形图如图 11-27 所示，F111.1 的状态置 "1" 是因为 PLC 定时器 T9 的触点闭合引起的，继续查看关于 T9 的梯形图，见图 11-28，I2.7 是故障复位信号，Q1.5 为液压站启动控制信号。

利用系统 Diagnosis（诊断）功能检查相关的状态，T9 得电的主要原因是由于 I3.4 的状态为 "0"，PLC 输入 I3.4 的连接如图 11-29 所示，2S3.1 是液压系统过滤器压力开关，2S3 是液压系统压力开关，启动液压系统后，检查开关 2S3.1 和 2S3，发现 2S3.1 断开，2S3.1 断开说明过滤器堵塞。

故障处理：将过滤器清理后，机床报警消除。

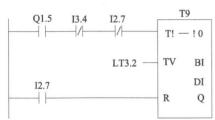

图 11-28　关于 T9 的梯形图

图 11-29　PLC 输入 I3.4 连接图

案例 7：一台数控外圆磨床出现报警 "6024 Pusher Return Timeout（送料器返回超时）"。

数控系统：西门子 810G 系统。

故障现象：这是在机床自动加工时产生的报警，显示送料机械手返回超时，停机检查，送料机械手根本没有返回。手动操作方式下让其返回，也不动作。

故障分析与检查：根据机床电气控制原理图，PLC 输出 Q3.2 通过一直流继电器控制送料机械手返回电磁阀，如图 11-30 所示，利用数控系统的 Diagnosis（诊断）功能检查 PLC 输出 Q3.2 的状态，为 "1" 没有问题，继电器 K32 的触点也闭合，而测量电磁阀的线圈有电压，说明可能是电磁阀 3SOL2 损坏。检查电磁阀 3SOL2，发现其线圈烧断。

故障处理：更换新电磁阀后，机床故障消除。

案例 8：一台数控球道磨床自动上料机械手使用一段时间后开始漏油。

数控系统：西门子 810G 系统。

故障现象：这台机床的自动上料机械手漏液压油。

故障分析与检查：经过检查发现密封损坏，更换新的密封件很短时间，泄漏又开始发生。用图

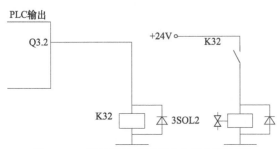

图 11-30　送料机械手返回电气控制原理图

11-31 所示的故障树进行诊断分析，通过头脑风暴法，将有可能出现的原因在鱼刺图上——列出，然后逐个检查，最后发现液压缸内壁磨损严重。

故障处理：修复液压缸内壁后，问题得到根本解决。

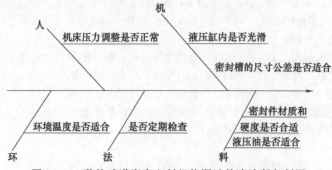

图 11-31　数控球道磨床上料机构漏油故障诊断鱼刺图

案例 9：一台数控车床出现报警"9060 Hydraulic System Oil Shortage（液压系统缺油）"。

数控系统：西门子 840C 系统。

故障现象：这台机床在运行时出现 9060 报警，指示液压系统缺油。

故障分析与检查：因为报警指示液压系统缺油，对液压油箱进行检查发现确实油位低了。

故障处理：添加液压油后，机床故障消除。

案例 10：一台数控深孔钻床出现报警"510008 进给禁止"和"600208 Y 轴进给禁止"。

数控系统：西门子 840D pl 系统。

故障现象：这台机床一次在自动加工中钻孔完毕后，Z 轴后退到位后，Y 轴应该移动到下一排钻孔处，但 Y 轴不移动，出现 510008 和 600208 报警。

故障分析与检查：首先切换到手动状态，这时 Y 轴也不能移动，但 X 轴和 Z 轴可以移动，其他动作都正常。分析机床工作原理，Y 轴滑台有液压刹车，因此怀疑液压刹车没有打开。监控 Y 轴伺服电动机电流正常，查看 Y 轴液压刹车控制电磁阀的 PLC 输出控制信号也有。查看 PLC 控制梯形图，Y 轴使能信号受 Y 轴液压刹车压力开关信号控制，检查这个信号在手动移动 Y 轴时确实没有，说明可能这个压力开关有问题。

图 11-32　数控车床 2043 报警信息图片

故障处理：拆开这个压力开关检查，发现底座油孔被脏物堵住，清洗后重新安装，这时开机，机床恢复正常，故障排除。

案例 11：一台数控车床出现 2043 号报警。

数控系统：发那科 0TC 系统。

故障现象：这台机床开机后，出现 2043 号报警。

故障分析与检查：利用系统的报警信息显示功能查看 2043 号的报警信息，如图 11-32 所示，报警的报警信息为"HYD. PRESSURE DOWN（液压压力低）"，指示液压系统压力低。为此，首先检查液压系统压力表显示的实际压力，发现确实偏低。

根据机床工作原理 PMC 是通过压力开关检测液压系统压力是否满足机床要求的，如图 11-33 所示，检测液压系统压力的压力开关 P4.2 接入 PMC 的输入 X4.2，压力低时压力开关断开，PMC 输入点 X4.2 没有电压信号，PMC 的用户程序检测到这个信号后，就会产生液压压力低报警（当然前提是液压泵启动信号已经发出）。

故障处理：因为故障原因已经非常明了，就是液压泵的输出压力过低。为此，对液压系统的液压泵进行调整，使压力提高符合机床要求后，机床报警消失。

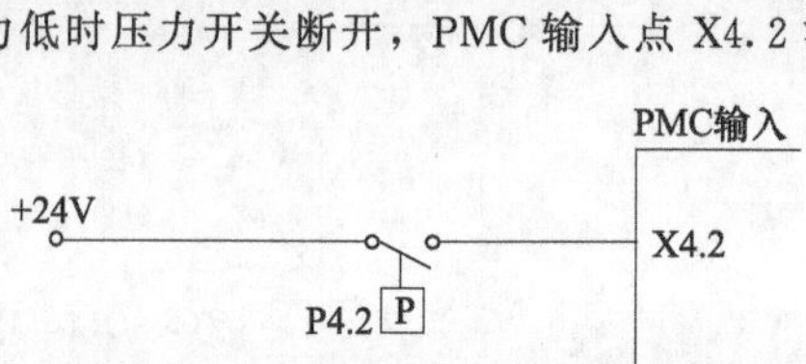

案例 12：一台数控车床出现报警"2007 Turret Indexing

图 11-33　PMC 液压压力检测连接原理图

Time up（刀架分度超时）"。

数控系统：发那科 0TC 系统。

故障现象：一次这台机床出现故障，刀架旋转启动后，刀架旋转不停，并出现 2007 号报警，指示刀架旋转超时。机床复位后，刀架旋转停止，但出现报警"2031 Turret Not Clamp（刀架没有卡紧）"，指示刀架没有卡紧。

故障分析与检查：观察故障现象，发现刀架根本没有回落的动作，根据刀架的工作原理和电气原理图，PMC 输出 Y48.2 通过一直流继电器控制刀架推出电磁阀，如图 11-34 所示。所以怀疑数控系统没有发出刀架回落命令，但利用 DGNOS Param 功能观察 PMC 输出 Y48.2，在刀架旋转找到第一把刀后，Y48.2 的状态变成"0"，说明刀架回落的命令已发出，检查刀架推出的电磁阀的电源也已断开，但刀架并没有回落，说明电磁阀有问题。

故障处理：更换新的电磁阀，故障消除。

案例 13：一台数控外圆磨床出现报警"1010 Load Arm Error（上料机械手故障）"。

图 11-34　刀架推出电气控制原理图

数控系统：发那科 0iTC 系统。

故障现象：这台机床一次在自动加工时出现 1010 报警，指示上料机械手出现问题。

故障分析与检查：观察故障现象，发现上料机械手停在磨削位置，没有将加工完的工件带出。

利用系统梯形图功能，观察关于 1010 的报警梯形图，如图 11-35 所示，由于 Y8.5 和 X8.5 一直连通，使 R851.4 带电产生 1010 报警。

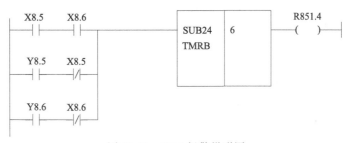

图 11-35　1010 报警梯形图

根据机床电气原理图，PMC 输出 Y8.5 控制电磁阀 V8.5 使上料机械手臂向上料口旋转，如图 11-36 所示。而 PMC 输出 Y8.5 连接的检测开关用来检查上料机械手臂是否达到上料口。Y8.5 闭合说明上料机械手臂向出料口旋转的指令已经发出，检查电磁阀 V8.5 线圈也有 110V 电压，检查电磁线圈烧断，确认为电磁阀 V8.5 损坏。

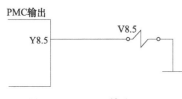

图 11-36　PMC 输出 Y8.5
控制连接图

故障处理：更换电磁阀 V8.5，机床恢复正常工作。

案例 14：一台数控车床手动旋转刀塔时连续转两个刀位。

数控系统：发那科 0TC 系统。

故障现象：这台机床在手动操作方式下，旋转刀塔，一次转两个刀位。

故障分析与检查：据机床操作人员反映，这台机床在自动操作方式下执行加工程序没有问题，但手动操作方式下旋转刀塔，经常一次转两个刀位。正常情况下，应该按一次刀塔分度按钮，刀塔就旋转一个刀位。现场观察刀塔的旋转过程，发现刀塔旋转速度很快，怀疑系统还没有反应过来，已经过了第一个刀位，停止时已到达第二刀位。分析机床工作原理，这台机床的刀塔旋转是由液压马达驱动的，因此，怀疑旋转液压马达的压力过高。

故障处理：将控制刀塔旋转的液压压力调低后，刀塔在手动操作方式下进行旋转，恢复了一次转一个刀位，故障消除。

案例 15：一台数控球道磨床磨削的工件分度超差。

数控系统：西门子 810G 系统。

故障现象：这台机床在加工工件过程中，发现工件六分度超差。

故障分析与检查：这台机床对工件的六个球道进行磨削，磨削完一个球道，分度一次，磨削完六个球道，整个工件磨削结束。分度是通过液压装置控制的，首先分度浮起/卡紧缸动作，将分度装置浮起，即分度装置脱离齿盘咬合状态，然后分度，分度到位后，分度装置浮起/卡紧缸动作，将分度装置落下，齿盘咬合锁紧。

检查齿盘定位没有问题，继续检查发现分度浮起/卡紧缸有泄漏现象，拆开分度浮起/卡紧缸进行检查，发现活塞密封老化。

故障处理：更换分度浮起/卡紧缸的密封后，机床故障消除。

11.2 数控机床的气动系统

11.2.1 数控机床气动系统的构成

气动技术的发展根据理想定律即"在温度不变的条件下，气体的体积与压力成反比。在体积保持常数的条件下，绝对压力和绝对温度成正比"。可用如下计算公式表示：

$$\frac{P_1 V_1}{T_1} = \frac{P_2 V_2}{T_2}$$

式中应采用绝对压力和绝对温度。

气动技术的应用范围几乎是无限的，限制其应用的因素是人们的想象力不够造成的。压缩空气所具有的多种特性，加上气动装置结构简单、使用寿命长、维修方便，已使气动技术成为工业控制的一门学科，在数控机床等制造领域也得到广泛的推广和应用。气动应用装置具体由下列部件组成：

① 压缩空气源（压缩机）。

② 压缩空气的分配及制备部件，主要包括：

a. 空气管路系统（管道、干燥器、防水器等）；

b. 空气处理装置（过滤器、压力调节阀、油雾器等）。

③ 气动控制系统，主要包括：

a. 动力部件（气缸、气动马达等）；

b. 控制元件（各种阀门等）；

c. 逻辑回路。

数控机床典型的气动系统如图 11-37 所示。

气动应用装置中使用得较多的压缩机是往复式或螺杆式压缩机，原动力一般均采用交流电动机，现代压缩机的电动机一般采用变频器控制，以节约能源。压缩空气需采用某种方法去除水分，整个压缩机组必须装有后冷却器。

压力调整阀将工作压力调定到最佳范围，通常为 5～7bar（5～7kgf/cm²），最高安全压力为 10bar。

油雾器用来对气动元件中的动密封进行自动润滑。使用这种方法制造的压缩空气，可以保证使用标准密封圈的阀门至少能工作 1 千万次；气缸的直线往复行程可达到五百万米，更先进的设计可延长使用寿命。

当然，我们必须保证使用高品质的润滑油，加强日常维护，防止一些质量不好的清洗剂腐蚀管路和相关元件。

在数控机床压缩空气的入口都加装气动三元件。

气动三元件就是三点组合，由过滤器、调压阀、油雾器这三个元件组成，故也叫三联件。气动三元件的作用如下：

调压阀可对气源进行稳压，使气源处于恒定状态，可减小因气源气压突变对阀门或执行器等硬件的损伤。

过滤器用于对气源的清洁，可过滤压缩空气中的水分，避免水分随气体进入装置。

油雾器可对机体运动部件进行润滑，可以对不方便加润滑油的部件进行润滑，大大延长机体的使用

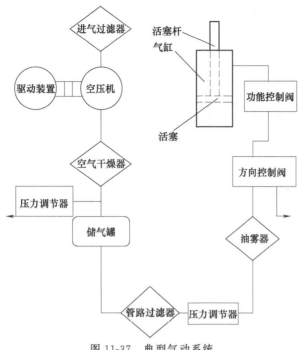

图 11-37　典型气动系统

寿命。

根据经验，外部进入的脏物是引起气阀故障的主要原因。因此要求在气路上设置过滤器以滤掉固态颗粒和液态污物。储气罐内的残留液体须经常排放。油雾器也要经常检查，包括前后压力和油滴量是否能满足要求。器罐要定期清洗，防止固体颗粒沉淀。清洗后的油雾器必须重新进行调整，这一点至关重要，不可掉以轻心。

11.2.2　气动控制在数控机床上的应用

由于气动系统具有灵活性和快速性的特点，并且结构简单，便于自动控制，所以数控机床很多精度要求不高的动作都可以由气动装置来完成。如数控机床自动换刀装置，防护门开、关装置，自动上、下料装置，预定位系统，自动润滑系统等装置经常使用气动控制。

11.2.3　数控机床气动系统的维护

数控机床的气动系统是很多数控机床的重要组成部分，其状态的好坏直接影响数控机床的运行，所以要做好气动系统日常维护和检查工作。

(1) 数控机床气动系统的维护

为了保证数控机床气动系统的稳定运行，必须对气动系统进行维护，具体维护项目如下：

1) 保证供给洁净的压缩空气

压缩空气中通常都含有水分、油分和粉尘等杂质。水分会使管道、阀和气缸腐蚀；油会使橡胶、塑料和密封材料变质；粉尘造成阀体动作失灵。选用合适的过滤器可以清除压缩空气中的杂质，使用过滤器时应及时排除积存的液体，否则，当积存液体接近挡水板时，气流仍可将积存物卷起。

2) 保证压缩空气中含有适当的润滑油

大多数气动执行元件和控制元件都要求适度的润滑。如果润滑不良将发生以下故障：

① 由于摩擦阻力增大则造成气缸推力不足，阀芯动作失灵；

② 由于密封材料的磨损而造成空气泄漏；

③ 由于生锈造成元件的损伤及动作失灵。

润滑的方法一般采用油雾器进行喷雾润滑，油雾器一般安装在过滤器和减压阀之后。油雾器的供油量一般不宜过多，通常每 $10m^3$ 的自由空气供 $1mL$ 的油量（即 $40\sim50$ 滴油）。检查润滑是否良好的一个方法是找一张清洁的白纸放在换向阀的排气口附近，如果在工作三到四个循环后，白纸上只有很轻的斑点时，说明润滑是良好的。

3）保持气动系统的密封性

漏气不仅增加了能量的消耗，也会导致供气压力的下降，甚至造成气动元件工作失常。严重的漏气在气动系统停止运行时，由漏气引起的响声很容易发现；轻微的漏气则应利用仪表，或涂肥皂水的办法来检查。

4）保证气动元件中运动部件的灵敏性

从空气压缩机排出的压缩空气包含有粒为 $0.01\sim0.8\mu m$ 的压缩机油微粒，在排气温度为 $120\sim220℃$ 的高温下，这些油粒会迅速氧化，氧化后油粒颜色变深、黏度增大，并逐渐由液态固化成油泥。这种 μm 级以下的颗粒，一般过滤器无法滤掉。当它们进入换向阀后便附着在阀芯上，使阀的灵敏度逐步降低，甚至出现动作失灵。为了清除油泥，保证灵敏度，可在气动系统的过滤器之后安装油雾分离器，将油泥分离出来。此外，定期清洗阀也可以保证阀的灵敏度。

5）保证气动装置具有合适的工作压力和运动速度

调节工作压力时，压力表应当工作可靠、读数准确。减压阀与节流阀调节好后，必须紧固调压阀盖或锁紧螺母，防止松动。

(2) 数控机床气动系统的日常检查

为了保证数控机床气动系统的正常运行，减少故障的发生，应该定期对气动系统进行检查，具体的检查项目如下：

① 管路系统的检查　主要内容是对冷凝水和润滑油的管理。冷凝水的排放一般应该在气动装置运行之前进行。但当夜间稳定低于0℃时，为了防止冷凝水冻结，气动装置运行结束后，就应开启阀门将冷凝水排出。补充润滑油时，要检查油雾器中油的质量和滴油量是否符合要求。此外，还要检查供气压力是否正常、有无漏气现象等。

② 气动元件的检查　注意内容是彻底处理系统的漏气现象，如更换密封元件、处理管接头或紧固松动连接螺钉等，定期检验测量仪表、安全阀和压力继电器等。气动元件的检查项目见表11-1。

表 11-1　气动元件的检查项目

元件名称	检查内容
气缸	①活塞杆与端盖之间是否漏气 ②活塞杆是否划伤、变形 ③管接头、配管是否松动、损伤 ④气缸动作时有无异常声音 ⑤缓冲效果是否合乎要求
电磁阀	①电磁阀外壳温度是否过高 ②电磁阀动作时，阀芯工作是否正常 ③气缸行程到末端时，通过检查阀的排气口是否漏气来确诊电磁阀是否漏气 ④紧固螺栓及管接头是否松动 ⑤电压是否正常，电线是否损坏 ⑥通过检查排气口是否被油润湿，或排气是否会在白纸上留下油雾斑点来判断润滑是否正常
油雾器	油杯内油量是否足够，润滑油是否变色、混浊，油杯底部是否沉积有灰尘和水
减压阀	①压力表读数是否在规定范围内 ②调压阀盖或锁紧螺母是否锁紧 ③有无漏气
过滤器	①储水杯中是否积存冷凝水 ②滤芯是否应该清洗或更换 ③冷凝水排放阀动作是否可靠
安全阀及压力继电器	①在调定压力下动作是否可靠 ②校验合格后，是否有铅封或锁紧 ③电线是否损伤，绝缘是否合格

11.2.4 数控机床气动控制系统常见故障的诊断与维修

(1) 数控机床气动系统的故障的种类

数控机床气动系统的故障有很多种，大体分为：

① 气源故障；

② 控制元件故障；

③ 执行元件故障。

(2) 数控机床气动系统的故障维修

有些数控机床气动系统的故障很复杂，但因系统压力低于液压系统，因此维修相对容易些。维修气动系统的故障一般采用如下步骤：

① 检查进气口压力是否正常，如压力达不到要求，检查空压机及其辅助设备。

② 在换向阀之前检查系统的压力，如压力达不到要求，检查减压阀。

③ 检查管路润滑状况，如有异常检查油雾器工作是否正常。

④ 检查气缸工作是否正常，如动作不正常，检查换向阀；如速度不正常，检查流量控制阀。

⑤ 检查系统是否泄漏，及时维修。

⑥ 检查出气部位的声音，如不正常，更换消声器。

(3) 数控机床气动系统故障维修案例

案例1：一台数控车床负载门打不开。

数控系统：发那科 0iTC 系统。

故障现象：这台机床一次在自动加工过程中出现故障，加工结束后负载门打不开。

故障分析与检查：这台机床的负载门是由气缸自动开、关的，出现故障时首先对开门气缸进行检查，发现气缸杆断了，这样气缸的活塞虽然移动，但气缸杆不能拉开负载门。

故障处理：对气缸杆进行焊接，重新安装上后机床负载门恢复正常运行。

案例2：一台数控球道磨床负载门工作不正常。

数控系统：西门子 3G 系统。

故障现象：这台机床在工作时出现负载门工作不正常的故障。

故障分析与检查：分析机床工作原理，负载门是通过气动系统自动开、关的，如图 11-38 所示，压缩空气经过减压阀、过滤器、油雾器再通过换向阀、单向调速阀到达气缸。

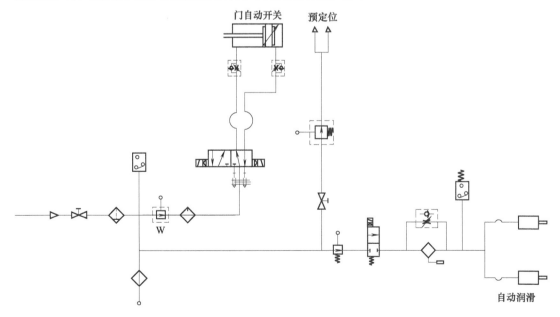

图 11-38 数控球道磨床气动系统图

先检查进口压缩空气压力符合要求，但气缸只前进不后退，通过气路，发现电磁阀没有换向，而电磁阀供电正常，电压符合要求。拆开阀体，检测阀芯和复位弹簧，都达到理想的工作状态，润滑良好、无尘垢。因此断定电磁铁吸力不足，经测量发现电磁铁损坏。

故障处理：更换电磁阀的电磁铁后，负载门动作恢复正常。

案例 3：一台数控立式球道铣床开机出现报警"701362 Milling Spindle Sealing Air Is Missing（铣刀头主轴密封压力丢失）"。

数控系统：西门子 840D pl 系统。

故障现象：这台机床开机就出现 701362 报警，这时主轴铣刀头没有密封压力。

故障分析与检查：分析这台机床的工作原理，铣刀头内通有压缩空气，防止铁屑等杂质进入铣头造成不必要的磨损。检查气动系统，铣刀头密封压力是通过压力开关 F43.1 检测的，这个压力开关是 IFM 公司的智能压力开关 PN5002。检查这个压力开关发现其数码显示器上没有任何显示，拔下电缆插头，检查输入电源 DC24V 没有问题，由此说明压力开关损坏。

故障处理：更换压力开关，通电设置好上/下限后，这时开机运行，压力开关显示器显示正常压力数值，机床报警消除，恢复了正常运行。

参 考 文 献

［1］ 龚仲华. 数控机床维修技术与典型实例-FANUC 6/0. 北京：人民邮电出版社，2005.

［2］ 龚仲华，孙毅，史建成. 数控机床维修技术与典型实例. 北京：电子工业出版社，2005.

［3］ 刘永久. 数控机床故障诊断与维修技术. 北京：机械工业出版社，2006.

［4］ 王兹宜. 数控系统调整与维修实训. 北京：机械工业出版社，2007.

［5］ 牛志斌. 数控机床故障检修速查手册. 北京：机械工业出版社，2007.

［6］ 刘瑞已. 数控机床故障诊断与维护. 北京：化学工业出版社，2007.

［7］ 王宏波. 数控机床电气维修技术-SINUMERIK 810D/840D 系统. 北京：电子工业出版社，2007.

［8］ 周文斌，杨少慧. 数控机床故障诊断与维修. 天津：天津大学出版社，2008.

［9］ 曹键. 数控机床维修与实训. 北京：国防工业出版社，2008.

［10］ 罗敏. 典型数控系统应用技术（FANUC篇）. 北京：机械工业出版社，2009.

［11］ 龚仲华. FANUC-0iC数控系统完全应用手册. 北京：人民邮电出版社，2009.

［12］ 牛志斌. 数控机床现场维修555例详解. 北京：机械工业出版社，2009.

［13］ 牛志斌. 数控机床维修技能问答. 北京：电子工业出版社，2009.

［14］ 陈先峰. 西门子数控系统故障诊断与电气调试. 北京：化学工业出版社，2012.

［15］ 胡国清，张旭宇. 西门子SINUMERIK 840D sl/840Di sl数控系统应用手册. 北京：国防工业出版社，2013.

［16］ 牛志斌. FANUC数控机床维修案例集锦. 北京：化学工业出版社，2014.

［17］ 牛志斌. 西门子数控机床维修案例集锦. 北京：化学工业出版社，2015.

［18］ 张泰华. SINUMERIK 840D sl数控系统调试与应用. 北京：机械工业出版社，2015.